기본문제부터 수능문제까지 마스터할 수 있는 라이브 수학

라이브 B&A 수학 I (상) (고2·고3)

김형석 • 박인환 • 신도성 • 이내산

◆ 교과서 실력쌓기

◆ 교과서 끝내기

◆ 기출문제 정복하기(A)

◆ 기출문제 정복하기(B)

◆ 수능문제 정복하기

머·리·말

인생의 성공여부는 대학입시에 달려 있고, 대학 입시의 승패를 결정하는 열쇠는 수학에 달려있다고들 말합니다. 결론적으로 인생의 성공 여부는 수학이 좌우한다고 해도 과언이 아닙니다.

그러면 이 중요한 수학, 어떻게 하면 잘 할 수 있을까요? 수학을 잘 하는 비법 2가지만 공개합니다.

① 매일 매일 문제를 풀자.

수학은 본래 순수 과학이기 때문에 우리 일상생활과 관계없는 것들이 많습니다. 따라서 하루만 수학 공부를 안해도 전에 공부한 내용들을 잊어버리기 쉽습니다. 그러므로 쉬는 시간, 국어나 영어 등 암기 과목을 공부한 다음에 틈나는 대로 자주 문제를 풀도록 합시다.

② 비슷한 문제, 같은 문제를 반복해서 풀자.

초등학교 시절에는 여러 분들 모두 수학을 잘 했을 것입니다.

그러나 중학교에 들어서면서 점점 수학 성적이 떨어지고, 수학이 싫어 졌을 것입니다.

중학교에서는 연습이 너무 부족해서 여러분의 수학 실력이 점수로 연결되지 않은 것입니다.

여러분은 초등학교시절에 『눈높이 수학』, 『재능 수학』, 『구몬 수학』 등 수학 학습지를 열심히 풀었을 것입니다.

초등학교 시절 한 달에 푼 문항이 2000여 문제(연간 24000여문제)가 되고 그 문제들은 모두 비슷한 문제 또는 같은 문제들이었습니다.

같은 문제, 비슷한 문제를 반복 연습한 것이지요. 그 덕분에 초등학교 시절에는 수학성적이 좋았던 것입니다.

그러나 중·고등학교 수학문제집은 한 권에 500~1000문제 정도입니다. 너무 너무 연습이 부족해서 수학성적이 떨어진 것입니다.

이제 여러분은 팔목이 시큰하고, 엄지손가락 손톱 밑이 아프도록 수학 문제를 많이 풀어야 겠습니다. 그렇지 않고 고등 수학을 정복한다는 것은 낙타가 바늘구멍을 들어가는 것보다 더 어려운 일입니다.

비슷한 문제, 같은 문제를 계속 풀다보면 시험 점수와 직결되는 수학 실력이 눈덩이처럼 불어날 것입니다. **시험 점수와 직결되지 않는 수학 실력을 어디에 쓰겠습니까?**

한 문제를 풀면 열 개, 스무 개를 풀 수 있는 사람이나 책은 이 세상에 없습니다.(중국의 옛날 이야기에나 있겠지요) 20개를 공부해서 1개를 완전히 알 수 있다면 그 사람이 바로 천재입니다. 미국의 학생들은 하나의 공식을 암기하기 위해서 수백 문제를 연습합니다.

여러분도 이제부터는 미국 학생들처럼 탄탄하게 실력을 쌓아가야 할 것입니다.

여러분의 화려한 변신을 기대하며

저자 일동 씀

이·책의·구성

우리 나라와 외국의 수학교과서 문제, 서울시내 중요 고등학교 중간·기말고사 기출문제, 대입수능 및 대입 학력고사, 교육청 모의고사 문제로 item bank를 만들고 다음과 같은 penta zone으로 구성하였습니다.

1st Zone **교과서 실력쌓기**

교과서 문제 중 가장 핵심이 되는 문제를 수록하였습니다.

2nd Zone **교과서 끝내기**

교과서의 연습 문제·종합문제 중 학교 시험에 출제될 수 있는 문제를 수록하였습니다.

3rd Zone **기출문제 정복하기(A)**

서울시내 중요 고등학교의 중간·기말고사 문제 중 비교적 평이한 문제를 수록하였습니다.

4th Zone **기출문제 정복하기(B)**

서울시내 중요 고등학교의 중간·기말고사 문제 중 중급 이상의 문제를 수록하였습니다.

5th Zone **수능문제 정복하기**

그 동안 출제되었던 대입 수능문제, 대입학력고사문제 교육청 모의고사 문제 중 여러분의 시험성적 향상에 도움이 될 문제들을 수록하였습니다.

차 • 례

B&A 교과서 실력쌓기

1. 행렬의 뜻

행렬의 뜻

1. 다음은 각각 몇 행 몇 열의 행렬인가? 또, 정사각행렬인 경우에는 몇 차 정사각행렬인지 써라.

(1) $\begin{pmatrix} -2 & 4 & 3 \end{pmatrix}$ (2) $\begin{pmatrix} 2 \\ 3 \end{pmatrix}$

(3) $\begin{pmatrix} 1 & 0 \\ 0 & 1 \end{pmatrix}$ (4) $\begin{pmatrix} 3 & -2 & 0 \\ 1 & 5 & -3 \end{pmatrix}$

(5) $\begin{pmatrix} 1 & 2 & 3 \\ 4 & 5 & 6 \\ 7 & 8 & 9 \end{pmatrix}$ (6) $\begin{pmatrix} 1 & 2 \\ -2 & 0 \\ 3 & -1 \end{pmatrix}$

2. 행렬 $A=\begin{pmatrix} -2 & 2 & 3 \\ 4 & -7 & 5 \\ 6 & 8 & 0 \end{pmatrix}$에 대한 다음 설명 중 옳지 않은 것은?

① 행렬 A의 제2행은 $(4 \quad -7 \quad 5)$이다.
② 행렬 A는 3차정사각행렬이다.
③ 행렬 A의 (2, 1) 성분은 2이다.
④ 행렬 A의 (3, 4) 성분은 없다.
⑤ 행렬 A의 제3열의 모든 성분의 합은 8이다.

3. 행렬 $A=\begin{pmatrix} 8 & -1 & 4 \\ 3 & 3 & -2 \end{pmatrix}$에 대하여 A는 $m\times n$ 행렬이고, 제2열의 성분의 합은 a이다. 상수 m, n, a의 값을 구하여라.

4. 행렬 $A=\begin{pmatrix} a & b & 2b-a \\ -2b & -a & a-b \end{pmatrix}$에서 제1행의 모든 성분의 합은 6이고, 제2열의 모든 성분의 합은 1일 때, 행렬 A의 (1, 3) 성분을 구하여라.

성분이 식으로 정의된 행렬

5. 행렬 A의 (i, j) 성분 a_{ij}가 다음과 같을 때, 행렬 A를 구하여라.

$a_{ij}=2i-j$ (단, $i=1, 2$, $j=1, 2$)

6. 2×3 행렬 A의 (i, j) 성분 a_{ij}가

$a_{ij}=i+j+2$ $(i=1, 2, j=1, 2, 3)$

일 때, 행렬 A를 구하여라.

7. $i=1, 2$, $j=1, 2, 3$에 대하여 (i, j) 성분이 $|i-j|$인 2×3 행렬 A를 구하여라.

8. 2×3 행렬 A의 (i, j) 성분 a_{ij}가

$a_{ij}=\begin{cases} i+2j & (i=j) \\ 2i-j & (i\neq j) \end{cases}$ 일 때, 행렬 A를 구하여라.

9. 행렬 A의 $(i,\ j)$ 성분 a_{ij}가 $i>j$이면 $a_{ij}=i$, $i<j$이면 $a_{ij}=j$, $i=j$이면 $a_{ij}=i-j$와 같이 정의되는 3차정사각행렬 A를 구하여라.

10. 2×2 행렬 A의 $(i,\ j)$ 성분 a_{ij}가
$a_{ij}=\sin\left\{\frac{\pi}{2}(i-j)+\frac{\pi}{2}\right\}$일 때, 행렬 A를 구하여라.

11. 2×3 행렬 A의 $(i,\ j)$ 성분 a_{ij}가
$a_{ij}=i+j+k$일 때, 행렬 A의 모든 성분의 합이 9이다. 이때 상수 k의 값을 구하여라.

12. 2×2 행렬 A의 $(i,\ j)$ 성분 a_{ij}가
$a_{ij}=\begin{cases} ij+k & (i\geq j) \\ 3i-j & (i<j) \end{cases}$일 때, 행렬 A의 모든 성분의 합이 23이다. 이때 실수 k의 값을 구하여라.

성분이 문장으로 정의된 행렬

13. 어떤 학급에서 11번부터 19번까지, 21번부터 29번까지 18명을 운동장에서 9×2 행렬로 세우려고 한다. ab번의 자리가 $(b,\ a)$ 성분일 때, 15번과 23번의 짝을 각각 구하여라.

14. 좌표평면에서 오른쪽 그림과 같은 △ABC를 행렬

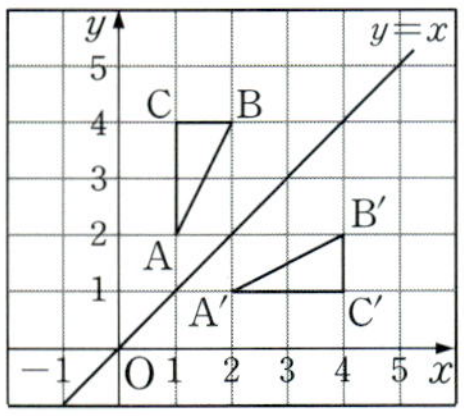

$\begin{pmatrix} 1 & 2 & 1 \\ 2 & 4 & 4 \end{pmatrix}$
로 나타낼 때,
직선 $y=x$에 대하여 △ABC와 대칭인 △A′B′C′을 행렬로 나타내어라. 그 행렬은 몇 행 몇 열의 행렬인가?

15. 오른쪽 그림은 세 지점 ①, ②, ③과 그 지점 사이에 연결된 길을 나타낸 것이다. 행렬 A의 $(i,\ j)$ 성분 a_{ij}가

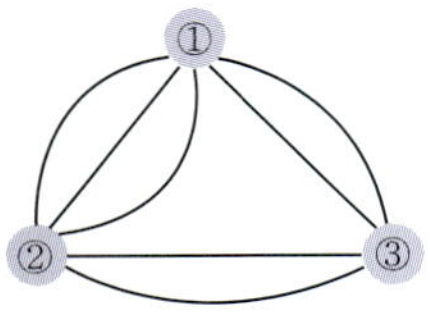

$a_{ij}=$(ⓘ지점과 ⓙ지점을 직접 연결하는 길의 수)
일 때, 행렬 A를 구하여라.

16. 오른쪽 그림은 세 지점 ①, ②, ③ 사이의 일방통행로를 나타낸 것이다. 행렬 A의 $(i,\ j)$ 성분 a_{ij}를

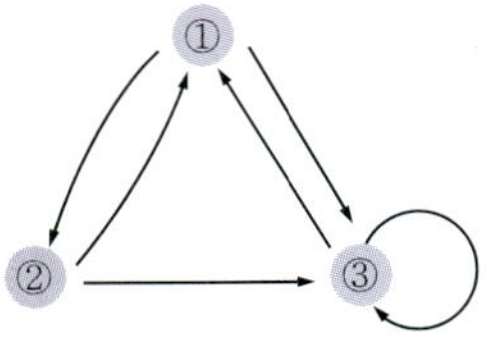

$a_{ij}=\begin{cases} 1 & (i\text{에서 } j\text{로 직접 가는 길이 있을 때}) \\ 0 & (i\text{에서 } j\text{로 직접 가는 길이 없을 때}) \end{cases}$
로 정의할 때, 행렬 $A=(a_{ij})$ $(i=1,\ 2,\ 3,\ j=1,\ 2,\ 3)$의 모든 성분의 합을 구하여라.

서로 같은 행렬

17. 다음 등식이 성립하도록 a, b의 값을 정하여라.

(1) $\begin{pmatrix} a-2 & b-3 \\ -2 & 4 \end{pmatrix}=\begin{pmatrix} -1 & 2 \\ a-3 & 4 \end{pmatrix}$

(2) $\begin{pmatrix} 1-a & 2 \\ b+3 & 4 \end{pmatrix}=\begin{pmatrix} 2a+4 & 2 \\ -3 & a+5 \end{pmatrix}$

18. 다음 등식이 성립하도록 유리수 a, b, c, d의 값을 구하여라.

(1) $\begin{pmatrix} 2b-a & 4 \\ 3 & 2a+1 \end{pmatrix}=\begin{pmatrix} -6 & c-d \\ 2d-3 & -3 \end{pmatrix}$

(2) $\begin{pmatrix} 2+a\sqrt{2} & -3 \\ 1 & b\sqrt{5} \end{pmatrix}=\begin{pmatrix} c+\sqrt{2} & -3 \\ b^2 & d-\sqrt{5} \end{pmatrix}$

19. 등식 $\begin{pmatrix} 2x-y \\ x+3y \end{pmatrix}=\begin{pmatrix} 3 \\ 5 \end{pmatrix}$를 만족하는 x, y의 값을 구하여라.

20. 다음 등식을 만족시키는 상수 a, b, c의 값을 구하여라.

$$\begin{pmatrix} 1 & 3 \\ 4 & 3c \end{pmatrix}=\begin{pmatrix} a+b & a-b \\ 4 & -6 \end{pmatrix}$$

21. 등식 $\begin{pmatrix} x+y \\ y+z \\ z+x \end{pmatrix}=\begin{pmatrix} 3 \\ 5 \\ 4 \end{pmatrix}$를 만족하는 x, y, z에 대하여 x^2-yz의 값을 구하여라.

22. 등식 $\begin{pmatrix} x^2-ax & 4 \\ 4x & 0 \end{pmatrix}=\begin{pmatrix} 3 & 2a \\ x^2+5b & b+1 \end{pmatrix}$을 만족시키는 상수 a, b, x의 값을 구하여라.

23. 등식 $\begin{pmatrix} \frac{12}{5} & \cos\theta \\ \sin\theta & \frac{1}{2} \end{pmatrix}=\begin{pmatrix} \tan\theta & \frac{5}{13} \\ k & \frac{1}{2} \end{pmatrix}$을 만족하는 실수 k의 값을 구하여라.

24. 등식 $\begin{pmatrix} x^2-x & 7 \\ 4x & -4 \end{pmatrix}=\begin{pmatrix} x+3 & 7 \\ x^2+5y & y-3 \end{pmatrix}$을 만족하는 x, y의 값을 각각 구하여라.

25. a, b가 실수이고,

$$\begin{pmatrix} a^3+b^3 & a^2+b^2 \\ ab & 1 \end{pmatrix}=\begin{pmatrix} x & 5 \\ -2 & 1 \end{pmatrix}$$

일 때, 실수 x의 값을 구하여라.

B&A 교과서 실력쌓기

2. 행렬의 덧셈, 뺄셈, 실수배

행렬의 덧셈

1. 다음 두 행렬 A, B에 대하여 A+B를 구하여라.

$$A=\begin{pmatrix} 3 & 2 & 1 \\ 8 & 4 & -3 \end{pmatrix},\ B=\begin{pmatrix} 1 & -3 & 2 \\ -3 & 0 & 1 \end{pmatrix}$$

2. 다음 등식이 성립하도록 x, y, z의 값을 정하여라.

$$\begin{pmatrix} x & 0 \\ 3 & y \end{pmatrix}+\begin{pmatrix} -1 & z \\ 0 & 1 \end{pmatrix}=\begin{pmatrix} y & 1 \\ x & z \end{pmatrix}+\begin{pmatrix} 0 & x \\ y & -1 \end{pmatrix}$$

3. 두 실수 a, b에 대하여 등식

$$\begin{pmatrix} a & 1 \\ 1 & b \end{pmatrix}+\begin{pmatrix} b & ab \\ ab & a \end{pmatrix}=\begin{pmatrix} 2 & -2 \\ -2 & 2 \end{pmatrix}$$

가 성립할 때, a^2+b^2의 값을 구하여라.

4. 다음 등식을 만족하는 x의 값을 구하여라.

$$\begin{pmatrix} 0 & a^2 \\ a & a^3 \end{pmatrix}+\begin{pmatrix} 0 & b^2 \\ b & b^3 \end{pmatrix}=\begin{pmatrix} 0 & 2 \\ 2 & x \end{pmatrix}$$

5. 이차방정식 $x^2-2x-4=0$의 두 근을 α, β라 할 때, 두 행렬 $A=\begin{pmatrix} \alpha & \alpha^2 \\ 2 & 3 \end{pmatrix}$, $B=\begin{pmatrix} \beta & \beta^2 \\ 4 & 1 \end{pmatrix}$에 대하여 행렬 A+B의 모든 성분의 합을 구하여라.

행렬의 뺄셈

6. 두 행렬 $A=\begin{pmatrix} 1 & -2 \\ -4 & 3 \end{pmatrix}$, $B=\begin{pmatrix} 2 & 0 \\ 3 & 4 \end{pmatrix}$에 대하여 B−A를 구하여라.

7. $A=\begin{pmatrix} 5 & -3 \\ 2 & 2 \end{pmatrix}$, $B=\begin{pmatrix} 0 & -4 \\ 7 & -6 \end{pmatrix}$, $C=\begin{pmatrix} 5 & -7 \\ 9 & -4 \end{pmatrix}$일 때, (A−B)−C를 계산하여라.

8. 다음 등식을 만족시키는 x, y의 값을 구하여라.

$$\begin{pmatrix} 2x+3 & 8 \\ -4 & -1 \end{pmatrix}-\begin{pmatrix} 3 & -2 \\ 3y-1 & -5 \end{pmatrix}=\begin{pmatrix} 7 & 10 \\ 3 & 4 \end{pmatrix}$$

9. 등식

$$\begin{pmatrix} 2 & 3 \\ 1 & -1 \end{pmatrix}+\begin{pmatrix} -2 & 3 \\ 0 & 4 \end{pmatrix}=\begin{pmatrix} a & 5 \\ 1 & b \end{pmatrix}-\begin{pmatrix} 4 & -1 \\ 0 & 3 \end{pmatrix}$$

이 성립할 때, a, b의 값을 구하여라.

10. 다음 등식을 만족하는 x, y의 값을 구하여라.

$$\begin{pmatrix} x+2y \\ y-1 \end{pmatrix}+\begin{pmatrix} x+y \\ y+1 \end{pmatrix}=\begin{pmatrix} 3 \\ 2 \end{pmatrix}-\begin{pmatrix} -9 \\ x-5 \end{pmatrix}$$

행렬의 실수배

11. $A=\begin{pmatrix} 1 & 3 \\ -2 & 0 \end{pmatrix}$, $B=\begin{pmatrix} 1 & 2 \\ 1 & -1 \end{pmatrix}$일 때, 5A−3B를 구하여라.

12. $A=\begin{pmatrix} 2 & 0 & -1 \\ -1 & 3 & 0 \end{pmatrix}$, $B=\begin{pmatrix} -3 & 2 & 4 \\ 1 & 0 & -2 \end{pmatrix}$일 때, 2(A+3B)+A−4B의 모든 성분의 합을 구하여라.

13. 다음 등식을 만족하는 x, y, z의 값을 구하여라.

$$2\begin{pmatrix} 1 & -1 \\ x & y \end{pmatrix}-\begin{pmatrix} x & z \\ y & 1 \end{pmatrix}=\begin{pmatrix} y & x \\ z & 3 \end{pmatrix}$$

14. 좌표평면에서 세 점 P(a, b), Q(c, d), R(e, f)를 꼭짓점으로 하는 삼각형 PQR를 행렬 $\begin{pmatrix} a & c & e \\ b & d & f \end{pmatrix}$로 나타내기로 하자.
행렬 $A=\begin{pmatrix} 1 & -2 & 4 \\ 2 & 3 & -3 \end{pmatrix}$이 나타내는 삼각형과 다음 행렬이 나타내는 삼각형 사이의 관계를 써라.
(1) −A (2) 2A

행렬의 덧셈, 뺄셈, 실수배

15. $A=\begin{pmatrix} 2 & 0 \\ -1 & 3 \end{pmatrix}$, $B=\begin{pmatrix} 4 & 2 \\ 5 & -3 \end{pmatrix}$일 때, A+2X=3B를 만족시키는 행렬 X를 구하여라.

16. 두 행렬 $A=\begin{pmatrix} 1 & -5 \\ -3 & 2 \end{pmatrix}$, $B=\begin{pmatrix} -3 & 1 \\ -7 & -2 \end{pmatrix}$에 대하여 5A+2X=3B−A−X를 만족시키는 행렬 X의 (2, 1) 성분을 구하여라.

17. 두 행렬 $A=\begin{pmatrix} 3 & -1 \\ 2 & 5 \end{pmatrix}$, $B=\begin{pmatrix} 2 & 6 \\ 0 & -4 \end{pmatrix}$에 대하여 다음 등식을 만족하는 행렬 X를 구하여라.
2(X−A)=4A+3B

18. 행렬 $A=\begin{pmatrix} 1 & 2 \\ 2 & -4 \end{pmatrix}$, $B=\begin{pmatrix} 2 & -1 \\ 5 & 3 \end{pmatrix}$에 대하여 다음 등식을 만족하는 행렬 X를 구하여라.
3X−A=X+2(A−B)

$A+B=\begin{pmatrix} a & b \\ c & d \end{pmatrix}$, $A-B=\begin{pmatrix} e & f \\ g & h \end{pmatrix}$ 꼴의 행렬

19. 두 행렬 A, B에 대하여

$$A+B=\begin{pmatrix} 2 & -2 \\ 1 & 0 \end{pmatrix},\ A-B=\begin{pmatrix} 2 & 4 \\ 1 & 0 \end{pmatrix}$$

일 때, 행렬 2A−B의 모든 성분의 합을 구하여라.

20. 다음 등식을 만족하는 행렬 A, B를 구하여라.

$$A-3B=\begin{pmatrix} 0 & 3 \\ 2 & 1 \end{pmatrix},\ 2A-B=\begin{pmatrix} 5 & 6 \\ 4 & 7 \end{pmatrix}$$

21. 두 행렬 A, B에 대하여

$$A+B=\begin{pmatrix} -1 & -1 \\ 1 & 0 \end{pmatrix},\ A-B=\begin{pmatrix} -1 & 1 \\ -1 & -2 \end{pmatrix}$$

가 성립할 때, A+C=2B를 만족시키는 행렬 C를 구하여라.

22. 세 행렬 A, B, C에 대하여

$$A+B=\begin{pmatrix} 2 \\ -1 \end{pmatrix},\ B+C=\begin{pmatrix} -3 \\ 1 \end{pmatrix},$$

$$C+A=\begin{pmatrix} -1 \\ 4 \end{pmatrix}$$

일 때, 행렬 A−B−C의 모든 성분의 곱을 구하여라.

$\begin{cases} X+Y=A \\ X-Y=B \end{cases}$ 꼴의 행렬

23. $A=\begin{pmatrix} 1 & -8 \\ -6 & 3 \end{pmatrix}$, $B=\begin{pmatrix} 7 & 4 \\ -2 & 1 \end{pmatrix}$일 때, 다음 두 식을 동시에 성립시키는 행렬 X, Y를 각각 구하여라.

X−2Y=A ··· ㉠, 2X+Y=B ··· ㉡

24. $A=\begin{pmatrix} 1 & 3 \\ 2 & 4 \end{pmatrix}$, $B=\begin{pmatrix} 2 & 0 \\ 1 & -2 \end{pmatrix}$일 때, 다음 등식을 만족하는 행렬 X, Y를 구하여라.

2X+3Y=2A, X+2Y=3B

25. $A=\begin{pmatrix} 1 & 1 \\ 0 & -1 \end{pmatrix}$, $B=\begin{pmatrix} 0 & -2 \\ 2 & 0 \end{pmatrix}$에 대하여, X+2Y=A, 2X−Y=B를 동시에 만족하는 행렬 X, Y를 구하여라.

26. 두 행렬 $A=\begin{pmatrix} 1 & -1 \\ 0 & 2 \end{pmatrix}$, $B=\begin{pmatrix} 3 & 1 \\ 2 & -1 \end{pmatrix}$에 대하여 행렬 X, Y가 $\begin{cases} 2X-Y=2A \\ 4X+3Y=B \end{cases}$를 만족할 때, 행렬 10X+5Y를 구하여라.

행렬의 변형

27. 두 행렬 $A=\begin{pmatrix} -1 \\ -3 \end{pmatrix}$, $B=\begin{pmatrix} 2 \\ 1 \end{pmatrix}$에 대하여 $\begin{pmatrix} -2 \\ 4 \end{pmatrix}=mA+nB$를 만족하는 실수 m, n의 값을 구하여라.

28. $A=\begin{pmatrix} -2 & 4 \\ 3 & -1 \end{pmatrix}$, $B=\begin{pmatrix} 1 & 0 \\ -1 & 2 \end{pmatrix}$, $C=\begin{pmatrix} -1 & 8 \\ 3 & 4 \end{pmatrix}$일 때, 등식 $C=xA+yB$가 성립하도록 x, y의 값을 정하여라.

29. 행렬 $A=\begin{pmatrix} 3 & 1 \\ -1 & 0 \end{pmatrix}$, $B=\begin{pmatrix} 1 & -1 \\ 0 & 2 \end{pmatrix}$에 대하여 행렬 $\begin{pmatrix} 7 & 5 \\ -3 & -4 \end{pmatrix}$를 실수 x, y를 써서 $xA+yB$의 꼴로 나타내어라.

30. $A=\begin{pmatrix} 1 & 2 \\ 1 & 1 \end{pmatrix}$, $B=\begin{pmatrix} 0 & 2 \\ 2 & 0 \end{pmatrix}$일 때, 행렬 $\begin{pmatrix} 2 & 6 \\ 4 & 2 \end{pmatrix}$를 실수 x, y를 써서 $xA+yB$의 꼴로 나타내어라.

1. 행렬의 뜻~
2. 행렬의 덧셈, 뺄셈, 실수배

1. 오른쪽 그림과 같이 정의된 함수 $f : \mathrm{X} \to \mathrm{Y}$에 대하여 3×2 행렬 A의 (i, j) 성분 a_{ij}가

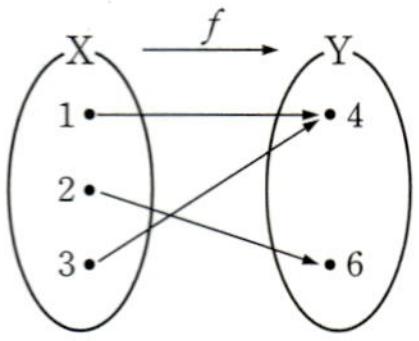

$$a_{ij}=\begin{cases} f(i) & (i\geq j) \\ f(j) & (i<j) \end{cases}$$

일 때, 행렬 A의 모든 성분의 합을 구하여라.

2. 집합 $\mathrm{P}=\{1, 2\}$, $\mathrm{Q}=\{2, 3\}$에 대하여 3차정사각행렬 A의 (i, j) 성분 a_{ij}가

$$a_{ij}=\begin{cases} 2 & (i\in\mathrm{P},\ j\in\mathrm{Q}) \\ -3 & (i\in\mathrm{P},\ j\notin\mathrm{Q}) \\ 4 & (i\notin\mathrm{P},\ j\in\mathrm{Q}) \\ 1 & (i\notin\mathrm{P},\ j\notin\mathrm{Q}) \end{cases}$$

일 때, 행렬 A를 구하여라.

3. 세 지역 A_1, A_2, A_3을 연결하여 관광하는 관광 코스가 오른쪽 그림과 같다.

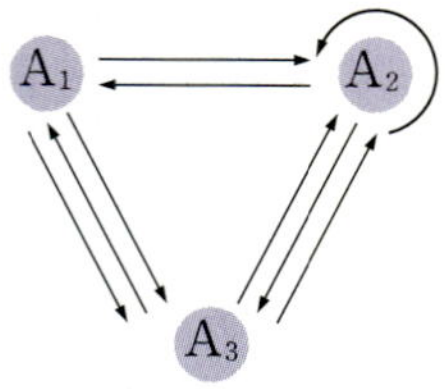

$\mathrm{A}_i(i=1, 2, 3)$ 지역에서 $\mathrm{A}_j(j=1, 2, 3)$ 지역으로 가는 관광 코스의 수를 (i, j) 성분으로 하는 행렬 A를 구하여라.

4. 다음 등식을 만족하는 양수 x, y에 대하여 $x+y$의 값을 구하여라.

$$\begin{pmatrix} x^2-ax & 2 \\ 5y & 0 \end{pmatrix}=\begin{pmatrix} 6 & 2a \\ y^2+6b & b+1 \end{pmatrix}$$

5. 두 실수 a, b에 대하여 다음 등식을 만족하는 실수 x의 값을 구하여라.

$$\begin{pmatrix} a & a^2 \\ a^3 & 1 \end{pmatrix}+\begin{pmatrix} b & b^2 \\ b^3 & 1 \end{pmatrix}=\begin{pmatrix} 1 & 2 \\ x & 2 \end{pmatrix}$$

6. 등식 $\begin{pmatrix} 3 & a \\ b & 0 \end{pmatrix}-\begin{pmatrix} 0 & b \\ -a & 1 \end{pmatrix}=\begin{pmatrix} c+d & 6 \\ 2 & c-d \end{pmatrix}$ 가 성립하도록 a, b, c, d의 값을 정하여라.

7. 다음 등식을 성립시키는 상수 a, b, c의 값을 구하여라.

$$\begin{pmatrix} b & 0 \\ -1 & a \end{pmatrix}-2\begin{pmatrix} -c & c \\ -b & 2b \end{pmatrix}=\begin{pmatrix} 0 & b \\ a & c-2b \end{pmatrix}$$

8. 다음 등식이 성립하도록 상수 a, b, x, y의 값을 구하여라.

$$a\begin{pmatrix}1 & 1\\2 & 3\end{pmatrix}+b\begin{pmatrix}1 & -1\\2 & -1\end{pmatrix}=\begin{pmatrix}3 & -1\\x & y\end{pmatrix}$$

9. 세 행렬 $A=\begin{pmatrix}3a & 1\\-1 & 1\end{pmatrix}$, $B=\begin{pmatrix}b & 1\\-1 & 1\end{pmatrix}$,

$C=\begin{pmatrix}9 & 4\\ab & 4\end{pmatrix}$가 $A+3B=C$를 만족시킬 때, 실수 a, b의 값을 구하여라. (단, $a>b$)

10. 두 행렬 $\mathbf{A}=\begin{pmatrix}1 & -2\\3 & 0\end{pmatrix}$, $\mathbf{B}=\begin{pmatrix}2 & 0\\1 & -1\end{pmatrix}$에 대하여 $\mathbf{A}=2\mathbf{B}-\mathbf{X}$를 만족시키는 행렬 $\mathbf{X}$는?

① $\begin{pmatrix}3 & 2\\-1 & -2\end{pmatrix}$ ② $\begin{pmatrix}3 & -2\\1 & 2\end{pmatrix}$

③ $\begin{pmatrix}-1 & -2\\3 & 2\end{pmatrix}$ ④ $\begin{pmatrix}-2 & -1\\2 & 3\end{pmatrix}$

⑤ $\begin{pmatrix}-3 & 1\\-2 & 2\end{pmatrix}$

11. 행렬 A에 대하여

$A+2A+3A+4A=\begin{pmatrix}20 & 40\\30 & 70\end{pmatrix}$이 성립한다.

$X+A=\begin{pmatrix}-5 & 3\\0 & 9\end{pmatrix}$일 때, 행렬 X를 구하여라.

12. 두 이차정사각행렬 A, B가

$A-B=\begin{pmatrix}0 & -3\\12 & 2\end{pmatrix}$, $2A+B=\begin{pmatrix}6 & 3\\9 & 7\end{pmatrix}$을 만족시킬 때, 행렬 A의 (2, 1) 성분과 행렬 B의 (2, 2) 성분의 합을 구하여라.

13. 두 이차정사각행렬 X, Y가

$$X-2Y=\begin{pmatrix}5 & 0\\0 & -3\end{pmatrix},\ 2X+Y=\begin{pmatrix}0 & 5\\5 & 9\end{pmatrix}$$

를 만족할 때, X−Y를 구하여라.

14. $A=\begin{pmatrix}1 & -3\\2 & 5\end{pmatrix}$, $B=\begin{pmatrix}4 & 1\\-1 & 2\end{pmatrix}$,

$C=\begin{pmatrix}10 & a\\b & -4\end{pmatrix}$에 대하여 $C=pA+qB$를 만족하는 상수 p, q의 값을 각각 구하여라.

15. 세 행렬 $A=\begin{pmatrix}4 & 1\\-1 & 2\end{pmatrix}$, $B=\begin{pmatrix}1 & -3\\2 & 5\end{pmatrix}$,

$C=\begin{pmatrix}10 & x\\y & -4\end{pmatrix}$가 있다. 실수 m, n에 대하여 $C=mA+nB$가 성립할 때, $x-y$의 값을 구하여라.

(1~2) 자연수 n을 5로 나누었을 때의 나머지를 $\langle n \rangle$으로 나타내기로 하자. 예를 들면 $\langle 7 \rangle = 2$이다.

1. 이차정사각행렬 A의 (i, j) 성분 a_{ij}가 $a_{ij} = \langle 3^i \rangle + \langle 3^j \rangle$일 때, 행렬 A를 구하여라.

2. 행렬 $B = \begin{pmatrix} 4 & 3 \\ 4 & 3 \end{pmatrix}$의 (i, j) 성분 b_{ij}는 어떤 자연수 m, n에 대하여 $b_{ij} = \langle m^i \rangle + \langle n^j \rangle$로 나타낼 수 있다. 이때 (i, j) 성분 c_{ij}가 $c_{ij} = \langle n^i \rangle + \langle m^j \rangle$인 행렬 C를 구하여라.

3. 이차정사각행렬 A의 (i, j) 성분 a_{ij}를 $a_{ij} = \left[\dfrac{5i-j}{2} \right]$ $(i=1, 2, j=1, 2)$로 정의할 때, 행렬 A의 모든 성분의 합을 구하여라. (단, $[x]$는 x보다 크지 않은 최대의 정수이다.)

4. 오른쪽 그림은 세 지점 P_1, P_2, P_3을 지나는 버스 노선을 곡선으로 나타낸 것이다. 삼차정사각행렬 A의 (i, j) 성분 a_{ij}를 P_i와 P_j를 직접 연결하는 버스 노선의 수라고 정의할 때, 행렬 A를 구하여라. (단, $i=j$이면 $a_{ij}=0$이다.)

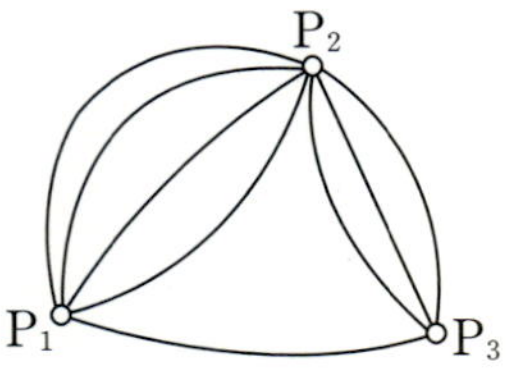

5. 등식 $\begin{pmatrix} 2\sin\theta & 2\cos\theta \\ 2 & -4 \end{pmatrix} = \begin{pmatrix} \sqrt{3} & -1 \\ 2 & -4 \end{pmatrix}$를 만족하는 θ의 값을 구하여라. (단, $0 \le \theta \le 2\pi$)

6. 다음 등식을 성립시키는 a, b, c, d의 값을 구하여라.

$$\begin{pmatrix} a+2b & 2b-c \\ c-3 & a+2b \end{pmatrix} = \begin{pmatrix} 2c-a & b+d \\ 2a-b & b+3d \end{pmatrix}$$

7. 2×2 행렬 A의 (i, j) 성분 a_{ij}가 $a_{ij} = 4i - 3j$이고, 행렬 $B = \begin{pmatrix} x+y & -2 \\ z & xy \end{pmatrix}$에 대하여 A=B가 성립할 때, $x^2+y^2+z^2$의 값을 구하여라.

8. 등식 $\begin{pmatrix} 9 & 3 \\ x & 5 \end{pmatrix} - \begin{pmatrix} 4 & 1 \\ 3 & 8 \end{pmatrix} = \begin{pmatrix} xy & 2 \\ -y & -3 \end{pmatrix}$이 성립할 때, x^2+y^2의 값을 구하여라.

9. $\begin{pmatrix} x+y & 4 \\ b & x^2+y^2 \end{pmatrix}=\begin{pmatrix} 6 & a \\ -1 & 12 \end{pmatrix}$를 만족하는 상수 a, b, x, y에 대하여 $\begin{pmatrix} 2xy & a \\ x^3 & 2 \end{pmatrix}+\begin{pmatrix} -2b & b \\ y^3 & 7 \end{pmatrix}$을 구하여라.

10. 다음 표는 어느 공장 A, B에서 하루에 생산하는 농기계의 대수를 나타낸 것이다.

(단위 : 대)

공장 A	중형	대형
트랙터	40	30
경운기	30	30

(단위 : 대)

공장 B	중형	대형
트랙터	55	45
경운기	25	15

위의 표를 각각 행렬로 나타내면

$$\begin{pmatrix} 40 & 30 \\ 30 & 30 \end{pmatrix}, \begin{pmatrix} 55 & 45 \\ 25 & 15 \end{pmatrix}$$

이다. 지난 달 A, B 공장의 작업 일수는 서로 다르고 두 공장에서 생산한 중형 트랙터는 모두 1825대, 대형 경운기는 모두 975대일 때, 지난 달 B 공장에서 생산한 중형 경운기의 대수를 구하여라.

11. 행렬 $A=\begin{pmatrix} \cos\theta & -\sin\theta \\ \sin\theta & \cos\theta \end{pmatrix}$에 대하여 $kA=\begin{pmatrix} 2 & 0 \\ 0 & 2 \end{pmatrix}$를 만족시키는 실수 θ가 존재하도록 하는 모든 실수 k의 값을 구하여라. (단, $k\neq0$)

12. 두 행렬 $A=\begin{pmatrix} 2 & 3 \\ -1 & 4 \end{pmatrix}$, $B=\begin{pmatrix} 3 & 1 \\ -1 & 2 \end{pmatrix}$에 대하여 $3A+B+2X=A-2B+3X$를 만족시키는 행렬 X의 2행 2열의 성분을 구하여라.

13. 이차정사각행렬 A, B가

$A-3B=\begin{pmatrix} 4 & 4 \\ 4 & 14 \end{pmatrix}$, $2A-B=\begin{pmatrix} 13 & 3 \\ 3 & 8 \end{pmatrix}$을

만족시킬 때, 행렬 $A-B$의 모든 성분의 합을 구하여라.

14. 두 행렬 $\mathbf{A}=\begin{pmatrix} 1 & 2 \\ 3 & 1 \end{pmatrix}$, $\mathbf{B}=\begin{pmatrix} 1 & 0 \\ 5 & 3 \end{pmatrix}$에 대하여 $\begin{cases} \mathbf{X}+\mathbf{Y}=\mathbf{A} \\ \mathbf{X}-\mathbf{Y}=\mathbf{B} \end{cases}$를 만족시키는 행렬 **X**의 모든 성분의 합은?

① 8 ② 9 ③ 10
④ 11 ⑤ 12

15. 세 행렬 A, B, C가

$A=\begin{pmatrix} 2 & -1 \\ 1 & 2 \end{pmatrix}$, $B=\begin{pmatrix} -2 & -1 \\ 2 & 4 \end{pmatrix}$,

$C=\begin{pmatrix} 0 & -2 \\ 3 & 6 \end{pmatrix}$

일 때, $C=xA+yB$를 만족시키는 실수 x, y의 값을 구하여라.

1. 이차정사각행렬 A의 $(i,\ j)$ 성분 a_{ij}를

$a_{ij}=\left[\dfrac{2i+j}{2}\right]$ $(i=1,\ 2,\ j=1,\ 2)$로 정의할 때, 행렬 A의 모든 성분의 합을 구하여라. (단, $[x]$는 x보다 크지 않은 최대의 정수이다.)

2. 육차정사각행렬 A의 $(i,\ j)$ 성분 a_{ij}가

$a_{ij}=(i+1)(j+1)+2$

일 때, 행렬 A의 성분 중 홀수의 개수를 구하여라.

3. 다음 표는 두 과일 가게 P, Q에서 판매하는 과일 중 배, 사과, 귤의 한 개당 가격을 나타낸 것이다.

(단위 : 원)

	P	Q
배	800	900
사과	600	500
귤	400	400

위의 표를 행렬 A로 나타내면

$A=\begin{pmatrix} 800 & 900 \\ 600 & 500 \\ 400 & 400 \end{pmatrix}$이다. 그리고 행렬

$B=\begin{pmatrix} 8000 & 9000 \\ 600x & 500y \\ 400y & 4000 \end{pmatrix}$은 두 가게에서 하루 동안 판매한 배, 사과, 귤의 판매 금액이다. 다음 조건을 만족하는 x, y의 값을 구하여라.

> ㉠ 두 가게에서 하루 동안 판매한 사과의 판매 금액은 같다.
> ㉡ P가게에서 하루 동안 판매한 세 과일의 판매 금액이 Q가게에서 하루 동안 판매한 세 과일의 판매 금액보다 14200원이 더 많다.

4. 두 곡선 $y=ix^2-4$와 $y=2jx^2-4ix$의 교점의 개수를 a_{ij}라고 할 때, a_{ij}를 성분으로 하는 이차정사각행렬 A를 구하여라.

5. 3×2 행렬 A, B에 대하여 A의 $(i,\ j)$ 성분은 $4i-3j+2$이고, $A-2B$의 $(i,\ j)$ 성분은 $2i+j-4$일 때, 행렬 B를 구하여라. (단, $i=1,\ 2,\ 3,\ j=1,\ 2$)

6. 이차방정식 $x^2+ax+b=0$의 두 근을 α, β라고 할 때, 등식

$\begin{pmatrix} \alpha & \alpha^2 \\ 3 & \alpha^3 \end{pmatrix}+\begin{pmatrix} \beta & \beta^2 \\ -3 & \beta^3 \end{pmatrix}=\begin{pmatrix} 1 & 19 \\ 0 & k \end{pmatrix}$가 성립한다. 이때 a, b, k의 값을 구하여라. (단, a, b, k는 상수)

7. 세 행렬 A, B, C에 대하여

$$A+B=\begin{pmatrix} 4 & 2 \\ 3 & 0 \end{pmatrix},\ B+C=\begin{pmatrix} 0 & 1 \\ 2 & 4 \end{pmatrix},$$
$$C+A=\begin{pmatrix} -2 & 1 \\ 3 & -2 \end{pmatrix}$$

일 때, $A-(B-C)$를 계산하여라.

8. 두 행렬 $A=(a_{ij})$, $B=(b_{ij})(i,\ j=1,\ 2,\ 3)$에 대하여 등식

$$\begin{pmatrix} a_{11} & a_{12} & a_{13} \\ a_{21} & a_{22} & a_{23} \\ a_{31} & a_{32} & a_{33} \end{pmatrix}+\begin{pmatrix} b_{11} & b_{12} & b_{13} \\ b_{21} & b_{22} & b_{23} \\ b_{31} & b_{32} & b_{33} \end{pmatrix}$$
$$=\begin{pmatrix} 1 & 3 & 0 \\ 7 & 9 & 2 \\ 4 & 6 & 8 \end{pmatrix}$$

이 성립한다. $a_{ij}=-a_{ji}$, $b_{ij}=b_{ji}$일 때, $a_{13}+b_{22}$의 값을 구하여라.

9. 오른쪽 그림에서 원점 $O(0,\ 0)$과 점 $A(1,\ 2)$, $B(3,\ 2)$를 꼭짓점으로 하는 $\triangle OAB$를 행렬을 이용하여

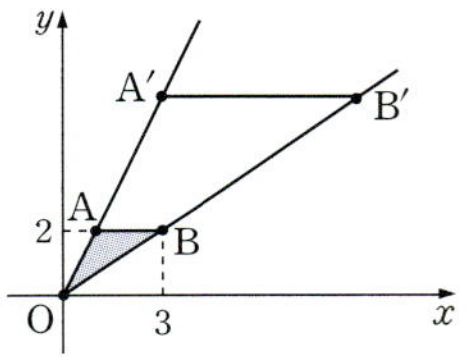

$M=\begin{pmatrix} 0 & 1 & 3 \\ 0 & 2 & 2 \end{pmatrix}$와 같이 나타내기로 한다. 선분 OA와 OB의 연장선 위의 점 A′, B′에 대하여 $\overline{AB} /\!/ \overline{A'B'}$이고 $\triangle OAB$와 $\triangle OA'B'$의 넓이의 비가 $1:9$일 때, $\triangle OA'B'$을 위와 같이 행렬로 표현하면 행렬 kM으로 나타낼 수 있다. 이때 실수 k의 값을 구하여라.

10. 세 점 $A(x_1,\ y_1)$, $B(x_2,\ y_2)$, $C(x_3,\ y_3)$을 꼭짓점으로 하는 삼각형 ABC를 행렬을 이용하여 $M=\begin{pmatrix} x_1 & x_2 & x_3 \\ y_1 & y_2 & y_3 \end{pmatrix}$으로 나타낼 때, 삼각형 ABC를 원점에 대하여 대칭이동한 후 x축의 방향으로 -2만큼, y축의 방향으로 5만큼 평행이동한 삼각형의 좌표를 행렬을 이용하여 나타내면

$kM+N$

이다. 이때 실수 k와 2×3 행렬 N을 구하여라.

11. 두 행렬 $A=\begin{pmatrix} 2 & -1 \\ 1 & 3 \end{pmatrix}$, $B=\begin{pmatrix} 1 & -1 \\ 0 & 2 \end{pmatrix}$에 대하여 $2A+X=2(X+B)-A$를 만족시키는 행렬 X의 모든 성분의 합을 구하여라.

12. $3A+B=\begin{pmatrix} 2 & 1 \\ -2 & 5 \end{pmatrix}$, $2A-B=\begin{pmatrix} 3 & -1 \\ 2 & 5 \end{pmatrix}$를 만족하는 행렬 A, B에 대하여 행렬 $A+B$의 모든 성분의 합을 구하여라.

13. 집합 S가

$$S=\left\{\begin{pmatrix} 0 & 1 \\ 1 & 1 \end{pmatrix},\ \begin{pmatrix} 1 & 0 \\ 1 & 1 \end{pmatrix},\ \begin{pmatrix} 1 & 1 \\ 0 & 1 \end{pmatrix},\ \begin{pmatrix} 1 & 1 \\ 1 & 0 \end{pmatrix}\right\}$$

일 때, 옳은 것만을 있는 대로 고른 것은?

ㄱ. 집합 S에 속하는 서로 다른 두 행렬 A, B에 대하여 행렬 $A+B$의 성분은 모두 짝수이다.

ㄴ. 집합 S에 속하는 행렬 중에서 중복을 허락하여 m개의 행렬 A_1, A_2, $\cdots$, A_m을 선택하였을 때,

$$A_1+A_2+\cdots+A_m=\begin{pmatrix} 9 & 9 \\ 9 & 9 \end{pmatrix}$$

가 되도록 하는 m이 존재한다.

ㄷ. 집합 S에 속하는 행렬 중에서 중복을 허락하여 n개의 행렬 A_1, A_2, $\cdots$, A_n을 선택하였을 때, 행렬 $\begin{pmatrix} 1 & 3 \\ 5 & 7 \end{pmatrix}+A_1+A_2+\cdots+A_n$의 성분이 모두 짝수가 되도록 하는 n의 최솟값은 4이다.

① ㄱ ② ㄴ ③ ㄷ
④ ㄴ, ㄷ ⑤ ㄱ, ㄴ, ㄷ

14. 이차방정식 $x^2-ax+b=0$의 두 근을 p, q라고 할 때, $p\begin{pmatrix} 1 & p \\ 0 & q \end{pmatrix}+q\begin{pmatrix} 1 & q \\ 0 & p \end{pmatrix}=\begin{pmatrix} 6 & 14 \\ 0 & 2pq \end{pmatrix}$를 만족하는 상수 a, b에 대하여 $a+b$의 값을 구하여라.

1. 이차정사각행렬 A의 $(i,\ j)$ 성분 a_{ij}가 $a_{ij}=(i+2j$의 양의 약수의 개수$)$일 때, 행렬 A의 모든 성분의 합을 구하여라. (단, $i=1,\ 2,\ j=1,\ 2$)

2. 이차정사각행렬 A의 $(i,\ j)$ 성분을 $a_{ij}=\sin\left\{\frac{(i+j)}{2}\pi+\theta\right\}(i=1,\ 2,\ j=1,\ 2)$로 정의하자. 행렬 A의 모든 성분의 합이 1일 때, θ의 값을 구하여라. (단, $0\le\theta\le\pi$이다.)

3. 이차정사각행렬 A의 $(i,\ j)$ 성분 a_{ij}를 $a_{ij}=\left[\frac{3i-j}{2}\right](i=1,\ 2,\ j=1,\ 2)$로 정의할 때, 행렬 A의 모든 성분의 합을 구하여라. (단, $[x]$는 x보다 크지 않은 최대의 정수이다.)

4. 오른쪽 그림과 같이 정의된 함수 f : X → X에 대하여 3×3 행렬 A의 $(i,\ j)$ 성분 a_{ij}를

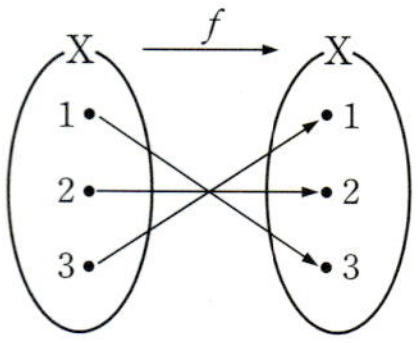

$a_{ij}=\begin{cases}1\ (f(i)\ge j)\\0\ (f(i)<j)\end{cases}$ 으로 정의할 때, 행렬 A의 모든 성분의 합을 구하여라.

5. 집합 $X=\{1,\ 2,\ 3\}$에서 X로의 함수 f를 이용하여 삼차정사각행렬 A의 $(i,\ j)$ 성분 a_{ij}를 $a_{ij}=\begin{cases}1\ (f(i)=j)\\0\ (f(i)\ne j)\end{cases}$ 와 같이 정의한다.

$A=\begin{pmatrix}1&0&0\\0&0&1\\0&1&0\end{pmatrix}$일 때, 함수 $y=f(x)$의 그래프는?

①
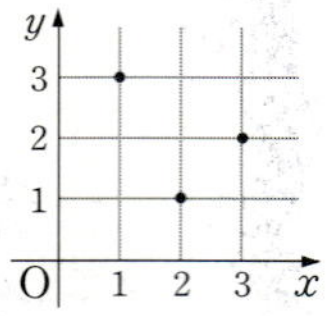

②
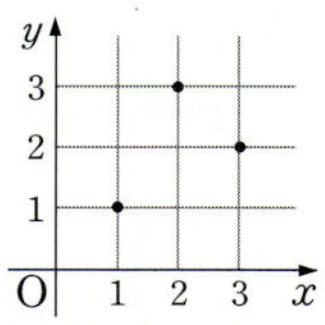

③
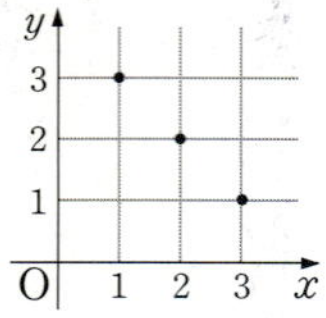

④
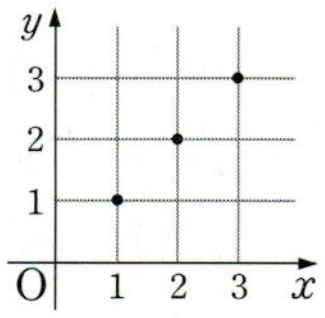

⑤
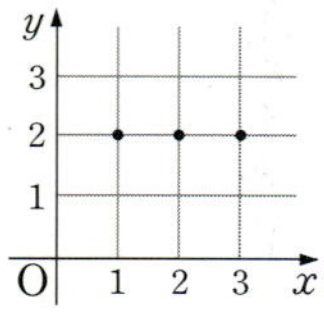

6. 번호가 1번, 2번, 3번인 버스가 있다. 이 버스 중에서 세 정류장 S_1, S_2, S_3에 정차하는 버스의 번호를 조사한 결과가 표와 같을 때, 행렬 A의 성분 $a_{ij}\ (i=1,\ 2,\ 3,\ j=1,\ 2,\ 3)$을 다음과 같이 정의하자.

정류장	버스번호
S_1	2, 3
S_2	1, 2, 3
S_3	1, 3

$a_{ij}=\begin{cases}1\ (i\text{번 버스가 정류장 }S_j\text{에 정차할 때})\\0\ (i\text{번 버스가 정류장 }S_j\text{에 정차하지 않을 때})\end{cases}$

이때 삼차정사각행렬 A를 구하여라.

7. 수량을 조절하기 위하여 그림과 같이 강에 댐 2개를 설치하고, 물고기를 위한 통로(어도)를 상류 댐에 2개, 하류 댐에 3개를 설치하였다. 행렬 A의 (i, j) 성분 a_{ij}를 다음과 같이 정의할 때, 행렬 A의 표현으로 옳은 것은?

(가) $i=j$일 때, $a_{ij}=1$
(나) $i \neq j$일 때, a_{ij}는 물고기가 수역 P_i에서 수역 P_j로 갈 수 있는 경로의 수

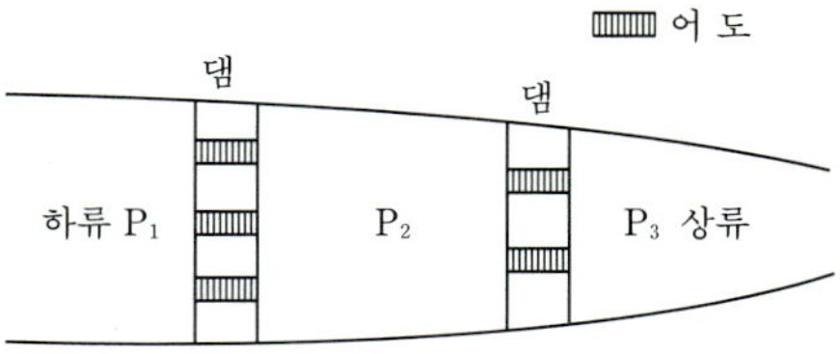

① $\begin{pmatrix} 1 & 3 & 6 \\ 3 & 1 & 2 \\ 6 & 2 & 1 \end{pmatrix}$　② $\begin{pmatrix} 1 & 2 & 3 \\ 2 & 1 & 6 \\ 3 & 6 & 1 \end{pmatrix}$

③ $\begin{pmatrix} 1 & 3 & 3 \\ 3 & 1 & 2 \\ 3 & 2 & 1 \end{pmatrix}$　④ $\begin{pmatrix} 1 & 2 & 3 \\ 2 & 1 & 2 \\ 3 & 2 & 1 \end{pmatrix}$

⑤ $\begin{pmatrix} 1 & 2 & 6 \\ 2 & 1 & 3 \\ 6 & 3 & 1 \end{pmatrix}$

8. 그림과 같이 직사각형 모양의 색종이 위에 도형 <1>, <2>, <3>이 그려져 있다. 행렬 A의 (i, j) 성분 a_{ij}는 도형 <i>와 <j>로 잘려진 조각의 개수이다. 삼차정사각행렬 A를 구하여라. (단, $i=1, 2, 3$, $j=1, 2, 3$)

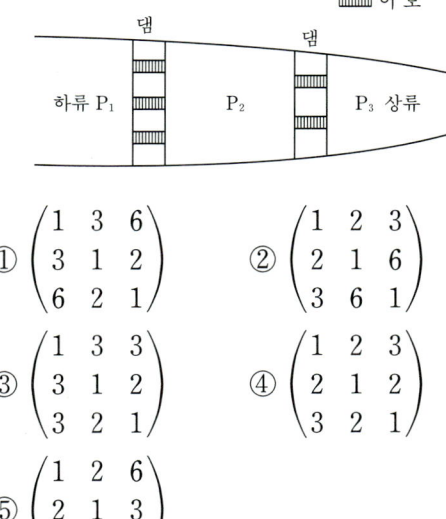

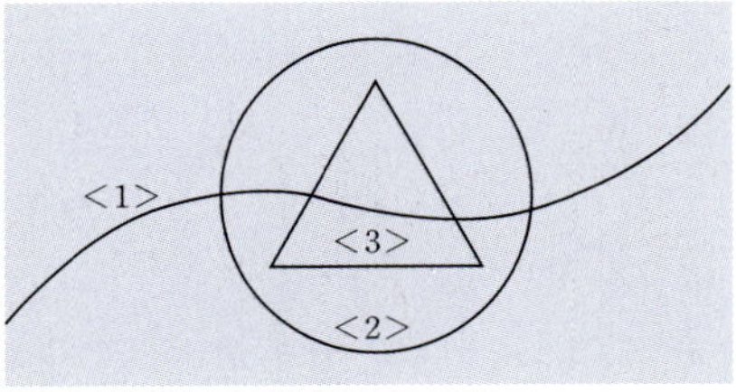

9. 실수 x, y에 대하여 $x◎y$를 행렬 $\begin{pmatrix} x & y \\ y & x \end{pmatrix}$로 정의할 때, 〈보기〉에서 옳은 것을 모두 고른 것은?

〈보기〉

ㄱ. 임의의 실수 a, b에 대하여 $a◎b=b◎a$가 성립한다.
ㄴ. 임의의 실수 a, b, c, d에 대하여 $(a◎b)+(c◎d)=(a+c)◎(b+d)$가 성립한다.
ㄷ. 임의의 실수 a, b, k에 대하여 $(ka)◎(kb)=k(a◎b)$가 성립한다.

① ㄱ　② ㄴ　③ ㄷ
④ ㄱ, ㄴ　⑤ ㄴ, ㄷ

10. 다음 표는 어느 학교 등산 동아리 학생들이 지난 여름방학 동안 등산한 곳을 조사한 자료의 일부분이다.

번호	이름	산 이름
1	김○○	소백산, 속리산, 오대산, 한라산
2	홍○○	내장산, 설악산
3	박○○	설악산, 속리산, 한라산
4	이○○	오대산, 설악산

3×3 행렬 M의 (i, j) 성분 a_{ij}를 다음과 같이 정의할 때, 삼차정사각행렬 M을 구하여라.

(가) $i=j$일 때, a_{ij}는 i번 학생이 등산한 산의 수
(나) $i \neq j$일 때, a_{ij}는 i번 학생과 j번 학생이 같은 산을 등산한 산의 수

11. 이차정사각행렬 A의 $(i,\ j)$ 성분 $a_{ij}(i=1,\ 2,\ j=1,\ 2)$는 곡선 $y=|\sin x|$와 직선 $y=\dfrac{1}{(i+j)\pi}x$의 교점의 개수를 나타낼 때, 행렬 A의 모든 성분의 합을 구하여라.

12. 백의 자리의 수, 십의 자리의 수, 일의 자리의 수가 각각 $a,\ b,\ c$인 세 자리 자연수 n에 행렬 $A=\begin{pmatrix} a & b \\ c & b+c \end{pmatrix}$를 대응시키는 것을 [그림 1]과 같이 나타내자. 그리고 행렬 $B=\begin{pmatrix} p & q \\ r & s \end{pmatrix}$에 대하여 행렬 B^t을 $B^t=\begin{pmatrix} p & r \\ q & s \end{pmatrix}$라 할 때, 행렬 B에 행렬 B^t을 대응시키는 것을 [그림 2]와 같이 나타내자.

[그림 1]

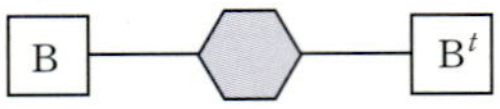

[그림 2]

아래 그림에서 행렬 $X=\begin{pmatrix} 7 & 1 \\ 9 & 10 \end{pmatrix}$일 때, 자연수 n의 값은?

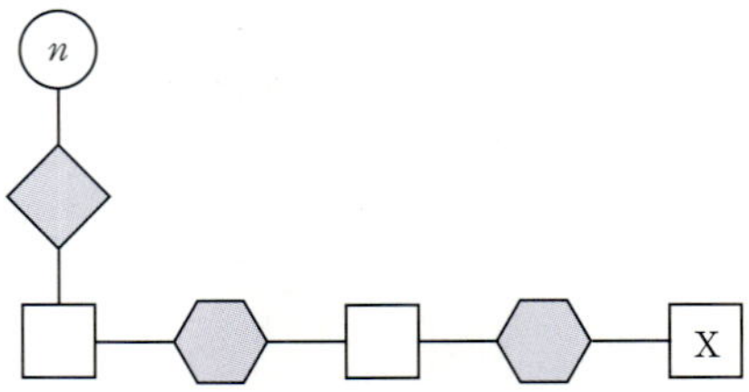

① 179 ② 197 ③ 719
④ 791 ⑤ 971

13. 좌표평면 위의 점 $(x,\ y)$를 행렬 $\begin{pmatrix} x \\ y \end{pmatrix}$로 나타내기로 하자. 영역 $D=\{(x,\ y)\,|\,0\le x\le 1,\ 0\le y\le 1\}$에 속하는 임의의 두 점 $(a,\ b)$, $(c,\ d)$에 대응하는 행렬 $A=\begin{pmatrix} a \\ b \end{pmatrix}$, $B=\begin{pmatrix} c \\ d \end{pmatrix}$에 대하여 $A+B=\begin{pmatrix} p \\ q \end{pmatrix}$라 할 때, 점 $(p,\ q)$가 나타내는 영역의 넓이는?

① 2 ② $\dfrac{5}{2}$ ③ 3
④ $\dfrac{7}{2}$ ⑤ 4

14. 한 변의 길이가 각각 $1,\ 3,\ 5,\ \cdots,\ 2n-1,\ \cdots$인 정사각형의 변과 꼭짓점에 아래 그림과 같이 일정한 간격으로 자연수가 규칙적으로 배열되어 있다. 이때 각 정사각형에서 1은 왼쪽 아래 꼭짓점 바로 위에 놓여 있다.

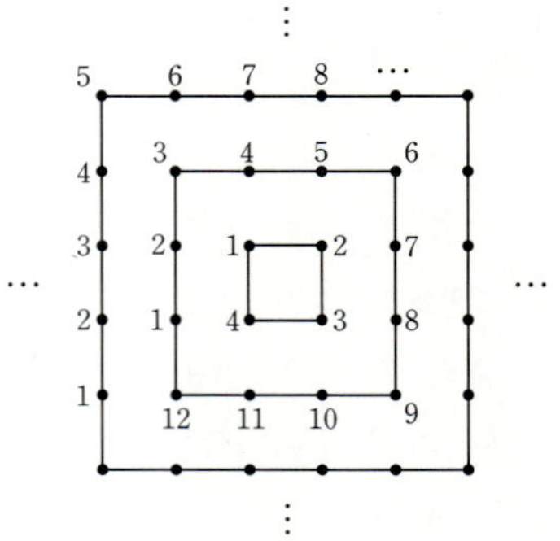

각 정사각형의 네 꼭짓점에 놓이는 자연수를 성분으로 하는 이차정사각행렬을 차례로 $A_1,\ A_2,\ A_3,\ \cdots,\ A_n,\ \cdots$이라 하자. 예를 들면, $A_1=\begin{pmatrix} 1 & 2 \\ 4 & 3 \end{pmatrix}$, $A_2=\begin{pmatrix} 3 & 6 \\ 12 & 9 \end{pmatrix}$이다. 행렬 A_{15}의 모든 성분의 합을 구하여라.

B&A 교과서 실력쌓기

1. 행렬의 곱셈(1)

행렬의 곱의 정의

1. 두 행렬 A, B가 각각 다음과 같을 때, 두 행렬의 곱 AB는 정의되는가? 또, AB가 정의될 때, 어떤 꼴의 행렬이 되는가?

(1) A : 2×1 행렬　　B : 1×3 행렬
(2) A : 2×3 행렬　　B : 2×2 행렬
(3) A : 2×2 행렬　　B : 2×3 행렬
(4) A : 2×2 행렬　　B : 1×2 행렬

2. 행렬 $A=(-1\ \ 2)$, $B=\begin{pmatrix} 2 \\ -3 \end{pmatrix}$, $C=\begin{pmatrix} 2 & 3 \\ 0 & -1 \end{pmatrix}$에 대하여 다음 중 곱이 정의되는 것을 찾아 계산하여라.

① AB　② BA　③ CB
④ CA　⑤ BC

3. 행렬 $A=\begin{pmatrix} a_{11} & a_{12} & a_{13} \\ a_{21} & a_{22} & a_{23} \end{pmatrix}$, $B=\begin{pmatrix} b_{11} & b_{12} \\ b_{21} & b_{22} \\ b_{31} & b_{32} \end{pmatrix}$, $C=\begin{pmatrix} c_{11} \\ c_{21} \\ c_{31} \end{pmatrix}$일 때, 다음 중 행렬의 연산이 정의 되는 것은?

① CA　② BC　③ AC
④ ABC　⑤ AB+C

행렬의 곱의 계산

(4~12) 다음을 계산하여라.

4. $(3\ \ 4)\begin{pmatrix} -5 \\ 6 \end{pmatrix}$

5. $(3\ \ 0\ \ -1)\begin{pmatrix} 2 \\ -4 \\ 8 \end{pmatrix}$

6. $(2\ \ 3)\begin{pmatrix} 4 & 1 \\ -1 & 0 \end{pmatrix}$

7. $\begin{pmatrix} 5 \\ -1 \\ 6 \end{pmatrix}(1\ \ 2\ \ -1)$

8. $\begin{pmatrix} 3 & -1 \\ 2 & -5 \end{pmatrix}\begin{pmatrix} 1 \\ -4 \end{pmatrix}$

9. $\begin{pmatrix} 1 & 2 \\ 3 & 4 \end{pmatrix}\begin{pmatrix} 5 & 6 \\ 7 & 8 \end{pmatrix}$

10. $\begin{pmatrix} 0 & -6 \\ 1 & 1 \end{pmatrix}\begin{pmatrix} 1 & 5 \\ 4 & -2 \end{pmatrix}$

11. $\begin{pmatrix} 3 & 2 \\ 8 & 0 \\ -1 & -2 \end{pmatrix}\begin{pmatrix} 1 & -2 \\ 3 & -4 \end{pmatrix}$

12. $\begin{pmatrix} 1 & 3 \\ -2 & 1 \end{pmatrix}\begin{pmatrix} -1 \\ 0 \end{pmatrix}(2\ \ 1)$

행렬의 곱셈

13. 행렬 $A=\begin{pmatrix} 0 & 1 \\ 2 & 3 \end{pmatrix}$에 대하여 A^2의 모든 성분의 합을 구하여라.

14. 두 행렬 $A=\begin{pmatrix} 1 & 3 \\ 0 & 2 \end{pmatrix}$, $B=\begin{pmatrix} -1 & 0 \\ 1 & -2 \end{pmatrix}$의 곱 AB의 모든 성분의 합을 구하여라.

15. $A=\begin{pmatrix} 2 & -1 \\ 3 & 4 \end{pmatrix}$, $B=\begin{pmatrix} -1 & 4 \\ 3 & 2 \end{pmatrix}$,

$C=\begin{pmatrix} -2 & 3 \\ 0 & 1 \end{pmatrix}$일 때, $2AC+BC$를 계산하여라.

16. 행렬 $A=\begin{pmatrix} -2 & 3 \\ 0 & 1 \end{pmatrix}$에 대하여 A^2+3A의 모든 성분의 합을 구하여라.

17. 두 행렬 $A=\begin{pmatrix} 2 & -4 \\ -1 & 2 \end{pmatrix}$, $B=\begin{pmatrix} 1 & 2 \\ 3 & 4 \end{pmatrix}$일 때, $AB-\frac{1}{2}BA$를 구하여라.

18. $A=\begin{pmatrix} 3 & 0 \\ -1 & 2 \end{pmatrix}$, $B=\begin{pmatrix} 4 & 3 \\ 1 & 2 \end{pmatrix}$일 때, A^2+AB의 모든 성분의 합을 구하여라.

19. 두 이차정사각행렬 A, B에 대하여

$$A+B=\begin{pmatrix} -1 & 2 \\ 3 & 1 \end{pmatrix},\ A-B=\begin{pmatrix} 1 & 2 \\ 2 & -3 \end{pmatrix}$$

일 때, AB를 구하여라.

20. 두 행렬 A, B에 대하여

$$A+2B=\begin{pmatrix} 5 & -1 \\ 2 & 1 \end{pmatrix},\ A-2B=\begin{pmatrix} -3 & -1 \\ -2 & 3 \end{pmatrix}$$

이 성립할 때, A^2-4B^2의 모든 성분의 합을 구하여라.

행렬의 곱셈과 근과 계수의 관계

21. 이차방정식 $x^2-7x-1=0$의 두 근을 α와 β라고 하자.

행렬 $A=\begin{pmatrix} \alpha & 1 \\ 1 & \beta \end{pmatrix}$에 대하여 $A^2=\begin{pmatrix} a & b \\ c & d \end{pmatrix}$라고 할 때, $a+d$의 값을 구하여라.

22. 이차방정식 $x^2-3x-2=0$의 두 근을 α, β라고 할 때, $X=\begin{pmatrix} \alpha & 1 \\ -1 & \beta \end{pmatrix}$에 대하여 X^2의 모든 성분의 합을 구하여라.

23. 이차방정식 $x^2-2x+3=0$의 두 근을 α, β라고 할 때, 행렬 $A=\begin{pmatrix} \alpha & 1 \\ 1 & \beta \end{pmatrix}$라고 하자. 이때 A^2-4A의 모든 성분의 합을 구하여라.

B&A 교과서 실력쌓기

2. 행렬의 곱셈(2)

행렬의 곱셈과 서로 같은 행렬

1. 등식 $\begin{pmatrix} 1 & 2 \\ a & 0 \end{pmatrix}\begin{pmatrix} 1 & -2 \\ 0 & b \end{pmatrix}=\begin{pmatrix} 1 & 4 \\ -2 & c \end{pmatrix}$를 만족하는 a, b, c의 값을 구하여라.

2. 다음 등식을 만족하는 실수 a, b의 값을 구하여라.

$$\begin{pmatrix} a & b \\ 2 & 1 \end{pmatrix}\begin{pmatrix} a & 0 \\ b & a \end{pmatrix}$$
$$=2\begin{pmatrix} 10 & 6-a \\ 3 & 0 \end{pmatrix}+\begin{pmatrix} 5 & 2a \\ 4 & a \end{pmatrix}$$

3. 다음 등식을 만족하는 실수 a, b, k의 값을 구하여라.

$$\begin{pmatrix} 1 & -1 \\ -2 & 3 \end{pmatrix}\begin{pmatrix} a & 2 \\ b & 0 \end{pmatrix}=k\begin{pmatrix} 0 & -1 \\ 1 & 2 \end{pmatrix}$$

4. 등식 $\begin{pmatrix} x & y \\ 1 & 1 \end{pmatrix}\begin{pmatrix} y \\ x \end{pmatrix}=\begin{pmatrix} 14 \\ 6 \end{pmatrix}$을 만족시키는 두 실수 x, y에 대하여 x^2+y^2의 값을 구하여라.

5. $A=\begin{pmatrix} a & b \\ c & 1 \end{pmatrix}$일 때, $A^2=\begin{pmatrix} 5 & 4 \\ 4 & 5 \end{pmatrix}$를 만족하는 a, b, c의 값을 구하여라.

6. 두 상수 a, b에 대하여 행렬 $A=\begin{pmatrix} -1 & a \\ b & 2 \end{pmatrix}$가 $A^2=A$이고, $a^2+b^2=10$일 때, $(a+b)^2$의 값을 구하여라.

7. $(a \;\; -1)\begin{pmatrix} 2 \\ b \end{pmatrix}=(a \;\; b \;\; 0)\begin{pmatrix} 1 \\ b \\ b^2 \end{pmatrix}=(3)$을 만족시키는 상수 a, b의 값을 구하여라.

8. $(x \;\; y)\begin{pmatrix} x \\ y \end{pmatrix}+(1 \;\; x \;\; -y)\begin{pmatrix} -3 \\ -y \\ x \end{pmatrix}=(x \;\; -2)\begin{pmatrix} 2 \\ y \end{pmatrix}$

가 성립할 때, $x-y$의 값을 구하여라.

9. $A=\begin{pmatrix} a & b \\ 1 & 1 \end{pmatrix}$이 $A^2=O$를 만족할 때, a와 b의 값을 구하여라.(단, O는 영행렬)

10. 이차정사각행렬 A에 대하여 $A\begin{pmatrix} 1 \\ 1 \end{pmatrix}=\begin{pmatrix} 4 \\ 7 \end{pmatrix}$이 성립할 때, 행렬 A의 모든 성분의 합을 구하여라.

행렬의 곱셈의 활용

11. 오른쪽 표는 몸무게가 55 kg, 65 kg인 사람이 30분 동안 운동했을 때 소모되는 에너지의 양을 나타내는 것이다. 걷기를 2시간, 달리기를 30분, 수영을 1시간 동안 했을 때, 몸무게가 55 kg, 65 kg인 사람이 각각 소모한 에너지의 양을 행렬로 나타내면 $(a\ \ 1\ \ b)\begin{pmatrix} c & 115 \\ 180 & 210 \\ 200 & d \end{pmatrix}$이다.

	55 kg	65 kg
걷기	90	115
달리기	180	210
수영	200	240

이때 a, b, c, d의 값을 구하여라.

(12～13) 다음 빈칸 중에서 □ 안에는 적당한 행렬을 써넣고, ( ) 안에는 알맞은 성분을 써넣어라.

12. 오른쪽 표는 어느 고등학교 2학년 학생들의 영어, 수학 평균 점수를 나타낸 것이다.

	1반	2반
영어	x_1점	y_1점
수학	x_2점	y_2점
학생 수	37명	38명

$A=\begin{pmatrix} x_1 & y_1 \\ x_2 & y_2 \end{pmatrix}$, $B=(37\ \ 38)$, $C=\begin{pmatrix} 37 \\ 38 \end{pmatrix}$일 때, 두 학급 전체의 수학 과목 평균 점수를 나타내는 것은 행렬 $\frac{1}{75}$□의 (　　) 성분이다.

13. 다음 〈표 1〉은 준표와 진서가 사려는 볼펜과 샤프연필의 수를 나타내고, 〈표 2〉는 문구점 P, Q에서 볼펜과 샤프연필의 가격을 나타낸다.

〈표 1〉

	준표	진서
볼펜	a	b
샤프연필	c	d

〈표 2〉

	볼펜	샤프연필
P	750	1200
Q	700	1300

$A=\begin{pmatrix} a & b \\ c & d \end{pmatrix}$, $B=\begin{pmatrix} 750 & 1200 \\ 700 & 1300 \end{pmatrix}$이라고 하면, 준표가 문구점 Q에서 볼펜과 샤프연필을 살 때 지불해야 할 금액을 나타내는 것은 행렬 □의 (　　) 성분이다.

14. 두 그릇 P, Q에 각각 x L, y L의 물이 들어 있다. P에 담긴 물의 $\frac{1}{3}$을 Q에 옮긴 후 Q에 담긴 물의 $\frac{1}{4}$을 P에 옮겼다.
이때 P, Q에 담긴 물의 양을 각각 x' L, y' L라고 하면 $\begin{pmatrix} x' \\ y' \end{pmatrix}=A\begin{pmatrix} x \\ y \end{pmatrix}$가 성립한다.
이차정사각행렬 A를 구하여라.

15. 어느 농가에서 참외와 수박의 전체 재배 넓이는 500 m² 로 일정하지만 매년 〈표〉와 같은 비율로 넓이를 정한다고 한다. 2015년 참외와 수박의 재배 넓이가 각각 200 m², 300 m² 일 때, $A=(200\ \ 300)$, $B=\begin{pmatrix} 0.6 & 0.4 \\ 0.7 & 0.3 \end{pmatrix}$이면, 행렬 AB^2의 (1, 1) 성분은 무엇을 나타내는가?

기준년 \ 내년	참외	수박
참외	0.6	0.4
수박	0.7	0.3

B&A 교과서 실력쌓기

3. 행렬의 거듭제곱

행렬의 거듭제곱과 단위행렬

1. 행렬 A가 $A=\begin{pmatrix} 0 & -1 \\ 1 & 0 \end{pmatrix}$일 때, $A^{40}+2A^{50}$의 모든 성분의 합을 구하여라.

2. 행렬 $A=\begin{pmatrix} 1 & -2 \\ 1 & -1 \end{pmatrix}$에 대하여 $A^{62}=xA+yE$일 때, $x+y$의 값을 구하여라.
(단, E는 단위행렬, x, y는 실수)

3. 행렬 $A=\begin{pmatrix} -2 & -3 \\ 1 & 1 \end{pmatrix}$에 대하여
$A^{2010}\begin{pmatrix} x \\ y \end{pmatrix}=\begin{pmatrix} 9 \\ -8 \end{pmatrix}$일 때, $x-y$의 값을 구하여라. (단, x, y는 실수)

4. $A=\begin{pmatrix} 0 & -1 \\ 1 & 1 \end{pmatrix}$일 때,
$$A+A^2+A^3+A^4+A^5+A^6$$
을 간단히 하여라.

5. $A=\begin{pmatrix} 2 & 3 \\ -1 & -1 \end{pmatrix}$일 때, A^{2112}을 구하여라.

6. 이차방정식 $x^2-5x-1=0$의 두 근을 α, β라 하자. 행렬 $A=\begin{pmatrix} 2 & \alpha \\ \beta & -2 \end{pmatrix}$에 대하여 $A^5=kA$일 때, 상수 k의 값을 구하여라.

7. 행렬 $\mathbf{A}=\begin{pmatrix} 0 & 2 \\ 3 & 0 \end{pmatrix}$에 대하여 $\mathbf{A}^{11}=\begin{pmatrix} a & b \\ c & d \end{pmatrix}$일 때, c의 값은?

① 0　② $2^5\cdot3^5$　③ $2^5\cdot3^6$
④ $2^6\cdot3^5$　⑤ $2^6\cdot3^6$

8. 행렬 $A=\begin{pmatrix} -1 & 3 \\ -1 & -1 \end{pmatrix}$에 대하여
$A^6\begin{pmatrix} 1 \\ 1 \end{pmatrix}=\begin{pmatrix} a \\ b \end{pmatrix}$일 때, $a+b$의 값을 구하여라.

행렬 A^n의 추정

9. $A=\begin{pmatrix} 1 & 2 \\ -1 & -2 \end{pmatrix}$일 때, A^3, A^4, A^5을 계산하여라.

10. 두 행렬 $A=\begin{pmatrix} 1 & -1 \\ 0 & 1 \end{pmatrix}$, $B=\begin{pmatrix} 1 & -7 \\ 0 & -1 \end{pmatrix}$에 대하여 $A^{100}B$의 모든 성분의 합을 구하여라.

11. 행렬 $A=\begin{pmatrix} 1 & 0 \\ 1 & 1 \end{pmatrix}$에 대하여 $A+A^2+A^3+\cdots+A^{10}$을 구하여라.

12. 행렬 $A=\begin{pmatrix} 1 & 1 \\ 0 & 1 \end{pmatrix}$에 대하여 A^n의 모든 성분의 합이 100일 때, 자연수 n의 값을 구하여라.

13. $A=\begin{pmatrix} 1 & 0 \\ 2 & 1 \end{pmatrix}$일 때, A^n을 구하여라. (단, n은 자연수)

14. 행렬 $A=\begin{pmatrix} 1 & -3 \\ 0 & 1 \end{pmatrix}$에 대하여 $A^{99}-A^{100}$의 모든 성분의 합을 구하여라.

15. 행렬 $A=\begin{pmatrix} 1 & 1 \\ 0 & 2 \end{pmatrix}$에 대하여 행렬 A^{20}의 (1, 2) 성분을 구하여라.

16. 행렬 $A=\begin{pmatrix} 2 & 1 \\ 0 & 1 \end{pmatrix}$에 대하여 A^n을 추정하였더니 $A^n=\begin{pmatrix} x & y \\ 0 & 1 \end{pmatrix}$이었다. 실수 x, y의 값을 구하여라. (단, n은 자연수)

17. $A=\begin{pmatrix} 1 & 0 \\ 0 & 3 \end{pmatrix}$일 때, A^{30}을 구하여라.

18. 행렬 $A=\begin{pmatrix} 1 & \frac{1}{2} \\ 0 & 1 \end{pmatrix}$일 때, A^{20}의 (1, 2) 성분을 구하여라.

19. 행렬 $A=\begin{pmatrix} 3 & 1 \\ 0 & 1 \end{pmatrix}$에 대하여 A^6의 (1, 2) 성분을 구하여라.

20. 두 행렬 $A=\begin{pmatrix} -1 & 0 \\ 0 & 1 \end{pmatrix}$, $B=\begin{pmatrix} 1 & -1 \\ 0 & 1 \end{pmatrix}$에 대하여 $A^{100}B^{100}$의 모든 성분의 합을 구하여라.

B&A 교과서 실력쌓기

4. 행렬의 곱셈에 대한 성질

결합법칙, 분배법칙

1. $A=\begin{pmatrix}1&3\\2&6\end{pmatrix}$, $B=\begin{pmatrix}2&-3\\-1&2\end{pmatrix}$, $C=\begin{pmatrix}2&3\\1&2\end{pmatrix}$

일 때, 행렬 ABC를 계산하여라.

2. 두 행렬 $A=\begin{pmatrix}1&2\\3&4\end{pmatrix}$, $B=\begin{pmatrix}1&-2\\-3&-2\end{pmatrix}$에 대하여 A^2+AB의 모든 성분의 합을 구하여라.

3. $A=\begin{pmatrix}1&2\\3&4\end{pmatrix}$, $B=\begin{pmatrix}2&3\\4&1\end{pmatrix}$일 때,

$A^2-AB+BA-B^2$을 계산하여라.

행렬의 곱셈의 성질

4. 이차정사각행렬 A, B에 대하여

$$A+B=\begin{pmatrix}0&1\\-4&-3\end{pmatrix},$$

$$\frac{1}{2}(AB+BA)=\begin{pmatrix}-6&0\\6&0\end{pmatrix}$$

일 때, 행렬 A^2+B^2을 구하여라.

5. 행렬 A, B에 대하여

$$A^2+B^2=\begin{pmatrix}0&1\\4&-2\end{pmatrix},\ A-B=\begin{pmatrix}5&-1\\-4&1\end{pmatrix}$$

일 때, AB+BA를 구하여라.

6. $A-B=\begin{pmatrix}2&3\\3&2\end{pmatrix}$, $AB+BA=\begin{pmatrix}0&-1\\-1&0\end{pmatrix}$

을 만족하는 두 행렬 A, B에 대하여 행렬 A^2+B^2의 모든 성분의 합을 구하여라.

AB=BA가 성립하는 경우

7. 두 행렬 $A=\begin{pmatrix}a&1\\0&-1\end{pmatrix}$, $B=\begin{pmatrix}1&-1\\b&1\end{pmatrix}$에 대하여 AB=BA가 성립할 때, $a+b$의 값을 구하여라. (단, a, b는 상수이다.)

8. $A=\begin{pmatrix}2&x\\1&y\end{pmatrix}$, $B=\begin{pmatrix}3&-2\\1&1\end{pmatrix}$일 때,

$(A+B)^2=A^2+2AB+B^2$이 성립하도록 x와 y의 값을 구하여라.

9. $A=\begin{pmatrix}1&2\\2&3\end{pmatrix}$, $B=\begin{pmatrix}1&x\\y&2\end{pmatrix}$에 대하여

$(A+B)(A-B)=A^2-B^2$이 성립하도록 실수 x, y의 값을 구하여라.

단위행렬의 성질

10. E는 2차단위행렬이고, 2차정사각행렬 A, B는 두 등식

$$A+B=E,\ AB=-E$$

를 만족한다. 이때 A^2+B^2을 구하여라.

11. $A=\begin{pmatrix} 2 & -5 \\ 1 & -2 \end{pmatrix}$, $E=\begin{pmatrix} 1 & 0 \\ 0 & 1 \end{pmatrix}$일 때, $(A+E)^{100}=kE$를 만족하는 실수 k의 값을 구하여라.

12. 이차정사각행렬 A가 $(A+2E)^2=3(A+E)$를 만족시킬 때, A^{49}을 간단히 하여라.

13. 이차정사각행렬 A, B가 $A+B=E$, $AB=E$를 만족할 때, $A^{151}+B^{151}$을 A 또는 E로 나타내어라.

행렬의 변형

14. 이차정사각행렬 A에 대하여

$$A\begin{pmatrix} 1 \\ 0 \end{pmatrix}=\begin{pmatrix} 1 \\ -2 \end{pmatrix},\ A\begin{pmatrix} 0 \\ 1 \end{pmatrix}=\begin{pmatrix} 3 \\ 2 \end{pmatrix}$$

가 성립할 때, $A\begin{pmatrix} 5 \\ 2 \end{pmatrix}$를 구하여라.

15. 이차정사각행렬 A에 대하여

$A^2-A+E=O$, $A\begin{pmatrix} 1 \\ 2 \end{pmatrix}=\begin{pmatrix} -3 \\ 4 \end{pmatrix}$가 성립할 때, $A^2\begin{pmatrix} 1 \\ 2 \end{pmatrix}$를 구하여라.

16. 이차정사각행렬 A가 $A\begin{pmatrix} a \\ b \end{pmatrix}=\begin{pmatrix} -2 \\ 3 \end{pmatrix}$, $A\begin{pmatrix} c \\ d \end{pmatrix}=\begin{pmatrix} -4 \\ 5 \end{pmatrix}$를 만족할 때, $A\begin{pmatrix} 9a-5c \\ 9b-5d \end{pmatrix}$와 같은 행렬을 구하여라.

행렬의 곱셈의 여러 가지 성질

17. 다음 중 옳지 않은 것은?

① $(A+E)^2=A^2+2A+E$
② $A+B=E$이면 $AB=BA$이다.
③ $A+B=E$이면 $(A+B)(A-B)=A^2-B^2$이다.
④ $(A-E)^2=O$이면 $A=E$이다.
⑤ $A^7=A^5=E$이면 $A=E$이다.

18. 다음 중 옳지 않은 것은?

① $(A-B)^2=O$이면 $A=B$이다.
② $AB=O$, $A\neq O$이면 $B=O$이다.
③ $AB=O$이면 $A^2B^2=(AB)^2$
④ $AB=-BA$이면 $(AB)^3=-A^3B^3$
⑤ $(A-B)^2=O$이면 $(A-B)A=(A-B)B$이다.

케일리-해밀턴의 정리

19. 행렬 $A=\begin{pmatrix} -1 & 1 \\ 1 & -1 \end{pmatrix}$에 대하여 $A^{100}=kA$를 만족하는 실수 k의 값을 구하여라.

20. $A=\begin{pmatrix} 1 & -3 \\ -1 & 2 \end{pmatrix}$일 때,
$A^4-5A^2+E=aA+bE$를 만족하는 상수 a, b의 값을 구하여라.

21. 행렬 $A=\begin{pmatrix} \frac{1}{2} & -\frac{\sqrt{3}}{2} \\ \frac{\sqrt{3}}{2} & \frac{1}{2} \end{pmatrix}$에 대하여 $A^n=E$를 만족시키는 자연수 n의 최솟값을 구하여라.

22. $A=\begin{pmatrix} 1 & 1 \\ -1 & 0 \end{pmatrix}$일 때, A^{2020}을 구하여라.

23. $A=\begin{pmatrix} 1 & 3 \\ -1 & -2 \end{pmatrix}$에 대하여
$A^5-3A^2+5A=xA+yE$일 때, 실수 x, y의 값을 구하여라.

24. 두 행렬 $A=\begin{pmatrix} 1 & -2 \\ 1 & -1 \end{pmatrix}$, $B=\begin{pmatrix} 4 & -1 \\ 13 & -3 \end{pmatrix}$에 대하여 $A^n+B^n=O$를 만족하는 양의 정수 n의 최솟값을 구하여라.

케일리-해밀턴의 정리의 역

25. $A=\begin{pmatrix} x & y \\ -1 & 3 \end{pmatrix}$이 $A^2-A-E=O$를 만족할 때, 실수 x, y의 값을 구하여라.

26. 행렬 $X=\begin{pmatrix} a & 0 \\ 0 & b \end{pmatrix}$가 $X^2-3X+2E=O$를 만족할 때, a^2+b^2의 값을 구하여라.
(단, $a\neq b$)

27. 행렬 $A=\begin{pmatrix} a & b \\ c & d \end{pmatrix}$에 대하여
$A^2-2A-3E=O$일 때, $a+d$의 최댓값을 구하여라.

28. 행렬 $A=\begin{pmatrix} a & b \\ b & a \end{pmatrix}$가 $A^2-2A-8E=O$를 만족할 때, 순서쌍 (a, b)의 개수를 구하여라.

B&A 교과서 끝내기

1. 행렬의 곱셈(1)~ 4. 행렬의 곱셈에 대한 성질

1. 모든 실수 x에 대하여 다음 등식이 성립할 때, a, b의 값을 구하여라.

$$(1\ \ 3)\begin{pmatrix} a & 1 \\ 1 & 3 \end{pmatrix}\begin{pmatrix} x \\ 1 \end{pmatrix}=(1\ \ 1)\begin{pmatrix} a-1 & a \\ b & 3 \end{pmatrix}\begin{pmatrix} x \\ 2 \end{pmatrix}$$

2. 등식 $(x\ \ y)\begin{pmatrix} x-4 & 3 \\ -1 & 1 \end{pmatrix}=(5\ \ k)$를 만족하는 실수 x, y에 대하여 좌표평면 위의 점 $\mathrm{P}(x,\ y)$가 존재하도록 k의 범위를 정하여라.

3. 행렬 $\mathrm{A}=(x\ \ y)\begin{pmatrix} 3 & 2 \\ -1 & 2 \end{pmatrix}\begin{pmatrix} x \\ y \end{pmatrix}$에 대하여 $x+y=8$일 때, 행렬 A의 성분의 최솟값을 구하여라.

4. $x^2+y^2=4$를 만족하는 실수 x, y에 대하여 다음 행렬 A의 모든 성분의 합의 최댓값과 최솟값을 구하여라.

$$\mathrm{A}=\begin{pmatrix} 2x & y \\ -x & y \end{pmatrix}\begin{pmatrix} 1 & 0 \\ 1 & 1 \end{pmatrix}+\begin{pmatrix} x & -y \\ x & 2y \end{pmatrix}\begin{pmatrix} 2 & -1 \\ 1 & 1 \end{pmatrix}$$

5. 이차방정식 $x^2-6x+1=0$의 두 근을 α, β라고 할 때, 행렬 $\mathrm{A}=\begin{pmatrix} \alpha & 1 \\ 1 & \beta \end{pmatrix}$라고 하자. 이때 행렬 A^3의 모든 성분의 합을 구하여라.

6. 행렬 $\mathrm{A}=\begin{pmatrix} 1 & 0 \\ 2 & 1 \end{pmatrix}$에 대하여 $\mathrm{A}^n=\begin{pmatrix} 1 & 0 \\ 64 & 1 \end{pmatrix}$을 만족시키는 자연수 n의 값을 구하여라.

7. 두 이차정사각행렬 A, B가 $\mathrm{A}+\mathrm{B}=\mathrm{O}$, $\mathrm{AB}=\mathrm{E}$를 만족할 때, 다음 행렬의 모든 성분의 합을 구하여라.

$$(\mathrm{A}+\mathrm{B})+(\mathrm{A}^2+\mathrm{B}^2)+(\mathrm{A}^3+\mathrm{B}^3)+\cdots+(\mathrm{A}^{2022}+\mathrm{B}^{2022})$$

8. 행렬 $\mathrm{A}=\begin{pmatrix} \cos\frac{\pi}{4} & -\sin\frac{\pi}{4} \\ \sin\frac{\pi}{4} & \cos\frac{\pi}{4} \end{pmatrix}$가 등식 $\mathrm{X}=\mathrm{A}+\mathrm{A}^2+\mathrm{A}^3+\cdots+\mathrm{A}^{2017}$을 만족할 때, 행렬 X의 (1, 2) 성분을 구하여라.

9. $\mathrm{A}=\begin{pmatrix} 1 & -1 \\ 1 & 0 \end{pmatrix}$일 때, $\mathrm{A}^{500}+\mathrm{A}^{501}+\mathrm{A}^{502}$의 모든 성분의 합을 구하여라.

10. 두 행렬 A, B에 대하여 $\mathrm{A}-2\mathrm{B}=\begin{pmatrix} 5 & 3 \\ 0 & 5 \end{pmatrix}$, $\mathrm{A}+2\mathrm{B}=\begin{pmatrix} -3 & 3 \\ 0 & -3 \end{pmatrix}$이 성립할 때, $\mathrm{A}^{10}+\mathrm{B}^4$을 구하여라.

11. 임의의 2×2 행렬 X에 대하여 항상 $AX=XA$를 만족하는 2×2 행렬 A를 구하여라.

12. 두 이차정사각행렬 A, B에 대하여

$A+B=\begin{pmatrix} -2 & 2 \\ 0 & 0 \end{pmatrix}$, $A^2+B^2=\begin{pmatrix} 2 & 0 \\ 5 & 7 \end{pmatrix}$이 성립할 때, $AB+BA$를 구하여라.

13. 두 이차정사각행렬 A, B가

$A+B=\begin{pmatrix} 2 & 0 \\ 0 & 3 \end{pmatrix}$, $AB+BA=\begin{pmatrix} 5 & 3 \\ -2 & 4 \end{pmatrix}$를 만족시킬 때, 행렬 A^2+B^2을 구하여라.

14. 두 행렬 $A=\begin{pmatrix} 3 & -2 \\ x & y \end{pmatrix}$, $B=\begin{pmatrix} 2 & -1 \\ -3 & 1 \end{pmatrix}$에 대하여 $AB=BA$가 성립할 때, $x+y$의 값을 구하여라.

15. 두 행렬 $A=\begin{pmatrix} 2 & -2 \\ a & -1 \end{pmatrix}$, $B=\begin{pmatrix} 1 & 2 \\ 3 & b \end{pmatrix}$에 대하여 $(A+B)(A-B)=A^2-B^2$일 때, $a+b$의 값을 구하여라.

16. 두 행렬 $A=\begin{pmatrix} 1 & 1 \\ 0 & 1 \end{pmatrix}$, $B=\begin{pmatrix} 2 & 1 \\ k & 2 \end{pmatrix}$에 대하여 $(A-B)^2=A^2-2AB+B^2$이 성립할 때, k의 값을 구하여라.

17. 두 행렬 $A=\begin{pmatrix} x^2 & 1 \\ 1 & 2x \end{pmatrix}$, $B=\begin{pmatrix} 0 & 1 \\ 1 & y^2 \end{pmatrix}$에 대하여 $(A+B)^2=A^2+2AB+B^2$이 성립할 때, 점 (x, y)가 그리는 도형을 좌표평면 위에 나타내어라. (단, x, y는 실수이다.)

18. 두 행렬 $A=\begin{pmatrix} 3 & 2 \\ 1 & 1 \end{pmatrix}$, $B=\begin{pmatrix} 1 & x \\ 2 & y \end{pmatrix}$가 $A^2+B^2=AB+BA$를 만족시킨다. 이때 실수 x, y에 대하여 x^2+y^2의 값을 구하여라.

19. 두 이차정사각행렬 A, B에 대하여

$A+B=\begin{pmatrix} 1 & 0 \\ 1 & 2 \end{pmatrix}$, $A^2+B^2=\begin{pmatrix} 2 & 0 \\ 0 & 5 \end{pmatrix}$

이 성립할 때, 행렬 $(A-B)^2$을 구하여라.

20. $A=\begin{pmatrix} 1 & -1 \\ 1 & 0 \end{pmatrix}$일 때,

$A+A^2+A^3+\cdots+A^{100}$을 구하여라.

21. $A=\begin{pmatrix} 4 & -1 \\ -1 & 3 \end{pmatrix}$, $B=\begin{pmatrix} 5 & 2 \\ -2 & 1 \end{pmatrix}$일 때,

$(B-A)+(B-A)^2+(B-A)^3+(B-A)^4$
$+(B-A)^5+(B-A)^6$

을 구하여라.

22. 이차정사각행렬 A의 $(i,\ j)$ 성분 a_{ij}가 집합 $\{-1,\ 0,\ 1\}$의 원소일 때, 행렬 $A\begin{pmatrix} 2 \\ 1 \end{pmatrix}$의 두 성분의 곱이 -1이 되도록 하는 행렬 A의 개수를 구하여라.

23. **A, B가 2차정사각행렬일 때, 다음 중 옳은 것은?**

① $A^2=O$이면 $A=O$이다.
② $A^2=A$이면 $A=O$ 또는 $A=E$이다.
③ $(A-B)^2=O$이면 $A=B$이다.
④ $A^2-B^2=(A-B)(A+B)$이면 $AB=BA$이다.
⑤ $A^2+2AB+B^2=(A+B)^2$이다.

24. **A, B가 2차정사각행렬일 때, 다음 중 옳은 것은?**

① $A^2=E$이면 $A=E$ 또는 $A=-E$이다.
② $A^3=E$이면 $A=E$이다.
③ $AB=O$이면 $BA=O$이다.
④ $(AB)^2=A^2B^2$이면 $AB=BA$이다.
⑤ $A^2B^2=B^2A^2$이면 $AB=BA$이다.
⑥ $A^4=A^7=E$이면 $A=E$이다.

25. 자연수 n과 8 이하의 자연수 a에 대하여 $\begin{pmatrix} a & 3 \\ 0 & a \end{pmatrix}^n$의 (1, 1) 성분과 (1, 2) 성분이 같을 때, 가능한 모든 a의 곱을 구하여라.

26. 행렬 $A=\begin{pmatrix} 1 & 0 \\ -2 & -1 \end{pmatrix}$에 대하여 행렬 $A+A^2+\cdots+A^{99}=xA+yE$일 때, 실수 $x,\ y$의 값을 구하여라.

27. $A=\begin{pmatrix} 1 & -1 \\ 1 & 0 \end{pmatrix}$, $B=\begin{pmatrix} 1 & 2 \\ 2 & -1 \end{pmatrix}$일 때, 행렬 $A^{50}B$의 모든 성분의 합을 구하여라.

28. 행렬 $A=\begin{pmatrix} a & b \\ c & d \end{pmatrix}$에 대하여 $A^2-2A+4E=O$가 성립할 때, $\begin{pmatrix} 2a-1 & 2b \\ 2c & 2d-1 \end{pmatrix}^3=xA+yE$를 만족시키는 $x,\ y$의 값을 구하여라. (단, $A\neq kE$, k는 실수)

(29～30) **행렬 $A=\begin{pmatrix} x & y \\ -y & x \end{pmatrix}$가 $A^2-2A+5E=O$, $y>0$을 만족할 때, 다음 물음에 답하여라.**

29. $x,\ y$의 값을 구하여라.

30. A^3-2A^2+6A+E를 구하여라.

31. $A=\begin{pmatrix} -5 & 3 \\ -7 & 4 \end{pmatrix}$에 대하여 $A+A^2+A^3+\cdots+A^{200}$의 모든 성분의 합을 구하여라.

1. 두 행렬 $A=\begin{pmatrix} 1 & 0 \\ 0 & 2 \end{pmatrix}$, $B=\begin{pmatrix} 1 & a \\ b & 1 \end{pmatrix}$에 대하여 이차정사각행렬 C가 AB=CA를 만족시킨다. $ab=4$일 때, 행렬 C의 모든 성분의 합의 최솟값을 구하여라. (단, a, b는 양수이다.)

2. 이차방정식 $x^2-2x-1=0$의 두 근을 α, β라 하자. 두 행렬 $A=\begin{pmatrix} \alpha^2 & \beta \\ 0 & \alpha^2 \end{pmatrix}$, $B=\begin{pmatrix} \beta^2 & \alpha \\ 0 & \beta^2 \end{pmatrix}$에 대하여 행렬 AB의 모든 성분의 합을 구하여라.

3. 두 행렬 X, Y에 대하여

$$X+Y=\begin{pmatrix} -1 & -1 \\ 1 & 0 \end{pmatrix},\ X-Y=\begin{pmatrix} -1 & 1 \\ -1 & -2 \end{pmatrix}$$

일 때, X^2+XY를 구하여라.

4. 이차방정식 $x^2-x-3=0$의 두 근을 α, β라 할 때, 행렬 $A=\begin{pmatrix} \alpha & 1 \\ 1 & \beta \end{pmatrix}$라 하자. 이때 A^2-A의 모든 성분의 합을 구하여라.

5. 꼭짓점의 좌표가 $(p,\ q)$이고, y절편이 r인 이차함수의 그래프에 $\begin{pmatrix} p & q \\ q & r \end{pmatrix}$를 대응시키자. 함수 $f(x)=2x^2-4x+4$의 그래프에 대응되는 행렬을 F라 할 때, 이차함수 $g(x)$의 그래프에 행렬 F^2이 대응된다. 이때 $g(0)$의 값을 구하여라.

6. 행렬 $A=\begin{pmatrix} -2 & -3 \\ 1 & 1 \end{pmatrix}$에 대하여 $A^{2015}\begin{pmatrix} 1 \\ 2 \end{pmatrix}$의 모든 성분의 합을 구하여라.

7. 두 행렬 $A=\begin{pmatrix} 1 & -1 \\ 1 & 1 \end{pmatrix}$, $E=\begin{pmatrix} 1 & 0 \\ 0 & 1 \end{pmatrix}$에 대하여 $A^n=kE$ (k는 실수)를 만족시키는 1000 이하의 자연수 n의 개수를 구하여라.

8. 이차정사각행렬 **A**에 대하여 다음이 성립한다.

$$\mathbf{A}\begin{pmatrix} 1 \\ 0 \end{pmatrix}=\begin{pmatrix} 2 \\ 3 \end{pmatrix},\ \mathbf{A}\begin{pmatrix} 2 \\ 3 \end{pmatrix}=\begin{pmatrix} 4 \\ 3 \end{pmatrix}$$

이때 **A**의 모든 성분의 합은?

① 1 ② 2 ③ 3 ④ 4 ⑤ 5

9. 집합 X={1, 2}에서 X로의 함수 f의 대응 관계가 오른쪽 그림과 같을 때, 이차정사각행렬 A의 $(i,\ j)$ 성분 a_{ij}를

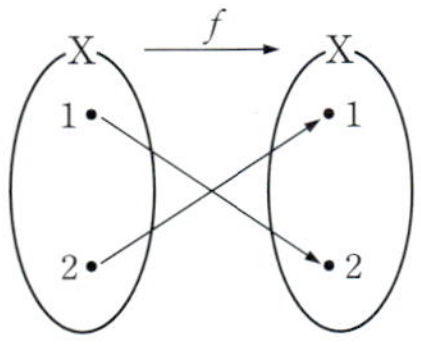

$$a_{ij}=\begin{cases} 0 & (f(i)\neq j\text{일 때}) \\ 1 & (f(i)=j\text{일 때}) \end{cases}$$

로 정의한다. 행렬 A^{2016}과 같은 것은?

① A−E ② A ③ E
④ A+E ⑤ 2A

10. $A=\begin{pmatrix} 2 & 1 \\ -1 & -2 \end{pmatrix}$, $B=\begin{pmatrix} 0 & -1 \\ 1 & 0 \end{pmatrix}$일 때,

$A^{2n}+B^{39}=\begin{pmatrix} 81 & 1 \\ -1 & 81 \end{pmatrix}$을 만족시키는 정수 n의 값은?

① 2 ② 3 ③ 4 ④ 5 ⑤ 6

11. 두 이차정사각행렬 $A_1=\begin{pmatrix} 1 & 0 \\ 1 & 0 \end{pmatrix}$, $B=\begin{pmatrix} 0 & 1 \\ 1 & 0 \end{pmatrix}$에 대하여 $A_{n+1}=A_nB$ $(n=1, 2, 3, \cdots)$로 정의할 때, 다음 중 옳은 것을 모두 고른 것은?

ㄱ. $A_2=A_5$
ㄴ. $A_{2n+2}=A_{2n}A_{2n+2}$
ㄷ. $A_{2n+1}=A_{2n}A_{2n+1}$

① ㄱ ② ㄴ ③ ㄱ, ㄴ
④ ㄴ, ㄷ ⑤ ㄱ, ㄴ, ㄷ

12. 행렬 $A=\begin{pmatrix} 2 & 1 \\ -1 & 0 \end{pmatrix}$에 대하여

$A+A^2+A^3+\cdots+A^{100}=\begin{pmatrix} a & b \\ c & d \end{pmatrix}$일 때,

$a+b+c+d$의 값을 구하여라.
(단, $A^{n+1}=A^nA$)

13. 두 행렬 $A_1=\begin{pmatrix} 1 & 2 \\ 3 & 4 \end{pmatrix}$, $P=\begin{pmatrix} 0 & 1 \\ 1 & 0 \end{pmatrix}$에 대하여 행렬 A_{n+1}을 다음과 같이 정의한다. 이때 행렬 A_{2005}의 (2, 1) 성분은?(단, n은 자연수)

- 행렬 A_n의 (1, 1) 성분이 (1, 2) 성분보다 작으면 $A_{n+1}=A_nP$
- 행렬 A_n의 (1, 1) 성분이 (1, 2) 성분보다 작지 않으면 $A_{n+1}=-PA_n$

① -4 ② -2 ③ -1
④ 1 ⑤ 3

14. 이차정사각행렬 A에 대하여

$A^2-5A+6E=O$, $A\begin{pmatrix} 2 \\ -3 \end{pmatrix}=\begin{pmatrix} 11 \\ 1 \end{pmatrix}$

이 성립할 때, $A\begin{pmatrix} -22 \\ -2 \end{pmatrix}+A\begin{pmatrix} 20 \\ -30 \end{pmatrix}$는?

① $\begin{pmatrix} -24 \\ -36 \end{pmatrix}$ ② $\begin{pmatrix} 24 \\ 36 \end{pmatrix}$ ③ $\begin{pmatrix} 24 \\ -36 \end{pmatrix}$
④ $\begin{pmatrix} -36 \\ 24 \end{pmatrix}$ ⑤ $\begin{pmatrix} 36 \\ -24 \end{pmatrix}$

15. 이차정사각행렬 A, B에 대하여 옳은 것을 모두 고르면?

ㄱ. $A^5=A^7=E$이면 $A=E$이다.
ㄴ. $(A+B)^2=A^2+AB+BA+B^2$
ㄷ. $(kA)B=A(kB)=k(AB)$
(단, k는 실수)

① ㄱ ② ㄷ ③ ㄱ, ㄴ
④ ㄴ, ㄷ ⑤ ㄱ, ㄴ, ㄷ

16. 이차정사각행렬 A, B에 대하여 옳은 것을 모두 고르면?

ㄱ. $A+B=E$이면 $A^2-B^2=A-B$이다.
ㄴ. $A^2=2A$이면 $A=O$ 또는 $A=2E$이다.
ㄷ. $AB=A$이고, $BA=B$이면 $AB=BA$이다.

① ㄱ ② ㄴ ③ ㄱ, ㄷ
④ ㄴ, ㄷ ⑤ ㄱ, ㄴ, ㄷ

17. 행렬 A, B에 대하여 연산 ◎을

A◎B=AB−BA로 정의할 때, 옳은 것을 모두 고르면?(단, 행렬 A, B, C는 이차정사각행렬이다.)

ㄱ. A◎B=B◎A
ㄴ. 3A◎2B=6(A◎B)
ㄷ. (A−B)◎C=(A◎C)−(B◎C)

① ㄴ ② ㄷ ③ ㄱ, ㄴ
④ ㄴ, ㄷ ⑤ ㄱ, ㄴ, ㄷ

18. 이차정사각행렬 A, B에 대하여 A+B=3E, AB=4B가 성립할 때, 항상 옳은 것을 모두 고른 것은?

ㄱ. A=4E
ㄴ. $B^2+B=O$
ㄷ. $A^2-B^2=3(A-B)$

① ㄱ ② ㄴ ③ ㄷ
④ ㄴ, ㄷ ⑤ ㄱ, ㄴ, ㄷ

19. 집합 $X=\left\{\begin{pmatrix}1 & x\\ 0 & 1\end{pmatrix} \middle|\, x\text{는 실수}\right\}$에 대하여

A∈X, B∈X일 때, 옳은 것을 모두 고른 것은?

ㄱ. AB∈X
ㄴ. $A^2-B^2=(A+B)(A-B)$
ㄷ. $(A+B)^2=4AB$

① ㄱ ② ㄱ, ㄴ ③ ㄱ, ㄷ
④ ㄴ, ㄷ ⑤ ㄱ, ㄴ, ㄷ

20. 이차정사각행렬을 원소로 갖는 집합

$$S=\left\{X \,\middle|\, X=\begin{pmatrix}1 & x\\ 0 & y\end{pmatrix},\ x,\ y\text{는 자연수}\right\}$$

에 대하여 항상 옳은 것을 모두 고르면?

ㄱ. 집합 S는 곱셈에 대하여 닫혀 있다.
ㄴ. 집합 S에 대하여 곱셈에 대한 교환법칙이 성립한다.
ㄷ. A∈S이고 A의 모든 성분의 합이 3이면 A^n의 모든 성분의 합은 $n+2$이다.

① ㄱ ② ㄴ ③ ㄱ, ㄷ
④ ㄴ, ㄷ ⑤ ㄱ, ㄴ, ㄷ

21. $A=\begin{pmatrix}a & b\\ c & d\end{pmatrix}$에 대하여 $A^2-A-3E=O$이고,

$B=\begin{pmatrix}2-a & -b\\ -c & 2-d\end{pmatrix}$일 때, $B^3=xA+yE$를 만족하는 x, y의 값을 구하여라.

22. 행렬 $A=\begin{pmatrix}-1 & 2\\ -6 & 6\end{pmatrix}$에 대하여

$\begin{cases}3X+2Y=A\\ X+Y=E\end{cases}$를 만족하는 이차정사각행렬 X, Y가 존재할 때, $X^2+Y^2=kE$이다. 이때 실수 k의 값을 구하여라.

23. $A=\begin{pmatrix}1 & -1\\ 3 & -2\end{pmatrix}$에 대하여 $A^{200}=A+B$일 때, 행렬 B의 모든 성분의 합을 구하여라.

1. 이차정사각행렬 $A=\begin{pmatrix} 1 & -1 \\ 0 & 1 \end{pmatrix}$에 대하여

$A-A^2+A^3-A^4+\cdots+A^{1003}-A^{1004}=\begin{pmatrix} a & b \\ c & d \end{pmatrix}$

일 때, $a+b+c+d$의 값을 구하여라.
(단, $A^n=A^{n-1}A$)

2. 중심이 (a, b)이고, 반지름의 길이가 r인 원에 대응되는 행렬을 $\begin{pmatrix} a & b \\ 1 & r \end{pmatrix}$라 하자.
원 $(x+c-1)^2+y^2=c^2$에 대응되는 행렬이 A이고, 원 $(x-1)^2+y^2=k^2$에 대응되는 행렬이 A^2일 때, $c+k$의 값을 구하여라.
(단, $c>0$이고, $k>0$이다.)

3. 두 행렬 $A=\begin{pmatrix} 4 & 1 \\ 1 & 0 \end{pmatrix}$, $B=\begin{pmatrix} 17 & 4 \\ 4 & 1 \end{pmatrix}$에 대하여 등식 $(x^2+y^2)A-(x-y)E=B$를 만족시키는 실수 x, y를 $\begin{cases} x=\alpha_1 \\ y=\beta_1 \end{cases}$, $\begin{cases} x=\alpha_2 \\ y=\beta_2 \end{cases}$라 하자. 좌표평면 위의 두 점 $P(\alpha_1, \beta_1)$, $Q(\alpha_2, \beta_2)$ 사이의 거리를 구하여라.

4. 행렬 $A=\begin{pmatrix} x & y \\ y & -x \end{pmatrix}$, $E=\begin{pmatrix} 1 & 0 \\ 0 & 1 \end{pmatrix}$이 있다.
$A^2=16E$를 만족하는 실수 x, y에 대하여 점 $P(x, y)$의 자취를 도형 C라 하자. 이때 점 $Q(5, 12)$에서 도형 C 위의 점까지의 거리의 최댓값을 구하여라.

5. 행렬 $A=\begin{pmatrix} a & b \\ c & d \end{pmatrix}$에서 a와 d는 이차방정식 $x^2+x-6=0$의 두 근이고, b와 c는 이차방정식 $x^2-8x-7=0$의 두 근일 때,
$A+A^2+\cdots+A^{10}$의 모든 성분의 합을 구하여라.

6. 두 행렬 $A=\begin{pmatrix} 1 & 0 \\ 1 & 0 \end{pmatrix}$, $B=\begin{pmatrix} 1 & 1 \\ 0 & 0 \end{pmatrix}$을 중복을 허락하여 곱해서 얻어지는 행렬의 집합을 S라 하자. 다음은 S의 원소를 구하는 과정이다. 다음 과정에서 (가), (나), (다)에 알맞은 것의 번호를 차례로 써라.

> $A^2=A$, $B^2=B$이므로 S의 원소는 A, B, $(AB)^n$, $(BA)^n$, $(AB)^nA$, $(BA)^nB$의 형태이다.
> 한편 $AB=\begin{pmatrix} 1 & 1 \\ 1 & 1 \end{pmatrix}$이므로
> $(AB)^n=\begin{pmatrix} 2^{n-1} & 2^{n-1} \\ 2^{n-1} & 2^{n-1} \end{pmatrix}$
> $BA=\begin{pmatrix} 2 & 0 \\ 0 & 0 \end{pmatrix}$이므로 $(BA)^n=$ (가)
> 따라서,
> $(AB)^nA=\begin{pmatrix} 2^{n-1} & 2^{n-1} \\ 2^{n-1} & 2^{n-1} \end{pmatrix}\begin{pmatrix} 1 & 0 \\ 1 & 0 \end{pmatrix}=$ (나)
> $(BA)^nB=$ (가) $\times\begin{pmatrix} 1 & 1 \\ 0 & 0 \end{pmatrix}=$ (다)
> 그러므로 S의 원소는
> A, B, $2^{n-1}\begin{pmatrix} 1 & 1 \\ 1 & 1 \end{pmatrix}$, (가), (나), (다)의 형태이다. (단, $n=1, 2, 3, \cdots$)

① $\begin{pmatrix} 2^n & 0 \\ 0 & 0 \end{pmatrix}$ ② $\begin{pmatrix} 0 & 2^n \\ 0 & 2^n \end{pmatrix}$ ③ 2^nA
④ 2^nB ⑤ 2^nAB

7. 행렬 $\mathbf{A}=\begin{pmatrix} -1 & 1 \\ 0 & -1 \end{pmatrix}$에 대하여 집합 **M**을

$\mathbf{M}=\left\{\begin{pmatrix} x \\ y \end{pmatrix} \middle| A^n\begin{pmatrix} x \\ y \end{pmatrix}=\begin{pmatrix} 1 \\ 1 \end{pmatrix},\ n\text{은 자연수}\right\}$

라고 하자. 다음 중 **M**에 속하는 것은?

① $\begin{pmatrix} 5 \\ 1 \end{pmatrix}$ ② $\begin{pmatrix} 6 \\ 1 \end{pmatrix}$ ③ $\begin{pmatrix} 7 \\ -1 \end{pmatrix}$
④ $\begin{pmatrix} 16 \\ 2 \end{pmatrix}$ ⑤ $\begin{pmatrix} 17 \\ 2 \end{pmatrix}$

8. 행렬 $A=\begin{pmatrix} a & b \\ c & d \end{pmatrix}$에 대하여 $f(A)=a+d$로 정의한다. 예를 들면 $A=\begin{pmatrix} 1 & 2 \\ 3 & 4 \end{pmatrix}$라고 할 때, $f(A)=1+4=5$이다. 다음 중 옳은 것을 모두 고른 것은?

ㄱ. $f(kA)=kf(A)$ (단, k는 실수이다.)
ㄴ. $f(AB)=f(BA)$
ㄷ. $f(A+B)=f(A)+f(B)$

① ㄱ ② ㄴ ③ ㄱ, ㄷ
④ ㄴ, ㄷ ⑤ ㄱ, ㄴ, ㄷ

9. 이차정사각행렬 **A, B**에 대하여 옳은 것을 모두 고른 것은?

ㄱ. $(A-E)^2=A^2-2A+E$
ㄴ. $AB=O$, $A\neq O$이면 $B=O$이다.
ㄷ. $AB=A$, $BA=B$이면 $A^2=A$이다.

① ㄱ ② ㄴ ③ ㄱ, ㄷ
④ ㄴ, ㄷ ⑤ ㄱ, ㄴ, ㄷ

10. 이차정사각행렬 **A**에 대하여 다음 중 옳은 것만을 있는 대로 고른 것은?

ㄱ. 임의의 실수 x, y에 대하여
$A\begin{pmatrix} x \\ y \end{pmatrix}=\begin{pmatrix} x \\ 0 \end{pmatrix}$이면 $A^2=A$이다.
ㄴ. 임의의 실수 x, y에 대하여
$A\begin{pmatrix} x \\ y \end{pmatrix}=\begin{pmatrix} -y \\ x \end{pmatrix}$이면 $A^3=A$이다.
ㄷ. 임의의 실수 x, y에 대하여
$A\begin{pmatrix} x \\ y \end{pmatrix}=\begin{pmatrix} -x \\ -y \end{pmatrix}$이면 $A^2=E$이다.

① ㄱ ② ㄴ ③ ㄱ, ㄷ
④ ㄴ, ㄷ ⑤ ㄱ, ㄴ, ㄷ

11. 집합 $V=\left\{\begin{pmatrix} x & y \\ -y & x \end{pmatrix} \middle| x, y\text{는 실수}\right\}$에 대하여, 다음 중 옳은 것을 모두 고르면?

ㄱ. $A, B\in V$에 대하여 $A+B\in V$이다.
ㄴ. $A, B\in V$에 대하여 $AB=BA$가 성립한다.
ㄷ. $A, B\in V$에 대하여 $AB=O$이면 $A=O$ 또는 $B=O$이다.

① ㄱ ② ㄷ ③ ㄱ, ㄴ
④ ㄴ, ㄷ ⑤ ㄱ, ㄴ, ㄷ

12. 두 이차정사각행렬 **A, B**에 대하여 $(A+B)(A-B)=A^2-B^2$이 성립하기 위한 필요충분조건을 다음 중 모두 고른 것은?

ㄱ. $AB+BA=O$
ㄴ. $(AB)^2=A^2B^2$
ㄷ. $A+B=E$

① ㄱ ② ㄴ ③ ㄷ
④ ㄴ, ㄷ ⑤ ㄱ, ㄴ, ㄷ

13. 이차정사각행렬 **X, Y**에 대하여 연산 ◎를 $X◎Y=XY+YX$로 정의하자. 연산 ◎에 대한 성질로 항상 옳은 것을 모두 고르면?

ㄱ. $A◎B=B◎A$
ㄴ. $pA◎qB=pq(A◎B)$
(단, p, q는 실수이다.)
ㄷ. $(A+B)◎C=(A◎C)+(B◎C)$

① ㄱ ② ㄷ ③ ㄱ, ㄴ
④ ㄴ, ㄷ ⑤ ㄱ, ㄴ, ㄷ

1. 행렬 $A=\begin{pmatrix} 1 & 2 \\ 0 & 1 \end{pmatrix}$, $B=\begin{pmatrix} 4 & 6 \\ 1 & 3 \end{pmatrix}$, $C=\begin{pmatrix} 1 & 0 \\ 1 & 0 \end{pmatrix}$에 대하여 실수 x, y가 $xA+yB=C$를 만족시킬 때, $x+y$의 값을 구하여라.

2. 두 행렬 $A=\begin{pmatrix} 2 & 1 \\ 0 & 1 \end{pmatrix}$, $B=\begin{pmatrix} a & b \\ 0 & c \end{pmatrix}$가 $AB=BA$를 만족할 때, 행렬 B의 원소 a, b, c 사이의 관계식을 구하여라.

3. 두 행렬 $A=\begin{pmatrix} 2 & 1 \\ 1 & 1 \end{pmatrix}$, $B=\begin{pmatrix} -1 & -2 \\ 1 & 0 \end{pmatrix}$에 대하여 행렬 $(A+B)A$의 모든 성분의 합은?

① 9 ② 10 ③ 11 ④ 12 ⑤ 13

4. $A=\begin{pmatrix} 0 & 1 \\ 1 & 0 \end{pmatrix}$, $B=\begin{pmatrix} 1 & 1 \\ 0 & 1 \end{pmatrix}$일 때, A^2B-A를 구하여라.

5. 이차정사각행렬 A, B에 대하여

$A=\begin{pmatrix} 2 & -4 \\ -1 & 2 \end{pmatrix}$, $B=\begin{pmatrix} 1 & 2 \\ 2 & 4 \end{pmatrix}$일 때,

행렬 $\frac{1}{3}AB-BA$는?

① $\begin{pmatrix} -2 & -4 \\ 1 & 2 \end{pmatrix}$ ② $\begin{pmatrix} -2 & 8 \\ 2 & -4 \end{pmatrix}$ ③ $\begin{pmatrix} -4 & -8 \\ 2 & 4 \end{pmatrix}$ ④ $\begin{pmatrix} -6 & -12 \\ 3 & 6 \end{pmatrix}$ ⑤ $\begin{pmatrix} 0 & 0 \\ 0 & 0 \end{pmatrix}$

6. 두 행렬 $A=\begin{pmatrix} 1 & 2 \\ 2 & 1 \end{pmatrix}$, $E=\begin{pmatrix} 1 & 0 \\ 0 & 1 \end{pmatrix}$에 대하여 $A^2-X=3E$를 만족시키는 행렬 X를 A에 관한 식으로 나타내어라.

7. 두 행렬 $A=\begin{pmatrix} 1 & 1 \\ 1 & 0 \end{pmatrix}$, $B=\begin{pmatrix} 1 & 2 \\ 3 & 4 \end{pmatrix}$에 대하여 $2A+X=AB$를 만족시키는 행렬 X는?

① $\begin{pmatrix} 1 & 5 \\ 3 & -1 \end{pmatrix}$ ② $\begin{pmatrix} 2 & 4 \\ -1 & 2 \end{pmatrix}$ ③ $\begin{pmatrix} 2 & 5 \\ 7 & 0 \end{pmatrix}$ ④ $\begin{pmatrix} 2 & 7 \\ 4 & 5 \end{pmatrix}$ ⑤ $\begin{pmatrix} 4 & 6 \\ 1 & 2 \end{pmatrix}$

8. 행렬 $A=\begin{pmatrix} 1 & 0 \\ 3 & 1 \end{pmatrix}$에 대하여 $A^8=\begin{pmatrix} 1 & 0 \\ a & 1 \end{pmatrix}$일 때, a의 값을 구하여라.

9. 행렬 $A=\begin{pmatrix} 1 & 0 \\ -1 & 1 \end{pmatrix}$에 대하여

$A^n=\begin{pmatrix} 1 & 0 \\ -10 & 1 \end{pmatrix}$을 만족시키는 자연수 n의 값을 구하여라.

10. 이차방정식 $x^2-4x-1=0$의 두 근을 α, β라 할 때, 두 행렬의 곱 $\begin{pmatrix} \alpha & \beta \\ 0 & \alpha \end{pmatrix}\begin{pmatrix} \beta & \alpha \\ 0 & \beta \end{pmatrix}$의 모든 성분의 합을 구하여라.

11. 두 행렬 $A=\begin{pmatrix} 1 & 2 \\ 3 & 4 \end{pmatrix}$, $E=\begin{pmatrix} 1 & 0 \\ 0 & 1 \end{pmatrix}$에 대하여 $A^2-kA=2E$를 만족시키는 상수 k의 값을 구하여라.

12. 두 행렬 $A=\begin{pmatrix} 0 & -1 \\ 1 & 0 \end{pmatrix}$, $E=\begin{pmatrix} 1 & 0 \\ 0 & 1 \end{pmatrix}$에 대하여 $(aE+bA)(bE+aA)=xE+yA$가 성립한다고 할 때, $x+y$를 a와 b로 나타내어라. (단, a, b, x, y는 실수)

13. 두 행렬 $E_1=\begin{pmatrix} 1 & 0 \\ 0 & 0 \end{pmatrix}$, $E_2=\begin{pmatrix} 0 & 1 \\ 0 & 0 \end{pmatrix}$에 대하여 행렬 $A=\begin{pmatrix} a & b \\ c & 2 \end{pmatrix}$가 $AE_1=E_1A$, $AE_2=E_2A$를 만족시킬 때, 실수 a, b, c의 합을 구하여라.

14. 행렬 $P=\begin{pmatrix} 0 & 1 \\ 1 & 0 \end{pmatrix}$에 대하여 집합 S가

$S=\{A \mid A$는 이차정사각행렬이고, $PAP=A\}$

일 때, 옳은 것만을 〈보기〉에서 있는 대로 고른 것은?

〈보기〉

ㄱ. $P\in S$
ㄴ. $A\in S$이고, $B\in S$이면 $AB\in S$이다.
ㄷ. $A\in S$이고, $A^2=O$이면 $A=O$이다.

① ㄱ ② ㄴ ③ ㄱ, ㄴ
④ ㄱ, ㄷ ⑤ ㄱ, ㄴ, ㄷ

15. 이차정사각행렬 A는 모든 성분의 합이 0이고, $A^2+A^3=-3A-3E$를 만족시킨다. 행렬 A^4+A^5의 모든 성분의 합을 구하여라.

16. 이차정사각행렬 $X=\begin{pmatrix} a & b \\ c & d \end{pmatrix}$에 대하여 $D(X)=ad-bc$라 하자. 이차정사각행렬 $A=\begin{pmatrix} 1 & 1 \\ 0 & p \end{pmatrix}$에 대하여 $D(A^2)=D(5A)$를 만족시키는 모든 상수 p의 합을 구하여라.

17. 다음 중 옳은 것은?

① $AB=BA$
② $(A+B)(A-B)=A^2-B^2$
③ $A(B+C)=AB+AC$
④ $AB=O$이면 $A=O$ 또는 $B=O$이다.
⑤ $(AB)^2=A^2B^2$

18. 모든 성분이 0 또는 1인 4×1 행렬 X에 대하여 $\begin{pmatrix} 1 & 1 & 1 & 1 \\ 1 & 0 & 1 & 0 \end{pmatrix}X=\begin{pmatrix} m \\ n \end{pmatrix}$이라 할 때, m이 짝수이고 n이 홀수가 되도록 하는 행렬 X의 개수를 구하여라.

19. 모든 실수 x, y에 대하여 행렬의 곱 $(x \quad y)\begin{pmatrix} a & b \\ b & a \end{pmatrix}\begin{pmatrix} x \\ y \end{pmatrix}$의 성분이 음이 아닐 때, $a^2+(b-2)^2$의 최솟값은?

① 1 ② $\frac{1}{2}$ ③ 2
④ $\frac{1}{4}$ ⑤ 4

20. 좌표평면 위의 두 점 $A(x_1, y_1)$, $B(x_2, y_2)$를 이은 선분 AB를 4 : 3으로 내분하는 점과 외분하는 점의 좌표를 각각 $C(x_3, y_3)$과 $D(x_4, y_4)$라 하자. 이때

$X\begin{pmatrix} x_1 & y_1 \\ x_2 & y_2 \end{pmatrix}=\begin{pmatrix} x_3 & y_3 \\ x_4 & y_4 \end{pmatrix}$를 항상 만족시키는 2차정사각행렬 X를 구하여라.

21. 다음은 지난해에 어느 회사에서 생산한 두 제품 ㉮와 ㉯의 제품 한 개당 제조원가와 판매 가격 및 그 해 판매량을 나타낸 표이다.

제품명 / 가격	㉮	㉯
제조원가	a_{11}	a_{12}
판매 가격	a_{21}	a_{22}

판매량 / 제품명	상반기	하반기
㉮	b_{11}	b_{12}
㉯	b_{21}	b_{22}

위의 표를 각각 행렬 $A=\begin{pmatrix} a_{11} & a_{12} \\ a_{21} & a_{22} \end{pmatrix}$와

$B=\begin{pmatrix} b_{11} & b_{12} \\ b_{21} & b_{22} \end{pmatrix}$로 나타내고, 이 두 행렬의

곱 AB를 $AB=\begin{pmatrix} a & b \\ c & d \end{pmatrix}$라 하자. 제품 한 개당 판매 이익금을 판매 가격에서 제조원가를 뺀 값으로 정의할 때, 다음 중 옳은 것을 모두 고른 것은?

ㄱ. $a+b$는 지난해 상반기에 판매된 제품의 제조원가 총액이다.
ㄴ. $c+d$는 지난해 1년 동안에 판매된 제품의 판매 총액이다.
ㄷ. $d-b$는 지난해 하반기에 판매된 제품의 판매 이익금 총액이다.

① ㄱ ② ㄴ ③ ㄱ, ㄷ
④ ㄴ, ㄷ ⑤ ㄱ, ㄴ, ㄷ

22. 두 2차정사각행렬 A, X가
$X^2-AX-XA+A^2=O$를 만족할 때, 다음 〈보기〉 중 옳은 것만을 묶어 놓은 것은?

〈보기〉
ㄱ. $X^2-2AX+A^2=O$
ㄴ. $(X-A)^2=O$
ㄷ. $X=A$

① ㄱ ② ㄴ ③ ㄷ
④ ㄴ, ㄷ ⑤ ㄱ, ㄴ, ㄷ

23. 어느 관광지 1, 2 두 지점 사이에 그림과 같은 a, b, c, d, e, f의 관광 코스가 있다.

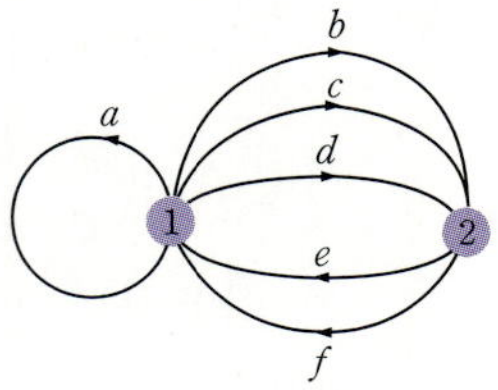

i (i는 1 또는 2) 지점에서 j (j는 1 또는 2) 지점까지 갈 수 있는 관광 코스의 수를 (i, j) 성분으로 하는 행렬을 A라고 하면, $A=\begin{pmatrix} 1 & 3 \\ 2 & 0 \end{pmatrix}$이다.

i지점을 출발하여 두 코스를 이어서 관광(같은 코스를 두 번 관광하는 경우도 포함)하고 j지점에서 관광을 마치는 방법의 수를 (i, j) 성분으로 하는 행렬은 다음 중 어느 것인가?

① $2A$ ② A^2
③ $A+\begin{pmatrix} 1 & 0 \\ 0 & 1 \end{pmatrix}$ ④ $2A+\begin{pmatrix} 2 & 0 \\ 0 & 2 \end{pmatrix}$
⑤ $A^2+\begin{pmatrix} 1 & 0 \\ 0 & 1 \end{pmatrix}$

B&A 교과서 실력쌓기

1. 역행렬

역행렬의 계산

1. 다음 행렬의 역행렬이 존재하면, 그 역행렬을 구하여라.

(1) $\begin{pmatrix} 3 & 1 \\ 4 & 2 \end{pmatrix}$

(2) $\begin{pmatrix} 3 & -2 \\ -1 & 1 \end{pmatrix}$

(3) $\begin{pmatrix} 2 & 3 \\ 4 & 6 \end{pmatrix}$

(4) $\begin{pmatrix} 1 & 0 \\ 1 & 4 \end{pmatrix}$

2. 다음 행렬의 역행렬을 구하여라.

(1) $2\begin{pmatrix} 3 & 1 \\ 5 & 2 \end{pmatrix}$

(2) $\frac{1}{2}\begin{pmatrix} 3 & 5 \\ 2 & 4 \end{pmatrix}$

3. 행렬 $A=\begin{pmatrix} a_{11} & a_{12} \\ a_{21} & a_{22} \end{pmatrix}$에 대하여 $a_{ij}=i+2j-3$일 때, A의 역행렬을 구하여라.

역행렬을 포함한 행렬의 연산

4. $A=\begin{pmatrix} -3 & 2 \\ 1 & 4 \end{pmatrix}$일 때, $(E+A)A^{-1}$를 계산하여라.

5. 두 행렬 $A=\begin{pmatrix} 1 & 1 \\ 0 & 1 \end{pmatrix}$, $B=\begin{pmatrix} 1 & 0 \\ 1 & 1 \end{pmatrix}$에 대하여 행렬 $A(AB^{-1}+A^{-1}B)B$의 모든 성분의 합을 구하여라.

역행렬이 존재할 조건

6. 행렬 $A=\begin{pmatrix} a-1 & 6 \\ 3 & a+2 \end{pmatrix}$의 역행렬이 존재하기 위한 조건을 구하여라.

7. 임의의 실수 x에 대하여 행렬 $A=\begin{pmatrix} x+1 & -a \\ 2 & 1-x \end{pmatrix}$가 항상 역행렬을 갖도록 하는 실수 a의 값의 범위를 구하여라.

8. 행렬 $A=\begin{pmatrix} a & 2 \\ -2 & -1 \end{pmatrix}$일 때, 모든 실수 t에 대하여 $A+tE$가 역행렬을 가질 조건을 구하여라.

역행렬이 존재하지 않을 조건

9. 행렬 $\begin{pmatrix} 2\sin\theta & 4 \\ 1 & 2\sin\theta \end{pmatrix}$의 역행렬이 존재하지 않도록 θ의 값을 정하여라. (단, $0<\theta<2\pi$)

10. $A=\begin{pmatrix} a & b \\ a & b \end{pmatrix}$일 때, $A^2=A$가 성립한다. $A-tE$가 역행렬을 갖지 않을 때, 양수 t의 값을 구하여라. (단, $a>0$, $b>0$)

11. 행렬 $A=\begin{pmatrix}1 & a\\ b & 1\end{pmatrix}$에 대하여 $A^2=E$이고, $A-xE$가 역행렬을 갖지 않을 때, 실수 x의 값을 구하여라.

12. 행렬 $A=\begin{pmatrix}2 & 1\\ x & y\end{pmatrix}$, $E=\begin{pmatrix}1 & 0\\ 0 & 1\end{pmatrix}$에 대하여 $A-E$와 $A+E$가 모두 역행렬을 갖지 않을 때, x, y의 값을 구하여라.

역행렬의 정의를 이용한 계산

13. 이차정사각행렬 A에 대하여 $A^2-2A-10E=O$일 때, $A-4E$의 역행렬을 구하여라.

14. 행렬 A에 대하여 $A^2-E=O$이고, $(A-E)^{-1}$가 존재할 때, $A+A^2+A^3+A^4$을 간단히 하여라.

15. 이차정사각행렬 **A, B**에 대하여 $\mathbf{A^2+A=E}$, $\mathbf{AB=2E}$가 성립할 때, $\mathbf{B^2}$을 **A**와 **E**로 나타내면?

① $2A-E$ ② $2A+4E$
③ $4A-2E$ ④ $4A+8E$
⑤ $A-4E$

16. 행렬 A에 대하여 $A^2-A+E=O$가 성립할 때, 다음 물음에 답하여라.

(1) A의 역행렬 A^{-1}를 구하여라.

(2) $A^n=E$를 만족시키는 자연수 n의 최솟값을 구하여라.

17. 이차정사각행렬 A에 대하여 $A+2E$의 역행렬이 $A+E$일 때, 행렬 A의 역행렬을 구하여라.

등식에서 문자의 값 구하기

18. 행렬 $\begin{pmatrix}\cos\theta & -\sin\theta\\ \sin\theta & \cos\theta\end{pmatrix}$의 역행렬이 $\begin{pmatrix}\sin\theta & \cos\theta\\ -\cos\theta & \sin\theta\end{pmatrix}$일 때, 실수 θ의 값을 구하여라. (단, $0\le\theta\le\pi$)

19. 두 행렬 $A=\begin{pmatrix}5 & -2\\ 4 & -1\end{pmatrix}$, $E=\begin{pmatrix}1 & 0\\ 0 & 1\end{pmatrix}$이 $A=pE+qA^{-1}$를 만족할 때, 두 실수 p, q의 값을 각각 구하여라.

20. 이차정사각행렬 $A=\begin{pmatrix}0 & a\\ b & c\end{pmatrix}$에 대하여 $A^2=E$를 만족하는 행렬 A의 개수를 구하여라. (단, a, b, c는 정수이다.)

B&A 교과서 실력쌓기

2. 역행렬의 성질

$A^{-1}=A$이면 $A^2=E$

1. 행렬 $A=\begin{pmatrix} x+1 & 2 \\ -4 & y-2 \end{pmatrix}$의 역행렬이 A자신일 때, x, y의 값을 구하여라.

2. 행렬 $A=\begin{pmatrix} x & -1 \\ 3 & y-4 \end{pmatrix}$에 대하여 $A^{-1}=A$가 성립할 때, $x(y-4)+3$의 값을 구하여라.

3. 이차정사각행렬 A가 $A^{-1}=A$를 만족할 때, $A+3E$의 역행렬을 구하여라. (단, 실수 k에 대하여 $A\neq kE$)

$(A^{-1})^{-1}=A$, $(AB)^{-1}=B^{-1}A^{-1}$

4. 두 행렬 $A=\begin{pmatrix} 1 & 2 \\ 1 & 1 \end{pmatrix}$, $B=\begin{pmatrix} 2 & -3 \\ a & -1 \end{pmatrix}$에 대하여 $A^{-1}B^{-1}=\begin{pmatrix} -1 & b \\ 0 & 1 \end{pmatrix}$일 때, $a+b$의 값을 구하여라.

5. $A=\begin{pmatrix} x & y \\ 2 & 3 \end{pmatrix}$, $B=\begin{pmatrix} 2 & 3 \\ 1 & 2 \end{pmatrix}$에 대하여 $(AB)^{-1}=A^{-1}B^{-1}$를 만족시키는 x, y의 값을 구하여라.

6. $A=\begin{pmatrix} -4 & 3 \\ 2 & 0 \end{pmatrix}$, $B=\begin{pmatrix} -1 & 3 \\ 1 & -1 \end{pmatrix}$일 때, $(B^{-1}A)^{-1}(A^{-1}B)^{-1}B$를 구하여라.

$(A^{-1})^n=(A^n)^{-1}$

7. 행렬 $A=\begin{pmatrix} 1 & 2 \\ 1 & 3 \end{pmatrix}$에 대하여 $(A^{-1})^2=pA+qE$가 성립하도록 상수 p, q의 값을 정하여라.

8. $A=\begin{pmatrix} 2 & -1 \\ 3 & -2 \end{pmatrix}$에 대하여 $A^5+(A^{-1})^5$의 모든 성분의 합을 구하여라.

9. 이차정사각행렬 A에 대하여
$A^4=\begin{pmatrix} 1 & 1 \\ -3 & -2 \end{pmatrix}$, $A^5=\begin{pmatrix} 2 & 1 \\ -3 & -1 \end{pmatrix}$일 때, 행렬 A를 구하여라.

$(kA)^{-1}=\frac{1}{k}A^{-1}$

10. 행렬 $A=\begin{pmatrix} 6 & -9 \\ 3 & -3 \end{pmatrix}$에 대하여 $3AX=E$가 성립할 때, 행렬 X를 구하여라.

11. 행렬 $A=\begin{pmatrix} 5 & 2 \\ 3 & 1 \end{pmatrix}$에 대하여 행렬 kA의 역행렬의 모든 성분의 합이 1일 때, 실수 k의 값을 구하여라.

$AX=B \iff X=A^{-1}B$

12. 다음 등식을 만족하는 행렬 X를 구하여라.

$$X\begin{pmatrix} 3 & 1 \\ 2 & 2 \end{pmatrix}=\begin{pmatrix} 2 & 5 \\ 4 & 3 \end{pmatrix}$$

13. 다음 등식을 만족하는 실수 x, y를 구하여라.

$$(x \quad y)\begin{pmatrix} 3 & 5 \\ -2 & -4 \end{pmatrix}=(-4 \quad 2)$$

14. 행렬 $A=\begin{pmatrix} 0 & 1 \\ 1 & -1 \end{pmatrix}$, $B=\begin{pmatrix} 2 & 3 \\ 1 & 1 \end{pmatrix}$일 때, $B^{-1}A=AX$를 만족하는 행렬 X의 모든 성분의 합을 구하여라.

15. 두 행렬 $A=\begin{pmatrix} -1 & 3 \\ 0 & 2 \end{pmatrix}$, $B=\begin{pmatrix} 2 & 1 \\ 1 & -4 \end{pmatrix}$에 대하여 $A^{-1}XA=B$를 만족하는 행렬 X를 구하여라.

16. $A=\begin{pmatrix} 1 & -1 \\ 0 & 2 \end{pmatrix}$, $B=\begin{pmatrix} a & 1 \\ 1 & b \end{pmatrix}$이고, $B^{-1}AB=\begin{pmatrix} 2 & 0 \\ 0 & 1 \end{pmatrix}$일 때, $a+b$의 값은?

① 3 ② 2 ③ 1 ④ 0 ⑤ −1

17. 두 이차정사각행렬 A, B에 대하여

$$(A+B)^{-1}=A^{-1}+B^{-1},\ AB+E=O$$

가 성립할 때, 행렬 A^2+B^2의 모든 성분의 합을 구하여라.

18. 두 행렬 $A=\begin{pmatrix} 1 & 0 \\ -1 & 2 \end{pmatrix}$, $B=\begin{pmatrix} -1 & 2 \\ 0 & 3 \end{pmatrix}$에 대하여 $A(X+E)=B(E-X)$일 때, 이차정사각행렬 X의 모든 성분의 합을 구하여라.

$(P^{-1}AP)^n=P^{-1}A^nP$

19. $A=\begin{pmatrix} 1 & -1 \\ -1 & 1 \end{pmatrix}$, $P=\begin{pmatrix} 1 & -1 \\ 0 & 1 \end{pmatrix}$일 때, $(P^{-1}AP)^2$을 계산하여라.

20. $A=\begin{pmatrix} 1 & 0 \\ 0 & 2 \end{pmatrix}$, $B=\begin{pmatrix} 1 & 1 \\ 0 & 1 \end{pmatrix}$이고, $AB=BC$가 성립할 때, C^3의 모든 성분의 합을 구하여라.

21. 행렬 $A=\begin{pmatrix} 7 & 16 \\ -3 & -7 \end{pmatrix}$, $P=\begin{pmatrix} -5 & 3 \\ 2 & -1 \end{pmatrix}$에 대하여 $A=PBP^{-1}$일 때, A^2+B^2을 구하여라.

22. 행렬 $P=\begin{pmatrix} 0 & 1 \\ 1 & 1 \end{pmatrix}$, $D=\begin{pmatrix} \sqrt{3} & 0 \\ 0 & -1 \end{pmatrix}$에 대하여 2×2 행렬 A가 $P^{-1}AP=D$를 만족시킨다고 할 때, A^4의 모든 성분의 합을 구하여라.

등식을 만족하는 행렬 구하기

23. 이차정사각행렬 A에 대하여 $A\begin{pmatrix} 1 \\ 2 \end{pmatrix}=\begin{pmatrix} 1 \\ 1 \end{pmatrix}$이고, $A\begin{pmatrix} 2 \\ 1 \end{pmatrix}=\begin{pmatrix} 1 \\ 0 \end{pmatrix}$일 때, $A\begin{pmatrix} 3 \\ 3 \end{pmatrix}$을 구하여라.

24. A가 2차정사각행렬이고, $A\begin{pmatrix} 2 \\ 1 \end{pmatrix}=\begin{pmatrix} 4 \\ 3 \end{pmatrix}$, $A^2\begin{pmatrix} 2 \\ 1 \end{pmatrix}=\begin{pmatrix} 2 \\ -8 \end{pmatrix}$이 성립할 때, $A^{-1}\begin{pmatrix} 1 \\ -4 \end{pmatrix}$를 구하여라.

역행렬의 여러 가지 성질

25. 두 이차정사각행렬 **A, B**에 대하여 $AB-BA=\begin{pmatrix} p & q \\ r & s \end{pmatrix}$라 할 때, 항상 옳은 것을 모두 고른 것은?

ㄱ. $A=\begin{pmatrix} 1 & 1 \\ 0 & 0 \end{pmatrix}$이면 $ps-qr=0$이다.
ㄴ. 모든 이차정사각행렬 A, B에 대하여 $p+s=0$이다.
ㄷ. 행렬 AB−BA가 역행렬이면 B는 A의 역행렬이다.

① ㄱ ② ㄴ ③ ㄱ, ㄴ
④ ㄴ, ㄷ ⑤ ㄱ, ㄴ, ㄷ

26. 행렬 $A=\begin{pmatrix} a & b \\ c & d \end{pmatrix}$에 대하여 행렬 A'을 $A'=\begin{pmatrix} a & c \\ b & d \end{pmatrix}$로 정의할 때, 옳은 것을 모두 고른 것은?

ㄱ. $(A')'=A$
ㄴ. $(A+A')'=A+A'$
ㄷ. $ad-bc\neq0$일 때, $(A^{-1})'=(A')^{-1}$

① ㄱ ② ㄱ, ㄴ ③ ㄱ, ㄷ
④ ㄴ, ㄷ ⑤ ㄱ, ㄴ, ㄷ

27. 두 이차정사각행렬 **A, B**에 대하여 $A^2=A$이고, $B=-A$일 때, 항상 옳은 것을 모두 고른 것은?

ㄱ. $A^3=A$
ㄴ. $B^2=-B$
ㄷ. A+3E는 역행렬을 갖는다.

① ㄱ ② ㄷ ③ ㄱ, ㄴ
④ ㄴ, ㄷ ⑤ ㄱ, ㄴ, ㄷ

28. 행렬 $A=\begin{pmatrix} a & -1 \\ 1 & b \end{pmatrix}$와 A+E의 역행렬이 모두 존재하지 않을 때, 다음 중 옳은 것을 모두 고르면?

ㄱ. $a+b=-1$
ㄴ. A−E의 역행렬이 존재한다.
ㄷ. $A+A^2+A^3+\cdots+A^{10}=A$

① ㄱ ② ㄷ ③ ㄱ, ㄴ
④ ㄴ, ㄷ ⑤ ㄱ, ㄴ, ㄷ

1. 역행렬~ 2. 역행렬의 성질

1. $a>b>0$인 실수 a, b에 대하여

$\begin{pmatrix} a & b \\ b & a \end{pmatrix}\begin{pmatrix} a & b \\ b & a \end{pmatrix}=\begin{pmatrix} 5 & 4 \\ 4 & 5 \end{pmatrix}$일 때, $\begin{pmatrix} a & b \\ b & a \end{pmatrix}$의 역행렬을 구하여라.

2. 실수 a, b에 대하여 $|a-1|+|b-2|=0$일 때, 행렬 $A=\begin{pmatrix} a & b \\ -b & a \end{pmatrix}$의 역행렬을 구하여라.

3. 세 실수 a, b, c에 대하여 $b\neq0$, $(a-1)^2+bc=0$이다.

$A=\begin{pmatrix} a & b \\ c & 2-a \end{pmatrix}$, $B=\begin{pmatrix} b & 0 \\ 1-a & 1 \end{pmatrix}$일 때, $B^{-1}AB$를 구하여라.

4. 행렬 $A=\begin{pmatrix} a & b \\ c & d \end{pmatrix}$에 대하여 오른쪽 그림과 같이 좌표평면에 $P(a,\ b)$, $Q(c,\ d)$를 잡고 삼각형 OPQ를 대응시킨다.

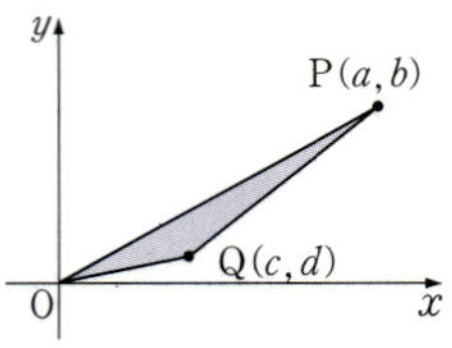

$A=\begin{pmatrix} 11 & 4 \\ 3 & 1 \end{pmatrix}$일 때, A^{-1}에 대응하는 삼각형의 넓이를 구하여라.

5. 이차정사각행렬 A의 $(i,\ j)$ 성분 a_{ij}가 다음을 만족할 때, 행렬 A의 역행렬을 구하여라.

$$a_{ij}\begin{cases} i : \text{행렬 } \begin{pmatrix} 2 & i \\ j & 1 \end{pmatrix}\text{의 역행렬이 존재할 때} \\ 0 : \text{행렬 } \begin{pmatrix} 2 & i \\ j & 1 \end{pmatrix}\text{의 역행렬이 존재하지 않을 때} \end{cases}$$

6. 임의의 실수 x에 대하여

$A=\begin{pmatrix} x-2a & -2 \\ 2 & x-a \end{pmatrix}$의 역행렬이 존재할 때, 정수 a의 값을 모두 구하여라.

7. $-1<t<3$인 임의의 실수 t에 대하여 행렬 $A=\begin{pmatrix} -1 & t-3 \\ 1-t & m-2 \end{pmatrix}$가 역행렬을 갖기 위한 실수 m의 값의 범위를 구하여라.

8. $A=\begin{pmatrix} -4 & -7 \\ 1 & 2 \end{pmatrix}$, $E=\begin{pmatrix} 1 & 0 \\ 0 & 1 \end{pmatrix}$에 대하여 k가 실수일 때, $A^{-1}-kE$의 역행렬이 존재하지 않도록 하는 k의 모든 값들의 합을 구하여라.

9. 점 $P(x,\ y)$는 부등식 $0\le x\le6$, $0\le y\le6$을 나타내는 영역에 속하는 점이다. 양수 a에 대하여 행렬 $A=\begin{pmatrix} a & x \\ 1 & y-2 \end{pmatrix}$의 역행렬이 존재하지 않을 때, 점 $P(x,\ y)$가 나타내는 도형의 길이의 최댓값을 구하여라.

10. 두 이차정사각행렬 A, B가 $AB+A=E$, $AB-BA=A+B$를 만족할 때, $B+2E$의 역행렬을 구하여라.

11. 다음 조건을 만족하는 이차정사각행렬 A의 역행렬을 구하여라.

(1) $A^2-2A+E=O$

(2) $A^2-A=O$, $A\neq E$

(3) $A^n=O$ (단, n은 자연수)

(4) $A^2+A-2E=O$

(5) $A^3+A^2+A-E=O$

12. 영행렬이 아닌 이차정사각행렬 **A**가 $\mathbf{A}^2+6\mathbf{A}=\mathbf{O}$를 만족할 때, 다음 중 역행렬을 갖지 않는 것은?

① A−4E ② A+2E ③ A−2E ④ A+4E ⑤ A+6E

13. 행렬 $A=\begin{pmatrix} 1 & 3 \\ a & b \end{pmatrix}$에 대하여 $\frac{1}{2}(A+E)$의 역행렬이 $A-E$일 때, $a+b$의 값을 구하여라.

14. 두 행렬 $A=\begin{pmatrix} 0 & a \\ 3 & 3 \end{pmatrix}$, $B=\begin{pmatrix} 3 & -5 \\ -1 & 2 \end{pmatrix}$가 $AB^{-1}=B^{-1}A$를 만족시킬 때, a의 값을 구하여라.

15. 이차정사각행렬 $A=\begin{pmatrix} a & b \\ c & d \end{pmatrix}$, $E=\begin{pmatrix} 1 & 0 \\ 0 & 1 \end{pmatrix}$에 대하여 $AB=A+B=E$를 만족하는 행렬 B가 존재할 때, $a+d$의 값을 구하여라.

16. 이차정사각행렬 **A**와 두 행렬 $\mathbf{B}=\begin{pmatrix} 3 & 1 \\ 2 & 1 \end{pmatrix}$, $\mathbf{E}=\begin{pmatrix} 1 & 0 \\ 0 & 1 \end{pmatrix}$에 대하여 $\mathbf{BA}=\mathbf{B}+\mathbf{E}$일 때, 행렬 **A**의 모든 성분의 합은?

① −3 ② −1 ③ 0 ④ 1 ⑤ 3

17. 두 행렬 **A**, **B**가 $\mathbf{A}=\mathbf{B}^{-1}\begin{pmatrix} 2 & 1 \\ 5 & 3 \end{pmatrix}$, $\mathbf{B}=\begin{pmatrix} -1 & 2 \\ -3 & 2 \end{pmatrix}$일 때, 행렬 **BAB**의 모든 성분의 합은?

① 2 ② 3 ③ 4 ④ 5 ⑤ 6

18. 이차정사각행렬 $\mathbf{A}=\begin{pmatrix} 3 & -1 \\ 5 & -2 \end{pmatrix}$에 대하여 $\mathbf{A}+\mathbf{A}^{-1}=\mathbf{APA}^{-1}$를 만족하는 행렬 **P**의 모든 성분의 합은?

① 16 ② 8 ③ 3 ④ 0 ⑤ −2

19. 두 행렬 $A=\begin{pmatrix} 1 & 1 \\ 0 & 2 \end{pmatrix}$, $B=\begin{pmatrix} 0 & -1 \\ 1 & 0 \end{pmatrix}$에 대하여 $A^{-1}PA=B$일 때, P^{2020}을 행렬 E를 써서 간단히 나타내어라.

20. 행렬 $A=\begin{pmatrix} 0 & -1 \\ 1 & 1 \end{pmatrix}$에 대하여 $(A^{-1})^2=A^k$을 만족시키는 자연수 k의 최솟값을 구하여라.

21. 단위행렬이 아닌 이차정사각행렬

$A=\begin{pmatrix} a & b \\ c & d \end{pmatrix}$가 $ad-bc=1$, $A=A^{-1}$를 만족시킬 때, A^{2011}을 구하여라.

22. 행렬 $A=\begin{pmatrix} x & y \\ y & -x \end{pmatrix}$가 등식 $A=64A^{-1}$를 만족할 때, 좌표평면에서 점 $P(x,\ y)$가 나타내는 도형의 둘레의 길이를 a라고 하자. 이때 $\frac{a}{\pi}$의 값을 구하여라.

23. 방정식 $x^3-1=0$의 한 허근이 ω이고, $A=\begin{pmatrix} \omega^4 & 1 \\ \omega & -\omega^4 \end{pmatrix}$일 때, $(A^{-1})^{100}$을 구하여라.

24. $A=\begin{pmatrix} -1 & -1 \\ 3 & 2 \end{pmatrix}$에 대하여 $A^{10}-(A^{-1})^{10}$의 모든 성분의 합을 구하여라.

25. 행렬 $M=\begin{pmatrix} a & b \\ c & d \end{pmatrix}$를 오른쪽 그림과 같이 좌표평면에서 $P(a,\ b)$, $Q(c,\ d)$가 지름의 양 끝점인 원에 대응시킨다고 할 때,

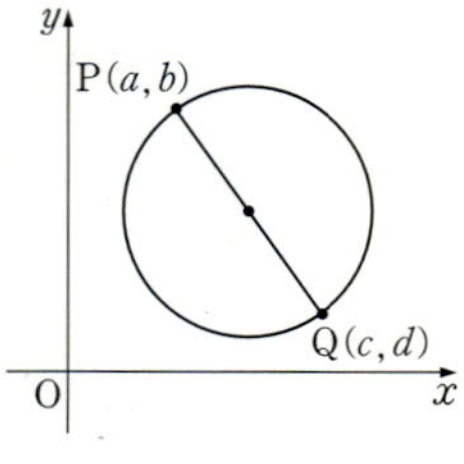

$A=\begin{pmatrix} 2 & 3 \\ 3 & 4 \end{pmatrix}$, $B=\begin{pmatrix} 1 & -2 \\ -4 & 3 \end{pmatrix}$에 대하여, $AX=B$를 만족하는 행렬 X에 대응하는 원의 중심의 좌표를 구하여라.

26. 두 이차정사각행렬 A, B에 대하여 $A+B=\begin{pmatrix} 2 & 3 \\ 3 & 5 \end{pmatrix}$일 때,

$$AX=\begin{pmatrix} 2 & 1 \\ 3 & 2 \end{pmatrix},\ BX=\begin{pmatrix} -2 & -1 \\ 5 & 2 \end{pmatrix}$$

를 만족하는 이차정사각행렬 X를 구하여라.

27. $(A+E)^2=A$를 만족하는 이차정사각행렬 A와 행렬 $\begin{pmatrix} p \\ q \end{pmatrix}$에 대하여

$$(A+A^{-1})\begin{pmatrix} p \\ q \end{pmatrix}=\begin{pmatrix} -5 \\ 8 \end{pmatrix}$$

이 성립할 때, 두 실수 p, q의 값을 각각 구하여라.

28. 자연수 n에 대하여 이차정사각행렬 A_1, A_2, A_3, $\cdots$, A_n을 각각 $\begin{pmatrix} 1 & 0 \\ 0 & 1 \end{pmatrix}$, $\begin{pmatrix} 1 & 0 \\ 0 & 2 \end{pmatrix}$, $\begin{pmatrix} 1 & 0 \\ 0 & 3 \end{pmatrix}$, $\cdots$, $\begin{pmatrix} 1 & 0 \\ 0 & n \end{pmatrix}$이라 할 때, 항상 옳은 것을 모두 고른 것은?

ㄱ. 자연수 m, n에 대하여
$A_m+A_n=A_{m+n}$이 성립한다.
ㄴ. 자연수 m, n에 대하여
$A_mA_n=A_{mn}$이 성립한다.
ㄷ. 자연수 n에 대하여
$A_n^{-1}=\frac{1}{n}A_n$이 성립한다.

① ㄱ ② ㄴ ③ ㄱ, ㄴ
④ ㄴ, ㄷ ⑤ ㄱ, ㄴ, ㄷ

1. 임의의 실수 x에 대하여 행렬

$A=\begin{pmatrix} x+2a & -4 \\ 3 & x+a \end{pmatrix}$의 역행렬이 존재하도록 하는 정수 a의 개수를 구하여라.

2. 임의의 실수 k에 대하여 행렬

$\begin{pmatrix} 2k & k-1 \\ b(k+1) & 2k+a-1 \end{pmatrix}$의 역행렬이 존재하도록 하는 정수 a, b의 순서쌍 (a, b) 중에서 $a<b$를 만족시키는 순서쌍의 개수는?

① 3 ② 4 ③ 5 ④ 6 ⑤ 7

3. 이차정사각행렬 $\begin{pmatrix} k & 3 \\ 2 & k+1 \end{pmatrix}$의 역행렬이 존재하지 않을 때, 모든 k 값들의 합은?

① -2 ② -1 ③ 0 ④ 1 ⑤ 2

4. 두 실수 x, y에 대하여 행렬

$A=\begin{pmatrix} x+y & -x \\ y & x+y \end{pmatrix}$의 역행렬이 존재하지 않고, 복소수 $z=x+y-3+xyi$의 제곱이 음의 실수일 때, xy의 값은?

① -11 ② -9 ③ -7 ④ -5 ⑤ -3

5. a, b, c는 서로 다른 한 자리의 자연수이다. 행렬 $M=\begin{pmatrix} a & b \\ c & 9 \end{pmatrix}$가 역행렬을 갖지 않을 때, a, b, c의 곱 abc의 값을 구하여라.

6. 자연수 a, b, c에 대하여 $A=\begin{pmatrix} a & 1 \\ b & c \end{pmatrix}$의 역행렬이 존재하지 않고,

$1+\cfrac{1}{a+\cfrac{1}{b+\cfrac{1}{7}}}=\dfrac{178}{121}$을 만족시킬 때, A^2의 모든 성분의 합을 구하여라.

7. 행렬 $A=\begin{pmatrix} 1 & x \\ y & -1 \end{pmatrix}$이 $A^{2012}=O$를 만족시킬 때, 두 실수 x, y 사이의 관계식으로 옳은 것은?

① $y=x$ ② $y=2x$ ③ $y=x+1$

④ $y=-\dfrac{1}{x}$ ⑤ $y=\dfrac{2}{x}$

8. $A^2-3A+E=A-2E$를 만족시키는 행렬 A의 역행렬은?

① $-3(A-4E)$ ② $-\dfrac{1}{3}(A-4E)$

③ $\dfrac{1}{4}(A-4E)$ ④ $\dfrac{1}{3}(A+4E)$

⑤ $3(A+4E)$

9. 이차정사각행렬 A, B와 단위행렬 E에 대하여 $AB=BA$, $2AB=A-2B+2E$가 성립할 때, $A+E$의 역행렬을 B와 E를 이용하여 나타내면?

① $2B-E$ ② $2B+E$

③ $B+2E$ ④ $B-2E$

⑤ $-B-2E$

10. 이차정사각행렬 A, B에 대하여 $(A+B)^{-1}=A^{-1}+B^{-1}$, $AB+E=O$가 성립할 때, A^2+B^2을 간단히 하면?

① A ② B ③ O ④ $-E$ ⑤ E

11. $A=\begin{pmatrix} 1 & 3 \\ -1 & -2 \end{pmatrix}$이고, $A^{11}\begin{pmatrix} x \\ y \end{pmatrix}=\begin{pmatrix} 18 \\ 13 \end{pmatrix}$일 때, $x+y$의 값을 구하여라.

12. 행렬 $\mathbf{A}=\begin{pmatrix} 2 & 5 \\ -1 & -2 \end{pmatrix}$와 이차정사각행렬 **B**에 대하여 행렬 $\mathbf{ABA^{-1}}$의 역행렬이 **A**일 때, 행렬 **B**의 모든 성분의 합은?
① -4 ② -2 ③ 2 ④ 4 ⑤ 8

13. 두 행렬 $\mathbf{A}=\begin{pmatrix} -3 & 2 \\ -2 & 1 \end{pmatrix}$, $\mathbf{E}=\begin{pmatrix} 1 & 0 \\ 0 & 1 \end{pmatrix}$이 $\mathbf{A}=(p\mathbf{A}+q\mathbf{E})^{-1}$를 만족하도록 상수 p, q의 값을 정할 때, $p+q$의 값은?
① 3 ② 1 ③ 0 ④ -1 ⑤ -3

14. 행렬 $A=\begin{pmatrix} 1 & 1 \\ 0 & 1 \end{pmatrix}$에 대하여 행렬 $A^{10}+(A^{-1})^{10}$의 모든 성분의 합을 구하여라.

15. 이차정사각행렬 A에 대하여 $A+A^{-1}=\begin{pmatrix} -1 & 2 \\ 6 & 1 \end{pmatrix}$일 때, $A^2+(A^2)^{-1}$의 모든 성분의 합을 구하여라.

16. 행렬 $\mathbf{A}=\begin{pmatrix} 1 & -1 \\ 3 & -2 \end{pmatrix}$에 대하여 $(\mathbf{A}^{-1})^{2004}$과 같은 행렬은?
① O ② E ③ A ④ A^{-1} ⑤ $-A$

17. $A+B=\begin{pmatrix} 3 & 1 \\ 5 & 2 \end{pmatrix}$, $AX=\begin{pmatrix} 2 & 1 \\ 3 & 2 \end{pmatrix}$, $BX=\begin{pmatrix} 1 & -1 \\ 2 & -2 \end{pmatrix}$를 만족시키는 이차정사각행렬 X의 모든 성분의 합을 구하여라.

18. 실수 a, b와 두 행렬 $\mathbf{A}=\begin{pmatrix} a & b \\ a & 0 \end{pmatrix}$, $\mathbf{P}=\begin{pmatrix} 1 & 0 \\ 1 & 1 \end{pmatrix}$에 대하여 행렬 **B**를 $\mathbf{B}=\mathbf{PAP^{-1}}$라 하자. 다음 중 옳은 것을 모두 고르면?

ㄱ. B=O이면 A=O이다.
ㄴ. $A^3=E$이면 $B^{100}=B$이다.
ㄷ. AB=E를 만족하는 행렬 A가 존재한다.

① ㄱ ② ㄱ, ㄴ ③ ㄴ, ㄷ
④ ㄱ, ㄷ ⑤ ㄱ, ㄴ, ㄷ

19. 다음 설명 중 옳지 않은 것은?
① $A(A+E)=E$이면 A^2의 역행렬이 존재한다.
② $ABC=E$이면 $ABC=BCA=ACB$이다.
③ A의 역행렬이 존재하면 A^2의 역행렬도 존재한다.
④ $A^3=O$이면 $A^2=O$이다.
⑤ $AB=A+B$이면 $(A-E)^{-1}=B-E$이다.

1. $\cos\theta=\frac{1}{\sqrt{5}}$일 때, 행렬 $\begin{pmatrix} 1 & \tan\theta \\ -\tan\theta & 1 \end{pmatrix}$의 역행렬을 구하여라. $\left(\text{단, } 0<\theta<\frac{\pi}{2}\right)$

2. 0이 아닌 두 실수 a, b에 대하여 이차함수 $ax^2+y=4$의 그래프와 직선 $by=7$이 점 $(1, 3)$에서 만난다. 이때 행렬 $A=\begin{pmatrix} a & 1 \\ 0 & b \end{pmatrix}$에 대하여 $A^{-1}\begin{pmatrix} 4 \\ 7 \end{pmatrix}$의 모든 성분의 합은?

① 1　② 2　③ 4　④ 7　⑤ 10

3. 이차정사각행렬 $\begin{pmatrix} t-1 & t+1 \\ a^2 & b+1 \end{pmatrix}$이 모든 실수 t에 대하여 역행렬을 가질 때, 실수 a, b 사이의 관계를 그래프로 나타내어라.

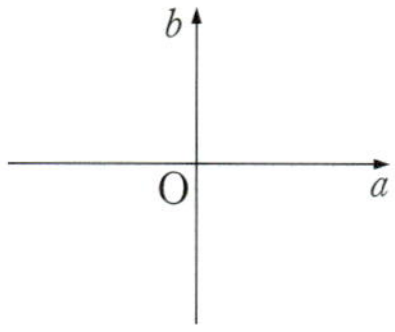

4. 행렬 $A=\begin{pmatrix} a & b \\ c & d \end{pmatrix}$에 대하여 $ad-bc=p$, $a+d=q$일 때, $A+E$의 역행렬이 존재하면 [그림 1]과 같이 나타내고, $A+E$의 역행렬이 존재하지 않으면 [그림 2]와 같이 나타내기로 한다.

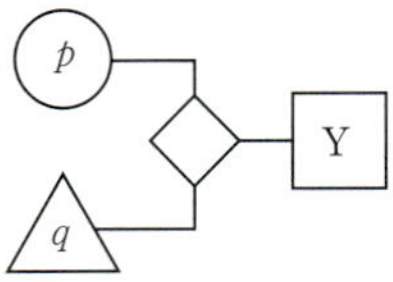

[그림 1]

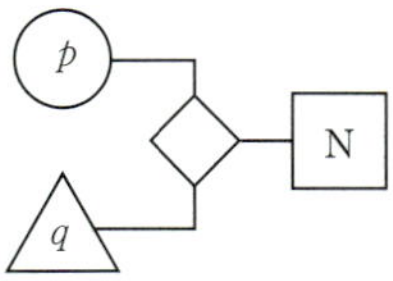

[그림 2]

다음 그림에서 ㈎, ㈏에 알맞은 것을 구하여라.

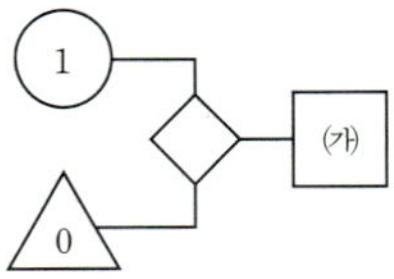

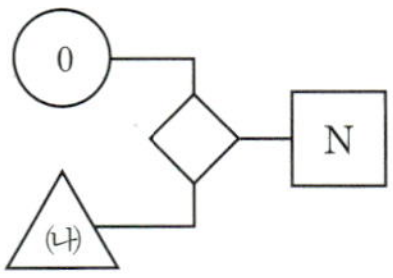

5. 백의 자리 수가 a, 십의 자리 수가 b, 일의 자리 수가 c인 세 자리의 자연수를 행렬 $\begin{pmatrix} a & b \\ c & 1 \end{pmatrix}$에 대응시킨다. 이때 행렬 $\begin{pmatrix} a & b \\ c & 1 \end{pmatrix}$의 역행렬이 존재하지 않는 세 자리 자연수의 개수를 구하여라.

6. 두 실수 x, y에 대하여 행렬 $A=\begin{pmatrix} x & -y \\ y-4 & x-6 \end{pmatrix}$의 역행렬이 존재하지 않을 때, $2x+3y$의 최댓값을 구하여라.

7. 점 $P(x, y)$가 부등식 $0\le x\le 1$, $0\le y\le 1$이 나타내는 영역에 속하는 점이고, 양수 a에 대하여 행렬 $\begin{pmatrix} a & 2 \\ x & y \end{pmatrix}$가 역행렬을 갖지 않을 때, 점 $P(x, y)$가 나타내는 도형의 길이를 $f(a)$라 하자. $f(a)$의 최댓값은?

① 1　② $\sqrt{2}$　③ $\sqrt{3}$　④ 2　⑤ $\sqrt{5}$

8. 실수 a, b에 대하여 행렬 $\begin{pmatrix} x^2+2x+a^2+b^2 & x+1 \\ x-1 & 2 \end{pmatrix}$가 역행렬을 갖지 않도록 하는 실수 x가 존재할 때, 점 (a, b)가 그리는 영역의 넓이는?

① $\frac{1}{2}\pi$　② π　③ $\frac{3}{2}\pi$　④ 2π　⑤ $\frac{5}{2}\pi$

9. 행렬 $\begin{pmatrix} 1 & x \\ 2 & y \end{pmatrix}$의 역행렬이 존재하지 않도록 하는 실수 x, y의 순서쌍 (x, y) 전체의 집합을 M이라 할 때, 옳은 것을 모두 고른 것은?

ㄱ. $(2, 4) \in M$
ㄴ. $(a, b) \in M$이면 $(-a, -b) \in M$이다.
ㄷ. $(a, b) \in M$, $(c, d) \in M$이면 $(a+c, b+d) \in M$이다.

① ㄱ ② ㄱ, ㄴ ③ ㄴ, ㄷ
④ ㄱ, ㄷ ⑤ ㄱ, ㄴ, ㄷ

10. 이차정사각행렬 A에 대하여

$$A + A^{-1} = O$$

가 성립할 때, 옳은 것을 모두 고른 것은?

ㄱ. $A^{2005} + (A^{2005})^{-1} = O$
ㄴ. $A^{2006} + (A^{2006})^{-1} = O$
ㄷ. 자연수 n에 대하여 $A + A^2 + A^3 + \cdots + A^{4n} = O$이다.

① ㄱ ② ㄴ ③ ㄱ, ㄴ
④ ㄱ, ㄷ ⑤ ㄴ, ㄷ

11. 두 이차정사각행렬 A와 B에 대하여

$$AB + A = E, \quad AB + BA = A + B$$

일 때, 다음 중 옳은 것을 모두 고르면?

ㄱ. 행렬 A의 역행렬은 $B+E$이다.
ㄴ. $AB = BA$
ㄷ. 행렬 B가 역행렬을 갖는다.

① ㄱ ② ㄴ ③ ㄱ, ㄴ
④ ㄴ, ㄷ ⑤ ㄱ, ㄴ, ㄷ

12. 이차정사각행렬 A에 대하여 $A+E$의 역행렬이 $A-3E$일 때, A의 역행렬은?

① $A-3E$ ② $\frac{1}{2}(A-3E)$
③ $\frac{1}{2}(A-2E)$ ④ $\frac{1}{4}(A-3E)$
⑤ $\frac{1}{4}(A-2E)$

13. 좌표평면 위의 점 $P(x, y)$에 대하여 행렬 $A = \begin{pmatrix} x & y \\ y & -x \end{pmatrix}$는 $A = 100A^{-1}$를 만족시킨다. 점 P가 나타내는 도형의 둘레의 길이를 a라 할 때, $\frac{a}{\pi}$의 값을 구하여라.

14. 이차방정식 $x^2 - 6x + 2 = 0$의 두 실근 α, β에 대하여 행렬 A를 $A = \begin{pmatrix} \alpha & 1 \\ 1 & \beta \end{pmatrix}$라 할 때, 행렬 A^2의 역행렬 $(A^2)^{-1}$의 모든 성분의 합을 구하여라.

15. 세 양수 a, b, c에 대하여 행렬 $A = \begin{pmatrix} a & b \\ b & -c \end{pmatrix}$가 $A^4 - 3A^2 = O$를 만족시킬 때, $a^2 + 2b^2 + c^2$의 값은?

① 2 ② 3 ③ 4 ④ 5 ⑤ 6

16. 행렬 $A = \begin{pmatrix} 1 & -2 \\ 0 & 1 \end{pmatrix}$에 대하여 행렬 B_n을

$$B_n = A^n + (A^{-1})^n \ (n = 1, 2, 3, \cdots)$$

와 같이 정의할 때, 행렬 $B_1 + B_2 + B_3 + \cdots + B_{100}$의 모든 성분의 합을 구하여라.

17. 상수 a, b에 대하여 행렬 $A=\begin{pmatrix} a & 1 \\ b & 2 \end{pmatrix}$가 $A-A^{-1}=\begin{pmatrix} -1 & 2 \\ 2 & 1 \end{pmatrix}$을 만족시킬 때, $a+b$의 값은?(단, $2a \neq b$이다.)

① 2 ② 4 ③ 6 ④ 8 ⑤ 10

18. 이차정사각행렬 A는 다음 두 조건을 만족시킨다. $A\begin{pmatrix} 2 \\ 0 \end{pmatrix}=\begin{pmatrix} a \\ b \end{pmatrix}$일 때, $a+b$의 값은?

(가) $A^3+E=O$
(나) $A\begin{pmatrix} 1 \\ 1 \end{pmatrix}+A^{-1}\begin{pmatrix} 2 \\ 0 \end{pmatrix}=\begin{pmatrix} 0 \\ 0 \end{pmatrix}$

① 1 ② 2 ③ 3 ④ 4 ⑤ 5

19. 행렬 $A=\begin{pmatrix} 1 & 2 \\ 3 & a \end{pmatrix}$에 대하여 $A^2X=X$를 만족하는 행렬 X가 2개 이상 존재하도록 실수 a의 값을 정할 때, $A\begin{pmatrix} p \\ q \end{pmatrix}=\begin{pmatrix} 16 \\ 24 \end{pmatrix}$를 만족하는 상수 p, q의 합 $p+q$의 값을 구하여라.(단, X는 2×1 행렬이다.)

20. 이차정사각행렬 A, B에 대하여 $AB=BA=E$, $A^2+B^2=O$가 성립할 때, 다음 중 $A-B$의 역행렬은?

① $A+B$ ② $-2(A-B)$
③ $-2(A+B)$ ④ $\frac{1}{2}(A+B)$
⑤ $-\frac{1}{2}(A-B)$

21. 두 이차정사각행렬 $A=\begin{pmatrix} x & 0 \\ 0 & x \end{pmatrix}$, $P=\begin{pmatrix} 5 & 0 \\ 0 & 5 \end{pmatrix}$가 $APA^{-1}=A+A^{-1}$를 만족시킬 때, 실수 x의 값들의 합은?

① 5 ② 6 ③ 7 ④ 8 ⑤ 9

22. 다음 설명 중 옳지 않은 것은?

① $A^4=O$이면 A^2+E의 역행렬이 존재한다.
② $A\neq E$이고, $A^2=A$이면 A의 역행렬이 존재하지 않는다.
③ $AB=BA$이면 $A^2B=BA^2$이다.
④ $AB=O$이고, $B\neq O$이면 A의 역행렬이 존재한다.
⑤ $A+2AB=AB+E$이면 A의 역행렬은 $B+E$이다.

23. 다음 설명 중 옳지 않은 것은?

① $(A+B)A^{-1}(A-B)=(A-B)A^{-1}(A+B)$
② $AB^2=E$이면 $B^{-1}A^{-1}=B$이다.
③ $A^2B=A+E$이면 $AB=BA$이다.
④ AB의 역행렬이 존재하면 A, B 모두 역행렬이 존재한다.
⑤ $A^2-A-E=O$이면 A^2의 역행렬은 $A+2E$이다.

1. 두 실수 x, y가 등식 $\begin{pmatrix} 2 & 1 \\ 1 & 1 \end{pmatrix}\begin{pmatrix} x \\ y \end{pmatrix}=\begin{pmatrix} 10 \\ 9 \end{pmatrix}$를 만족시킬 때, x, y의 곱 xy의 값은?

① 6 ② 8 ③ 9 ④ 10 ⑤ 12

2. 행렬 $A=\begin{pmatrix} 1 & 1 \\ 2 & 3 \end{pmatrix}$이고, 행렬 B는 ABA=A를 만족한다. A+B를 구하여라.

3. 역행렬이 존재하는 두 행렬 A와 B가 $A=\begin{pmatrix} 5 & 2 \\ 7 & 3 \end{pmatrix}B$를 만족시킬 때, 행렬 $AB^{-1}+BA^{-1}$의 모든 성분의 합을 구하여라.

4. $A=\begin{pmatrix} 1 & 0 \\ 1 & 1 \end{pmatrix}$, $B=\begin{pmatrix} 1 & 1 \\ 0 & -1 \end{pmatrix}$일 때, 행렬 $A^{-1}+AB$를 구하여라.

5. 두 행렬 $A=\begin{pmatrix} 1 & 2 \\ 2 & 5 \end{pmatrix}$, $B=\begin{pmatrix} 2 & -3 \\ 1 & -2 \end{pmatrix}$에 대하여 AX=B를 만족시키는 행렬 X의 모든 성분의 합을 구하여라.

6. 두 행렬 $A=\begin{pmatrix} -1 & 0 \\ 0 & 1 \end{pmatrix}$, $B=\begin{pmatrix} 2 & 1 \\ 3 & 3 \end{pmatrix}$에 대하여 행렬 $(A+B)^{-1}$의 모든 성분의 합을 구하여라.

7. $(A+E)^2=A$를 만족시키는 이차정사각행렬 A와 행렬 $\begin{pmatrix} p \\ q \end{pmatrix}$에 대하여 $(A+A^{-1})\begin{pmatrix} p \\ q \end{pmatrix}=\begin{pmatrix} 3 \\ -7 \end{pmatrix}$이 성립할 때, p^2+q^2의 값을 구하여라.

8. 점 P가 가로의 길이가 1, 세로의 길이가 2인 직사각형의 내부에서 움직이고 있다. 오른쪽 그림과 같이 점 P와 각 꼭짓점을 연결하였을 때 생기는 네 삼각형의 넓이를 a, b, c, d라 하자. 행렬 $\begin{pmatrix} a & b \\ c & d \end{pmatrix}$의 역행렬이 존재하지 않도록 하는 점 P의 자취의 길이를 구하여라.

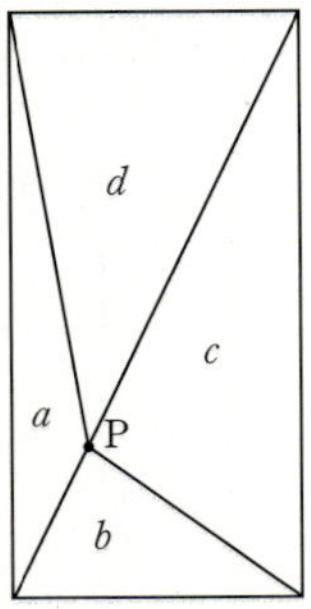

9. 원 $x^2+y^2=1$이 네 직선 $x=0$, $y=0$, $y=x$, $y=-x$와 만나는 점 중 하나를 $P(a, b)$, 원 $x^2+y^2=4$가 직선 $y=x$와 만나는 점 중 하나를 $Q(c, d)$라 하자. 두 점 P, Q의 x, y좌표를 성분으로 하는 행렬 $A=\begin{pmatrix} a & b \\ c & d \end{pmatrix}$에 대하여 행렬 A의 역행렬이 존재하도록 하는 점 P는 모두 몇 개인가?

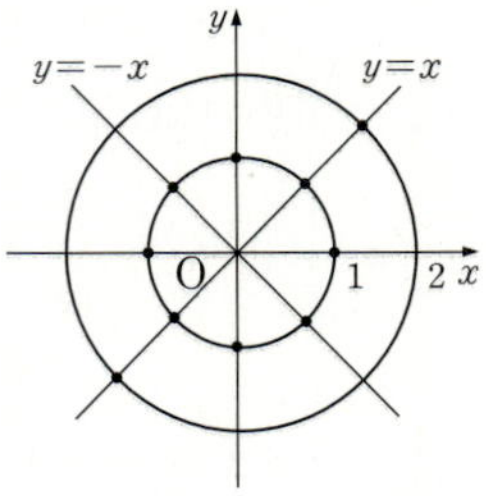

10. 행렬 $A=\begin{pmatrix} 2n & -7 \\ -1 & n \end{pmatrix}$의 역행렬 A^{-1}의 성분이 모두 자연수가 되는 자연수 n의 값은?

① 1 ② 2 ③ 3 ④ 4 ⑤ 5

11. 단위행렬이 아닌 두 이차정사각행렬 A, B가 다음 조건을 만족시킨다.

(가) A, B는 모두 역행렬을 가진다.
(나) $BAB=E$, $ABA=A^{-1}$

$A^n=E$가 성립하는 자연수 n의 최솟값을 구하여라.

12. 좌표평면에서 두 점 $A(1, \sqrt{3})$, $B(1, -\sqrt{3})$에 대하여 다음 두 조건을 만족시키는 점 $P(x, y)$가 나타내는 도형 전체의 길이를 구하여라.

(가) $x^2+y^2=4$
(나) 선분 AB 위의 임의의 점 $(1, a)$에 대하여 행렬 $\begin{pmatrix} x & y \\ 1 & a \end{pmatrix}$는 역행렬을 갖는다.

13. 두 이차정사각행렬 A, B가 $A^2=E$, $B^2=B$를 만족시킬 때, 항상 옳은 것을 모두 고른 것은?

ㄱ. 행렬 B가 역행렬을 가지면 $B=E$이다.
ㄴ. $(E-A)^5=2^4(E-A)$
ㄷ. $(E-ABA)^2=E-ABA$

① ㄱ ② ㄷ ③ ㄱ, ㄴ
④ ㄴ, ㄷ ⑤ ㄱ, ㄴ, ㄷ

14. 이차정사각행렬 A, B에 대하여 항상 옳은 것을 모두 고른 것은?

ㄱ. $(A+B)^2=A^2+2AB+B^2$
ㄴ. $A^2+A-2E=O$이면 A는 역행렬을 갖는다.
ㄷ. $A\neq O$이고, $A^2=A$이면 $A=E$이다.

① ㄱ ② ㄴ ③ ㄷ
④ ㄱ, ㄴ ⑤ ㄴ, ㄷ

15. 두 행렬 $A=\begin{pmatrix} 1 & 1 \\ 0 & 1 \end{pmatrix}$, $B=\begin{pmatrix} 1 & 0 \\ 1 & 1 \end{pmatrix}$에 대하여 집합 S, T를

$$S=\left\{\begin{pmatrix} x \\ y \end{pmatrix} \middle| \begin{pmatrix} x \\ y \end{pmatrix}=A^n\begin{pmatrix} 1 \\ 1 \end{pmatrix},\ n\text{은 자연수}\right\}$$

$$T=\left\{\begin{pmatrix} x \\ y \end{pmatrix} \middle| \begin{pmatrix} x \\ y \end{pmatrix}=B^n\begin{pmatrix} 1 \\ 1 \end{pmatrix},\ n\text{은 자연수}\right\}$$

라 하자. 다음 중 옳은 것을 모두 고른 것은?

ㄱ. $\begin{pmatrix} a \\ b \end{pmatrix}\in S$이면 $\begin{pmatrix} b \\ a \end{pmatrix}\in T$이다.
ㄴ. $\begin{pmatrix} a \\ b \end{pmatrix}\in S$, $\begin{pmatrix} c \\ d \end{pmatrix}\in S$이면 $\begin{pmatrix} a+c \\ b+d \end{pmatrix}\in S$이다.
ㄷ. $\begin{pmatrix} a \\ b \end{pmatrix}\in S$, $\begin{pmatrix} p \\ q \end{pmatrix}\in T$이면 행렬 $\begin{pmatrix} a & p \\ b & q \end{pmatrix}$는 역행렬을 갖는다.

① ㄱ ② ㄱ, ㄴ ③ ㄱ, ㄷ
④ ㄴ, ㄷ ⑤ ㄱ, ㄴ, ㄷ

B&A 교과서 실력쌓기

1. 연립일차방정식과 행렬

$\begin{pmatrix} a & b \\ c & d \end{pmatrix}\begin{pmatrix} x \\ y \end{pmatrix}=\begin{pmatrix} p \\ q \end{pmatrix}$에서 $ad-bc\neq 0$

1. 다음 연립방정식을 행렬을 써서 나타내어라.

(1) $\begin{cases} x-2y=15 \\ 4x+7y=9 \end{cases}$

(2) $\begin{cases} x+2y-3z=4 \\ 2x-y+5z=15 \\ -x+3y-4z=6 \end{cases}$

2. 다음 연립방정식을 역행렬을 이용하여 풀어라.

(1) $\begin{cases} 4x-3y=6 \\ x+2y=7 \end{cases}$

(2) $\begin{cases} x\sin\theta+y\cos\theta=1 \\ x\cos\theta-y\sin\theta=2 \end{cases}$

3. 연립일차방정식 $\begin{cases} 2x-3y=5 \\ 3x-4y=7 \end{cases}$의 해를 $\begin{pmatrix} x \\ y \end{pmatrix}=A\begin{pmatrix} 5 \\ 7 \end{pmatrix}$이라 할 때, 행렬 A를 구하여라.

4. 연립방정식 $\begin{cases} 3x-4y=m \\ 2x-3y=n \end{cases}$의 해가 $\begin{pmatrix} x \\ y \end{pmatrix}=A\begin{pmatrix} m \\ n \end{pmatrix}$이라 할 때, 행렬 A를 구하여라.

5. 행렬 $A=\begin{pmatrix} -1 & 3 \\ -1 & -1 \end{pmatrix}$에 대하여 연립방정식 $A^3\begin{pmatrix} x \\ y \end{pmatrix}=\begin{pmatrix} 16 \\ 16 \end{pmatrix}$의 해가 $x=a$, $y=b$일 때, $a+b$의 값을 구하여라.

6. 연립방정식 $\begin{cases} ax+by=t \\ cx+dy=t^2 \end{cases}$의 계수로 이루어진 행렬 $A=\begin{pmatrix} a & b \\ c & d \end{pmatrix}$의 역행렬은 $A^{-1}=\frac{1}{2}\begin{pmatrix} 4 & 1 \\ 2 & -3 \end{pmatrix}$이라고 한다. $x-y$의 값이 최소가 되게 하는 t의 값을 구하여라.

7. 두 직선 l_1, l_2가 점 P에서 만난다. 두 직선의 교점 $P(a, b)$를 행렬을 이용하여 구하면 $\begin{pmatrix} a \\ b \end{pmatrix}=A\begin{pmatrix} -2 \\ 1 \end{pmatrix}$이다.

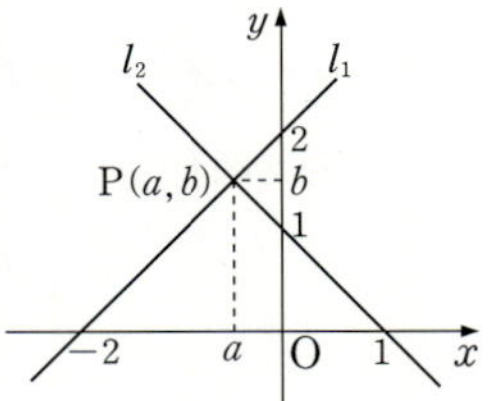

이때 이차정사각행렬 A의 모든 성분의 합을 구하여라.

8. 두 영양제 M, N의 각각 한 알에 들어 있는 칼슘 및 비타민의 양과 영양제의 가격은 표와 같다.

구분 / 영양제	칼슘(mg)	비타민(mg)	가격(원)
M	2	6	150
N	4	3	120

어떤 사람이 두 영양제 M, N으로 칼슘 60 mg, 비타민 90 mg을 섭취하려고 한다. 섭취한 영양제 M, N이 각각 x, y(알)이고, 그때의 총 비용이 p(원)일 때,

$\begin{pmatrix} x \\ y \end{pmatrix}=A\begin{pmatrix} 60 \\ 90 \end{pmatrix}$, $(p)=B\begin{pmatrix} x \\ y \end{pmatrix}$가 성립한다.

$BA=(a \quad b)$일 때, $a+b$의 값을 구하여라.

$\begin{pmatrix} a & b \\ c & d \end{pmatrix}\begin{pmatrix} x \\ y \end{pmatrix}=\begin{pmatrix} p \\ q \end{pmatrix}$에서 $ad-bc=0$

9. 다음 연립방정식이 해를 갖지 않을 때, a의 값을 구하여라.

$$\begin{pmatrix} a-5 & a^2-3a-10 \\ 5 & a+2 \end{pmatrix}\begin{pmatrix} x \\ y \end{pmatrix}=\begin{pmatrix} a+2 \\ 0 \end{pmatrix}$$

10. 다음 x, y에 대한 연립일차방정식의 해가 무수히 많을 때, 상수 k의 값을 구하여라.

$$\begin{pmatrix} k-5 & k^2-2k-15 \\ 5 & k+3 \end{pmatrix}\begin{pmatrix} x \\ y \end{pmatrix}=\begin{pmatrix} k+3 \\ 0 \end{pmatrix}$$

11. x, y에 관한 연립방정식 $\begin{pmatrix} a & 4 \\ 1 & a \end{pmatrix}\begin{pmatrix} x \\ y \end{pmatrix}=\begin{pmatrix} 2 \\ 1 \end{pmatrix}$에 대하여 다음 중 옳은 것을 모두 고르면?

① $a=-2$일 때, 해가 없다.
② $a=2$일 때, 오직 한 쌍의 해를 가진다.
③ $a\neq-2$일 때만 한 쌍의 해를 가진다.
④ $a\neq2$일 때, 해가 무수히 많다.
⑤ $a\neq-2$, $a\neq2$일 때, 한 쌍의 해를 가진다.

12. x, y에 관한 두 연립방정식

$$\begin{pmatrix} a & b \\ c & d \end{pmatrix}\begin{pmatrix} x \\ y \end{pmatrix}=\begin{pmatrix} p \\ q \end{pmatrix} \cdots ㉠$$

$$\begin{pmatrix} p & b \\ q & d \end{pmatrix}\begin{pmatrix} x \\ y \end{pmatrix}=\begin{pmatrix} a \\ c \end{pmatrix} \cdots ㉡$$

에 대한 다음 설명 중 옳은 것을 모두 고르면?

ㄱ. ㉠의 해가 무수히 많으면 ㉡의 해도 무수히 많다.
ㄴ. ㉠의 해가 없으면 ㉡은 오직 한 쌍의 해를 갖는다.
ㄷ. ㉠이 오직 한 쌍의 해를 가지면 ㉡은 해가 없다.

① ㄱ ② ㄱ, ㄴ ③ ㄴ, ㄷ
④ ㄱ, ㄷ ⑤ ㄱ, ㄴ, ㄷ

$\begin{pmatrix} a & b \\ c & d \end{pmatrix}\begin{pmatrix} x \\ y \end{pmatrix}=\begin{pmatrix} 0 \\ 0 \end{pmatrix}$의 해

13. $\begin{pmatrix} 3 & 7 \\ 6 & 2 \end{pmatrix}\begin{pmatrix} x \\ y \end{pmatrix}=k\begin{pmatrix} x \\ y \end{pmatrix}$를 만족하는 x, y의 값이 무수히 많을 때, k의 값을 구하여라.

14. 연립방정식 $\begin{cases} kx+2y=0 \\ x-y=kx \end{cases}$가 $x=0$, $y=0$ 이외의 해를 가지도록 k의 값을 정하여라.

15. $A=\begin{pmatrix} 1 & 2 \\ -1 & 4 \end{pmatrix}$, $X=\begin{pmatrix} x \\ y \end{pmatrix}$에 대하여 연립방정식 $AX=kX$가 $x=0$, $y=0$ 이외의 해를 가질 때, $x\neq0$, $y\neq0$인 해에 대하여 $\frac{y}{x}$의 값을 모두 구하여라.

16. $\begin{pmatrix} a & -b \\ b & a \end{pmatrix}\begin{pmatrix} x \\ y \end{pmatrix}=\begin{pmatrix} 5x \\ 3y \end{pmatrix}$가 $x=0$, $y=0$ 이외의 해를 갖도록 하는 두 실수 a, b에 대하여 좌표평면에서 점 (a, b)가 나타내는 도형의 둘레의 길이를 구하여라.

17. $\begin{pmatrix} 5 & 3 \\ 2 & 4 \end{pmatrix}\begin{pmatrix} x \\ y \end{pmatrix}=k\begin{pmatrix} x \\ y \end{pmatrix}$를 만족하는 양수 x, y가 존재하도록 실수 k의 값을 정하여라.

B&A 교과서 실력쌓기

2. 그래프와 행렬

그래프 그리기

1. 다음과 같은 꼭짓점의 집합과 변의 집합을 갖는 그래프를 그려라.

- 꼭짓점의 집합 : {A, B, C, D, E, F}
- 변의 집합 :
  {AB, AF, BC, CD, CE, DF, EF}

2. 꼭짓점의 개수가 5이고, 임의의 서로 다른 두 꼭짓점이 변으로 연결된 그래프를 그려라.

3. 6개의 꼭짓점과 15개의 변으로 이루어진 그래프를 그려라.

꼭짓점과 변

4. 오른쪽 그래프에서 꼭짓점의 집합과 변의 집합을 각각 구하여라.

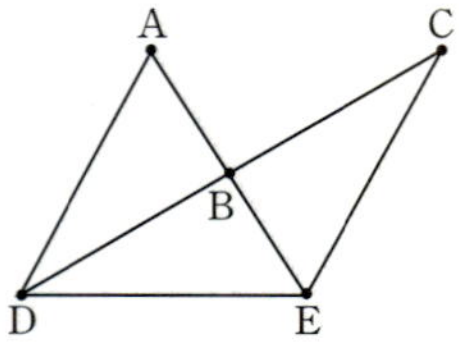

5. 오른쪽 그래프에서 꼭짓점의 개수와 변의 개수의 합을 구하여라.

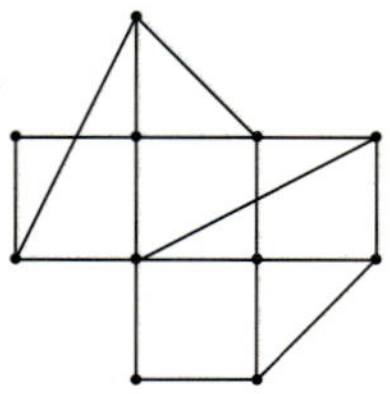

6. 오른쪽 그림에서 꼭짓점의 차수(각 꼭짓점에 연결된 변의 개수)의 합을 구하여라.

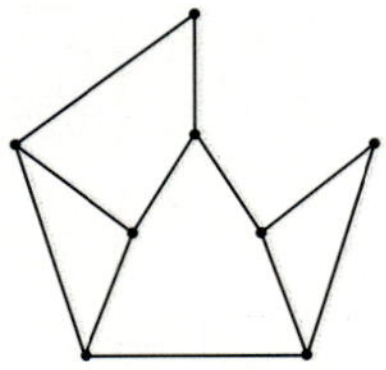

7. 다섯 개의 꼭짓점을 가지는 그래프에서 각 꼭짓점에 연결된 변의 개수(차수)가 4, 3, 3, 2, 2일 때, 이 그래프의 변의 개수를 구하여라.

8. 한 꼭짓점에서 자기 자신으로 가는 변이 없고, 두 꼭짓점 사이에 많아야 한 개의 변이 있는 어떤 그래프가 있다. 이 그래프의 꼭짓점의 집합을 P, 변의 집합을 Q라 하면 $n(\mathrm{P})=6$이라고 한다. 이때 $n(\mathrm{Q})$의 최댓값을 구하여라.

경로

9. 오른쪽 그래프에서 꼭짓점 A에서 꼭짓점 B로 이동하는 경로를 모두 구하여라.
(단, 한 번 지나간 꼭짓점을 다시 지날 수 있다.)

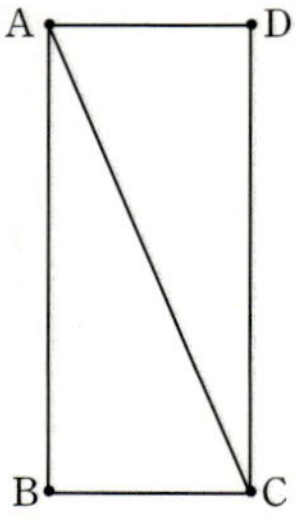

10. 오른쪽 그래프에서 꼭짓점 A에서 한 번 지나간 꼭짓점은 지나지 않고 꼭짓점 E로 가는 경로를 모두 구하여라.

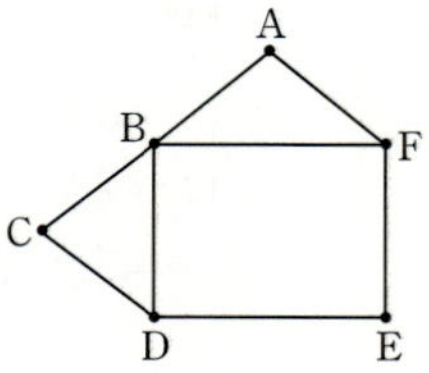

11. 오른쪽 그래프에서 꼭짓점 A에서 출발하여 다른 네 꼭짓점을 모두 한 번씩만 거쳐 A로 돌아오는 경로의 수를 구하여라.

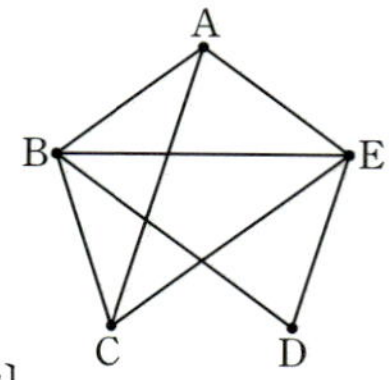

12. 다음 중 모든 변을 한 번씩만 지나는 경로가 존재하는 그래프를 모두 찾으면?

①
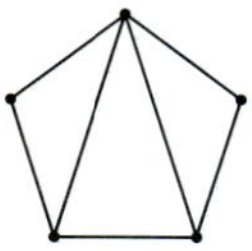
②
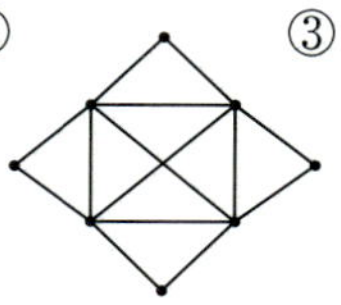
③
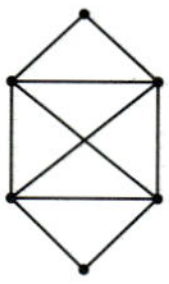
④
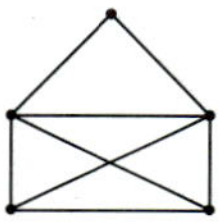
⑤

⑥
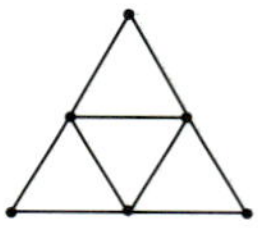

13. 오른쪽 그림은 어느 박물관의 단면도이다. 박물관 안을 청소하기 위하여 모든 문을 한 번씩만 통과하고 밖으로 나오려고 한다. 청소를 시작해야 하는 곳은 어디인가?

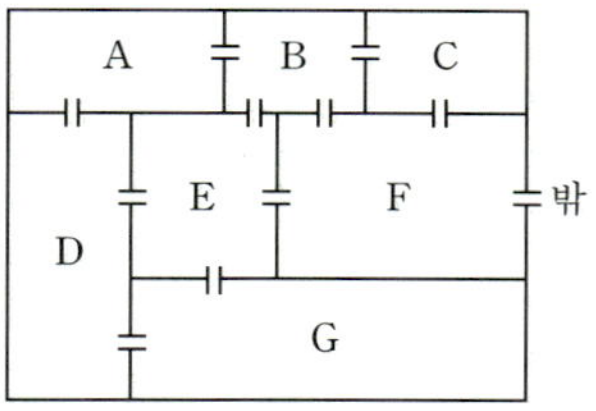

서로 같은 그래프

14. 다음 중 서로 같은 그래프끼리 짝을 지어라.

①
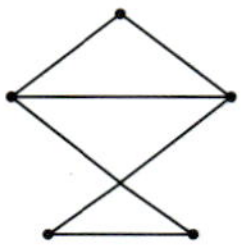
②
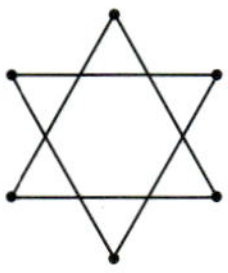
③
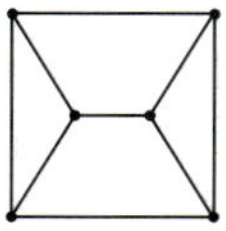
④
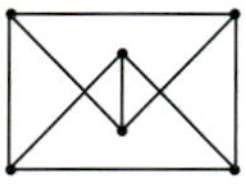
⑤
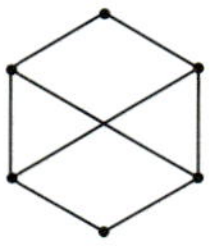
⑥
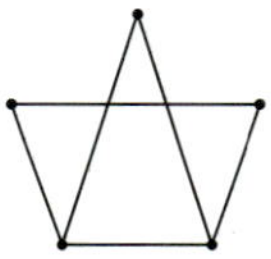

15. 다음 중 서로 같지 않은 그래프는?

①
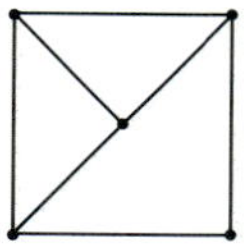
②
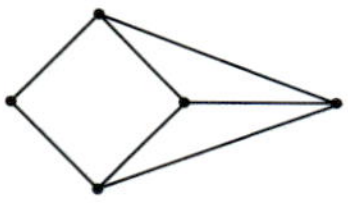
③
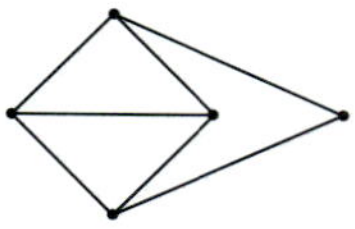
④
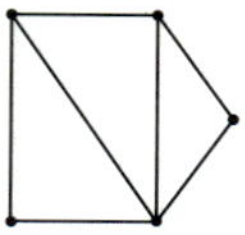
⑤
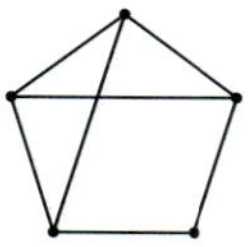

그래프를 나타내는 행렬

16. 다음 그래프를 나타내는 행렬을 구하여라.

(1)
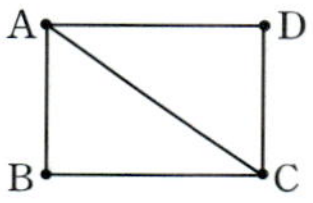

(2)
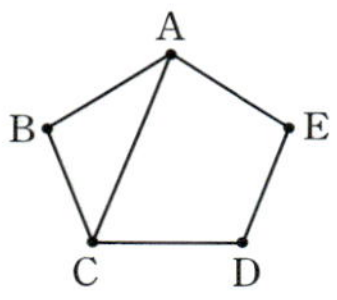

(3)
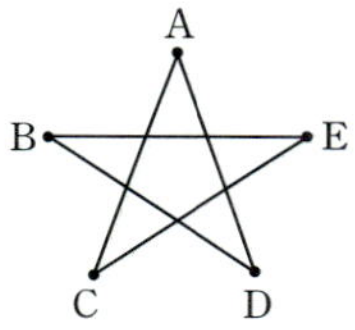

17. 다음과 같은 꼭짓점과 변을 가지는 그래프를 나타내는 행렬을 구하여라.

(꼭짓점의 집합)$=\{A, B, C, D, E, F\}$
(변의 집합)$=$
$\{AB, AF, BC, CD, CE, CF, DE, EF\}$

18. 오른쪽 그래프를 나타내는 행렬의 모든 성분의 합을 구하여라.

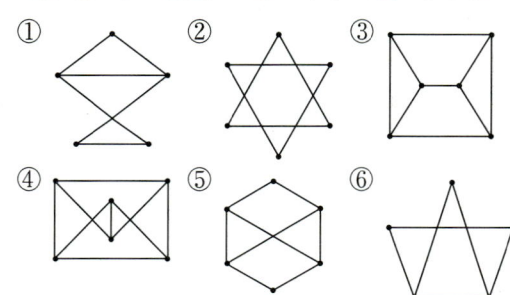

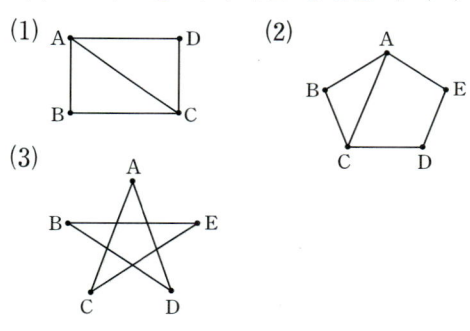

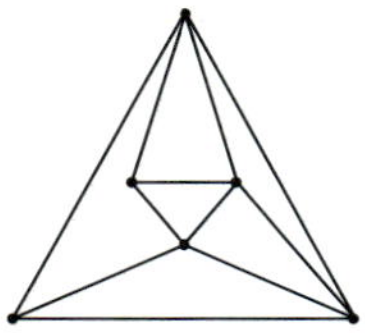

행렬을 나타내는 그래프

19. 다음 행렬로 나타내어지는 그래프를 그려라.

(1) $\begin{pmatrix} 0 & 1 & 1 & 1 \\ 1 & 0 & 1 & 0 \\ 1 & 1 & 0 & 1 \\ 1 & 0 & 1 & 0 \end{pmatrix}$ (2) $\begin{pmatrix} 0 & 0 & 0 & 1 & 1 \\ 0 & 0 & 0 & 1 & 1 \\ 0 & 0 & 0 & 1 & 1 \\ 1 & 1 & 1 & 0 & 1 \\ 1 & 1 & 1 & 1 & 0 \end{pmatrix}$

20. 오른쪽 행렬은 어떤 그래프의 연결 관계를 나타낸 것이다. $a+b+c+d$의 값을 구하여라.

$$\begin{pmatrix} 0 & a & 1 & 0 & 0 \\ 1 & 0 & 1 & 0 & b \\ 1 & c & 0 & 1 & 0 \\ 0 & 0 & 1 & 0 & 1 \\ 0 & 1 & d & 1 & 0 \end{pmatrix}$$

21. 오른쪽 행렬이 나타내는 그래프에서 다음을 구하여라.

$$\begin{pmatrix} 0 & 1 & 1 & 0 & 1 \\ 1 & 0 & 0 & 1 & 1 \\ 1 & 0 & 0 & 1 & 0 \\ 0 & 1 & 1 & 0 & 1 \\ a & 1 & b & 1 & 0 \end{pmatrix}$$

(1) 그래프의 꼭짓점의 개수

(2) a, b의 값

(3) 그래프의 변의 개수

행렬의 거듭제곱과 그래프의 경로

22. 오른쪽 그래프를 나타내는 행렬을 M이라고 하면

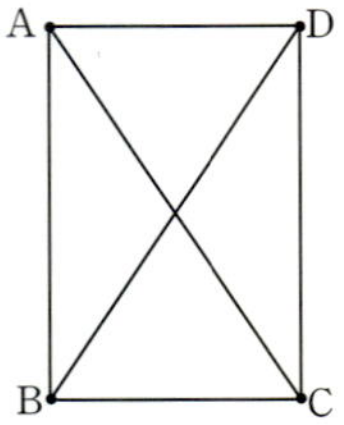

$$\begin{matrix} & \begin{matrix} A & B & C & D \end{matrix} & \\ M= & \begin{pmatrix} 0 & 1 & 1 & 1 \\ 1 & 0 & 1 & 1 \\ 1 & 1 & 0 & 1 \\ 1 & 1 & 1 & 0 \end{pmatrix} & \begin{matrix} A \\ B \\ C \\ D \end{matrix} \end{matrix}$$

이다. 꼭짓점 A에서 꼭짓점 B로 가는 경로 중 변을 두 번 지나는 경로의 수는 행렬 M^2의 ①____ 성분과 같으므로 ②____ 이다.

23. 오른쪽은 4개의 꼭짓점 A, B, C, D로 이루어진 그래프의 각 꼭짓점의 연결 관계를 나타내는 행렬이다. 꼭짓점 A에서 한 꼭짓점을 지나 꼭짓점 C로 가는 경로의 수를 구하여라.

$$\begin{matrix} & \begin{matrix} A & B & C & D \end{matrix} & \\ M= & \begin{pmatrix} 0 & 1 & 1 & 1 \\ 1 & 0 & 1 & 1 \\ 1 & 1 & 0 & 1 \\ 1 & 1 & 1 & 0 \end{pmatrix} & \begin{matrix} A \\ B \\ C \\ D \end{matrix} \end{matrix}$$

24. 네 개의 꼭짓점 A, B, C, D를 가지는 그래프의 연결 상태를 나타내는 행렬 M이 오른쪽과 같이 주어져 있다. 꼭짓점 A에서 꼭짓점 C로 이동하는 경로 중 변을 세 번 지나는 경로의 수는 행렬 M^3의 ①____ 성분과 같으므로 ②____ 이다.

$$M=\begin{pmatrix} 0 & 1 & 1 & 0 \\ 1 & 0 & 0 & 1 \\ 1 & 0 & 0 & 1 \\ 0 & 1 & 1 & 0 \end{pmatrix}$$

색칠하기

25. 다음 그래프의 변으로 연결된 꼭짓점에는 서로 다른 색을 칠해야 한다. 모든 꼭짓점에 색을 칠할 때, 필요한 최소의 색의 수를 구하여라.

(1)

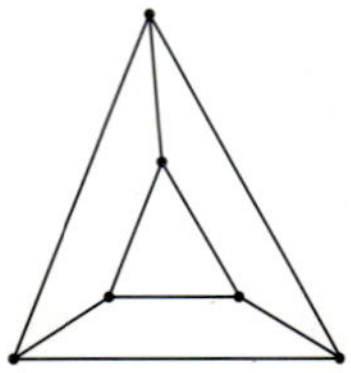

(2)

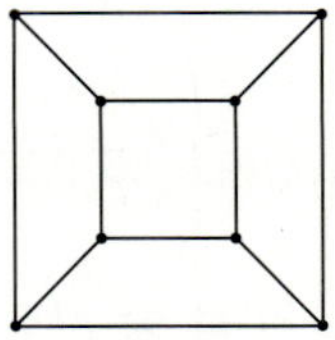

26. 오른쪽 그림은 어느 도시의 행정구역 지도이다. 인접한 동끼리 서로 다른 색으로 칠하면서 지도를 색칠할 수 있는 최소 색의 수를 구하여라.

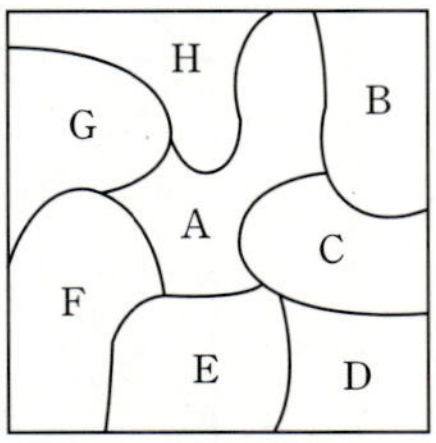

B&A 교과서 끝내기

1. 연립일차방정식과 행렬~ 2. 그래프와 행렬

1. 행렬 $A=\begin{pmatrix} a & b \\ c & d \end{pmatrix}$의 역행렬 A^{-1}가 $A^{-1}\begin{pmatrix} m \\ n \end{pmatrix}=\begin{pmatrix} 1 \\ 0 \end{pmatrix}$을 만족시킬 때, 두 직선

$$ax+by=2m,\ cx+dy=2n$$

의 교점의 좌표를 구하여라.

2. x, y에 대한 연립방정식 $\begin{cases} ax+by=t \\ cx+dy=t^2 \end{cases}$에서 계수로 이루어진 행렬 $A=\begin{pmatrix} a & b \\ c & d \end{pmatrix}$의 역행렬은 $A^{-1}=\begin{pmatrix} 4 & \frac{1}{3} \\ 2 & \frac{2}{3} \end{pmatrix}$이다. 실수 t가 변할 때, $x+y$의 최솟값을 구하여라.

3. 철수가 운영하는 A, B 두 매장의 2009년 총매출액의 합은 70억 원이었다. 2010년은 2009년보다 B매장의 매출액이 10% 감소하였으나 두 매장의 총매출액은 2억 원이 증가하였다. 2009년 A, B 두 매장의 매출액을 각각 x, y(억 원)이라고 하면

$$\begin{pmatrix} x \\ y \end{pmatrix}=\begin{pmatrix} 1 & 1 \\ 0.2 & -0.1 \end{pmatrix}^{-1}\begin{pmatrix} 70 \\ 2 \end{pmatrix}$$

이다. 이때 2010년의 A매장의 매출액을 구하여라.

4. 연립일차방정식 $\begin{pmatrix} 1 & a+1 \\ a+1 & a^2+3 \end{pmatrix}\begin{pmatrix} x \\ y \end{pmatrix}=\begin{pmatrix} 3 \\ b \end{pmatrix}$의 해가 무수히 많을 때, 실수 a, b의 값을 구하여라.

5. 행렬 $A=\begin{pmatrix} 3 & 1 \\ 4 & 1 \end{pmatrix}$, $X=\begin{pmatrix} x \\ y \end{pmatrix}$에 대하여 방정식 $AX=kX$가 $\begin{pmatrix} x \\ y \end{pmatrix}=\begin{pmatrix} 0 \\ 0 \end{pmatrix}$ 이외의 해를 가지도록 하는 상수 k의 값은 a, b이다. 이때 a^3+b^3의 값을 구하여라.

6. x, y에 대한 연립방정식

$$\begin{pmatrix} a-1 & -b \\ b & a+3 \end{pmatrix}\begin{pmatrix} x \\ y \end{pmatrix}=\begin{pmatrix} x-2y \\ 2x+y \end{pmatrix}$$가 $x=0$, $y=0$ 이외의 해를 갖도록 하는 실수 a, b에 대하여 점 (a, b)가 나타내는 자취의 개형을 그려라.

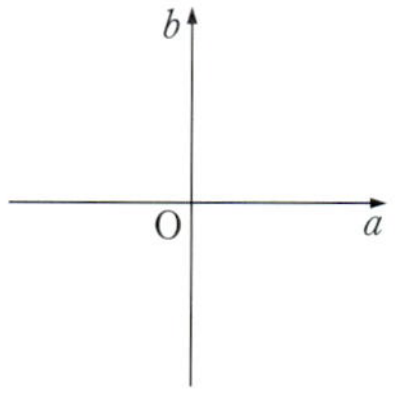

7. x, y에 대한 연립방정식

$$\begin{pmatrix} a-1 & -2 \\ 8 & b \end{pmatrix}\begin{pmatrix} x \\ y \end{pmatrix}=\begin{pmatrix} -1 & 0 \\ 0 & 2b \end{pmatrix}\begin{pmatrix} x \\ y \end{pmatrix}$$

가 $x=0$, $y=0$ 이외의 해를 갖도록 두 양수 a, b의 값을 정할 때, $a+b$의 최솟값을 구하여라.

8. 연립일차방정식 $\begin{cases} kx+ky=x-y \\ x+y=-x-ky \end{cases}$가 $xy<0$인 해를 갖도록 하는 실수 k의 값을 구하여라.

9. 서로 다른 n개의 꼭짓점에서 임의의 한 꼭짓점을 택하여 다른 꼭짓점과 한 번씩 연결한 그래프를 G라고 하자. 그래프 G의 변의 개수를 $f(n)$이라고 할 때, $f(5)$의 값을 구하여라.

10. 오른쪽 그림은 어느 미술관의 전시실을 나타낸 단면도이다. 입구에서 시작하여 모든 문을 한 번씩만 통과하여 이동할 때, 마지막에 도달하는 전시실을 구하여라.

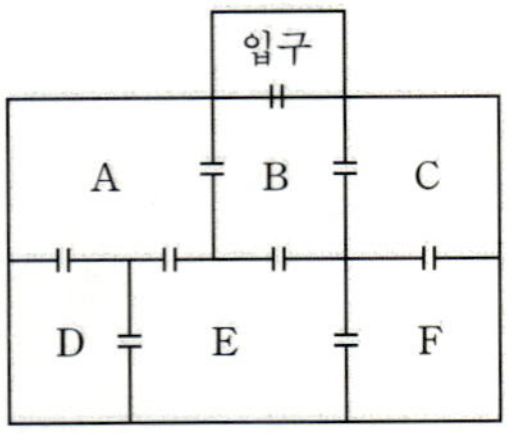

11. 다음 중 그래프를 나타낼 수 있는 행렬은?

① $\begin{pmatrix} 0 & 1 & 1 & 0 & 0 \\ 1 & 0 & 0 & 1 & 1 \\ 1 & 0 & 0 & 1 & 0 \\ 0 & 1 & 1 & 0 & 1 \\ 0 & 1 & 0 & 1 & 0 \end{pmatrix}$ ② $\begin{pmatrix} 0 & 1 & 0 & 0 & 1 \\ 0 & 0 & 0 & 1 & 0 \\ 0 & 0 & 0 & 0 & 1 \\ 1 & 0 & 0 & 0 & 0 \\ 1 & 0 & 1 & 0 & 0 \end{pmatrix}$

③ $\begin{pmatrix} 0 & 0 & 1 & 0 & 1 \\ 0 & 0 & 0 & 1 & 0 \\ 1 & 0 & 0 & 0 & 1 \\ 0 & 1 & 0 & 0 & 0 \\ 1 & 0 & 1 & 0 & 0 \end{pmatrix}$ ④ $\begin{pmatrix} 0 & 1 & 1 & 1 & 1 \\ 1 & 0 & 1 & 1 & 1 \\ 1 & 1 & 0 & 1 & 1 \\ 1 & 1 & 1 & 0 & 1 \\ 1 & 1 & 1 & 1 & 0 \end{pmatrix}$

12. 오른쪽 그래프를 나타내는 행렬의 성분의 합을 구하여라.

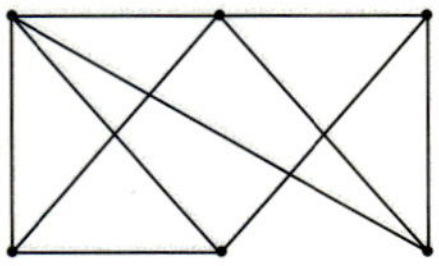

13. 오른쪽은 5개의 꼭짓점 A, B, C, D, E로 이루어진 그래프의 각 꼭짓점 사이의 연결 관계를 나타내는 행렬이다. 두 꼭짓점 A, D 사이를 연결한 변이 2개인 경로의 수를 구하여라.

$$\begin{array}{c} \quad\ \ \text{A}\ \ \text{B}\ \ \text{C}\ \ \text{D}\ \ \text{E} \\ \text{M}=\begin{pmatrix} 0 & 1 & 1 & 1 & 1 \\ 1 & 0 & 1 & 0 & 0 \\ 1 & 1 & 0 & 1 & 0 \\ 1 & 0 & 1 & 0 & 1 \\ 1 & 0 & 0 & 1 & 0 \end{pmatrix} \begin{matrix} \text{A} \\ \text{B} \\ \text{C} \\ \text{D} \\ \text{E} \end{matrix} \end{array}$$

14. 세 개의 꼭짓점을 가지는 그래프의 연결 상태를 나타내는 행렬 M에 대하여

$\text{M}^2=\begin{pmatrix} 1 & a & b \\ 1 & 1 & b \\ c & 0 & 2 \end{pmatrix}$일 때, $a+b+c$의 값을 구하여라.

15. 태훈이는 생일 파티 초대장을 친구 A, B, C, D, E에게 나누어 주려고 한다. 이 다섯 명은 서로 모르는 사이도 있어서 아는 친구들끼리 시간을 맞추어 만나야 한다. 친구들이 서로 모르는 경우가 다음과 같을 때, 태훈이가 모든 친구들에게 초대장을 주기 위해서는 최소 몇 개의 모임에 나가야 하는가?

> A, C, D는 서로 모르는 사이이다.
> A, E는 서로 모르는 사이이다.
> B, E는 서로 모르는 사이이다.

1. 두 직선

$l : ax+by=p,$

$m : cx+dy=q$

의 그래프가 오른쪽 그림과 같을 때, x, y에 대한 연립일차방정식

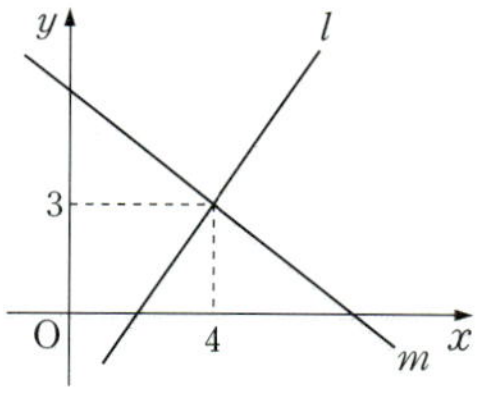

$$\begin{pmatrix} a & b \\ c & d \end{pmatrix}\begin{pmatrix} x+1 \\ y-4 \end{pmatrix}=\begin{pmatrix} p \\ q \end{pmatrix}$$

의 해를 $x=\alpha$, $y=\beta$라고 하자. 이때 $\alpha\beta$의 값을 구하여라. (단, a, b, c, d는 상수)

2. 어떤 건설 현장에서 10대의 트럭으로 흙을 운반하는 데 x대의 트럭에는 각각 10톤, y대의 트럭에는 각각 12톤의 흙을 실어 모두 114톤의 흙을 운반하려 한다. 이때 x와 y의 값을 구하는 식을 행렬로 나타내면 다음과 같다.

$$\begin{pmatrix} x \\ y \end{pmatrix}=\begin{pmatrix} 6 & a \\ b & 1 \end{pmatrix}\begin{pmatrix} 10 \\ 57 \end{pmatrix}$$

두 수 a, b의 합 $a+b$의 값은?

① -9　② -8　③ -7　④ -6　⑤ -5

3. $\boldsymbol{x}$, $\boldsymbol{y}$에 대한 연립일차방정식

$$\begin{pmatrix} a & 1 \\ -2b-3 & b+2 \end{pmatrix}\begin{pmatrix} x \\ y \end{pmatrix}=\begin{pmatrix} 2-a \\ 3 \end{pmatrix}$$이 해를 갖지 않도록 하는 두 정수 $\boldsymbol{a}$, $\boldsymbol{b}$를 정할 때, $\boldsymbol{a+b}$의 값은?

① -10　② -6　③ -2　④ 1　⑤ 5

4. x, y에 대한 연립일차방정식

$$\begin{pmatrix} a & 3a \\ 1 & 2a \end{pmatrix}\begin{pmatrix} x \\ y \end{pmatrix}=2\begin{pmatrix} x \\ y \end{pmatrix}$$가 $x=0$, $y=0$ 이외의 해를 갖도록 하는 정수 a의 값을 구하여라.

5. 연립일차방정식 $\begin{cases} a(a+2)x-y=0 \\ (b+1)^2x+y=0 \end{cases}$이 $\boldsymbol{x=0}$, $\boldsymbol{y=0}$ 이외의 해를 가질 때, 점 $(\boldsymbol{a}, \boldsymbol{b})$가 나타내는 도형의 길이는?

① π　② 2π　③ 4π　④ 6π　⑤ 8π

6. 두 양수 a, b에 대하여 x, y에 대한 연립방정식 $\begin{pmatrix} a+1 & 8 \\ 2 & b+1 \end{pmatrix}\begin{pmatrix} x \\ y \end{pmatrix}=\begin{pmatrix} x \\ y \end{pmatrix}$가 $x=0$, $y=0$ 이외의 해를 갖는다고 할 때, $a+b$의 최솟값을 구하여라.

7. x, y에 대한 연립일차방정식

$$\begin{pmatrix} 3 & a \\ 1-a & -2 \end{pmatrix}\begin{pmatrix} x \\ y \end{pmatrix}=\begin{pmatrix} 0 \\ 0 \end{pmatrix}$$이 $xy>0$인 해를 가질 때, 실수 a의 값을 구하여라.

8. 오른쪽 그래프의 연결 관계를 나타내는 행렬의 모든 성분의 합을 구하여라.

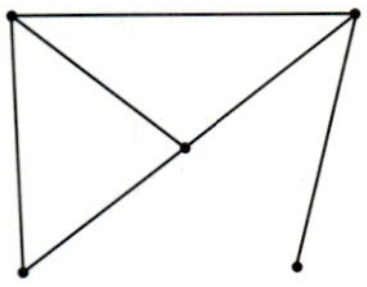

9. 다음 중 서로 같은 그래프끼리 짝지어라.

①

②
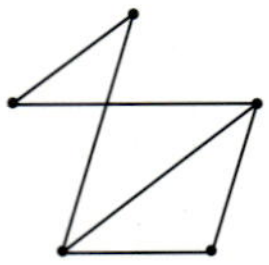

③
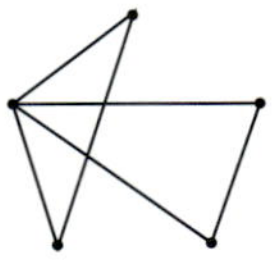

④

⑤

⑥
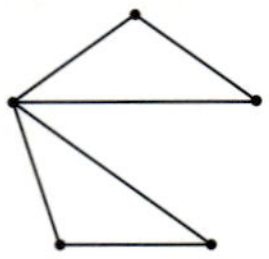

10. 다음 그림과 같이 6개의 꼭짓점 A, B, C, D, E, F를 갖는 그래프가 있다. 이 그래프에서 n개의 변을 추가하여 꼭짓점 D에서 출발하여 모든 변을 한 번씩만 지나 꼭짓점 E로 가는 경로를 만들려고 한다. n의 최솟값과 그때의 경로를 하나만 써라. (단, 한 번 지난 꼭짓점을 다시 지날 수 있다.)

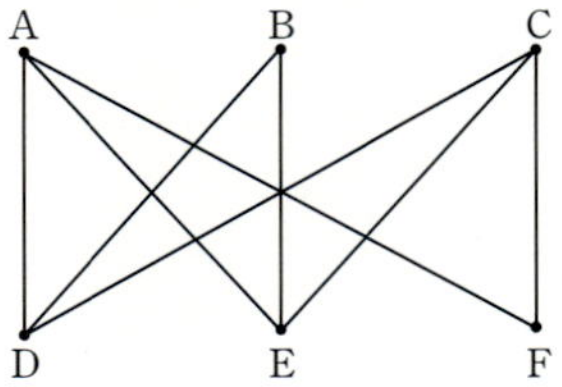

11. 꼭짓점의 개수가 n인 그래프가 가질 수 있는 변의 개수의 최댓값을 구하여라.
(단, 한 꼭짓점에서 자기 자신으로 가는 변이 없고, 두 꼭짓점 사이에 많아야 한 개의 변이 있다.)

12. 어떤 그래프를 나타내는 행렬 A에 대하여
$A^2=\begin{pmatrix} 2 & 1 & 1 \\ 1 & 2 & 1 \\ 1 & 1 & 2 \end{pmatrix}$일 때, 행렬 A를 구하여라.

13. 다음 행렬이 나타내는 그래프에서 임의의 꼭짓점에서 출발하여 모든 변을 한 번씩만 지나 처음 꼭짓점으로 되돌아오는 경로가 존재할 때, $a+b$의 값을 구하여라.

$$\begin{pmatrix} 0 & 1 & 1 & a & 1 \\ 1 & 0 & b & 1 & 0 \\ 1 & 0 & 0 & 1 & b \\ 1 & a & 1 & 0 & 1 \\ 1 & 0 & b & 1 & 0 \end{pmatrix}$$

14. 어느 고등학교 2학년 학생 6명이 학원 주말반에 다음 표와 같이 수강 신청을 하였다. 각 과목은 90분 동안 수업을 한다. 오후 1시부터 휴식 시간 없이 수업이 계속된다면 가장 빨리 모든 수업을 마치는 시각은 언제인가?

	인수	민기	휘재	미희	영구	초희
영어	○		○	○		○
수학		○				
국어		○			○	○
과학	○			○	○	

1. 두 미지수 x, y에 관한 연립방정식

$\begin{cases} 4x+3y=kx \\ x+2y=ky \end{cases}$에 대하여 다음 명제 중 옳은 것은?

① $k=0$일 때, 위의 연립방정식은 무한히 많은 해를 가진다.

② $k=1$일 때, 위의 연립방정식은 무한히 많은 해를 가진다.

③ $k=1$일 때, 위의 연립방정식의 해는 $x=0$, $y=0$뿐이다.

④ k의 값에 관계 없이 위의 연립방정식의 해는 $x=0$, $y=0$뿐이다.

⑤ k의 값에 관계 없이 위의 연립방정식의 해는 없다.

2. x, y에 대한 연립방정식

$\begin{pmatrix} a & 3-b \\ 1 & a \end{pmatrix}\begin{pmatrix} x \\ y \end{pmatrix}=\begin{pmatrix} x \\ y \end{pmatrix}$가 $x=0$, $y=0$ 이외의 해를 갖도록 하는 실수 a, b에 대하여, 좌표평면에서 점 P(a, b)를 중심으로 하고 x축과 y축에 동시에 접하는 원의 개수는?

① 2 ② 3 ③ 4 ④ 5 ⑤ 6

3. x, y에 대한 연립방정식

$\begin{pmatrix} 2a & 0 \\ 1 & 1 \end{pmatrix}\begin{pmatrix} x \\ y \end{pmatrix}=\begin{pmatrix} -b & 4 \\ 3 & 0 \end{pmatrix}\begin{pmatrix} x \\ y \end{pmatrix}$가 $x=0$, $y=0$ 이외의 해를 가질 때, $8ab$의 최댓값을 구하여라. (단, $a>0$, $b>0$)

4. x, y에 대한 연립일차방정식

$\begin{pmatrix} a & b \\ c & d \end{pmatrix}\begin{pmatrix} x \\ y \end{pmatrix}=\begin{pmatrix} x \\ y \end{pmatrix}$가 $x^2+y^2=1$을 만족하는 실수인 해를 갖고 $a+d=3$일 때, $ad-bc$의 값을 구하여라.

5. x, y에 대한 연립일차방정식

$$\begin{pmatrix} 4 & 2 \\ 1 & 5 \end{pmatrix}\begin{pmatrix} x \\ y \end{pmatrix}=k\begin{pmatrix} x \\ y \end{pmatrix}$$

의 해를 $x=\alpha$, $y=\beta$라고 하자. $\dfrac{\beta}{\alpha}>0$일 때, $\dfrac{\alpha-\beta}{\alpha+\beta}$의 값을 구하여라. (단, k는 상수)

6. 행렬 A는 2차정사각행렬이고, $A^2-3A+E=O$를 만족한다. 다음 설명 중 옳은 것을 모두 고른 것은?

ㄱ. 임의의 2차정사각행렬 B, C에 대하여 AB=AC이면 B=C이다.
ㄴ. A−3E의 역행렬이 존재한다.
ㄷ. $A\begin{pmatrix} x \\ y \end{pmatrix}=\begin{pmatrix} 0 \\ 0 \end{pmatrix}$은 $x=0$, $y=0$ 이외의 다른 해를 가질 수 있다.

① ㄱ ② ㄴ ③ ㄱ, ㄴ ④ ㄱ, ㄷ ⑤ ㄴ, ㄷ

7. 어떤 모임에서 A, B, C, D, E, F 여섯 사람이 악수를 한 횟수가 각각 n, 1, 2, 3, 4, 5일 때, n의 값을 구하여라. (단, 같은 사람과는 악수를 한 번만 한다.)

8. 오른쪽 그래프는 5개의 도시 A, B, C, D, E 사이의 항공로를 나타낸 것이다. E에서 항공로를 반복하지 않고 A로 갈 수 있는 경로의 수를 구하여라. (단, 한 번 지난 도시를 다시 지날 수 있다.)

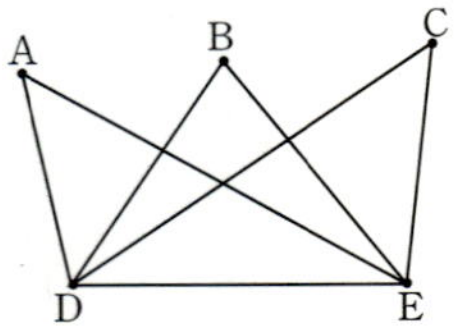

9. 그래프의 각 꼭짓점에 연결된 변의 개수가 3, 3, 2, 2, 2인 그래프를 나타내는 행렬의 모든 성분의 합을 구하여라.

10. 다음 행렬은 각각 4개의 꼭짓점을 가지는 그래프의 연결 상태를 나타낸다. 서로 같은 그래프를 나타내는 행렬을 찾아라.

① $\begin{pmatrix} 0 & 1 & 1 & 1 \\ 1 & 0 & 1 & 0 \\ 1 & 1 & 0 & 1 \\ 1 & 0 & 1 & 0 \end{pmatrix}$ ② $\begin{pmatrix} 0 & 1 & 1 & 1 \\ 1 & 0 & 0 & 1 \\ 1 & 0 & 0 & 1 \\ 1 & 1 & 1 & 0 \end{pmatrix}$

③ $\begin{pmatrix} 0 & 1 & 0 & 0 \\ 1 & 0 & 1 & 1 \\ 0 & 1 & 0 & 1 \\ 0 & 1 & 1 & 0 \end{pmatrix}$ ④ $\begin{pmatrix} 0 & 1 & 0 & 1 \\ 1 & 0 & 1 & 1 \\ 0 & 1 & 0 & 1 \\ 1 & 1 & 1 & 0 \end{pmatrix}$

11. 네 개의 꼭짓점을 가지는 그래프의 연결 상태를 나타내는 행렬 M에 대하여 M^2이 오른쪽과 같을 때, $a+b+c+d+e+f$의 값을 구하여라.

$$M^2=\begin{pmatrix} 3 & a & b & c \\ d & 3 & e & b \\ e & c & 2 & f \\ b & e & f & 2 \end{pmatrix}$$

12. 도시 P, Q, R, S 사이에 있는 6개 도로를 표시한 그래프의 연결 상태를 나타내는 행렬 A가 오른쪽과 같다. 도시 P에서 출발하여 중간에 세 도시를 거쳐 도시 R로 가는 경로의 수를 구하여라.

$$A=\begin{array}{c} \begin{matrix} P & Q & R & S \end{matrix} \\ \begin{pmatrix} 0 & 1 & 1 & 1 \\ 1 & 0 & 1 & 1 \\ 1 & 1 & 0 & 1 \\ 1 & 1 & 1 & 0 \end{pmatrix} \end{array} \begin{matrix} P \\ Q \\ R \\ S \end{matrix}$$

13. 다섯 가지 화학 약품 A, B, C, D, E를 차량으로 운반하려고 한다. 다음 표에서 반응하기 쉬운 화학 약품은 같은 차량으로 운반하지 않을 때, 이 화학 약품을 운반하기 위한 최소의 차량의 수를 구하여라.

반응하기 쉬운 화학 약품	
A	B, E
B	A, C
C	B, E
D	E
E	A, C, D

1. 행렬 $A=\begin{pmatrix}1&0\\1&1\end{pmatrix}$에 대하여 연립방정식 $A^n\begin{pmatrix}x\\y\end{pmatrix}=\begin{pmatrix}3\\8\end{pmatrix}$의 해가 $x=\alpha$, $y=\beta$일 때, $\alpha+\beta=2$가 되게 하는 자연수 n의 값은?

① 1 ② 2 ③ 3 ④ 4 ⑤ 5

2. 이차정사각행렬 A가 $A\begin{pmatrix}1\\2\end{pmatrix}=\begin{pmatrix}4\\3\end{pmatrix}$, $A\begin{pmatrix}1\\1\end{pmatrix}=\begin{pmatrix}3\\2\end{pmatrix}$를 만족시킬 때, 연립일차방정식 $A\begin{pmatrix}x\\y\end{pmatrix}=\begin{pmatrix}7\\5\end{pmatrix}$의 해는 $x=p$, $y=q$이다. $p+q$의 값은?

① 1 ② 2 ③ 3 ④ 4 ⑤ 5

3. x, y에 대한 연립일차방정식 $\begin{cases}ax+by=s\\cx+dy=t\end{cases}$와 s, t에 대한 연립일차방정식 $\begin{cases}es+ft=3\\gs+ht=2\end{cases}$가 있다. 행렬 $\begin{pmatrix}a&b\\c&d\end{pmatrix}$의 역행렬이 $\begin{pmatrix}e&f\\g&h\end{pmatrix}$일 때, $x+y$의 값은?

① 1 ② 2 ③ 3 ④ 4 ⑤ 5

4. 실수 x, y에 대한 연립일차방정식 $\begin{cases}ax+by=t\\cx+dy=-t^2\end{cases}$에 대하여 행렬 $\begin{pmatrix}a&b\\c&d\end{pmatrix}$의 역행렬이 $\begin{pmatrix}9&-3\\3&5\end{pmatrix}$일 때, $x+y$의 최댓값을 구하여라. (단, t는 실수)

5. $(x+yi)(1+i)=3-5i$를 만족하는 실수 x, y를 행렬을 이용하여 풀면, $\begin{pmatrix}x\\y\end{pmatrix}=A\begin{pmatrix}3\\-5\end{pmatrix}$이다. 이때 이차정사각행렬 A의 모든 성분의 합은? (단, $i=\sqrt{-1}$)

① -3 ② -2 ③ -1 ④ 0 ⑤ 1

6. $x+\sqrt{3}x+y-2\sqrt{3}y-27-18\sqrt{3}=0$을 만족시키는 유리수 x, y에 대하여 $\begin{pmatrix}x\\y\end{pmatrix}=\begin{pmatrix}m&1\\1&n\end{pmatrix}\begin{pmatrix}9\\6\end{pmatrix}$일 때, mn의 값은?

① -2 ② -1 ③ 0 ④ 1 ⑤ 2

7. 어느 스포츠 센터의 회원들은 수영과 요가 중에 한 가지만 배우며 지난 달의 전체 회원의 수는 160명이었다. 이번 달은 지난 달에 비해 수영을 배우는 회원의 수는 5% 증가하고, 요가를 배우는 회원의 수는 10% 감소하여 전체 회원의 수는 7명이 감소하였다. 지난 달에 수영과 요가를 배운 회원의 수를 각각 x, y라 하면 x, y 사이의 관계는 $\begin{pmatrix}a&1\\1&b\end{pmatrix}\begin{pmatrix}x\\y\end{pmatrix}=\begin{pmatrix}160\\-140\end{pmatrix}$과 같이 행렬을 사용하여 나타낼 수 있다. 두 상수 a, b에 대하여 $a-b$의 값은?

① -3 ② -1 ③ 0 ④ 1 ⑤ 3

8. 두 상수 a, b에 대하여 방정식

$\begin{pmatrix} a & -1 \\ b-1 & 1 \end{pmatrix}\begin{pmatrix} x \\ y \end{pmatrix}=\begin{pmatrix} 1 \\ 2 \end{pmatrix}$가 해를 갖지 않을 때, $a+b$의 값은?

① 1　② 2　③ 3
④ 4　⑤ 5

9. 행렬로 나타낸 x, y에 관한 연립일차방정식

$$\begin{pmatrix} k-6 & -2 \\ 2 & k-1 \end{pmatrix}\begin{pmatrix} x \\ y \end{pmatrix}=\begin{pmatrix} 3 \\ -6 \end{pmatrix}$$

의 해가 무수히 많을 때, 상수 k의 값은?

① 1　② 2　③ 3
④ 4　⑤ 5

10. x, y에 대한 연립방정식

$\begin{pmatrix} 2 & 1 \\ 3 & 4 \end{pmatrix}\begin{pmatrix} x \\ y \end{pmatrix}+\begin{pmatrix} 1 \\ 3 \end{pmatrix}=k\begin{pmatrix} x \\ y \end{pmatrix}$의 해가 존재하지 않도록 하는 상수 k의 값은?

① 5　② $\sqrt{3}$　③ 1
④ 0　⑤ -3

11. x, y에 대한 연립일차방정식

$\begin{cases} (a-1)x+2y=0 \\ 3x+(b-2)y=0 \end{cases}$이 $x=0$, $y=0$ 이외의 해를 갖도록 하는 양의 정수 a, b에 대하여 ab의 최댓값을 M, 최솟값을 m이라 하자. 이때 $\mathrm{M}+m$의 값을 구하여라.

12. $a^2+(b+1)^2=1$을 만족시키는 실수 a, b에 대하여 행렬 $\mathrm{A}=\begin{pmatrix} 2a+1 & 2b+1 \\ -b & a \end{pmatrix}$라 하자.

다음은 연립방정식 $\mathrm{A}\begin{pmatrix} x \\ y \end{pmatrix}=\begin{pmatrix} x-y \\ x+y \end{pmatrix}$가 $x=0$, $y=0$ 이외의 해를 가질 때, $a+b$의 값을 구하는 과정이다. 다음 과정에서 (가), (나)에 알맞은 내용을 바르게 짝지은 것은?

> $\mathrm{A}\begin{pmatrix} x \\ y \end{pmatrix}=\begin{pmatrix} x-y \\ x+y \end{pmatrix}=\begin{pmatrix} 1 & -1 \\ 1 & 1 \end{pmatrix}\begin{pmatrix} x \\ y \end{pmatrix}$
>
> $\therefore \begin{pmatrix} 2a & 2b+2 \\ -b-1 & a-1 \end{pmatrix}\begin{pmatrix} x \\ y \end{pmatrix}=\begin{pmatrix} 0 \\ 0 \end{pmatrix}$ ⋯ ㉠
>
> ㉠이 $x=0$, $y=0$ 이외의 해를 가지므로 (가) 이다.
>
> 이때 (가) 와 $a^2+(b+1)^2=1$을 연립하여 풀면 a, b의 값을 구할 수 있다.
>
> 따라서, $a+b=$ (나) 이다.

	(가)	(나)
①	$a(a-1)+(b+1)^2=0$	0
②	$a(a-1)+(b+1)^2=0$	1
③	$a(a-1)+(b+1)^2=0$	2
④	$a(a+1)+(b-1)^2=0$	0
⑤	$a(a+1)+(b-1)^2=0$	2

13. 오른쪽 그래프에서 꼭짓점 a에서 꼭짓점 d로 가는 경로 중 변의 수가 4인 경로의 개수는?
(단, 여기에서 경로는 같은 변을 반복할 수 있다.)

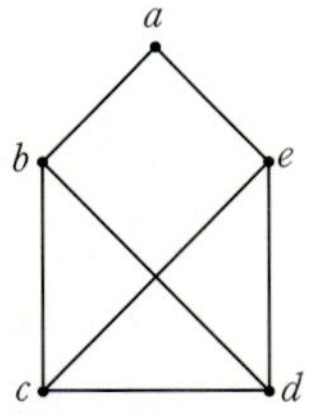

① 12　② 14　③ 16
④ 18　⑤ 20

B&A 교과서 실력쌓기

1. 거듭제곱과 거듭제곱근

거듭제곱근의 뜻

1. 다음 거듭제곱근 중에서 실수인 것을 구하여라.

(1) -8의 세제곱근

(2) 81의 네제곱근

2. 다음 거듭제곱근을 구하여라.

(1) 8의 세제곱근

(2) 16의 네제곱근

3. 다음 거듭제곱근에 대한 설명 중 옳은 것은?

① -8의 세제곱근 중에서 실수인 것은 없다.

② 9의 세제곱근은 $\sqrt[3]{9}$뿐이다.

③ 9의 네제곱근 중에서 실수인 것은 $\sqrt[4]{9}$뿐이다.

④ n이 짝수일 때, -8의 n제곱근 중에서 실수인 것은 두 개이다.

⑤ n이 홀수일 때, 7의 n제곱근 중에서 실수인 것은 하나뿐이다.

거듭제곱근의 계산(1)

4. 다음 값을 구하여라.

(1) $\sqrt[5]{-1}$ (2) $\sqrt[3]{0.008}$

(3) $\sqrt[3]{-0.064}$ (4) $\sqrt[4]{(-16)^2}$

(5) $\sqrt[5]{-3125}$ (6) $\sqrt[6]{729}$

5. 다음 식을 간단히 하여라.

(1) $\sqrt[3]{\sqrt{729}}$ (2) $\sqrt{3\sqrt[3]{9\sqrt[4]{81}}}$

(3) $\sqrt{\sqrt[3]{64}}\times\sqrt[3]{8}$ (4) $\dfrac{\sqrt[4]{80}}{\sqrt[4]{5}}$

(5) $\dfrac{\sqrt[6]{27}\cdot\sqrt[12]{9}}{\sqrt[6]{81}}$

6. 다음 식을 간단히 하여라.

$$\sqrt[5]{32^3}+(\sqrt[3]{2}\,)^6-\sqrt[3]{\sqrt{64}}$$

7. $\sqrt[3]{-8}+\sqrt[3]{2}\times\sqrt[3]{4}+\sqrt{\sqrt[3]{64}}$ 의 값을 구하여라.

8. 다음 식을 간단히 하여라.

$$\sqrt[4]{4+\sqrt{15}}\times\sqrt{\sqrt{5}-\sqrt{3}}\times\sqrt[4]{8}$$

9. -27의 세제곱근 중 실수인 것을 a, 네제곱근 625를 b라 할 때, a, b의 곱 ab의 값을 구하여라.

10. -125의 세제곱근 중 실수인 것을 a, $\sqrt[3]{64}$의 제곱근 중 양수인 것을 b라고 할 때, ab의 값을 구하여라.

거듭제곱근의 계산(2)

11. $a>0$일 때, $\sqrt[4]{\dfrac{\sqrt[3]{a}}{\sqrt{a}}}\times\sqrt[3]{\dfrac{a}{\sqrt[4]{a}}}\times\sqrt{\dfrac{\sqrt[4]{a}}{\sqrt[3]{a}}}$를 간단히 하여라.

12. $a>0$, $b>0$일 때,

$\sqrt[4]{\sqrt[3]{a^5b^2}}\times\sqrt[3]{\sqrt[4]{a^7b^{10}}}+\sqrt[3]{\dfrac{\sqrt{a^8b^2}}{\sqrt{a^2b^8}}}$을 간단히 하여라.

13. 다음 식을 간단히 하여라. (단, $b<a<0$)

$\sqrt{(a+b)^2}+\sqrt{(a-b)^2}-\sqrt[3]{(a-b)^3}+\sqrt[3]{(a+b)^3}$

14. $a>0$, $a\neq1$일 때, $\sqrt[3]{\dfrac{\sqrt{a}}{\sqrt[4]{a}}}\times\dfrac{\sqrt[3]{a}}{\sqrt{\sqrt{a}}}=\sqrt[k]{a}$가 성립하도록 자연수 k의 값을 정하여라.

15. $\sqrt[3]{a}=81$, $\sqrt[4]{b}=8$일 때, $\sqrt[6]{ab}$의 값을 구하여라.

16. $\sqrt{a}=4$, $\sqrt[3]{b}=27$, $\sqrt[5]{c}=2$일 때, $\sqrt[9]{abc}$의 값을 구하여라.

17. $\sqrt[3]{2}+\dfrac{1}{\sqrt[3]{2}}=a$일 때, a^3-3a의 값을 구하여라.

18. 두 자연수 a, b가 다음 조건을 만족할 때, a, b의 값을 구하여라.

(가) $a^b=b^a$ (나) $a=2b$

거듭제곱근으로 나타낸 수의 대소

19. 세 수 $\sqrt[3]{5}$, $\sqrt[4]{10}$, $\sqrt[6]{20}$의 크기를 비교하여라.

20. 다음 세 수의 크기를 비교하여라.

$\sqrt[4]{\sqrt[3]{12}}$, $\sqrt{2}$, $\sqrt[3]{\sqrt{6}}$

B&A 교과서 실력쌓기

2. 지수의 확장 (1)

지수가 정수인 식

1. 다음 값을 구하여라.

(1) $\left(\frac{2}{3}\right)^0$ (2) 3^{-1}

(3) 2^{-3} (4) $\left(\frac{1}{3}\right)^{-2}$

2. 다음 식을 간단히 하여라. (단, $a\neq0$)

(1) $a^{-3}\times a^3$

(2) $(a^{-2}b^4)^{-2}$

(3) $a^5\div a^3\times a^{-1}$

(4) $(a^2b^{-3})^4\div(a^{-2}b^2)^3$

(5) $\dfrac{(a^3)^{-2}\times(a^{-2})^{-4}}{a^6\times a^{-4}}$

3. 양수 x에 대하여 $x^2+x^{-2}=47$일 때, $x-x^{-1}$의 값을 구하여라.

(4~5) $a^2=5$일 때, 다음 식의 값을 구하여라.

4. $\dfrac{a^3+a^{-3}}{a+a^{-1}}$

5. $\dfrac{a^3-a^{-3}}{a^3+a^{-3}}$

6. $25^5\times8^{20}\times\left(\frac{1}{4}\right)^{10}\div\left(\frac{1}{125}\right)^{10}=10^k$에서 자연수 k의 값을 구하여라.

지수가 유리수인 식

7. $a>0$일 때, 다음 식을 $a^{\frac{m}{n}}$의 꼴로 나타내어라.

(1) $\sqrt[3]{a^4}$

(2) $\dfrac{1}{\sqrt[3]{a^6}}$

(3) $\sqrt[4]{a^{-6}}$

8. 다음 식을 근호를 사용하여 나타내어라.

(1) $25^{\frac{1}{4}}$ (2) $16^{\frac{5}{6}}$

(3) $27^{-\frac{2}{9}}$ (4) $\left(\frac{1}{8}\right)^{-\frac{5}{12}}$

9. 다음 식을 계산하여라.

(1) $8^{\frac{4}{3}}\times4^{\frac{2}{3}}\div2^{\frac{1}{3}}$

(2) $2^{\frac{1}{3}}\div3^{\frac{1}{3}}\times18^{\frac{2}{3}}$

(3) $\sqrt[7]{4\times\sqrt[4]{16^{\frac{2}{3}}\times8^{-2}}}$

10. $\sqrt[3]{\sqrt{729}}\times(3\sqrt{3})^{\frac{1}{3}}\div\left(\frac{1}{\sqrt{3}}\right)^{-\frac{1}{3}}$을 간단히 하여라.

지수가 실수인 식

11. 다음 식을 간단히 하여 a^k의 꼴로 나타내어라. (단, $a>0$)

(1) $(a^{2\sqrt{2}})^{\sqrt{3}}$　　(2) $(3^{\sqrt{2}})^{\sqrt{8}}$

(3) $(8^{\sqrt{2}})^{\frac{\sqrt{2}}{3}}$　　(4) $\left(\frac{3^{\sqrt{3}}}{9}\right)^{\sqrt{3}+2}$

12. $a>0$일 때, 다음 식을 간단히 하여라.

(1) $a^{1+\sqrt{2}}\times a^{1-\sqrt{2}}$

(2) $(a^{\sqrt{2}})^{\sqrt{3}+1}\times(a^{\sqrt{2}})^{\sqrt{3}-1}$

(3) $a^{-\frac{\sqrt{3}}{2}}\times a^{-\frac{3\sqrt{3}}{2}}\div a^{-2\sqrt{3}}$

13. $(4^{\sqrt{2}})^{\sqrt{8}}\times 8^{\sqrt{3}}\div 2^{\sqrt{27}}$을 간단히 하여라.

14. $\{(\sqrt{2})^{\sqrt{3}}\}^{\sqrt{3}}\times\{(\sqrt[4]{2})^{\sqrt{2}}\}^{\sqrt{2}}$의 값을 구하여라.

거듭제곱근을 지수로 나타내기

15. $a>0$, $a\neq1$일 때, $\sqrt[3]{a}=\sqrt[4]{a\cdot\sqrt{a^k}}$을 만족하는 실수 k의 값을 구하여라.

16. $\sqrt{4\cdot\sqrt[3]{4\cdot\sqrt[4]{8}}}=2^k$일 때, k의 값을 구하여라.

17. $a>0$, $a\neq1$일 때, $\sqrt[4]{\sqrt{a\sqrt[3]{a^2}}}=a^x$을 만족시키는 실수 x의 값을 구하여라.

지수법칙과 곱셈 공식

18. 다음 식을 간단히 하여라.

(1) $(2^{\frac{1}{4}}-1)(2^{\frac{1}{4}}+1)(2^{\frac{1}{2}}+1)$

(2) $(3^{\frac{1}{3}}+2^{\frac{1}{3}})(3^{\frac{2}{3}}-6^{\frac{1}{3}}+2^{\frac{2}{3}})$

19. 다음 식을 간단히 하여라.

$(10^{\frac{1}{8}}-1)(10^{\frac{1}{8}}+1)(10^{\frac{1}{4}}+1)(10^{\frac{1}{2}}+1)$

20. 다음 식을 간단히 하여라.

$(2^{x+y}+2^{x-y})^2-(2^{x+y}-2^{x-y})^2$

수를 문자로 나타내기

21. $a=\sqrt[3]{2}$, $b=\sqrt{3}$일 때, $\sqrt[6]{12}$를 a, b로 나타내어라.

22. $7^m=a$, $7^n=b$일 때, $\left(\frac{1}{7}\right)^{3m-4n}$을 a, b로 나타내어라.

23. $2^{3x-y}=a$, $2^{x-y}=b$일 때, 2^{x+y}을 a, b로 나타내어라.

지수법칙을 써서 식을 간단히 하기

24. $\sqrt{a\sqrt{a\sqrt{a\sqrt{a}}}}\times\sqrt[16]{a}$를 간단히 하여라. (단, $a>0$)

25. a가 0이 아닌 실수이고 x, y, z가 정수일 때, $(a^x)^{y-z}\times(a^y)^{z-x}\times(a^z)^{x-y}$의 값을 구하여라.

26. x, y, z가 서로 다른 실수일 때, 다음 식을 간단히 하여라.

$$(3^{\frac{x}{x-y}})^{\frac{x}{z-x}}\times(3^{\frac{y}{y-z}})^{\frac{y}{x-y}}\times(3^{\frac{z}{z-x}})^{\frac{z}{y-z}}$$

27. $a\neq0$일 때, $\dfrac{a^x+a^{2x}+a^{3x}}{a^{-x}+a^{-2x}+a^{-3x}}$을 간단히 하여라.

식의 값 구하기

28. $x^{\frac{1}{2}}+x^{-\frac{1}{2}}=3$일 때, $x+x^{-1}+x^2+x^{-2}$의 값을 구하여라.

29. $x^{\frac{1}{2}}+x^{-\frac{1}{2}}=1+\sqrt{3}$일 때, $x^{\frac{3}{2}}+x^{-\frac{3}{2}}$의 값을 구하여라.

30. $a^x+a^{-x}=2$일 때, $\dfrac{a^{3x}+a^{-3x}+3}{a^{2x}+a^{-2x}}$의 값을 구하여라.

3. 지수의 확장 (2)

식의 값 구하기

1. $x=\sqrt{5}+\sqrt{3}$, $y=\sqrt{5}-\sqrt{3}$일 때, $(x^{\frac{1}{4}}-y^{\frac{1}{4}})(x^{\frac{1}{4}}+y^{\frac{1}{4}})(x^{\frac{1}{2}}+y^{\frac{1}{2}})$의 값을 구하여라.

2. $2x=3^{\frac{1}{3}}+3^{-\frac{1}{3}}$일 때, $(x-\sqrt{x^2-1})^3$의 값을 구하여라.

3. $x=\frac{1}{2}\left(\sqrt[3]{2}-\frac{1}{\sqrt[3]{2}}\right)$일 때, $(x+\sqrt{x^2+1})^3$의 값을 구하여라.

$\frac{a^x+a^{-x}}{a^x-a^{-x}}$ 꼴의 식의 값 구하기

4. $a^{2x}=3$일 때, 다음 식의 값을 구하여라. (단, $a>0$)

(1) $\frac{a^x-a^{-x}}{a^x+a^{-x}}$

(2) $\frac{a^{3x}+a^{-3x}}{a^{3x}-a^{-3x}}$

5. $a^{-2x}=3$일 때, $\frac{a^{3x}+a^{-3x}}{a^x+a^{-x}}$의 값을 구하여라. (단, $a>0$)

6. $a^{2x}=\sqrt{2}-1$일 때, 다음 식의 값을 구하여라. (단, $a>0$)

(1) $\frac{a^x-a^{-x}}{a^x+a^{-x}}$

(2) $\frac{a^{3x}+a^{-3x}}{a^x+a^{-x}}$

7. $\frac{a^x+a^{-x}}{a^x-a^{-x}}=2$일 때, a^x의 값을 구하여라. (단, $a>0$, $a\neq1$)

8. $a>0$, $a\neq1$이고, $\frac{a^x+a^{-x}}{a^x-a^{-x}}=3$일 때, $a^{2x}+a^{-2x}$의 값을 구하여라.

이중근호가 있는 식의 계산

9. $2^x=(\sqrt{3+\sqrt{5}}-\sqrt{3-\sqrt{5}})^2$일 때, 4^x+4^{-x}의 값을 구하여라.

10. $a=(17+2\sqrt{72})^{\frac{1}{4}}+(17-2\sqrt{72})^{\frac{1}{4}}$일 때, $\frac{a+a^{-3}}{a-a^{-3}}$의 값을 구하여라.

11. $\sqrt{x}=a^2-a^{-2}$일 때, 다음 식을 a를 써서 나타내어라. (단, $a>1$)

$$(\sqrt{2x+4+2\sqrt{x^2+4x}})^3$$

지수법칙을 써서 식의 값 구하기

12. $2^a=5$, $2^b=45$일 때, 2^{3a-b}의 값을 구하여라.

13. 두 실수 x, y에 대하여 $72^x=8$, $576^y=16$일 때, $\frac{3}{x}-\frac{4}{y}$의 값을 구하여라.

14. 세 양수 a, b, c에 대하여

$$a^x=7,\ (ab)^y=7^3,\ (abc)^z=7^5$$

일 때, $7^{\frac{1}{x}-\frac{3}{y}+\frac{5}{z}}$을 a 또는 b 또는 c를 써서 나타내어라.

조건 $a^x=b^y=c^z$과 식의 값

15. $(11.1)^a=1000$, $(0.00111)^b=1000$일 때, $\frac{1}{a}-\frac{1}{b}$의 값을 구하여라.

16. $3^a=5^b=15^c$일 때, $ab-bc-ca$의 값을 구하여라.

17. 세 양수 x, y, z가 다음 두 조건을 만족할 때, 실수 k의 값을 구하여라.

① $\frac{1}{x}+\frac{1}{y}-\frac{1}{z}=2$ ② $4^x=3^y=2^z=k$

지수가 실수인 수의 대소 비교

18. 다음 수들을 작은 것부터 차례로 써라.

$$4^{\frac{1}{2}},\ \sqrt{2\sqrt{2}},\ 2^{\sqrt{2}},\ \sqrt[3]{4}$$

19. 다음 수들을 작은 것부터 차례로 나열하여라.

$$\sqrt{3},\ 9^{\frac{1}{3}},\ \sqrt[5]{27},\ 81^{-\frac{1}{7}},\ \frac{1}{\sqrt[8]{243}}$$

20. $a>0$, $b>0$일 때, 다음 두 식의 대소를 비교하여라.

$$a^{\frac{2}{3}}+b^{\frac{2}{3}},\ (a+b)^{\frac{2}{3}}$$

1. 거듭제곱과 거듭제곱근~ 3. 지수의 확장 (2)

1. 다음 □ 안에 알맞은 정수를 써넣어라.

$$\sqrt[4]{\frac{\sqrt[5]{2^2}}{\sqrt[6]{2^2}}} \times \sqrt[3]{\frac{\sqrt[4]{2}}{\sqrt[5]{2}}} \times \sqrt[5]{\frac{\sqrt[3]{2}}{\sqrt{2}}} = 2^{\square}$$

2. $\sqrt{\sqrt{5}+\sqrt{3}} \times \sqrt[4]{4-\sqrt{15}}$ 를 간단히 하여라.

3. $a>0$, $b>0$일 때, 다음 식을 간단히 하여라.

$$\sqrt[4]{4ab^2} \times \sqrt[12]{a^5b^4} \div \sqrt[6]{8a^3b^5}$$

4. $\dfrac{(\sqrt[4]{5}-\sqrt[4]{2})(\sqrt[4]{5}+\sqrt[4]{2})(\sqrt{5}+\sqrt{2})}{(\sqrt[4]{3}-1)(\sqrt[4]{3}+1)(\sqrt{3}+1)}$ 를 계산하여라.

5. $a>0$, $a\neq1$일 때, $\sqrt{a\sqrt{a}\sqrt[3]{a^2}} = \sqrt[3]{\dfrac{\sqrt[4]{a^n}}{\sqrt{a}}}$ 을 만족시키는 자연수 n의 값을 구하여라.

6. 두 집합 $A=\{\sqrt[3]{a^2}, \sqrt[4]{a^3}\}$, $B=\{1, 2, 3, 4\}$에 대하여 $A\cap B=\{3\}$일 때, a의 값을 구하여라. (단, $a>0$)

7. $\sqrt[m]{9}\,\sqrt[n]{27}=3$을 만족하는 두 자연수 m, n에 대하여 $m+n$의 최댓값을 구하여라.

8. $\sqrt{\dfrac{n}{2}}$, $\sqrt[3]{\dfrac{n}{3}}$이 모두 자연수일 때, 자연수 n의 최솟값을 구하여라.

9. $\sqrt[4]{2}=a$일 때, 다음 식의 값을 구하여라.

$$\frac{1}{a-1}-\frac{1}{a+1}-\frac{2}{a^2+1}-\frac{4}{a^4+1}$$

(10~11) 실수 x보다 크지 않은 최대의 정수를 $[x]$라고 할 때, 다음 값을 구하여라.

10. $[\sqrt[4]{1}]+[\sqrt[4]{2}]+[\sqrt[4]{3}]+\cdots+[\sqrt[4]{200}]$

11. $[\sqrt{100}]+[\sqrt[3]{100}]+[\sqrt[4]{100}]+\cdots+[\sqrt[10]{100}]$

12. $\dfrac{a+a^3+a^5+a^7+a^9}{\dfrac{1}{a^2}+\dfrac{1}{a^4}+\dfrac{1}{a^6}+\dfrac{1}{a^8}+\dfrac{1}{a^{10}}}=a^k$일 때, 정수 k의 값을 구하여라. (단, $a>0$, $a\neq1$)

13. $\sqrt[4]{a}=243$, $\sqrt[5]{b}=625$, $\sqrt{c}=32$일 때, $\sqrt[10]{\dfrac{ac}{b}}$의 값을 구하여라.

14. $4^x+4^{-x}=14$일 때, 8^x+8^{-x}의 값을 구하여라.

15. $a>0$이고 $\mathrm{A}=\dfrac{1}{2}(a^x-a^{-x})$이라고 할 때, $\dfrac{1}{2}(a^{3x}-a^{-3x})$을 A를 써서 나타내어라.

16. $t=\dfrac{2^m-2^{-m}}{2^m+2^{-m}}$이라고 할 때, 4^m-4^{-m}을 t의 식으로 나타내어라.

17. $a>0$이고, $x=\dfrac{a^{\frac{1}{n}}-a^{-\frac{1}{n}}}{2}$일 때, $(x+\sqrt{1+x^2})^n$을 a의 식으로 나타내어라.

18. 두 실수 x, y에 대하여 다음 식이 성립할 때, 125^x+125^{-y}의 값을 구하여라.

① $x-y=1$　　② $5^x+5^{-y}=6$

19. $2^x=\left(\dfrac{1}{\sqrt{5}}\right)^y=\sqrt[3]{10^z}$을 만족시키는 세 실수 x, y, z에 대하여 $\dfrac{1}{x}+\dfrac{k}{y}=\dfrac{3}{z}$이 성립할 때, 정수 k의 값을 구하여라.

20. $xy=3y+4x$일 때, $8^{\frac{1}{x}}+16^{\frac{1}{y}}$의 최솟값을 구하여라. (단, $xy\neq0$)

21. 양의 실수 a, b, c에 대하여 $2^a=3^b=5^c$일 때, $2a$, $3b$, $5c$의 대소를 비교하여라.

22. 이차방정식 $x^2-3x+1=0$의 두 근이 2^α, 2^β일 때, $4^{\alpha-\beta}+4^{\beta-\alpha}$의 값을 구하여라.

23. 이차방정식 $x^2-10x+2a=0$의 서로 다른 두 실근 α, β가 $\dfrac{\alpha^{-1}-\beta^{-1}}{\alpha^{-2}-\beta^{-2}}=1$을 만족할 때, 실수 a의 값을 구하여라.

1. 다음 중에서 가장 큰 수는?

① $\sqrt{\sqrt[3]{5\cdot6}}$ ② $\sqrt{6\sqrt[3]{5}}$ ③ $\sqrt{5\sqrt[3]{6}}$
④ $\sqrt[3]{5\sqrt{6}}$ ⑤ $\sqrt[3]{6\sqrt{5}}$

2. $\sqrt{\dfrac{9^7+3^{10}}{9^4+3^4}}$의 값을 구하여라.

3. $(\sqrt{2\sqrt{6}}\,)^4$의 값을 구하여라.

4. $\sqrt{2\sqrt[3]{4\sqrt[4]{8}}}$ 을 2^k의 꼴로 나타내어라.

5. $\left\{\left(\dfrac{4}{9}\right)^{-\frac{2}{3}}\right\}^{\frac{9}{4}}$의 값을 구하여라.

6. $(3\times9^{\frac{1}{3}})^{\frac{3}{5}}$의 값은?

① $\sqrt[3]{3}$ ② $\sqrt[3]{3^2}$ ③ 3
④ $\sqrt[3]{3^4}$ ⑤ $\sqrt[3]{3^5}$

7. $\{(-2)^2\}^{\frac{1}{2}}\times(\sqrt{2}\,)^2$을 간단히 하여라.

8. $\sqrt[3]{2\sqrt{2}}\times\sqrt[6]{8}$의 값을 구하여라.

9. $\dfrac{1}{\sqrt{2}}\times\sqrt{32}\times\sqrt[3]{27}$의 값을 구하여라.

10. $25^{-\frac{3}{2}}\times100^{\frac{3}{2}}$의 값을 구하여라.

11. $8^{\frac{5}{6}}\times4^{-\frac{1}{4}}\div2^{\frac{1}{2}}$의 값을 구하여라.

12. $(a^{\sqrt{3}})^{2\sqrt{3}}\div a^3\times(\sqrt[3]{a}\,)^6=a^k$일 때, k의 값을 구하여라. (단, $a>0$, $a\neq1$)

13. 다음 식을 간단히 하여라.

$(4^{x+y}+4^{x-y})^2-(4^{x+y}-4^{x-y})^2$

14. $a=\sqrt{2}$, $b=\sqrt[3]{3}$일 때, $\sqrt[6]{6}$을 a, b로 나타내어라.

15. $\left(\frac{3^{\sqrt{5}}}{9}\right)^{\sqrt{5}+2}$의 값을 구하여라.

16. $9^x=2$일 때, $\left(\frac{1}{27}\right)^{-4x}$의 값을 구하여라.

17. $\left\{\frac{(\sqrt{10}+3)^{\frac{1}{2}}+(\sqrt{10}-3)^{\frac{1}{2}}}{(\sqrt{10}+1)^{\frac{1}{2}}}\right\}^2$의 값은?

① $\sqrt{3}$ ② 2 ③ $\sqrt{5}$
④ 3 ⑤ $\sqrt{10}$

18. 어떤 전자레인지로 피자 n조각을 굽는데 걸리는 시간 t(분)는 $t=1.2\times n^{0.5}$으로 주어진다고 한다. 이 전자레인지로 피자 8조각을 굽는데 걸리는 시간은 피자 2조각을 굽는데 걸리는 시간의 몇 배인가?

① 1배 ② $\sqrt{2}$배 ③ 2배
④ $2\sqrt{2}$배 ⑤ 4배

19. 해수면의 빛의 밝기가 A인 어느 지역의 바닷물은 깊이가 일정하게 깊어질수록 빛의 밝기가 일정한 비율로 감소하여 깊이가 x m인 곳의 빛의 밝기를 $f(x)$라 하면 $f(x)=\mathrm{A}a^x$인 관계가 있다고 한다. 이 지역의 바다에서 깊이가 20 m인 곳의 빛의 밝기는 해수면의 밝기의 16 %일 때, 깊이가 10 m인 곳의 밝기는 해수면의 밝기의 몇 %인지 구하여라. (단, a는 1이 아닌 양의 상수이다.)

20. 어느 제약회사에서 새로운 약품을 개발한 후 약품에 대한 지속효과를 알아보기 위하여 흰 쥐를 대상으로 실험을 하였다. 그 결과 약품을 투여하고 경과한 시간 T분과 혈액 속에 남아 있는 약품의 양 Q 사이에 다음과 같은 관계식이 성립한다고 한다.

$$\mathrm{Q}=10^{1-0.02\mathrm{T}}$$

약품을 투여하고 5분이 경과한 후 혈액 속에 남아 있는 약품의 양을 a라 할 때, 약품을 투여하고 35분이 경과한 후 혈액 속에 남아 있는 약품의 양을 a로 나타낸 것은?

① $\sqrt[3]{a}$ ② $\sqrt{a}$ ③ a
④ a^{-3} ⑤ a^{-2}

1. n이 2 이상의 자연수일 때, 거듭제곱근에 대한 설명 중 옳은 것을 모두 고르면?

ㄱ. n이 홀수일 때, $\sqrt[n]{-5}=-\sqrt[n]{5}$ 이다.
ㄴ. n이 짝수일 때, $\sqrt[n]{(-5)^n}=-5$이다.
ㄷ. n이 홀수일 때, $x^n=-5$를 만족하는 실수 x는 1개이다.
ㄹ. n이 짝수일 때, $x^n=5$를 만족하는 실수 x는 n개이다.

① ㄱ, ㄷ ② ㄴ, ㄷ ③ ㄴ, ㄹ
④ ㄱ, ㄴ, ㄹ ⑤ ㄱ, ㄷ, ㄹ

2. $2^x=7$, $7^{\frac{y}{2}}=16$일 때, xy의 값을 구하여라.

3. $2^a=3$, $2^b=45$일 때, 2^{2a-b}의 값을 구하여라.

4. $x=2^{\frac{1}{4}}+2^{-\frac{1}{4}}$일 때, $\sqrt{x^2-4}+x$의 값을 구하여라.

5. 1이 아닌 양수 a에 대하여 $\sqrt[4]{a\sqrt[3]{a\sqrt{a}}}=a^{\frac{n}{m}}$일 때, $m+n$의 값을 구하여라. (단, m과 n은 서로소)

6. 두 수 $\sqrt{\dfrac{2^a\cdot5^b}{2}}$과 $\sqrt[3]{\dfrac{2^a\cdot5^b}{5}}$이 모두 자연수일 때, $a+b$의 최솟값을 구하여라. (단, a, b는 자연수이다.)

7. n이 정수일 때, $\left(\dfrac{1}{81}\right)^{\frac{1}{n}}$이 나타낼 수 있는 모든 자연수의 합은?

① 63 ② 73 ③ 83
④ 93 ⑤ 103

8. 집합 $A=\left\{x \,\middle|\, x=\left(\dfrac{1}{256}\right)^{\frac{1}{n}},\ n\text{은 0이 아닌 정수}\right\}$의 원소 중 자연수인 것의 개수는?

① 1 ② 2 ③ 3
④ 4 ⑤ 5

9. n이 양의 정수이고, $x=\dfrac{1}{2}(5^{\frac{1}{n}}-5^{-\frac{1}{n}})$일 때, $(x+\sqrt{x^2+1})^n$의 값을 구하여라.

10. $a^{\frac{2}{3}}+b^{\frac{2}{3}}=4$, $x=a+3a^{\frac{1}{3}}b^{\frac{2}{3}}$, $y=b+3a^{\frac{2}{3}}b^{\frac{1}{3}}$일 때, $(x+y)^{\frac{2}{3}}+(x-y)^{\frac{2}{3}}$의 값을 구하여라. (단, $a>0$, $b>0$)

11. $2^x=3^y=5^z=a$, $\dfrac{1}{x}+\dfrac{1}{y}+\dfrac{1}{z}=2$일 때, a의 값을 구하여라.

12. $A=\frac{2}{2^{-10}+1}+\frac{2}{2^{-9}+1}+\cdots+\frac{2}{2^{-1}+1}+\frac{2}{2^{0}+1}$

$B=\frac{2}{2^{1}+1}+\cdots+\frac{2}{2^{9}+1}+\frac{2}{2^{10}+1}$

일 때, A+B의 값을 구하여라.

13. $abc=24$인 세 실수 a, b, c가 있다. $2^a=3^2$, $3^b=5^3$일 때, 5^c의 값을 구하여라.

14. 양수 a를 연산 장치에 입력하면 $\sqrt[4]{a\sqrt{a^3}}$이 출력된다고 한다. $\sqrt{a^3}$을 이 장치에 입력하여 출력된 값이 $a^{\frac{n}{m}}$과 같다. 이때 $m+n$의 값을 구하여라. (단, m과 n은 서로소인 양의 정수이다.)

15. $a=2^{\frac{2}{3}}$, $b=3^{\frac{1}{6}}$일 때, $a^m b^n=36$을 만족하는 두 자연수 m, n의 합 $m+n$의 값을 구하여라.

16. 두 양의 실수 a, b에 대하여 연산 $*$를

$a*b=\begin{cases} a^b & (a<b) \\ b^a & (a\ge b) \end{cases}$ 이라 정의할 때,

$(2*\sqrt{2})*2\sqrt{2}$의 값은?

① $2^{\sqrt{2}}$ ② $2^{\frac{3}{2}}$ ③ $2^{2\sqrt{2}}$
④ 2^4 ⑤ 2^8

17. 어느 도시의 t년도 인구수를 $P\times10^6$(명)이라 하면, $P=5\cdot2^{\frac{t-2001}{15}}$인 관계가 성립한다고 한다. 이 도시의 인구수가 2006년 인구수의 2배가 되는 해는?

① 2017년 ② 2019년 ③ 2021년
④ 2023년 ⑤ 2025년

18. A, B의 두 비커에 농도가 같은 소금물이 같은 양만큼 들어 있다. 갑은 A비커, 을은 B비커의 소금물을 가지고 각각 다음과 같은 방법을 반복하여 새로운 소금물을 만들려고 한다. 다음 과정을 갑은 5회, 을은 n회 반복하면 농도가 같은 소금물을 만들 수 있다. 이때 n의 값을 구하여라.

> 갑 : 소금물의 양의 $\frac{3}{4}$을 버린 후 버린 양만큼 물을 섞는다.
> 을 : 소금물의 양의 $\frac{1}{2}$을 버린 후 버린 양만큼 물을 섞는다.

19. 다음 그림과 같이 세 모서리의 길이가 $\sqrt{10}$, $\sqrt[3]{10^2}$, $\sqrt[6]{10^5}$인 직육면체 모양의 금속 덩어리가 있다. 이 금속 덩어리를 녹여 부피의 비가 3 : 1인 정육면체 모양의 금속 덩어리 두 개로 만들었을 때, 부피가 작은 것의 한 모서리의 길이는?

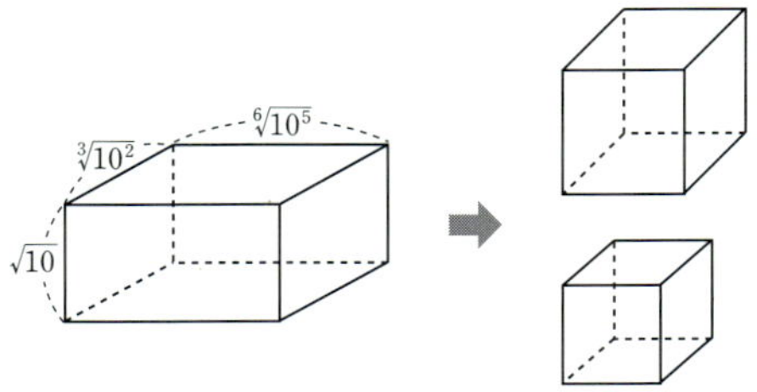

① $\sqrt[3]{15}$ ② $\sqrt[3]{25}$ ③ $\sqrt[3]{35}$
④ $\sqrt[3]{50}$ ⑤ $\sqrt[3]{75}$

1. $\sqrt[3]{2}\times\sqrt[6]{16}$을 간단히 하면?

① 2 ② 4 ③ $\sqrt{2}$
④ $2\sqrt{2}$ ⑤ $3\sqrt{2}$

2. $\sqrt[4]{17+2\sqrt{72}}+\sqrt[4]{17-2\sqrt{72}}$ 의 값은?

① $\sqrt{2}$ ② $2\sqrt{2}$ ③ $3\sqrt{2}$
④ $4\sqrt{2}$ ⑤ $5\sqrt{2}$

3. $2^x=(\sqrt{2+\sqrt{3}}-\sqrt{2-\sqrt{3}})^{\frac{1}{3}}$을 만족시키는 x의 값은?

① $\frac{1}{6}$ ② $\frac{5}{6}$ ③ $\frac{7}{6}$
④ $\frac{11}{6}$ ⑤ $\frac{13}{6}$

4. $a>0$, $a\neq1$이고 $\sqrt[3]{a^2}=\sqrt[4]{a\sqrt{a^k}}$ 일 때, k의 값은?

① $\frac{1}{3}$ ② $\frac{2}{3}$ ③ $\frac{5}{3}$
④ $\frac{8}{3}$ ⑤ $\frac{10}{3}$

5. $3^{\frac{2}{3}}\times9^{\frac{3}{2}}\div27^{\frac{8}{9}}$의 값을 구하여라.

6. $9^{\frac{3}{2}}\times27^{-\frac{2}{3}}$의 값은?

① $\frac{1}{3}$ ② 1 ③ $\sqrt{3}$
④ 3 ⑤ $3\sqrt{3}$

7. $a=3^{x+2}$일 때, 27^x을 a에 관한 식으로 나타내면?

① $\frac{a^3}{3^2}$ ② $\frac{a^3}{3^3}$ ③ $\frac{a^3}{3^4}$
④ $\frac{a^3}{3^5}$ ⑤ $\frac{a^3}{3^6}$

8. $2^a=c$, $2^b=d$일 때, $\left(\frac{1}{2}\right)^{2a+b}$과 같은 것은?

① $\frac{1}{cd}$ ② $\frac{2}{2cd}$ ③ $\frac{1}{c^2d}$
④ $-cd$ ⑤ $-2cd$

9. $a=\sqrt{2}$, $b^3=\sqrt{3}$일 때, $(ab)^2$의 값은? (단, b는 실수이다.)

① $2\cdot3^{\frac{1}{3}}$ ② $2\cdot3^{\frac{2}{3}}$ ③ $2^{\frac{1}{2}}\cdot3^{\frac{1}{3}}$
④ $3\cdot2^{\frac{1}{3}}$ ⑤ $3\cdot2^{\frac{2}{3}}$

10. $a^{8x}=3+\sqrt{8}$일 때,

$\dfrac{a^x+a^{2x}+a^{3x}}{a^{-x}+a^{-2x}+a^{-3x}}=m+\sqrt{n}$ 을 만족하는 유리수 m, n에 대하여 $100m+n$의 값을 구하여라. (단, $a>0$)

11. $x-y=2$, $2^x+2^{-y}=5$일 때, 8^x+8^{-y}의 값은?

① 61 ② 62 ③ 63
④ 64 ⑤ 65

12. 세 양수 a, b, c에 대하여 $a^6=3$, $b^5=7$, $c^2=11$일 때, $(abc)^n$이 자연수가 되는 최소의 자연수 n의 값을 구하여라.

13. 집합 $A=\left\{x \,\middle|\, x=\sqrt[2n]{\dfrac{2^{11}(3^4+3^2+1)}{3^6-1}},\ n\text{과 } x\text{는 양의 정수}\right\}$의 모든 원소들의 합을 구하여라.

14. 좌표평면에서 두 점 $(2, 0)$, $(0, 4)$를 지나는 직선 위의 점 $P(a, b)$가 등식 $4^a-2^b=6$을 만족할 때, 4^a+2^b의 값은?

① 8 ② 9 ③ 10
④ 11 ⑤ 12

15. $f(n)=a^{\frac{1}{n}}$ (단, $a>0$, $a\neq1$)일 때,
$f(2\cdot3)\times f(3\cdot4)\times\cdots\times f(9\cdot10)=f(k)$를 만족하는 상수 k에 대하여 $10k$의 값을 구하여라.

16. 실수 a의 n제곱근 중 실수인 것의 개수를 $f(a, n)$이라 할 때, 다음을 계산하면?

> $f(2006, 2007)+f(2007, 2008)$
> $+f(-2008, 2009)+f(-2009, 2010)$

① 2 ② 3 ③ 4
④ 5 ⑤ 6

17. 거듭제곱근에 대한 설명 중 옳은 것을 모두 고르면? (단, $[x]$는 x를 넘지 않는 최대 정수이다.)

> ㄱ. $\sqrt[4]{\sqrt[3]{5}}=\sqrt[7]{5}$
> ㄴ. $[\sqrt[3]{1}]+[\sqrt[3]{2}]+[\sqrt[3]{3}]+\cdots$
> $+[\sqrt[3]{36}]=75$
> ㄷ. $[\sqrt{a}]+[\sqrt{10-a}]=[\sqrt{10}]$
> 을 만족하는 자연수 a는 5개이다.

① ㄴ ② ㄷ ③ ㄱ, ㄴ
④ ㄴ, ㄷ ⑤ ㄱ, ㄴ, ㄷ

18. 부등식 $1<m^{n-5}<n^{m-8}$을 만족시키는 자연수 m, n에 대하여

$A=m^{\frac{1}{m-8}}\cdot n^{\frac{1}{n-5}}$

$B=m^{-\frac{1}{m-8}}\cdot n^{\frac{1}{n-5}}$

$C=m^{\frac{1}{m-8}}\cdot n^{-\frac{1}{n-5}}$

이라고 할 때, A, B, C의 대소 관계로 옳은 것은?

① A>B>C ② A>C>B
③ B>A>C ④ B>C>A
⑤ C>A>B

B&A 교과서 실력쌓기

1. 지수함수와 그래프

지수함수의 함숫값

1. 함수 $f(x)=\left(\frac{1}{2}\right)^{x-k}$에 대하여 $f(0)=8$일 때, $f(2)$의 값을 구하여라.

2. 함수 $f(x)=3\sqrt{x}$에 대하여 $(f\circ f\circ f)(9)=3^k$을 만족하는 상수 k의 값을 구하여라.

3. 실수 전체의 집합에서 정의된 함수 f가 $f(x)=2^{ax+b}$으로 주어지고, 임의의 실수 x, y에 대하여 $f(x+y)=2f(x)\cdot f(y)$를 만족한다. $f\left(\frac{5}{2}\right)=2\sqrt{2}$일 때, a, b의 값을 구하여라.

지수함수의 성질

4. 함수 $f(x)=2^x$에 대하여 다음 중 옳지 않은 것은?

① $f(2x)=\{f(x)\}^2$
② $f(x^2)=\{f(x)\}^2$
③ $2f(x)=f(x+1)$
④ $f(xy)=f(x)+f(y)$
⑤ $f(-p)=\frac{1}{f(p)}$

5. 함수 $f(x)=a^x$ $(a>0,\ a\neq1)$에 대하여 다음 중 옳지 않은 것은?

① $f(x)f(y)=f(x+y)$
② $f(x)\div f(y)=f(x-y)$
③ $f(x\div y)=f(x)-f(y)$
④ $\{f(x)\}^y=f(xy)$
⑤ $f(p)=f(q)$이면 $p=q$

지수함수 $y=a^x\pm a^{-x}$

6. 함수 $f(x)=\frac{a^x-a^{-x}}{a^x+a^{-x}}$ $(a>0,\ a\neq1)$에 대하여 $f(t)=\frac{1}{2}$일 때, $f(2t)$의 값을 구하여라.

7. $a>0$, $a\neq1$이고, $f(x)=a^x-a^{-x}$, $g(x)=a^x+a^{-x}$이다.

$f(x)\cdot f(y)=4$, $g(x)\cdot g(y)=8$

일 때, $g(x-y)$의 값을 구하여라.

지수함수의 역함수

8. 함수 $f(x)=3^x$의 역함수를 $g(x)$라 할 때, $g\left(\frac{1}{9}\right)\cdot g(81)$의 값을 구하여라.

9. 함수 $f(x)=a^x+b$에 대하여 $f^{-1}(1)=0$, $f(1)=3$일 때, $f(2)$의 값을 구하여라. (단, $a>0$, $a\neq1$)

10. 함수 $f(x)=\frac{3^x-3^{-x}}{2}$의 역함수를 $g(x)$라 할 때, $g\left(\frac{40}{9}\right)$의 값을 구하여라.

지수함수를 이용한 대소 비교

11. 다음 세 수의 대소를 비교하여라.

(1) $A=\sqrt[4]{32}$, $B=\sqrt[3]{4}$, $C=\sqrt[5]{16}$

(2) $A=\left(\frac{1}{100}\right)^{-2}$, $B=\sqrt{10}$, $C=(0.1)^{-0.1}$

12. n은 2보다 큰 정수이고, a는 1보다 작은 양수일 때, 세 수 $\sqrt[n-1]{a^n}$, $\sqrt[n]{a^{n+1}}$, $\sqrt[n]{a^{n-1}}$의 대소 관계를 조사하여라.

지수함수의 그래프 그리기

13. 다음 함수의 그래프를 그려라.

(1) $y=3^x$

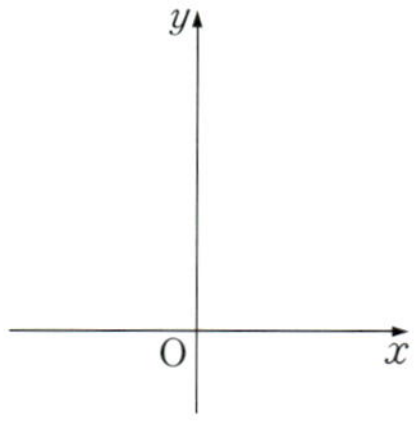

(2) $y=5^x$

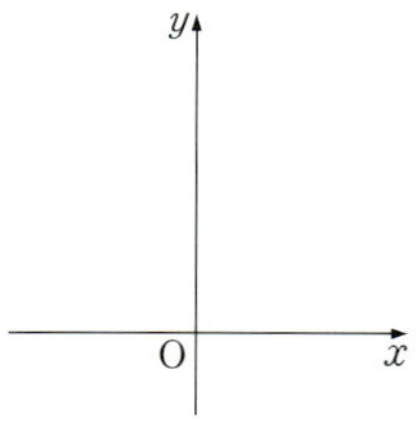

14. 지수함수 $y=3^x$의 그래프를 이용하여 다음 함수의 그래프를 그려라.

(1) $y=-3^x$

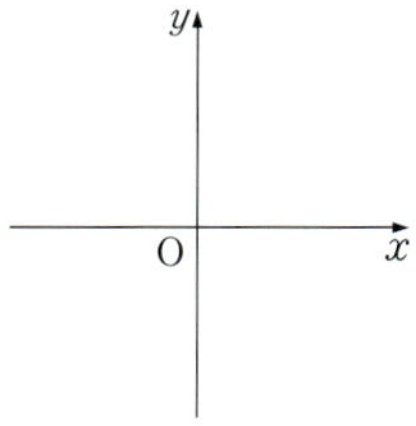

(2) $y=3^{-x}$

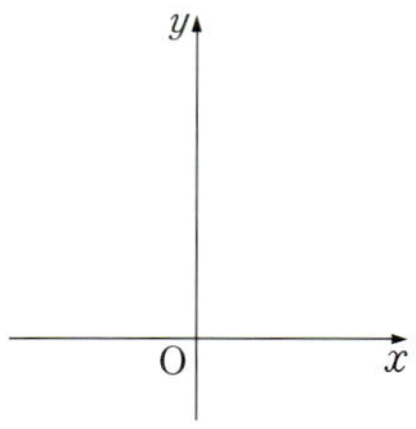

(3) $y=-3^{-x}$

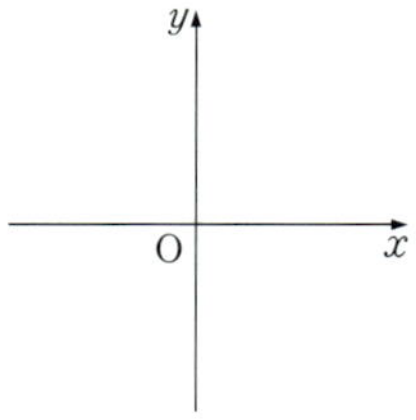

15. 함수 $y=f(x)$의 그래프가 오른쪽 그림과 같을 때, 함수

$y=2^{f(x)}$

의 그래프를 그려라.

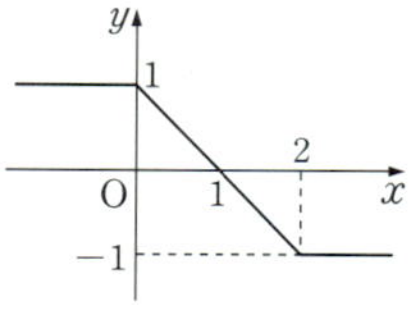

그래프의 이동

16. 함수 $y=3^x$의 그래프를 어떻게 이동하면 다음 함수의 그래프가 되는가?

(1) $y=-3^{x+1}$

(2) $y=-3^{-x}-2$

(3) $y=3^{x+2}-1$

(4) $y=\left(\frac{1}{3}\right)^x+2$

17. 함수 $y=2^{3x}$의 그래프를 x축의 방향으로 a만큼, y축의 방향으로 b만큼 평행이동하면 지수함수 $y=\frac{1}{8}\cdot 2^{3x}-3$의 그래프와 일치한다. 이때 a, b의 값을 구하여라.

18. 함수 $y=3^x$의 그래프를 y축에 대하여 대칭이동한 다음 x축의 방향으로 m만큼, y축의 방향으로 n만큼 평행이동하면 함수 $y=27\cdot\left(\frac{1}{3}\right)^x+8$의 그래프와 겹쳐진다. 이때 m, n의 값을 구하여라.

19. 함수 $f(x)=-\left(\frac{1}{3}\right)^{ax+b}$의 그래프는 함수 $y=3^x$의 그래프를 x축의 방향으로 c만큼 평행이동한 후, x축에 대하여 대칭이동한 것이다. $f(5)=-1$일 때 a, b, c의 값을 구하여라.

2. 지수함수의 그래프와 최대, 최소

교과서 실력쌓기

지수함수의 그래프 읽기

1. 오른쪽 그림은 지수함수 $y=5^x$의 그래프이다. $\alpha\beta=125$일 때, $a+b$의 값을 구하여라.

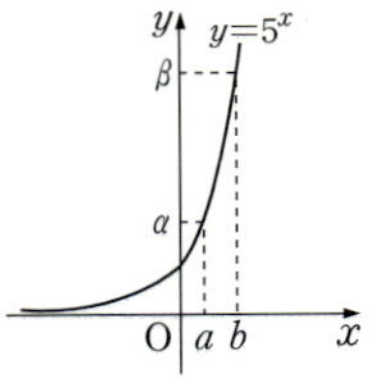

2. 오른쪽 그림은 지수함수 $y=3^x$의 그래프를 y축에 대하여 대칭이동한 후, x축의 방향으로 a만큼, y축의 방향으로 b만큼 평행이동한 그래프와 그 점근선을 나타낸 것이다. 이때 a, b의 값을 각각 구하여라.

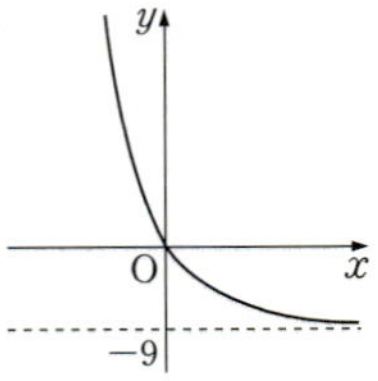

3. 함수 $y=\left(\frac{1}{3}\right)^{x+a}+b$의 그래프가 오른쪽 그림과 같을 때, $a+b$의 값을 구하여라.

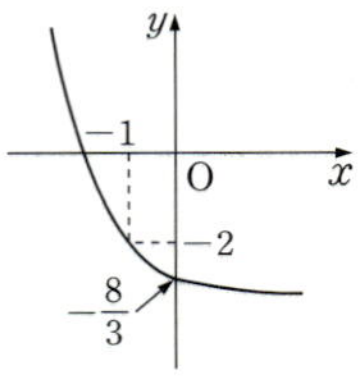

지수함수의 그래프의 성질

4. 지수함수 $y=a^x\,(a>0,\ a\neq1)$에 대한 설명 중 옳은 것은?

① 정의역과 치역은 양의 실수 전체의 집합이다.
② x의 값이 증가하면 y의 값도 증가한다.
③ 일대일함수이다.
④ 그래프는 y축을 점근선으로 갖는다.
⑤ 그래프는 직선 $y=k$ (k는 실수)와 만난다.

5. 지수함수 $y=9\cdot3^{2x}+5$에 대한 다음 설명 중 옳지 않은 것은?

① x의 값이 증가하면 y의 값도 증가한다.
② 정의역은 실수 전체의 집합이고, 치역은 양의 실수 전체의 집합이다.
③ 그래프는 지수함수 $y=9^x$의 그래프를 평행이동하면 겹쳐진다.
④ 그래프는 점 $(-1,\ 6)$을 지난다.
⑤ 그래프의 점근선의 방정식은 $y=1$이다.

지수함수의 그래프의 활용

6. 두 함수 $f(x)=9^x$, $g(x)=3^{x+1}$의 그래프가 직선 $x=k$와 만나는 두 점을 각각 A, B라고 하자. $\overline{AB}=54$일 때, 실수 k의 값을 구하여라.

7. 두 곡선 $y=3^x$, $y=\frac{3^x}{27}$과 직선 $y=k\,(k>0)$의 교점을 P, Q라 할 때, 선분 PQ의 길이를 구하여라.

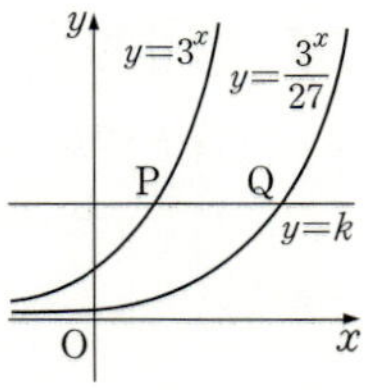

8. $a>0$, $a\neq1$일 때, 함수 $y=3a^{-x+2}-6$의 그래프는 a의 값에 관계없이 일정한 점 A를 지난다. 이때 원점 O에서 점 A까지의 거리를 구하여라.

9. 두 함수 $y=2^x$, $y=4^x$의 그래프와 직선 $y=4$와의 교점을 각각 A, B라 하고, 좌표평면 위의 원점을 O라 할 때, 삼각형 AOB의 넓이를 구하여라.

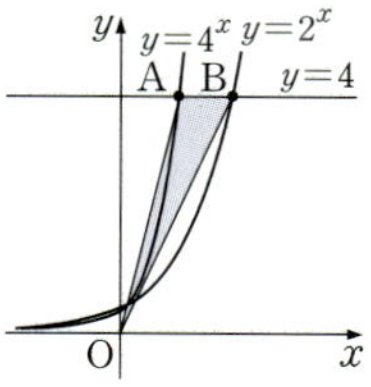

지수함수의 최대, 최소

10. 정의역이 $\{x|-1\le x\le 2\}$일 때, 다음 함수의 치역을 구하여라.

(1) $y=\left(\frac{1}{4}\right)^x$

(2) $y=\left(\frac{3}{2}\right)^x$

11. 다음 지수함수의 최댓값과 최솟값을 구하여라.

(1) $y=2^x\cdot 3^{-x}\,(-2\le x\le 2)$

(2) $y=3^{2x-1}\,(0\le x\le 3)$

12. 정의역이 $\{x|0\le x\le 3\}$인 함수 $y=2^{x^2-2x+3}$의 최댓값과 최솟값을 구하여라.

13. 함수 $y=\left(\frac{1}{2}\right)^{x^2+4x+a}$의 최댓값이 32일 때, 상수 a의 값을 구하여라.

14. $-1\le x\le 2$에서 정의된 두 함수

$f(x)=-x^2+4x+2$, $g(x)=\left(\frac{1}{2}\right)^x$에 대하여 함수 $(g\circ f)(x)$의 최댓값과 최솟값을 구하여라.

지수함수의 최대, 최소 - 치환형

15. $-1\le x\le 2$일 때, $y=4^x-2^{x+1}$의 최댓값과 최솟값을 구하여라.

16. 함수 $y=a^{2x}-4a^x$은 $x=2$일 때 최솟값을 갖는다고 한다. 이때 양수 a의 값을 구하여라.

지수함수의 최대, 최소 - 산술평균·기하평균

17. 다음 함수의 최댓값을 구하여라.

$$y=-(4^x+4^{-x})+2(2^x+2^{-x})+3$$

18. 함수 $y=3^{x+2a}+\left(\frac{1}{3}\right)^{x+a}$의 최솟값이 54일 때, 상수 a의 값을 구하여라.

B&A 교과서 실력쌓기

3. 지수방정식

밑이 같은 지수방정식

1. 다음 지수방정식을 풀어라.

(1) $4^x=2\sqrt{2}$

(2) $3^{x-2}=27$

(3) $8^{x+1}=\sqrt[3]{16}$

(4) $10000\cdot10^x=\dfrac{10}{100^x}$

2. 지수방정식 $2^x=5^{1-x}$의 근을 α라 할 때, $10^\alpha+100^\alpha$의 값을 구하여라.

3. 다음 지수방정식을 풀어라.

(1) $\left(\dfrac{2}{3}\right)^{2x^2-7}=\left(\dfrac{3}{2}\right)^{4-x}$

(2) $4^{x^2}-2^{3x-1}=0$

4. 방정식 $\dfrac{10^{x^2+1}}{10^x}=1000$의 모든 근의 합을 구하여라.

치환형

5. 다음 지수방정식을 풀어라.

(1) $4^x+2^{x+2}-12=0$

(2) $9^{x-1}+3^{3x}=4\cdot3^{x-3}$

6. 다음 지수방정식을 풀어라.

(1) $25^{|x|}-3\cdot5^{|x|}=10$

(2) $(\sqrt{2})^{2x+2}-3\cdot(\sqrt{2})^x+1=0$

7. $2^x+9\cdot(2^{-x})=6$일 때, 8^x-4^{x+1}의 값을 구하여라.

8. 연립방정식 $\begin{cases}x-y=2\\2^x-2^y=6\end{cases}$을 만족시키는 실수 x, y에 대하여 2^x+2^y의 값을 구하여라.

9. 연립방정식 $\begin{cases}2^x+2^y=20\\2^x\cdot2^y=64\end{cases}$를 풀어라.

밑이 문자인 지수방정식

10. 지수방정식 $(x-5)^{x+1}=3^{x+1}$을 풀어라. (단, $x>5$, $x\neq6$)

11. 방정식 $(x^x)^3 = x^{x^3}$ $(x>0,\ x\neq 1)$의 모든 근의 합을 구하여라.

지수방정식의 활용

12. 두 함수 $f(x)=3^x$, $g(x)=2x+1$에 대하여 방정식 $(f\circ g)(x)=(g\circ f)(x)$의 근을 α라 할 때, 3^α의 값을 구하여라.

13. 두 함수 $f(x)=27^x-2\cdot 9^x$, $g(x)=3^{x+1}$의 그래프의 교점의 좌표를 구하여라.

14. 행렬 $A=\begin{pmatrix} 2-2^a & 1+2^{a-2} \\ 4 & 3 \end{pmatrix}$이 역행렬을 갖지 않을 때, a의 값을 구하여라.

15. 방정식 $16^x-5\cdot 4^x+4=0$의 두 근을 α, β라 할 때, $2^\alpha+2^\beta$의 값을 구하여라.

16. 이차방정식 $x^2-3x+1=0$의 서로 다른 두 근을 α, β라 할 때, 2^α, 2^β을 두 근으로 갖고 최고차항의 계수가 1인 이차방정식의 상수항을 구하여라.

17. 두 수 2^t, 5^t이 이차방정식 $x^2-ax+100=0$의 근일 때 t, a의 값을 구하여라.

18. x에 대한 이차방정식 $x^2-2^a x+2^{a+1}=0$이 실근을 갖지 않을 때, 실수 a의 값의 범위를 구하여라.

19. x에 대한 지수방정식 $4^x-2^{x+3}+k=0$이 서로 다른 부호의 실근을 가질 때, 실수 k의 값의 범위를 구하여라.

20. 지수방정식 $25^x-2a\cdot 5^x+2a+24=0$이 서로 다른 두 실근을 가질 때, 실수 a의 값의 범위를 구하여라.

21. 지수방정식 $4^x-2^{x+4}-2a=0$이 한 개의 실근을 가지도록 실수 a의 값의 범위를 정하여라.

B&A 교과서 실력쌓기

4. 지수부등식

지수가 이차식 이하인 지수부등식

1. 다음 지수부등식을 풀어라.

(1) $2^{1-x}>4$

(2) $3^{1-x}>27$

(3) $\left(\frac{2}{3}\right)^{2x-1}>\left(\frac{3}{2}\right)^{-x-3}$

(4) $(0.09)^{x+1}<(0.3)^{3-x}$

2. 부등식 $\left(\frac{1}{2}\right)^{3x-1}\ge\left(\frac{1}{4}\right)^{x+1}$을 만족시키는 모든 자연수 x의 값의 합을 구하여라.

3. 다음 지수부등식을 풀어라.

(1) $3^{x^2}>\left(\frac{1}{3}\right)^{2x-3}$

(2) $\left(\frac{1}{4}\right)^{x^2}<\left(\frac{1}{16}\right)^{x^2+x-4}$

4. 부등식 $3^{x^2+1}\le27\cdot3^x$을 만족시키는 모든 정수 x의 값의 합을 구하여라.

연립부등식 (1)

5. 다음 지수부등식을 풀어라.

(1) $\frac{1}{9}<3^x<27$

(2) $\frac{1}{4}<\left(\frac{1}{2}\right)^x\le32$

6. 다음 지수부등식을 풀어라.

(1) $\left(\frac{1}{3}\right)^x\le3\sqrt{3}<\left(\frac{1}{9}\right)^{x-1}$

(2) $2^{-x}<2\cdot\sqrt[3]{2}<\left(\frac{1}{2}\right)^{2x-3}$

7. 지수부등식 $4^{-3x-4}<32<\left(\frac{1}{2}\right)^{2x-7}$을 만족하는 정수 x의 값의 합을 구하여라.

8. 지수부등식 $\left(\frac{5}{3}\right)^{-9}<\left(\frac{3}{5}\right)^{x^2}<\left(\frac{25}{9}\right)^{2x}$의 해를 구하여라.

9. 지수부등식 $2<4^x+2^x<72$의 해가 $\alpha<x<\beta$일 때, $\alpha+\beta$의 값을 구하여라.

지수부등식 - 치환형

10. 지수부등식 $3^{2x}-3^{x+2}>1-3^{x-2}$을 만족하는 x의 값의 범위의 수 중 최소의 정수를 구하여라.

11. 다음 지수부등식을 풀어라.

$$8\cdot\left(\frac{1}{4}\right)^x-6\cdot\left(\frac{1}{2}\right)^x+1<0$$

12. 다음 지수부등식을 풀어라.

$$(2+\sqrt{3})^x+(2-\sqrt{3})^x\le4$$

13. 지수부등식 $2\cdot4^x+a\cdot2^x+8\le0$의 해가 $-1\le x\le3$일 때, a의 값을 구하여라.

연립부등식 (2)

14. 연립부등식 $\begin{cases}3^{3x}>\left(\frac{1}{3}\right)^{3x+4}\\4^x-3\cdot2^x+2\le0\end{cases}$ 을 풀어라.

15. 두 지수부등식

$$3^{2x}>\left(\frac{1}{9}\right)^{-4},\ (0.04)^{x^2}\ge(0.008)^{4x}$$

을 동시에 만족하는 x의 값의 범위를 구하여라.

밑이 문자인 지수부등식

16. 부등식 $a^{2x+1}>a^{10-x}$ (단, $a>0$, $a\ne1$)을 풀어라.

17. 부등식 $x^{x+2}\le x^{x^2}$ $(x>0,\ x\ne1)$을 풀어라.

18. 부등식 $(x-1)^{x^2+8}\le(x-1)^{6x}$을 풀어라. (단, $x>1$, $x\ne2$)

절대부등식

19. 모든 실수 x에 대하여 부등식 $2^{2x+1}+2^{x+2}+a-2\ge0$이 성립하도록 실수 a의 값의 범위를 정하여라.

20. 모든 실수 x에 대하여

$$2^{2x}-2^{x+k}+4\ge0$$

이 성립할 때, 실수 k의 값의 범위를 구하여라.

B&A 교과서 끝내기

1. 지수함수와 그래프~ 4. 지수부등식

1. $f(x)=\dfrac{2^x+2^{-x}}{2^x-2^{-x}}$에 대하여 $f(a)=\dfrac{4}{3}$, $f(b)=\dfrac{5}{4}$일 때, $f(a+b)$의 값을 구하여라.

2. $f(n)=a^{\frac{1}{n}}$ (단, $a>0$, $a\neq1$)일 때, 다음 식을 만족하는 상수 k의 값을 구하여라.

$$f(1\cdot2)\times f(2\cdot3)\times f(3\cdot4)\times\cdots\times f(9\cdot10)=f(k)$$

3. 두 양수 a, b가 $a^2<a<b<b^2$을 만족할 때, 다음 네 수의 대소를 비교하여라.

$$a^a,\ a^{\frac{1}{a}},\ b^b,\ b^{\frac{1}{b}}$$

4. 지수함수 $y=2^x$의 그래프를 원점에 대하여 대칭이동한 후, y축의 방향으로 k만큼 평행이동하면 지수함수 $y=2^x$의 그래프와 서로 다른 두 점에서 만난다고 한다. 이 두 점을 이은 선분의 중점의 좌표가 (0, 2)일 때, 상수 k의 값을 구하여라.

5. 오른쪽 그림과 같은 함수 $y=f(x)$의 그래프는 지수함수 $y=\left(\dfrac{1}{2}\right)^x$의 그래프를 평행이동한 것이다. 함수 $y=f(x)$를 구하여라.

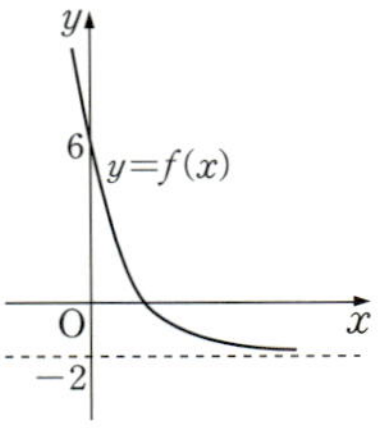

6. 지수함수 $f(x)=2^x$의 그래프가 오른쪽 그림과 같을 때, 다음을 구하여라.

(1) $f(2a+3b)$

(2) $f(2b-3a)$

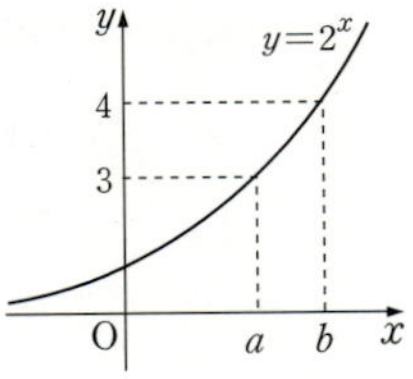

7. a, b가 1이 아닌 양수이고 $a<b$일 때, 두 함수 $f(x)=a^x$, $g(x)=b^x$에 대하여 다음 명제의 참, 거짓을 판별하여라. (단, $p>0$)

(1) $f(p)<g(p)$

(2) $f(p)=g(-p)$이면 $f\left(-\dfrac{1}{p}\right)=g\left(\dfrac{1}{p}\right)$이다.

(3) $f(p)>g(-p)$이면 $a>1$이다.

8. 오른쪽 그림은 함수 $y=3^x$의 그래프이다. 그래프 위의 두 점 A, B의 x좌표가 각각 a, $b(a<b)$이고, $\overline{AB}$의 중점의 좌표가 (2, 15)일 때, 점 A, B의 좌표를 구하여라.

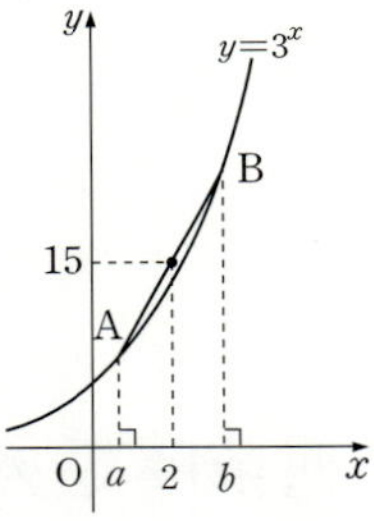

9. 오른쪽 그림과 같이 함수 $y=3^x$의 그래프 위의 점 A에서 x축, y축에 내린 수선의 발을 각각 B, C라고 하자. $y=3^x$의 그래프와 y축의 교점을 D라 할 때, △ACD의 넓이가 □ACOB의 넓이의 $\dfrac{4}{9}$ 이상이 된다고 한다. 이때 k의 값의 범위를 구하여라. (단, $k>0$)

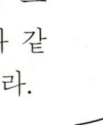

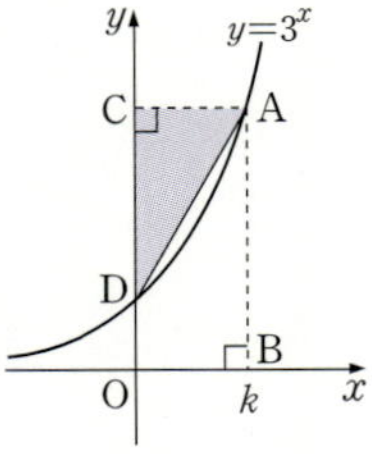

10. 오른쪽 그림에서 두 지수함수 $y=3^x$, $y=3^x+4$의 그래프와 직선 $x=0$, $x=2$로 둘러싸인 부분의 넓이를 구하여라.

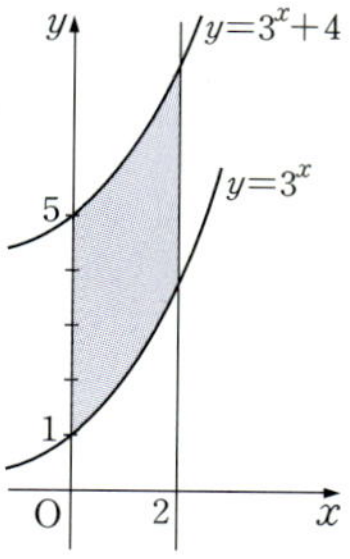

11. $0<a<1$일 때, $y=a^{-x^2+2x+2}$의 최솟값이 $\frac{1}{27}$이다. 이때 a의 값을 정하여라.

12. $-1\leq x\leq 1$에서 함수 $y=a^{4x-2x+1+2}$ $(a>0$, $a\neq 1)$의 최댓값이 4일 때, 상수 a의 값을 구하여라.

13. $x+y=2$, $xy=2$일 때, 4^x+4^y의 최솟값을 a, $2^{2x}\cdot 2^y$의 최솟값을 b라 할 때, $a+b$의 값을 구하여라.

14. 다음 함수의 최솟값을 구하여라.

$$y=9^x+9^{-x}-2(3^x+3^{-x})$$

15. $2^x=(\sqrt{2+\sqrt{3}}-\sqrt{2-\sqrt{3}})^{\frac{1}{5}}$을 만족시키는 x의 값을 구하여라.

16. 지수방정식 $a^{2x}-2a^x-8=0$ $(a>0,\ a\neq 1)$의 한 근이 $\frac{1}{2}$일 때, 상수 a의 값을 구하여라.

17. x에 대한 지수방정식

$$a^x+81a^{-x}=25\ (a>0,\ a\neq 1)$$

의 두 근의 합이 4일 때, 실수 a의 값을 구하여라.

18. 방정식 $4^x+(2^{x+3}-5)m=0$이 서로 다른 두 개의 실근을 가질 때, 실수 m의 값의 범위를 구하여라.

19. 지수방정식 $4^x-(a+2)\cdot 2^{x+1}+a^2=0$의 두 근이 모두 2보다 클 때, 상수 a의 값의 범위를 구하여라.

20. x에 대한 방정식

$$(4^x+4^{-x})-2k(2^x+2^{-x})+4=0$$

이 실근을 갖지 않도록 상수 k의 값의 범위를 정하여라.

21. 모든 실수 x에 대하여 이차정사각행렬 $A=\begin{pmatrix} 4^x+k & 2^{x+1} \\ 2-k & 1 \end{pmatrix}$이 항상 역행렬을 가질 때, 실수 k의 값의 범위를 구하여라.

22. 오른쪽 그림과 같이 한 변의 길이가 60인 정사각형을 4개의 직사각형 A, B, C, D로 나누었다. 네 직사각형 A, B, C, D의 넓이가 다음과 같을 때, A, D의 넓이를 각각 구하여라.

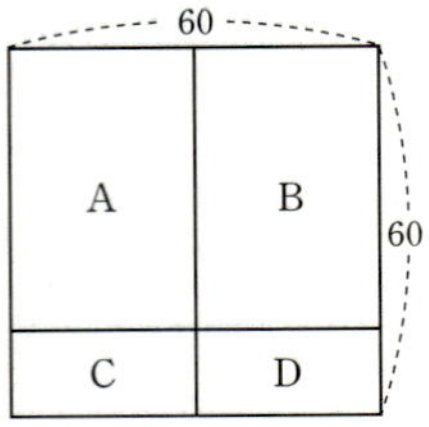

$A=2^{2a}\times3^{2b}$,	$B=2^{2a-1}\times3^{2b+1}$
$C=2^{2a}\times3^{b}$,	$D=2^{a+1}\times3^{b+1}$

23. 함수 $y=f(x)$와 $y=g(x)$의 그래프가 오른쪽 그림과 같을 때, 부등식 $\left(\frac{2}{3}\right)^{f(x)}>\left(\frac{2}{3}\right)^{g(x)}$의 해를 구하여라.

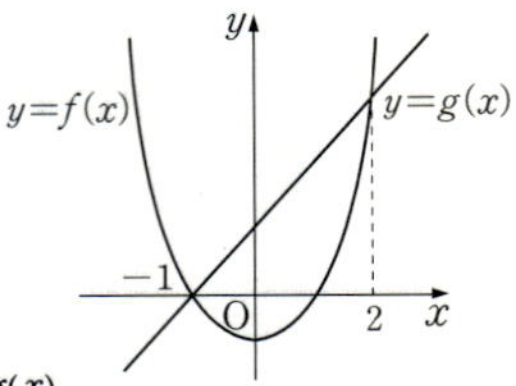

24. 부등식 $\left(\frac{1}{4}\right)^x-\left(\frac{1}{2}\right)^x\leq12$를 만족하는 실수 x의 최솟값을 구하여라.

25. 다음 지수부등식을 만족하는 실수 x의 값의 범위를 정하여라. (단, $[x]$는 x보다 크지 않은 최대의 정수이다.)

$$\frac{1}{\sqrt[3]{4}}<2^{[x-3]}<2\sqrt{2}$$

26. 지수부등식 $2^{2x+1}+a\cdot2^x+b\leq0$의 해가 $-1\leq x\leq3$일 때, 상수 a, b의 값을 구하여라.

27. 지수부등식

$$(x^2-2x+1)^{x+2}<(x^2-2x+1)^{4x-1}$$

을 풀어라. (단, $x\neq0$, $x\neq1$, $x\neq2$)

28. 지수부등식 $4^x-2^{x+1}\leq a(2^x-2)$를 만족하는 정수 x의 개수가 4가 되도록 실수 a의 값의 범위를 구하여라. (단, $a>0$)

29. 모든 실수 x에 대하여 $4^x-a\cdot2^{x+1}+1\geq0$이 성립하기 위한 실수 a의 최댓값을 구하여라.

1. 함수 $f(x)=2^{-x}$에 대하여

$$f(2a)f(b)=4,\ f(a-b)=2$$

일 때, $2^{3a}+2^{3b}$의 값은 $\frac{q}{p}$이다. $p+q$의 값을 구하여라. (단, p, q는 서로소인 자연수이다.)

2. 지수함수 $f(x)=a^x\ (a>0,\ a\neq1)$에 대하여 다음 중 옳지 않은 것은? (단, k는 상수)

① $f(0)=1$
② $f(kx)=\{f(x)\}^k$
③ $f(x+y)=f(x)\times f(y)$
④ $f(x-y)=f(x)\div f(y)$
⑤ $f(x\times y)=f(x)+f(y)$

3. 지수함수 $f(x)=a^x$에 대한 설명 중 옳은 것을 모두 고른 것은? (단, $a>0,\ a\neq1$)

ㄱ. $f(-x)=\frac{1}{f(x)}$
ㄴ. $f(x)=\sqrt{f(2x)}$
ㄷ. $f(x^3)=\{f(x)\}^3$

① ㄱ ② ㄴ ③ ㄱ, ㄴ
④ ㄴ, ㄷ ⑤ ㄱ, ㄴ, ㄷ

4. $n=2006$이고 $a=\frac{3}{4}$일 때, 세 수 A, B, C를 각각 $A=\sqrt[n]{a^{n-1}}$, $B=\sqrt[n]{a^{n+1}}$, $C=\sqrt[n+1]{a^n}$이라 하자. 이때 세 수 A, B, C의 대소를 비교하여라.

5. 함수 $y=5^{2x}$의 그래프를 x축의 방향으로 m만큼, y축의 방향으로 n만큼 평행이동시켰더니 함수 $y=25\cdot5^{2x}+2$의 그래프가 되었다. $m+n$의 값을 구하여라.

6. 오른쪽 그림은 지수함수 $y=2^x$의 그래프를 y축에 대하여 대칭이동한 후, x축의 방향으로 a만큼, y축의 방향으로 b만큼 평행이동한 그래프와 그 점근선을 나타낸 것이다. 이때 $a-b$의 값을 구하여라.

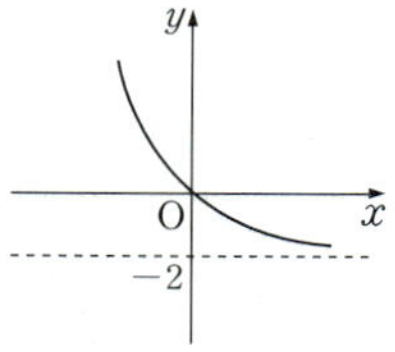

7. 함수 $y=2^x$의 그래프를 x축의 방향으로 m만큼, y축의 방향으로 n만큼 평행이동시킨 그래프가 두 점 $(-1,\ 1)$, $(0,\ 5)$를 지날 때, m^2+n^2의 값을 구하여라.

8. 두 함수 $y=2^x$, $y=-\left(\frac{1}{2}\right)^x$의 그래프와 직선 $x=k$의 교점을 각각 P, Q라 할 때, $\overline{PQ}$의 최솟값을 구하여라.

9. 두 함수 $y=2^x$, $y=-\left(\frac{1}{2}\right)^x+k$의 그래프가 서로 다른 두 점 A, B에서 만난다. 선분 AB의 중점의 좌표가 $\left(0,\ \frac{5}{4}\right)$일 때, 상수 k의 값을 구하여라.

10. 오른쪽 그림은 지수함수 $y=2^x$과 $y=2^{x-2}$의 그래프이다. 두 선분 AB, CD와 두 곡선으로 둘러싸인 부분의 넓이를 S라 할 때, S의 값을 구하여라. (단, 점선은 x축 또는 y축과 평행하다.)

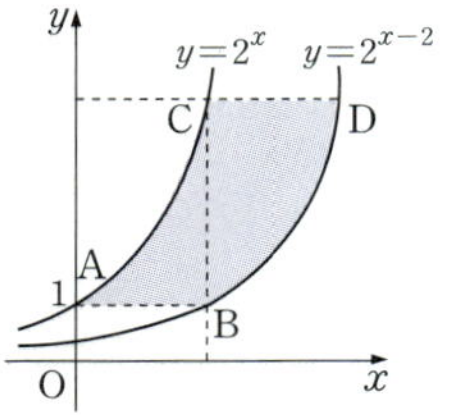

11. 오른쪽 그림은 $f(x)=a^x$ $(a>1)$의 그래프이다. 함수 $g(x)$가 $g(f(x))=x$를 만족시킬 때, $g(12)$의 값을 p, q로 나타내면? (단, 점선은 x축 또는 y축에 평행하다.)

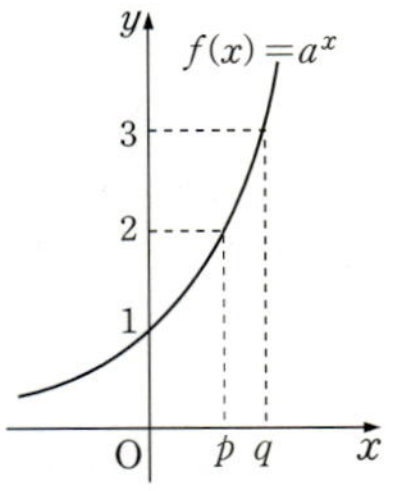

① $p+q$ ② $p+2q$ ③ $p+3q$
④ $2p+q$ ⑤ $2p+3q$

12. $-2\leq x\leq 4$일 때, 지수함수 $y=3^{x^2-4x-3}$의 최댓값과 최솟값의 곱을 구하여라.

13. 함수 $f(x)=2^{x^2}\times\left(\frac{1}{2}\right)^{2x-3}$의 최솟값을 구하여라.

14. 지수방정식 $9^x-3^{x+2}+8=0$의 두 근을 α, β라 할 때, $3^{2\alpha}+3^{2\beta}$의 값을 구하여라.

15. 지수방정식 $4^x-3\cdot 2^x+2=0$의 모든 근의 합을 구하여라.

16. 연립방정식

$$\begin{cases}3\cdot 2^x-2\cdot 3^y=6\\ 2^{x-2}-3^{y-1}=-1\end{cases}$$

의 해를 $x=\alpha$, $y=\beta$라 할 때, $\alpha^2+\beta^2$의 값을 구하여라.

17. 방정식 $2\cdot 4^x-17\cdot 2^x+32=0$을 만족시키는 모든 실근의 합을 구하여라.

18. x의 모든 실수값에 대하여 $(2^x+2^{-x})^2-k(2^{2x}+2^{-2x})=2$가 항상 성립할 때, k의 값을 구하여라.

19. 부등식 $\left(\frac{1}{2}\right)^{x-4}>\sqrt{\sqrt[3]{64}}$를 만족시키는 정수 x의 최댓값을 구하여라.

20. 부등식 $\left(\frac{1}{3}\right)^{3x-2}\geq\left(\frac{1}{9}\right)^{x+2}$을 만족시키는 자연수 x의 개수를 구하여라.

21. 지수부등식 $\frac{1}{4^x}-\frac{1}{2^{x-1}}-8\leq 0$의 해를 구하여라.

1. 집합 $\mathrm{G}=\{(x,\ y)\,|\,y=5^x,\ x$는 실수$\}$에 대하여 항상 옳은 것을 모두 고르면?

ㄱ. $(a,\ b)\in\mathrm{G}$이면 $\left(\frac{a}{2},\ \sqrt{b}\right)\in\mathrm{G}$이다.
ㄴ. $(-a,\ b)\in\mathrm{G}$이면 $\left(a,\ \frac{1}{b}\right)\in\mathrm{G}$이다.
ㄷ. $(2a,\ b)\in\mathrm{G}$이면 $(a,\ b^2)\in\mathrm{G}$이다.

① ㄱ ② ㄱ, ㄴ ③ ㄱ, ㄷ
④ ㄴ, ㄷ ⑤ ㄱ, ㄴ, ㄷ

2. 지수함수 $f(x)=a^x$에 대한 설명으로 항상 옳은 것을 모두 고르면?(단, $a>1$이다.)

ㄱ. $f(x)>0$
ㄴ. $f(x)+f(-x)\ge 2$
ㄷ. $f(|x|)\ge\frac{1}{2}\{f(x)+f(-x)\}$

① ㄱ ② ㄷ ③ ㄱ, ㄴ
④ ㄴ, ㄷ ⑤ ㄱ, ㄴ, ㄷ

3. 다음은 $\sqrt{2^{\sqrt{3}}}\times\sqrt{3^{\sqrt{2}}}$과 $\sqrt{2^{\sqrt{2}}}\times\sqrt{3^{\sqrt{3}}}$의 대소 관계를 알아보는 과정이다. 다음 과정에서 (가), (나), (다)에 알맞은 것을 다음에서 찾아 써라.

$\sqrt{2^{\sqrt{3}}}\times\sqrt{3^{\sqrt{2}}}-\sqrt{2^{\sqrt{2}}}\times\sqrt{3^{\sqrt{3}}}$
$=\sqrt{2^{\boxed{(가)}}}\times\sqrt{3^{\sqrt{2}}}\,(\sqrt{2^{\sqrt{3}-\sqrt{2}}}-\sqrt{3^{\boxed{(나)}}})$
그런데 $\sqrt{2^{\sqrt{3}-\sqrt{2}}}$ $\boxed{(다)}$ $\sqrt{3^{\boxed{(가)}}}$이고
$\sqrt{2^{\boxed{(가)}}}>0,\ \sqrt{3^{\sqrt{2}}}>0$이므로
$\sqrt{2^{\sqrt{3}}}\times\sqrt{3^{\sqrt{2}}}-\sqrt{2^{\sqrt{2}}}\times\sqrt{3^{\sqrt{3}}}$ $\boxed{(다)}$ 0
$\therefore$ $\sqrt{2^{\sqrt{3}}}\times\sqrt{3^{\sqrt{2}}}$ $\boxed{(다)}$ $\sqrt{2^{\sqrt{2}}}\times\sqrt{3^{\sqrt{3}}}$

① $\sqrt{2}$ ② $\sqrt{3}$ ③ $\sqrt{3}-\sqrt{2}$
④ $\sqrt{2}-\sqrt{3}$ ⑤ $<$ ⑥ $>$

4. 지수함수 $f(x)=3^{-x}$에 대하여 $a_1=f(2)$, $a_{n+1}=f(a_n)$ $(n=1,\ 2,\ 3,\ \cdots)$ 일 때, a_2, a_3, a_4의 대소 관계를 옳게 나타내어라.

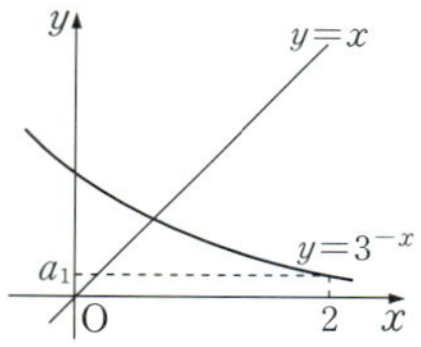

5. 오른쪽 그림에서 함수 $y=2^x-1$의 그래프 위의 서로 다른 두 점 P, Q의 x좌표를 각각 a, b라 할 때,

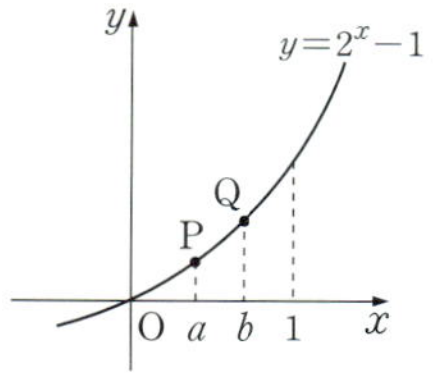

$\mathrm{A}=\frac{2^a-1}{a}$, $\mathrm{B}=\frac{2^b-1}{b}$, $\mathrm{C}=\frac{2^b-2^a}{b-a}$의 대소를 비교하여라. (단, $0<a<b<1$)

6. 세 함수 $f(x)=(1+r_1)^x$, $g(x)=\left(1+\frac{r_2}{2}\right)^{2x}$, $h(x)=\left(1+\frac{r_3}{4}\right)^{4x}$에 대하여 $f(10)=g(10)=h(10)$일 때, r_1, r_2, r_3의 대소를 비교하여라. (단, r_1, r_2, r_3은 모두 양의 실수이다.)

7. 두 지수함수 $f(x)=a^x\,(a>1)$, $g(x)=b^x\,(0<b<1)$에 대하여 $y=\frac{f(x)}{g(x)}$의 그래프의 개형을 그려라.

8. 오른쪽 그림은 함수 $y=f(x)\ (-2\le x\le 2)$의 그래프이다. 이때 함수 $g(x)=a^{f(x)}$ $(a>0,\ a\ne 1)$에 대하여 옳은 것을 모두 고른 것은?

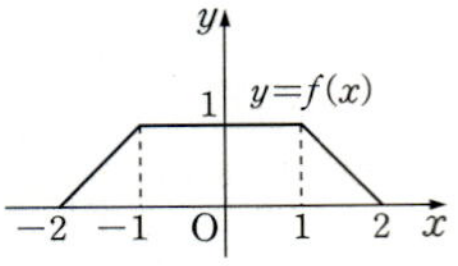

> ㄱ. 함수 $y=g(x)$의 그래프는 y축에 대하여 대칭이다.
> ㄴ. $0<a<1$일 때, 함수 $y=g(x)$의 최댓값은 1이다.
> ㄷ $a>1$일 때, 함수 $y=g(x)$의 최솟값은 1이다.

① ㄱ ② ㄴ ③ ㄱ, ㄴ
④ ㄱ, ㄷ ⑤ ㄱ, ㄴ, ㄷ

9. 오른쪽 그림은 함수 $f(x)=2^x-1$의 그래프와 직선 $y=x$이다. 곡선 $y=f(x)$ 위에 임의로 두 점을 잡아 그 두 점의 x좌표를 각각 $a,\ b(0<a<b)$라 할 때, 항상 옳은 것을 모두 고른 것은?

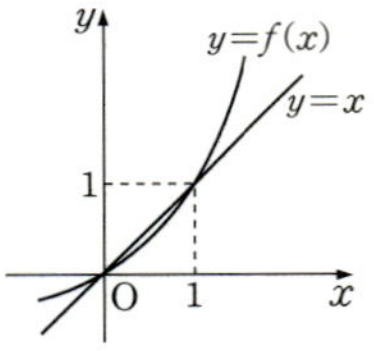

> ㄱ. $0<a<1$이면 $f(a)<a$이다.
> ㄴ. $b-a<2^b-2^a$
> ㄷ. $b(2^a-1)<a(2^b-1)$

① ㄱ ② ㄱ, ㄴ ③ ㄱ, ㄷ
④ ㄴ, ㄷ ⑤ ㄱ, ㄴ, ㄷ

10. 임의의 실수 x에 대하여 부등식 $2^{x+1}-2^{\frac{x+4}{2}}+a\ge 0$이 성립하도록 하는 실수 a의 최솟값을 구하여라.

11. 오른쪽 그림과 같이 $y=2^{-x}$의 그래프 위의 한 점 A를 지나고 x축에 평행한 직선이 $y=4^x$의 그래프와 만나는 점을 B, 점 B를 지나고 y축에 평행한 직선이 $y=2^{-x}$의 그래프와 만나는 점을 C라 한다. 선분 AB의 길이가 2이고, 선분 BC의 길이를 l이라 할 때, $4l^3$의 값을 구하여라.

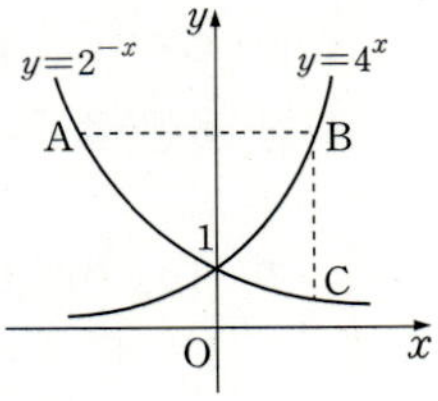

12. 오른쪽 연립부등식이 나타내는 영역에서 2^x4^y의 최댓값을 구하여라.

$$\begin{cases} x+3y\le 5 \\ 2x+y\le 5 \\ x\ge 0,\ y\ge 0 \end{cases}$$

13. x에 대한 방정식

$$4^x-a\cdot 2^{x+1}+a^2-a-6=0$$

이 서로 다른 두 실근을 갖도록 하는 상수 a의 값의 범위를 구하여라.

14. 지수방정식

$$(9^x+9^{-x})-(3^x+3^{-x})-10=0$$

의 두 근을 α, β라 할 때, $3^\alpha+3^\beta$의 값을 구하여라.

15. 함수 $y=\dfrac{3^{x+3}}{3^{2x}+3^x+1}$의 최댓값을 구하여라.

1. 지수함수의 그래프에 대한 〈보기〉의 설명 중 옳은 것을 모두 고른 것은?

〈보기〉

ㄱ. $y=2^x$의 그래프를 x축에 대하여 대칭이동하면 $y=\dfrac{1}{2^x}$의 그래프가 된다.

ㄴ. $y=2^x$의 그래프를 x축의 방향으로 1만큼 평행이동하면 $y=2^x$의 그래프보다 아래에 놓이게 된다.

ㄷ. $y=\sqrt{2}\cdot 2^x$의 그래프를 x축의 방향으로 평행이동하여 $y=2^x$의 그래프를 얻을 수 있다.

① ㄱ　② ㄴ　③ ㄴ, ㄷ
④ ㄱ, ㄷ　⑤ ㄱ, ㄴ, ㄷ

2. 지수함수 $y=5^{x-1}$의 그래프가 두 점 $(a, 5)$, $(3, b)$를 지날 때, $a+b$의 값을 구하여라.

3. 두 지수함수 $f(x)=a^{bx-1}$, $g(x)=a^{1-bx}$이 다음 조건을 만족시킨다. 두 상수 a, b의 합 $a+b$의 값을 구하여라. (단, $0<a<1$)

(가) 함수 $y=f(x)$의 그래프와 함수 $y=g(x)$의 그래프는 직선 $x=2$에 대하여 대칭이다.

(나) $f(4)+g(4)=\dfrac{5}{2}$

4. 두 곡선 $y=3^{x+m}$, $y=3^{-x}$이 y축과 만나는 점을 각각 A, B라고 하자. $\overline{AB}=8$일 때, m의 값을 구하여라.

5. 오른쪽 그림은 일차함수 $y=f(x)$의 그래프이다. 함수 $y=2^{2-f(x)}$의 그래프의 개형으로 알맞은 것은?

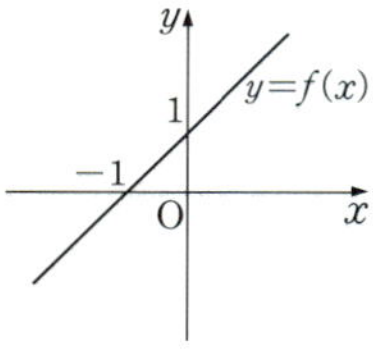

①
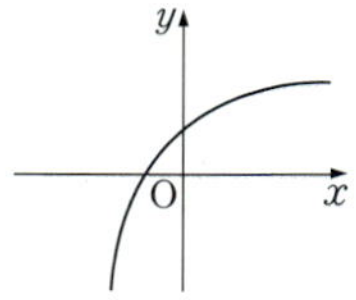

②
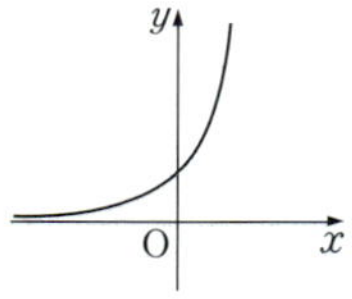

③
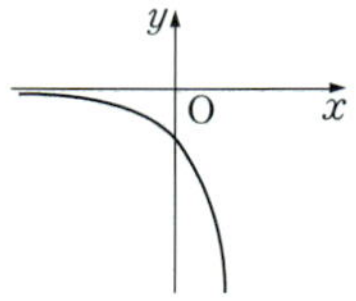

④
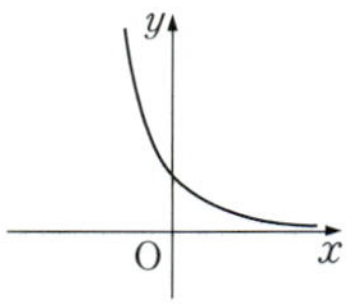

⑤
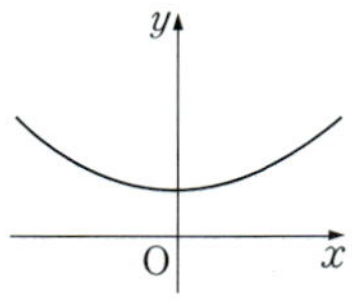

6. 함수 $f(x)=2^x$의 그래프를 x축의 방향으로 m만큼, y축의 방향으로 n만큼 평행이동시키면 함수 $y=g(x)$의 그래프가 되고, 이 평행이동에 의하여 점 $A(1, f(1))$이 점 $A'(3, g(3))$으로 이동된다. 함수 $y=g(x)$의 그래프가 점 $(0, 1)$을 지날 때, $m+n$의 값을 구하여라.

7. 정의역이 $\{x|-1\le x\le 3\}$인 두 지수함수 $f(x)=4^x$, $g(x)=\left(\dfrac{1}{2}\right)^x$에 대하여 $f(x)$의 최댓값을 M, $g(x)$의 최솟값을 m이라 할 때, Mm의 값을 구하여라.

8. 함수 $f(x)$는 모든 실수 x에 대하여 $f(x+2)=f(x)$를 만족시키고,

$f(x)=\left|x-\frac{1}{2}\right|+1\ \left(-\frac{1}{2}\le x<\frac{3}{2}\right)$이다.

자연수 n에 대하여 지수함수 $y=2^{\frac{x}{n}}$의 그래프와 함수 $y=f(x)$의 그래프의 교점의 개수가 5가 되도록 하는 모든 n의 값의 합을 구하여라.

9. 지수함수 $f(x)=a^{x-m}$의 그래프와 그 역함수의 그래프가 두 점에서 만나고, 두 교점의 x좌표가 1과 3일 때, $a+m$의 값을 구하여라.

10. 함수 $y=k\cdot 3^x\ (0<k<1)$의 그래프가 두 함수 $y=3^{-x}$, $y=-4\cdot 3^x+8$의 그래프와 만나는 점을 각각 P, Q라 하자. 점 P와 점 Q의 x좌표의 비가 1 : 2일 때, $35k$의 값을 구하여라.

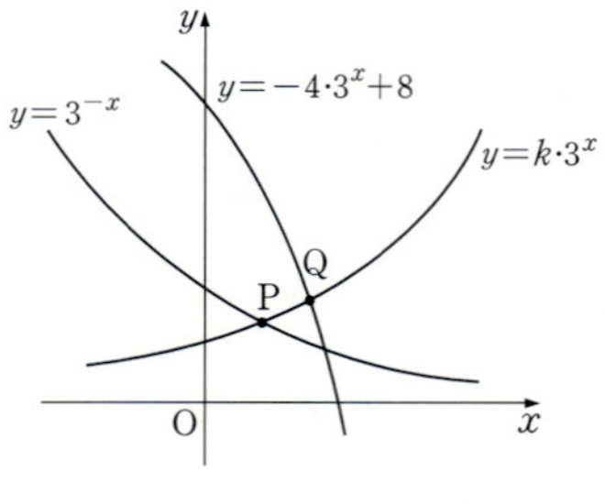

11. 지수방정식 $3^{x+2}=96$의 근을 α라 할 때, 다음 중 옳은 것은?

① $0<\alpha<1$ ② $1<\alpha<2$
③ $2<\alpha<3$ ④ $3<\alpha<4$
⑤ $4<\alpha<5$

12. 방정식 $4^x-7\cdot 2^x+12=0$의 두 근을 α, β라 할 때, $2^{2\alpha}+2^{2\beta}$의 값을 구하여라.

13. 행렬 $A=\begin{pmatrix} 3^{2x}+3 & -3^x \\ -4 & 1 \end{pmatrix}$의 역행렬의 모든 성분이 음수가 되기 위한 x의 값의 범위를 구하여라.

14. $(x^2-x-1)^{x+2}=1$을 만족하는 정수 x의 개수는? (단, 밑이 1인 경우도 생각한다.)

① 2 ② 3 ③ 4
④ 5 ⑤ 답 없음

15. 지수부등식 $2^{x^2}<4\cdot 2^x$의 해가 $\alpha<x<\beta$일 때, $\alpha+\beta$의 값은?

① 1 ② 2 ③ 3
④ 4 ⑤ 5

B&A 교과서 실력쌓기

1. 로그와 그 계산

로그의 정의

1. 다음 등식을 $a^x=b$의 꼴로 나타내어라.

(1) $\log_3 27=3$

(2) $\log_5 1=0$

(3) $\log_9 3=\frac{1}{2}$

(4) $\log_3 \frac{1}{81}=-4$

2. 다음 등식을 $x=\log_a b$의 꼴로 나타내어라.

(1) $10^3=1000$

(2) $5^{\frac{1}{2}}=\sqrt{5}$

(3) $(0.1)^2=0.01$

(4) $(\sqrt{3})^{-1}=\frac{1}{\sqrt{3}}$

3. 다음 값을 구하여라.

(1) $\log_2 32$

(2) $\log_9 243$

(3) $\log_{\sqrt{2}} \frac{1}{8}$

(4) $\log_{10} \sqrt[3]{100}$

4. 다음 식을 만족하는 x의 값을 구하여라.

(1) $\log_2 x=-2$

(2) $\log_{10} x=-3$

(3) $\log_{\frac{1}{3}} x=-2$

(4) $\log_x 16=4$

(5) $\log_x 27=3$

(6) $\log_x 2=\frac{1}{4}$

로그의 밑과 진수 조건

5. 다음 값이 존재하기 위한 x의 값의 범위를 구하여라.

(1) $\log_3 (x-10)$

(2) $\log_{x-1} 5$

6. $\log_{x+1} (3x-1)$의 값이 존재하기 위한 x의 값의 범위를 구하여라.

7. $\log_{(x-2)^2} (-x^2+x+12)$가 정의되도록 x의 값을 정할 때, 정수 x의 개수를 구하여라.

8. $\log_{|x|}(x+3)(5-x)$가 정의되기 위한 모든 정수 x의 개수를 구하여라.

로그의 정의와 식의 값

9. $\log_2(\log_2(\log_2 x))=1$이라고 할 때, x의 값을 구하여라.

10. $x=\log_2\sqrt{7+2\sqrt{12}}$일 때, 2^x+2^{-x}의 값을 구하여라.

11. $a>0$, $b>0$인 두 실수 a, b가

$$\log_3 ab=0,\ \log_3(a+b)=1$$

을 만족할 때, a^3+b^3의 값을 구하여라.

로그의 성질과 계산

12. a, b, c가 1이 아닌 양수일 때, 다음 중 옳지 않은 것은?

① $\log_a bc=\log_a b+\log_a c$

② $\log_a abc=1+\log_a bc$

③ $\log_a b^c=c\log_a b$

④ $\log_a b\cdot\log_b c=\log_a c$

⑤ $\log_a(b-c)=\log_a b-\log_a c$

(13～22) 다음 식의 값을 구하여라.

13. $(\log_{10}2)^2+(\log_{10}5)^2+\log_{10}4\cdot\log_{10}5$

14. $\log_2\left(1-\frac{1}{2}\right)+\log_2\left(1-\frac{1}{3}\right)+\log_2\left(1-\frac{1}{4}\right)+\cdots+\log_2\left(1-\frac{1}{64}\right)$

15. $\log_2\sqrt{2x+2\sqrt{x^2-1}}+\log_2(\sqrt{x+1}-\sqrt{x-1})$

16. $\log_2\sin 1560°+\log_2\tan 30°+\log_2\frac{1}{\tan 45°}$

17. $\log_3\tan 10°+\log_3\tan 20°+\log_3\tan 30°+\cdots+\log_3\tan 70°+\log_3\tan 80°$

18. $(\log_2 3+\log_8 3)(\log_3 2+\log_9 2)$

19. $\log_2(\log_2 3)+\log_2(\log_3 4)$

20. $\log_{\sqrt{2}}9^{\log_3 8}$

21. $\log_2(4^{\frac{3}{4}}\cdot\sqrt{2^5})^{\frac{1}{2}}$

22. $27^{2\log_3 5-3\log_{\frac{1}{3}}4-2\log_3 20}$

2. 로그의 성질

로그의 성질의 증명

1. 다음은 지수법칙 $a^{r+s}=a^r a^s$으로부터 모든 양수 x, y에 대하여 $\log_a xy=\log_a x+\log_a y$가 성립함을 증명한 것이다. (가), (나)에 알맞은 것을 써넣어라. (단, $a\neq1$, $a>0$)

> $r=\log_a x$, $s=\log_a y$로 놓으면
> $a^r=x$, $a^s=$ (가)
> 지수법칙으로부터 $a^{r+s}=$ (나)
> 로그의 정의에 의하여 $r+s=\log_a$ (나)
> 그러므로 $\log_a xy=\log_a x+\log_a y$

2. 다음은 $a>0$, $a\neq1$, $b>0$, $b\neq1$, $c>0$, $c\neq1$일 때, $a^{\log_b c}=c^{\log_b a}$이 성립함을 증명한 것이다. (가), (나)에 알맞은 것을 써넣어라.

> $x=a^{\log_b c}$으로 놓고, 양변에 밑이 c인 로그를 취하면
> $\log_c x=\log_c a^{\log_b c}=$ (가) $\cdot\log_c a$
> $=\dfrac{\log_c a}{\log_c b}=$ (나)
> 따라서, $x=c^{\log_b a}$이므로 $a^{\log_b c}=c^{\log_b a}$이다.

이항연산

3. 1보다 큰 두 양수 a, b에 대하여

$$a\circ b=\begin{cases} a^b & (a\geq b) \\ \log_a b & (a<b)\end{cases}$$

라 정의할 때, $(\sqrt{3}\circ3^5)\circ\log_{10}81$의 값을 구하여라.

4. 임의의 두 양의 실수 a, b에 대하여 두 연산 ⊙, ◆를 다음과 같이 정의한다.

> $a\odot b=a^b b^a$, $a\blacklozenge b=\log_2 ab$

이때 $(4\odot2)\blacklozenge\dfrac{1}{2}$의 값을 구하여라.

5. 양의 실수의 집합에서 연산 $*$를 $a*b=-\log_{2^a}2^{-b}$으로 정의할 때, 다음 중 가장 큰 수는?

① $1*1$ ② $1*2$ ③ $2*1$
④ $1*3$ ⑤ $3*1$

log를 문자로 나타내기

6. $\log_2 5=a$일 때, $\log_5\sqrt{10\sqrt{10\sqrt{10}}}$을 a로 나타내어라.

7. $\log_{10}2=a$, $\log_{10}6=b$일 때, $\log_9 12$를 a, b로 나타내어라.

8. $\log_2 3=a$, $\log_3 5=b$, $\log_5 7=c$일 때, $\log_{14}105$를 a, b, c로 나타내어라.

9. $3^a=x$, $3^b=y$, $3^c=z$일 때, $\log_{xy}y^2z^3$을 a, b, c로 나타내어라. (단, $a+b\neq0$)

식의 값 구하기

10. $x^a=y^b=xy$인 관계가 성립할 때, $\frac{2(a+b)}{ab}$의 값을 구하여라. (단, x, y는 1이 아닌 양수, $xy\neq1$)

11. $2007^x=100$, $0.2007^y=100$일 때, $\frac{1}{x}-\frac{1}{y}$의 값을 구하여라.

12. $x=\log_{23}27$, $y=\log_{207}81$일 때, $\frac{3}{x}-\frac{4}{y}$의 값을 구하여라.

13. 양의 정수 a, b에 대하여 $\log_7(a-2)+\log_7(6-b)=1$일 때, $a+b$의 값을 구하여라.

14. $\log_{\sqrt{2}}(b-a)=\log_2 a+\log_2(2b-3a)$일 때, $\frac{b}{a}$의 값을 구하여라.

15. $x=\dfrac{\log_6 3}{1-\dfrac{\log_2 3}{\log_2 6}}$일 때, 2^x의 값을 구하여라.

16. $a>1$, $b>1$이고, $p=\dfrac{\log_b(\log_b a)}{\log_b a}$일 때, a^p의 값을 구하여라.

17. 양의 유리수 a, b, c가 $\log_3 a+2\log_9 b-3\log_{27} c=1$을 만족시킬 때, $\{(3^a)^b\}^{-\frac{1}{c}}$의 값을 구하여라.

18. 0이 아닌 세 실수 a, b, c에 대하여 $a+b+c=0$이고, $3^a=x$, $3^b=y$, $3^c=z$이다. 이때 $\log_x yz+\log_y zx+\log_z xy$의 값을 구하여라.

19. 1이 아닌 두 양수 a, b에 대하여 $a^2\cdot\sqrt[5]{b}=1$이 성립할 때, $\log_a\frac{1}{ab}$의 값을 구하여라.

20. $\log_4 a+\log_8 b=7$, $\log_8 a+\log_4 b=3$일 때, $\log_2 ab$의 값을 구하여라.

21. 1보다 큰 세 실수 a, b, c에 대하여

$$\log_a c : \log_b c=1 : 3$$

일 때, $\log_a b+\log_b a$의 값을 구하여라.

22. $\log_a x=3$, $\log_b x=8$, $\log_c x=24$일 때, $\log_{abc} x$의 값을 구하여라.

로그의 정수 부분과 소수 부분

23. $\log_2 12$의 정수 부분을 a, 소수 부분을 b라고 할 때, 2^a+2^b의 값을 구하여라.

24. $\log_3 5=a+b$ (a는 정수, $0\le b<1$)라고 할 때, $\dfrac{3^a+3^b}{3^{-a}+3^{-b}}$의 값을 구하여라.

이차방정식과 로그

25. 이차방정식 $x^2-6x+4=0$의 두 근이 $\log_2 a$, $\log_2 b$일 때, $\log_a b+\log_b a$의 값을 구하여라.

26. x에 관한 이차방정식 $x^2-5x+5=0$의 두 근을 α, $\beta(\alpha>\beta)$, $a=\alpha-\beta$라 할 때, $\log_a \alpha+\log_a \beta$의 값을 구하여라.

로그의 대소 관계

27. $A=\log_{\frac{1}{2}}\sqrt{3}$, $B=\log_{\frac{1}{2}}2$, $C=\log_2 3$일 때, 세 수 A, B, C의 대소 관계를 써라.

28. 세 실수 $A=3^{\log_3 2}$, $B=\dfrac{1}{\log_2 3}+\dfrac{1}{\log_3 2}$, $C=\log_4 2+\log_9 3$의 대소 관계를 써라.

29. **a, b는 1이 아닌 양수이고,**

$$A=\frac{1}{\log_a 2}+\frac{1}{\log_b 2},\quad B=2\left(\frac{1}{\log_{a+b} 2}-1\right)$$

일 때, 다음 중 옳은 것은? (단, $a+b\neq1$)

① $A\le B$ ② $A<B$
③ $A\ge B$ ④ $A>B$
⑤ $A=B$

B&A 교과서 끝내기

1. 로그와 그 계산~ 2. 로그의 성질

1. $\dfrac{1}{\log_a x}+\dfrac{1}{\log_c x}=\dfrac{1}{\log_b x}$일 때, a, b, c 사이의 관계를 식으로 나타내어라. (단, $x\neq1$)

2. $x=2\log_a y$, $y^3=\sqrt[3]{z}$, $z=a^{-u}$일 때, u를 x로 나타내어라.

3. $a=10^x$, $b=10^y$일 때, $\log_{\sqrt{a}} b$를 x, y로 나타내어라. (단, $a\neq1$)

4. $\log_2 5=a$일 때, $\log_5\sqrt{10\sqrt{10}}+\log_{10}\sqrt{5\sqrt{5}}$를 a로 나타내어라.

5. 1이 아닌 세 양수 a, b, c에 대하여 $a=b^2=c^3$이 성립할 때, $\log_a b+\log_b c+\log_c a$의 값을 구하여라.

6. $\log_a b+3\log_b a=\dfrac{13}{2}$일 때, $\dfrac{a+b^4}{a^2+b^2}$의 값을 구하여라. (단, $a>b>1$)

7. p, q가 양수이고, $\log_9 p=\log_{12} q=\log_{16}(p+q)$를 만족할 때, $\dfrac{q}{p}$의 값을 구하여라.

8. 양의 유리수 x, y, z가 $\log_2 x+2\log_4 y+3\log_8 z=1$을 만족시킬 때, $\{(2^x)^y\}^z$의 값을 구하여라.

9. 양수 x, y, z가 $x^3+y^3+z^3=3xyz$를 만족시킬 때,

$$\log_2(x-y+1)+\log_2(y-z+2)+\log_2(z-x+4)$$

의 값을 구하여라.

10. $\triangle ABC$에서 $A=60°$, $\overline{AB}=5$, $\overline{AC}=6$, $\overline{BC}=x$라 하자. 이때 $4^{\log_2 x}$의 값을 구하여라.

11. 삼각형 ABC의 세 변의 길이 a, b, c 사이에

$$\log_a(b+c)+\log_a(b-c)=2$$

가 성립할 때, 이 삼각형은 어떤 삼각형인가? (단, $a\neq 1$, $b>c$)

12. 모든 실수 x에 대하여

$\log_{a-3}(x^2-2ax+4a)$의 값이 존재하기 위한 실수 a의 값의 범위를 정하여라.

13. 10^9의 모든 양의 약수의 곱을 N이라 할 때, $\log_{10}\mathrm{N}$의 값을 구하여라.

14. 2000의 모든 양의 약수들을 a_1, a_2, a_3, $\cdots$, a_{20}이라고 할 때,

$\log_{10}a_1+\log_{10}a_2+\log_{10}a_3+\cdots+\log_{10}a_{20}$

의 값을 구하여라. (단, $\log_{10}2=0.3010$)

15. $x>1$, $y>1$, $z>1$, $w>1$이고, $\log_x w=20$, $\log_y w=60$, $\log_{xyz}w=10$일 때, $\log_z w$의 값을 구하여라.

16. $1<a<b<a^2$일 때, 다음 수의 대소를 비교하여라.

$$\log_a b,\ \log_b a,\ \log_a\frac{a}{b},\ \log_b\frac{b}{a}$$

17. $a_k=0$ 또는 $a_k=1\,(k=1,\ 2,\ 3,\ \cdots)$일 때, 다음 식에서 a_1, a_2, a_3의 값을 구하여라.

$$\log_5 2=\frac{a_1}{2}+\frac{a_2}{2^2}+\frac{a_3}{2^3}+\frac{a_4}{2^4}+\cdots$$

(단, $\log_{10}2=0.3010$)

18. 태양광선이 대기권에 도달하기 전의 특정한 파장의 세기를 I_0, 그 파장이 두께가 x cm인 오존층을 통과한 후의 파장의 세기를 I라 하면 $\log_a\mathrm{I}_0-\log_a\mathrm{I}=kx$가 성립한다. 여기서, a는 $2<a<3$인 상수이고, k는 그 파장에 대한 오존의 흡수상수이다.
위와 같은 공식을 이용하면 진폭이 3×10^{-8} cm인 특정파장이 두께가 0.2 cm인 오존층을 통과하였을 때, $\mathrm{I}=\frac{5}{6}\mathrm{I}_0$을 만족한다고 한다. 이때 $1000\log_{10}a^k$의 값을 구하여라. (단, $\log_{10}2=0.301$, $\log_{10}3=0.477$로 계산한다.)

19. 어떤 암석에 포함되어 있는 물질 A는 시간이 지남에 따라 점차적으로 물질 B로 변한다. 물질 A와 B의 양을 측정함으로써 그 암석의 생성연도를 알 수 있다. 상수 k에 대하여 암석이 생성된 t억 년 후에

$t=k\log_{10}\left(\frac{9b}{a}+1\right)$이 성립한다. (단, a와 b는 각각 물질 A와 B의 양이다.)

처음에 물질 B는 없고 물질 A만 있는 암석이 25.2억 년이 지난 후, A의 양과 B의 양의 비가 3 : 1이 되었다. 암석이 생성되어 x억 년이 지난 후 A의 양과 B의 양이 같아질 때, x의 값을 구하여라.
(단, $\log_{10}2=0.3$으로 계산한다.)

1. $\log_{\sqrt{3}} x=4$, $\log_3 y=6$일 때, $\log_x y$의 값을 구하여라.

2. $\log_3 9$의 값과 같은 것을 모두 고르면?

ㄱ. $\dfrac{\log_3 16}{\log_3 4}$

ㄴ. $\log_{\frac{1}{2}} \dfrac{1}{8}+\log_{\frac{1}{3}} 3$

ㄷ. $\log_4 6+\log_4 10$

ㄹ. $\dfrac{1}{3}\log_{10}\dfrac{10^7+10^6}{11}$

① ㄱ, ㄴ ② ㄱ, ㄷ ③ ㄷ, ㄹ
④ ㄱ, ㄴ, ㄹ ⑤ ㄴ, ㄷ, ㄹ

3. $a>1$, $b>1$일 때, $(\log_2 a+2\log_4 b)\log_{\sqrt{ab}} 8$의 값을 구하여라.

4. 서로 다른 세 양수 a, b, c에 대하여 부등식 $\log_2 a-\log_2 b>\log_2 b-\log_2 c>\log_2 c-\log_2 a$가 성립할 때, 다음 중 항상 성립하는 것을 모두 고른 것은?

ㄱ. $a>b$ ㄴ. $b>c$ ㄷ. $c>a$

① ㄱ ② ㄴ ③ ㄷ
④ ㄱ, ㄷ ⑤ ㄴ, ㄷ

5. 함수 $y=\log_{10}(10-x^2)$의 정의역을 A, 함수 $y=\log_{10}(\log_{10} x)$의 정의역을 B라 할 때, $A\cap B$의 원소 중 정수의 개수는?

① 1 ② 2 ③ 3
④ 4 ⑤ 5

6. $\log_2 10$의 정수 부분을 a, 소수 부분을 b라 할 때, $\dfrac{2^a-2^{-b}}{2^a+2^{-b}}$의 값을 구하여라.

7. 두 실수 a, b가 $a\log_3 2=4$, $\log_3 b=1-\log_3(\log_2 3)$을 만족시킬 때, ab의 값을 구하여라.

8. 다음 그림과 같이 눈금 1이 새겨진 점 O로부터의 거리가 $\log_{10} x$인 곳에 눈금 x를 새긴 자를 '로그자'라고 한다.

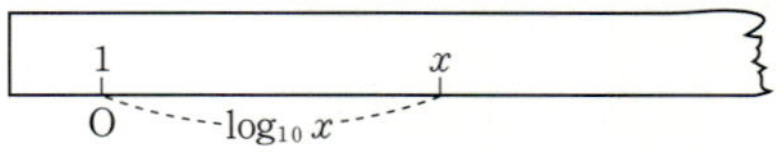

두 점 A, B에 새겨진 눈금이 각각 5, 50일 때, 두 점 A, B 사이의 거리를 구하여라.

9. $a=\log_7\sqrt{7-\sqrt{48}}$일 때, $\dfrac{7^{2a}-7^{-2a}}{7^{2a}+7^{-2a}}$의 값을 구하여라.

10. 다음은 기원전 17세기경 이집트 수학책 「린드 파피루스」에 실려 있던 수학 퍼즐의 일부이다. 이 퍼즐에 나오는 고양이의 수와 밀알의 수를 곱한 값을 a라 할 때, $\log_7 a$의 값은?

> 일곱 채의 집이 있다.
> 집집마다 각각 일곱 마리의 고양이가 있다.
> 고양이들은 각각 일곱 마리의 쥐를 잡았다.
> 쥐들은 각각 일곱 개의 밀알을 먹었다.
> ⋮

① 4　② 5　③ 6　④ 7　⑤ 8

11. 1이 아닌 양수 a, b에 대하여 $\langle\!\langle a, b\rangle\!\rangle=\log_a b$라 정의할 때, 옳은 것을 모두 고르면?

> ㄱ. $\langle\!\langle 3, 2\rangle\!\rangle+\langle\!\langle 3, 7\rangle\!\rangle=2$
> ㄴ. $\langle\!\langle 3, 6\rangle\!\rangle-\langle\!\langle 3, 2\rangle\!\rangle=1$
> ㄷ. $\langle\!\langle 3, 4\rangle\!\rangle\times\langle\!\langle 4, 3\rangle\!\rangle=1$

① ㄱ　② ㄴ　③ ㄱ, ㄷ　④ ㄴ, ㄷ　⑤ ㄱ, ㄴ, ㄷ

12. 양의 실수 a, b에 대하여

$$\log_3 a+\log_3 b=0,\ \log_3(a+b)=1$$

일 때, a^2+b^2의 값은?

① 3　② 4　③ 5　④ 6　⑤ 7

13. 다음은 $\log_{10}5$가 무리수임을 증명한 것이다. 증명에서 ㈎에 알맞은 것은?

> $\log_{10}5$를 유리수라고 가정하면
> $\log_{10}5=\dfrac{n}{m}$ (m, n은 서로소인 자연수)
> 로 놓을 수 있다.
> $\therefore\ 5^{\boxed{㈎}}=2^n$
> 이때 $5^{\boxed{㈎}}$은 홀수이고, 2^n은 짝수가 되어 모순이다.
> 따라서, $\log_{10}5$는 무리수이다.

① $m-n$　② $n-m$　③ $m+n$　④ m　⑤ $2m$

14. 어떤 교육심리학자는 아무 의미가 없는 음절(예를 들면 '강넝동룽')을 학생에게 들려주고 시간이 흐른 후 그 음절을 다시 기억하게 하는 실험을 하였다. 이 실험에 참가한 학생 1000명 중 t분 후에 정확하게 음절을 기억한 학생의 비율을 p%라 할 때, $p=92-28\log_5 t\ (t\geq1)$가 성립하였다고 한다. 이 실험에 참가한 학생 1000명 중 10분 후에 정확하게 음절을 기억하는 학생 수를 구하여라. (단, $\log_{10}2=0.3$으로 계산한다.)

1. 등식

$\log_2(\log_3(\log_4 x))=\log_3(\log_4(\log_2 y))$
$=\log_4(\log_2(\log_3 z))=0$

이 성립할 때, $x+y+z$의 값은?

① 50 ② 55 ③ 58
④ 89 ⑤ 111

2. $x^3=1$의 한 허근 ω에 대하여 $A=(\omega-1)(\overline{\omega}-1)$이라 하자. 이때 $2^{\log_2 A}$의 값은?(단, $\overline{\omega}$는 ω의 켤레복소수이다.)

① 1 ② $\frac{3}{2}$ ③ 2
④ 3 ⑤ 6

3. △ABC의 꼭짓점 A, B, C의 대변의 길이를 각각 a, b, c라고 할 때, 등식

$\log_2(a^2+b^2-c^2)=\frac{1}{2}+\log_2 a+\log_2 b$가 성립한다. ∠C의 크기를 구하여라.

4. 1보다 큰 세 실수 a, b, c에 대하여 다음 두 등식이 성립한다.

$$\begin{cases} a^2b^3=64 \\ 3(\log_a c)^2-2(\log_b c)^2=-(\log_a c)(\log_b c) \end{cases}$$

이때 $\log_2 ab$의 값은?

① 1 ② $\frac{3}{2}$ ③ 2
④ $\frac{5}{2}$ ⑤ 3

5. 2 이상인 두 자연수 a, b에 대하여 $R(a, b)$를 $R(a, b)=\sqrt[a]{b}$로 정의할 때, 옳은 것을 모두 고른 것은?

ㄱ. $R(16, 4)=R(8, 2)$
ㄴ. $R(a, 5)\cdot R(b, 5)=R(a+b, 5)$
ㄷ. $R(a, b)=k$이면 $a=\log_k b$이다.

① ㄱ ② ㄴ ③ ㄱ, ㄷ
④ ㄴ, ㄷ ⑤ ㄱ, ㄴ, ㄷ

6. 1이 아닌 두 양수 a, b에 대하여 $n\le\log_a b<n+1$ (n은 정수)이 성립할 때, $f(a, b)=n$으로 정의한다. 옳은 내용을 모두 고른 것은?

ㄱ. $f(2, 9)=4$이다.
ㄴ. $f(a, b)=2$이면 $f(b, a)=0$이다.
ㄷ. $f(a, b)=-2$이면 $f(b, a)=-1$이다.

① ㄱ ② ㄴ ③ ㄱ, ㄴ
④ ㄴ, ㄷ ⑤ ㄱ, ㄴ, ㄷ

7. 집합 $A=\{(x, y)\mid y=\log_3 x,\ x$는 양수$\}$에 대하여 옳은 것을 모두 고른 것은?

ㄱ. $(a, b)\in A$이면 $(3a, b+1)\in A$이다.
ㄴ. $\left(\frac{a}{3}, b\right)\in A$이면 $(a, b-1)\in A$이다.
ㄷ. $(a, b)\in A$, $(c, d)\in A$이면 $(ac, b+d)\in A$이다.

① ㄱ ② ㄱ, ㄴ ③ ㄱ, ㄷ
④ ㄴ, ㄷ ⑤ ㄱ, ㄴ, ㄷ

8. 실수 a의 값에 관계없이 로그가 정의될 수 있는 것을 모두 고른 것은?

ㄱ. $\log_{a^2-a+2}(a^2+1)$
ㄴ. $\log_{2|a|+1}(a^2+1)$
ㄷ. $\log_{a^2+2}(a^2-2a+1)$

① ㄱ ② ㄱ, ㄴ ③ ㄱ, ㄷ
④ ㄴ, ㄷ ⑤ ㄱ, ㄴ, ㄷ

9. 보물찾기 게임을 활용한 수학 수업을 하려고 한다. 보물은 숫자가 써 있는 정육각형의 이웃하는 정육각형 안에 한 개씩 숫자의 개수만큼 숨겨져 있다. 예를 들면

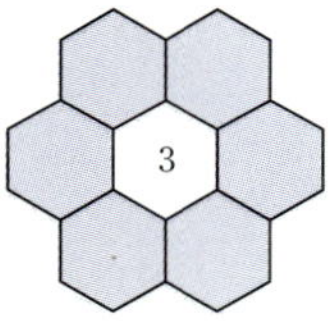

[그림 1]

'3' 주위에 색칠한 부분의 정육각형 6개 중 3개에 보물이 숨겨져 있다.

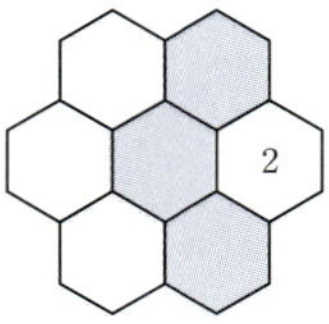

[그림 2]

'2' 주위에 색칠한 부분의 정육각형 3개 중 2개에 보물이 숨겨져 있다.

위의 규칙에 따라 다음 그림에 숨겨진 보물의 최대 개수를 M, 최소 개수를 m이라 할 때, $\mathrm{M}\cdot m$의 값을 구하여라.

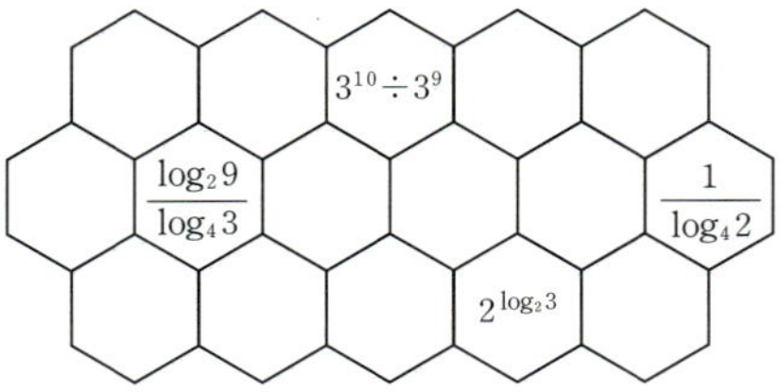

10. 이차방정식 $x^2-8x+1=0$의 두 근을 α, β라 하자. $\log_2\left(\alpha+\frac{4}{\beta}\right)+\log_2\left(\beta+\frac{4}{\alpha}\right)=k$일 때, 2^k의 값을 구하여라.

11. 어느 작업장에 먼지의 양이 $1\,\mathrm{m}^3$당 $200\,\mu\mathrm{g}(1\,\mu\mathrm{g}=10^{-6}\,\mathrm{g})$이 되면 자동으로 가동되기 시작하는 먼지 제거 장치가 있다. 이 장치가 가동되기 시작하고 t초 후 $1\,\mathrm{m}^3$당 먼지의 양 $x(t)$는

$$x(t)=20+180\times 3^{-\frac{t}{256}}\,(\mu\mathrm{g}/\mathrm{m}^3)$$

라 한다. 먼지 제거 장치가 가동되기 시작하고 n초 후 작업장의 $1\,\mathrm{m}^3$당 먼지의 양이 $50\,\mu\mathrm{g}$이 되었다고 할 때, n의 값을 구하여라. (단, $\log_{10}2=0.30$, $\log_{10}3=0.48$로 계산한다.)

12. 다음은 자연수 n에 대하여 $\log_2 n$이 유리수이면 n을 $n=2^k$ (단, k는 $k\ge 0$인 정수)의 꼴로 나타낼 수 있음을 증명한 것이다. 다음 증명에서 (가), (나), (다)에 알맞은 것의 번호를 차례로 써라.

자연수 n에 대하여 $\log_2 n$이 유리수라고 하자. n이 자연수이므로 $n=2^k\cdot m$을 만족시키는 $k\ge 0$인 정수 k와 홀수인 자연수 m이 존재한다. 그러면 $\log_2 n=$ (가)
따라서, $\log_2 n$이 유리수이면 $\log_2 m$도 유리수이어야 하므로 $\log_2 m=\frac{q}{p}$ (단, p는 자연수이고, q는 정수)로 놓을 수 있다. 그러면 (나)
m이 홀수이므로 m^p은 홀수이다.
따라서, 2^q도 홀수이어야 하므로 (다)이고, $m=1$이다.
따라서, n을 $n=2^k$(단, k는 $k\ge 0$인 정수)의 꼴로 나타낼 수 있다.

① $k+\log_2 m$ ② $m^q=2^p$
③ $m^p=2^q$ ④ $q=1$
⑤ $q=0$

1. $\log_x(4-|x|-|y|)$가 정의될 때, 점 (x, y)의 개수를 구하여라. (단, x, y는 모두 정수이다.)

2. 자연수 n에 대하여 $f(n)=2^n-\log_2 n$이라 할 때, 옳은 것을 모두 고른 것은?

ㄱ. $f(2)=3$
ㄴ. $f(8)=-f(\log_2 8)$
ㄷ. $f(2^n)+n=\{f(2^{n-1})+n-1\}^2$

① ㄱ ② ㄴ ③ ㄱ, ㄴ
④ ㄱ, ㄷ ⑤ ㄴ, ㄷ

3. 다음 조건을 만족시키는 세 정수 a, b, c를 더한 값을 k라 할 때, k의 최댓값과 최솟값의 합을 구하여라.

(가) $1\le a\le 5$
(나) $\log_2(b-a)=3$
(다) $\log_2(c-b)=2$

4. 두 양수 a, b에 대하여 $5^{\log_{10} b}=a^{2\log_{10} 5}$이고, 행렬 $\begin{pmatrix} a & -1 \\ -b & 2 \end{pmatrix}$가 역행렬을 갖지 않을 때, ab의 값은?

① 8 ② 12 ③ 16
④ 25 ⑤ 27

5. 모든 성분이 양수인 행렬 $A=\begin{pmatrix} a & b \\ c & d \end{pmatrix}$에 대하여 행렬 L(A)를 다음과 같이 정의한다.

$$L(A)=\begin{pmatrix} \log_2 a & \log_2 b \\ \log_2 c & \log_2 d \end{pmatrix}$$

옳은 것을 모두 고른 것은?

ㄱ. $A=\begin{pmatrix} 1 & 1 \\ 1 & 1 \end{pmatrix}$일 때, L(8A)=3A이다.
ㄴ. L(A)=E를 만족시키는 행렬 A는 역행렬을 갖는다.
(단, E는 단위행렬이다.)
ㄷ. $L(A^2)=2L(A)$를 만족시키는 행렬 A가 존재한다.

① ㄱ ② ㄷ ③ ㄱ, ㄴ
④ ㄴ, ㄷ ⑤ ㄱ, ㄴ, ㄷ

6. 집합 U를

$$U=\left\{\begin{pmatrix} a & b \\ c & d \end{pmatrix} \,\middle|\, a,\ b,\ c,\ d\text{는 1이 아닌 양수}\right\}$$

라 하자. U의 부분집합 S를

$$S=\left\{\begin{pmatrix} a & b \\ c & d \end{pmatrix} \,\middle|\, \log_a d=\log_b c,\ a\ne b,\ bc\ne 1\right\}$$

이라 할 때, 옳은 것만을 있는 대로 고른 것은?

ㄱ. $A=\begin{pmatrix} 4 & 9 \\ 3 & 2 \end{pmatrix}$이면, A∈S이다.
ㄴ. A∈U이고, A가 역행렬을 가지면 A∈S이다.
ㄷ. A∈S이면 A는 역행렬을 가진다.

① ㄱ ② ㄴ ③ ㄱ, ㄷ
④ ㄴ, ㄹ ⑤ ㄱ, ㄴ, ㄷ

7. x, y에 대한 연립방정식

$\begin{pmatrix} 2 & \log_{10} a \\ 2 & \log_{10} b \end{pmatrix}\begin{pmatrix} x \\ y \end{pmatrix}=\begin{pmatrix} 1 & 0 \\ 3 & 0 \end{pmatrix}\begin{pmatrix} x \\ y \end{pmatrix}$가 $x=0$, $y=0$ 이외의 해를 갖는다. 이를 만족하는 점 (a, b)의 자취의 그래프는? (단, a, b는 양수)

①
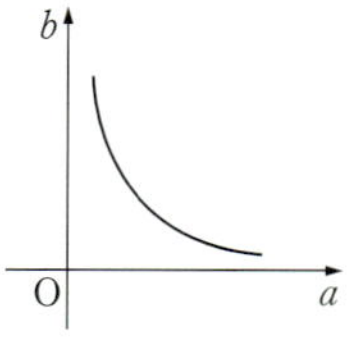

②
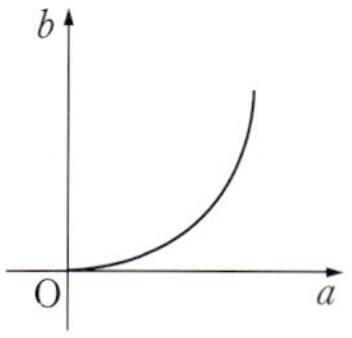

③
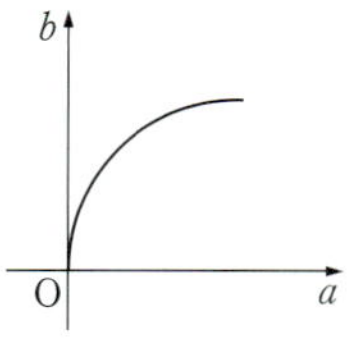

④
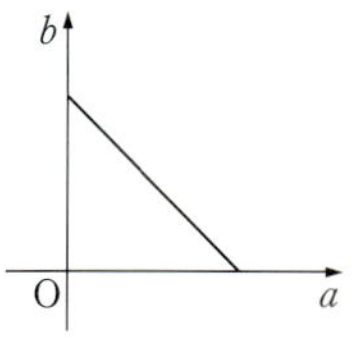

⑤
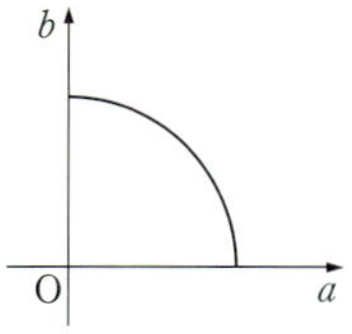

8. 1보다 큰 세 실수 a, b, c에 대하여 $\log_a c : \log_b c = 2 : 1$일 때, $\log_a b + \log_b a$의 값을 구하여라.

9. $0<a<1$인 a에 대하여 10^a을 3으로 나눌 때, 몫이 정수이고 나머지가 2가 되는 모든 a의 값의 합은?

① $3\log_{10} 2$　　② $6\log_{10} 2$
③ $1+3\log_{10} 2$　　④ $1+6\log_{10} 2$
⑤ $2+3\log_{10} 2$

10. $1<a<b$인 두 실수 a, b에 대하여

$$\frac{3a}{\log_a b}=\frac{b}{2\log_b a}=\frac{3a+b}{3}$$

가 성립할 때, $10\log_a b$의 값을 구하여라.

11. 다음 중 옳은 것을 모두 고른 것은?

ㄱ. $2^{\log_2 1+\log_2 2+\log_2 3+\cdots+\log_2 10}=10\,!$
ㄴ. $\log_2(2^1\times 2^2\times 2^3\times\cdots\times 2^{10})^2=55^2$
ㄷ. $(\log_2 2^1)(\log_2 2^2)(\log_2 2^3)\cdots(\log_2 2^{10})=55$

① ㄱ　　② ㄴ　　③ ㄷ
④ ㄱ, ㄷ　　⑤ ㄱ, ㄴ, ㄷ

12. 두 양수 a, b에 대하여 $ab=27$, $\log_3 \frac{b}{a}=5$가 성립할 때, $4\log_3 a+9\log_3 b$의 값을 구하여라.

13. 해저 지진이 해일을 일으킬 때, 해일의 높이가 H(m)이면 해일의 규모 M은 $M=\log_8 H$이다. 어떤 지점에서 해일의 높이가 a m인 해일의 규모는 해일의 높이가 9 m일 때의 해일의 규모의 1.5배이다. a의 값을 구하여라.

14. 빛의 세기가 1000에서 10으로 순간적으로 바뀐 후 t초가 경과했을 때, 사람이 지각하는 빛의 세기 $I(t)$는
$I(t)=10+990\times a^{-5t}$ (단, a는 $a>1$인 상수)
이라 한다. 빛의 세기가 1000에서 10으로 순간적으로 바뀐 후, 사람이 빛의 세기를 21로 지각하는 순간까지 s초가 경과했다고 할 때, s의 값은? (단, 빛의 세기의 단위는 Td(트롤랜드)이다.)

① $\dfrac{1+2\log_{10} 3}{5\log_{10} a}$　　② $\dfrac{1+3\log_{10} 3}{5\log_{10} a}$
③ $\dfrac{2+\log_{10} 3}{5\log_{10} a}$　　④ $\dfrac{2+2\log_{10} 3}{5\log_{10} a}$
⑤ $\dfrac{2+3\log_{10} 3}{5\log_{10} a}$

B&A 교과서 실력쌓기

1. 상용로그

상용로그의 뜻

1. 다음 값을 구하여라.

(1) $\log 1000$　　(2) $\log \frac{1}{100}$

(3) $\log 0.0001$　　(4) $\log 0.01^3$

2. $\log \sqrt{\sqrt[3]{100}}+\frac{1}{3}\log 0.1+\log 10^4$의 값을 구하여라.

3. $\log 8.15=0.9112$일 때, 다음 값을 구하여라.

(1) $\log 81.5$　　(2) $\log 81500$

(3) $\log 0.00815$

지표와 가수의 뜻

4. 다음 $\log \mathrm{N}$의 지표와 가수를 구하여라.

(1) $\log \mathrm{N}=5.154$　　(2) $\log \mathrm{N}=\bar{3}.172$

(3) $\log \mathrm{N}=-5.16$

5. 다음 상용로그의 지표를 구하여라.

(1) $\log 7.17$　　(2) $\log 41900$

(3) $\log 0.0319$　　(4) $\log 0.00076$

6. $\log 5.43=0.7348$일 때, 다음 등식을 만족시키는 x의 값을 구하여라.

(1) $\log x=1.7348$　　(2) $\log x=4.7348$

(3) $\log x=\bar{3}.7348$

7. $\log 3.14=0.4969$일 때, $\log (31.4)^5$의 지표를 구하여라.

8. 다음 세 수에 대한 상용로그의 지표의 합과 가수의 합을 차례로 구하여라.

0.02,　200,　2500

지표와 가수의 계산

9. $\log 3.74=0.5729$일 때, $\log 3740=a$, $\log b=-2.4271$이다. 이때 $a+b$의 값을 구하여라.

10. $\log \mathrm{N}=7.6020$일 때, $\log \sqrt[3]{\mathrm{N}}$의 지표와 가수를 구하여라.

11. $\log 5.13=0.71$일 때, $\log x=-1.29$를 만족하는 x의 값을 구하여라.

12. $\log \mathrm{N}$의 지표가 3인 자연수 N은 모두 몇 개인가?

13. $\log x=-\frac{8}{5}$, $\log y=\frac{5}{2}$일 때, $\log x^4y^2$의 지표와 가수를 구하여라.

14. $\log\sqrt{x}=-\frac{14}{3}$ 를 만족시키는 x에 대하여 $\log x$의 지표와 가수를 각각 n, α라 할 때, $\frac{n}{\alpha}$의 값을 구하여라.

15. $\log 25000$의 지표와 가수를 각각 m, α라 하고 $\log 0.025$의 지표와 가수를 각각 n, β라 하자. 이때 $\frac{m^{\alpha}}{(n^2)^{\beta}}$의 값을 구하여라.

16. 좌표평면에서 $\log 25$의 지표와 가수를 각각 x좌표, y좌표로 하는 점을 A, $\log\frac{1}{25}$의 지표와 가수를 각각 x좌표, y좌표로 하는 점을 B라 하자. 이때 두 점 A, B의 중점의 좌표를 구하여라.

17. 양수 A에 대하여 $\log A$의 지표는 3이고, 가수는 0.7일 때, $\log\frac{100}{A}$의 지표와 가수를 구하여라.

18. 양수 N의 상용로그의 지표가 7, 가수가 $a\,(a\neq 0)$일 때, $\frac{1}{\sqrt{N}}$의 상용로그의 지표와 가수를 구하여라.

19. 두 양수 A, $\frac{1}{A}$의 상용로그에서 지표의 합은 a이고, 가수의 합은 b이다. 이때 a^2+b^2의 값을 구하여라. (단, $\log A$의 가수는 0이 아니다.)

지표와 진수의 자릿수

20. 2^{2005}은 m자리의 수이고, 5^{2005}은 n자리의 수라고 할 때, $m+n$의 값을 구하여라.
(단, $\log 2=0.3010$)

21. 54^{100}은 174자리의 정수이다. 54^{25}은 몇 자리의 정수인가?

22. $(17.8)^n$의 정수 부분이 9자리의 수가 되도록 하는 자연수 n의 값을 구하여라.
(단, $\log 1.78=0.25$로 계산한다.)

23. 두 자연수 a, b에 대하여 a^3b^2은 13자리의 자연수이고, a^2b^3은 14자리의 자연수일 때, ab는 몇 자리의 자연수인가?

24. $\left(\frac{3}{5}\right)^{20}$은 소수점 아래 몇째 자리에서 처음으로 0이 아닌 숫자가 나타나는가?
(단, $\log 2=0.3010$, $\log 3=0.4771$)

25. 18^{18}은 23자리 정수이다. 18^{-18}은 소수 몇째 자리에서 처음으로 0이 아닌 수가 나오는가?

B&A 교과서 실력쌓기

2. 지표와 가수의 성질

이진법으로 나타낸 수의 자릿수

1. 5^{10}을 이진법으로 나타내면 몇 자리의 정수인가? (단, $\log 2=0.3010$)

2. 이진법으로 나타내면 29자리인 정수를 십진법으로 나타내면 몇 자리의 수인가? (단, $\log 2=0.3010$)

지표와 가수를 해로 하는 이차방정식

3. $\log \mathrm{A}$의 지표와 가수가 이차방정식 $2x^2-33x+k=0$의 두 근일 때, 상수 k의 값을 구하여라.

4. 이차방정식 $4x^2+13x+k=0$의 두 근이 $\log \mathrm{A}$의 지표와 가수일 때, 실수 k의 값을 구하여라.

대소 관계

5. 다음 수들을 크기 순서로 써라.

(1) $\log_4 9$, $\frac{3}{2}$, $\log_9 25$

(2) $\log_{0.3} 0.5$, $\log_2 0.5$, $\log_3 0.5$

6. 다음 두 수의 크기를 비교하여라. (단, $\log 2=0.3010$)

(1) 4^{50}, 5^{40}

(2) 5^{999}, 2^{2331}

가우스 기호와 상용로그

7. $x=\log 2006+\log 200.6-k\log 20.06$일 때, $[x]=x$를 만족하는 정수 k의 값을 구하여라. (단, $[x]$는 x를 넘지 않는 최대 정수)

8. x보다 크지 않은 최대의 정수를 $[x]$로 나타낼 때, $[(1.2)^n]=4$인 양의 정수 n을 구하여라. (단, $\log 1.2=0.0792$, $\log 2=0.3010$)

9. 양수 A에 대하여

$$\log \mathrm{A}=n+\alpha\left(n\text{은 정수, } \frac{1}{2}<\alpha<1\right)$$

일 때, $\left[\log \frac{1}{\mathrm{A}^2}\right]$의 값을 구하여라.

(단, $[x]$는 x를 넘지 않는 최대 정수)

정수 부분의 최고 자리의 숫자

10. 3^{30}은 십진법으로 n자리 자연수이고, 가장 큰 자리의 숫자가 a이다. 이때 $n+a$의 값을 구하여라. (단, $\log 2=0.3010$, $\log 3=0.4771$로 계산한다.)

11. 7^{40}은 십진법으로 n자리 자연수이고, 맨 앞 자리 숫자가 a, 일의 자리 숫자가 b이다. 이때 $n+a+b$의 값을 구하여라.
(단, $\log 2=0.3010$, $\log 3=0.4771$, $\log 7=0.8451$으로 계산한다.)

지표의 성질

12. $\log 2n$의 지표가 2인 자연수 n의 개수를 구하여라.

13. 자연수 n에 대하여 $f(n)$을 $\log n$의 지표라고 할 때,

$$f(1)+f(2)+f(3)+\cdots+f(100)$$

의 값을 구하여라.

14. 상용로그의 지표가 5인 자연수 n의 개수를 x라 하고, 역수의 상용로그의 지표가 -5인 자연수 m의 개수를 y라고 할 때, $\frac{x}{y}$의 값을 구하여라.

15. 자연수 n에 대하여 $\log n$의 지표를 $f(n)$이라고 할 때, 다음을 구하여라.
(1) $f(4p)=f(66)$을 만족하는 자연수 p의 최댓값
(2) $f(4p)=f(p)+1$을 만족하는 자연수 p의 최솟값

16. 자연수 n에 대하여 $\log n$의 지표를 $f(n)$이라고 할 때, 다음 조건을 만족하는 자연수 n의 개수를 구하여라.

(가) $f(n)=1$
(나) $f(n^2)-f(2n)=2$

상용로그의 가수가 같을 때

17. $\log \mathrm{N}$의 지표는 $\log 5687$의 지표의 2배이고, 가수는 $\log 324$의 가수와 같을 때, N의 값을 구하여라.

18. $\log x^2$의 가수와 $\log \frac{1}{x}$의 가수가 같을 때, $\log x$의 가수가 될 수 있는 수를 모두 구하여라.

19. $\log x$의 지표가 2일 때, $\log x$의 가수와 $\log x^3$의 가수가 같도록 하는 모든 양수 x의 값의 곱을 구하여라.

20. $\log x$의 가수를 $f(x)$라고 할 때,

$$f(20)+f(500)+f(2000)+f(50000)$$

의 값을 구하여라.

가수의 합을 준 경우

21. $100<x<1000$이고, $\log x$의 가수와 $\log\sqrt{x}$의 가수의 합이 정수일 때, $\log x$의 가수를 구하여라.

22. $\log x$의 지표가 5이고, 그 가수와 $\log\sqrt{x}$의 가수의 합은 1이라고 한다. 이때 $\log\sqrt{x}$의 지표와 가수를 구하여라.

23. $\log x$의 지표가 3이고, $\log x$의 가수와 $\log\sqrt{x}$의 가수의 합이 $\dfrac{2}{3}$일 때, $\log\sqrt{x}$의 가수를 구하여라.

가수가 2배인 경우

24. $1<a<100$이고, $\log a$의 가수의 두 배가 $\log\sqrt{a}$의 가수와 같을 때, a의 값을 구하여라.

25. 다음 세 조건을 만족하는 x, y, z에 대하여 $\log x$, $\log y$, $\log z$를 세 변으로 하는 삼각형을 만들려고 할 때, x, y, z의 값을 구하여라.

(i) x, y, z는 한 자리의 정수이다.
(ii) $x+y+z=16$
(iii) $\log y$의 가수는 $\log x$의 가수의 2배이다.

지표와 가수 조건의 활용

26. $\log x$의 지표가 5이고, $\log\sqrt{x}$의 가수가 0.6일 때, $\log\dfrac{1}{x}$의 가수를 구하여라.

27. 다음 세 조건을 동시에 만족하는 양수 x, y에 대하여 $\log\dfrac{x}{y}$의 값을 구하여라.

(가) x와 y의 상용로그의 가수는 같다.
(나) x와 y의 상용로그의 지표의 합은 6이다.
(다) $\dfrac{x^2}{y}$의 상용로그의 지표는 15이다.

28. $\log \mathrm{N}$의 가수가 α일 때, $\log\sqrt{\mathrm{N}}$의 지표와 가수가 각각 2, $1-\alpha$인 모든 양수 N의 값의 곱을 구하여라.

상용로그의 활용

29. 바닷물 속으로 내려갈수록 빛의 세기가 줄어들어 점점 어두워진다. 빛이 바닷물 속을 지날 때 일정한 비율로 세기가 줄어들어 바닷물 속을 0.45 m 통과할 때마다 빛의 세기가 10%씩 감소한다고 하자. 빛의 세기가 바다 표면에서의 빛의 세기의 10%가 되는 바다 속 깊이를 소수점 아래 둘째 자리까지 구하여라. (단, $\log 3=0.48$로 계산한다.)

30. 기온이 T(°C)이고 풍속이 v(km/시간)일 때, 체감온도 B(°C)를 다음과 같이 계산한다.

$$\mathrm{B}=14+0.6\mathrm{T}+(0.4\mathrm{T}-12)v^{0.16}$$

기온이 -15°C이고, 풍속이 x(km/시간)인 경우, 체감온도가 -25°C라고 할 때, x의 값을 구하여라. (단, 상용로그표를 사용하고, 계산은 소수점 아래 셋째 자리에서 반올림한다.)

B&A 교과서 끝내기

1. 상용로그~
2. 지표와 가수의 성질

1. $\log 243=2.3856$, $\log 0.0541=-1.2668$일 때, $2430^{10}\div 541$은 정수 부분이 n자리의 수이다. 이때 n의 값을 구하여라.

2. $27^{-10}\times 4^{15}$은 소숫점 아래 m째 자리에서 처음으로 0이 아닌 숫자가 나타난다. 이때 m의 값을 구하여라. (단, $\log 2=0.30$, $\log 3=0.48$로 계산한다.)

3. 두 자연수 x, y에 대하여 x^8은 25자리의 수, y^5은 16자리의 수일 때, xy는 n자리의 수가 된다. 이때 n의 값을 구하여라.

4. $\log x$의 지표를 $f(x)$라 할 때,

$$\frac{f(2000)+f(3000)+f(4000)}{f(200)+f(300)}$$

의 값을 소수점 아래 둘째 자리까지 구하여라.

5. $\log_3 7$의 지표를 a, 가수를 b라고 할 때, $\dfrac{3^a-3^b}{3^a+3^b}$의 값을 구하여라.

6. $\log x$의 지표가 -3이고, 가수가 $\frac{1}{2}\log 3$일 때, x^{10}은 소수 n째 자리에서 처음으로 0이 아닌 숫자 k가 나타난다. 이때 n, k의 값을 각각 구하여라.

7. $\log_2 a$의 정수 부분은 4가 되고, $\log_3 a$의 정수 부분은 3이 되는 자연수 a의 최댓값을 구하여라.

8. 1보다 큰 실수 x에 대하여 $\log x$의 가수를 α라 하면 $(\log x)^2+\alpha^2=8$이 성립한다. 이때 $\log x$의 값을 구하여라.

9. 양의 정수 a, b가 $1\le a\le 9$, $a\times 10^b<7^{30}<(a+1)\times 10^b$을 만족할 때, $a+b$의 값을 구하여라. (단, $\log 2=0.30$, $\log 3=0.48$, $\log 7=0.85$로 계산한다.)

10. $\log x$의 가수 α가 $0<\alpha<\frac{1}{4}$일 때, $\log x^2$의 가수와 $\log\frac{\sqrt{10}}{x^2}$의 가수의 합을 구하여라.

11. $\log a^3$의 가수와 $\log b^5$의 가수가 모두 0이 되도록 하는 양의 실수 a, $b\,(1<a<10,\ 1<b<10)$에 대하여 ab의 최댓값이 $10^{\frac{q}{p}}$일 때, $p+q$의 값을 구하여라. (단, p와 q는 서로소인 자연수이다.)

12. 정수 부분이 세 자리인 양의 실수 x에 대하여 $\log x$의 가수가 $\log \frac{1}{x}$의 가수의 2배일 때, $\log x+\log x^2+\cdots+\log x^9$의 값을 구하여라. (단, $\log x$의 가수는 0이 아니다.)

13. $\log x$의 지표가 3이고, $\log x$의 가수와 $\log \sqrt{x}$의 가수의 합이 $\frac{3}{4}$이다.
이때 $\log \sqrt{x}$의 가수를 구하여라.

14. 무게가 3^{10} g인 물건이 있다. 이 물건의 무게를 1 g, 10 g, 10^2 g, 10^3 g, $\cdots$의 추를 사용하여 정확히 측정하려고 한다. 사용하고자 하는 추의 개수를 최소로 할 때, 사용되는 가장 무거운 추의 무게를 구하여라.
(단, $\log 3=0.4771$)

15. $3^{30}=a\times 10^n\,(1\le a<10,\ n$은 정수)일 때, $n+[a]$의 값을 구하여라. (단, $[a]$는 a보다 크지 않은 최대의 정수이고, $\log 2=0.3010$, $\log 3=0.4771$로 계산한다.)

16. 실수 a에 대하여 $[a]$는 a보다 크지 않은 최대의 정수를 나타낸다. 다음 조건을 동시에 만족하는 모든 실수 x의 값의 곱이 10^n일 때, n의 값을 구하여라.

가. $[\log x]=2$
나. $\log x^2-[\log x^2]+\log x-[\log x]=1$

17. 다음 두 조건을 모두 만족하는 자연수 n의 개수를 구하여라. (단, $[x]$는 x보다 크지 않은 최대의 정수이다.)

(가) n은 100 이하의 자연수이다.
(나) $[\log 5n]=1+[\log n]$

18. 세 실수 $A=2^{35}$, $B=5^{13}$, $C=6^{11}$의 대소 관계를 써라.
(단, $\log 2=0.3010$, $\log 3=0.4771$)

19. 세 실수 $A=\sqrt[7]{8}$, $B=\sqrt[6]{5}$, $C=\sqrt[5]{6}$의 대소 관계를 써라.
(단, $\log 2=0.3010$, $\log 3=0.4771$)

20. 인구가 매년 일정한 비율로 증가하는 어느 도시가 있다. 2006년 말 현재 이 도시의 인구는 15년 전인 1991년 말 인구의 2배라고 한다. 1997년 말 이 도시의 인구는 1991년 말 인구보다 몇 % 증가하였는지 위의 상용로그표를 이용하여 구하여라.

〈상용로그표〉

x	$\log x$
1.26	0.10
1.32	0.12
1.38	0.14
2.00	0.30

1. $1<a<10$인 a에 대하여 $\log a^3$의 가수와 $\log\sqrt{a}$의 가수의 합이 1이 될 때, 모든 a의 값의 곱을 $10^{\frac{q}{p}}$이라 하자. 이때 $p+q$의 값을 구하여라. (단, p, q는 서로소인 자연수이다.)

2. 두 양수 x, y에 대하여

$$\log x=6+\alpha\ \left(0<\alpha<\frac{1}{4}\right)$$

$$\log y=1+\beta\ \left(\frac{1}{2}<\beta<1\right)$$

이다. $\frac{x^2}{y}$의 정수 부분이 n자리의 수일 때, n의 값을 구하여라.

3. 자연수 n에 대하여 $\log n$의 지표와 가수를 각각 $f(n)$과 $g(n)$이라 하자. $f(n)-g(n)$의 최솟값이 $\log\frac{b}{a}$일 때, $a+b$의 값을 구하여라. (단, a, b는 서로소인 자연수이다.)

4. 양수 x에 대하여 $\log x$의 지표와 가수를 각각 $f(x)$, $g(x)$라 하자. 두 등식

$f(a)=f(b)+2$, $g(a)=g(b)-\log 3$

을 만족시키는 두 양수 a, b에 대하여 $3a+\frac{25}{b}$의 최솟값을 구하여라.

5. x, y가 각각 2자리, 3자리의 자연수일 때, 옳은 것을 모두 고르면?

ㄱ. xy는 4자리 또는 5자리의 자연수이다.
ㄴ. $y=10x$이면 $\log x$와 $\log y$의 가수는 같다.
ㄷ. $\frac{1}{x}$은 소수 둘째 자리에서 처음으로 0이 아닌 수가 나타난다.

① ㄱ ② ㄷ ③ ㄱ, ㄴ
④ ㄴ, ㄷ ⑤ ㄱ, ㄴ, ㄷ

6. 양의 실수 a, b는 다음 조건을 만족시킨다. 이때 ab의 값의 범위는?

(가) a는 정수 부분이 세 자리인 수이다.
(나) $\log b$의 지표는 -1이다.

① $1\le ab<10^2$ ② $10\le ab<10^3$
③ $10^2\le ab<10^4$ ④ $10^3\le ab<10^5$
⑤ $10^4\le ab<10^6$

7. 임의의 양의 실수 x에 대하여 $\log x$의 지표를 $\langle\langle x\rangle\rangle$, 가수를 $\langle x\rangle$로 정의할 때, 다음 중 옳은 것을 모두 고르면?

ㄱ. $\langle 2004\rangle+1=\langle 200.4\rangle+2$
ㄴ. $\langle\langle x\rangle\rangle=5$이면 x의 정수 부분은 6자리이다.
ㄷ. $\langle x\rangle+\langle y\rangle=1$이면 $\log x+\log y$는 정수이다.

① ㄱ ② ㄴ ③ ㄱ, ㄷ
④ ㄴ, ㄷ ⑤ ㄱ, ㄴ, ㄷ

8. x보다 크지 않은 최대의 정수를 $[x]$로 나타낼 때, 옳은 내용을 모두 고른 것은?

ㄱ. $1<a<10$일 때, $[\log 100a]=2$이다.
ㄴ. $[\log x]=3$인 정수 x의 개수는 9×10^3이다.
ㄷ. 자연수 n에 대하여 $[\log x]=n$이면 $[\log x^2]=2n$이다.

① ㄱ ② ㄱ, ㄴ ③ ㄱ, ㄷ
④ ㄴ, ㄷ ⑤ ㄱ, ㄴ, ㄷ

9. 다음 세 조건을 동시에 만족시키는 양의 실수 x, y가 있다. 이때 $\frac{x}{y}$의 값을 구하여라.

ㄱ. $\log x^2y^3=12.5$이다.
ㄴ. x와 y의 상용로그의 지표는 같다.
ㄷ. x와 $\frac{1}{y}$의 상용로그의 가수는 같다.

10. 양수 a에 대하여 $\log a$의 지표와 가수를 각각 $f(a)$, $g(a)$라 할 때, 옳은 내용을 모두 고른 것은?

ㄱ. $f(80)-1=g(80)-3\log 2$
ㄴ. $f(a^2)=2f(a)$이면 $f(a^3)=3f(a)$이다.
ㄷ. $g(a^2)=g(a)$이면 모든 자연수 n에 대하여 $g(a^n)=0$이다.

① ㄱ ② ㄴ ③ ㄱ, ㄷ
④ ㄴ, ㄷ ⑤ ㄱ, ㄴ, ㄷ

11. 자연수 x, y에 대하여 $\log x$, $\log y$의 지표를 각각 m, n이라 하자. $m^2+n^2=4$를 만족하는 x, y에 대하여 순서쌍 (x, y)의 개수는?

① 16200 ② 16400 ③ 16600
④ 17010 ⑤ 24300

12. 5 이하의 세 자연수 x, y, z에 대하여 두 행렬 A, B를

$$A=\begin{pmatrix} x & y \\ 1 & z \end{pmatrix},\ B=\begin{pmatrix} \log x & \log y \\ 0 & \log z \end{pmatrix}$$

라 하자. A의 역행렬 A^{-1}가 존재할 때, $A^{-1}BA=B$를 만족시키는 행렬 A의 개수는?

① 1 ② 2 ③ 4
④ 8 ⑤ 16

13. 어떤 공장에서 A제품의 생산량은 전체 생산량의 80%를 차지한다. A제품의 수요 감소가 예측되어 매년 A제품의 생산량을 전년도 A제품의 생산량에 비해 8%씩 줄이고, 대신에 다른 제품의 생산량은 늘려 전체 생산량을 일정하게 유지하려고 한다. 7년 후 A제품의 생산량은 전체 생산량의 a%라 할 때, a의 값은?

<상용로그표>

수	0	1	2	3	4	5	6	7	8	9
5.5	.7404	.7412	.7419	.7427	.7435	.7443	.7451	.7459	.7466	.7474
9.2	.9638	.9643	.9647	.9652	.9657	.9661	.9666	.9671	.9675	.9680

① 43.56 ② 44.64 ③ 45.72
④ 46.80 ⑤ 47.88

1. 등식 $\log_4\{\log_3(\log_2 x)\}=1$을 만족하는 x는 몇 자리의 자연수인가? (단, $\log 2=0.3010$)

① 21　② 22　③ 23
④ 24　⑤ 25

2. 다음 그림과 같이 기점 1로부터의 거리가 $\log x$인 곳에 눈금 x를 매긴 자를 '로그자'라고 한다. '로그자'에서는 $\log 1=0$이므로 기점의 로그눈금은 1이다.

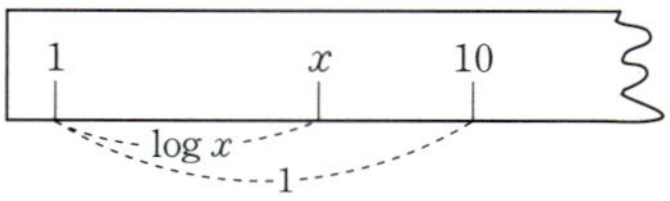

두 개의 로그자 A, B의 세 개의 눈금의 위치가 그림과 같이 서로 일치할 때, $x-y$의 값을 구하여라.

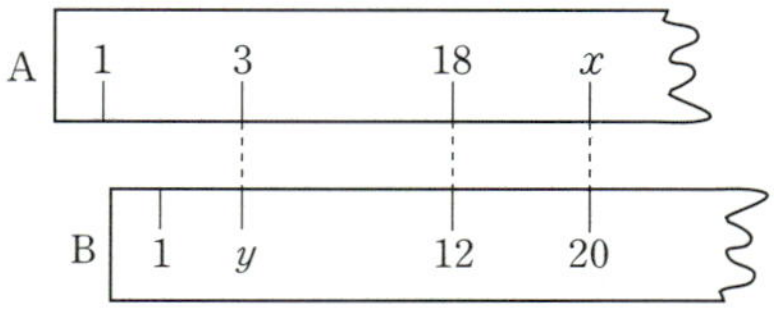

3. 자연수 n에 대하여 2.52^{10n}의 최고자리의 숫자를 a_n이라 하자.
예를 들어, $2.52^{10}\fallingdotseq 1.03\times 10^4$,
$2.52^{20}\fallingdotseq 1.07\times 10^8$,
$2.52^{30}\fallingdotseq 1.10\times 10^{12}$
이므로 $a_1=a_2=a_3=1$이다. $a_n>1$을 만족시키는 자연수 n의 최솟값을 구하여라.
(단, $\log 2=0.3010$, $\log 2.52=0.4014$로 계산한다.)

4. 100보다 작은 두 자연수 a, $b\,(a<b)$에 대하여 $\log a$의 가수와 $\log b$의 가수의 합이 1이 되는 순서쌍 (a, b)의 개수는?

① 2　② 4　③ 6
④ 8　⑤ 10

5. 상용로그의 가수가 0이 아닌 양수 A에 대하여 항상 옳은 것은?

① $\log 10\mathrm{A}$의 가수가 $\log \mathrm{A}$의 가수보다 크다.
② $\log \mathrm{A}$의 가수와 $\log \dfrac{1}{\mathrm{A}}$의 가수는 서로 같다.
③ $\log \mathrm{A}$의 지표와 $\log \dfrac{1}{\mathrm{A}}$의 지표의 합은 일정하다.
④ A가 네 자리 정수일 때, $\sqrt{\mathrm{A}}$는 정수 부분이 세 자리인 수이다.
⑤ A가 세 자리 정수일 때, $\log \dfrac{1}{\mathrm{A}}$은 소수 둘째 자리에서 처음으로 0이 아닌 숫자가 나타난다.

6. 정수 부분이 각각 두 자리, 세 자리인 양수 X, Y의 상용로그의 가수를 각각 x, y라 하자. XY의 정수 부분이 다섯 자리일 때, 점 (x, y)가 존재하는 영역을 색칠한 부분으로 바르게 표시한 것은?

①
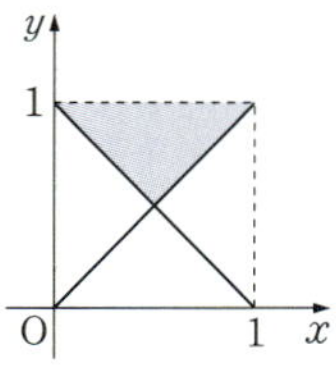

②
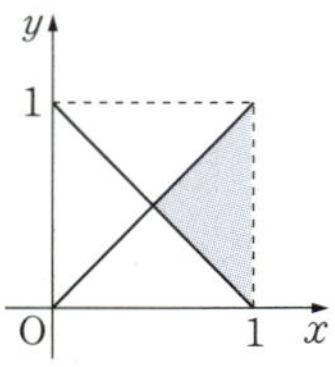

③
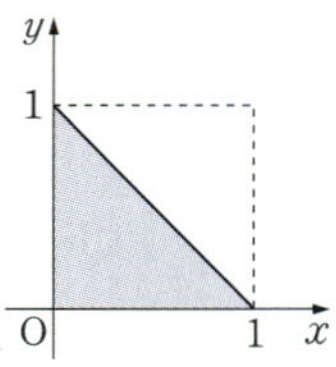

④
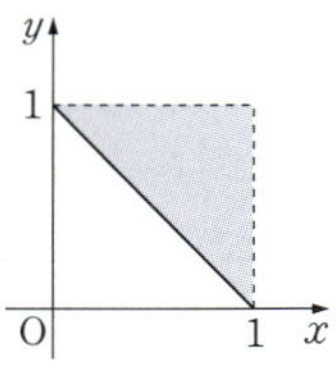

⑤
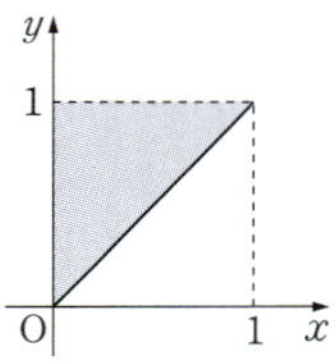

7. 자연수 $\boldsymbol{k}$에 대하여 집합 $\mathbf{A}_k$를

$\mathbf{A}_k=\{l \mid l$은 자연수, $(\log l$의 지표$)=(\log k$의 지표$)\}$

라 할 때, 옳은 것을 모두 고른 것은?

ㄱ. $A_{10}=A_{99}$

ㄴ. $n(A_{100})=10\times n(A_{10})$ (단, $n(A)$는 집합 A의 원소의 개수이다.)

ㄷ. $A_p\cap A_q\neq\phi$이면 $A_p=A_q$이다. (단, p와 q는 자연수이다.)

① ㄱ ② ㄴ ③ ㄱ, ㄴ
④ ㄴ, ㄷ ⑤ ㄱ, ㄴ, ㄷ

8. 양수 $\boldsymbol{x}$에 대하여 $\log \boldsymbol{x}$의 지표를 $\boldsymbol{f(x)}$, 가수를 $\boldsymbol{g(x)}$라 하자. 양수 $\boldsymbol{a}$, $\boldsymbol{b}$에 대하여 옳은 것을 모두 고른 것은?

ㄱ. $f(a^2)=2f(a)$

ㄴ. $f(a^2)+g(a^2)=2f(a)+2g(a)$

ㄷ. $g(a)+g(b)=1$이면 ab는 정수이다.

① ㄴ ② ㄷ ③ ㄱ, ㄴ
④ ㄴ, ㄷ ⑤ ㄱ, ㄴ, ㄷ

9. 세 자리의 자연수 N에 대하여
$[\log 2\mathrm{N}]=[\log \mathrm{N}]+1$이 성립할 때, 옳은 것을 모두 고른 것은? (단, $\log 2=0.3010$이고, $[x]$는 x보다 크지 않은 최대의 정수이다.)

ㄱ. N^2은 항상 6자리의 수이다.

ㄴ. N^3은 항상 9자리의 수이다.

ㄷ. N^4은 항상 12자리의 수이다.

① ㄱ ② ㄷ ③ ㄱ, ㄴ
④ ㄴ, ㄷ ⑤ ㄱ, ㄴ, ㄷ

10. 자연수 $\boldsymbol{n}$에 대하여 $\log \boldsymbol{n}$의 지표와 가수를 각각 $\boldsymbol{f(n)}$, $\boldsymbol{g(n)}$이라 할 때, 다음 중 옳은 것을 모두 고른 것은?

ㄱ. $f(n)=g(n)$이기 위한 필요충분조건은 $n=1$이다.

ㄴ. $10^{f(50)}\times 10^{g(50)}=50$

ㄷ. $f(10n)g(10n)=f(n)g(n)+g(n)$

① ㄱ ② ㄴ ③ ㄱ, ㄴ
④ ㄴ, ㄷ ⑤ ㄱ, ㄴ, ㄷ

11. 자연수 $\boldsymbol{a}$, $\boldsymbol{b}$에 대하여 $\dfrac{\boldsymbol{b}^2}{\boldsymbol{a}}$은 정수 부분이 여섯 자리인 수이고, $\dfrac{\boldsymbol{a}^2}{\boldsymbol{b}}$은 소수 셋째 자리에서 처음으로 0이 아닌 숫자가 나타난다. 이때 옳은 내용을 모두 고른 것은?

ㄱ. $\log\dfrac{b^2}{a}$의 가수를 α라 할 때, $10^{\alpha+6}=\dfrac{b^2}{a}$이다.

ㄴ. $\left[\log\dfrac{a^2}{b}\right]=-3$ (단, $[x]$는 x보다 크지 않은 최대 정수이다.)

ㄷ. a는 한 자리 자연수이다.

① ㄱ ② ㄴ ③ ㄷ
④ ㄱ, ㄴ ⑤ ㄴ, ㄷ

12. 어느 제과점에서는 다음과 같은 방법으로 빵의 가격을 실질적으로 인상한다. 이 방법을 n번 시행하면 빵의 단위 무게당 가격이 처음의 1.5배 이상이 된다. 이때 n의 최솟값은? (단, $\log 2=0.3010$, $\log 3=0.4771$로 계산한다.)

빵의 개당 가격은 그대로 유지하고, 무게를 그 당시 무게에서 10% 줄인다.

① 3 ② 4 ③ 5 ④ 6 ⑤ 7

수능문제 정복하기

수능 문제
평가원 모의 고사
교육청 모의 고사

8. 상용로그

1. $a=\log_2 10$, $b=2\sqrt{2}$일 때, $a\log b$의 값은?

① 1　② $\frac{3}{2}$　③ 2　④ $\frac{5}{2}$　⑤ 3

2. 자연수 n에 대하여 $\log n$의 가수를 $f(n)$이라 할 때, 집합

$$A=\{f(n)\,|\,1\le n\le 150,\ n\text{은 자연수}\}$$

의 원소의 개수는?

① 131　② 133　③ 135　④ 137　⑤ 139

3. $\log_2 7$의 정수 부분을 a, 소수 부분을 b라 할 때, 3^a+2^b의 값을 소수점 아래 둘째 자리까지 구하여라. (단, $0\le b<1$이다.)

4. 두 자리의 자연수 N에 대하여 $\log N$의 가수가 a일 때, $\frac{1}{2}+\log N=a+\log_4\frac{N}{8}$을 만족시키는 N의 값을 구하여라.

5. $\log 2$가 무리수임을 이용하여 등식

$$a\log 20+\frac{b}{\log_8 100}+3=0$$

을 만족시키는 유리수 a, b의 값을 정할 때, a^2+b^2의 값을 구하여라.

6. $k=1, 2, 3, 4, \cdots$에 대하여 b_k가 0 또는 1이고, $\log_7 2=\frac{b_1}{2}+\frac{b_2}{2^2}+\frac{b_3}{2^3}+\frac{b_4}{2^4}+\cdots$일 때, b_1, b_2, b_3의 값을 순서대로 적으면?

① 0, 0, 0　② 0, 1, 0　③ 0, 0, 1　④ 0, 1, 1　⑤ 1, 1, 1

7. 양수 a에 대하여 $\log a$의 지표와 가수를 각각 $f(a)$, $g(a)$라 할 때, 다음 중 옳은 것을 모두 고른 것은?

ㄱ. $f(2006)=3$
ㄴ. $g(2)+g(6)=g(12)+1$
ㄷ. $f(ab)=f(a)+f(b)$이면 $g(ab)=g(a)+g(b)$이다.

① ㄱ　② ㄱ, ㄴ　③ ㄱ, ㄷ　④ ㄴ, ㄷ　⑤ ㄱ, ㄴ, ㄷ

8. 다음 두 조건을 만족시키는 실수 x를 모두 곱한 값을 M이라 할 때, $\log M$의 값을 구하여라. (단, $[x]$는 x보다 크지 않은 최대의 정수이다.)

ㄱ. $[\log x]=6$
ㄴ. $\log x^2-[\log x^2]=\log\frac{1}{x}-\left[\log\frac{1}{x}\right]$

9. 상용로그의 지표가 2인 수 중에서 가장 큰 정수를 a, 상용로그의 지표가 -2인 수 중에서 가장 작은 수를 b라 할 때, ab의 값은?

① 10 ② 9.99 ③ 1
④ 0.99 ⑤ 0.9

10. 양수 m, n은 정수 부분이 각각 세 자리인 수이고, 두 수의 곱 mn은 정수 부분이 다섯 자리인 수이다. m, n의 상용로그의 가수를 각각 x, y라 할 때, 좌표평면 위의 점 (x, y)가 나타내는 영역은? (단, 점선 부분은 제외한다.)

①
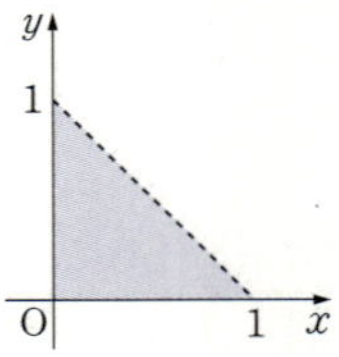

②
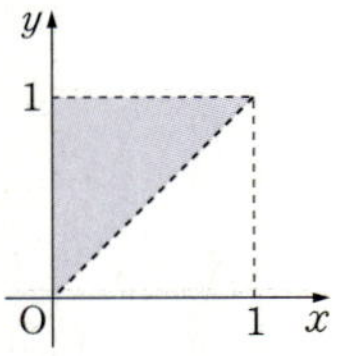

③
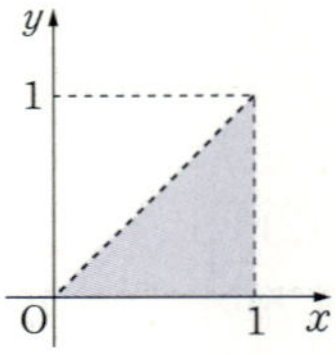

④
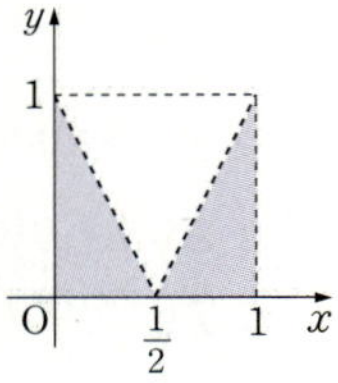

⑤
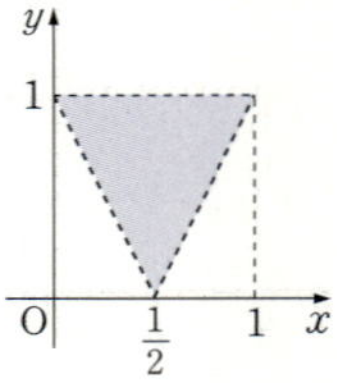

11. 어느 지역에서 1년 동안 발생하는 규모 M 이상인 지진의 평균 발생 횟수 N은 다음 식을 만족시킨다고 한다.

$\log N = a - 0.9M$ (단, a는 양의 상수)

이 지역에서 규모 4 이상인 지진이 1년에 평균 64번 발생할 때, 규모 x 이상인 지진은 1년에 평균 한 번 발생한다. $9x$의 값을 구하여라. (단, $\log 2 = 0.3$으로 계산한다.)

12. 전파가 어떤 벽을 투과할 때 전파의 세기가 A에서 B로 바뀌면, 그 벽의 전파감쇄비 F는 $F = 10\log\frac{B}{A}$ (데시벨)로 정의한다. 전파감쇄비가 -7(데시벨)인 벽을 투과한 전파의 세기는 투과하기 전 세기의 몇 배인가? (단, $10^{\frac{3}{10}} = 2$로 계산한다.)

13. 광통신에서는 광섬유를 이용하여 신호를 먼 곳까지 보낸다. 신호가 광섬유를 1 km 지날 때마다 신호의 세기는 1 km 전의 세기의 99%가 된다고 하자. 신호의 세기가 처음 세기의 $\frac{1}{2}$이 되는 곳에 중계소를 설치하려고 할 때, 처음 신호를 보내는 곳에서 중계소까지 광섬유의 길이는 약 몇 km인가? (단, $\log 2 = 0.3010$, $\log 9.9 = 0.9956$으로 계산한다.)

① 68 ② 78 ③ 88
④ 98 ⑤ 108

14. 은행의 예금 상품은 연이율로 제시된다. 1년에 이자 계산을 n번하는 복리예금의 경우 매번 $\frac{(\text{연이율})}{n}$의 이율로 이자를 계산한다. 이때 실효수익률은 $\frac{(\text{1년 후의 이자 총액})}{(\text{원금})} \times 100(\%)$로 정의된다. 6개월마다 복리로 이자를 계산하는 연이율 10%인 예금상품의 실효수익률(%)을 소수점 아래 둘째 자리까지 구하여라.

B&A 교과서 실력쌓기

1. 로그함수

로그함수의 함숫값

1. 함수 $f(x)=\log_a(x-2)-3$에서 $f\left(\frac{9}{4}\right)=-5$일 때, $f(4)-f(10)$의 값을 구하여라.

2. 함수 $f(x)=\log_2 x$에 대하여 다음 중 옳지 않은 것은?

① $f(2x)=2f(x)$
② $f(x^3)=f(x^2)+f(x)$
③ $f(2^{x+1})-f(2^x)=2$
④ $0<a<b<1$이면 $f(ab)<0$
⑤ $1<a<b$이면 $f(a^b)<0$

3. 함수 $f(x)=\log_a x\ (a>0,\ a\neq1)$에 대한 다음 설명 중 옳은 것은?

① $f\left(\frac{x}{a}\right)=f(x)+1$
② $f\left(\frac{y}{x}\right)=\frac{f(y)}{f(x)}$
③ $f(a^x)=a$
④ $f(xy)=f(x)+f(y)$
⑤ $f\left(\frac{1}{x^k}\right)=\frac{1}{k}f(x)$ (단, k는 상수)

4. 함수 $f(x)=\log_2\left(1+\frac{1}{x+2}\right)$에 대하여

$$f(1)+f(2)+f(3)+\cdots+f(n)=5$$

를 만족하는 자연수 n의 값을 구하여라.

5. 양의 실수 전체의 집합을 정의역으로 하는 함수 $f_n(x)$에 대하여

$$f_1(x)=\log_2 x,\ f_{n+1}(x)=f_n(x^2)$$

이 성립할 때, $f_8\left(\frac{1}{4}\right)$의 값을 구하여라. ($n$은 자연수)

6. 함수 $f(x)=\log_2 x$와 함수 $g(x)$에 대하여 $g(f(x))=1+\sqrt{3-x}$일 때, $g\left(\frac{3}{2}\right)$의 값을 구하여라. (단, $0<x\leq3$)

지수함수의 함숫값

7. 함수 $f(x)=2^x$에 대하여 등식 $f(k)=3f(2)$를 만족하는 실수 k의 값을 구하여라.

8. 두 함수 $y=9^x$과 $y=3^x$의 그래프와 직선 $x=k$가 만나는 교점을 각각 A, B라고 하자. $\overline{AB}=6$일 때, 실수 k의 값을 구하여라.

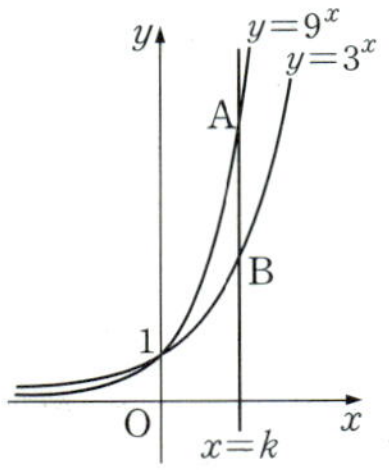

9. 두 지수함수 $f(x)=9^x+a$, $g(x)=b\cdot3^x+2$에 대하여 $y=f(x)$와 $y=g(x)$의 그래프가 서로 다른 두 점에서 만나고 두 교점의 x좌표가 $\log_3 2$, $\log_3 k$ (단, $k>2$)일 때, 다음 중 a, b에 대한 설명으로 옳은 것을 모두 고른 것은?

ㄱ. $b^2=4a-8$
ㄴ. $a=2b-2$
ㄷ. $a>6$

① ㄴ ② ㄱ, ㄴ ③ ㄴ, ㄷ
④ ㄱ, ㄷ ⑤ ㄱ, ㄴ, ㄷ

지수·로그함수의 역함수

10. $f(x)=x+1$, $g(x)=2^x$일 때, $g(f(x))$의 역함수를 구하여라. (단, $x>1$)

11. 함수 $y=2^{x-1}-2^{-x+1}$의 역함수를 구하여라.

12. $f(x)=\frac{1}{2}(3^x-3^{-x})$의 역함수 $f^{-1}(x)$를 구하여라.

13. 함수 $f(x)=1+3\log_2 x$에 대하여 함수 $g(x)$가 $(g\circ f)(x)=x$를 만족시킬 때, $g(13)$의 값을 구하여라.

14. 로그함수 $f(x)=\log_a x$에 대하여 $f(m)=2$, $f(n)=3$일 때, $f^{-1}(7)$의 값을 m, n으로 나타내어라. (단, f^{-1}는 f의 역함수)

로그함수의 그래프

15. $y=\log_2 x$의 그래프와 다음 함수의 그래프 사이의 위치 관계를 말하여라.

(1) $y=\log_2(-x)$

(2) $y=-\log_2(-x)$

(3) $y=\log_{\frac{1}{2}} x$

(4) $y=2^x$

16. 다음 함수의 그래프를 그려라.

(1) $y=\log_2(x-1)$

(2) $y=\log_3(x+2)$

(3) $y=\log_2(x-1)+2$

(4) $y=\log_2(x+1)+1$

17. 다음 함수의 그래프를 그려라.

(1) $y=\log_2 \frac{x}{2}$

(2) $y=\log_2 2x$

18. 다음 함수의 그래프를 그려라.

(1) $y=\log_{\frac{1}{2}} 2x$

(2) $y=\log_{\frac{1}{3}}(2-x)$

(3) $y=\log_2 \frac{2}{x-1}$

19. 다음 함수의 그래프를 그려라.

(1) $y=\log_2 |x|$

(2) $y=|\log_2 x|$

2. 로그함수의 그래프

로그함수의 그래프의 성질

1. 로그함수 $f(x)=\log_a x\ (a>0,\ a\neq1)$에 대한 다음 설명 중 옳지 않은 것은?

① 정의역은 양의 실수 전체의 집합이다.
② 치역은 실수 전체의 집합이다.
③ 그래프는 y축을 점근선으로 갖는다.
④ $f(x_1)=f(x_2)$이면 $x_1=x_2$이다.
⑤ $x_1<x_2$이면 $f(x_1)<f(x_2)$이다.

2. 두 함수 $y=\log_{10}3x$, $y=3\log_{10}x$의 그래프에 대하여 다음 설명 중 옳은 것은?

① 두 그래프는 일치한다.
② 두 그래프는 만나지 않는다.
③ 두 그래프는 한 점에서만 만난다.
④ 두 그래프는 두 점에서만 만난다.
⑤ 두 그래프는 세 점에서만 만난다.

3. 로그함수 $y=\log_3(3-x)+1$에 대한 다음 설명 중 옳지 않은 것은?

① 정의역은 $\{x|x<3\}$이다.
② 그래프의 점근선의 방정식은 $x=3$이다.
③ 그래프는 점 $(2,\ 1)$을 지난다.
④ $y=\log_3(-x)$의 그래프를 평행이동하면 겹쳐진다.
⑤ x의 값이 증가하면 y의 값도 증가한다.

로그함수의 그래프의 평행이동

4. 함수 $y=\log_2\left(\dfrac{x}{\sqrt{2}}-\sqrt{2}\right)$의 그래프는 함수 $y=\log_2 x$의 그래프를 x축의 방향으로 m만큼, y축의 방향으로 n만큼 평행이동한 것이다. m, n의 값을 구하여라.

5. 함수 $y=\log_3 x$의 그래프를 x축의 방향으로 m만큼 평행이동시킨 그래프와 y축의 방향으로 n만큼 평행이동시킨 그래프가 함수 $y=\log_9 x$의 그래프와 만나는 점의 x좌표가 각각 3, $\dfrac{1}{3}$일 때, 상수 m, n의 값을 구하여라.

6. 함수 $y=\log_2 x$의 그래프를 x축에 대하여 대칭이동한 다음 x축의 방향으로 -5만큼, y축의 방향으로 2만큼 평행이동한 그래프의 식을 구하여라.

7. 함수 $y=\log_3(x-a)+b$의 그래프가 오른쪽 그림과 같을 때, a, b의 값을 구하여라.

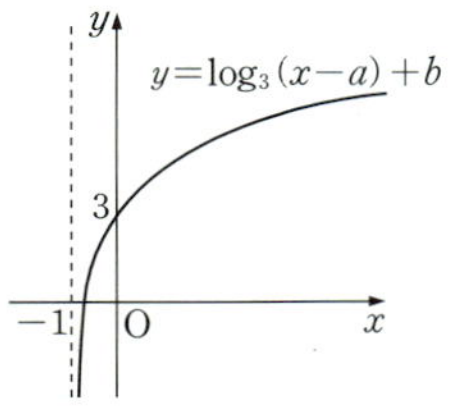

8. 오른쪽 그림은 로그함수 $y=\log_2\dfrac{1}{x}$의 그래프를 평행이동한 그래프이다. 이 그래프를 나타내는 로그함수의 식을 구하여라.

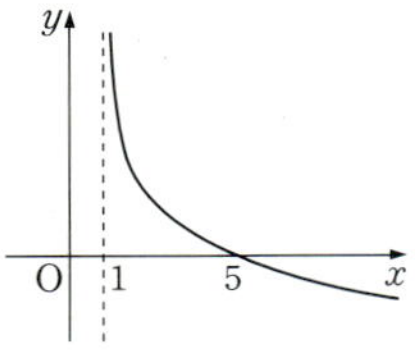

9. 로그함수 $y=\log_2 x$의 그래프가 있다. 오른쪽 그림과 같이 가로, 세로의 길이가 각각 2, 1인 직사각형 ABCD의 꼭짓점 C가 이 그래프 위를 움직일 때, 점 A가 그리는 도형의 방정식을 구하여라. (단, 변 AB는 항상 y축과 평행하다.)

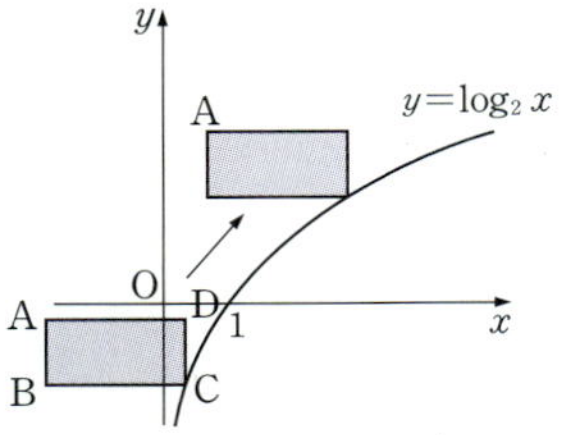

로그함수의 그래프의 대칭이동

10. 로그함수 $y=\log_2 x$의 그래프를 x축의 방향으로 3만큼, y축의 방향으로 -1만큼 평행이동한 후, 직선 $y=x$에 대하여 대칭이동한 그래프가 나타내는 함수를 구하여라.

11. 함수 $y=f(x)$의 그래프는 함수 $y=\log_3(x-a)$의 그래프와 직선 $y=x$에 대하여 대칭이다. 점 P(2, 7)이 곡선 $y=f(x)$ 위의 점일 때, 상수 a의 값을 구하여라.

12. 다음 함수의 그래프 중 함수 $y=\log_3 x$의 그래프를 평행이동 또는 대칭이동하여 겹쳐질 수 있는 것을 모두 찾으면?

① $y=\left(\frac{1}{3}\right)^x$　　② $y=\log_3 \sqrt[3]{3}x$

③ $y=\log_3 x^3$　　④ $y=\log_{\frac{1}{9}} x$

⑤ $y=\log_3 \frac{81}{x}$

$y=\log_a x$의 그래프와 함숫값

13. 로그함수 $y=\log_a x+b$의 그래프가 두 점 $(1, -2)$, $(8, 1)$을 지날 때, 두 상수 a, b의 값을 구하여라. (단, $a>0$, $a\neq 1$)

14. 오른쪽 그림은 $y=\left(\frac{1}{3}\right)^x$의 그래프이다. 그림을 이용하여 $\log_9 a^2b^3c^4$의 값을 구하여라. (단, 점선은 x축 또는 y축에 평행하다.)

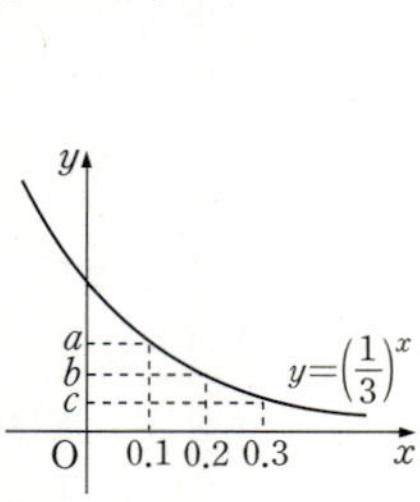

15. 오른쪽 그림은 로그함수 $f(x)=\log_a x$의 그래프이다. 이때 $f(72)$의 값을 p, q로 나타내어라.

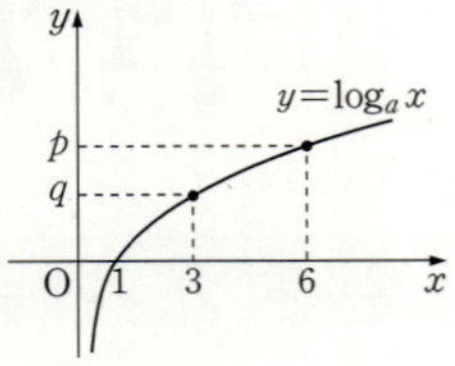

16. 오른쪽 그림은 로그함수 $y=\log_a x$의 그래프이다. 다음 중 af의 값과 같은 것은? (단, $a>1$, $a\neq 1$)

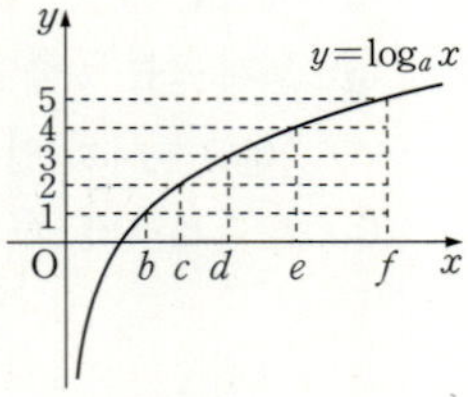

① cd　　② ce　　③ cf

④ de　　⑤ df

17. 오른쪽 그림은 함수 $y=\log_2 x$의 그래프이다. 점 A의 좌표는 A(2, 0)이고, 점 B의 좌표는 B(16, 0)이다. 점 F가 선분 CD를 1 : 2로 내분하는 점일 때, 점 E의 x좌표를 구하여라. (단, 점선은 x축 또는 y축에 평행하다.)

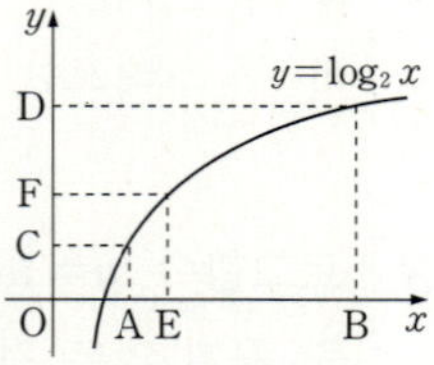

로그함수의 그래프와 직선의 교점

18. 두 집합

$A=\{(x, y)\mid\log(x-2)+\log(y-2)=0\}$,

$B=\{(x, y)\mid y-3x=2\}$

에 대하여 $A\cap B$의 원소의 개수를 구하여라.

19. 다음 함수의 그래프 중 원점을 지나는 직선과 항상 만나는 것은?

① $y=\log_2(x-1)$ ② $y=\log_2\dfrac{2}{x-1}$

③ $y=\log_3(-x)$ ④ $y=\log_3(x+3)$

⑤ $y=-\log_3(x-3)$

20. 곡선 $y=\log_2 x$와 기울기가 1인 직선이 두 점 A, B에서 만나고 $\overline{\mathrm{AB}}=\sqrt{2}$일 때, 두 점 A, B의 좌표를 구하여라.

역함수의 그래프의 활용

21. 함수 $y=2^x$의 역함수를 $y=g(x)$라 할 때, 오른쪽 그림에서 k의 값을 구하여라.

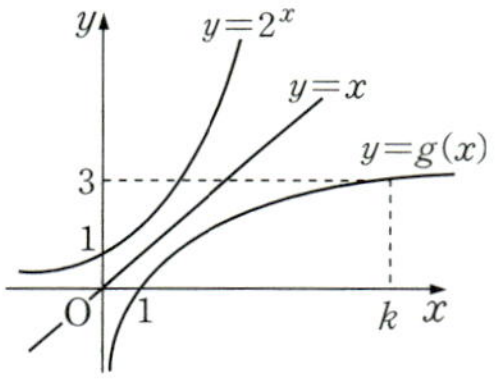

22. 함수 $y=\log_2 x$의 역함수를 $y=g(x)$라고 할 때, 오른쪽 그림과 같이 두 점 B, D는 곡선 $y=\log_2 x$ 위에 있고, 두 점 A, C는 곡선 $y=g(x)$ 위에 있다. 점 A의 좌표가 (0, 1)일 때, $\overline{\mathrm{AB}}$, $\overline{\mathrm{CD}}$의 길이를 구하여라.

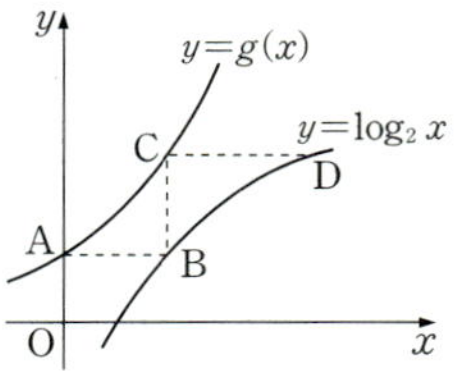

23. 오른쪽 그림은 로그함수 $f(x)=\log_2 x$의 그래프와 $y=f(x)$의 역함수 $y=f^{-1}(x)$의 그래프이다. 점 A의 좌표를 $(a,\ b)$라 할 때, $\log_2 ab$의 값을 구하여라. (단, 점선은 x축 또는 y축에 평행하다.)

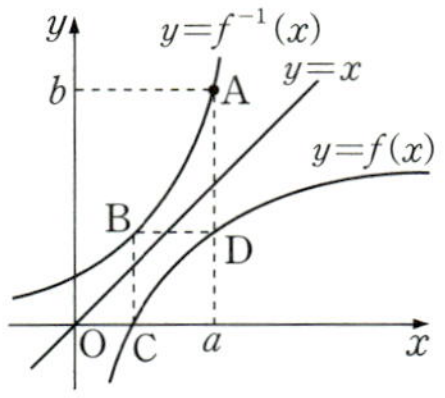

24. 함수 $y=\log_a(x-b)-1$의 그래프와 그 역함수 $y=g(x)$의 그래프가 두 점에서 만나고, 이 두 점의 x좌표가 -1, 0일 때, a, b의 값을 구하여라.

25. 오른쪽 그림은 직선 $y=x$와 두 함수 $y=2^x$, $y=\log_3 x$의 그래프이다. x좌표가 4인 곡선 $y=\log_3 x$ 위의 점 A에서 y축에 내린 수선이 직선 $y=x$와 만나는 점을 P라 하고, y좌표가 3인 곡선 $y=2^x$ 위의 점 B에서 x축에 내린 수선이 직선 $y=x$와 만나는 점을 Q라 한다. 이때 $\overline{\mathrm{OP}}\cdot\overline{\mathrm{OQ}}$의 값을 구하여라. (단, O는 원점)

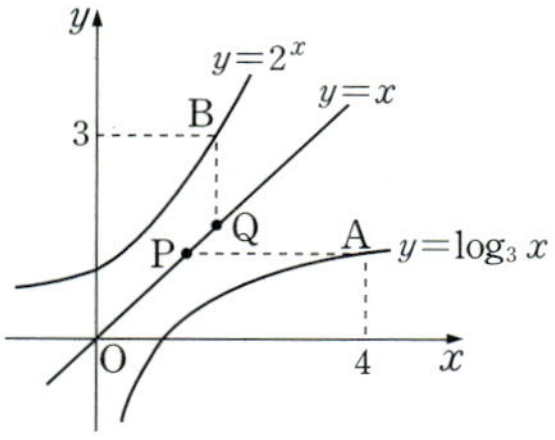

그래프의 개형 그리기

26. $\log_2 x$와 $\log_2 y$ 사이의 관계가 오른쪽 그래프와 같은 모양일 때, x와 y 사이의 관계를 나타낸 그래프의 개형을 그려라.

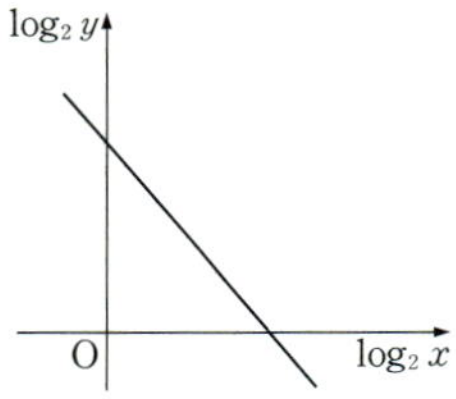

27. 함수 $f(2^x)=-\log_3 x$일 때, $y=f(x)$의 그래프의 개형을 그려라.

28. 오른쪽 그림은 $\log_2 x$와 y의 관계를 나타낸 그래프이다. 이때 x와 y의 관계를 나타낸 그래프의 개형을 그려라.

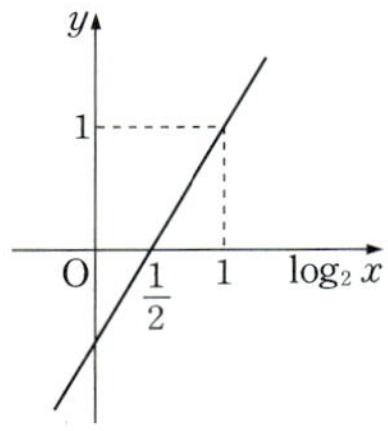

B&A 교과서 실력쌓기

3. 로그함수의 그래프의 활용

로그의 대소 비교

1. $0<b<a<1$일 때, $A=\log_a b$, $B=\log_b a$, $C=1-\log_a b$의 대소 관계를 구하여라.

2. 함수 $f(x)=\log_a x$, $g(x)=\log_b x$가 $0<x<1$의 범위에서 $f(x)>g(x)$가 성립하기 위한 조건으로 옳은 것을 모두 고른 것은?

ㄱ. $1<b<a$　　ㄴ. $0<a<b<1$
ㄷ. $0<a<1<b$

① ㄱ　② ㄴ　③ ㄱ, ㄷ
④ ㄴ, ㄷ　⑤ ㄱ, ㄴ, ㄷ

지수함수, 로그함수의 그래프와 $y=x$의 그래프

3. 그림은 함수 $y=3^x$의 그래프와 직선 $y=x$이다. 이때 $\log_{\sqrt{a}} b$의 값을 구하여라. (단, 점선은 x축 또는 y축에 평행하다.)

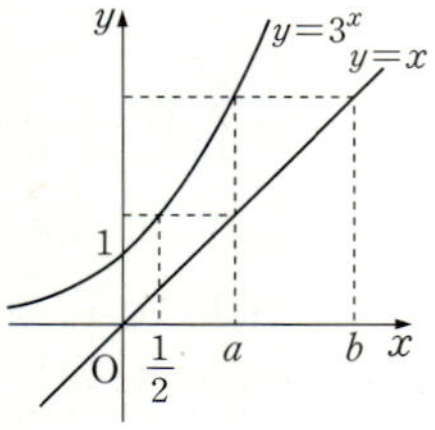

4. 그림은 두 함수 $y=\log_2 x$, $y=x$의 그래프이다. 이때 $\left(\frac{1}{2}\right)^{b-c}$의 값과 같은 것을 문자를 써서 나타내어라. (단, 점선은 x축 또는 y축에 평행하다.)

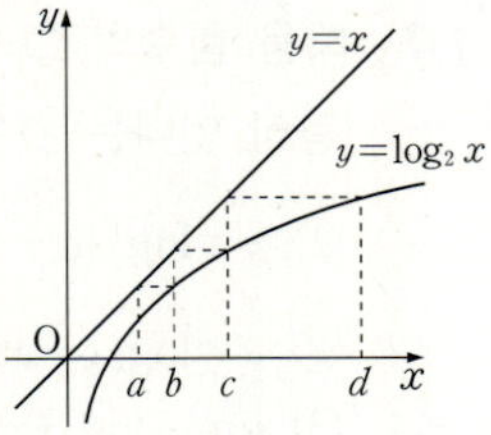

5. 그림과 같이 곡선 $y=\log_3 x$ 위의 한 점 P에서 x축에 내린 수선의 발을 Q, y축 위로 내린 수선의 발을 R라 하면 $R(0, a)$이다. $\overline{OA}=\overline{OR}$이고, $\overline{AQ}+\overline{PQ}=27$일 때, a의 값을 구하여라.

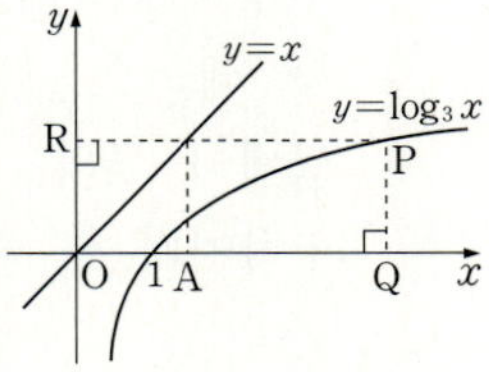

6. 그림과 같이 곡선 $y=\log_2 x$ 위의 한 점 $P(a, \log_2 a)$에서 x축에 내린 수선의 발을 H라 한다. 점 $A(1, 0)$에 대하여 $\overline{AH}=\overline{PH}$일 때, 점 P에서 직선 $y=x$까지의 거리를 구하여라. (단, $a>1$이다.)

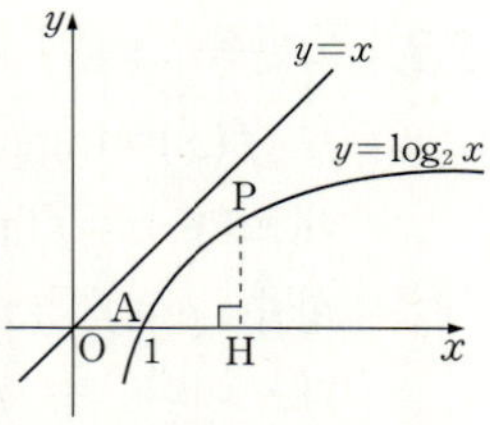

로그함수의 그래프 사이의 길이와 넓이

7. 그림과 같이 세 곡선 $y=\log_2 x$, $y=\log_4 x$, $y=\log_8 x$ 와 직선 $x=k\,(k>1)$가 만나는 점을 각각 A, B, C라 할 때, $\dfrac{\overline{AB}}{\overline{BC}}$의 값을 구하여라.

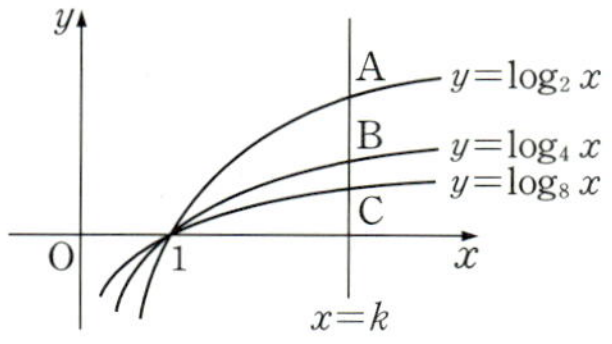

8. 그림과 같이 두 로그함수 $y=\log_9 x$, $y=\log_3 x$의 그래프와 직선 $x=3$의 교점을 각각 A, B라 하자. 점 B에서 x축에 평행한 선분을 그어 $y=\log_9 x$의 그래프와 만나는 점을 C, 점 C에서 y축에 평행한 선분을 그어 $y=\log_3 x$의 그래프와 만나는 점을 D라 할 때, 사각형 ABDC의 넓이를 구하여라.

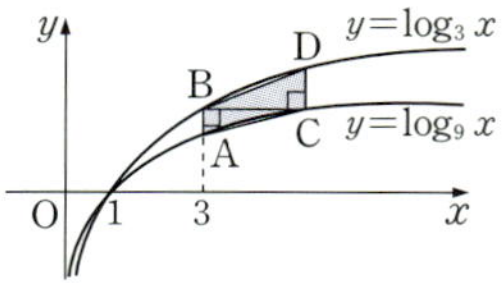

9. 두 곡선 $y=\log_3 x$, $y=\log_3 9x$와 두 직선 $x=1$, $x=9$로 둘러싸인 부분의 넓이를 구하여라.

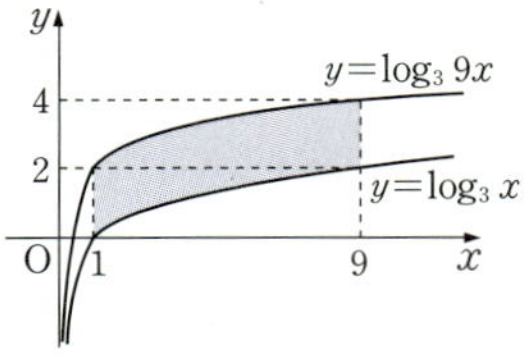

10. 좌표평면의 y축 위의 한 점 P에서 x축에 평행한 직선을 그어 두 곡선 $y=\log_{10}\dfrac{1}{x}$, $y=\log_{10} x$와 만나는 점을 각각 Q, R라 하자. $\overline{QR}=10$일 때, 점 Q와 점 R의 x좌표의 합을 구하여라.

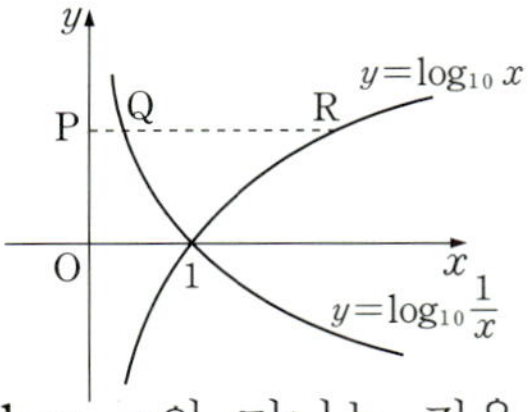

11. 그림과 같이 y축 위의 점 P에서 x축에 평행한 직선을 그어 두 곡선 $y=\log_{\frac{1}{2}} x$, $y=\log_2 x$와 만나는 점을 각각 Q, R라 하자. $\overline{QR}$의 길이가 2이고, 점 Q와 R의 x좌표를 각각 a, b라 할 때, a^2+b^2의 값을 구하여라. (단, $0<a<1<b$)

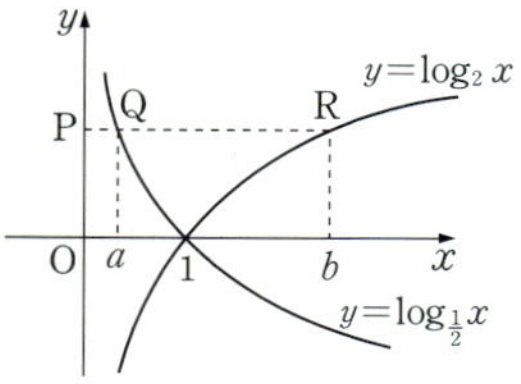

12. 그림과 같이 두 곡선 $y=\log_{\frac{1}{8}} x$, $y=\log_{\sqrt{2}} x$, 두 직선 $x=\dfrac{1}{4}$, $x=2$의 교점을 각각 A, B, C, D라 하자. 사다리꼴 ABCD의 넓이를 구하여라.

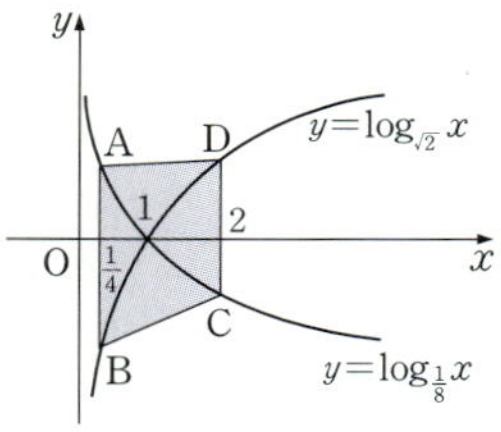

13. 그림과 같이 곡선 $y=\log_2 x$ 위의 점 P에서 x축에 내린 수선의 발이 A(2, 0)이고, 곡선 $y=\log_4\dfrac{1}{x}$ 위의 점 Q에서 x축에 내린 수선의 발이 B(3, 0)이다. 삼각형 PAB와 삼각형 QCB의 넓이가 서로 같아지도록 점 C$(\log_3 k,\ 0)$을 잡을 때, 상수 k의 값을 구하여라. (단, $k>27$)

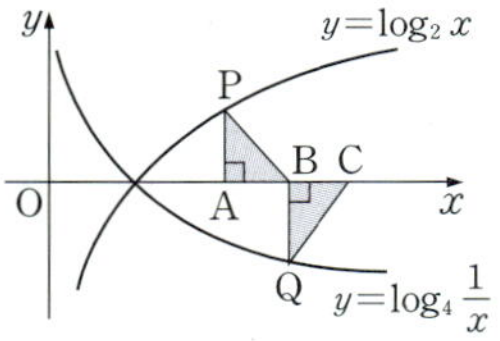

로그함수의 최대, 최소

14. 정의역이 $\{x\,|\,5\le x\le 8\}$인 함수 $y=\log_{\frac{1}{2}}(x-a)$의 최솟값이 -2일 때, a의 값을 구하여라.

15. $1\le x\le 3$일 때, 로그함수
$y=\log_{\frac{1}{2}}(-x^2+2x+7)$에 대하여 함수 y의 최댓값과 최솟값을 구하여라.

16. $\log|1-x|+\log|x|$의 최댓값을 구하여라. (단, $-2\le x\le 5$)

17. $\frac{2}{13}\le x\le 2$에서 함수 $y=\log_3\frac{x}{x+4}$의 최댓값과 최솟값을 구하여라.

치환해서 최대, 최소를 구하는 경우

18. $x\ge 10$, $y\ge 10$, $xy=1000$일 때, $\log x\cdot\log y$의 최댓값과 최솟값을 구하여라.

19. $x>1$, $y>1$일 때, $2\log_x y-2\log_y x+3=0$이다. 이때 x^2-4y^2의 최솟값을 구하여라.

20. $1\le x\le 100$일 때,
함수 $f(x)=2^{\log x}x^{\log 2}+2\cdot 2^{\log 100x}$의 최댓값과 최솟값을 구하여라.

로그를 취하여 최대, 최소를 구하는 경우

21. 함수 $y=x^{2-\log x}$ (단, $1\le x\le 100$)의 최댓값과 최솟값을 구하여라.

22. 양수 x에 대하여 $\frac{x^4}{x^{\log_2 x}}$의 최댓값과 그때의 x의 값을 구하여라.

23. 함수 $y=\sqrt[3]{\frac{x^5}{10}}\div x^{\log x}$이 최댓값을 가질 때, x의 값을 구하여라.

(산술평균)≥(기하평균)의 이용

24. $x>0$, $y>0$일 때,
$\log_3\left(x+\frac{1}{y}\right)+\log_3\left(y+\frac{4}{x}\right)$의 최솟값을 구하여라.

25. 실수 x, y가 1보다 클 때, $\frac{\log_x 2+\log_y 2}{\log_{xy}2}$의 최솟값을 구하여라.

B&A 교과서 실력쌓기

4. 로그방정식

로그의 정의를 이용하는 경우

1. 다음 로그방정식을 풀어라.

(1) $\log_3(2-x)=1$

(2) $\log_{x+1}3=2$

(3) $\log_2\frac{1}{n}=5$

(4) $10^{2\log x}-100x^3=0$

(5) $\log_2(x-5)-\log_4(x-2)=1$

(6) $\log_2\{\log_2(\log_2 x)\}=1$

2. 다음 방정식의 해를 구하여라.

$\log(30+x-x^2)=\log(4-x)+\log 5$

3. 다음 방정식의 해를 구하여라.

$\log_{10}x+\log_{10}(x-10)=2+\log_{10}2$

치환해서 푸는 경우

4. 로그방정식 $(\log_5 x)^2-\log_5 x^3+2=0$의 두 근을 α, β라 할 때, $\alpha+\beta$의 값을 구하여라.

5. 방정식 $3(1-\log_2 x)^2-2(1-\log_2 x)-4=0$의 두 근을 각각 α, β라 할 때, $\alpha^3\beta^3$의 값을 구하여라.

6. x에 대한 로그방정식 $(\log_{10}x)^2-k\log_{10}x-2=0$의 두 근의 곱이 100일 때, 상수 k의 값을 구하여라.

로그를 취하여 푸는 경우

7. $b>1$, $x>0$, $(2x)^{\log_b 2}-(3x)^{\log_b 3}=0$을 만족하는 x의 값을 구하여라.

8. $(\log_2 3)(\log_4 x)=\log_4 3$일 때, x의 값을 구하여라.

9. 방정식 $x^{\log x}=1000x^2$의 해를 구하여라.

연립방정식

10. x, y가 $\begin{cases} \log_2(x+y)=2 \\ \log_2 x+\log_2 y=0 \end{cases}$ 을 만족시킬 때, $|x^2-y^2|$의 값을 구하여라.

11. 연립방정식

$$\begin{cases} \dfrac{2}{\log_x 4}+\dfrac{1}{\log_y 2}=3 \\ \log_2 3x+\log_{\sqrt{2}} y=\log_2 48 \end{cases}$$

의 해를 $x=\alpha$, $y=\beta$라 할 때, $\alpha^2+\beta^2$의 값을 구하여라.

12. 연립방정식

$$\begin{cases} \log_2(x-1)-\log_4(2y-1)=0 \\ 2y-x=1 \end{cases}$$

의 해를 구하여라.

식에 가우스 기호가 있는 경우

13. 방정식 $[\log_2 x]+\log_2 x=\dfrac{17}{2}$의 해를 구하여라. (단, $[x]$는 x보다 크지 않은 최대의 정수이다.)

14. 방정식 $[\log_2 x^3]=[\log_2 2x]$를 만족하는 x의 값의 범위를 구하여라.

여러 가지 로그방정식

15. 이차방정식
$(3+\log a)x^2+2(1+\log a)x+1=0$이 중근을 가지도록 상수 a의 값을 정하여라.

16. 이차방정식 $2x^2-x+(\log a)^2-\log a=0$의 두 근의 곱이 3일 때, a의 값을 구하여라.

17. x에 대한 이차방정식 $x^2-6x+4=0$의 두 근이 $\log_2 \alpha$, $\log_2 \beta$일 때, $\log_\alpha \beta+\log_\beta \alpha$의 값을 구하여라.

18. 지수방정식 $2^x=5^{2-x}$의 근이 α일 때, $10^{4\alpha}$의 정수 부분은 몇 자리의 수인가?
(단, $\log 5=0.6990$으로 계산한다.)

19. 다음 식을 만족하는 x, y의 값을 구하여라. (단, $x+y\neq5$)

$$\log_x(24-5y)=\log_y(24-5x)=2$$

B&A 교과서 실력쌓기

5. 로그부등식

$\log_a f(x)>b$ 꼴인 경우

1. 다음 로그부등식을 풀어라.

(1) $\log_2(x+4)<3$

(2) $\log_3(x^2+x+3)<2$

(3) $\log_{\frac{1}{3}}(x-1)>2$

(4) $2\log_{\frac{1}{2}}(x-5)>\log_{\frac{1}{2}}(x-3)$

(5) $0<\log_2 x<3$

2. 부등식 $\log_2(2\sin^2 x+\cos x)>1$의 해를 구하여라. (단, $0\le x<2\pi$)

3. 함수 $f(x)=\log_3 x$에 대하여 $(f\circ f)(x)\le 1$을 만족하는 자연수 x의 개수를 구하여라.

4. 함수 $f(x)=3^x+1$의 역함수 $g(x)$에 대하여 집합 A_k를

$A_k=\{n\mid k-1\le g(n)<k,\ n$은 자연수$\}$

라고 정의할 때, 집합 A_3의 원소의 개수를 구하여라.

5. 로그부등식 $2\log_{\frac{1}{3}}(x-4)>\log_{\frac{1}{3}}(x-2)$의 해가 $a<x<b$일 때, ab의 값을 구하여라.

치환해서 푸는 경우

6. 다음 부등식을 풀어라.

$\log_{\frac{1}{9}}(2^{2x}+4\cdot 2^x-5)>\log_{\frac{1}{3}}(2^x+1)$

7. 다음 부등식을 풀어라.

$(\log_{10}9x)(\log_{10}27x)\le 2(\log_{10}3)^2$

8. 로그부등식 $(\log_2 x)^2-\log_2 x^5+6<0$의 해가 $\alpha<x<\beta$일 때, $\alpha\beta$의 값을 구하여라.

로그를 취하는 경우

9. 부등식 $1000x^2>x^{\log x}$을 풀어라.

10. 모든 실수 x에 대하여 부등식 $10^{x^2+2\log a}\ge a^{-2x}$을 성립시키는 양의 정수 a의 최댓값을 구하여라.

로그를 포함한 이차부등식

11. 방정식 $x^2-2(2+\log_2 a)x+1=0$이 실근을 가지도록 상수 a의 값의 범위를 정하여라.

12. 부등식 $\log(20-5x^2)>\log(a-x)+1$을 만족시키는 x의 값 중 정수는 1뿐이다. 이때, a의 값의 범위를 구하여라.

13. $(\log_2 x)^2+\log_4 x+k\geq 0$이 양의 실수 x에 대하여 항상 성립하기 위한 실수 k의 값의 범위를 구하여라.

연립부등식

14. 연립부등식 $\begin{cases} 2^{x+3}>4 \\ 2\log(x+3)<\log(5x+15) \end{cases}$를 만족시키는 정수 x의 개수를 구하여라.

15. 연립부등식 $\begin{cases} (\log_2 x)^2-\log_2 x^2<3 \\ 4^x-2^{x+2}\leq 32 \end{cases}$를 만족하는 모든 정수 x의 값들의 합을 구하여라.

로그를 포함한 부등식의 영역

16. 부등식 $-1<\log_x y<2$를 만족하는 점 (x, y)가 존재하는 영역을 오른쪽 그림에 색칠하여 나타내어라.
(단, 경계선은 포함하지 않는다.)

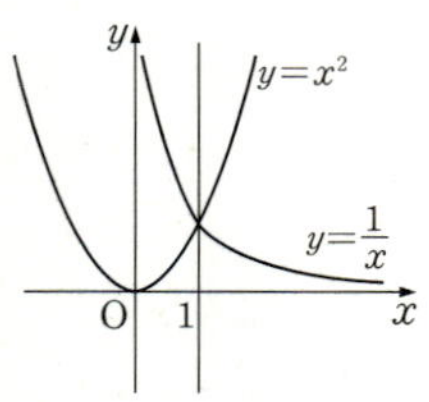

17. $\frac{1}{2}<x<1,\ y>1$일 때, 부등식 $\log_x(\log_y 2x)<0$이 나타내는 영역의 넓이를 S라 하자. 이때 100S의 값을 구하여라.

18. 세 부등식 $x\geq 1,\ y\geq 1,\ \log_5 x+\log_5 y\leq 1$을 동시에 만족하는 점 (x, y)에 대하여 $x+y$의 최댓값을 M, 최솟값을 m이라 할 때, $\mathrm{M}+m$의 값을 구하여라.

로그부등식의 활용

19. 아열대 해역에 서식하는 수명이 짧은 어류의 성장 정도를 알아보는 방법 중의 하나는 길이(cm)를 측정하는 것이다. 이 해역에 서식하는 어떤 물고기의 연령 t에 따른 길이 $f(t)$를 근사적으로 추정하면 $f(t)=20(1-a^{-0.7(t+0.4)})$과 같다고 한다. 이 물고기의 길이가 16 cm 이상 되기 위한 최소 연령을 구하여라. (단, a는 $a>1$인 상수이고, $\log_a 5=1.4$로 계산한다.)

20. 어떤 학생이 MP3 플레이어를 구입하기 위하여 가격에 대한 정보를 알아보았더니, 현재 제품 A의 가격은 24만 원, 제품 B의 가격은 16만 원이고, 3개월마다 제품 A는 10%, 제품 B는 5%의 가격 하락이 있었다. 이런 추세가 계속된다고 가정할 때, 두 제품의 가격 차이가 구입 시점의 제품 B 가격의 20% 이하가 되면 제품 A를 구입하기로 하였다. 이 학생이 제품 A를 구입할 수 있는 최초의 시기는 몇 개월 후인가? (단, $\log 2=0.30$, $\log 3=0.48$, $\log 0.95=-0.02$로 계산한다.)

B&A 교과서 끝내기

1. 로그함수 ~ 5. 로그부등식

1. 두 함수

$y=\log_4(x+p)+q,\ y=\log_{\frac{1}{2}}(x+p)+q$

의 역함수를 각각 $f(x)$, $g(x)$라 한다. 두 함수 $y=f(x)$, $y=g(x)$의 그래프가 점 $(1,\ 4)$에서 만나도록 두 실수 p, q의 값을 정할 때, p^2+q^2의 값을 구하여라.

2. 함수 $y=\log_2 x$의 그래프를 x축의 방향으로 a만큼 평행이동시킨 그래프가 함수 $y=\log_b x$의 그래프와 점 $(9,\ 2)$에서 만날 때, $10a+b$의 값을 구하여라.

3. 두 곡선 $y=4^x$과 $y=2^x$이 직선 $y=7$과 만나는 점을 각각 P와 Q라고 할 때, 선분 PQ의 길이를 구하여라.

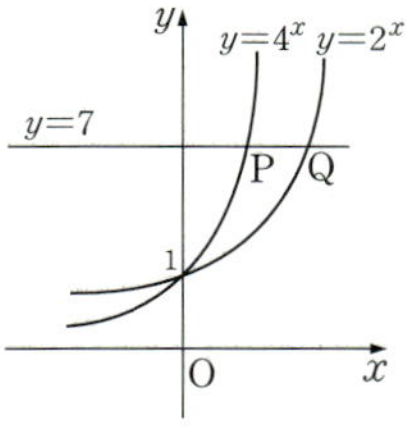

4. $a>1$일 때, 다음 중 항상 옳은 것을 모두 고른 것은?

ㄱ. 함수 $y=a^{x-1}$의 그래프와 함수 $y=1+\log_a x$의 그래프는 직선 $y=x$에 대하여 대칭이다.
ㄴ. 함수 $y=-a^x$의 그래프와 함수 $y=\log_{\frac{1}{a}} x$의 그래프는 만난다.
ㄷ. 함수 $y=ka^x$의 그래프와 함수 $y=\log_a x$의 그래프가 만나도록 하는 양의 실수 k가 존재한다.

① ㄱ ② ㄱ, ㄴ ③ ㄱ, ㄷ
④ ㄴ, ㄷ ⑤ ㄱ, ㄴ, ㄷ

5. 두 함수

$f(x)=2^{x-2}+1,\ g(x)=\log_2(x-1)+2$

에 대하여 옳은 것을 모두 고른 것은?

ㄱ. $f^{-1}(5)\cdot\{g(5)+1\}=20$이다.
ㄴ. $y=f(x)$의 그래프와 $y=g(x)$의 그래프는 직선 $y=x$에 대하여 대칭이다.
ㄷ. $y=f(x)$의 그래프와 $y=g(x)$의 그래프는 만나지 않는다.

① ㄴ ② ㄷ ③ ㄱ, ㄴ
④ ㄴ, ㄷ ⑤ ㄱ, ㄴ, ㄷ

6. 다음 그림은 두 함수 $y=\left(\frac{1}{2}\right)^x$, $y=\log_2 x$의 그래프와 직선 $y=x$를 나타낸 것이다. 옳은 것을 모두 고른 것은?(단, 점선은 모두 좌표축에 평행하다.)

ㄱ. $\left(\frac{1}{2}\right)^d=c$
ㄴ. $a+d=0$
ㄷ. $ce=1$

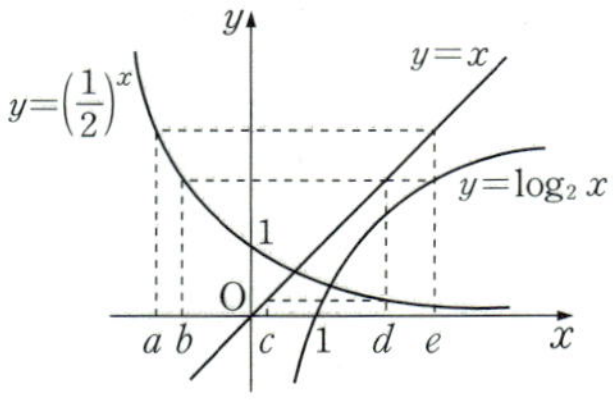

① ㄱ ② ㄱ, ㄴ ③ ㄴ, ㄷ
④ ㄱ, ㄷ ⑤ ㄱ, ㄴ, ㄷ

7. 두 함수 $y=x$와 $y=\log_2 x$의 그래프를 이용하여 옳은 것을 모두 고른 것은?

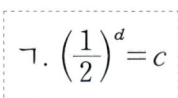

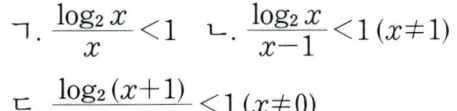

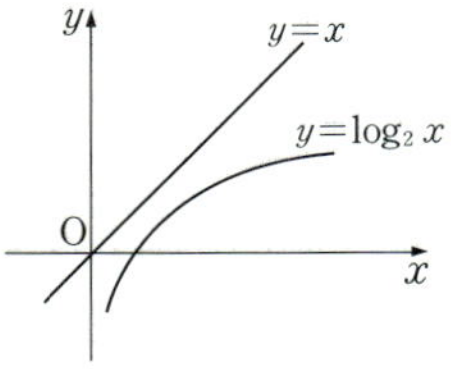

ㄱ. $\dfrac{\log_2 x}{x}<1$ ㄴ. $\dfrac{\log_2 x}{x-1}<1\ (x\neq 1)$
ㄷ. $\dfrac{\log_2(x+1)}{x}<1\ (x\neq 0)$

① ㄱ ② ㄴ ③ ㄱ, ㄷ
④ ㄴ, ㄷ ⑤ ㄱ, ㄴ, ㄷ

8. 곡선 $y=\log_3 x$ 위의 점 $P(a, b)$에서 x축, y축에 내린 수선의 발을 각각 Q, R라 하자. 원점 O와 점 $A(1, 0)$에 대하여 $\frac{(\text{사각형 OAPR의 넓이})}{(\text{삼각형 AQP의 넓이})}=\frac{5}{4}$일 때, a, b의 곱 ab의 값을 구하여라.

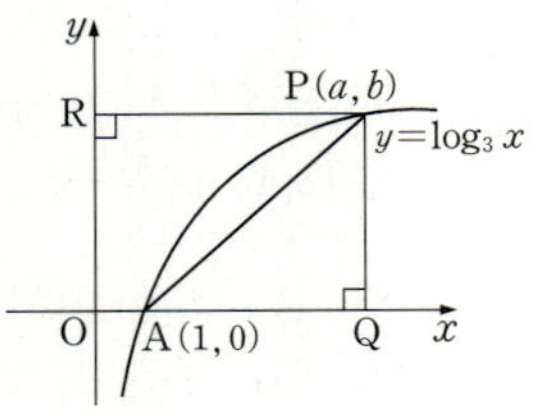

9. 정의역이 $\{x \mid -1<x<1\}$일 때, 함수 $y=\log\frac{2001+x}{1-x}$의 치역을 구하여라.

10. 두 함수 $y=x+1$과 $y=3\log_2 x$의 그래프를 이용하여 부등식 $2^{x+2}<(x+1)^3$을 만족시키는 x의 범위를 구하면 $\alpha<x<\beta$이다. 이때 $\alpha+\beta$의 값을 구하여라.

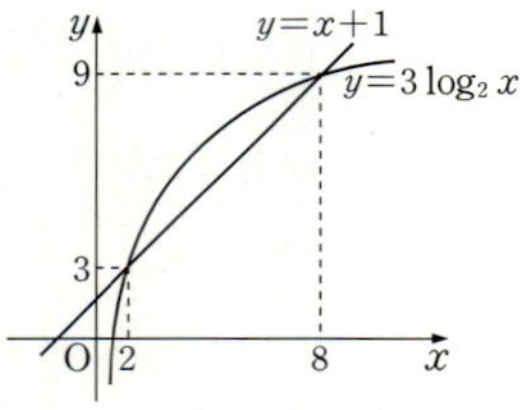

11. 그림은 두 함수 $y=2^x$과 $y=\log_2 x$의 그래프이다. $\log_2(\log_2(\log_2 k))$의 값과 같은 것은?
(단, $k>16$, 점선은 x축 또는 y축에 평행하다.)

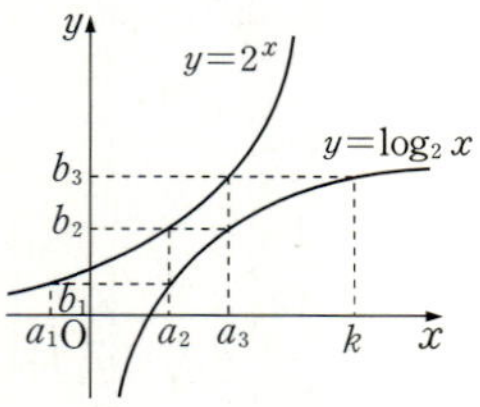

① a_1 ② a_2 ③ a_3
④ b_1 ⑤ b_2

12. $ab=16$을 만족하는 양수 a, b에 대하여 $\log_2(a+b)+\log_2(a^2+b^2)+\log_2(a^3+b^3)$의 최솟값을 구하여라.

13. x에 관한 방정식 $a^{2x}-a^x=2\,(a>0,\ a\neq1)$의 해가 $\frac{1}{7}$이 되도록 하는 상수 a의 값을 구하여라.

14. 두 실수 a, b가 $3^{a+b}=4$, $2^{a-b}=5$를 만족할 때, $3^{a^2-b^2}$의 값을 구하여라.

15. $\log x$의 지표가 4이고, $\log y$의 지표가 1일 때, $\left(\log\frac{x}{y}\right)\left(\log\frac{y}{x}\right)$의 값에서 정수의 개수를 구하여라.

16. 부등식 $1+\log_{\frac{1}{2}} x^2>\log_{\frac{1}{2}}(5x-8)$의 해가 $\alpha<x<\beta$일 때, $\alpha\beta$의 값을 구하여라.

17. 모든 양수 x에 대하여 부등식 $x^{\log x}>(100x)^a$이 항상 성립하도록 하는 정수 a의 개수를 구하여라.

1. 양의 실수 전체의 집합에서 정의된 두 함수 $f(x)$, $g(x)$가 다음 조건을 만족한다. 이때 $f(4)+f(1000)$의 값을 구하여라.

> (가) $f(x)$의 값은 정수이다.
> (나) $0\le g(x)<1$
> (다) $2^{f(x)-g(x)}=x$

2. 함수 $f(x)=\log_5 x$이고, $a>0$, $b>0$일 때, 항상 옳은 것을 모두 고른 것은?

> ㄱ. $\left\{f\left(\frac{a}{5}\right)\right\}^2=\left\{f\left(\frac{5}{a}\right)\right\}^2$
> ㄴ. $f(a+1)-f(a)>f(a+2)-f(a+1)$
> ㄷ. $f(a)<f(b)$이면 $f^{-1}(a)<f^{-1}(b)$이다.

① ㄱ ② ㄴ ③ ㄱ, ㄴ
④ ㄱ, ㄷ ⑤ ㄱ, ㄴ, ㄷ

3. 함수 $y=\log_3 x$의 그래프가 x축과 만나는 점을 A라 하자.

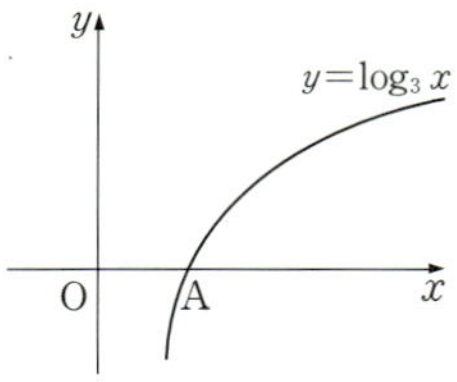

$y=\log_3(x+a)$의 그래프가 선분 OA를 x축의 양의 방향으로 3만큼, y축의 양의 방향으로 2만큼 평행이동한 선분과 만날 때, a의 최댓값과 최솟값의 합을 구하여라.
(단, O는 원점이다.)

4. k가 자연수일 때, $\log k$의 지표 n과 가수 α에 대하여 좌표평면 위의 점 P_k를 $P_k(\alpha, n)$이라 하자. 점 P_k를 곡선 $y=(\sqrt{10})^x$ 위에 있도록 하는 모든 k의 값의 합을 구하여라.

5. $0<a<1$인 실수 a에 대하여 함수 $f(x)$가

$$f(x)=\begin{cases} a^x & (x<0) \\ -x+1 & (0\le x<1) \\ \log_a x & (x\ge 1) \end{cases}$$

일 때, 항상 옳은 것을 모두 고른 것은?

> ㄱ. $\{f(-3)\}^5=f(-15)$
> ㄴ. 함수 $y=f(x)$의 그래프와 직선 $y=a$는 한 점에서 만난다.
> ㄷ. 함수 $y=f(x)$의 그래프는 직선 $y=x$에 대하여 대칭이다.

① ㄱ ② ㄷ ③ ㄱ, ㄴ
④ ㄴ, ㄷ ⑤ ㄱ, ㄴ, ㄷ

6. 그림과 같이 두 점 A(2, 3), B(4, 1)을 이은 선분 위의 임의의 점 P를 지나 x축에 평행한 직선이 곡선 $y=\log_2 x-1$과 만나는 점을 H, y축에 평행한 직선이 곡선 $y=2^x-1$과 만나는 점을 K라 한다. 이때 $\overline{PH}+\overline{PK}$의 최솟값을 구하여라.

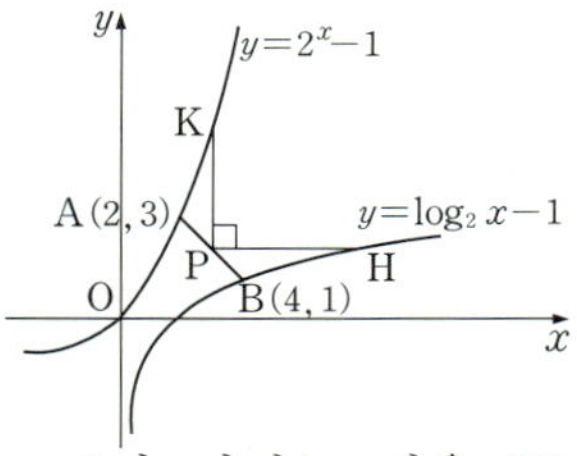

7. 그림과 같이 함수 $y=\log_2 x$의 그래프 위의 한 점 A_1에서 y축에 평행한 직선을 그어 직선 $y=x$와 만나는 점을 B_1이라 하고, 점 B_1에서 x축에 평행한 직선을 그어 이 그래프와 만나는 점을 A_2라 하자. 이와 같은 과정을 반복하여 점 A_2로부터 점 B_2와 점 A_3을, 점 A_3으로부터 점 B_3과 점 A_4를 얻는다. 네 점 A_1, A_2, A_3, A_4의 x좌표를 차례로 a, b, c, d라 하자. 네 점 $(c, 0)$, $(d, 0)$, $(d, \log_2 d)$, $(c, \log_2 c)$를 꼭짓점으로 하는 사각형의 넓이를 함수 $f(x)=2^x$을 이용하여 a, b로 나타낸 것과 같은 것은?

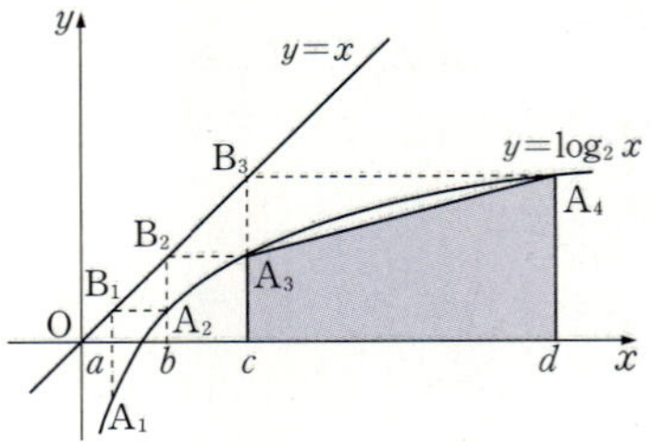

① $\frac{1}{2}\{f(b)+f(a)\}\{(f\circ f)(b)-(f\circ f)(a)\}$

② $\frac{1}{2}\{f(b)+f(a)\}\{(f\circ f)(b)+(f\circ f)(a)\}$

③ $\{f(b)+f(a)\}\{(f\circ f)(b)+(f\circ f)(a)\}$

④ $\{f(b)+f(a)\}\{(f\circ f)(b)-(f\circ f)(a)\}$

⑤ $\{f(b)-f(a)\}\{(f\circ f)(b)+(f\circ f)(a)\}$

8. 오른쪽은 1이 아닌 세 양수 a, b, c에 대하여 세 함수 $y=\log_a x$, $y=\log_b x$, $y=c^x$의 그래프를 나타낸 것이다. 세 양수 a, b, c의 대소 관계를 써라.

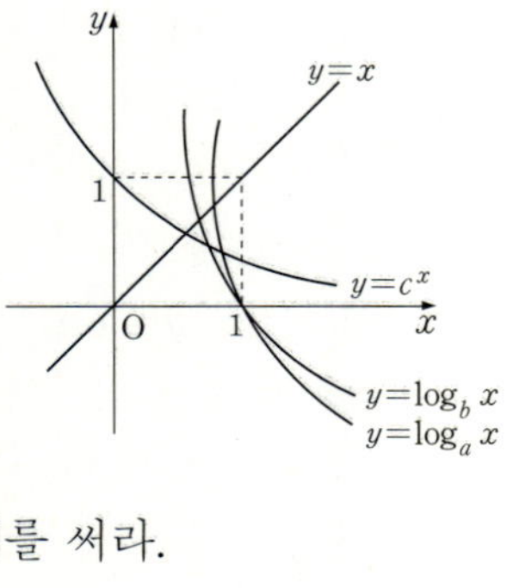

9. 그림과 같이 곡선 $y=2\log_2 x$ 위의 한 점 A를 지나고 x축에 평행한 직선이 곡선 $y=2^{x-3}$과 만나는 점을 B라 하자. 점 B를 지나고 y축에 평행한 직선이 곡선 $y=2\log_2 x$와 만나는 점을 D라 하자. 점 D를 지나고 x축에 평행한 직선이 곡선 $y=2^{x-3}$과 만나는 점을 C라 하자.
$\overline{AB}=2$, $\overline{BD}=2$일 때, 사각형 ABCD의 넓이를 구하여라.

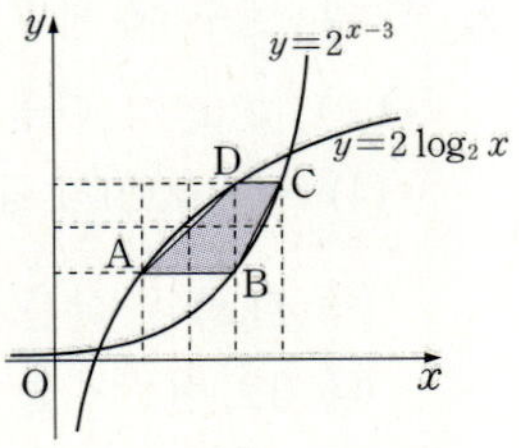

10. 함수 $f(x)=\begin{cases}\log_{\frac{1}{2}} x & (0<x<1)\\ \log_4 x & (x\geq 1)\end{cases}$에 대하여 $f(x)=4$를 만족하는 모든 실수 x의 곱을 구하여라.

11. 다음 그림과 같이 두 곡선 $y=-\log_2 x$와 $y=\frac{1}{2}\log_2 x$가 있다. 직선 $x=k_1$이 두 곡선과 만나는 점을 각각 A, B라 하고, 직선 $x=k_2$가 두 곡선과 만나는 점을 각각 C, D라 하자. $\overline{AB}=\overline{CD}=3$일 때, 사각형 ABCD의 넓이를 구하여라.
(단, $0<k_1<1<k_2$)

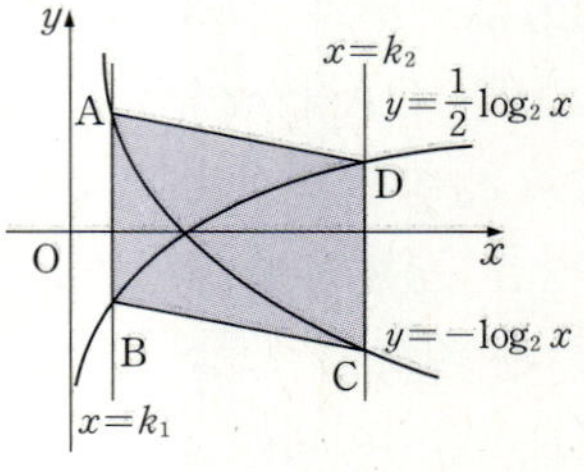

12. 그림과 같이 곡선 $y=\log_2 x$와 두 직선 $x=30$, $y=0$으로 둘러싸인 영역에 한 변의 길이가 1인 정사각형을 서로 겹치지 않게 그리려고 한다. 이때 그릴 수 있는 한 변의 길이가 1인 정사각형의 최대 개수를 구하여라. (단, 정사각형의 각 변은 x축, y축에 평행하다.)

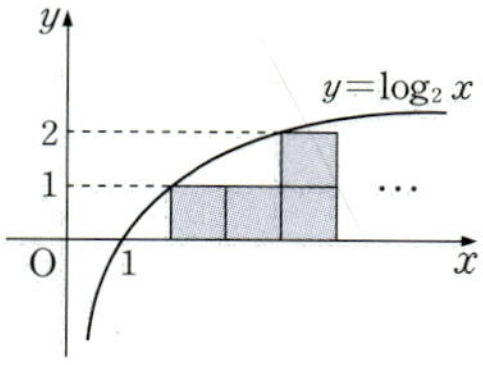

13. $2\le x\le 16$에서 $\log_2 x+\dfrac{12}{\log_2 x}-\log_x y=6$을 만족시키는 y의 최댓값을 a, 최솟값을 b라고 할 때, $\dfrac{a}{b}$의 값을 구하여라.

14. 두 양수 x, y에 대하여 등식

$$(\log_3 x)^2+(\log_3 y)^2=\log_9 x^2+\log_9 y^2$$

이 성립할 때, xy의 최댓값은 M, 최솟값은 m이다. $\mathrm{M}+m$의 값을 구하여라.

15. 로그방정식

$$\log_2 x^2+\log_2 y^2=\log_{\sqrt{2}}(x+y+3)$$

을 만족시키는 양의 정수 x, y에 대하여 x^2+2y^2의 최솟값을 구하여라.

16. 로그방정식 $\left(\log_3 \dfrac{x}{3}\right)^2-20\log_9 x+26=0$의 두 근을 α, β라 할 때, $\alpha\beta$의 값을 구하여라.

17. 좌표평면에서 $2\le x\le 8$, $y\ge 1$이고, 연립부등식

$$\begin{cases}\log_x y\le 1\\ \log_{(10-x)} y\le 1\end{cases}$$

을 만족시키는 영역의 넓이를 구하여라.

18. 두 집합

$$\mathrm{A}=\left\{x\,\middle|\,1+\frac{1}{\log_3 x}-\frac{1}{\log_5 x}<0\right\},$$

$$\mathrm{B}=\{x\mid 2^a>2^{x(x-a+1)}\}$$

에 대하여 $\mathrm{A}\subset\mathrm{B}$이기 위한 a의 최솟값을 구하여라.

19. 부등식 $|a-\log_2 x|\le 1$을 만족시키는 x의 최댓값과 최솟값의 차가 18일 때, 2^a의 값을 구하여라.

기출문제정복하기(B) | 1. 로그함수 ~ 5. 로그부등식

1. 양수 x에 대하여 상용로그 $\log x$의 지표가 n일 때, $f(x)=(-1)^n$이라 하자. 항상 옳은 것을 모두 고른 것은?

ㄱ. $f(100)=1$
ㄴ. $f(x)=-1$이면 $f(100x)=-1$이다.
ㄷ. $f(x_1)=1$, $f(x_2)=1$이면 $f(x_1x_2)=1$ 이다.

① ㄱ ② ㄷ ③ ㄱ, ㄴ
④ ㄴ, ㄷ ⑤ ㄱ, ㄴ, ㄷ

2. 함수 $f(x)=\log_{\frac{1}{2}}\dfrac{x+1}{2x}$과 $f(x)$의 역함수 $g(x)$에 대하여 옳은 것을 모두 고른 것은?(단, $x>0$ 또는 $x<-1$이다.)

ㄱ. $f\left(\dfrac{1}{15}\right)=\dfrac{1}{3}$이다.
ㄴ. $g(x)=\dfrac{2^x}{2-2^x}$이다.
ㄷ. $g(x)+g(2-x)=-1$

① ㄴ ② ㄷ ③ ㄱ, ㄴ
④ ㄴ, ㄷ ⑤ ㄱ, ㄴ, ㄷ

3. 그림과 같이 함수 $y=8^x$의 그래프가 두 직선 $y=a$, $y=b$와 만나는 점을 각각 A, B라 하고, 함수 $y=4^x$의 그래프가 두 직선 $y=a$, $y=b$와 만나는 점을 각각 C, D라 하자. 점 B에서 직선 $y=a$에 내린 수선의 발을 E, 점 C에서 직선 $y=b$에 내린 수선의 발을 F라 하자. 삼각형 AEB의 넓이가 20일 때, 삼각형 CDF의 넓이를 구하여라. (단, $a>b>1$이다.)

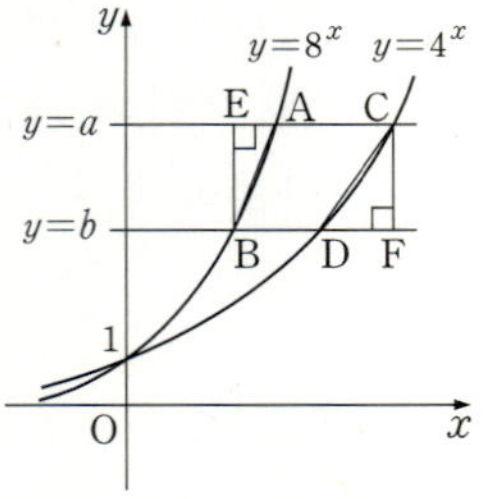

4. 자연수 n에 대하여 두 함수 $y=2^x$, $y=\log_2 x$의 그래프가 직선 $x=n$과 만나는 교점의 y좌표를 각각 a, b라 하자. $a+b$가 세 자리의 자연수일 때, $a+b$의 값을 구하여라.

5. $y=10^x$의 그래프를 x축의 방향으로 k만큼, $y=\log_{10} x$의 그래프를 y축의 방향으로 k만큼 평행이동하였더니 두 함수의 그래프가 두 점에서 만났다. 이 두 점 사이의 거리가 $\sqrt{2}$일 때, 상수 k의 값을 구하여라.

6. 두 함수 $f(x)=\left(\dfrac{1}{2}\right)^x$, $g(x)=\log_{\frac{1}{2}} x$에 대하여 옳은 것을 모두 고른 것은?

ㄱ. $a>1$이면 $f(a)<g(a)$이다.
ㄴ. 두 함수 $f(x)$, $g(x)$의 그래프의 교점의 좌표가 (α, β)일 때, $\alpha=\beta$이다.
ㄷ. 양수 a, b에 대하여 $b<f(a)$이면 $2a<g(b^2)$이다.

① ㄴ ② ㄱ, ㄴ ③ ㄱ, ㄷ
④ ㄴ, ㄷ ⑤ ㄱ, ㄴ, ㄷ

7. 그림과 같이 y축 위의 점 $(0, 2)$에서 x축에 평행한 직선을 그어 두 함수 $y=\left(\dfrac{1}{2}\right)^x$, $y=\log_2 x$의 그래프와 만나는 점을 각각 P, Q라 하고, Q에서 y축에 평행한 직선을 그어 $y=\left(\dfrac{1}{2}\right)^x$의 그래프와 만나는 점을 R라 할 때, $\triangle$PQR의 넓이를 구하여라.

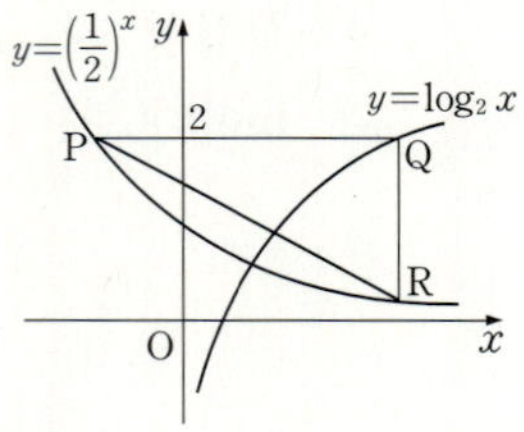

8. $1<a<b$인 두 실수 a, b에 대하여 옳은 것을 모두 고른 것은?

ㄱ. $\log_b a<\log_a b$

ㄴ. $\frac{1}{a}\log a<\frac{1}{b}\log b$

ㄷ. $2\log(a+b)<\log 2(a^2+b^2)$

① ㄱ ② ㄱ, ㄴ ③ ㄱ, ㄷ
④ ㄴ, ㄷ ⑤ ㄱ, ㄴ, ㄷ

9. 두 점 (1, 0), (0, $-m$)을 지나는 직선이 두 곡선 $y=2\log x$, $y=3\log x$와 각각 두 점에서 만날 때, 점 (1, 0)이 아닌 교점을 각각 $(p,\ 2\log p)$, $(q,\ 3\log q)$라 하자. 다음 중 옳은 것을 모두 고른 것은? (단, $m>0$, $p>1$, $q>1$이다.)

ㄱ. $p>q$

ㄴ. $m=\frac{3\log q-2\log p}{q-p}$

ㄷ. $m>\frac{3\log q}{q}$

① ㄴ ② ㄷ ③ ㄱ, ㄴ
④ ㄴ, ㄷ ⑤ ㄱ, ㄴ, ㄷ

10. 두 함수 $y=f(x)$와 $y=\log_2 x$의 그래프는 직선 $y=x$에 대하여 대칭이다. 함수 $y=\log_2 x$의 그래프가 x축과 만나는 점을 A라 하고, $\overline{\mathrm{AD}}$와 $\overline{\mathrm{BC}}$는 y축과 평행일 때, 사각형 ABCD의 넓이를 S라 하자. 10S의 값을 구하여라. (단, 점 B, C, D는 두 함수의 그래프 위의 점이다.)

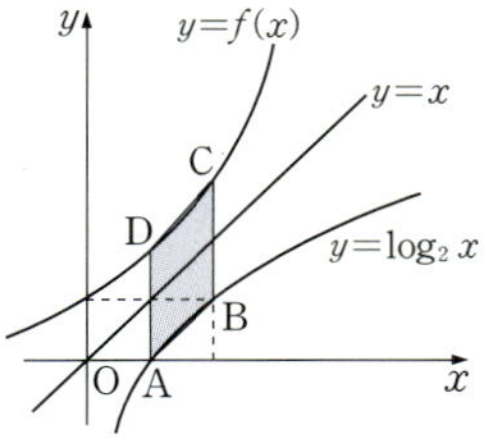

11. 두 자리의 자연수 n에 대하여 $\log_9 n-[\log_9 n]$이 최대가 되는 n의 값을 구하여라. (단, $[x]$는 x보다 크지 않은 최대의 정수이다.)

12. 원 $x^2+y^2=1$ 위의 점 $\mathrm{P}(x,\ y)$에 대하여 $\log_{\frac{1}{2}}(y+1)-\log_{\frac{1}{2}}(x+3)$의 최솟값을 m이라 할 때, 2^m의 값을 구하여라.
(단, $y\neq-1$이다.)

13. x에 대한 방정식 $(\log_2 x)\left(\log_2\frac{16}{x}\right)=\frac{m}{16}$의 해가 존재하도록 실수 m의 값의 범위를 정할 때, m의 최댓값을 구하여라.

14. 두 실수 x, y에 관한 연립방정식
$$\begin{cases} x^2+y^2=25 \\ \log_2 x+\log_2 y=(\log_2 xy)^2 \end{cases}$$
의 해의 개수를 구하여라.

15. 지수방정식 $4^x-5\cdot2^{x+2}+64=0$의 두 근은 α, β이다. 로그부등식 $(\log_2 x)^2+\log_2 x^a+b\leq0$의 해가 $\alpha\leq x\leq\beta$일 때, $a+b$의 값을 구하여라.

16. 두 집합
$\mathrm{A}=\{x\mid 2^{x(x-3a)}<2^{a(x-3a)}\}$,
$\mathrm{B}=\{x\mid \log_3(x^2-2x+6)<2\}$
에 대하여 $\mathrm{A}\cap\mathrm{B}=\mathrm{A}$가 성립하도록 하는 실수 a의 값의 범위를 구하여라.

17. 연립부등식 $\begin{cases} \left(\frac{1}{2}\right)^x\leq\left(\frac{1}{2}\right)^y \\ \log_2(y+1)\geq\log_2(-x+3) \end{cases}$
을 만족시키는 점 $(x,\ y)$가 존재하는 영역의 넓이를 구하여라.

1. 다음 중 같은 함수끼리 짝지어진 것을 모두 고른 것은?

ㄱ. $\begin{cases} y=\log(x-1)(x-2) \\ y=\log(x-1)+\log(x-2) \end{cases}$

ㄴ. $\begin{cases} y=\dfrac{x^2-1}{x-1} \\ y=x+1 \end{cases}$

ㄷ. $\begin{cases} y=x \\ y=\sqrt[3]{x^3} \end{cases}$

① ㄱ ② ㄴ ③ ㄷ
④ ㄴ, ㄷ ⑤ ㄱ, ㄷ

2. 두 실수 a와 b가 1이 아닌 양수일 때, 함수 $y=a^x$의 그래프와 함수 $y=\log_b x$의 그래프가 항상 만나는 경우를 모두 고른 것은?

ㄱ. $a>1$이고, $b>1$
ㄴ. $a>1$이고, $0<b<1$
ㄷ. $0<a<1$이고, $0<b<1$

① ㄱ ② ㄴ ③ ㄷ
④ ㄱ, ㄴ ⑤ ㄴ, ㄷ

3. 직선 $y=2-x$가 두 로그함수 $y=\log_2 x$, $y=\log_3 x$의 그래프와 만나는 점을 각각 (x_1, y_1), (x_2, y_2)라 할 때, 옳은 것을 모두 고른 것은?

ㄱ. $x_1>y_2$
ㄴ. $x_2-x_1=y_1-y_2$
ㄷ. $x_1y_1>x_2y_2$

① ㄱ ② ㄷ ③ ㄱ, ㄴ
④ ㄴ, ㄷ ⑤ ㄱ, ㄴ, ㄷ

4. 다음 그림은 중심이 (1, 1)이고, 반지름의 길이가 각각 $\frac{1}{3}$, $\frac{2}{3}$, 1, $\frac{4}{3}$, $\frac{5}{3}$, 2인 6개의 반원을 그린 것이다. 세 함수 $y=\log_{\frac{1}{4}} x$, $y=\left(\frac{2}{3}\right)^x$, $y=3^x$의 그래프가 반원과 만나는 교점의 개수를 각각 a, b, c라 하자. a, b, c의 대소 관계를 옳게 나타낸 것은? (단, $x\geq1$이고, 반원은 지름의 양 끝점을 포함한다.)

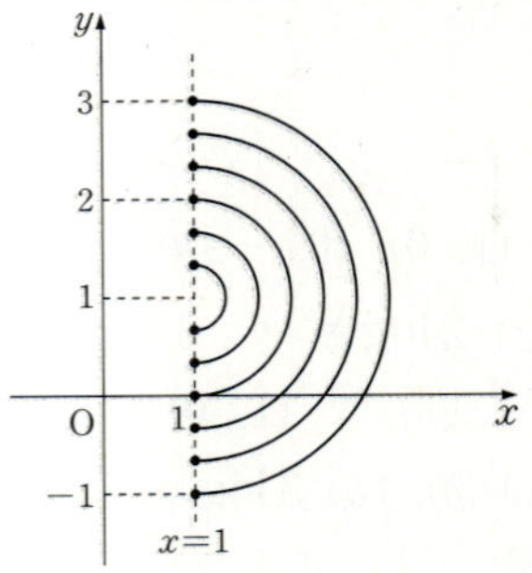

① $a<b<c$ ② $a<c<b$ ③ $b<c<a$
④ $c<a<b$ ⑤ $c<b<a$

5. $0<a<\frac{1}{2}$인 상수 a에 대하여 직선 $y=x$가 곡선 $y=\log_a x$와 만나는 점을 (p, p), 직선 $y=x$가 곡선 $y=\log_{2a} x$와 만나는 점을 (q, q)라 하자. 옳은 것을 모두 고른 것은?

ㄱ. $p=\frac{1}{2}$이면 $a=\frac{1}{4}$이다.
ㄴ. $p<q$
ㄷ. $a^{p+q}=\dfrac{pq}{2^q}$

① ㄱ ② ㄱ, ㄴ ③ ㄱ, ㄷ
④ ㄴ, ㄷ ⑤ ㄱ, ㄴ, ㄷ

6. 함수 $y=3+\log_3(x^2-4x+31)$의 최솟값은?

① 4 ② 5 ③ 6
④ 7 ⑤ 8

7. 정의역이 $\{x \mid 1 \le x \le 81\}$인 함수
$y=(\log_3 x)(\log_{\frac{1}{3}} x)+2\log_3 x+10$의 최댓값을 M, 최솟값을 m이라 할 때, $M+m$의 값을 구하여라.

8. 로그방정식 $(\log_2 x)^2-4\log_2 x=0$의 두 근을 각각 α, β라 할 때, $\alpha+\beta$의 값을 구하여라.

9. 다음 방정식의 모든 해의 곱을 구하여라.

$$(\log_2 x)^3+\log_2 x^3=4(\log_2 x)^2+\log_2 x$$

10. 부등식 $(\log_3 x)(\log_3 3x) \le 20$을 만족시키는 자연수 x의 최댓값을 구하여라.

11. 연립부등식 $\begin{cases} \log_3 |x-3| < 4 \\ \log_2 x+\log_2(x-2) \ge 3 \end{cases}$을 만족시키는 정수 x의 개수를 구하여라.

12. 부등식 $a^m < a^n < b^n < b^m$을 만족시키는 양수 a, b와 자연수 m, n에 대하여 옳은 것은?

① $a<1<b$, $m>n$
② $a<1<b$, $m<n$
③ $a<b<1$, $m<n$
④ $1<a<b$, $m>n$
⑤ $1<a<b$, $m<n$

13. 정수 n에 대하여 두 집합 $A(n)$, $B(n)$이

$A(n)=\{x \mid \log_2 x \le n\}$,
$B(n)=\{x \mid \log_4 x \le n\}$

일 때, 옳은 것을 모두 고른 것은?

ㄱ. $A(1)=\{x \mid 0<x \le 1\}$
ㄴ. $A(4)=B(2)$
ㄷ. $A(n) \subset B(n)$일 때, $B(-n) \subset A(-n)$이다.

① ㄱ ② ㄴ ③ ㄷ
④ ㄱ, ㄷ ⑤ ㄴ, ㄷ

14. n이 자연수일 때, 다음 부등식 중 항상 성립하는 것을 모두 고른 것은?

ㄱ. $\log_2(n+3)>\log_2(n+2)$
ㄴ. $\log_2(n+2)>\log_3(n+2)$
ㄷ. $\log_2(n+2)>\log_3(n+3)$

① ㄱ ② ㄱ, ㄴ ③ ㄱ, ㄷ
④ ㄴ, ㄷ ⑤ ㄱ, ㄴ, ㄷ

상용로그표 (1)

수	0	1	2	3	4	5	6	7	8	9	비례부분 1	2	3	4	5	6	7	8	9
1.0	.0000	.0043	.0086	.0128	.0170	.0212	.0253	.0294	.0334	.0374	4	8	12	17	21	25	29	33	37
1.1	.0414	.0453	.0492	.0531	.0569	.0607	.0645	.0682	.0719	.0755	4	8	11	15	19	23	26	30	34
1.2	.0792	.0828	.0864	.0899	.0934	.0969	.1004	.1038	.1072	.1106	3	7	10	14	17	21	24	28	31
1.3	.1139	.1173	.1206	.1239	.1271	.1303	.1335	.1367	.1399	.1430	3	6	10	13	16	19	23	26	29
1.4	.1461	.1492	.1523	.1553	.1584	.1614	.1644	.1673	.1703	.1732	3	6	9	12	15	18	21	24	27
1.5	.1761	.1790	.1818	.1847	.1875	.1903	.1931	.1959	.1987	.2014	3	6	8	11	14	17	20	22	25
1.6	.2041	.2068	.2095	.2122	.2148	.2175	.2201	.2227	.2253	.2279	3	5	8	11	13	16	18	21	24
1.7	.2304	.2330	.2355	.2380	.2405	.2430	.2455	.2480	.2504	.2529	2	5	7	10	12	15	17	20	22
1.8	.2553	.2577	.2601	.2625	.2648	.2672	.2695	.2718	.2742	.2765	2	5	7	9	12	14	16	19	20
1.9	.2788	.2810	.2833	.2856	.2878	.2900	.2923	.2945	.2967	.2989	2	4	7	9	11	13	16	18	21
2.0	.3010	.3032	.3054	.3075	.3096	.3118	.3139	.3160	.3181	.3201	2	4	6	8	11	13	15	17	19
2.1	.3222	.3243	.3263	.3284	.3304	.3324	.3345	.3365	.3385	.3404	2	4	6	8	10	12	14	16	18
2.2	.3424	.3444	.3464	.3483	.3502	.3522	.3541	.3560	.3579	.3598	2	4	6	8	10	12	14	15	17
2.3	.3617	.3636	.3655	.3674	.3692	.3711	.3729	.3747	.3766	.3784	2	4	6	7	9	11	13	15	17
2.4	.3802	.3820	.3838	.3856	.3874	.3892	.3909	.3927	.3945	.3962	2	4	5	7	9	11	12	14	16
2.5	.3979	.3997	.4014	.4031	.4048	.4065	.4082	.4099	.4116	.4133	2	3	5	7	9	10	12	14	15
2.6	.4150	.4166	.4183	.4200	.4216	.4232	.4249	.4265	.4281	.4298	2	3	5	7	8	10	11	13	15
2.7	.4314	.4330	.4346	.4362	.4378	.4393	.4409	.4425	.4440	.4456	2	3	5	6	8	9	11	13	14
2.8	.4472	.4487	.4502	.4518	.4533	.4548	.4564	.4579	.4594	.4609	2	3	5	6	8	9	11	12	14
2.9	.4624	.4639	.4654	.4669	.4683	.4698	.4713	.4728	.4742	.4757	1	3	4	6	7	9	10	12	13
3.0	.4771	.4786	.4800	.4814	.4829	.4843	.4857	.4871	.4886	.4900	1	3	4	6	7	9	10	11	13
3.1	.4914	.4928	.4942	.4955	.4969	.4983	.4997	.5011	.5024	.5038	1	3	4	6	7	8	10	11	12
3.2	.5051	.5065	.5079	.5092	.5105	.5119	.5132	.5145	.5159	.5172	1	3	4	5	7	8	9	11	12
3.3	.5185	.5198	.5211	.5224	.5237	.5250	.5263	.5276	.5289	.5302	1	3	4	5	6	8	9	10	12
3.4	.5315	.5328	.5340	.5353	.5366	.5378	.5391	.5403	.5416	.5428	1	3	4	5	6	8	9	10	11
3.5	.5441	.5453	.5465	.5478	.5490	.5502	.5514	.5527	.5539	.5551	1	2	4	5	6	7	9	10	11
3.6	.5563	.5575	.5587	.5599	.5611	.5623	.5635	.5647	.5658	.5670	1	2	4	5	6	7	8	10	11
3.7	.5682	.5694	.5705	.5717	.5729	.5740	.5752	.5763	.5775	.5786	1	2	3	5	6	7	8	9	10
3.8	.5798	.5809	.5821	.5832	.5843	.5855	.5866	.5877	.5888	.5899	1	2	3	5	6	7	8	9	10
3.9	.5911	.5922	.5933	.5944	.5955	.5966	.5977	.5988	.5999	.6010	1	2	3	4	5	7	8	9	10
4.0	.6021	.6031	.6042	.6053	.6064	.6075	.6085	.6096	.6107	.6117	1	2	3	4	5	7	8	9	10
4.1	.6128	.6138	.6149	.6160	.6170	.6180	.6191	.6201	.6212	.6222	1	2	3	4	5	6	7	8	9
4.2	.6232	.6243	.6253	.6263	.6274	.6284	.6294	.6304	.6314	.6325	1	2	3	4	5	6	7	8	9
4.3	.6335	.6345	.6355	.6365	.6375	.6385	.6395	.6405	.6415	.6425	1	2	3	4	5	6	7	8	9
4.4	.6435	.6444	.6454	.6464	.6474	.6484	.6493	.6503	.6513	.6522	1	2	3	4	5	6	7	8	9
4.5	.6532	.6542	.6551	.6561	.6571	.6580	.6590	.6599	.6609	.6618	1	2	3	4	5	6	7	8	9
4.6	.6628	.6637	.6646	.6656	.6665	.6675	.6684	.6693	.6702	.6712	1	2	3	4	5	6	7	8	9
4.7	.6721	.6730	.6739	.6749	.6758	.6767	.6776	.6785	.6794	.6803	1	2	3	4	5	5	6	7	8
4.8	.6812	.6821	.6830	.6839	.6848	.6857	.6866	.6875	.6884	.6893	1	2	3	4	4	5	6	7	8
4.9	.6902	.6911	.6920	.6928	.6937	.6946	.6955	.6964	.6972	.6981	1	2	3	4	4	5	6	7	8
5.0	.6990	.6998	.7007	.7016	.7024	.7033	.7042	.7050	.7059	.7067	1	2	3	3	4	5	6	7	8
5.1	.7076	.7084	.7093	.7101	.7110	.7118	.7126	.7135	.7143	.7152	1	2	3	3	4	5	6	7	8
5.2	.7160	.7168	.7177	.7185	.7193	.7202	.7210	.7218	.7226	.7235	1	2	2	3	4	5	6	7	7
5.3	.7243	.7251	.7259	.7267	.7275	.7284	.7292	.7300	.7308	.7316	1	2	2	3	4	5	6	6	7
5.4	.7324	.7332	.7340	.7348	.7356	.7364	.7372	.7380	.7388	.7396	1	2	2	3	4	5	6	6	7

$\log_{10}\pi = 0.4971$ $\log_{10}2\pi = 0.7982$

상용로그표 (2)

수	0	1	2	3	4	5	6	7	8	9	비례부분								
											1	2	3	4	5	6	7	8	9
5.5	.7404	.7412	.7419	.7427	.7435	.7443	.7451	.7459	.7466	.7474	1	2	2	3	4	5	5	6	7
5.6	.7482	.7490	.7497	.7505	.7513	.7520	.7528	.7536	.7543	.7551	1	2	2	3	4	5	5	6	7
5.7	.7559	.7566	.7574	.7582	.7589	.7597	.7604	.7612	.7619	.7627	1	2	2	3	4	5	5	6	7
5.8	.7634	.7642	.7649	.7657	.7664	.7672	.7679	.7686	.7694	.7701	1	1	2	3	4	4	5	6	7
5.9	.7709	.7716	.7723	.7731	.7738	.7745	.7752	.7760	.7767	.7774	1	1	2	3	4	4	5	6	7
6.0	.7782	.7789	.7796	.7803	.7810	.7818	.7825	.7832	.7839	.7846	1	1	2	3	4	4	5	6	6
6.1	.7853	.7860	.7868	.7875	.7882	.7889	.7896	.7903	.7910	.7917	1	1	2	3	4	4	5	6	6
6.2	.7924	.7931	.7938	.7945	.7952	.7959	.7966	.7973	.7980	.7987	1	1	2	3	3	4	5	6	6
6.3	.7993	.8000	.8007	.8014	.8021	.8028	.8035	.8041	.8048	.8055	1	1	2	3	3	4	5	5	6
6.4	.8062	.8069	.8075	.8082	.8089	.8096	.8102	.8109	.8116	.8122	1	1	2	3	3	4	5	5	6
6.5	.8129	.8136	.8142	.8149	.8156	.8162	.8169	.8176	.8182	.8189	1	1	2	3	3	4	5	5	6
6.6	.8195	.8202	.8209	.8215	.8222	.8228	.8235	.8241	.8248	.8254	1	1	2	3	3	4	5	5	6
6.7	.8261	.8267	.8274	.8280	.8287	.8293	.8299	.8306	.8312	.8319	1	1	2	3	3	4	5	5	6
6.8	.8325	.8331	.8338	.8344	.8351	.8357	.8363	.8370	.8376	.8382	1	1	2	3	3	4	4	5	6
6.9	.8388	.8395	.8401	.8407	.8414	.8420	.8426	.8432	.8439	.8445	1	1	2	2	3	4	4	5	6
7.0	.8451	.8457	.8463	.8470	.8476	.8482	.8488	.8494	.8500	.8506	1	1	2	2	3	4	4	5	6
7.1	.8513	.8519	.8525	.8531	.8537	.8543	.8549	.8555	.8561	.8567	1	1	2	2	3	4	4	5	5
7.2	.8573	.8579	.8585	.8591	.8597	.8603	.8609	.8615	.8621	.8627	1	1	2	2	3	4	4	5	5
7.3	.8633	.8639	.8645	.8651	.8657	.8663	.8669	.8675	.8681	.8686	1	1	2	2	3	4	4	5	5
7.4	.8692	.8698	.8704	.8710	.8716	.8722	.8727	.8733	.8739	.8745	1	1	2	2	3	4	4	5	5
7.5	.8751	.8756	.8762	.8768	.8774	.8779	.8785	.8791	.8797	.8802	1	1	2	2	3	3	4	5	5
7.6	.8808	.8814	.8820	.8825	.8831	.8837	.8842	.8848	.8854	.8859	1	1	2	2	3	3	4	5	5
7.7	.8865	.8871	.8876	.8882	.8887	.8893	.8899	.8904	.8910	.8915	1	1	2	2	3	3	4	4	5
7.8	.8921	.8927	.8932	.8938	.8943	.8949	.8954	.8960	.8965	.8971	1	1	2	2	3	3	4	4	5
7.9	.8976	.8982	.8987	.8993	.8998	.9004	.9009	.9015	.9020	.9025	1	1	2	2	3	3	4	4	5
8.0	.9031	.9036	.9042	.9047	.9053	.9058	.9063	.9069	.9074	.9079	1	1	2	2	3	3	4	4	5
8.1	.9085	.9090	.9096	.9101	.9106	.9112	.9117	.9122	.9128	.9133	1	1	2	2	3	3	4	4	5
8.2	.9138	.9143	.9149	.9154	.9159	.9165	.9170	.9175	.9180	.9186	1	1	2	2	3	3	4	4	5
8.3	.9191	.9196	.9201	.9206	.9212	.9217	.9222	.9227	.9232	.9238	1	1	2	2	3	3	4	4	5
8.4	.9243	.9248	.9253	.9258	.9263	.9269	.9274	.9279	.9284	.9289	1	1	2	2	3	3	4	4	5
8.5	.9294	.9299	.9304	.9309	.9315	.9320	.9325	.9330	.9335	.9340	1	1	2	2	3	3	4	4	5
8.6	.9345	.9350	.9355	.9360	.9365	.9370	.9375	.9380	.9385	.9390	1	1	2	2	3	3	4	4	5
8.7	.9395	.9400	.9405	.9410	.9415	.9420	.9425	.9430	.9435	.9440	0	1	1	2	2	3	3	4	4
8.8	.9445	.9450	.9455	.9460	.9465	.9469	.9474	.9479	.9484	.9489	0	1	1	2	2	3	3	4	4
8.9	.9494	.9499	.9504	.9509	.9513	.9518	.9523	.9528	.9533	.9538	0	1	1	2	2	3	3	4	4
9.0	.9542	.9547	.9552	.9557	.9562	.9566	.9571	.9576	.9581	.9586	0	1	1	2	2	3	3	4	4
9.1	.9590	.9595	.9600	.9605	.9609	.9614	.9619	.9624	.9628	.9633	0	1	1	2	2	3	3	4	4
9.2	.9638	.9643	.9647	.9652	.9657	.9661	.9666	.9671	.9675	.9680	0	1	1	2	2	3	3	4	4
9.3	.9685	.9689	.9694	.9699	.9703	.9708	.9713	.9717	.9722	.9727	0	1	1	2	2	3	3	4	4
9.4	.9731	.9736	.9741	.9745	.9750	.9754	.9759	.9763	.9768	.9773	0	1	1	2	2	3	3	4	4
9.5	.9777	.9782	.9786	.9791	.9795	.9800	.9805	.9809	.9814	.9818	0	1	1	2	2	3	3	4	4
9.6	.9823	.9827	.9832	.9836	.9841	.9845	.9850	.9854	.9859	.9863	0	1	1	2	2	3	3	4	4
9.7	.9868	.9872	.9877	.9881	.9886	.9890	.9894	.9899	.9903	.9908	0	1	1	2	2	3	3	4	4
9.8	.9912	.9917	.9921	.9926	.9930	.9934	.9939	.9943	.9948	.9952	0	1	1	2	2	3	3	4	4
9.9	.9956	.9961	.9965	.9969	.9974	.9978	.9983	.9987	.9991	.9996	0	1	1	2	2	3	3	3	4

라이브 B&A 수학

2001년 3월 15일 5판 발행
2012년 3월 2일 개정판 발행

- 편저자 / 이내산 외
- 발행인 / 신성현, 오상욱
- 주 소 / 서울시 금천구 가산동 327-32 대륭테크노타운 12차 1116호
- 전 화 / 02-6343-0992~3
- 팩 스 / 02-6343-0994
- 등 록 / 1997. 1. 24 (03-963)

수학은 국력식 공부는 점수에 반영되는 실질적인 실력을 길러 줍니다.

초·중·고	교재 이름	교재의 특장
초등 수학	새내기 중 1 수학	• 초등학교 6학년 학생들의 선행학습 교재로 편찬한 중1 예비수학입니다.
중등 수학	3000제 꿀꺽수학 1－1, 1－2 3000제 꿀꺽수학 2－1, 2－2 3000제 꿀꺽수학 3－1, 3－2 3000제 실력수학 1－1, 1－2	• 교과서 문제와 각 학교 중간고사, 기말고사, 연합고사 기출문제를 다단계로 구성하여 학년별로 3000여 문제씩 수록하였습니다.
	헤드 투 헤드 실력수학 1－1, 1－2 헤드 투 헤드 고난도 수학 2－1, 2－2 헤드 투 헤드 고난도 수학 3－1, 3－2	• 수학 공부의 바른 길을 제시한 중학 수학의 정석입니다. • 기본적인 개념·원리부터 수학 경시대회 수준의 문제까지 방대한 내용을 수록한 책입니다.
	윈윈 e-데이 수학 1－1, 1－2 윈윈 수학 2500제 2－1, 2－2 윈윈 수학 2500제 3－1, 3－2	• 교과서의 모든 내용을 문제로 만들어 패턴별로 정리하였습니다. • 교과서의 개념과 원리－예제·문제·연습·종합문제－기출문제의 순서로 내용을 체계화 하였습니다.
	10주 수학 중 1(전과정) 10주 수학 중 2(전과정) 10주 수학 중 3(전과정)	• 중1 수학부터 고1 수학 전과정을 1년에 마스터할 수 있도록 내용을 구성하였습니다. • 대입 수능 수학을 공부하는데 꼭 필요한 기본서로 꾸몄습니다. • 교과서의 기본 개념과 핵심 문제를 빠짐없이 수록하였습니다.
고등 수학	10주 수학 고 1(상권) 10주 수학 고 1(하권)	
	빌트인 고1 수학(상권)	• 고교수학의 기본적인 원리와 개념을 자세히 해설하였습니다. • 핵심적인 문제로 내용을 구성하였습니다.
	라이브 B & A 수학 고1 (상), (하) 라이브 B & A 수학 Ⅰ(상), (하) 라이브 수학 Ⅱ(상), (하) 라이브 수학(미분과 적분)	• 우리 나라와 외국의 교과서 문제, 서울 시내 고등학교의 중간·기말고사 문제, 대입 예비고사, 대입 학력고사, 대입 수능 기출문제를 다단계로 구성하였습니다.

기본 문제부터 수능 문제까지 마스터할 수 있는 라이브 수학

라이브

B&A 수학 I (상)

before & after

고2 · 고3

해설과 정답

- 교과서 실력 쌓기
- 교과서 끝내기
- 기출 문제 정복하기(A)
- 기출 문제 정복하기(B)
- 수능 문제 정복하기

많은 문제를 빠르고 정확하게

(주)수학은 국력

1. 행렬의 뜻과 덧셈, 뺄셈, 실수배

p. 4

1. (1) **1×3 행렬**

(2) **2×1 행렬**

(3) **2×2 행렬 (2차정사각행렬)**

(4) **2×3 행렬**

(5) **3×3 행렬 (3차정사각행렬)**

(6) **3×2 행렬**

2. ③ (2, 1) 성분은 4이다. 답 ③

3. 행렬 A는 2×3 행렬이고, 제2열의 성분의 합은 $-1+3=2$이다.

$\therefore$ $\boldsymbol{m=2,\ n=3,\ a=2}$ ←답

4. (제1행의 합)$=a+b+(2b-a)=6$에서

$3b=6$ $\quad\therefore\ b=2$

(제2열의 합)$=b-a=1$에서 $2-a=1$ $\quad\therefore a=1$

행렬 A의 (1, 3) 성분은

$2b-a=2\times2-1=\mathbf{3}$ ←답

5. $a_{11}=2\times1-1=1,\ a_{12}=2\times1-2=0,$

$a_{21}=2\times2-1=3,\ a_{22}=2\times2-2=2$

$\therefore\ \mathbf{A}=\begin{pmatrix}1&0\\3&2\end{pmatrix}$ ←답

6. $a_{11}=1+1+2=4,\ a_{12}=1+2+2=5,$

$a_{13}=1+3+2=6,\ a_{21}=2+1+2=5,$

$a_{22}=2+2+2=6,\ a_{23}=2+3+2=7$

$\therefore\ \mathbf{A}=\begin{pmatrix}4&5&6\\5&6&7\end{pmatrix}$ ←답

7. $a_{11}=|1-1|=0,\ a_{12}=|1-2|=1,$

$a_{13}=|1-3|=2,\ a_{21}=|2-1|=1,$

$a_{22}=|2-2|=0,\ a_{23}=|2-3|=1$

$\therefore\ \mathbf{A}=\begin{pmatrix}0&1&2\\1&0&1\end{pmatrix}$ ←답

8. $a_{11}=1+2\times1=3,\quad a_{12}=2\times1-2=0,$

$a_{13}=2\times1-3=-1,\ a_{21}=2\times2-1=3,$

$a_{22}=2+2\times2=6,\quad a_{23}=2\times2-3=1$

$\therefore\ \mathbf{A}=\begin{pmatrix}3&0&-1\\3&6&1\end{pmatrix}$ ←답

p. 5

9. $a_{11}=1-1=0,\ a_{12}=2,\ a_{13}=3,$

$a_{21}=2,\ a_{22}=2-2=0,\ a_{23}=3,$

$a_{31}=3,\ a_{32}=3,\ a_{33}=3-3=0$

$\therefore\ \mathbf{A}=\begin{pmatrix}0&2&3\\2&0&3\\3&3&0\end{pmatrix}$ ←답

10. $a_{11}=\sin\left\{\frac{\pi}{2}(1-1)+\frac{\pi}{2}\right\}=\sin\frac{\pi}{2}=1,$

$a_{12}=\sin\left\{\frac{\pi}{2}(1-2)+\frac{\pi}{2}\right\}=\sin0=0,$

$a_{21}=\sin\left\{\frac{\pi}{2}(2-1)+\frac{\pi}{2}\right\}=\sin\pi=0,$

$a_{22}=\sin\left\{\frac{\pi}{2}(2-2)+\frac{\pi}{2}\right\}=\sin\frac{\pi}{2}=1$

$\therefore\ \mathrm{A}=\begin{pmatrix}1&0\\0&1\end{pmatrix}$ ←답

11. $a_{11}=1+1+k=2+k,\ a_{12}=1+2+k=3+k,$

$a_{13}=1+3+k=4+k,\ a_{21}=2+1+k=3+k,$

$a_{22}=2+2+k=4+k,\ a_{23}=2+3+k=5+k$

$\therefore\ (2+k)+(3+k)+(4+k)+(3+k)+(4+k)+(5+k)=9$

$21+6k=9$이므로 $\boldsymbol{k=-2}$ ←답

12. $a_{11}=1\times1+k=1+k,\ a_{12}=3\times1-2=1,$

$a_{21}=2\times1+k=2+k,\ a_{22}=2\times2+k=4+k$

$\therefore\ (1+k)+1+(2+k)+(4+k)=23$

$3k+8=23$ $\quad\therefore\ \boldsymbol{k=5}$ ←답

13. 15번 자리는 (5, 1) 성분이고,

23번 자리는 (3, 2) 성분이다.

$\therefore$ **15번 짝은 (5, 2) 성분, 즉 25번**

23번 짝은 (3, 1) 성분, 즉 13번 } ←답

14. A′(2, 1), B′(4, 2), C′(4, 1)

따라서, △A′B′C′을 나타내는 행렬은

$\begin{pmatrix}2&4&4\\1&2&1\end{pmatrix}$ ←답

이고, 이 행렬은 **2행 3열**의 행렬이다. ←답

15. $\mathrm{A}=\begin{pmatrix}0&3&2\\3&0&2\\2&2&0\end{pmatrix}$

16. $\mathrm{A}=\begin{pmatrix}0&1&1\\1&0&1\\1&0&1\end{pmatrix}$이므로

행렬 A의 모든 성분의 합은 **6** ←답

p. 6

17. (1) 대응하는 성분이 모두 같으므로

$a-2=-1,\ b-3=2,\ -2=a-3$이므로

$\boldsymbol{a=1,\ b=5}$ ← 답

(2) 대응하는 성분이 모두 같으므로

$1-a=2a+4,\ b+3=-3,\ a+5=4$

이므로 $\boldsymbol{a=-1,\ b=-6}$ ← 답

18. (1) $2b-a=-6,\ c-d=4$

$2d-3=3,\ 2a+1=-3$

$\therefore\ \boldsymbol{a=-2,\ b=-4,\ c=7,\ d=3}$ ← 답

(2) $2+a\sqrt{2}=c+\sqrt{2}$에서 $a=1,\ c=2$

$b^2=1,\ b\sqrt{5}=d-\sqrt{5}$에서 $b=-1,\ d=0$

$\therefore\ \boldsymbol{a=1,\ b=-1,\ c=2,\ d=0}$ ← 답

19. $2x-y=3,\ x+3y=5$

이것을 연립하여 풀면

$\boldsymbol{x=2,\ y=1}$ ← 답

$$\begin{array}{r} 2x-\ y=3 \\ -)\ 2x+6y=10 \\ \hline -7y=-7 \end{array}$$

20. $a+b=1,\ a-b=3,\ 3c=-6$

이므로 이것을 연립하여 풀면

$\boldsymbol{a=2,\ b=-1,\ c=-2}$ ← 답

$$\begin{array}{r} a+b=1 \\ +)\ a-b=3 \\ \hline 2a\quad =4 \end{array}$$

21. $x+y=3\ \cdots$ ㉠, $y+z=5\ \cdots$ ㉡, $z+x=4\ \cdots$ ㉢

㉠+㉡+㉢ : $2(x+y+z)=12$

$x+y+z=6\ \cdots$ ㉣

㉣−㉠ : $z=3$, ㉣−㉡ : $x=1$, ㉣−㉢ : $y=2$

답 -5

22. $x^2-ax=3,\ 4=2a,\ 4x=x^2+5b,\ 0=b+1$

따라서, $a=2,\ b=-1$

이때 $x^2-2x=3,\ 4x=x^2-5$

$x^2-2x-3=0$에서 $x=3$ or $x=-1$

$x^2-4x-5=0$에서 $x=5$ or $x=-1$

따라서, 이들의 공통근은 $x=-1$

답 $\boldsymbol{a=2,\ b=-1,\ x=-1}$

23. $\tan\theta=\dfrac{12}{5},\ \cos\theta=\dfrac{5}{13},\ \sin\theta=k$

$\dfrac{\sin\theta}{\cos\theta}=\tan\theta$이므로 $\dfrac{k}{\frac{5}{13}}=\dfrac{12}{5}$

$\therefore\ \boldsymbol{k=\dfrac{12}{13}}$ ← 답

24. $x^2-x=x+3\ \cdots$ ㉠, $4x=x^2+5y\ \cdots$ ㉡

$-4=y-3$에서 $y=-1$

$y=-1$을 ㉡에 대입하면 $x^2-4x-5=0$

$(x+1)(x-5)=0\qquad \therefore\ x=-1$ or $x=5$

㉠에서 $x^2-2x-3=0$

$(x+1)(x-3)=0\qquad \therefore\ x=-1$ or $x=3$

㉠, ㉡의 공통근은 $x=-1$이므로

$\boldsymbol{x=-1,\ y=-1}$ ← 답

25. $a^3+b^3=x,\ a^2+b^2=5,\ ab=-2$에서

$(a+b)^2=a^2+b^2+2ab=1$

$\therefore\ a+b=\pm1$

$x=a^3+b^3=(a+b)^3-3ab(a+b)$

$=(\pm1)^3+6\cdot(\pm1)=\boldsymbol{\pm7}$ ← 답

p. 7

1. $\mathrm{A+B}=\begin{pmatrix} 3 & 2 & 1 \\ 8 & 4 & -3 \end{pmatrix}+\begin{pmatrix} 1 & -3 & 2 \\ -3 & 0 & 1 \end{pmatrix}$

$=\begin{pmatrix} 3+1 & 2+(-3) & 1+2 \\ 8+(-3) & 4+0 & -3+1 \end{pmatrix}$

$=\begin{pmatrix} \boldsymbol{4} & \boldsymbol{-1} & \boldsymbol{3} \\ \boldsymbol{5} & \boldsymbol{4} & \boldsymbol{-2} \end{pmatrix}$ ← 답

2. (좌변)$=\begin{pmatrix} x-1 & z \\ 3 & y+1 \end{pmatrix}$

(우변)$=\begin{pmatrix} y & x+1 \\ x+y & z-1 \end{pmatrix}$

$\therefore\ \begin{pmatrix} x-1 & z \\ 3 & y+1 \end{pmatrix}=\begin{pmatrix} y & x+1 \\ x+y & z-1 \end{pmatrix}$

$\therefore\ \boldsymbol{x=2,\ y=1,\ z=3}$ ← 답

3. $\begin{pmatrix} a+b & 1+ab \\ 1+ab & b+a \end{pmatrix}=\begin{pmatrix} 2 & -2 \\ -2 & 2 \end{pmatrix}$

$a+b=2,\ ab+1=-2$

$\therefore\ a^2+b^2=(a+b)^2-2ab=2^2-2\cdot(-3)=\boldsymbol{10}$ ← 답

4. $\begin{pmatrix} 0 & a^2+b^2 \\ a+b & a^3+b^3 \end{pmatrix}=\begin{pmatrix} 0 & 2 \\ 2 & x \end{pmatrix}$

$a^2+b^2=2,\ a+b=2,\ a^3+b^3=x$에서

$(a+b)^2=a^2+2ab+b^2$

이므로 $ab=1$

$\therefore\ x=a^3+b^3=(a+b)^3-3ab(a+b)=\boldsymbol{2}$ ← 답

5. $\mathrm{A+B}=\begin{pmatrix} \alpha & \alpha^2 \\ 2 & 3 \end{pmatrix}+\begin{pmatrix} \beta & \beta^2 \\ 4 & 1 \end{pmatrix}$

$=\begin{pmatrix} \alpha+\beta & \alpha^2+\beta^2 \\ 6 & 4 \end{pmatrix}$

이차방정식의 근과 계수의 관계에서

$\alpha+\beta=2,\ \alpha\beta=-4$이므로

$\alpha^2+\beta^2=(\alpha+\beta)^2-2\alpha\beta=2^2-2\cdot(-4)=12$

$\therefore\ \mathrm{A+B}=\begin{pmatrix} 2 & 12 \\ 6 & 4 \end{pmatrix}$

답 **24**

6. $\begin{pmatrix} \mathbf{1} & \mathbf{2} \\ \mathbf{7} & \mathbf{1} \end{pmatrix}$

7. $A-B=\begin{pmatrix} 5 & -3 \\ 2 & 2 \end{pmatrix}-\begin{pmatrix} 0 & -4 \\ 7 & -6 \end{pmatrix}=\begin{pmatrix} 5 & 1 \\ -5 & 8 \end{pmatrix}$이므로

$(A-B)-C=\begin{pmatrix} 5 & 1 \\ -5 & 8 \end{pmatrix}-\begin{pmatrix} 5 & -7 \\ 9 & -4 \end{pmatrix}$

$=\begin{pmatrix} \mathbf{0} & \mathbf{8} \\ \mathbf{-14} & \mathbf{12} \end{pmatrix}$ ← 답

8. $\begin{pmatrix} 2x+3 & 8 \\ -4 & -1 \end{pmatrix}-\begin{pmatrix} 3 & -2 \\ 3y-1 & -5 \end{pmatrix}$

$=\begin{pmatrix} 2x & 10 \\ -3y-3 & 4 \end{pmatrix}=\begin{pmatrix} 7 & 10 \\ 3 & 4 \end{pmatrix}$

$2x=7$에서 $x=\frac{7}{2}$

$-3y-3=3$에서 $y=-2$ 답 $\boldsymbol{x=\frac{7}{2},\ y=-2}$

9. $\begin{pmatrix} 0 & 6 \\ 1 & 3 \end{pmatrix}=\begin{pmatrix} a-4 & 6 \\ 1 & b-3 \end{pmatrix}$이므로

$a-4=0,\ b-3=3$

$\therefore\ \boldsymbol{a=4,\ b=6}$ ← 답

10. $\begin{pmatrix} 2x+3y \\ 2y \end{pmatrix}=\begin{pmatrix} 12 \\ 7-x \end{pmatrix}$에서

$2x+3y=12,\ 2y=7-x$

$\therefore\ \boldsymbol{x=3,\ y=2}$ ← 답

$$\begin{array}{r} 2x+3y=12 \\ -)\ 2x+4y=14 \\ \hline -y=-2 \end{array}$$

p. 8

11. $5A-3B=5\begin{pmatrix} 1 & 3 \\ -2 & 0 \end{pmatrix}-3\begin{pmatrix} 1 & 2 \\ 1 & -1 \end{pmatrix}$

$=\begin{pmatrix} 5\times1 & 5\times3 \\ 5\times(-2) & 5\times0 \end{pmatrix}-\begin{pmatrix} 3\times1 & 3\times2 \\ 3\times1 & 3\times(-1) \end{pmatrix}$

$=\begin{pmatrix} 5 & 15 \\ -10 & 0 \end{pmatrix}-\begin{pmatrix} 3 & 6 \\ 3 & -3 \end{pmatrix}$

$=\begin{pmatrix} \mathbf{2} & \mathbf{9} \\ \mathbf{-13} & \mathbf{3} \end{pmatrix}$ ← 답

12. $2(A+3B)+A-4B$

$=(2A+6B)+A-4B$

$=3A+2B$

$=3\begin{pmatrix} 2 & 0 & -1 \\ -1 & 3 & 0 \end{pmatrix}+2\begin{pmatrix} -3 & 2 & 4 \\ 1 & 0 & -2 \end{pmatrix}$

$=\begin{pmatrix} 6 & 0 & -3 \\ -3 & 9 & 0 \end{pmatrix}+\begin{pmatrix} -6 & 4 & 8 \\ 2 & 0 & -4 \end{pmatrix}$

$=\begin{pmatrix} 0 & 4 & 5 \\ -1 & 9 & -4 \end{pmatrix}$ 답 **13**

13. $\begin{pmatrix} 2-x & -2-z \\ 2x-y & 2y-1 \end{pmatrix}=\begin{pmatrix} y & x \\ z & 3 \end{pmatrix}$

$2-x=y,\ -2-z=x,\ 2x-y=z,\ 2y-1=3$

$\therefore\ \boldsymbol{x=0,\ y=2,\ z=-2}$ ← 답

14. (1) $-A=\begin{pmatrix} -1 & 2 & -4 \\ -2 & -3 & 3 \end{pmatrix}$이므로

원점에 대하여 대칭이동한 삼각형이다. ← 답

(2) $2A=\begin{pmatrix} 2 & -4 & 8 \\ 4 & 6 & -6 \end{pmatrix}$이므로

원점을 중심으로 2배 확대한 삼각형이다. ← 답

15. $X=\frac{3}{2}B-\frac{1}{2}A=\frac{3}{2}\begin{pmatrix} 4 & 2 \\ 5 & -3 \end{pmatrix}-\frac{1}{2}\begin{pmatrix} 2 & 0 \\ -1 & 3 \end{pmatrix}$

$=\begin{pmatrix} \mathbf{5} & \mathbf{3} \\ \mathbf{8} & \mathbf{-6} \end{pmatrix}$ ← 답

16. 준식을 이항하여 정리하면 $X=-2A+B$이므로

$X=-2\begin{pmatrix} 1 & -5 \\ -3 & 2 \end{pmatrix}+\begin{pmatrix} -3 & 1 \\ -7 & -2 \end{pmatrix}$

$=\begin{pmatrix} -2 & 10 \\ 6 & -4 \end{pmatrix}+\begin{pmatrix} -3 & 1 \\ -7 & -2 \end{pmatrix}$

$=\begin{pmatrix} -5 & 11 \\ -1 & -6 \end{pmatrix}$ 답 **−1**

17. $2(X-A)=4A+3B$에서 $2X-2A=4A+3B$

$\therefore\ X=\frac{1}{2}(4A+3B+2A)=3A+\frac{3}{2}B$

$=3\begin{pmatrix} 3 & -1 \\ 2 & 5 \end{pmatrix}+\frac{3}{2}\begin{pmatrix} 2 & 6 \\ 0 & -4 \end{pmatrix}$

$=\begin{pmatrix} 9 & -3 \\ 6 & 15 \end{pmatrix}+\begin{pmatrix} 3 & 9 \\ 0 & -6 \end{pmatrix}=\begin{pmatrix} \mathbf{12} & \mathbf{6} \\ \mathbf{6} & \mathbf{9} \end{pmatrix}$ ← 답

18. $3X-A=X+2A-2B$

$3X-X=A+2A-2B$

$2X=3A-2B$

$X=\frac{1}{2}(3A-2B)$

$\therefore\ X=\frac{1}{2}\left\{3\begin{pmatrix} 1 & 2 \\ 2 & -4 \end{pmatrix}-2\begin{pmatrix} 2 & -1 \\ 5 & 3 \end{pmatrix}\right\}$

$=\frac{1}{2}\left\{\begin{pmatrix} 3 & 6 \\ 6 & -12 \end{pmatrix}-\begin{pmatrix} 4 & -2 \\ 10 & 6 \end{pmatrix}\right\}$

$=\frac{1}{2}\begin{pmatrix} -1 & 8 \\ -4 & -18 \end{pmatrix}$

$=\begin{pmatrix} \mathbf{-\frac{1}{2}} & \mathbf{4} \\ \mathbf{-2} & \mathbf{-9} \end{pmatrix}$ ← 답

19. $A+B=\begin{pmatrix} 2 & -2 \\ 1 & 0 \end{pmatrix}$ ⋯ ㉠, $A-B=\begin{pmatrix} 2 & 4 \\ 1 & 0 \end{pmatrix}$ ⋯ ㉡

㉠+㉡에서 $2A=\begin{pmatrix} 4 & 2 \\ 2 & 0 \end{pmatrix}$

㉠－㉡에서 $2B=\begin{pmatrix}0 & -6\\0 & 0\end{pmatrix}$ $\quad\therefore B=\begin{pmatrix}0 & -3\\0 & 0\end{pmatrix}$

$\therefore 2A-B=\begin{pmatrix}4 & 5\\2 & 0\end{pmatrix}$ 답 11

20. $A-3B=\begin{pmatrix}0 & 3\\2 & 1\end{pmatrix}$ … ㉠, $2A-B=\begin{pmatrix}5 & 6\\4 & 7\end{pmatrix}$ … ㉡

㉡－㉠×2에서 $5B=\begin{pmatrix}5 & 0\\0 & 5\end{pmatrix}$이므로 $B=\begin{pmatrix}1 & 0\\0 & 1\end{pmatrix}$

$\therefore A=3B+\begin{pmatrix}0 & 3\\2 & 1\end{pmatrix}=\begin{pmatrix}3 & 3\\2 & 4\end{pmatrix}$

$\therefore \mathbf{A}=\begin{pmatrix}\mathbf{3} & \mathbf{3}\\\mathbf{2} & \mathbf{4}\end{pmatrix}$, $\mathbf{B}=\begin{pmatrix}\mathbf{1} & \mathbf{0}\\\mathbf{0} & \mathbf{1}\end{pmatrix}$ ←답

p. 9

21. $A+B=\begin{pmatrix}-1 & -1\\1 & 0\end{pmatrix}$ … ㉠

$A-B=\begin{pmatrix}-1 & 1\\-1 & -2\end{pmatrix}$ … ㉡

㉠＋㉡에서 $2A=\begin{pmatrix}-2 & 0\\0 & -2\end{pmatrix}$

$\therefore A=\begin{pmatrix}-1 & 0\\0 & -1\end{pmatrix}$

㉠－㉡에서 $2B=\begin{pmatrix}0 & -2\\2 & 2\end{pmatrix}$

$\therefore C=2B-A=\begin{pmatrix}0 & -2\\2 & 2\end{pmatrix}-\begin{pmatrix}-1 & 0\\0 & -1\end{pmatrix}$

$=\begin{pmatrix}\mathbf{1} & \mathbf{-2}\\\mathbf{2} & \mathbf{3}\end{pmatrix}$ ←답

22. $A+B=\begin{pmatrix}2\\-1\end{pmatrix}$ … ㉠, $B+C=\begin{pmatrix}-3\\1\end{pmatrix}$ … ㉡

$C+A=\begin{pmatrix}-1\\4\end{pmatrix}$ … ㉢에서 ㉠＋㉡＋㉢을 하면

$2(A+B+C)=\begin{pmatrix}-2\\4\end{pmatrix}$, $A+B+C=\begin{pmatrix}-1\\2\end{pmatrix}$ … ㉣

㉣－㉠에서 $C=\begin{pmatrix}-3\\3\end{pmatrix}$, ㉣－㉡에서 $A=\begin{pmatrix}2\\1\end{pmatrix}$

㉣－㉢에서 $B=\begin{pmatrix}0\\-2\end{pmatrix}$

$\therefore A-B-C=\begin{pmatrix}2-0-(-3)\\1-(-2)-3\end{pmatrix}=\begin{pmatrix}5\\0\end{pmatrix}$ 답 0

23. $X-2Y=A$ … ㉠, $2X+Y=B$ … ㉡

㉠＋㉡×2를 하면 $5X=A+2B$

$X=\frac{1}{5}(A+2B)$

$=\frac{1}{5}\left\{\begin{pmatrix}1 & -8\\-6 & 3\end{pmatrix}+\begin{pmatrix}14 & 8\\-4 & 2\end{pmatrix}\right\}$

$=\begin{pmatrix}\mathbf{3} & \mathbf{0}\\\mathbf{-2} & \mathbf{1}\end{pmatrix}$ ←답

㉠×2－㉡을 하면 $-5Y=2A-B$

$Y=-\frac{1}{5}(2A-B)$

$=-\frac{1}{5}\left\{\begin{pmatrix}2 & -16\\-12 & 6\end{pmatrix}-\begin{pmatrix}7 & 4\\-2 & 1\end{pmatrix}\right\}$

$=\begin{pmatrix}\mathbf{1} & \mathbf{4}\\\mathbf{2} & \mathbf{-1}\end{pmatrix}$ ←답

24. $2X+3Y=2A$, $X+2Y=3B$를 연립하여 풀면

$X=4A-9B$, $Y=-2A+6B$

$\therefore X=4\begin{pmatrix}1 & 3\\2 & 4\end{pmatrix}-9\begin{pmatrix}2 & 0\\1 & -2\end{pmatrix}$

$=\begin{pmatrix}\mathbf{-14} & \mathbf{12}\\\mathbf{-1} & \mathbf{34}\end{pmatrix}$ ←답

$Y=-2\begin{pmatrix}1 & 3\\2 & 4\end{pmatrix}+6\begin{pmatrix}2 & 0\\1 & -2\end{pmatrix}$

$=\begin{pmatrix}\mathbf{10} & \mathbf{-6}\\\mathbf{2} & \mathbf{-20}\end{pmatrix}$ ←답

25. $\begin{cases}X+2Y=A & \cdots ㉠\\2X-Y=B & \cdots ㉡\end{cases}$

㉠＋㉡×2를 하면 $5X=A+2B$

$X=\frac{1}{5}(A+2B)=\mathbf{\frac{1}{5}}\begin{pmatrix}\mathbf{1} & \mathbf{-3}\\\mathbf{4} & \mathbf{-1}\end{pmatrix}$ ←답

㉠×2－㉡을 하면 $5Y=2A-B$

$Y=\frac{1}{5}(2A-B)=\mathbf{\frac{1}{5}}\begin{pmatrix}\mathbf{2} & \mathbf{4}\\\mathbf{-2} & \mathbf{-2}\end{pmatrix}$ ←답

26. $2X-Y=2A$ … ㉠, $4X+3Y=B$ … ㉡

㉡－㉠×2를 하면 $5Y=B-4A$

$\therefore Y=\frac{1}{5}(B-4A)$

㉠×3＋㉡을 하면 $10X=6A+B$

$\therefore X=\frac{1}{10}(6A+B)$

$10X+5Y=6A+B+B-4A=2A+2B$

$=\begin{pmatrix}2 & -2\\0 & 4\end{pmatrix}+\begin{pmatrix}6 & 2\\4 & -2\end{pmatrix}=\begin{pmatrix}\mathbf{8} & \mathbf{0}\\\mathbf{4} & \mathbf{2}\end{pmatrix}$ ←답

27. $mA+nB=m\begin{pmatrix}-1\\-3\end{pmatrix}+n\begin{pmatrix}2\\1\end{pmatrix}$

$=\begin{pmatrix}-m+2n\\-3m+n\end{pmatrix}=\begin{pmatrix}-2\\4\end{pmatrix}$

$\therefore -m+2n=-2,\ -3m+n=4$

$\therefore \boldsymbol{m=-2,\ n=-2}$ ←답

28. $\begin{pmatrix}-1 & 8\\3 & 4\end{pmatrix}=x\begin{pmatrix}-2 & 4\\3 & -1\end{pmatrix}+y\begin{pmatrix}1 & 0\\-1 & 2\end{pmatrix}$에서

$\begin{pmatrix} -1 & 8 \\ 3 & 4 \end{pmatrix} = \begin{pmatrix} -2x+y & 4x \\ 3x-y & -x+2y \end{pmatrix}$이므로

$4x=8 \quad \therefore x=2$

$3x-y=3,\ 6-y=3 \quad \therefore y=3$ 답 $\boldsymbol{x=2,\ y=3}$

29. $\begin{pmatrix} 7 & 5 \\ -3 & -4 \end{pmatrix} = x\mathrm{A}+y\mathrm{B}$

$= \begin{pmatrix} 3x & x \\ -x & 0 \end{pmatrix} + \begin{pmatrix} y & -y \\ 0 & 2y \end{pmatrix}$

$= \begin{pmatrix} 3x+y & x-y \\ -x & 2y \end{pmatrix}$

$\therefore x=3,\ y=-2$

$\therefore \begin{pmatrix} 7 & 5 \\ -3 & -4 \end{pmatrix} = \mathbf{3A-2B}$ ← 답

30. $\begin{pmatrix} 2 & 6 \\ 4 & 2 \end{pmatrix} = x\mathrm{A}+y\mathrm{B}$

$= \begin{pmatrix} x & 2x \\ x & x \end{pmatrix} + \begin{pmatrix} 0 & 2y \\ 2y & 0 \end{pmatrix}$

$= \begin{pmatrix} x & 2x+2y \\ x+2y & x \end{pmatrix}$

$\therefore x=2,\ y=1$

$\therefore \begin{pmatrix} 2 & 6 \\ 4 & 2 \end{pmatrix} = \mathbf{2A+B}$ ← 답

p. 10

1. $a_{11}=f(1)=4,\ a_{12}=f(2)=6,$

$a_{21}=f(2)=6,\ a_{22}=f(2)=6,$

$a_{31}=f(3)=4,\ a_{32}=f(3)=4$

따라서, $\mathrm{A} = \begin{pmatrix} 4 & 6 \\ 6 & 6 \\ 4 & 4 \end{pmatrix}$이므로 행렬 A의 모든 성분의 합은 **30** ← 답

2. a_{11} : $1\in \mathrm{P},\ 1\notin \mathrm{Q}$이므로 $a_{11}=-3$

a_{12} : $1\in \mathrm{P},\ 2\in \mathrm{Q}$이므로 $a_{12}=2$

a_{13} : $1\in \mathrm{P},\ 3\in \mathrm{Q}$이므로 $a_{13}=2$

a_{21} : $2\in \mathrm{P},\ 1\notin \mathrm{Q}$이므로 $a_{21}=-3$

a_{22} : $2\in \mathrm{P},\ 2\in \mathrm{Q}$이므로 $a_{22}=2$

a_{23} : $2\in \mathrm{P},\ 3\in \mathrm{Q}$이므로 $a_{23}=2$

a_{31} : $3\notin \mathrm{P},\ 1\notin \mathrm{Q}$이므로 $a_{31}=1$

a_{32} : $3\notin \mathrm{P},\ 2\in \mathrm{Q}$이므로 $a_{32}=4$

a_{33} : $3\notin \mathrm{P},\ 3\in \mathrm{Q}$이므로 $a_{33}=4$

$\therefore \mathbf{A} = \begin{pmatrix} \mathbf{-3} & \mathbf{2} & \mathbf{2} \\ \mathbf{-3} & \mathbf{2} & \mathbf{2} \\ \mathbf{1} & \mathbf{4} & \mathbf{4} \end{pmatrix}$ ← 답

3. $a_{11}=0,\ a_{12}=1,\ a_{13}=2,$

$a_{21}=1,\ a_{22}=1,\ a_{23}=1,$

$a_{31}=1,\ a_{32}=2,\ a_{33}=0$

$\therefore \mathbf{A} = \begin{pmatrix} \mathbf{0} & \mathbf{1} & \mathbf{2} \\ \mathbf{1} & \mathbf{1} & \mathbf{1} \\ \mathbf{1} & \mathbf{2} & \mathbf{0} \end{pmatrix}$ ← 답

4. $\begin{pmatrix} x^2-ax & 2 \\ 5y & 0 \end{pmatrix} = \begin{pmatrix} 6 & 2a \\ y^2+6b & b+1 \end{pmatrix}$

$a=1,\ x^2-x-6=0,\ (x+2)(x-3)=0 \quad \therefore x=3$

$b=-1,\ y^2-5y-6=0,\ (y+1)(y-6)=0$

$\therefore y=6$ 답 **9**

5. $a+b=1,\ a^2+b^2=2,\ a^3+b^3=x$

$(a+b)^2=a^2+b^2+2ab$에서 $ab=-\frac{1}{2}$

$\therefore x=a^3+b^3=(a+b)^3-3ab(a+b)$

$=1-3\cdot\left(-\frac{1}{2}\right)\cdot 1=\mathbf{\frac{5}{2}}$ ← 답

6. $\begin{pmatrix} 3 & a-b \\ a+b & -1 \end{pmatrix} = \begin{pmatrix} c+d & 6 \\ 2 & c-d \end{pmatrix}$

$\begin{cases} a-b=6 \\ a+b=2 \end{cases},\ \begin{cases} c+d=3 \\ c-d=-1 \end{cases}$

$\therefore \boldsymbol{a=4,\ b=-2,\ c=1,\ d=2}$ ← 답

7. $\begin{pmatrix} b+2c & -2c \\ -1+2b & a-4b \end{pmatrix} = \begin{pmatrix} 0 & b \\ a & c-2b \end{pmatrix}$에서

$b+2c=0,\ -2c=b,$

$-1+2b=a,\ a-4b=c-2b$

$\therefore \boldsymbol{a=3,\ b=2,\ c=-1}$ ← 답

p. 11

8. $\begin{pmatrix} a+b & a-b \\ 2a+2b & 3a-b \end{pmatrix} = \begin{pmatrix} 3 & -1 \\ x & y \end{pmatrix}$에서

$a+b=3,\ a-b=-1,$

$2a+2b=x,\ 3a-b=y$

$\therefore \boldsymbol{a=1,\ b=2,\ x=6,\ y=1}$ ← 답

9. $\begin{pmatrix} 3a & 1 \\ -1 & 1 \end{pmatrix} + 3\begin{pmatrix} b & 1 \\ -1 & 1 \end{pmatrix} = \begin{pmatrix} 9 & 4 \\ ab & 4 \end{pmatrix}$이므로

$\begin{pmatrix} 3a+3b & 4 \\ -4 & 4 \end{pmatrix} = \begin{pmatrix} 9 & 4 \\ ab & 4 \end{pmatrix}$

$\therefore a+b=3,\ ab=-4$

따라서 $a,\ b$는 이차방정식 $x^2-3x-4=0$의 두 근이므로

$(x+1)(x-4)=0 \quad \therefore x=-1$ 또는 $x=4$

$a>b$이므로 $\boldsymbol{a=4,\ b=-1}$ ← 답

10. $A=2B-X$에서 $X=2B-A$

$$=\begin{pmatrix}4 & 0\\2 & -2\end{pmatrix}-\begin{pmatrix}1 & -2\\3 & 0\end{pmatrix}$$

$$=\begin{pmatrix}3 & 2\\-1 & -2\end{pmatrix}$$ 답 ①

11. $A+2A+3A+4A=10A=\begin{pmatrix}20 & 40\\30 & 70\end{pmatrix}$

$\therefore A=\begin{pmatrix}2 & 4\\3 & 7\end{pmatrix}$

$X=\begin{pmatrix}-5 & 3\\0 & 9\end{pmatrix}-\begin{pmatrix}2 & 4\\3 & 7\end{pmatrix}=\begin{pmatrix}\mathbf{-7} & \mathbf{-1}\\\mathbf{-3} & \mathbf{2}\end{pmatrix}$ ←답

12. $A-B=\begin{pmatrix}0 & -3\\12 & 2\end{pmatrix}$ ⋯ ㉠, $2A+B=\begin{pmatrix}6 & 3\\9 & 7\end{pmatrix}$ ⋯ ㉡

㉠+㉡에서 $A=\begin{pmatrix}2 & 0\\7 & 3\end{pmatrix}$, $B=\begin{pmatrix}2 & 3\\-5 & 1\end{pmatrix}$

따라서, 행렬 A의 (2, 1) 성분은 7이고, 행렬 B의 (2, 2) 성분은 1이므로 합은 8이다. ←답

13. $X-2Y=\begin{pmatrix}5 & 0\\0 & -3\end{pmatrix}$ ⋯ ㉠, $2X+Y=\begin{pmatrix}0 & 5\\5 & 9\end{pmatrix}$ ⋯ ㉡

㉠+2×㉡을 하면

$5X=\begin{pmatrix}5 & 10\\10 & 15\end{pmatrix}$ $\quad\therefore X=\begin{pmatrix}1 & 2\\2 & 3\end{pmatrix}$

㉡−2×㉠을 하면

$5Y=\begin{pmatrix}-10 & 5\\5 & 15\end{pmatrix}$ $\quad\therefore Y=\begin{pmatrix}-2 & 1\\1 & 3\end{pmatrix}$

$\therefore X-Y=\begin{pmatrix}1 & 2\\2 & 3\end{pmatrix}-\begin{pmatrix}-2 & 1\\1 & 3\end{pmatrix}=\begin{pmatrix}\mathbf{3} & \mathbf{1}\\\mathbf{1} & \mathbf{0}\end{pmatrix}$ ←답

14. $\begin{pmatrix}10 & a\\b & -4\end{pmatrix}=p\begin{pmatrix}1 & -3\\2 & 5\end{pmatrix}+q\begin{pmatrix}4 & 1\\-1 & 2\end{pmatrix}$

$\begin{pmatrix}10 & a\\b & -4\end{pmatrix}=\begin{pmatrix}p & -3p\\2p & 5p\end{pmatrix}+\begin{pmatrix}4q & q\\-q & 2q\end{pmatrix}$

$\begin{pmatrix}10 & a\\b & -4\end{pmatrix}=\begin{pmatrix}p+4q & -3p+q\\2p-q & 5p+2q\end{pmatrix}$

$p+4q=10$, $5p+2q=-4$

두 식을 연립하여 풀면 $\boldsymbol{p=-2,\ q=3}$ ←답

15. $\begin{pmatrix}10 & x\\y & -4\end{pmatrix}=m\begin{pmatrix}4 & 1\\-1 & 2\end{pmatrix}+n\begin{pmatrix}1 & -3\\2 & 5\end{pmatrix}$

$$=\begin{pmatrix}4m & m\\-m & 2m\end{pmatrix}+\begin{pmatrix}n & -3n\\2n & 5n\end{pmatrix}$$

$$=\begin{pmatrix}4m+n & m-3n\\-m+2n & 2m+5n\end{pmatrix}$$

$\therefore x=m-3n$, $y=-m+2n$

$\begin{cases}4m+n=10\\2m+5n=-4\end{cases}$

$$\begin{array}{rr}& 4m+\ \ n=10\\ -) & 4m+10n=-8\\ \hline & -\ 9n=18\end{array}$$

에서 $m=3$, $n=-2$

$\therefore x-y=2m-5n$

$=\mathbf{16}$ ←답

p. 12

1. $a_{11}=<3^1>+<3^1>=3+3=6$,

$a_{12}=<3^1>+<3^2>=3+4=7$,

$a_{21}=<3^2>+<3^1>=4+3=7$,

$a_{22}=<3^2>+<3^2>=4+4=8$

$\therefore \mathbf{A}=\begin{pmatrix}\mathbf{6} & \mathbf{7}\\\mathbf{7} & \mathbf{8}\end{pmatrix}$ ←답

2. $b_{11}=<m>+<n>=4$,

$b_{12}=<m>+<n^2>=3$,

$b_{21}=<m^2>+<n>=4$,

$b_{22}=<m^2>+<n^2>=3$

$c_{11}=<n>+<m>=4$,

$c_{12}=<n>+<m^2>=4$,

$c_{21}=<n^2>+<m>=3$,

$c_{22}=<n^2>+<m^2>=3$

$\therefore \mathbf{C}=\begin{pmatrix}\mathbf{4} & \mathbf{4}\\\mathbf{3} & \mathbf{3}\end{pmatrix}$ ←답

3. $a_{11}=\left[\frac{5\cdot1-1}{2}\right]=\left[\frac{4}{2}\right]=2$, $a_{12}=\left[\frac{5\cdot1-2}{2}\right]=\left[\frac{3}{2}\right]=1$,

$a_{21}=\left[\frac{5\cdot2-1}{2}\right]=\left[\frac{9}{2}\right]=4$, $a_{22}=\left[\frac{5\cdot2-2}{2}\right]=\left[\frac{8}{2}\right]=4$

$\therefore A=\begin{pmatrix}2 & 1\\4 & 4\end{pmatrix}$ 답 **11**

4. $a_{11}=0$, $a_{12}=4$, $a_{13}=1$,

$a_{21}=4$, $a_{22}=0$, $a_{23}=3$,

$a_{31}=1$, $a_{32}=3$, $a_{33}=0$

$\therefore \mathbf{A}=\begin{pmatrix}\mathbf{0} & \mathbf{4} & \mathbf{1}\\\mathbf{4} & \mathbf{0} & \mathbf{3}\\\mathbf{1} & \mathbf{3} & \mathbf{0}\end{pmatrix}$ ←답

5. $2\sin\theta=\sqrt{3}$, $2\cos\theta=-1$이므로

$\sin\theta=\frac{\sqrt{3}}{2}$, $\cos\theta=-\frac{1}{2}$

$\therefore \boldsymbol{\theta=\frac{2}{3}\pi}$ ←답

6. $a+2b=2c-a$에서 $a+b-c=0$ ⋯ ㉠

$2b-c=b+d$에서 $d=b-c$ ⋯ ㉡

$c-3=2a-b$에서 $2a-b-c=-3$ ⋯ ㉢

$a+2b=b+3d$에서 $a+b-3d=0$ ⋯ ㉣

㉡의 d를 ㉣에 대입하면

$a-2b+3c=0$ ⋯ ㉤

㉠−㉢을 하면 $-a+2b=3$

㉠×3+㉤을 하면 $4a+b=0$

$$\begin{array}{rr}& -a+2b=3\\ -) & 8a+2b=0\\ \hline & -9a\quad\ =3\end{array}$$

$\therefore \boldsymbol{a=-\frac{1}{3},\ b=\frac{4}{3},\ c=1,\ d=\frac{1}{3}}$ ←답

7. $a_{11}=4\cdot1-3\cdot1=1$, $a_{12}=4\cdot1-3\cdot2=-2$,

$a_{21}=4\cdot 2-3\cdot 1=5,\ a_{22}=4\cdot 2-3\cdot 2=2$

$\therefore\ A=\begin{pmatrix} 1 & -2 \\ 5 & 2 \end{pmatrix}$

A=B이므로 $\begin{pmatrix} 1 & -2 \\ 5 & 2 \end{pmatrix}=\begin{pmatrix} x+y & -2 \\ z & xy \end{pmatrix}$

$x+y=1,\ xy=2,\ z=5$

$x^2+y^2=(x+y)^2-2xy=1-4=-3$

$\therefore\ x^2+y^2+z^2=-3+25=\mathbf{22}$ ← 답

8. $\begin{pmatrix} 5 & 2 \\ x-3 & -3 \end{pmatrix}=\begin{pmatrix} xy & 2 \\ -y & -3 \end{pmatrix}$이므로

$xy=5,\ x-3=-y$에서 $x+y=3$

$\therefore\ x^2+y^2=(x+y)^2-2xy$

$=9-10=\mathbf{-1}$ ← 답

p. 13

9. 첫째식에서 $a=4,\ b=-1,\ x+y=6,\ x^2+y^2=12$

$(x+y)^2=x^2+y^2+2xy$에서 $36=12+2xy$

$24=2xy \quad \therefore\ xy=12$

$x^3+y^3=(x+y)^3-3xy(x+y)$

$=6^3-3\cdot 12\cdot 6=0$

둘째식에서

$\begin{pmatrix} 2xy-2b & a+b \\ x^3+y^3 & 9 \end{pmatrix}=\begin{pmatrix} \mathbf{26} & \mathbf{3} \\ \mathbf{0} & \mathbf{9} \end{pmatrix}$ ← 답

10. 두 공장 A, B의 작업 일수를 각각 x일, y일이라고 할 때, 농기구의 생산 대수를 행렬로 나타내면

$x\begin{pmatrix} 40 & 30 \\ 30 & 30 \end{pmatrix}+y\begin{pmatrix} 55 & 45 \\ 25 & 15 \end{pmatrix}$

$=\begin{pmatrix} 40x+55y & 30x+45y \\ 30x+25y & 30x+15y \end{pmatrix}$

중형 트랙터의 생산 대수가 1825대이므로

$40x+55y=1825$에서 $8x+11y=365$ … ㉠

대형 경운기의 생산 대수가 975대이므로

$30x+15y=975$에서 $2x+y=65$ … ㉡

㉠−㉡×4를 하면 $y=15$

따라서, B공장에서 생산한 중형 경운기의 대수는

$25y=$**375(대)** ← 답

11. $kA=\begin{pmatrix} k\cos\theta & -k\sin\theta \\ k\sin\theta & k\cos\theta \end{pmatrix}=\begin{pmatrix} 2 & 0 \\ 0 & 2 \end{pmatrix}$이므로

$k\cos\theta=2,\ k\sin\theta=0$

$\therefore\ \sin\theta=0,\ \cos\theta=\frac{2}{k}$

$\sin^2\theta+\cos^2\theta=1$이므로

$\frac{4}{k^2}=1 \qquad \therefore\ k^2=4$

따라서, $\boldsymbol{k=2}$ **또는** $\boldsymbol{k=-2}$ ← 답

12. $X=2A+3B=\begin{pmatrix} 4 & 6 \\ -2 & 8 \end{pmatrix}+\begin{pmatrix} 9 & 3 \\ -3 & 6 \end{pmatrix}=\begin{pmatrix} 13 & 9 \\ -5 & 14 \end{pmatrix}$

∴ 2행 2열의 성분은 **14** ← 답

13. $A=\begin{pmatrix} 7 & 1 \\ 1 & 2 \end{pmatrix},\ B=\begin{pmatrix} 1 & -1 \\ -1 & -4 \end{pmatrix}$이므로

$A-B=\begin{pmatrix} 6 & 2 \\ 2 & 6 \end{pmatrix}$ 답 **16**

14. $2X=A+B,\ X=\frac{1}{2}(A+B)$

$\therefore\ X=\frac{1}{2}(A+B)$

$=\frac{1}{2}\left\{\begin{pmatrix} 1 & 2 \\ 3 & 1 \end{pmatrix}+\begin{pmatrix} 1 & 0 \\ 5 & 3 \end{pmatrix}\right\}=\begin{pmatrix} 1 & 1 \\ 4 & 2 \end{pmatrix}$

따라서, 모든 성분의 합은 8 답 ①

15. $\begin{pmatrix} 0 & -2 \\ 3 & 6 \end{pmatrix}=x\begin{pmatrix} 2 & -1 \\ 1 & 2 \end{pmatrix}+y\begin{pmatrix} -2 & -1 \\ 2 & 4 \end{pmatrix}$

$=\begin{pmatrix} 2x-2y & -x-y \\ x+2y & 2x+4y \end{pmatrix}$

이므로

$2x-2y=0,\ -x-y=-2,$

$x+2y=3,\ 2x+4y=6$

$\therefore\ \boldsymbol{x=1,\ y=1}$ ← 답

p. 14

1. $a_{11}=\left[\frac{2+1}{2}\right]=\left[\frac{3}{2}\right]=1,\ a_{12}=\left[\frac{2+2}{2}\right]=\left[\frac{4}{2}\right]=2,$

$a_{21}=\left[\frac{4+1}{2}\right]=\left[\frac{5}{2}\right]=2,\ a_{22}=\left[\frac{4+2}{2}\right]=\left[\frac{6}{2}\right]=3$

$\therefore\ A=\begin{pmatrix} 1 & 2 \\ 2 & 3 \end{pmatrix}$

따라서, A의 모든 성분의 합은 **8**이다. ← 답

2. $i=1,\ 2,\ 3,\ 4,\ 5,\ 6$이고,

$j=1,\ 2,\ 3,\ 4,\ 5,\ 6$일 때

$a_{ij}=(i+1)(j+1)+2$가 홀수이기 위해서는

$(i+1)(j+1)$이 홀수이어야 한다.

(홀수)×(홀수)=(홀수), (짝수)×(홀수)=(짝수)

(홀수)×(짝수)=(짝수), (짝수)×(짝수)=(짝수)

이므로 $i+1,\ j+1$은 모두 홀수이다.

즉, $i,\ j$는 모두 짝수이어야 한다.

따라서, $i=2,\ 4,\ 6$이고, $j=2,\ 4,\ 6$이므로 행렬 A의 성분 중 홀수의 개수는 $3\times 3=$**9(개)**이다. ← 답

3. 두 가게에서 판매한 사과의 판매 금액은 행렬 B의 2행이므로 $600x=500y$, $6x=5y$ $\cdots$ ㉠
P가게에서 하루 동안 판매한 판매 금액은
$8000+600x+400y$
Q가게에서 하루 동안 판매한 판매 금액은
$9000+500y+4000$
$8000+600x+400y=9000+500y+4000+14200$
$600x-100y=19200$, $6x-y=192$ $\cdots$ ㉡
㉠을 ㉡에 대입하면 $5y-y=192$
$\therefore$ $\boldsymbol{y=48,\ x=40}$ ←답

4. $ix^2-4=2jx^2-4ix$
$(i-2j)x^2+4ix-4=0$
$D/4=4i^2+4(i-2j)$
(i) $i=1$, $j=1$일 때 : $D/4=4-4=0$
$\therefore$ $a_{11}=1$
(ii) $i=1$, $j=2$일 때 : $D/4=4-12=-8<0$
$\therefore$ $a_{12}=0$
(iii) $i=2$, $j=1$일 때 : $i-2j=0$이므로 $x=\frac{1}{2}$, $y=-\frac{7}{2}$
$\therefore$ $a_{21}=1$
(iv) $i=2$, $j=2$일 때 : $D/4=16-8=8>0$
$\therefore$ $a_{22}=2$
$\therefore$ $\mathbf{A}=\begin{pmatrix} \mathbf{1} & \mathbf{0} \\ \mathbf{1} & \mathbf{2} \end{pmatrix}$ ←답

5. $B=(b_{ij})(i=1,\ 2,\ 3,\ j=1,\ 2)$라 하면
$4i-3j+2-2b_{ij}=2i+j-4$
$2b_{ij}=2i-4j+6$, $b_{ij}=i-2j+3$
$b_{11}=1-2+3=2$, $b_{12}=1-4+3=0$,
$b_{21}=2-2+3=3$, $b_{22}=2-4+3=1$,
$b_{31}=3-2+3=4$, $b_{32}=3-4+3=2$
$\therefore$ $\mathbf{B}=\begin{pmatrix} \mathbf{2} & \mathbf{0} \\ \mathbf{3} & \mathbf{1} \\ \mathbf{4} & \mathbf{2} \end{pmatrix}$ ←답

6. 이차방정식 $x^2+ax+b=0$의 근과 계수의 관계에 의하여 $\alpha+\beta=-a$, $\alpha\beta=b$
$\begin{pmatrix} \alpha+\beta & \alpha^2+\beta^2 \\ 0 & \alpha^3+\beta^3 \end{pmatrix}=\begin{pmatrix} 1 & 19 \\ 0 & k \end{pmatrix}$이므로
$\alpha+\beta=1$, 즉 $-a=1$ $\quad\therefore$ $a=-1$
$\alpha^2+\beta^2=(\alpha+\beta)^2-2\alpha\beta=19$, 즉
$1^2-2b=19$ $\quad\therefore$ $b=-9$
$\alpha^3+\beta^3=(\alpha+\beta)^3-3\alpha\beta(\alpha+\beta)$
$=1^3-3\cdot(-9)\cdot1=28$
$\therefore$ $k=28$ 답 $\boldsymbol{a=-1,\ b=-9,\ k=28}$

7. $(A+B)+(B+C)+(C+A)$
$=\begin{pmatrix} 4 & 2 \\ 3 & 0 \end{pmatrix}+\begin{pmatrix} 0 & 1 \\ 2 & 4 \end{pmatrix}+\begin{pmatrix} -2 & 1 \\ 3 & -2 \end{pmatrix}=\begin{pmatrix} 2 & 4 \\ 8 & 2 \end{pmatrix}$
$2(A+B+C)=\begin{pmatrix} 2 & 4 \\ 8 & 2 \end{pmatrix}$에서
$A+B+C=\begin{pmatrix} 1 & 2 \\ 4 & 1 \end{pmatrix}$ $\cdots$ ㉠
$C+A=\begin{pmatrix} -2 & 1 \\ 3 & -2 \end{pmatrix}$를 ㉠에 대입하면
$B+\begin{pmatrix} -2 & 1 \\ 3 & -2 \end{pmatrix}=\begin{pmatrix} 1 & 2 \\ 4 & 1 \end{pmatrix}$
$B=\begin{pmatrix} 1 & 2 \\ 4 & 1 \end{pmatrix}-\begin{pmatrix} -2 & 1 \\ 3 & -2 \end{pmatrix}=\begin{pmatrix} 3 & 1 \\ 1 & 3 \end{pmatrix}$
$\therefore$ $A-(B-C)=(A+C)-B$
$=\begin{pmatrix} -2 & 1 \\ 3 & -2 \end{pmatrix}-\begin{pmatrix} 3 & 1 \\ 1 & 3 \end{pmatrix}$
$=\begin{pmatrix} \mathbf{-5} & \mathbf{0} \\ \mathbf{2} & \mathbf{-5} \end{pmatrix}$ ←답

p. 15

8. $\begin{pmatrix} a_{11}+b_{11} & a_{12}+b_{12} & a_{13}+b_{13} \\ a_{21}+b_{21} & a_{22}+b_{22} & a_{23}+b_{23} \\ a_{31}+b_{31} & a_{32}+b_{32} & a_{33}+b_{33} \end{pmatrix}=\begin{pmatrix} 1 & 3 & 0 \\ 7 & 9 & 2 \\ 4 & 6 & 8 \end{pmatrix}$
$a_{22}=-a_{22}$이므로 $a_{22}=0$
$a_{22}+b_{22}=9$이므로 $b_{22}=9$
$a_{13}+b_{13}=0$ $\cdots$ ㉠, $a_{31}+b_{31}=4$ $\cdots$ ㉡
$a_{31}=-a_{13}$, $b_{31}=b_{13}$이므로 이것을 ㉡에 대입하면
$-a_{13}+b_{13}=4$ $\cdots$ ㉢
㉠−㉢을 하면 $2a_{13}=-4$, $a_{13}=-2$
$\therefore$ $\boldsymbol{a_{13}+b_{22}=7}$ ←답

9. $\triangle OAB \backsim \triangle OA'B'$이고, 두 도형의 넓이의 비가 $1:9$이므로 닮음비는 $1:3$이다. 따라서, $\triangle OA'B'$을 나타내는 행렬은
$3\begin{pmatrix} 0 & 1 & 3 \\ 0 & 2 & 2 \end{pmatrix}$ $\quad\therefore$ $\boldsymbol{k=3}$ ←답

10. 꼭짓점 $A(x_1,\ y_1)$을 원점에 대하여 대칭이동한 점은 $(-x_1,\ -y_1)$이고, 이것을 x축의 방향으로 -2만큼, y축의 방향으로 5만큼 평행이동한 점은
$(-x_1-2,\ -y_1+5)$이다.
같은 방법으로 꼭짓점 $B(x_2,\ y_2)$, $C(x_3,\ y_3)$을 이동한 점은 각각
$(-x_2-2,\ -y_2+5)$, $(-x_3-2,\ -y_3+5)$
이다.
이것을 행렬로 나타내면

$\begin{pmatrix} -x_1-2 & -x_2-2 & -x_3-2 \\ -y_1+5 & -y_2+5 & -y_3+5 \end{pmatrix}$

$=\begin{pmatrix} -x_1 & -x_2 & -x_3 \\ -y_1 & -y_2 & -y_3 \end{pmatrix}+\begin{pmatrix} -2 & -2 & -2 \\ 5 & 5 & 5 \end{pmatrix}$

$=-\begin{pmatrix} x_1 & x_2 & x_3 \\ y_1 & y_2 & y_3 \end{pmatrix}+\begin{pmatrix} -2 & -2 & -2 \\ 5 & 5 & 5 \end{pmatrix}$

$\therefore$ $\boldsymbol{k=-1}$, $\mathbf{N}=\begin{pmatrix} \mathbf{-2} & \mathbf{-2} & \mathbf{-2} \\ \mathbf{5} & \mathbf{5} & \mathbf{5} \end{pmatrix}$ ← 답

11. $2A+X=2(X+B)-A$를 정리하면

$X=3A-2B=3\begin{pmatrix} 2 & -1 \\ 1 & 3 \end{pmatrix}-2\begin{pmatrix} 1 & -1 \\ 0 & 2 \end{pmatrix}=\begin{pmatrix} 4 & -1 \\ 3 & 5 \end{pmatrix}$

이므로 X의 모든 성분의 합은 **11** ← 답

12. $3A+B=\begin{pmatrix} 2 & 1 \\ -2 & 5 \end{pmatrix}$ ⋯ ㉠

$2A-B=\begin{pmatrix} 3 & -1 \\ 2 & 5 \end{pmatrix}$ ⋯ ㉡

㉠+㉡을 하면 $5A=\begin{pmatrix} 5 & 0 \\ 0 & 10 \end{pmatrix}$ $\quad\therefore A=\begin{pmatrix} 1 & 0 \\ 0 & 2 \end{pmatrix}$

㉡에 대입하면 $2\begin{pmatrix} 1 & 0 \\ 0 & 2 \end{pmatrix}-B=\begin{pmatrix} 3 & -1 \\ 2 & 5 \end{pmatrix}$

$\therefore B=\begin{pmatrix} -1 & 1 \\ -2 & -1 \end{pmatrix}$ $\quad\therefore A+B=\begin{pmatrix} 0 & 1 \\ -2 & 1 \end{pmatrix}$

따라서, 행렬 A+B의 모든 성분의 합은

$0+1+(-2)+1=\mathbf{0}$ ← 답

13. ㄱ. [반례] $\begin{pmatrix} 0 & 1 \\ 1 & 1 \end{pmatrix}+\begin{pmatrix} 1 & 0 \\ 1 & 1 \end{pmatrix}=\begin{pmatrix} 1 & 1 \\ 2 & 2 \end{pmatrix}$이므로

홀수인 성분이 있다. (거짓)

ㄴ. $\begin{pmatrix} 0 & 1 \\ 1 & 1 \end{pmatrix}+\begin{pmatrix} 1 & 0 \\ 1 & 1 \end{pmatrix}+\begin{pmatrix} 1 & 1 \\ 0 & 1 \end{pmatrix}+\begin{pmatrix} 1 & 1 \\ 1 & 0 \end{pmatrix}=\begin{pmatrix} 3 & 3 \\ 3 & 3 \end{pmatrix}$

이므로

$3\left\{\begin{pmatrix} 0 & 1 \\ 1 & 1 \end{pmatrix}+\begin{pmatrix} 1 & 0 \\ 1 & 1 \end{pmatrix}+\begin{pmatrix} 1 & 1 \\ 0 & 1 \end{pmatrix}+\begin{pmatrix} 1 & 1 \\ 1 & 0 \end{pmatrix}\right\}$

$=\begin{pmatrix} 9 & 9 \\ 9 & 9 \end{pmatrix}$

즉, $A_1+A_2+\cdots+A_m=\begin{pmatrix} 9 & 9 \\ 9 & 9 \end{pmatrix}$를 만족하는 m의 값은 12이다. (참)

ㄷ. 행렬 $\begin{pmatrix} 1 & 3 \\ 5 & 7 \end{pmatrix}$의 모든 성분이 홀수이므로

$A_1+A_2+\cdots+A_n$의 모든 성분도 홀수이어야 한다. 이때

$\begin{pmatrix} 0 & 1 \\ 1 & 1 \end{pmatrix}+\begin{pmatrix} 1 & 0 \\ 1 & 1 \end{pmatrix}+\begin{pmatrix} 1 & 1 \\ 0 & 1 \end{pmatrix}+\begin{pmatrix} 1 & 1 \\ 1 & 0 \end{pmatrix}=\begin{pmatrix} 3 & 3 \\ 3 & 3 \end{pmatrix}$

이므로 n의 최솟값은 4이다. (참) 답 ④

14. 이차방정식 $x^2-ax+b=0$의 두 근이 p, q이므로

$p+q=a$, $pq=b$

$p\begin{pmatrix} 1 & p \\ 0 & q \end{pmatrix}+q\begin{pmatrix} 1 & q \\ 0 & p \end{pmatrix}=\begin{pmatrix} p & p^2 \\ 0 & pq \end{pmatrix}+\begin{pmatrix} q & q^2 \\ 0 & pq \end{pmatrix}$

$=\begin{pmatrix} p+q & p^2+q^2 \\ 0 & 2pq \end{pmatrix}$

$=\begin{pmatrix} a & a^2-2b \\ 0 & 2b \end{pmatrix}=\begin{pmatrix} 6 & 14 \\ 0 & 2pq \end{pmatrix}$

$a=6$, $a^2-2b=14$에서 $b=11$ 답 **17**

Note : $p^2+q^2=(p+q)^2-2pq=a^2-2b$

p. 16

1. $a_{ij}=(i+2j$의 양의 약수의 개수)이므로

$a_{11}=(3$의 양의 약수의 개수$)=2$,

$a_{12}=(5$의 양의 약수의 개수$)=2$,

$a_{21}=(4$의 양의 약수의 개수$)=3$,

$a_{22}=(6$의 양의 약수의 개수$)=4$

$\therefore A=\begin{pmatrix} 2 & 2 \\ 3 & 4 \end{pmatrix}$이므로 모든 성분의 합은 **11** ← 답

2. $A=(a_{ij})=\begin{pmatrix} a_{11} & a_{12} \\ a_{21} & a_{22} \end{pmatrix}$

$a_{11}=\sin(\pi+\theta)=-\sin\theta$,

$a_{12}=\sin\left(\frac{3}{2}\pi+\theta\right)=-\cos\theta$,

$a_{21}=\sin\left(\frac{3}{2}\pi+\theta\right)=-\cos\theta$,

$a_{22}=\sin(2\pi+\theta)=\sin\theta$이므로

(모든 성분의 합)$=-2\cos\theta=1$

$\cos\theta=-\frac{1}{2}$이므로 $\boldsymbol{\theta=\frac{2}{3}\pi}$ ← 답

3. $a_{11}=\left[\frac{3-1}{2}\right]=\left[\frac{2}{2}\right]=1$, $a_{12}=\left[\frac{3-2}{2}\right]=\left[\frac{1}{2}\right]=0$,

$a_{21}=\left[\frac{6-1}{2}\right]=\left[\frac{5}{2}\right]=2$, $a_{22}=\left[\frac{6-2}{2}\right]=\left[\frac{4}{2}\right]=2$

$\therefore A=\begin{pmatrix} 1 & 0 \\ 2 & 2 \end{pmatrix}$

따라서, A의 모든 성분의 합은 **5** ← 답

4. $A=\begin{pmatrix} a_{11} & a_{12} & a_{13} \\ a_{21} & a_{22} & a_{23} \\ a_{31} & a_{32} & a_{33} \end{pmatrix}=\begin{pmatrix} 1 & 1 & 1 \\ 1 & 1 & 0 \\ 1 & 0 & 0 \end{pmatrix}$이므로 모든 성분의 합은 **6** ← 답

5. 삼차정사각행렬 A의 (i, j) 성분 a_{ij}에 대하여

$a_{ij}=\begin{cases} 1 & (f(i)=j) \\ 0 & (f(i)\neq j) \end{cases}$이므로 행렬 A의 성분이 1인 경우 함수 $f(x)$가 정의된 좌표를 알 수 있다.

즉, $a_{11}=a_{23}=a_{32}=1$이므로

$f(1)=1,\ f(2)=3,\ f(3)=2$

따라서, 이를 만족하는 함수 $f(x)$의 그래프를 그리면 ②와 같다. 답 ②

6. 1번 버스가 정차하는 정류장은 S_2, S_3이므로

$a_{11}=0,\ a_{12}=1,\ a_{13}=1$이고,

2번 버스가 정차하는 정류장은 S_1, S_2이므로

$a_{21}=1,\ a_{22}=1,\ a_{23}=0$이고,

3번 버스가 정차하는 정류장은 S_1, S_2, S_3이므로

$a_{31}=1,\ a_{32}=1,\ a_{33}=1$이다.

따라서, 행렬 A는 $\begin{pmatrix} \mathbf{0} & \mathbf{1} & \mathbf{1} \\ \mathbf{1} & \mathbf{1} & \mathbf{0} \\ \mathbf{1} & \mathbf{1} & \mathbf{1} \end{pmatrix}$ ←답

p. 17

7. (가)조건에 의해 $a_{11}=1,\ a_{22}=1,\ a_{33}=1$이다.

(i) $P_1(P_2)$에서 $P_2(P_1)$로 갈 수 있는 경로 수는 $a_{12}=a_{21}=3$가지

(ii) $P_2(P_3)$에서 $P_3(P_2)$로 갈 수 있는 경로 수는 $a_{23}=a_{32}=2$가지

(iii) $P_1(P_3)$에서 $P_3(P_1)$로 갈 수 있는 경로 수는 $a_{13}=a_{31}=6$가지

따라서, 행렬 A의 표현은 $\begin{pmatrix} 1 & 3 & 6 \\ 3 & 1 & 2 \\ 6 & 2 & 1 \end{pmatrix}$이다. 답 ①

8. 행렬 A의 $(i,\ j)$ 성분 a_{ij}는 도형 <i>와 <j>로 잘려진 조각의 개수이므로

$a_{11}=a_{22}=a_{33}=2,\ a_{12}=a_{21}=4,$

$a_{13}=a_{31}=4,\ a_{23}=a_{32}=3$

$\therefore \begin{pmatrix} \mathbf{2} & \mathbf{4} & \mathbf{4} \\ \mathbf{4} & \mathbf{2} & \mathbf{3} \\ \mathbf{4} & \mathbf{3} & \mathbf{2} \end{pmatrix}$ ←답

9. ㄱ. $a◎b=\begin{pmatrix} a & b \\ b & a \end{pmatrix} \neq \begin{pmatrix} b & a \\ a & b \end{pmatrix}=b◎a$ (거짓)

ㄴ. $(a◎b)+(c◎d)$

$=\begin{pmatrix} a & b \\ b & a \end{pmatrix}+\begin{pmatrix} c & d \\ d & c \end{pmatrix}=\begin{pmatrix} a+c & b+d \\ b+d & a+c \end{pmatrix}$

$=(a+c)◎(b+d)$ (참)

ㄷ. $(ka)◎(kb)=\begin{pmatrix} ka & kb \\ kb & ka \end{pmatrix}=k\begin{pmatrix} a & b \\ b & a \end{pmatrix}$

$=k(a◎b)$ (참)

따라서, 옳은 것은 ㄴ, ㄷ이다. 답 ⑤

10. $a_{11}=4,\ a_{22}=2,\ a_{33}=3,\ a_{12}=a_{21}=0,$

$a_{13}=a_{31}=2,\ a_{23}=a_{32}=1$이므로

$\mathrm{M}=\begin{pmatrix} \mathbf{4} & \mathbf{0} & \mathbf{2} \\ \mathbf{0} & \mathbf{2} & \mathbf{1} \\ \mathbf{2} & \mathbf{1} & \mathbf{3} \end{pmatrix}$ ←답

p. 18

11. (i) $i=1,\ j=1$일 때, 직선은 $y=\dfrac{1}{2\pi}x$이므로 교점의 개수는 4개

(ii) $i=1,\ j=2$ 또는 $i=2,\ j=1$일 때, 직선은 $y=\dfrac{1}{3\pi}x$이므로 교점의 개수는 6개

(iii) $i=2,\ j=2$일 때, 직선은 $y=\dfrac{1}{4\pi}x$이므로 교점의 개수는 8개

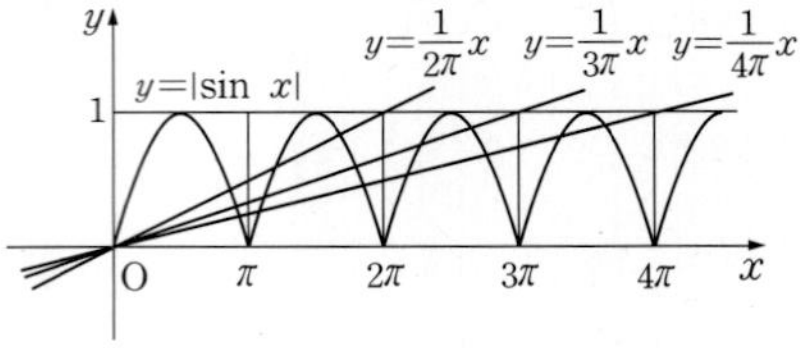

따라서, 구하는 행렬은 $\mathrm{A}=\begin{pmatrix} 4 & 6 \\ 6 & 8 \end{pmatrix}$이며, 모든 성분의 합은 **24**이다. ←답

12.

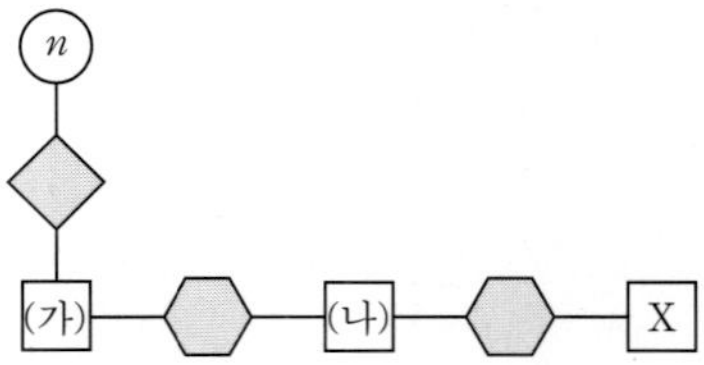

위 그림에서 $n=100a+10b+c$라면

[그림 1]에 의해 (가)에 들어갈 행렬은 $\begin{pmatrix} a & b \\ c & b+c \end{pmatrix}$이다.

[그림 2]에 의해 (나)에 들어갈 행렬은 $\begin{pmatrix} a & c \\ b & b+c \end{pmatrix}$이고,

행렬 $\mathrm{X}=\begin{pmatrix} a & b \\ c & b+c \end{pmatrix}=\begin{pmatrix} 7 & 1 \\ 9 & 10 \end{pmatrix}$이므로

$a=7,\ b=1,\ c=9$ $\therefore\ n=719$ 답 ③

13. $\mathrm{A}+\mathrm{B}=\begin{pmatrix} a+c \\ b+d \end{pmatrix}=\begin{pmatrix} p \\ q \end{pmatrix}$

$0\le a\le 1,\ 0\le b\le 1,\ 0\le c\le 1,\ 0\le d\le 1$이므로

$0\le a+c\le 2,\ 0\le b+d\le 2$

$\therefore\ 0\le p\le 2,\ 0\le q\le 2$

따라서, 구하는 영역의 넓이는 4이다.

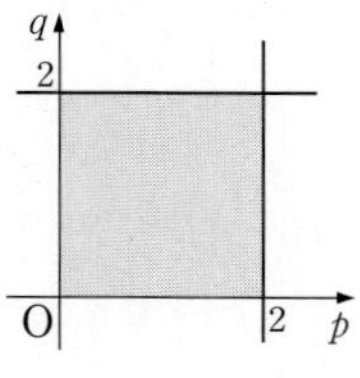

답 ⑤

14. $A_1=\begin{pmatrix}1&2\\4&3\end{pmatrix}$, $A_2=\begin{pmatrix}3&6\\12&9\end{pmatrix}$, $A_3=\begin{pmatrix}5&10\\20&15\end{pmatrix}$, ⋯

이므로

$A_n=\begin{pmatrix}2n-1&2(2n-1)\\4(2n-1)&3(2n-1)\end{pmatrix}$

$\therefore\ A_{15}=\begin{pmatrix}29&2\cdot29\\4\cdot29&3\cdot29\end{pmatrix}$

따라서, 행렬 A_{15}의 모든 성분의 합은

$29(1+2+3+4)=\mathbf{290}$ ←답

2. 행렬의 곱셈

p. 19

1. (1) 정의된다. **2×3** 행렬
(2) 정의되지 않는다.
(3) 정의된다. **2×3** 행렬
(4) 정의되지 않는다.

2. 정의되는 것 ①, ②, ③

① $\mathbf{AB}=(-1\ \ 2)\begin{pmatrix}2\\-3\end{pmatrix}=(-1\times2+2\times(-3))$

$=\mathbf{(-8)}$ ←답

② $\mathbf{BA}=\begin{pmatrix}2\\-3\end{pmatrix}(-1\ \ 2)$

$=\begin{pmatrix}2\times(-1)&2\times2\\-3\times(-1)&-3\times2\end{pmatrix}=\begin{pmatrix}\mathbf{-2}&\mathbf{4}\\\mathbf{3}&\mathbf{-6}\end{pmatrix}$ ←답

③ $\mathbf{CB}=\begin{pmatrix}2&3\\0&-1\end{pmatrix}\begin{pmatrix}2\\-3\end{pmatrix}=\begin{pmatrix}2\times2+3\times(-3)\\0\times2+(-1)\times(-3)\end{pmatrix}$

$=\begin{pmatrix}\mathbf{-5}\\\mathbf{3}\end{pmatrix}$ ←답

3. ③ $AC=\begin{pmatrix}a_{11}&a_{12}&a_{13}\\a_{21}&a_{22}&a_{23}\end{pmatrix}\begin{pmatrix}c_{11}\\c_{21}\\c_{31}\end{pmatrix}$

$=\begin{pmatrix}a_{11}c_{11}+a_{12}c_{21}+a_{13}c_{31}\\a_{21}c_{11}+a_{22}c_{21}+a_{23}c_{31}\end{pmatrix}$

과 같이 정의된다. 답 ③

4. $(3\times(-5)+4\times6)=\mathbf{(9)}$ ←답

5. $(3\times2+0\times(-4)+(-1)\times8)=(6-8)=\mathbf{(-2)}$ ←답

6. $(2\times4+3\times(-1)\ \ 2\times1+3\times0)=\mathbf{(5\ \ 2)}$ ←답

7. $\begin{pmatrix}5\times1&5\times2&5\times(-1)\\-1\times1&-1\times2&-1\times(-1)\\6\times1&6\times2&6\times(-1)\end{pmatrix}$

$=\begin{pmatrix}\mathbf{5}&\mathbf{10}&\mathbf{-5}\\\mathbf{-1}&\mathbf{-2}&\mathbf{1}\\\mathbf{6}&\mathbf{12}&\mathbf{-6}\end{pmatrix}$ ←답

8. $\begin{pmatrix}3\times1+(-1)\times(-4)\\2\times1+(-5)\times(-4)\end{pmatrix}=\begin{pmatrix}\mathbf{7}\\\mathbf{22}\end{pmatrix}$ ←답

9. $\begin{pmatrix}1\times5+2\times7&1\times6+2\times8\\3\times5+4\times7&3\times6+4\times8\end{pmatrix}$

$=\begin{pmatrix}\mathbf{19}&\mathbf{22}\\\mathbf{43}&\mathbf{50}\end{pmatrix}$ ←답

10. $\begin{pmatrix}0\times1+(-6)\times4&0\times5+(-6)\times(-2)\\1\times1+1\times4&1\times5+1\times(-2)\end{pmatrix}$

$=\begin{pmatrix}\mathbf{-24}&\mathbf{12}\\\mathbf{5}&\mathbf{3}\end{pmatrix}$ ←답

11. $\begin{pmatrix}3+6&-6-8\\8+0&-16+0\\-1-6&2+8\end{pmatrix}=\begin{pmatrix}\mathbf{9}&\mathbf{-14}\\\mathbf{8}&\mathbf{-16}\\\mathbf{-7}&\mathbf{10}\end{pmatrix}$ ←답

12. (준식)$=\begin{pmatrix}1\times(-1)+3\times0\\-2\times(-1)+1\times0\end{pmatrix}(2\ \ 1)$

$=\begin{pmatrix}-1\\2\end{pmatrix}(2\ \ 1)$

$=\begin{pmatrix}-1\times2&-1\times1\\2\times2&2\times1\end{pmatrix}$

$=\begin{pmatrix}\mathbf{-2}&\mathbf{-1}\\\mathbf{4}&\mathbf{2}\end{pmatrix}$ ←답

p. 20

13. $A^2=\begin{pmatrix}0&1\\2&3\end{pmatrix}\begin{pmatrix}0&1\\2&3\end{pmatrix}=\begin{pmatrix}2&3\\6&11\end{pmatrix}$ 답 **22**

14. $AB=\begin{pmatrix}1&3\\0&2\end{pmatrix}\begin{pmatrix}-1&0\\1&-2\end{pmatrix}=\begin{pmatrix}2&-6\\2&-4\end{pmatrix}$ 답 **−6**

15. $AC=\begin{pmatrix}2&-1\\3&4\end{pmatrix}\begin{pmatrix}-2&3\\0&1\end{pmatrix}=\begin{pmatrix}-4&5\\-6&13\end{pmatrix}$,

$BC=\begin{pmatrix}-1&4\\3&2\end{pmatrix}\begin{pmatrix}-2&3\\0&1\end{pmatrix}=\begin{pmatrix}2&1\\-6&11\end{pmatrix}$

$\therefore\ 2AC+BC=\begin{pmatrix}-8&10\\-12&26\end{pmatrix}+\begin{pmatrix}2&1\\-6&11\end{pmatrix}$

$=\begin{pmatrix}\mathbf{-6}&\mathbf{11}\\\mathbf{-18}&\mathbf{37}\end{pmatrix}$ ←답

16. $A^2+3A=\begin{pmatrix}4&-3\\0&1\end{pmatrix}+\begin{pmatrix}-6&9\\0&3\end{pmatrix}=\begin{pmatrix}-2&6\\0&4\end{pmatrix}$

따라서, 모든 성분의 합은 **8**이다. ←답

17. $AB=\begin{pmatrix}2 & -4\\ -1 & 2\end{pmatrix}\begin{pmatrix}1 & 2\\ 3 & 4\end{pmatrix}=\begin{pmatrix}-10 & -12\\ 5 & 6\end{pmatrix}$,

$\frac{1}{2}BA=\frac{1}{2}\begin{pmatrix}1 & 2\\ 3 & 4\end{pmatrix}\begin{pmatrix}2 & -4\\ -1 & 2\end{pmatrix}$

$=\frac{1}{2}\begin{pmatrix}0 & 0\\ 2 & -4\end{pmatrix}=\begin{pmatrix}0 & 0\\ 1 & -2\end{pmatrix}$

$\therefore AB-\frac{1}{2}BA=\begin{pmatrix}-10 & -12\\ 5 & 6\end{pmatrix}-\begin{pmatrix}0 & 0\\ 1 & -2\end{pmatrix}$

$=\begin{pmatrix}\mathbf{-10} & \mathbf{-12}\\ \mathbf{4} & \mathbf{8}\end{pmatrix}$ ← 답

18. $A^2=\begin{pmatrix}3 & 0\\ -1 & 2\end{pmatrix}\begin{pmatrix}3 & 0\\ -1 & 2\end{pmatrix}=\begin{pmatrix}9 & 0\\ -5 & 4\end{pmatrix}$,

$AB=\begin{pmatrix}3 & 0\\ -1 & 2\end{pmatrix}\begin{pmatrix}4 & 3\\ 1 & 2\end{pmatrix}=\begin{pmatrix}12 & 9\\ -2 & 1\end{pmatrix}$

$A^2+AB=\begin{pmatrix}9 & 0\\ -5 & 4\end{pmatrix}+\begin{pmatrix}12 & 9\\ -2 & 1\end{pmatrix}$

$=\begin{pmatrix}21 & 9\\ -7 & 5\end{pmatrix}$ 답 **28**

19. $A+B=\begin{pmatrix}-1 & 2\\ 3 & 1\end{pmatrix}$ … ㉠

$A-B=\begin{pmatrix}1 & 2\\ 2 & -3\end{pmatrix}$ … ㉡

㉠+㉡을 하면

$2A=\begin{pmatrix}0 & 4\\ 5 & -2\end{pmatrix}$이므로 $A=\begin{pmatrix}0 & 2\\ \frac{5}{2} & -1\end{pmatrix}$

㉠−㉡을 하면

$2B=\begin{pmatrix}-2 & 0\\ 1 & 4\end{pmatrix}$이므로 $B=\begin{pmatrix}-1 & 0\\ \frac{1}{2} & 2\end{pmatrix}$

$\therefore AB=\begin{pmatrix}0 & 2\\ \frac{5}{2} & -1\end{pmatrix}\begin{pmatrix}-1 & 0\\ \frac{1}{2} & 2\end{pmatrix}$

$=\begin{pmatrix}\mathbf{1} & \mathbf{4}\\ \mathbf{-3} & \mathbf{-2}\end{pmatrix}$ ← 답

20. $A+2B=\begin{pmatrix}5 & -1\\ 2 & 1\end{pmatrix}$ … ㉠

$A-2B=\begin{pmatrix}-3 & -1\\ -2 & 3\end{pmatrix}$ … ㉡

㉠+㉡에서 $2A=\begin{pmatrix}2 & -2\\ 0 & 4\end{pmatrix}$ $\therefore A=\begin{pmatrix}1 & -1\\ 0 & 2\end{pmatrix}$

㉠−㉡에서 $4B=\begin{pmatrix}8 & 0\\ 4 & -2\end{pmatrix}$ $\therefore B=\begin{pmatrix}2 & 0\\ 1 & -\frac{1}{2}\end{pmatrix}$

$\therefore A^2-4B^2=\begin{pmatrix}1 & -1\\ 0 & 2\end{pmatrix}\begin{pmatrix}1 & -1\\ 0 & 2\end{pmatrix}$

$-4\begin{pmatrix}2 & 0\\ 1 & -\frac{1}{2}\end{pmatrix}\begin{pmatrix}2 & 0\\ 1 & -\frac{1}{2}\end{pmatrix}$

$=\begin{pmatrix}1 & -3\\ 0 & 4\end{pmatrix}-\begin{pmatrix}16 & 0\\ 6 & 1\end{pmatrix}$

$=\begin{pmatrix}-15 & -3\\ -6 & 3\end{pmatrix}$ 답 **−21**

21. $\alpha+\beta=7,\ \alpha\beta=-1$

$A^2=\begin{pmatrix}\alpha^2+1 & \alpha+\beta\\ \alpha+\beta & \beta^2+1\end{pmatrix}=\begin{pmatrix}a & b\\ c & d\end{pmatrix}$

$a+d=\alpha^2+1+\beta^2+1=(\alpha+\beta)^2-2\alpha\beta+2$

$=49+2+2$

$=\mathbf{53}$ ← 답

22. $\alpha+\beta=3,\ \alpha\beta=-2$

$X^2=\begin{pmatrix}\alpha & 1\\ -1 & \beta\end{pmatrix}\begin{pmatrix}\alpha & 1\\ -1 & \beta\end{pmatrix}$

$=\begin{pmatrix}\alpha^2-1 & \alpha+\beta\\ -\alpha-\beta & \beta^2-1\end{pmatrix}$

X^2의 모든 성분의 합은

$\alpha^2+\beta^2-2=(\alpha+\beta)^2-2\alpha\beta-2$

$=9+4-2=\mathbf{11}$ ← 답

23. $\alpha+\beta=2,\ \alpha\beta=3$

$A^2-4A=\begin{pmatrix}\alpha & 1\\ 1 & \beta\end{pmatrix}\begin{pmatrix}\alpha & 1\\ 1 & \beta\end{pmatrix}-4\begin{pmatrix}\alpha & 1\\ 1 & \beta\end{pmatrix}$

$=\begin{pmatrix}\alpha^2+1 & \alpha+\beta\\ \alpha+\beta & 1+\beta^2\end{pmatrix}-\begin{pmatrix}4\alpha & 4\\ 4 & 4\beta\end{pmatrix}$

$=\begin{pmatrix}\alpha^2-4\alpha+1 & \alpha+\beta-4\\ \alpha+\beta-4 & \beta^2-4\beta+1\end{pmatrix}$

모든 성분의 합은

$\alpha^2+\beta^2-2\alpha-2\beta-6$

$=(\alpha+\beta)^2-2\alpha\beta-2(\alpha+\beta)-6$

$=4-6-4-6=\mathbf{-12}$ ← 답

p. 21

1. $\begin{pmatrix}1 & 2\\ a & 0\end{pmatrix}\begin{pmatrix}1 & -2\\ 0 & b\end{pmatrix}=\begin{pmatrix}1 & 4\\ -2 & c\end{pmatrix}$

$\begin{pmatrix}1 & -2+2b\\ a & -2a\end{pmatrix}=\begin{pmatrix}1 & 4\\ -2 & c\end{pmatrix}$

$-2+2b=4,\ a=-2,\ -2a=c$

$\therefore \mathbf{a=-2,\ b=3,\ c=4}$ ← 답

2. $\begin{pmatrix}a^2+b^2 & ab\\ 2a+b & a\end{pmatrix}=\begin{pmatrix}25 & 12\\ 10 & a\end{pmatrix}$

$a^2+b^2=25$ … ㉠, $ab=12$ … ㉡, $2a+b=10$ … ㉢

㉡, ㉢에서 $a=2$, $b=6$ 또는 $a=3$, $b=4$

이 중에서 ㉠을 만족하는 것은 $\boldsymbol{a=3,\ b=4}$ ← 답

Note : ㉢에서 $b=10-2a$이므로 $a(10-2a)=12$

$a^2-5a+6=0$, $(a-2)(a-3)=0$

$\therefore\ a=2$ 또는 $a=3$

3. $\begin{pmatrix} a-b & 2 \\ -2a+3b & -4 \end{pmatrix}=\begin{pmatrix} 0 & -k \\ k & 2k \end{pmatrix}$

$\therefore \begin{cases} a-b=0, & 2=-k \\ -2a+3b=k, & -4=2k \end{cases}$

$\therefore\ \boldsymbol{k=-2,\ a=-2,\ b=-2}$ ← 답

4. $\begin{pmatrix} x & y \\ 1 & 1 \end{pmatrix}\begin{pmatrix} y \\ x \end{pmatrix}=\begin{pmatrix} 2xy \\ y+x \end{pmatrix}=\begin{pmatrix} 14 \\ 6 \end{pmatrix}$에서

$x+y=6$, $xy=7$

$\therefore\ x^2+y^2=(x+y)^2-2xy=6^2-2\times7=\mathbf{22}$ ← 답

5. $A^2=\begin{pmatrix} a & b \\ c & 1 \end{pmatrix}\begin{pmatrix} a & b \\ c & 1 \end{pmatrix}$

$=\begin{pmatrix} a^2+bc & ab+b \\ ac+c & bc+1 \end{pmatrix}$

$=\begin{pmatrix} 5 & 4 \\ 4 & 5 \end{pmatrix}$

$\therefore \begin{cases} a^2+bc=5 \cdots ㉠, & ab+b=4 \cdots ㉡ \\ ac+c=4 \cdots ㉢, & bc+1=5 \cdots ㉣ \end{cases}$

㉠, ㉣에서 $a^2=1$ $\quad\therefore\ a=\pm1$

그런데 $a=-1$은 ㉡, ㉢을 만족하지 않는다.

$\therefore\ a=1$

㉡, ㉢에서 $b=2$, $c=2$

$\therefore\ \boldsymbol{a=1,\ b=2,\ c=2}$ ← 답

6. $A^2=\begin{pmatrix} 1+ab & a \\ b & ab+4 \end{pmatrix}$이므로 $A^2=A$에서

$1+ab=-1$ $\quad\therefore\ ab=-2$

$\therefore\ (a+b)^2=a^2+b^2+2ab$

$=10+2\times(-2)=\mathbf{6}$ ← 답

7. $(a\ \ -1)\begin{pmatrix} 2 \\ b \end{pmatrix}=(2a-b)$이므로 $2a-b=3$ $\cdots$ ㉠

$(a\ \ b\ \ 0)\begin{pmatrix} 1 \\ b \\ b^2 \end{pmatrix}=(a+b^2)$이므로 $a+b^2=3$ $\cdots$ ㉡

㉠을 ㉡에 대입하면

$4a^2-11a+6=0$, $(4a-3)(a-2)=0$

$\therefore \begin{cases} a=\dfrac{3}{4} \\ b=-\dfrac{3}{2} \end{cases}$ 또는 $\begin{cases} a=2 \\ b=1 \end{cases}$ ← 답

8. $x^2+y^2-3-xy-xy=2x-2y$

$(x-y-3)(x-y+1)=0$

$\therefore\ \boldsymbol{x-y=3}$ **또는** $\boldsymbol{x-y=-1}$ ← 답

9. $A^2=AA=\begin{pmatrix} a & b \\ 1 & 1 \end{pmatrix}\begin{pmatrix} a & b \\ 1 & 1 \end{pmatrix}=\begin{pmatrix} a^2+b & ab+b \\ a+1 & b+1 \end{pmatrix}$

$=O$

따라서, $1+a=0$, $1+b=0$에서

$\boldsymbol{a=-1,\ b=-1}$ ← 답

10. $A=\begin{pmatrix} a & b \\ c & d \end{pmatrix}$로 놓으면 $A\begin{pmatrix} 1 \\ 1 \end{pmatrix}=\begin{pmatrix} 4 \\ 7 \end{pmatrix}$에서

$\begin{pmatrix} 4 \\ 7 \end{pmatrix}=\begin{pmatrix} a & b \\ c & d \end{pmatrix}\begin{pmatrix} 1 \\ 1 \end{pmatrix}=\begin{pmatrix} a+b \\ c+d \end{pmatrix}$

$a+b=4$, $c+d=7$

$\therefore\ \boldsymbol{a+b+c+d=11}$ ← 답

p. 22

11. 몸무게가 55 kg인 사람이 소모한 에너지의 양은

$90\times4+180\times1+200\times2$ $\cdots$ ㉠

몸무게가 65 kg인 사람이 소모한 에너지의 양은

$115\times4+210\times1+240\times2$ $\cdots$ ㉡

㉠, ㉡을 행렬의 곱으로 나타내면

$(4\ \ 1\ \ 2)\begin{pmatrix} 90 & 115 \\ 180 & 210 \\ 200 & 240 \end{pmatrix}$

$\therefore\ \boldsymbol{a=4,\ b=2,\ c=90,\ d=240}$ ← 답

12. 영어 과목의 총점은 $x_1\times37+y_1\times38$

수학 과목의 총점은 $x_2\times37+y_2\times38$

이것을 행렬로 나타내면

$\begin{pmatrix} x_1\times37+y_1\times38 \\ x_2\times37+y_2\times38 \end{pmatrix}=AC$

수학 과목의 평균은 $\dfrac{1}{75}(x_2\times37+y_2\times38)$이므로

행렬 $\dfrac{1}{75}AC$의 (2, 1) 성분이다. 답 **AC, (2, 1)**

13. $BA=\begin{pmatrix} 750 & 1200 \\ 700 & 1300 \end{pmatrix}\begin{pmatrix} a & b \\ c & d \end{pmatrix}$

$=\begin{pmatrix} 750a+1200c & 750b+1200d \\ 700a+1300c & 700b+1300d \end{pmatrix}$

준표가 문구점 Q에서 볼펜과 샤프연필을 살 때 지불할 금액은 $700a+1300c$이므로 행렬 BA의 (2, 1) 성분이다. 답 **BA, (2, 1)**

Note : (1, 1) 성분 : 준표가 P 문구점에서 사는 경우임

(1, 2) 성분 : 진서가 P 문구점에서 사는 경우임

(2, 2) 성분 : 진서가 Q 문구점에서 사는 경우임

14. P $\qquad\qquad$ Q

$\frac{2}{3}x \xrightarrow{\frac{1}{3}x} y+\frac{1}{3}x$

$\frac{2}{3}x+\frac{1}{4}\left(y+\frac{1}{3}x\right) \xleftarrow{\frac{1}{4}\left(y+\frac{1}{3}x\right)} \frac{3}{4}\left(y+\frac{1}{3}x\right)$

$\therefore\ x'=\frac{2}{3}x+\frac{1}{4}y+\frac{1}{12}x=\frac{3}{4}x+\frac{1}{4}y$

$y'=\frac{1}{4}x+\frac{3}{4}y$

$\therefore\ \begin{pmatrix} x' \\ y' \end{pmatrix}=\begin{pmatrix} \frac{3}{4} & \frac{1}{4} \\ \frac{1}{4} & \frac{3}{4} \end{pmatrix}\begin{pmatrix} x \\ y \end{pmatrix}$

$\therefore\ \mathbf{A}=\begin{pmatrix} \frac{3}{4} & \frac{1}{4} \\ \frac{1}{4} & \frac{3}{4} \end{pmatrix}$ ←답

15. $AB=(200\ \ 300)\begin{pmatrix} 0.6 & 0.4 \\ 0.7 & 0.3 \end{pmatrix}$

$=(330\ \ 170)$

에서 행렬 (330 170)은 2016년의 참외와 수박의 재배 넓이이다.

$AB^2=ABB=(330\ \ 170)\begin{pmatrix} 0.6 & 0.4 \\ 0.7 & 0.3 \end{pmatrix}$

$=(317\ \ 183)$

따라서, 행렬 AB^2의 (1, 1) 성분은 **2017년의 참외의 재배 넓이이다.** ←답

p. 23

1. $A^2=\begin{pmatrix} 0 & -1 \\ 1 & 0 \end{pmatrix}\begin{pmatrix} 0 & -1 \\ 1 & 0 \end{pmatrix}=\begin{pmatrix} -1 & 0 \\ 0 & -1 \end{pmatrix}$

$A^4=A^2A^2=\begin{pmatrix} -1 & 0 \\ 0 & -1 \end{pmatrix}\begin{pmatrix} -1 & 0 \\ 0 & -1 \end{pmatrix}$

$=\begin{pmatrix} 1 & 0 \\ 0 & 1 \end{pmatrix}=E$

$A^{40}+2A^{50}=(A^4)^{10}+2(A^4)^{12}A^2$

$=E^{10}+2E^{12}A^2=E+2A^2$

$=\begin{pmatrix} 1 & 0 \\ 0 & 1 \end{pmatrix}+\begin{pmatrix} -2 & 0 \\ 0 & -2 \end{pmatrix}=\begin{pmatrix} -1 & 0 \\ 0 & -1 \end{pmatrix}$

답 −2

2. $A^2=\begin{pmatrix} 1 & -2 \\ 1 & -1 \end{pmatrix}\begin{pmatrix} 1 & -2 \\ 1 & -1 \end{pmatrix}=\begin{pmatrix} -1 & 0 \\ 0 & -1 \end{pmatrix}$

$=-E$

$A^4=A^2A^2=(-E)^2=E$

$A^{62}=(A^4)^{15}A^2=-E \qquad \therefore\ x=0,\ y=-1$ 답 −1

3. $A^2=\begin{pmatrix} -2 & -3 \\ 1 & 1 \end{pmatrix}\begin{pmatrix} -2 & -3 \\ 1 & 1 \end{pmatrix}=\begin{pmatrix} 1 & 3 \\ -1 & -2 \end{pmatrix}$

$A^3=\begin{pmatrix} 1 & 3 \\ -1 & -2 \end{pmatrix}\begin{pmatrix} -2 & -3 \\ 1 & 1 \end{pmatrix}=\begin{pmatrix} 1 & 0 \\ 0 & 1 \end{pmatrix}=E$

$A^{2010}=(A^3)^{670}=E$이므로

$A^{2010}\begin{pmatrix} x \\ y \end{pmatrix}=E\begin{pmatrix} x \\ y \end{pmatrix}=\begin{pmatrix} x \\ y \end{pmatrix}=\begin{pmatrix} 9 \\ -8 \end{pmatrix}$ 답 **17**

4. $A^2=\begin{pmatrix} 0 & -1 \\ 1 & 1 \end{pmatrix}\begin{pmatrix} 0 & -1 \\ 1 & 1 \end{pmatrix}=\begin{pmatrix} -1 & -1 \\ 1 & 0 \end{pmatrix}$

$A^3=A^2A$

$=\begin{pmatrix} -1 & -1 \\ 1 & 0 \end{pmatrix}\begin{pmatrix} 0 & -1 \\ 1 & 1 \end{pmatrix}$

$=\begin{pmatrix} -1 & 0 \\ 0 & -1 \end{pmatrix}=-E$

$\therefore\ A+A^2+A^3+A^4+A^5+A^6$

$=A+A^2+A^3+A^3A+A^3A^2+A^3A^3$

$=A+A^2-E-A-A^2+E$

$=\mathbf{O}$ ←답

5. $A^2=AA=\begin{pmatrix} 2 & 3 \\ -1 & -1 \end{pmatrix}\begin{pmatrix} 2 & 3 \\ -1 & -1 \end{pmatrix}$

$=\begin{pmatrix} 1 & 3 \\ -1 & -2 \end{pmatrix}$

$A^3=A^2A=\begin{pmatrix} 1 & 3 \\ -1 & -2 \end{pmatrix}\begin{pmatrix} 2 & 3 \\ -1 & -1 \end{pmatrix}$

$=\begin{pmatrix} -1 & 0 \\ 0 & -1 \end{pmatrix}=-E$

$A^6=A^3A^3=E$

$\therefore\ \mathbf{A^{2112}=(A^6)^{352}=E}$ ←답

6. $\alpha+\beta=5,\ \alpha\beta=-1$

$A^2=\begin{pmatrix} 2 & \alpha \\ \beta & -2 \end{pmatrix}\begin{pmatrix} 2 & \alpha \\ \beta & -2 \end{pmatrix}=\begin{pmatrix} 4+\alpha\beta & 0 \\ 0 & \alpha\beta+4 \end{pmatrix}$

$=\begin{pmatrix} 3 & 0 \\ 0 & 3 \end{pmatrix}=3E$

$\therefore\ A^4=9E,\ A^5=A^4A=9A$

$\therefore\ \boldsymbol{k=9}$ ←답

7. $A^2=\begin{pmatrix} 0 & 2 \\ 3 & 0 \end{pmatrix}\begin{pmatrix} 0 & 2 \\ 3 & 0 \end{pmatrix}=\begin{pmatrix} 6 & 0 \\ 0 & 6 \end{pmatrix}=6E$

$A^{10}=(A^2)^5=(6E)^5$

$A^{11}=A^{10}A=(A^2)^5A=(6E)^5A=6^5A$

$=6^5\begin{pmatrix} 0 & 2 \\ 3 & 0 \end{pmatrix}=\begin{pmatrix} 0 & 2\cdot6^5 \\ 3\cdot6^5 & 0 \end{pmatrix}$

$\therefore\ c=3\cdot6^5=2^5\cdot3^6$ 답 ③

8. $A^2=\begin{pmatrix} -1 & 3 \\ -1 & -1 \end{pmatrix}\begin{pmatrix} -1 & 3 \\ -1 & -1 \end{pmatrix}=\begin{pmatrix} -2 & -6 \\ 2 & -2 \end{pmatrix}$

$A^3=\begin{pmatrix} -2 & -6 \\ 2 & -2 \end{pmatrix}\begin{pmatrix} -1 & 3 \\ -1 & -1 \end{pmatrix}=\begin{pmatrix} 8 & 0 \\ 0 & 8 \end{pmatrix}=8E$

따라서, $A^6\begin{pmatrix}1\\1\end{pmatrix}=64E\begin{pmatrix}1\\1\end{pmatrix}=\begin{pmatrix}64\\64\end{pmatrix}$

$\therefore$ $\boldsymbol{a+b=128}$ ←답

9. $A^2=\begin{pmatrix}1 & 2\\-1 & -2\end{pmatrix}\begin{pmatrix}1 & 2\\-1 & -2\end{pmatrix}=\begin{pmatrix}-1 & -2\\1 & 2\end{pmatrix}$

$=-A$

$A^3=A^2A=(-A)A$

$=-A^2=-(-A)=\mathbf{A}$ ←답

$A^4=A^3A=AA=A^2=-\mathbf{A}$ ←답

$A^5=A^4A=-AA$

$=-A^2=-(-A)=\mathbf{A}$ ←답

10. $A=\begin{pmatrix}1 & -1\\0 & 1\end{pmatrix}$, $A^2=\begin{pmatrix}1 & -2\\0 & 1\end{pmatrix}$, $A^3=\begin{pmatrix}1 & -3\\0 & 1\end{pmatrix}$,

$\cdots$, $A^n=\begin{pmatrix}1 & -n\\0 & 1\end{pmatrix}$

$A^{100}=\begin{pmatrix}1 & -100\\0 & 1\end{pmatrix}$

$A^{100}B=\begin{pmatrix}1 & -100\\0 & 1\end{pmatrix}\begin{pmatrix}1 & -7\\0 & -1\end{pmatrix}=\begin{pmatrix}1 & 93\\0 & -1\end{pmatrix}$

따라서, $A^{100}B$의 모든 성분의 합은 **93** ←답

p. 24

11. $A^2=\begin{pmatrix}1 & 0\\1 & 1\end{pmatrix}\begin{pmatrix}1 & 0\\1 & 1\end{pmatrix}=\begin{pmatrix}1 & 0\\2 & 1\end{pmatrix}$,

$A^3=A^2A=\begin{pmatrix}1 & 0\\2 & 1\end{pmatrix}\begin{pmatrix}1 & 0\\1 & 1\end{pmatrix}=\begin{pmatrix}1 & 0\\3 & 1\end{pmatrix}$,

$A^4=A^3A=\begin{pmatrix}1 & 0\\3 & 1\end{pmatrix}\begin{pmatrix}1 & 0\\1 & 1\end{pmatrix}=\begin{pmatrix}1 & 0\\4 & 1\end{pmatrix}$,

$\vdots$

$A^{10}=A^9A=\begin{pmatrix}1 & 0\\10 & 1\end{pmatrix}$

$\therefore$ $A+A^2+A^3+\cdots+A^{10}$

$=\begin{pmatrix}10 & 0\\1+2+3+\cdots+10 & 10\end{pmatrix}$

$=\begin{pmatrix}\mathbf{10} & \mathbf{0}\\\mathbf{55} & \mathbf{10}\end{pmatrix}$ ←답

12. $A^2=\begin{pmatrix}1 & 1\\0 & 1\end{pmatrix}\begin{pmatrix}1 & 1\\0 & 1\end{pmatrix}=\begin{pmatrix}1 & 2\\0 & 1\end{pmatrix}$,

$A^3=\begin{pmatrix}1 & 2\\0 & 1\end{pmatrix}\begin{pmatrix}1 & 1\\0 & 1\end{pmatrix}=\begin{pmatrix}1 & 3\\0 & 1\end{pmatrix}$,

$\vdots$

이므로 $A^n=\begin{pmatrix}1 & n\\0 & 1\end{pmatrix}$

따라서, A^n의 모든 성분의 합은 $n+2$이므로

$n+2=100$ $\therefore$ $\boldsymbol{n=98}$ ←답

13. $A^2=AA=\begin{pmatrix}1 & 0\\2 & 1\end{pmatrix}\begin{pmatrix}1 & 0\\2 & 1\end{pmatrix}=\begin{pmatrix}1 & 0\\4 & 1\end{pmatrix}$,

$A^3=A^2A=\begin{pmatrix}1 & 0\\4 & 1\end{pmatrix}\begin{pmatrix}1 & 0\\2 & 1\end{pmatrix}=\begin{pmatrix}1 & 0\\6 & 1\end{pmatrix}$,

$A^4=A^3A=\begin{pmatrix}1 & 0\\6 & 1\end{pmatrix}\begin{pmatrix}1 & 0\\2 & 1\end{pmatrix}=\begin{pmatrix}1 & 0\\8 & 1\end{pmatrix}$,

$\vdots$

이므로 $A^n=\begin{pmatrix}\mathbf{1} & \mathbf{0}\\\boldsymbol{2n} & \mathbf{1}\end{pmatrix}$ ←답

14. $A^2=\begin{pmatrix}1 & -3\\0 & 1\end{pmatrix}\begin{pmatrix}1 & -3\\0 & 1\end{pmatrix}=\begin{pmatrix}1 & -6\\0 & 1\end{pmatrix}$,

$A^3=A^2A=\begin{pmatrix}1 & -6\\0 & 1\end{pmatrix}\begin{pmatrix}1 & -3\\0 & 1\end{pmatrix}=\begin{pmatrix}1 & -9\\0 & 1\end{pmatrix}$,

$A^4=A^3A=\begin{pmatrix}1 & -9\\0 & 1\end{pmatrix}\begin{pmatrix}1 & -3\\0 & 1\end{pmatrix}=\begin{pmatrix}1 & -12\\0 & 1\end{pmatrix}$,

$\cdots$

따라서, $A^n=\begin{pmatrix}1 & -3n\\0 & 1\end{pmatrix}$이므로

$A^{99}=\begin{pmatrix}1 & -3\times99\\0 & 1\end{pmatrix}$, $A^{100}=\begin{pmatrix}1 & -3\times100\\0 & 1\end{pmatrix}$

$\therefore$ $A^{99}-A^{100}=\begin{pmatrix}0 & 3\\0 & 0\end{pmatrix}$

따라서, $A^{99}-A^{100}$의 모든 성분의 합은 **3** ←답

15. $A^2=\begin{pmatrix}1 & 3\\0 & 2^2\end{pmatrix}$, $A^3=\begin{pmatrix}1 & 7\\0 & 2^3\end{pmatrix}$, $A^4=\begin{pmatrix}1 & 15\\0 & 2^4\end{pmatrix}$, $\cdots$

이때 $3=2^2-1$, $7=2^3-1$, $15=2^4-1$, $\cdots$ 이므로

$A^{20}=\begin{pmatrix}1 & 2^{20}-1\\0 & 2^{20}\end{pmatrix}$이다.

따라서, A^{20}의 (1, 2) 성분은 $\mathbf{2^{20}-1}$ ←답

16. $A=\begin{pmatrix}2 & 1\\0 & 1\end{pmatrix}$, $A^2=\begin{pmatrix}2^2 & 3\\0 & 1\end{pmatrix}$, $A^3=\begin{pmatrix}2^3 & 7\\0 & 1\end{pmatrix}$, $\cdots$

$A^n=\begin{pmatrix}2^n & 2^n-1\\0 & 1\end{pmatrix}$

$\therefore$ $\boldsymbol{x=2^n}$, $\boldsymbol{y=2^n-1}$ ←답

17. $A=\begin{pmatrix}1 & 0\\0 & 3\end{pmatrix}$,

$A^2=\begin{pmatrix}1 & 0\\0 & 3\end{pmatrix}\begin{pmatrix}1 & 0\\0 & 3\end{pmatrix}=\begin{pmatrix}1 & 0\\0 & 3^2\end{pmatrix}$,

$A^3=A^2A=\begin{pmatrix}1 & 0\\0 & 3^2\end{pmatrix}\begin{pmatrix}1 & 0\\0 & 3\end{pmatrix}=\begin{pmatrix}1 & 0\\0 & 3^3\end{pmatrix}$,

$A^4=A^3A=\begin{pmatrix}1 & 0\\0 & 3^3\end{pmatrix}\begin{pmatrix}1 & 0\\0 & 3\end{pmatrix}=\begin{pmatrix}1 & 0\\0 & 3^4\end{pmatrix}$,

$\vdots$

$A^n=A^{n-1}A=\begin{pmatrix}1 & 0\\0 & 3^n\end{pmatrix}$ ($n\geq2$인 자연수)

$\therefore\ A^{30}=\begin{pmatrix}\mathbf{1} & \mathbf{0}\\ \mathbf{0} & \mathbf{3^{30}}\end{pmatrix}$ ←답

18. $A^2=\begin{pmatrix}1 & \frac{1}{2}\\ 0 & 1\end{pmatrix}\begin{pmatrix}1 & \frac{1}{2}\\ 0 & 1\end{pmatrix}=\begin{pmatrix}1 & 1\\ 0 & 1\end{pmatrix}$,

$A^3=\begin{pmatrix}1 & 1\\ 0 & 1\end{pmatrix}\begin{pmatrix}1 & \frac{1}{2}\\ 0 & 1\end{pmatrix}=\begin{pmatrix}1 & \frac{3}{2}\\ 0 & 1\end{pmatrix}$,

$A^4=\begin{pmatrix}1 & \frac{3}{2}\\ 0 & 1\end{pmatrix}\begin{pmatrix}1 & \frac{1}{2}\\ 0 & 1\end{pmatrix}=\begin{pmatrix}1 & 2\\ 0 & 1\end{pmatrix}$,

⋮

$A^{20}=\begin{pmatrix}1 & \frac{20}{2}\\ 0 & 1\end{pmatrix}=\begin{pmatrix}1 & 10\\ 0 & 1\end{pmatrix}$ 답 **10**

19. $A=\begin{pmatrix}3 & 1\\ 0 & 1\end{pmatrix}$, $A^2=\begin{pmatrix}3 & 1\\ 0 & 1\end{pmatrix}\begin{pmatrix}3 & 1\\ 0 & 1\end{pmatrix}=\begin{pmatrix}3^2 & 1+3\\ 0 & 1\end{pmatrix}$,

$A^3=A^2A=\begin{pmatrix}3^3 & 1+3+3^2\\ 0 & 1\end{pmatrix}$, ⋯,

$A^6=\begin{pmatrix}3^6 & 1+3+\cdots+3^5\\ 0 & 1\end{pmatrix}$

따라서, A^6의 (1, 2)의 성분은

$1+3+\cdots+3^5=\mathbf{364}$ ←답

20. $A^2=\begin{pmatrix}-1 & 0\\ 0 & 1\end{pmatrix}\begin{pmatrix}-1 & 0\\ 0 & 1\end{pmatrix}=\begin{pmatrix}1 & 0\\ 0 & 1\end{pmatrix}=E$

$A^{100}=(A^2)^{50}=E^{50}=E$

$B^2=\begin{pmatrix}1 & -1\\ 0 & 1\end{pmatrix}\begin{pmatrix}1 & -1\\ 0 & 1\end{pmatrix}=\begin{pmatrix}1 & -2\\ 0 & 1\end{pmatrix}$,

$B^3=\begin{pmatrix}1 & -2\\ 0 & 1\end{pmatrix}\begin{pmatrix}1 & -1\\ 0 & 1\end{pmatrix}=\begin{pmatrix}1 & -3\\ 0 & 1\end{pmatrix}$,

$B^4=\begin{pmatrix}1 & -3\\ 0 & 1\end{pmatrix}\begin{pmatrix}1 & -1\\ 0 & 1\end{pmatrix}=\begin{pmatrix}1 & -4\\ 0 & 1\end{pmatrix}$,

⋮

$B^n=\begin{pmatrix}1 & -n\\ 0 & 1\end{pmatrix}$ $\therefore\ B^{100}=\begin{pmatrix}1 & -100\\ 0 & 1\end{pmatrix}$

따라서, $A^{100}B^{100}=E\begin{pmatrix}1 & -100\\ 0 & 1\end{pmatrix}=\begin{pmatrix}1 & -100\\ 0 & 1\end{pmatrix}$

답 **−98**

p. 25

1. BC=E이므로 ABC=AE=**A** ←답

2. $A^2+AB=A(A+B)=A(2E)=2A$

$=\begin{pmatrix}2 & 4\\ 6 & 8\end{pmatrix}$ 답 **20**

3. $A^2-AB+BA-B^2=A(A-B)+B(A-B)$

$=(A+B)(A-B)$

$\therefore\ \begin{pmatrix}3 & 5\\ 7 & 5\end{pmatrix}\begin{pmatrix}-1 & -1\\ -1 & 3\end{pmatrix}=\begin{pmatrix}\mathbf{-8} & \mathbf{12}\\ \mathbf{-12} & \mathbf{8}\end{pmatrix}$ ←답

4. $(A+B)^2=\begin{pmatrix}-4 & -3\\ 12 & 5\end{pmatrix}$이므로

$A^2+AB+BA+B^2=\begin{pmatrix}-4 & -3\\ 12 & 5\end{pmatrix}$

$\therefore\ A^2+B^2$

$=\begin{pmatrix}-4 & -3\\ 12 & 5\end{pmatrix}-(AB+BA)$

$=\begin{pmatrix}-4 & -3\\ 12 & 5\end{pmatrix}-\begin{pmatrix}-12 & 0\\ 12 & 0\end{pmatrix}=\begin{pmatrix}\mathbf{8} & \mathbf{-3}\\ \mathbf{0} & \mathbf{5}\end{pmatrix}$ ←답

5. $(A-B)^2=A^2-AB-BA+B^2$에서

$AB+BA=A^2+B^2-(A-B)^2$

$=\begin{pmatrix}0 & 1\\ 4 & -2\end{pmatrix}-\begin{pmatrix}5 & -1\\ -4 & 1\end{pmatrix}\begin{pmatrix}5 & -1\\ -4 & 1\end{pmatrix}$

$=\begin{pmatrix}\mathbf{-29} & \mathbf{7}\\ \mathbf{28} & \mathbf{-7}\end{pmatrix}$ ←답

6. $(A-B)^2=A^2-AB-BA+B^2$

$\therefore\ A^2+B^2=(A-B)^2+AB+BA$

$=\begin{pmatrix}2 & 3\\ 3 & 2\end{pmatrix}\begin{pmatrix}2 & 3\\ 3 & 2\end{pmatrix}+\begin{pmatrix}0 & -1\\ -1 & 0\end{pmatrix}$

$=\begin{pmatrix}13 & 12\\ 12 & 13\end{pmatrix}+\begin{pmatrix}0 & -1\\ -1 & 0\end{pmatrix}$

$=\begin{pmatrix}13 & 11\\ 11 & 13\end{pmatrix}$ 답 **48**

7. $AB=\begin{pmatrix}a & 1\\ 0 & -1\end{pmatrix}\begin{pmatrix}1 & -1\\ b & 1\end{pmatrix}=\begin{pmatrix}a+b & -a+1\\ -b & -1\end{pmatrix}$

$BA=\begin{pmatrix}1 & -1\\ b & 1\end{pmatrix}\begin{pmatrix}a & 1\\ 0 & -1\end{pmatrix}=\begin{pmatrix}a & 2\\ ab & b-1\end{pmatrix}$

AB=BA이므로

$a+b=a$에서 $b=0$

$-a+1=2$에서 $a=-1$ $\therefore\ \boldsymbol{a+b=-1}$ ←답

8. $(A+B)^2=A^2+2AB+B^2$이면 AB=BA이므로

$\begin{pmatrix}6+x & -4+x\\ 3+y & -2+y\end{pmatrix}=\begin{pmatrix}4 & 3x-2y\\ 3 & x+y\end{pmatrix}$

성분을 각각 비교하면

$\boldsymbol{x=-2,\ y=0}$ ←답

9. $(A+B)(A-B)=A^2-B^2$에서

AB=BA

$\begin{pmatrix}1 & 2\\ 2 & 3\end{pmatrix}\begin{pmatrix}1 & x\\ y & 2\end{pmatrix}=\begin{pmatrix}1 & x\\ y & 2\end{pmatrix}\begin{pmatrix}1 & 2\\ 2 & 3\end{pmatrix}$

$\therefore\ \begin{cases}1+2y=1+2x, & x+4=2+3x\\ 2+3y=y+4, & 2x+6=2y+6\end{cases}$

$\therefore\ \boldsymbol{x=1,\ y=1}$ ←답

10. A+B=E에서 B=E−A이므로

AB=A(E−A), 즉 $A^2=A+E$ … ㉠

마찬가지 방법으로 $B^2=B+E$ … ㉡

㉠+㉡을 하면 $A^2+B^2=3E=\begin{pmatrix} \mathbf{3} & \mathbf{0} \\ \mathbf{0} & \mathbf{3} \end{pmatrix}$ ←답

Note : A+B=E이면 A=E−B, B=E−A

AB=(E−B)(E−A)=E−(A+B)+BA

=E−E+BA=BA

즉 A+B=E이면 AB=BA이다.

p. 26

11. $A^2=\begin{pmatrix} -1 & 0 \\ 0 & -1 \end{pmatrix}=-E$

$(A+E)^2=A^2+2A+E^2=2A$

$\therefore (A+E)^{100}=\{(A+E)^2\}^{50}=(2A)^{50}$

$=2^{50}A^{50}=2^{50}(A^2)^{25}$

$=2^{50}(-E)^{25}=-2^{50}E$

$\therefore \boldsymbol{k=-2^{50}}$ ←답

12. $A^2+4A+4E=3A+3E$

$A^2+A+E=O,\ A^2=-A-E$

$A^3=-A^2-A=-(-A-E)-A=E$이므로

$A^{49}=(A^3)^{16}A=\mathbf{A}$ ←답

13. A+B=E에서 B=E−A를 AB=E에 대입하면

$A(E-A)=E,\ A-A^2=E,\ A^2=A-E$

$\therefore A^3=(A-E)A=A^2-A=-E$

마찬가지 방법으로 하면 $B^3=-E$

$\therefore A^{151}+B^{151}=(A^3)^{50}A+(B^3)^{50}B$

$=(-E)^{50}A+(-E)^{50}B=A+B$

$=\mathbf{E}$ ←답

14. $A=\begin{pmatrix} a & b \\ c & d \end{pmatrix}$라고 하면

$\begin{pmatrix} a & b \\ c & d \end{pmatrix}\begin{pmatrix} 1 \\ 0 \end{pmatrix}=\begin{pmatrix} 1 \\ -2 \end{pmatrix},\ \begin{pmatrix} a & b \\ c & d \end{pmatrix}\begin{pmatrix} 0 \\ 1 \end{pmatrix}=\begin{pmatrix} 3 \\ 2 \end{pmatrix}$

$a=1,\ c=-2,\ b=3,\ d=2$

$A=\begin{pmatrix} 1 & 3 \\ -2 & 2 \end{pmatrix}$이므로

$\begin{pmatrix} 1 & 3 \\ -2 & 2 \end{pmatrix}\begin{pmatrix} 5 \\ 2 \end{pmatrix}=\begin{pmatrix} \mathbf{11} \\ \mathbf{-6} \end{pmatrix}$ ←답

Note : $\begin{pmatrix} 5 \\ 2 \end{pmatrix}=5\begin{pmatrix} 1 \\ 0 \end{pmatrix}+2\begin{pmatrix} 0 \\ 1 \end{pmatrix}$이므로

$A\begin{pmatrix} 5 \\ 2 \end{pmatrix}=A\left\{5\begin{pmatrix} 1 \\ 0 \end{pmatrix}+2\begin{pmatrix} 0 \\ 1 \end{pmatrix}\right\}$

$=5A\begin{pmatrix} 1 \\ 0 \end{pmatrix}+2A\begin{pmatrix} 0 \\ 1 \end{pmatrix}$

$=5\begin{pmatrix} 1 \\ -2 \end{pmatrix}+2\begin{pmatrix} 3 \\ 2 \end{pmatrix}=\begin{pmatrix} 11 \\ -6 \end{pmatrix}$

15. $A^2-A+E=O$에서 $A^2=A-E$이므로

$A^2\begin{pmatrix} 1 \\ 2 \end{pmatrix}=(A-E)\begin{pmatrix} 1 \\ 2 \end{pmatrix}$

$=A\begin{pmatrix} 1 \\ 2 \end{pmatrix}-E\begin{pmatrix} 1 \\ 2 \end{pmatrix}$

$=\begin{pmatrix} -3 \\ 4 \end{pmatrix}-\begin{pmatrix} 1 \\ 2 \end{pmatrix}=\begin{pmatrix} \mathbf{-4} \\ \mathbf{2} \end{pmatrix}$ ←답

16. $A\begin{pmatrix} 9a-5c \\ 9b-5d \end{pmatrix}=A\begin{pmatrix} 9a \\ 9b \end{pmatrix}-A\begin{pmatrix} 5c \\ 5d \end{pmatrix}$

$=9A\begin{pmatrix} a \\ b \end{pmatrix}-5A\begin{pmatrix} c \\ d \end{pmatrix}=9\begin{pmatrix} -2 \\ 3 \end{pmatrix}-5\begin{pmatrix} -4 \\ 5 \end{pmatrix}$

$=\begin{pmatrix} -18+20 \\ 27-25 \end{pmatrix}=\begin{pmatrix} \mathbf{2} \\ \mathbf{2} \end{pmatrix}$ ←답

17. ① $(A+E)^2=(A+E)(A+E)$

$=A^2+A+A+E$

$=A^2+2A+E$

② A+B=E에서 B=E−A

$AB=A(E-A)=A-A^2$

$BA=(E-A)A=A-A^2$ $\quad\therefore AB=BA$

③ A+B=E이면 AB=BA이므로

$(A+B)(A-B)=A^2-AB+BA-B^2$

$=A^2-B^2$

④ $A=\begin{pmatrix} 1 & 1 \\ 0 & 1 \end{pmatrix}$이면 $A-E=\begin{pmatrix} 0 & 1 \\ 0 & 0 \end{pmatrix}$이므로

$(A-E)^2=O$이지만 $A\neq E$이다.

⑤ $A^7=A^5=E$이면 $A^2=E,\ A^4=E$이다.

$A^5=A^4=E$이므로 A=E이다. 답 ④

18. ① $A=\begin{pmatrix} 1 & 0 \\ 0 & 0 \end{pmatrix},\ B=\begin{pmatrix} 1 & 1 \\ 0 & 0 \end{pmatrix}$이면

$A-B=\begin{pmatrix} 0 & -1 \\ 0 & 0 \end{pmatrix}$이므로

$(A-B)^2=O$이지만 $A\neq B$이다.

② $A=\begin{pmatrix} 1 & 0 \\ 0 & 0 \end{pmatrix},\ B=\begin{pmatrix} 0 & 0 \\ 1 & 0 \end{pmatrix}$이면

$AB=O,\ A\neq O$이지만 $B\neq O$이다.

③ $A^2B^2=A(AB)B=AOB=O$

$(AB)^2=O$ $\quad\therefore A^2B^2=(AB)^2$

④ $(AB)^3=(AB)(AB)(AB)$

$=A(BA)(BA)B$

$=A(-AB)(-AB)B$

$=AA(BA)BB$

$=AA(-AB)BB$

$=-A^3B^3$

⑤ $(A-B)^2=(A-B)(A-B)$

$=(A-B)A-(A-B)B=O$

$\therefore (A-B)A=(A-B)B$ 답 ①, ②

p. 27

19. 케일리-해밀턴의 정리에 의하여 $A^2+2A=O$

이때 $A^2=-2A$이므로

$A^3=-2A^2=(-2)^2A,$

$A^4=-2A^3=(-2)^3A,$

$\vdots$

$A^{100}=-2A^{99}=(-2)^{99}A$

$\therefore\ k=(-2)^{99}=\mathbf{-2^{99}}$ ←답

20. $A^2=(1+2)A-(2-3)E=3A+E$이므로

$A^4=(A^2)^2=(3A+E)^2=(3A+E)(3A+E)$

$=9A^2+6A+E=9(3A+E)+6A+E$

$=33A+10E$

$\therefore\ A^4-5A^2+E=33A+10E-5(3A+E)+E$

$=18A+6E=aA+bE$

$\therefore\ \boldsymbol{a=18,\ b=6}$ ←답

Note : $A^2-3A-E=O$이므로

A^4-5A^2+E

$=(A^2-3A-E)(A^2+3A+5E)+18A+6E$

$=18A+6E$

$\therefore\ a=18,\ b=6$

21. 케일리-해밀턴의 정리에 의하여

$A^2-\left(\frac{1}{2}+\frac{1}{2}\right)A+\left(\frac{1}{4}+\frac{3}{4}\right)E=O$

$A^2-A+E=O$

양변에 A+E를 곱하면

$(A+E)(A^2-A+E)=O$

$A^3+E=O,\ A^3=-E,\ A^6=E$ 답 6

22. 케일리-해밀턴의 정리에 의하여

$A^2-A+E=O$

양변에 A+E를 곱하면

$(A+E)(A^2-A+E)=O,\ A^3+E=O$

$\therefore\ A^3=-E$

$A^{2020}=(A^3)^{673}A=(-E)^{673}A=-EA$

$=-A=\begin{pmatrix} \mathbf{-1} & \mathbf{-1} \\ \mathbf{1} & \mathbf{0} \end{pmatrix}$ ←답

23. 케일리-해밀턴의 정리에 의하여

$A^2+A+E=O$

양변에 A−E를 곱하면

$(A-E)(A^2+A+E)=O,\ A^3-E=O$

$\therefore\ A^3=E$

$\therefore\ A^5-3A^2+5A=A^3A^2-3A^2+5A$

$=-2A^2+5A$

$=-2(-A-E)+5A$

$=7A+2E$

$\therefore\ \boldsymbol{x=7,\ y=2}$ ←답

24. 행렬 A에서 케일리-해밀턴의 정리에 의하여

$A^2+E=O$이므로 $A^2=-E$ … ㉠

행렬 B에서 케일리-해밀턴의 정리에 의하여

$B^2-B+E=O$이므로

$(B+E)(B^2-B+E)=O,\ B^3+E=O$

$B^3=-E$ … ㉡

㉠, ㉡에 의하여 $A^6+B^6=O$

따라서, n의 최솟값은 **6** ←답

25. $A\neq kE$ (단, k는 실수)이므로

케일리-해밀턴의 정리에 의하여

$A^2-(x+3)A+(3x+y)E=O$

$\therefore\ x+3=1,\ 3x+y=-1$

$\therefore\ \boldsymbol{x=-2,\ y=5}$ ←답

26. $X\neq kE$ (단, k는 실수)이므로

케일리-해밀턴의 정리에 의하여

$X^2-(a+b)X+abE=O$

$\therefore\ a+b=3,\ ab=2$

$a^2+b^2=(a+b)^2-2ab=9-4=\mathbf{5}$ ←답

27. (i) $A\neq kE$ (단, k는 실수)일 때 :

케일리-해밀턴의 정리에 의하여

$A^2-(a+d)A+(ad-bc)E=O$

$\therefore\ a+d=2$

(ii) $A=kE$ (단, k는 실수)일 때 :

$(kE)^2-2kE-3E=O$

$(k^2-2k-3)E=O,\ k^2-2k-3=0$

$(k-3)(k+1)=0 \qquad \therefore\ k=3$ 또는 $k=-1$

따라서, $A=3E$ 또는 $A=-E$

$A=\begin{pmatrix} 3 & 0 \\ 0 & 3 \end{pmatrix}$ 또는 $A=\begin{pmatrix} -1 & 0 \\ 0 & -1 \end{pmatrix}$

$\therefore\ a+d=6$ 또는 $a+d=-2$

(i), (ii)에서 $a+d$의 최댓값은 **6** ←답

28. (i) $A\neq kE$ (단, k는 실수)일 때 :

케일리-해밀턴의 정리에 의하여

$2a=2,\ a^2-b^2=-8$

$a=1,\ b=\pm 3$

$\therefore\ (a,\ b)=(1,\ 3),\ (1,\ -3)$

(ii) $A=kE$ (단, k는 실수)일 때 :

$(kE)^2-2kE-8E=O$

$(k^2-2k-8)E=O,\ (k-4)(k+2)=0$

$\therefore\ k=4$ 또는 $k=-2$

따라서, $A=4E$ 또는 $A=-2E$

$A=\begin{pmatrix}4 & 0\\ 0 & 4\end{pmatrix}$ 또는 $A=\begin{pmatrix}-2 & 0\\ 0 & -2\end{pmatrix}$

$\therefore\ (a,\ b)=(4,\ 0),\ (-2,\ 0)$

(i), (ii)에서 순서쌍 $(a,\ b)$는 **4개** ←답

p. 28

1. (좌변)$=(a+3\quad 10)\begin{pmatrix}x\\ 1\end{pmatrix}=(a+3)x+10$

(우변)$=(a-1+b\quad a+3)\begin{pmatrix}x\\ 2\end{pmatrix}$

$=(a+b-1)x+2(a+3)$

$(a+3)x+10=(a+b-1)x+2(a+3)$

$a+3=a+b-1,\ 10=2(a+3)$

$\therefore$ $\boldsymbol{a=2,\ b=4}$ ←답

2. $(x\quad y)\begin{pmatrix}x-4 & 3\\ -1 & 1\end{pmatrix}$

$=(x(x-4)-y\quad 3x+y)=(5\quad k)$

$x^2-4x-y=5,\ 3x+y=k$

두 그래프의 교점이 존재해야 하므로

$x^2-4x-k+3x=5,\ x^2-x-k-5=0$

이 실근을 가져야 한다.

$D=1-4(-k-5)\geq 0,\ 4k+21\geq 0$

$\therefore$ $\boldsymbol{k\geq -\frac{21}{4}}$ ←답

3. $A=(3x-y\quad 2x+2y)\begin{pmatrix}x\\ y\end{pmatrix}$

$=(3x^2-xy+2xy+2y^2)$

$=(3x^2+xy+2y^2)$

행렬 A의 성분은 $3x^2+xy+2y^2$

$y=8-x$이므로

$3x^2+xy+2y^2=3x^2+x(8-x)+2(8-x)^2$

$=4x^2-24x+128$

$=4(x-3)^2+92$ 답 **92**

4. $A=\begin{pmatrix}2x+y & y\\ -x+y & y\end{pmatrix}+\begin{pmatrix}2x-y & -x-y\\ 2x+2y & -x+2y\end{pmatrix}$

$=\begin{pmatrix}4x & -x\\ x+3y & -x+3y\end{pmatrix}$

행렬 A의 모든 성분의 합은 $3x+6y$이므로

$3x+6y=k$ (k는 상수)라 하면 직선 $3x+6y=k$가 원 $x^2+y^2=4$에 접할 때, 최댓값과 최솟값을 갖는다.

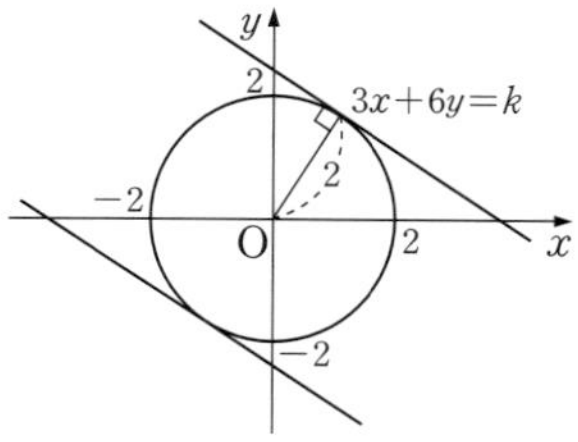

원의 중심 (0, 0)에서 직선 $3x+6y-k=0$까지의 거리가 2이므로

$\dfrac{|k|}{\sqrt{3^2+6^2}}=2\qquad \therefore\ k=\pm 6\sqrt{5}$

따라서, **최댓값은 $6\sqrt{5}$, 최솟값은 $-6\sqrt{5}$** ←답

5. $\alpha+\beta=6,\ \alpha\beta=1,\ A\neq kE$ (k는 실수)이므로

케일리-해밀턴의 정리에 의하여

$A^2-(\alpha+\beta)A+(\alpha\beta-1)E=O$

$A^2-6A=O\qquad \therefore\ A^2=6A$

$A^3=A^2A=6AA=6A^2=6\cdot 6A=36A$

A^3의 모든 성분의 합은

$36(\alpha+\beta+2)=36\times 8=$**288** ←답

6. $A^2=\begin{pmatrix}1 & 0\\ 2 & 1\end{pmatrix}\begin{pmatrix}1 & 0\\ 2 & 1\end{pmatrix}=\begin{pmatrix}1 & 0\\ 4 & 1\end{pmatrix}$,

$A^3=\begin{pmatrix}1 & 0\\ 4 & 1\end{pmatrix}\begin{pmatrix}1 & 0\\ 2 & 1\end{pmatrix}=\begin{pmatrix}1 & 0\\ 6 & 1\end{pmatrix}$,

$A^4=\begin{pmatrix}1 & 0\\ 6 & 1\end{pmatrix}\begin{pmatrix}1 & 0\\ 2 & 1\end{pmatrix}=\begin{pmatrix}1 & 0\\ 8 & 1\end{pmatrix}$,

⋮

$\therefore\ A^n=\begin{pmatrix}1 & 0\\ 2n & 1\end{pmatrix}=\begin{pmatrix}1 & 0\\ 64 & 1\end{pmatrix}\qquad \therefore$ $\boldsymbol{n=32}$ ←답

7. $A+B=O$에서 $B=-A$

이것을 $AB=E$에 대입하면

$A(-A)=-A^2=E\qquad \therefore\ A^2=-E,\ A^4=E$

마찬가지 방법으로 $B^2=-E,\ B^4=E$

이때 $A+A^2+A^3+A^4=O$,

$B+B^2+B^3+B^4=O$이므로

$(A+B)+(A^2+B^2)+(A^3+B^3)+\cdots+A^{2022}+B^{2022}$

$=A+A^2+A^3+A^4+\cdots$

$+A^{2017}+A^{2018}+A^{2019}+A^{2020}+A^{2021}+A^{2022}$

$+B+B^2+B^3+B^4+\cdots$

$+B^{2017}+B^{2018}+B^{2019}+B^{2020}+B^{2021}+B^{2022}$

$=A^{2021}+A^{2022}+B^{2021}+B^{2022}$

$=A+A^2+B+B^2=A-E-A-E=-2E$ 답 **−4**

8. $A=\dfrac{1}{\sqrt{2}}\begin{pmatrix}1 & -1\\ 1 & 1\end{pmatrix}$

$A^2=\dfrac{1}{2}\begin{pmatrix}1 & -1\\ 1 & 1\end{pmatrix}\begin{pmatrix}1 & -1\\ 1 & 1\end{pmatrix}=\begin{pmatrix}0 & -1\\ 1 & 0\end{pmatrix}$

$A^4=\begin{pmatrix}0&-1\\1&0\end{pmatrix}\begin{pmatrix}0&-1\\1&0\end{pmatrix}=\begin{pmatrix}-1&0\\0&-1\end{pmatrix}=-E$

$A^5=A^4A=-A$

$A^6=A^4A^2=-A^2$

$A^7=A^4A^3=-A^3$

$A^8=A^4A^4=E$

$\therefore\ A+A^2+A^3+A^4+A^5+A^6+A^7+A^8$

$=A+A^2+A^3-E-A-A^2-A^3+E=O$

$X=A+A^2+A^3+A^4+A^5+A^6+A^7+A^8+\cdots$

$+A^{2008}(A+A^2+A^3+A^4+A^5+A^6+A^7+A^8)$

$+A^{2017}$

$=A^{2016}A=A$　　　　답 $-\dfrac{1}{\sqrt{2}}$

9. $A^2=\begin{pmatrix}1&-1\\1&0\end{pmatrix}\begin{pmatrix}1&-1\\1&0\end{pmatrix}=\begin{pmatrix}0&-1\\1&-1\end{pmatrix}$

$A^3=A^2A=\begin{pmatrix}0&-1\\1&-1\end{pmatrix}\begin{pmatrix}1&-1\\1&0\end{pmatrix}$

$=\begin{pmatrix}-1&0\\0&-1\end{pmatrix}=-E$

$A^4=A^3A=-A$

$A^6=A^3A^3=(-E)(-E)=E,\ A^{498}=E$

$\therefore\ A^{500}+A^{501}+A^{502}=A^{498}(A^2+A^3+A^4)$

$=A^2-E-A$

$=\begin{pmatrix}0&-1\\1&-1\end{pmatrix}-\begin{pmatrix}1&0\\0&1\end{pmatrix}-\begin{pmatrix}1&-1\\1&0\end{pmatrix}$

$=\begin{pmatrix}-2&0\\0&-2\end{pmatrix}$　　　　답 -4

10. $A-2B=\begin{pmatrix}5&3\\0&5\end{pmatrix},\ A+2B=\begin{pmatrix}-3&3\\0&-3\end{pmatrix}$이므로

$(A-2B)+(A+2B)=\begin{pmatrix}5&3\\0&5\end{pmatrix}+\begin{pmatrix}-3&3\\0&-3\end{pmatrix}$

즉, $2A=\begin{pmatrix}2&6\\0&2\end{pmatrix}$이므로 $A=\begin{pmatrix}1&3\\0&1\end{pmatrix}$

$A-2B=\begin{pmatrix}5&3\\0&5\end{pmatrix}$에서

$\begin{pmatrix}1&3\\0&1\end{pmatrix}-2B=\begin{pmatrix}5&3\\0&5\end{pmatrix}$

$2B=\begin{pmatrix}1&3\\0&1\end{pmatrix}-\begin{pmatrix}5&3\\0&5\end{pmatrix}=\begin{pmatrix}-4&0\\0&-4\end{pmatrix}=-4E$

$\therefore\ B=-2E$

$B^4=(-2E)^4=16E$

$A^2=\begin{pmatrix}1&3\\0&1\end{pmatrix}\begin{pmatrix}1&3\\0&1\end{pmatrix}=\begin{pmatrix}1&6\\0&1\end{pmatrix},$

$A^3=\begin{pmatrix}1&6\\0&1\end{pmatrix}\begin{pmatrix}1&3\\0&1\end{pmatrix}=\begin{pmatrix}1&9\\0&1\end{pmatrix},$

$A^4=\begin{pmatrix}1&9\\0&1\end{pmatrix}\begin{pmatrix}1&3\\0&1\end{pmatrix}=\begin{pmatrix}1&12\\0&1\end{pmatrix}$

⋮

$A^{10}=\begin{pmatrix}1&30\\0&1\end{pmatrix}$

$\therefore\ A^{10}+B^4=\begin{pmatrix}1&30\\0&1\end{pmatrix}+\begin{pmatrix}16&0\\0&16\end{pmatrix}$

$=\begin{pmatrix}\mathbf{17}&\mathbf{30}\\\mathbf{0}&\mathbf{17}\end{pmatrix}$ ←답

p. 29

11. $X=\begin{pmatrix}x&y\\z&u\end{pmatrix},\ A=\begin{pmatrix}a&b\\c&d\end{pmatrix}$로 놓으면

$\begin{pmatrix}a&b\\c&d\end{pmatrix}\begin{pmatrix}x&y\\z&u\end{pmatrix}=\begin{pmatrix}x&y\\z&u\end{pmatrix}\begin{pmatrix}a&b\\c&d\end{pmatrix}$

$\therefore\ \begin{cases}ax+bz=ax+cy\\ay+bu=bx+dy\\cx+dz=az+cu\\cy+du=bz+du\end{cases}$

각 식을 $x,\ y,\ z,\ u$에 대하여 정리하면

$cy-bz=0,\ bx+(d-a)y-bu=0,$

$cx+(d-a)z-cu=0,\ cy-bz=0$

이들은 $x,\ y,\ z,\ u$에 대한 항등식이므로

$b=0,\ c=0,\ d=a$

$\therefore\ \mathbf{A}=\begin{pmatrix}\boldsymbol{a}&\mathbf{0}\\\mathbf{0}&\boldsymbol{a}\end{pmatrix}$ (단, a는 임의의 실수) ←답

12. $(A+B)^2=A^2+AB+BA+B^2$이므로

$AB+BA=(A+B)^2-(A^2+B^2)$

$=\begin{pmatrix}4&-4\\0&0\end{pmatrix}-\begin{pmatrix}2&0\\5&7\end{pmatrix}=\begin{pmatrix}\mathbf{2}&\mathbf{-4}\\\mathbf{-5}&\mathbf{-7}\end{pmatrix}$ ←답

13. $(A+B)^2=(A+B)(A+B)$

$=A^2+AB+BA+B^2$

$\therefore\ A^2+B^2=(A+B)^2-(AB+BA)$

$=\begin{pmatrix}4&0\\0&9\end{pmatrix}-\begin{pmatrix}5&3\\-2&4\end{pmatrix}$

$=\begin{pmatrix}\mathbf{-1}&\mathbf{-3}\\\mathbf{2}&\mathbf{5}\end{pmatrix}$ ←답

14. $AB=\begin{pmatrix}3&-2\\x&y\end{pmatrix}\begin{pmatrix}2&-1\\-3&1\end{pmatrix}$

$=\begin{pmatrix}12&-5\\2x-3y&-x+y\end{pmatrix}$

$BA=\begin{pmatrix}2&-1\\-3&1\end{pmatrix}\begin{pmatrix}3&-2\\x&y\end{pmatrix}$

$=\begin{pmatrix}6-x&-4-y\\-9+x&6+y\end{pmatrix}$

AB=BA이므로

$6-x=12 \quad \therefore x=-6$

$-4-y=-5 \quad \therefore y=1$ 답 -5

15. $(A+B)(A-B)=A^2-AB+BA-B^2$

$=A^2-B^2$

이므로 AB=BA이다.

$\begin{pmatrix} 2 & -2 \\ a & -1 \end{pmatrix}\begin{pmatrix} 1 & 2 \\ 3 & b \end{pmatrix}=\begin{pmatrix} 1 & 2 \\ 3 & b \end{pmatrix}\begin{pmatrix} 2 & -2 \\ a & -1 \end{pmatrix}$

$\begin{pmatrix} -4 & 4-2b \\ a-3 & 2a-b \end{pmatrix}=\begin{pmatrix} 2+2a & -4 \\ 6+ab & -6-b \end{pmatrix}$

$-4=2+2a$에서 $a=-3$

$4-2b=-4$에서 $b=4$ 답 1

16. $(A-B)^2=A^2-2AB+B^2$이 성립하므로

$A^2-AB-BA+B^2=A^2-2AB+B^2$에서 $AB=BA$

$\begin{pmatrix} 1 & 1 \\ 0 & 1 \end{pmatrix}\begin{pmatrix} 2 & 1 \\ k & 2 \end{pmatrix}=\begin{pmatrix} 2 & 1 \\ k & 2 \end{pmatrix}\begin{pmatrix} 1 & 1 \\ 0 & 1 \end{pmatrix}$

$\begin{pmatrix} k+2 & 3 \\ k & 2 \end{pmatrix}=\begin{pmatrix} 2 & 3 \\ k & k+2 \end{pmatrix}$

$k+2=2 \quad \therefore \boldsymbol{k=0}$ ←답

17. $(A+B)^2=A^2+2AB+B^2$이 성립하므로 AB=BA

$AB=\begin{pmatrix} x^2 & 1 \\ 1 & 2x \end{pmatrix}\begin{pmatrix} 0 & 1 \\ 1 & y^2 \end{pmatrix}=\begin{pmatrix} 1 & x^2+y^2 \\ 2x & 1+2xy^2 \end{pmatrix}$

$BA=\begin{pmatrix} 0 & 1 \\ 1 & y^2 \end{pmatrix}\begin{pmatrix} x^2 & 1 \\ 1 & 2x \end{pmatrix}=\begin{pmatrix} 1 & 2x \\ x^2+y^2 & 1+2xy^2 \end{pmatrix}$

AB=BA이므로 $x^2+y^2=2x$

$\therefore (x-1)^2+y^2=1$

답

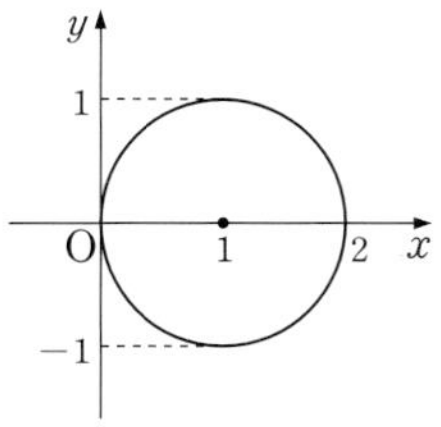

18. $A^2+B^2-AB-BA=(A-B)^2=O$

$A-B=\begin{pmatrix} 2 & 2-x \\ -1 & 1-y \end{pmatrix}$

$(A-B)^2=\begin{pmatrix} x+2 & xy-3x-2y+6 \\ y-3 & y^2-2y+x-1 \end{pmatrix}$

$x+2=0,\ y-3=0 \quad \therefore x=-2,\ y=3$

따라서, $x^2+y^2=4+9=\mathbf{13}$ ←답

19. $(A+B)^2=\begin{pmatrix} 1 & 0 \\ 1 & 2 \end{pmatrix}\begin{pmatrix} 1 & 0 \\ 1 & 2 \end{pmatrix}=\begin{pmatrix} 1 & 0 \\ 3 & 4 \end{pmatrix}$

$AB+BA=(A+B)^2-(A^2+B^2)$

$=\begin{pmatrix} 1 & 0 \\ 3 & 4 \end{pmatrix}-\begin{pmatrix} 2 & 0 \\ 0 & 5 \end{pmatrix}=\begin{pmatrix} -1 & 0 \\ 3 & -1 \end{pmatrix}$

$\therefore (A-B)^2=A^2+B^2-(AB+BA)$

$=\begin{pmatrix} 2 & 0 \\ 0 & 5 \end{pmatrix}-\begin{pmatrix} -1 & 0 \\ 3 & -1 \end{pmatrix}$

$=\begin{pmatrix} \mathbf{3} & \mathbf{0} \\ \mathbf{-3} & \mathbf{6} \end{pmatrix}$ ←답

20. $A=\begin{pmatrix} 1 & -1 \\ 1 & 0 \end{pmatrix}$에서

$A^2=AA=\begin{pmatrix} 1 & -1 \\ 1 & 0 \end{pmatrix}\begin{pmatrix} 1 & -1 \\ 1 & 0 \end{pmatrix}=\begin{pmatrix} 0 & -1 \\ 1 & -1 \end{pmatrix}$

$A^3=A^2A=\begin{pmatrix} 0 & -1 \\ 1 & -1 \end{pmatrix}\begin{pmatrix} 1 & -1 \\ 1 & 0 \end{pmatrix}$

$=\begin{pmatrix} -1 & 0 \\ 0 & -1 \end{pmatrix}=-E$

$A^4=A^3A=-A$

$A^5=A^3A^2=-A^2$

$A^6=(A^3)^2=(-E)^2=E$

$\therefore A+A^2+A^3+A^4+A^5+A^6$

$=A+A^2-E-A-A^2+E=O$

$\therefore A+A^2+A^3+\cdots+A^{100}$

$=A^{97}+A^{98}+A^{99}+A^{100}$

$=A^{96}(A+A^2+A^3+A^4)$

$=A+A^2-E-A=A^2-E$

$=\begin{pmatrix} 0 & -1 \\ 1 & -1 \end{pmatrix}-\begin{pmatrix} 1 & 0 \\ 0 & 1 \end{pmatrix}=\begin{pmatrix} \mathbf{-1} & \mathbf{-1} \\ \mathbf{1} & \mathbf{-2} \end{pmatrix}$ ←답

Note : $A+A^2+A^3+A^4+A^5+A^6+\cdots+A^{94}+A^{95}+A^{96}$

$=O$

p. 30

21. $B-A=\begin{pmatrix} 5 & 2 \\ -2 & 1 \end{pmatrix}-\begin{pmatrix} 4 & -1 \\ -1 & 3 \end{pmatrix}=\begin{pmatrix} 1 & 3 \\ -1 & -2 \end{pmatrix}$

$(B-A)^2=\begin{pmatrix} 1 & 3 \\ -1 & -2 \end{pmatrix}\begin{pmatrix} 1 & 3 \\ -1 & -2 \end{pmatrix}=\begin{pmatrix} -2 & -3 \\ 1 & 1 \end{pmatrix}$

$(B-A)^3=\begin{pmatrix} -2 & -3 \\ 1 & 1 \end{pmatrix}\begin{pmatrix} 1 & 3 \\ -1 & -2 \end{pmatrix}=\begin{pmatrix} 1 & 0 \\ 0 & 1 \end{pmatrix}=E$

$(B-A)^4=(B-A)^3(B-A)=E(B-A)=B-A$

같은 방법으로 $(B-A)^5=(B-A)^2,\ (B-A)^6=E$

$\therefore (B-A)+(B-A)^2+(B-A)^3+(B-A)^4$

$+(B-A)^5+(B-A)^6$

$=2(B-A)+2(B-A)^2+2E$

$=2\begin{pmatrix} 1 & 3 \\ -1 & -2 \end{pmatrix}+2\begin{pmatrix} -2 & -3 \\ 1 & 1 \end{pmatrix}+2\begin{pmatrix} 1 & 0 \\ 0 & 1 \end{pmatrix}$

$=\begin{pmatrix} \mathbf{0} & \mathbf{0} \\ \mathbf{0} & \mathbf{0} \end{pmatrix}$ ←답

22. $A=\begin{pmatrix} a & b \\ c & d \end{pmatrix},\ A\begin{pmatrix} 2 \\ 1 \end{pmatrix}=\begin{pmatrix} m \\ n \end{pmatrix}$이라 하자.

m, n은 정수이고 $mn=-1$이므로

$\begin{pmatrix} m \\ n \end{pmatrix}=\begin{pmatrix} 1 \\ -1 \end{pmatrix}$ 또는 $\begin{pmatrix} m \\ n \end{pmatrix}=\begin{pmatrix} -1 \\ 1 \end{pmatrix}$이다.

(i) $\begin{pmatrix} m \\ n \end{pmatrix}=\begin{pmatrix} 1 \\ -1 \end{pmatrix}$일 때,

$\begin{pmatrix} a & b \\ c & d \end{pmatrix}\begin{pmatrix} 2 \\ 1 \end{pmatrix}=\begin{pmatrix} 1 \\ -1 \end{pmatrix}$이므로

$2a+b=1$, $2c+d=-1$

㉠ $2a+b=1$에서

$(a, b)=(1, -1)$ 또는 $(0, 1)$

㉡ $2c+d=-1$에서

$(c, d)=(-1, 1)$ 또는 $(0, -1)$

따라서, A의 개수는 4개이다.

(ii) $\begin{pmatrix} m \\ n \end{pmatrix}=\begin{pmatrix} -1 \\ 1 \end{pmatrix}$일 때,

$\begin{pmatrix} a & b \\ c & d \end{pmatrix}\begin{pmatrix} 2 \\ 1 \end{pmatrix}=\begin{pmatrix} -1 \\ 1 \end{pmatrix}$이므로

$2a+b=-1$, $2c+d=1$

㉠ $2a+b=-1$에서

$(a, b)=(-1, 1)$ 또는 $(0, -1)$

㉡ $2c+d=1$에서

$(c, d)=(1, -1)$ 또는 $(0, 1)$

따라서, A의 개수는 4개이다.

(i), (ii)에서 행렬의 개수는 **8개** ←답

23. ① $A=\begin{pmatrix} 1 & -1 \\ 1 & -1 \end{pmatrix}$이면 $A^2=O$이지만 $A\neq O$이다.

② $A=\begin{pmatrix} 1 & 0 \\ 0 & 0 \end{pmatrix}$이면 $A^2=A$이지만 $A\neq O$이고, $A\neq E$ 이다.

③ $A=\begin{pmatrix} 1 & 0 \\ 1 & 0 \end{pmatrix}$, $B=\begin{pmatrix} 0 & 1 \\ 0 & 1 \end{pmatrix}$이면 $(A-B)^2=O$이지만 $A\neq B$이다.

④ $A^2-B^2=(A-B)(A+B)$이면

$A^2-B^2=A^2+AB-BA-B^2$

$\therefore AB-BA=O$

$\therefore AB=BA$

⑤ $(A+B)^2=A^2+AB+BA+B^2$이므로

$A^2+2AB+B^2\neq(A+B)^2$ 답 ④

24. ① $A=\begin{pmatrix} 0 & 1 \\ 1 & 0 \end{pmatrix}$이면 $A^2=E$이지만 $A\neq E$이고, $A\neq -E$이다.

② $A=\begin{pmatrix} 0 & -1 \\ 1 & -1 \end{pmatrix}$이면 $A^3=E$이지만 $A\neq E$이다.

③ $A=\begin{pmatrix} 0 & 1 \\ 0 & 0 \end{pmatrix}$, $B=\begin{pmatrix} 1 & 0 \\ 0 & 0 \end{pmatrix}$이면

$AB=O$이지만 $BA=\begin{pmatrix} 0 & 1 \\ 0 & 0 \end{pmatrix}$이다.

④ $A=\begin{pmatrix} 1 & 0 \\ 1 & 0 \end{pmatrix}$, $B=\begin{pmatrix} 0 & 1 \\ 0 & 1 \end{pmatrix}$이면

$(AB)^2=A^2B^2$이지만 $AB\neq BA$이다.

⑤ $A=\begin{pmatrix} 0 & 1 \\ 1 & 0 \end{pmatrix}$, $B=\begin{pmatrix} 1 & 0 \\ 0 & -1 \end{pmatrix}$이면

$A^2B^2=B^2A^2$이지만 $AB\neq BA$이다.

⑥ $A^7=A^4A^3=E$에서 $A^3=E$

$A^4=A^3A=EA=A=E$ 답 ⑥

25. $\begin{pmatrix} a & 3 \\ 0 & a \end{pmatrix}^2=\begin{pmatrix} a & 3 \\ 0 & a \end{pmatrix}\begin{pmatrix} a & 3 \\ 0 & a \end{pmatrix}=\begin{pmatrix} a^2 & 6a \\ 0 & a^2 \end{pmatrix}$,

$\begin{pmatrix} a & 3 \\ 0 & a \end{pmatrix}^3=\begin{pmatrix} a^2 & 6a \\ 0 & a^2 \end{pmatrix}\begin{pmatrix} a & 3 \\ 0 & a \end{pmatrix}=\begin{pmatrix} a^3 & 9a^2 \\ 0 & a^3 \end{pmatrix}$,

$\begin{pmatrix} a & 3 \\ 0 & a \end{pmatrix}^4=\begin{pmatrix} a^3 & 9a^2 \\ 0 & a^3 \end{pmatrix}\begin{pmatrix} a & 3 \\ 0 & a \end{pmatrix}=\begin{pmatrix} a^4 & 12a^3 \\ 0 & a^4 \end{pmatrix}$,

$\vdots$

$\begin{pmatrix} a & 3 \\ 0 & a \end{pmatrix}^n=\begin{pmatrix} a^n & 3n\cdot a^{n-1} \\ 0 & a^n \end{pmatrix}$이므로 (1, 1) 성분과 (1, 2) 성분이 같다면 $a^n=3n\cdot a^{n-1}$

$(a-3n)a^{n-1}=0$에서 $a^{n-1}>0$이므로 $a-3n=0$이어야 한다.

그러므로 $a=3n$에서 a가 8 이하의 자연수이므로

$n=1$일 때, $a=3$

$n=2$일 때, $a=6$

따라서, 가능한 모든 a의 곱은 $3\times6=$**18** ←답

26. $A=\begin{pmatrix} 1 & 0 \\ -2 & -1 \end{pmatrix}$에서 케일리-해밀턴의 정리에 의하여

$A^2-(1-1)A+(-1-0)E=O$

$\therefore A^2=E$

즉 $A^2=A^4=\cdots=A^{98}=E$, $A^3=A^5=\cdots=A^{99}=A$ 이므로

$A+A^2+\cdots+A^{99}=50A+49E$

$\therefore$ $\boldsymbol{x=50,\ y=49}$ ←답

27. $A=\begin{pmatrix} 1 & -1 \\ 1 & 0 \end{pmatrix}$에서 케일리-해밀턴의 정리에 의하여

$A^2-(1+0)A+(0+1)E=O$

$A^2-A+E=O$

위의 식의 양변에 $A+E$를 곱하면

$(A+E)(A^2-A+E)=O$

$A^3+E=O$ $\therefore A^3=-E$, $A^6=E$

$A^{50}=(A^6)^8A^2=EA^2=A^2$

$=\begin{pmatrix} 1 & -1 \\ 1 & 0 \end{pmatrix}\begin{pmatrix} 1 & -1 \\ 1 & 0 \end{pmatrix}=\begin{pmatrix} 0 & -1 \\ 1 & -1 \end{pmatrix}$

$\therefore A^{50}B=\begin{pmatrix} 0 & -1 \\ 1 & -1 \end{pmatrix}\begin{pmatrix} 1 & 2 \\ 2 & -1 \end{pmatrix}=\begin{pmatrix} -2 & 1 \\ -1 & 3 \end{pmatrix}$ 답 1

28. $A^2-2A+4E=O$에서 $A^2=2A-4E$

$\begin{pmatrix} 2a-1 & 2b \\ 2c & 2d-1 \end{pmatrix}=2A-E$이므로

$(2A-E)^3=8A^3-12A^2+6A-E$

$=8A(2A-4E)-12A^2+6A-E$

$=4A^2-26A-E$

$=4(2A-4E)-26A-E$

$=-18A-17E$

$\therefore$ $\boldsymbol{x=-18,\ y=-17}$ ← 답

29. $A^2-2A+5E=O$에서 $A^2=2A-5E$

$\therefore \begin{pmatrix} x^2-y^2 & 2xy \\ -2xy & x^2-y^2 \end{pmatrix}=\begin{pmatrix} 2x-5 & 2y \\ -2y & 2x-5 \end{pmatrix}$

따라서,

$\begin{cases} x^2-y^2=2x-5 & \cdots \text{㉠} \\ 2xy=2y & \cdots \text{㉡} \end{cases}$

그런데 $y>0$이므로 ㉡에서 $2x=2$,

즉 $\boldsymbol{x=1}$ ← 답

$x=1$을 ㉠에 대입하면

$y^2=x^2-2x+5=4$

$\therefore$ $\boldsymbol{y=2}$ ← 답

30. $A^3-2A^2+5A=O$이므로

$A^3-2A^2+6A+E=(A^3-2A^2+5A)+A+E$

$=A+E$

$=\begin{pmatrix} \mathbf{2} & \mathbf{2} \\ \mathbf{-2} & \mathbf{2} \end{pmatrix}$ ← 답

31. $A=\begin{pmatrix} -5 & 3 \\ -7 & 4 \end{pmatrix}$에서 케일리-해밀턴의 정리에 의하여

$A^2+A+E=O$

$(A-E)(A^2+A+E)=O$

$A^3-E^3=O$ $\quad\therefore A^3=E$

따라서, $A^4=A^3A=A$, $A^5=A^3A^2=A^2$,

$A^6=A^3A^3=E$, $\cdots$, $A^{200}=(A^3)^{66}A^2=A^2$이므로

$A+A^2+A^3+\cdots+A^{200}$

$=(A+A^2+E)+(A+A^2+E)+\cdots+(A+A^2)$

$=O+O+\cdots+(A+A^2)=A+A^2$

$=-E=\begin{pmatrix} -1 & 0 \\ 0 & -1 \end{pmatrix}$ 답 -2

p. 31

1. $A=\begin{pmatrix} 1 & 0 \\ 0 & 2 \end{pmatrix}$, $B=\begin{pmatrix} 1 & a \\ b & 1 \end{pmatrix}$, $C=\begin{pmatrix} p & q \\ r & s \end{pmatrix}$라 하면

$AB=\begin{pmatrix} 1 & 0 \\ 0 & 2 \end{pmatrix}\begin{pmatrix} 1 & a \\ b & 1 \end{pmatrix}=\begin{pmatrix} 1 & a \\ 2b & 2 \end{pmatrix}$

$CA=\begin{pmatrix} p & q \\ r & s \end{pmatrix}\begin{pmatrix} 1 & 0 \\ 0 & 2 \end{pmatrix}=\begin{pmatrix} p & 2q \\ r & 2s \end{pmatrix}$

$AB=CA$에서

$p=1$, $a=2q$, $2b=r$, $2s=2$

$p=1$, $s=1$, $2ab=2qr$에서 $qr=4$ ($\because ab=4$)

또, a, b가 양수이므로 q, r도 양수이다.

행렬 C의 모든 성분의 합

$p+q+r+s=1+1+q+r\ge 2+2\sqrt{qr}$

$=2+2\sqrt{4}$

$=\mathbf{6}$ ← 답

2. 이차방정식의 근과 계수의 관계에서

$\alpha+\beta=2$, $\alpha\beta=-1$ $\cdots$ ㉠

$AB=\begin{pmatrix} \alpha^2 & \beta \\ 0 & \alpha^2 \end{pmatrix}\begin{pmatrix} \beta^2 & \alpha \\ 0 & \beta^2 \end{pmatrix}=\begin{pmatrix} \alpha^2\beta^2 & \alpha^3+\beta^3 \\ 0 & \alpha^2\beta^2 \end{pmatrix}$이고,

$\alpha^3+\beta^3=(\alpha+\beta)^3-3\alpha\beta(\alpha+\beta)=14$ $\cdots$ ㉡

㉠, ㉡에 의해 $AB=\begin{pmatrix} 1 & 14 \\ 0 & 1 \end{pmatrix}$

따라서, AB의 모든 성분의 합은 **16** ← 답

3. $X+Y=\begin{pmatrix} -1 & -1 \\ 1 & 0 \end{pmatrix}$ $\cdots$ ㉠

$X-Y=\begin{pmatrix} -1 & 1 \\ -1 & -2 \end{pmatrix}$ $\cdots$ ㉡

㉠+㉡을 하면 $2X=\begin{pmatrix} -2 & 0 \\ 0 & -2 \end{pmatrix}$

$\therefore X=\begin{pmatrix} -1 & 0 \\ 0 & -1 \end{pmatrix}$

$\therefore X^2+XY=X(X+Y)$

$=\begin{pmatrix} -1 & 0 \\ 0 & -1 \end{pmatrix}\begin{pmatrix} -1 & -1 \\ 1 & 0 \end{pmatrix}$

$=\begin{pmatrix} \mathbf{1} & \mathbf{1} \\ \mathbf{-1} & \mathbf{0} \end{pmatrix}$ ← 답

4. $\alpha+\beta=1$, $\alpha\beta=-3$, $\alpha^2-\alpha-3=0$, $\beta^2-\beta-3=0$

$A^2-A=A(A-E)$

$=\begin{pmatrix} \alpha & 1 \\ 1 & \beta \end{pmatrix}\begin{pmatrix} \alpha-1 & 1 \\ 1 & \beta-1 \end{pmatrix}$

$=\begin{pmatrix} \alpha^2-\alpha+1 & \alpha+\beta-1 \\ \alpha+\beta-1 & \beta^2-\beta+1 \end{pmatrix}$

$=\begin{pmatrix} 4 & 0 \\ 0 & 4 \end{pmatrix}$

따라서, 행렬 A^2-A의 모든 성분의 합은 **8** ← 답

5. $f(x)=2x^2-4x+4=2(x-1)^2+2$이므로

$y=f(x)$의 그래프의 꼭짓점의 좌표는 (1, 2)이고,

y절편은 4이다.

이에 대응되는 행렬은 $F=\begin{pmatrix} 1 & 2 \\ 2 & 4 \end{pmatrix}$

$F^2=\begin{pmatrix}1 & 2\\2 & 4\end{pmatrix}\begin{pmatrix}1 & 2\\2 & 4\end{pmatrix}=\begin{pmatrix}5 & 10\\10 & 20\end{pmatrix}$

행렬 F^2은 $y=g(x)$의 그래프에 대응되는 행렬이므로 꼭짓점의 좌표는 (5, 10)이고, y절편은 20이다.

$g(0)$는 $y=g(x)$의 그래프의 y절편이므로

$\boldsymbol{g(0)=20}$ ← 답

6. $A^2=\begin{pmatrix}-2 & -3\\1 & 1\end{pmatrix}\begin{pmatrix}-2 & -3\\1 & 1\end{pmatrix}=\begin{pmatrix}1 & 3\\-1 & -2\end{pmatrix}$

$A^3=A^2A=\begin{pmatrix}1 & 3\\-1 & -2\end{pmatrix}\begin{pmatrix}-2 & -3\\1 & 1\end{pmatrix}=\begin{pmatrix}1 & 0\\0 & 1\end{pmatrix}=E$

$A^{2015}=(A^3)^{671}A^2=\begin{pmatrix}1 & 3\\-1 & -2\end{pmatrix}$ ($\because$ $A^3=E$)

$\therefore$ $A^{2015}\begin{pmatrix}1\\2\end{pmatrix}=\begin{pmatrix}1 & 3\\-1 & -2\end{pmatrix}\begin{pmatrix}1\\2\end{pmatrix}=\begin{pmatrix}7\\-5\end{pmatrix}$ 답 **2**

7. $A^2=\begin{pmatrix}1 & -1\\1 & 1\end{pmatrix}\begin{pmatrix}1 & -1\\1 & 1\end{pmatrix}=\begin{pmatrix}0 & -2\\2 & 0\end{pmatrix}$

$A^3=A^2A=\begin{pmatrix}0 & -2\\2 & 0\end{pmatrix}\begin{pmatrix}1 & -1\\1 & 1\end{pmatrix}=\begin{pmatrix}-2 & -2\\2 & -2\end{pmatrix}$

$A^4=A^2A^2=\begin{pmatrix}0 & -2\\2 & 0\end{pmatrix}\begin{pmatrix}0 & -2\\2 & 0\end{pmatrix}$

$=\begin{pmatrix}-4 & 0\\0 & -4\end{pmatrix}=-4E$

따라서, n은 4의 배수이어야 하므로 구하는 자연수 n의 개수는

$\dfrac{1000}{4}=\mathbf{250}$ ← 답

8. $A=\begin{pmatrix}a & b\\c & d\end{pmatrix}$라 하면

$\begin{pmatrix}a & b\\c & d\end{pmatrix}\begin{pmatrix}1\\0\end{pmatrix}=\begin{pmatrix}2\\3\end{pmatrix}$에서 $a=2,\ c=3$

이때 $\begin{pmatrix}2 & b\\3 & d\end{pmatrix}\begin{pmatrix}2\\3\end{pmatrix}=\begin{pmatrix}4\\3\end{pmatrix}$이므로

$4+3b=4,\ 6+3d=3$에서 $b=0,\ d=-1$

$\therefore$ $A=\begin{pmatrix}2 & 0\\3 & -1\end{pmatrix}$

따라서, 행렬 A의 모든 성분의 합은

$a+b+c+d=2+0+3+(-1)=4$ 답 ④

9. $f(1)=2,\ f(2)=1$이므로

$a_{12}=a_{21}=1,\ a_{11}=a_{22}=0$

따라서, $A=\begin{pmatrix}0 & 1\\1 & 0\end{pmatrix}$

$A^2=\begin{pmatrix}0 & 1\\1 & 0\end{pmatrix}\begin{pmatrix}0 & 1\\1 & 0\end{pmatrix}=\begin{pmatrix}1 & 0\\0 & 1\end{pmatrix}=E$

$\therefore$ $A^{2016}=(A^2)^{1008}=E^{1008}=E$ 답 ③

p. 32

10. $A=\begin{pmatrix}2 & 1\\-1 & -2\end{pmatrix}$에서 $A^2=3E$이므로

$A^{2n}=(A^2)^n=(3E)^n=3^nE$이다.

$B=\begin{pmatrix}0 & -1\\1 & 0\end{pmatrix}$에서 $B^2=-E$이므로

$B^{39}=(B^2)^{19}B=-B$이다.

따라서, $A^{2n}+B^{39}=\begin{pmatrix}3^n & 0\\0 & 3^n\end{pmatrix}+\begin{pmatrix}0 & 1\\-1 & 0\end{pmatrix}$

$=\begin{pmatrix}81 & 1\\-1 & 81\end{pmatrix}$

에서 $3^n+0=81$이므로 $n=4$ 답 ③

11. $A_2=A_1B=\begin{pmatrix}1 & 0\\1 & 0\end{pmatrix}\begin{pmatrix}0 & 1\\1 & 0\end{pmatrix}=\begin{pmatrix}0 & 1\\0 & 1\end{pmatrix}$

$A_3=A_2B=\begin{pmatrix}0 & 1\\0 & 1\end{pmatrix}\begin{pmatrix}0 & 1\\1 & 0\end{pmatrix}=\begin{pmatrix}1 & 0\\1 & 0\end{pmatrix}=A_1$

$A_4=A_3B=A_1B=A_2$

$A_5=A_4B=A_2B=A_1$

$\vdots$

$\therefore$ $A_{2n-1}=A_1,\ A_{2n}=A_2\ (n=1,\ 2,\ 3,\ \cdots)$

ㄱ. $A_2\neq A_5$

ㄴ. $A_{2n+2}=A_2$이므로

$A_{2n+2}=A_{2n}A_{2n+2} \Leftrightarrow A_2=A_2A_2$

$\therefore$ $A_2A_2=\begin{pmatrix}0 & 1\\0 & 1\end{pmatrix}\begin{pmatrix}0 & 1\\0 & 1\end{pmatrix}=\begin{pmatrix}0 & 1\\0 & 1\end{pmatrix}=A_2$

ㄷ. $A_{2n+1}=A_1$이므로

$A_{2n+1}=A_{2n}A_{2n+1} \Leftrightarrow A_1=A_2A_1$

$\therefore$ $A_2A_1=\begin{pmatrix}0 & 1\\0 & 1\end{pmatrix}\begin{pmatrix}1 & 0\\1 & 0\end{pmatrix}=\begin{pmatrix}1 & 0\\1 & 0\end{pmatrix}=A_1$

답 ④

12. $A^2=AA=\begin{pmatrix}2 & 1\\-1 & 0\end{pmatrix}\begin{pmatrix}2 & 1\\-1 & 0\end{pmatrix}=\begin{pmatrix}3 & 2\\-2 & -1\end{pmatrix}$

$A^3=A^2A=\begin{pmatrix}3 & 2\\-2 & -1\end{pmatrix}\begin{pmatrix}2 & 1\\-1 & 0\end{pmatrix}=\begin{pmatrix}4 & 3\\-3 & -2\end{pmatrix}$

$\vdots$

$A^n=\begin{pmatrix}n+1 & n\\-n & -n+1\end{pmatrix}$

따라서, A^n의 성분의 합은 항상 2이다.

$A+A^2+\cdots+A^{100}=\begin{pmatrix}a & b\\c & d\end{pmatrix}$에서

$\therefore$ $a+b+c+d=2\times100=\mathbf{200}$ ← 답

13. $A_1=\begin{pmatrix}1 & 2\\3 & 4\end{pmatrix}$, $A_2=\begin{pmatrix}1 & 2\\3 & 4\end{pmatrix}\begin{pmatrix}0 & 1\\1 & 0\end{pmatrix}=\begin{pmatrix}2 & 1\\4 & 3\end{pmatrix}$

$A_3=-\begin{pmatrix}0 & 1\\1 & 0\end{pmatrix}\begin{pmatrix}2 & 1\\4 & 3\end{pmatrix}=\begin{pmatrix}-4 & -3\\-2 & -1\end{pmatrix}$

$A_4=\begin{pmatrix}-4 & -3\\ -2 & -1\end{pmatrix}\begin{pmatrix}0 & 1\\ 1 & 0\end{pmatrix}=\begin{pmatrix}-3 & -4\\ -1 & -2\end{pmatrix}$

$A_5=-\begin{pmatrix}0 & 1\\ 1 & 0\end{pmatrix}\begin{pmatrix}-3 & -4\\ -1 & -2\end{pmatrix}=\begin{pmatrix}1 & 2\\ 3 & 4\end{pmatrix}=A_1$

따라서, $A_6=A_2$, $A_7=A_3$, $\cdots$, $A_{n+4}=A_n$

$\therefore\ A_{2005}=A_{4\times501+1}=A_1=\begin{pmatrix}1 & 2\\ 3 & 4\end{pmatrix}$

그러므로 A_{2005}의 (2, 1) 성분은 3이다. 답 ⑤

14. $A\begin{pmatrix}-22\\ -2\end{pmatrix}+A\begin{pmatrix}20\\ -30\end{pmatrix}=-2A\begin{pmatrix}11\\ 1\end{pmatrix}+10A\begin{pmatrix}2\\ -3\end{pmatrix}$

$=-2A^2\begin{pmatrix}2\\ -3\end{pmatrix}+10A\begin{pmatrix}2\\ -3\end{pmatrix}$

$=(-2A^2+10A)\begin{pmatrix}2\\ -3\end{pmatrix}$

여기서 $-2A^2+10A=-2(A^2-5A)=-2(-6E)$ 이므로

$12E\begin{pmatrix}2\\ -3\end{pmatrix}=\begin{pmatrix}24\\ -36\end{pmatrix}$ 답 ③

15. ㄱ. $A^5A^2=A^7$, $A^2=E$
$A^2A^3=A^5$, $A^3=E$
$A^2A=A^3$, $A=E$

ㄴ. $(A+B)^2=A^2+AB+BA+B^2$

ㄷ. 결합법칙은 성립한다. 답 ⑤

16. ㄱ. $A+B=E$에서 $A=E-B$
$\therefore\ A^2-B^2=(E-B)^2-B^2=E-2B$
$=(E-B)-B=A-B$

ㄴ. $A^2=2A$에서 $A^2-2A=O$
$A(A-2E)=O$이면 $A=O$ 또는 $A=2E$ 라 할 수 없다.
(반례) $A=\begin{pmatrix}1 & -1\\ -1 & 1\end{pmatrix}$

ㄷ. (반례) $A=\begin{pmatrix}1 & 0\\ 0 & 0\end{pmatrix}$, $B=\begin{pmatrix}1 & 0\\ 1 & 0\end{pmatrix}$ 답 ①

p. 33

17. ㄱ. $A◎B=AB-BA$
$B◎A=BA-AB$
이때 AB와 BA는 같다고 할 수 없으므로
$A◎B\neq B◎A$

ㄴ. $3A◎2B=(3A)(2B)-(2B)(3A)$
$=6AB-6BA$
$=6(AB-BA)$
$=6(A◎B)$

ㄷ. $(A-B)◎C=(A-B)C-C(A-B)$
$=AC-BC-CA+CB$
$=(AC-CA)-(BC-CB)$
$=(A◎C)-(B◎C)$ 답 ④

18. ㄱ. (반례) $A=3E$, $B=O$일 때,
$A+B=3E$, $AB=4B$이지만 $A\neq4E$

ㄴ. $A+B=3E$이고, $AB=4B$이므로
$(A+B)B=3EB$, $AB+B^2=3B$, $4B+B^2=3B$
$\therefore\ B^2+B=O$

ㄷ. $A+B=3E$에서 $B=3E-A$
$AB=A(3E-A)=3A-A^2=(3E-A)A=BA$
$\therefore\ A^2-B^2=(A+B)(A-B)$
$=3E(A-B)=3(A-B)$ 답 ④

19. $A=\begin{pmatrix}1 & a\\ 0 & 1\end{pmatrix}$, $B=\begin{pmatrix}1 & b\\ 0 & 1\end{pmatrix}$ (a, b는 실수)라 하면

ㄱ. $AB=\begin{pmatrix}1 & a\\ 0 & 1\end{pmatrix}\begin{pmatrix}1 & b\\ 0 & 1\end{pmatrix}=\begin{pmatrix}1 & a+b\\ 0 & 1\end{pmatrix}$이므로
$AB\in X$

ㄴ. $BA=\begin{pmatrix}1 & b\\ 0 & 1\end{pmatrix}\begin{pmatrix}1 & a\\ 0 & 1\end{pmatrix}=\begin{pmatrix}1 & a+b\\ 0 & 1\end{pmatrix}$이므로
$AB=BA$
$\therefore\ A^2-B^2=(A+B)(A-B)$

ㄷ. $A^2=\begin{pmatrix}1 & a\\ 0 & 1\end{pmatrix}\begin{pmatrix}1 & a\\ 0 & 1\end{pmatrix}=\begin{pmatrix}1 & 2a\\ 0 & 1\end{pmatrix}$,
$B^2=\begin{pmatrix}1 & b\\ 0 & 1\end{pmatrix}\begin{pmatrix}1 & b\\ 0 & 1\end{pmatrix}=\begin{pmatrix}1 & 2b\\ 0 & 1\end{pmatrix}$이므로
$A^2+B^2=\begin{pmatrix}2 & 2(a+b)\\ 0 & 2\end{pmatrix}=2\begin{pmatrix}1 & a+b\\ 0 & 1\end{pmatrix}$
$=2AB$
$\therefore\ (A+B)^2=A^2+B^2+2AB=4AB$ 답 ⑤

20. ㄱ. a, b, c, d를 자연수라 하면
$\begin{pmatrix}1 & a\\ 0 & b\end{pmatrix}\begin{pmatrix}1 & c\\ 0 & d\end{pmatrix}=\begin{pmatrix}1 & c+ad\\ 0 & bd\end{pmatrix}\in S$

ㄴ. $\begin{pmatrix}1 & a\\ 0 & b\end{pmatrix}\begin{pmatrix}1 & c\\ 0 & d\end{pmatrix}=\begin{pmatrix}1 & c+ad\\ 0 & bd\end{pmatrix}$,
$\begin{pmatrix}1 & c\\ 0 & d\end{pmatrix}\begin{pmatrix}1 & a\\ 0 & b\end{pmatrix}=\begin{pmatrix}1 & a+bc\\ 0 & bd\end{pmatrix}$

ㄷ. 주어진 조건에서 x, y는 자연수이고,
성분의 합이 3이므로 $A=\begin{pmatrix}1 & 1\\ 0 & 1\end{pmatrix}$이다.
$A^n=\begin{pmatrix}1 & n\\ 0 & 1\end{pmatrix}$, 모든 성분의 합은 $n+2$

따라서, 옳은 것은 ㄱ, ㄷ이다. 답 ③

21. $A^2=A+3E$이고, $B=2E-A$이므로
$B^2=(2E-A)^2$
$=4E-2A-2A+A^2$

$=4E-4A+(A+3E)$

$=-3A+7E$

$\therefore\ B^3=(-3A+7E)(2E-A)$

$=-6A+3A^2+14E-7A$

$=-13A+3(A+3E)+14E$

$=-10A+23E$

$\therefore$ $\boldsymbol{x=-10,\ y=23}$ ← 답

22. $3X+2Y=A$ ⋯ ㉠, $X+Y=E$ ⋯ ㉡

㉠$-2\times$㉡에서 $X=A-2E$

$3\times$㉡$-$㉠에서 $Y=3E-A$

$\therefore\ X^2+Y^2=(A-2E)^2+(3E-A)^2$

$=2A^2-10A+13E$

한편, 케일리－해밀턴의 정리에 의하여

$A^2-5A+6E=O$

$\therefore\ X^2+Y^2=2(A^2-5A+6E)+E=E$

$\therefore$ $\boldsymbol{k=1}$ ← 답

23. 케일리-해밀턴의 정리에 의하여 $A^2+A+E=O$

위 식의 양변에 $A-E$를 곱하면

$(A-E)(A^2+A+E)=O$

$A^3-E=O\quad \therefore\ A^3=E$

$\therefore\ A^{200}=(A^3)^{66}A^2=A^2=-A-E$

$=-\begin{pmatrix}1&-1\\3&-2\end{pmatrix}-\begin{pmatrix}1&0\\0&1\end{pmatrix}$

$=\begin{pmatrix}-2&1\\-3&1\end{pmatrix}$

$B=\begin{pmatrix}a&b\\c&d\end{pmatrix}$라고 하면

$\begin{pmatrix}-2&1\\-3&1\end{pmatrix}=\begin{pmatrix}1&-1\\3&-2\end{pmatrix}+\begin{pmatrix}a&b\\c&d\end{pmatrix}$

$\therefore\ a=-3,\ b=2,\ c=-6,\ d=3$ 답 **−4**

p. 34

1. $A^2=\begin{pmatrix}1&-2\\0&1\end{pmatrix}$, $A^3=\begin{pmatrix}1&-3\\0&1\end{pmatrix}$, $A^4=\begin{pmatrix}1&-4\\0&1\end{pmatrix}$, ⋯

$A^n=\begin{pmatrix}1&-n\\0&1\end{pmatrix}$이므로

$A-A^2+A^3-A^4+\cdots+A^{1003}-A^{1004}=\begin{pmatrix}a&b\\c&d\end{pmatrix}$에서

$a=0$,

$b=(-1+2)+(-3+4)+\cdots+(-1003+1004)=502$,

$c=0,\ d=0$ 답 **502**

2. $A=\begin{pmatrix}-c+1&0\\1&c\end{pmatrix}$이고 $A^2=\begin{pmatrix}1&0\\1&k\end{pmatrix}$이므로

$A^2=AA$

$=\begin{pmatrix}-c+1&0\\1&c\end{pmatrix}\begin{pmatrix}-c+1&0\\1&c\end{pmatrix}=\begin{pmatrix}(-c+1)^2&0\\1&c^2\end{pmatrix}$

$\therefore\ \begin{pmatrix}1&0\\1&k\end{pmatrix}=\begin{pmatrix}(-c+1)^2&0\\1&c^2\end{pmatrix}$이다.

$\therefore\ (-c+1)^2=1$이고, $c^2=k$이다.

$c>0$이므로 $c=2,\ k=4$이다.

따라서, $c+k=6$이다. 답 **6**

3. 주어진 등식에서 $(x^2+y^2)A-(x-y)E=B$

$\begin{pmatrix}4(x^2+y^2)-(x-y)&x^2+y^2\\x^2+y^2&-(x-y)\end{pmatrix}=\begin{pmatrix}17&4\\4&1\end{pmatrix}$이므로

$\begin{cases}x^2+y^2=4\\x-y=-1\end{cases}$

이를 좌표평면에 나타내면 다음 그림과 같다.

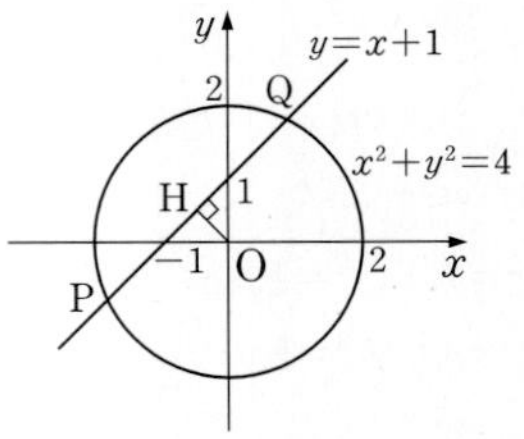

$\overline{OH}=\frac{\sqrt{2}}{2}$, $\overline{OP}=2$이므로 $\overline{PH}=\frac{\sqrt{14}}{2}$

$\therefore$ $\overline{PQ}=2\overline{PH}=\boldsymbol{\sqrt{14}}$ ← 답

4. $A^2=16E$이므로

$A^2=\begin{pmatrix}x&y\\y&-x\end{pmatrix}\begin{pmatrix}x&y\\y&-x\end{pmatrix}=\begin{pmatrix}x^2+y^2&0\\0&x^2+y^2\end{pmatrix}$

$=\begin{pmatrix}16&0\\0&16\end{pmatrix}$

$\therefore\ x^2+y^2=4^2$

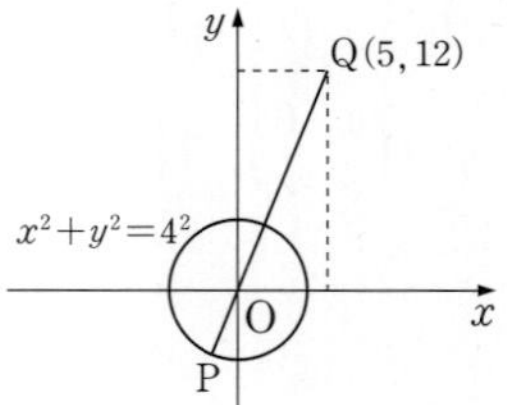

따라서, 점 P의 자취는 중심이 원점이고, 반지름의 길이가 4인 원이다. 원의 중심 O에서 점 Q(5, 12)에 이르는 거리는 $\overline{OQ}=\sqrt{5^2+12^2}=13$이므로 선분 PQ의 길이의 최댓값은 $13+4=\boldsymbol{17}$ ← 답

5. $x^2+x-6=0$, $(x+3)(x-2)=0$에서

두 근이 $a,\ d$이므로

$a=-3,\ d=2$ 또는 $a=2,\ d=-3$

$x^2-8x-7=0$에서 두 근이 $b,\ c$이므로

$b+c=8,\ bc=-7$

(i) $a=-3$, $d=2$의 경우

$$A=\begin{pmatrix}-3 & b\\ c & 2\end{pmatrix}$$

$$A^2=\begin{pmatrix}-3 & b\\ c & 2\end{pmatrix}\begin{pmatrix}-3 & b\\ c & 2\end{pmatrix}=\begin{pmatrix}9+bc & -b\\ -c & bc+4\end{pmatrix}$$

$$=\begin{pmatrix}2 & -b\\ -c & -3\end{pmatrix}$$

$$A^3=\begin{pmatrix}2 & -b\\ -c & -3\end{pmatrix}\begin{pmatrix}-3 & b\\ c & 2\end{pmatrix}$$

$$=\begin{pmatrix}-6-bc & 0\\ 0 & -bc-6\end{pmatrix}$$

$$=\begin{pmatrix}1 & 0\\ 0 & 1\end{pmatrix}$$

$A+A^2+A^3=\begin{pmatrix}0 & 0\\ 0 & 0\end{pmatrix}$이므로

$A+A^2+A^3+A^4+\cdots+A^{10}=A$

따라서, 모든 성분의 합은 7

(ii) $a=2$, $d=-3$의 경우

마찬가지의 방법으로 모든 성분의 합은 **7** ←답

Note : $x^2+x-6=0$, $(x+3)(x-2)=0$에서

두 근이 a, d이므로 $a+d=-1$, $ad=-6$

$x^2-8x-7=0$에서 두 근이 b, c이므로

$b+c=8$, $bc=-7$

케일리-해밀턴의 정리를 이용하여 풀면

$A^2+A+E=O$

$A+A^2+A^3=\begin{pmatrix}0 & 0\\ 0 & 0\end{pmatrix}$이므로

$A+A^2+A^3+A^4+\cdots+A^{10}=A$

따라서, 모든 성분의 합은 7

6. $(BA)^1=\begin{pmatrix}2 & 0\\ 0 & 0\end{pmatrix}$, $(BA)^2=\begin{pmatrix}4 & 0\\ 0 & 0\end{pmatrix}$,

$(BA)^3=\begin{pmatrix}8 & 0\\ 0 & 0\end{pmatrix}$, $\cdots$, $(BA)^n=\boxed{\begin{pmatrix}2^n & 0\\ 0 & 0\end{pmatrix}}$

따라서, $(AB)^nA=\begin{pmatrix}2^{n-1} & 2^{n-1}\\ 2^{n-1} & 2^{n-1}\end{pmatrix}\begin{pmatrix}1 & 0\\ 1 & 0\end{pmatrix}$

$$=\begin{pmatrix}2^n & 0\\ 2^n & 0\end{pmatrix}=\boxed{2^nA}$$

$$(BA)^nB=\begin{pmatrix}2^n & 0\\ 0 & 0\end{pmatrix}\begin{pmatrix}1 & 1\\ 0 & 0\end{pmatrix}$$

$$=\begin{pmatrix}2^n & 2^n\\ 0 & 0\end{pmatrix}=\boxed{2^nB}$$

답 (가)-①, (나)-③, (다)-④

7. $A^2=\begin{pmatrix}-1 & 1\\ 0 & -1\end{pmatrix}\begin{pmatrix}-1 & 1\\ 0 & -1\end{pmatrix}=\begin{pmatrix}1 & -2\\ 0 & 1\end{pmatrix}$

$A^3=\begin{pmatrix}1 & -2\\ 0 & 1\end{pmatrix}\begin{pmatrix}-1 & 1\\ 0 & -1\end{pmatrix}=\begin{pmatrix}-1 & 3\\ 0 & -1\end{pmatrix}$

$A^4=\begin{pmatrix}1 & -4\\ 0 & 1\end{pmatrix}$

⋮

$A^n=\begin{pmatrix}(-1)^n & (-1)^{n+1}\cdot n\\ 0 & (-1)^n\end{pmatrix}$

$A^n\begin{pmatrix}x\\ y\end{pmatrix}=\begin{pmatrix}1\\ 1\end{pmatrix}$에서

$(-1)^nx+(-1)^{n+1}\cdot ny=1$ $\cdots$ ㉠

$(-1)^ny=1$ $\cdots$ ㉡

㉡을 ㉠에 대입하면

$(-1)^nx+(-1)^{n+1}\cdot n\cdot\dfrac{1}{(-1)^n}=1$ $\cdots$ ㉢

$(-1)^n\times(-1)^n=(-1)^{2n}=\{(-1)^2\}^n=1$이므로

㉢의 양변에 $(-1)^n$을 곱하면

$x+(-1)^{n+1}\cdot n=(-1)^n$

$x=(-1)^n-(-1)^{n+1}\cdot n=(-1)^n(1+n)$

$\therefore$ $x=(-1)^n(1+n)$, $y=(-1)^n$

$n=1$이면 $x=-2$, $y=-1$이므로 $\begin{pmatrix}-2\\ -1\end{pmatrix}$

$n=2$이면 $x=3$, $y=1$이므로 $\begin{pmatrix}3\\ 1\end{pmatrix}$

$n=3$이면 $x=-4$, $y=-1$이므로 $\begin{pmatrix}-4\\ -1\end{pmatrix}$

$n=4$이면 $x=5$, $y=1$이므로 $\begin{pmatrix}5\\ 1\end{pmatrix}$ 답 ①

p. 35

8. ㄱ. $kA=\begin{pmatrix}ka & kb\\ kc & kd\end{pmatrix}$에서

$f(kA)=ka+kd=k(a+d)=kf(A)$

ㄴ. 행렬 $A=\begin{pmatrix}a & b\\ c & d\end{pmatrix}$, $B=\begin{pmatrix}x & y\\ z & w\end{pmatrix}$라 하면

$AB=\begin{pmatrix}ax+bz & ay+bw\\ cx+dz & cy+dw\end{pmatrix}$,

$BA=\begin{pmatrix}ax+cy & bx+dy\\ az+cw & bz+dw\end{pmatrix}$이므로

$f(AB)=(ax+bz)+(cy+dw)$

$=(ax+cy)+(bz+dw)=f(BA)$

ㄷ. 행렬 $A=\begin{pmatrix}a & b\\ c & d\end{pmatrix}$, $B=\begin{pmatrix}x & y\\ z & w\end{pmatrix}$라 하면

$A+B=\begin{pmatrix}a+x & b+y\\ c+z & d+w\end{pmatrix}$

$f(A+B)=a+x+d+w=(a+d)+(x+w)$

$=f(A)+f(B)$ 답 ⑤

9. ㄱ. $(A-E)^2=(A-E)(A-E)$

$=A^2-AE-EA+E^2$

$=A^2-2A+E$

ㄴ. (반례) $A=\begin{pmatrix} 1 & -1 \\ -1 & 1 \end{pmatrix}$, $B=\begin{pmatrix} 1 & 0 \\ 1 & 0 \end{pmatrix}$

ㄷ. $A^2=AA=(AB)A=A(BA)=AB=A$ 답 ③

10. 이차정사각행렬 $A=\begin{pmatrix} a & b \\ c & d \end{pmatrix}$라고 하면 임의의 실수 x, y에 대하여

ㄱ. $\begin{pmatrix} a & b \\ c & d \end{pmatrix}\begin{pmatrix} x \\ y \end{pmatrix}=\begin{pmatrix} x \\ 0 \end{pmatrix}$이면

$ax+by=x$, $cx+dy=0$

$a=1$, $b=0$, $c=0$, $d=0$이므로

$A=\begin{pmatrix} 1 & 0 \\ 0 & 0 \end{pmatrix}$으로부터 $A^2=A$

ㄴ. $\begin{pmatrix} a & b \\ c & d \end{pmatrix}\begin{pmatrix} x \\ y \end{pmatrix}=\begin{pmatrix} -y \\ x \end{pmatrix}$이면

$ax+by=-y$, $cx+dy=x$

$a=0$, $b=-1$, $c=1$, $d=0$이므로

$A=\begin{pmatrix} 0 & -1 \\ 1 & 0 \end{pmatrix}$으로부터 $A^2=-E \Rightarrow A^3=-A$

ㄷ. $\begin{pmatrix} a & b \\ c & d \end{pmatrix}\begin{pmatrix} x \\ y \end{pmatrix}=\begin{pmatrix} -x \\ -y \end{pmatrix}$이면

$ax+by=-x$, $cx+dy=-y$

$a=-1$, $b=0$, $c=0$, $d=-1$이므로

$A=\begin{pmatrix} -1 & 0 \\ 0 & -1 \end{pmatrix}$로부터 $A=-E \Rightarrow A^2=E$

답 ③

11. $A=\begin{pmatrix} a & b \\ -b & a \end{pmatrix}$, $B=\begin{pmatrix} c & d \\ -d & c \end{pmatrix}$

ㄱ. $A+B=\begin{pmatrix} a & b \\ -b & a \end{pmatrix}+\begin{pmatrix} c & d \\ -d & c \end{pmatrix}$

$=\begin{pmatrix} a+c & b+d \\ -(b+d) & a+c \end{pmatrix}$

ㄴ. $AB=\begin{pmatrix} a & b \\ -b & a \end{pmatrix}\begin{pmatrix} c & d \\ -d & c \end{pmatrix}$

$=\begin{pmatrix} ac-bd & ad+bc \\ -(ad+bc) & ac-bd \end{pmatrix}$

$BA=\begin{pmatrix} c & d \\ -d & c \end{pmatrix}\begin{pmatrix} a & b \\ -b & a \end{pmatrix}$

$=\begin{pmatrix} ac-bd & ad+bc \\ -(ad+bc) & ac-bd \end{pmatrix}$

ㄷ. 주어진 명제의 대우는

$A\neq O$이고, $B\neq O$이면 $AB\neq O$이다.

$A=\begin{pmatrix} a & b \\ -b & a \end{pmatrix}$에서 $A\neq O$이면 a와 b는 동시에 0이 아니다. 즉, $a^2+b^2\neq 0$이다. 마찬가지로

$B=\begin{pmatrix} c & d \\ -d & c \end{pmatrix}$에서 $B\neq O$이면 $c^2+d^2\neq 0$

$AB=\begin{pmatrix} a & b \\ -b & a \end{pmatrix}\begin{pmatrix} c & d \\ -d & c \end{pmatrix}$

$=\begin{pmatrix} ac-bd & ad+bc \\ -(ad+bc) & ac-bd \end{pmatrix}$에서

$(ac-bd)^2+(ad+bc)^2$

$=a^2c^2+b^2d^2+a^2d^2+b^2c^2$

$=a^2(c^2+d^2)+b^2(c^2+d^2)$

$=(a^2+b^2)(c^2+d^2)\neq 0$

이므로 $AB\neq O$이다.

$\therefore$ $AB=O$이면 $A=O$ 또는 $B=O$이다. 답 ⑤

12. $(A+B)(A-B)=A^2-B^2 \Leftrightarrow AB=BA$

따라서, $AB=BA$이기 위한 필요충분조건을 찾으면 된다.

ㄱ. $AB+BA=O$이면 $AB=-BA$

ㄴ. $(AB)^2=ABAB=AABB=A^2B^2$

ㄷ. (반례) $A=\begin{pmatrix} 1 & 0 \\ 0 & 1 \end{pmatrix}$, $B=\begin{pmatrix} 0 & 1 \\ 1 & 0 \end{pmatrix}$

$AB=BA$이지만 $A+B=E$가 아니다. 답 ②

13. ㄱ. $A◎B=AB+BA=BA+AB=B◎A$

ㄴ. $pA◎qB=(pA)(qB)+(qB)(pA)$

$=pqAB+pqBA$

$=pq(AB+BA)=pq(A◎B)$

ㄷ. $(A+B)◎C=(A+B)C+C(A+B)$

$=AC+BC+CA+CB$

$=AC+CA+BC+CB$

$=(A◎C)+(B◎C)$ 답 ⑤

p. 36

1. $xA+yB=C$에서 $x\begin{pmatrix} 1 & 2 \\ 0 & 1 \end{pmatrix}+y\begin{pmatrix} 4 & 6 \\ 1 & 3 \end{pmatrix}=\begin{pmatrix} 1 & 0 \\ 1 & 0 \end{pmatrix}$

$\begin{pmatrix} x+4y & 2x+6y \\ y & x+3y \end{pmatrix}=\begin{pmatrix} 1 & 0 \\ 1 & 0 \end{pmatrix}$

$y=1$, $x+3y=0$ $\quad\therefore$ $x=-3$, $y=1$

$\therefore$ $\boldsymbol{x+y=-2}$ ←답

2. $AB=\begin{pmatrix} 2 & 1 \\ 0 & 1 \end{pmatrix}\begin{pmatrix} a & b \\ 0 & c \end{pmatrix}=\begin{pmatrix} 2a & 2b+c \\ 0 & c \end{pmatrix}$,

$BA=\begin{pmatrix} a & b \\ 0 & c \end{pmatrix}\begin{pmatrix} 2 & 1 \\ 0 & 1 \end{pmatrix}=\begin{pmatrix} 2a & a+b \\ 0 & c \end{pmatrix}$

$AB=BA$에서 $\begin{pmatrix} 2a & 2b+c \\ 0 & c \end{pmatrix}=\begin{pmatrix} 2a & a+b \\ 0 & c \end{pmatrix}$

$\therefore$ $2b+c=a+b$ $\quad\therefore$ $\boldsymbol{a=b+c}$ ←답

3. $A+B=\begin{pmatrix}2&1\\1&1\end{pmatrix}+\begin{pmatrix}-1&-2\\1&0\end{pmatrix}=\begin{pmatrix}1&-1\\2&1\end{pmatrix}$

$(A+B)A=\begin{pmatrix}1&-1\\2&1\end{pmatrix}\begin{pmatrix}2&1\\1&1\end{pmatrix}=\begin{pmatrix}1&0\\5&3\end{pmatrix}$

따라서, 구하는 모든 성분의 합은

$1+0+5+3=9$이다. 답 ①

4. $AB=\begin{pmatrix}0&1\\1&0\end{pmatrix}\begin{pmatrix}1&1\\0&1\end{pmatrix}=\begin{pmatrix}0&1\\1&1\end{pmatrix}$,

$AB-E=\begin{pmatrix}0&1\\1&1\end{pmatrix}-\begin{pmatrix}1&0\\0&1\end{pmatrix}=\begin{pmatrix}-1&1\\1&0\end{pmatrix}$

$A^2B-A=A(AB-E)=\begin{pmatrix}0&1\\1&0\end{pmatrix}\begin{pmatrix}-1&1\\1&0\end{pmatrix}$

$=\begin{pmatrix}\mathbf{1}&\mathbf{0}\\\mathbf{-1}&\mathbf{1}\end{pmatrix}$ ←답

5. $AB=\begin{pmatrix}2&-4\\-1&2\end{pmatrix}\begin{pmatrix}1&2\\2&4\end{pmatrix}=\begin{pmatrix}-6&-12\\3&6\end{pmatrix}$,

$BA=\begin{pmatrix}1&2\\2&4\end{pmatrix}\begin{pmatrix}2&-4\\-1&2\end{pmatrix}=\begin{pmatrix}0&0\\0&0\end{pmatrix}$

$\therefore\ \frac{1}{3}AB-BA=\frac{1}{3}AB=\begin{pmatrix}-2&-4\\1&2\end{pmatrix}$ 답 ①

6. $A^2-X=3E$에서 $X=A^2-3E$

$\begin{pmatrix}1&2\\2&1\end{pmatrix}\begin{pmatrix}1&2\\2&1\end{pmatrix}-3\begin{pmatrix}1&0\\0&1\end{pmatrix}=\begin{pmatrix}2&4\\4&2\end{pmatrix}=2\begin{pmatrix}1&2\\2&1\end{pmatrix}=2A$

$\therefore$ $\mathbf{X=2A}$ ←답

7. $2A+X=AB$에서

$X=AB-2A=A(B-2E)=\begin{pmatrix}1&1\\1&0\end{pmatrix}\begin{pmatrix}-1&2\\3&2\end{pmatrix}$

$=\begin{pmatrix}2&4\\-1&2\end{pmatrix}$ 답 ②

8. $A^2=\begin{pmatrix}1&0\\3&1\end{pmatrix}\begin{pmatrix}1&0\\3&1\end{pmatrix}=\begin{pmatrix}1&0\\6&1\end{pmatrix}$,

$A^3=A^2A=\begin{pmatrix}1&0\\6&1\end{pmatrix}\begin{pmatrix}1&0\\3&1\end{pmatrix}=\begin{pmatrix}1&0\\9&1\end{pmatrix}, \cdots$

따라서, $A^n=\begin{pmatrix}1&0\\3n&1\end{pmatrix}$을 추론할 수 있다.

$\therefore\ A^8=\begin{pmatrix}1&0\\24&1\end{pmatrix}$ $\therefore\ a=24$ 답 **24**

9. $A^2=AA=\begin{pmatrix}1&0\\-1&1\end{pmatrix}\begin{pmatrix}1&0\\-1&1\end{pmatrix}=\begin{pmatrix}1&0\\-2&1\end{pmatrix}$,

$A^3=A^2A=\begin{pmatrix}1&0\\-2&1\end{pmatrix}\begin{pmatrix}1&0\\-1&1\end{pmatrix}=\begin{pmatrix}1&0\\-3&1\end{pmatrix}, \cdots$

$A^n=\begin{pmatrix}1&0\\-n&1\end{pmatrix}$ $\therefore$ $\mathbf{n=10}$ ←답

10. $\alpha+\beta=4,\ \alpha\beta=-1$이고,

$\begin{pmatrix}\alpha&\beta\\0&\alpha\end{pmatrix}\begin{pmatrix}\beta&\alpha\\0&\beta\end{pmatrix}=\begin{pmatrix}\alpha\beta&\alpha^2+\beta^2\\0&\alpha\beta\end{pmatrix}$이므로 모든 성분의 합은 $\alpha^2+\beta^2+2\alpha\beta=(\alpha+\beta)^2=4^2=16$ 답 **16**

p. 37

11. $A^2=\begin{pmatrix}1&2\\3&4\end{pmatrix}\begin{pmatrix}1&2\\3&4\end{pmatrix}=\begin{pmatrix}7&10\\15&22\end{pmatrix}$

$A^2-kA=2E$에서

$\begin{pmatrix}7&10\\15&22\end{pmatrix}-k\begin{pmatrix}1&2\\3&4\end{pmatrix}=2\begin{pmatrix}1&0\\0&1\end{pmatrix}$

$\therefore\ \begin{pmatrix}7-k&10-2k\\15-3k&22-4k\end{pmatrix}=\begin{pmatrix}2&0\\0&2\end{pmatrix}$

$7-k=2$에서 $\mathbf{k=5}$ ←답

Note : 케일리-해밀턴의 정리에 의하여

$A=\begin{pmatrix}1&2\\3&4\end{pmatrix}$에서

$A^2-(1+4)A+(1\cdot4-2\cdot3)E=O$

$\therefore\ A^2-5A-2E=O$ $\therefore\ k=5$

12. $A=\begin{pmatrix}0&-1\\1&0\end{pmatrix}$에서

$A^2=\begin{pmatrix}0&-1\\1&0\end{pmatrix}\begin{pmatrix}0&-1\\1&0\end{pmatrix}=\begin{pmatrix}-1&0\\0&-1\end{pmatrix}=-E$

$(aE+bA)(bE+aA)=xE+yA$

(좌변)$=abE+a^2A+b^2A+abA^2$

$=abA^2+(a^2+b^2)A+abE$

$=(a^2+b^2)A \leftarrow A^2=-E$

$\therefore\ (a^2+b^2)A=xE+yA$

$\therefore\ x=0,\ y=a^2+b^2$

$\therefore$ $\mathbf{x+y=a^2+b^2}$ ←답

13. $AE_1=\begin{pmatrix}a&b\\c&2\end{pmatrix}\begin{pmatrix}1&0\\0&0\end{pmatrix}=\begin{pmatrix}a&0\\c&0\end{pmatrix}$,

$E_1A=\begin{pmatrix}1&0\\0&0\end{pmatrix}\begin{pmatrix}a&b\\c&2\end{pmatrix}=\begin{pmatrix}a&b\\0&0\end{pmatrix}$

$AE_1=E_1A$이므로 $b=c=0$

$AE_2=\begin{pmatrix}a&b\\c&2\end{pmatrix}\begin{pmatrix}0&1\\0&0\end{pmatrix}=\begin{pmatrix}0&a\\0&c\end{pmatrix}$,

$E_2A=\begin{pmatrix}0&1\\0&0\end{pmatrix}\begin{pmatrix}a&b\\c&2\end{pmatrix}=\begin{pmatrix}c&2\\0&0\end{pmatrix}$

$AE_2=E_2A$이므로 $c=0,\ a=2$

$\therefore$ $\mathbf{a+b+c=2}$ ←답

14. ㄱ. $PAP=A$이므로

$\begin{pmatrix}0&1\\1&0\end{pmatrix}\begin{pmatrix}a&b\\c&d\end{pmatrix}\begin{pmatrix}0&1\\1&0\end{pmatrix}=\begin{pmatrix}d&c\\b&a\end{pmatrix}=\begin{pmatrix}a&b\\c&d\end{pmatrix}$

$\therefore\ a=d,\ b=c$, 즉 $A=\begin{pmatrix}a&b\\b&a\end{pmatrix}$ 모양이므로

$P\in S$ (참)

ㄴ. $A=\begin{pmatrix}a&b\\b&a\end{pmatrix}$, $B=\begin{pmatrix}c&d\\d&c\end{pmatrix}$라 하면

$$AB=\begin{pmatrix} a & b \\ b & a \end{pmatrix}\begin{pmatrix} c & d \\ d & c \end{pmatrix}$$
$$=\begin{pmatrix} ac+bd & ad+bc \\ bc+ad & bd+ac \end{pmatrix}\in S \quad (참)$$

ㄷ. $A\in S$이고, $A^2=O$이면

$$A=\begin{pmatrix} a & b \\ b & a \end{pmatrix}\begin{pmatrix} a & b \\ b & a \end{pmatrix}$$
$$=\begin{pmatrix} a^2+b^2 & 2ab \\ 2ab & b^2+a^2 \end{pmatrix}=\begin{pmatrix} 0 & 0 \\ 0 & 0 \end{pmatrix}$$

$\therefore\ a=b=0$, 즉 $A=\begin{pmatrix} 0 & 0 \\ 0 & 0 \end{pmatrix}$ (참) 답 ⑤

15. $A=\begin{pmatrix} a & b \\ c & d \end{pmatrix}$라 하면 $a+b+c+d=0$

$A^2+A^3=-3A-3E$

$$\begin{aligned}A^4+A^5&=A^2(A^2+A^3)\\&=A^2(-3A-3E)\\&=-3A^3-3A^2\\&=-3(A^3+A^2)\\&=-3(-3A-3E)\\&=9A+9E\\&=9\begin{pmatrix} a & b \\ c & d \end{pmatrix}+9\begin{pmatrix} 1 & 0 \\ 0 & 1 \end{pmatrix}\\&=\begin{pmatrix} 9a+9 & 9b \\ 9c & 9d+9 \end{pmatrix}\end{aligned}$$

따라서, 모든 성분의 합은

$(9a+9)+9b+9c+(9d+9)$

$=9(a+b+c+d)+18=$ **18** ←답

16. $A=\begin{pmatrix} 1 & 1 \\ 0 & p \end{pmatrix}$이므로

$$A^2=\begin{pmatrix} 1 & 1 \\ 0 & p \end{pmatrix}\begin{pmatrix} 1 & 1 \\ 0 & p \end{pmatrix}=\begin{pmatrix} 1 & 1+p \\ 0 & p^2 \end{pmatrix}$$

$5A=\begin{pmatrix} 5 & 5 \\ 0 & 5p \end{pmatrix}$이다.

$\therefore\ D(A^2)=p^2,\ D(5A)=25p$

따라서, $p^2=25p$이므로 $p=0$ 또는 $p=25$

따라서, 모든 상수 p의 합은 25이다. 답 25

17. ① $AB\neq BA$ (교환법칙은 성립하지 않음)

② $(A+B)(A-B)\neq A^2-B^2$

③ $A(B+C)=AB+AC$ (분배법칙)

④ $A\neq O$, $B\neq O$일 때도 $AB=O$인 행렬 A, B가 존재한다.

⑤ $(AB)(AB)\neq(AA)(BB)$ 답 ③

18. $X=\begin{pmatrix} a \\ b \\ c \\ d \end{pmatrix}$ ($a,\ b,\ c,\ d$는 0 또는 1)라 하면,

$$\begin{pmatrix} 1 & 1 & 1 & 1 \\ 1 & 0 & 1 & 0 \end{pmatrix}\begin{pmatrix} a \\ b \\ c \\ d \end{pmatrix}=\begin{pmatrix} a+b+c+d \\ a+c \end{pmatrix}=\begin{pmatrix} m \\ n \end{pmatrix}$$이므로

$m=a+b+c+d,\ n=a+c$

따라서, $a+c$는 홀수이고, $b+d$도 홀수이어야 한다.

오른쪽 표에서 $a+c$가 홀수가 되는 경우는 $(a,\ c)=(1,\ 0),\ (0,\ 1)$의 두 가지이고, 마찬가지로 $b+d$가 홀수가 되는 경우도 2가지이다.

a	b	c	d
1	1	0	0
1	0	0	1
0	1	1	0
0	0	1	1

따라서, 행렬 X의 개수는 $2\times2=$ **4** ←답

19. 주어진 행렬을 정리하면 $ax^2+2bxy+ay^2\geq0$이 되고, 이 부등식이 모든 x에 대하여 성립하려면

(i) $a=0$일 때,

$(2by)x\geq0 \quad \therefore\ by=0$

모든 실수 y에 관하여 항상 성립하려면 $b=0$

(ii) $a<0$일 때, 항상 성립하지 않는다.

(iii) $a>0$일 때, $\dfrac{D}{4}=(by)^2-a^2y^2\leq0 \quad \therefore\ b^2\leq a^2$

따라서, 주어진 조건을 만족하는 $(a,\ b)$의 영역을 좌표평면에 표시하면 다음과 같고 $a^2+(b-2)^2=k^2$으로 놓으면 원이 $b=a$에 접할 때, k^2은 최소가 된다. 따라서, 원의 중심 $(0,\ 2)$에서 $b=a$에 이르는 거리 $d=k=\sqrt{2} \quad \therefore\ k^2=2$ 답 ③

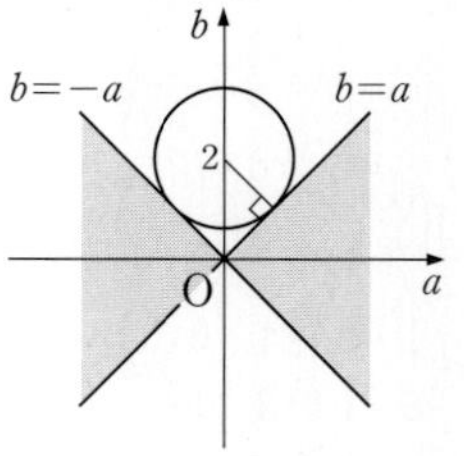

p. 38

20. 내분점 $C(x_3,\ y_3)$, 외분점 $(x_4,\ y_4)$은 각각

$x_3=\dfrac{3x_1+4x_2}{7},\ y_3=\dfrac{3y_1+4y_2}{7}$

$x_4=-3x_1+4x_2,\ y_4=-3y_1+4y_2$

$$\begin{pmatrix} x_3 & y_3 \\ x_4 & y_4 \end{pmatrix}=\begin{pmatrix} \frac{3}{7}x_1+\frac{4}{7}x_2 & \frac{3}{7}y_1+\frac{4}{7}y_2 \\ -3x_1+4x_2 & -3y_1+4y_2 \end{pmatrix}$$

$$=\begin{pmatrix} \frac{3}{7} & \frac{4}{7} \\ -3 & 4 \end{pmatrix}\begin{pmatrix} x_1 & y_1 \\ x_2 & y_2 \end{pmatrix}$$

$\therefore$ $X=\begin{pmatrix} \frac{3}{7} & \frac{4}{7} \\ -3 & 4 \end{pmatrix}$ ← 답

21. $AB=\begin{pmatrix} a_{11} & a_{12} \\ a_{21} & a_{22} \end{pmatrix}\begin{pmatrix} b_{11} & b_{12} \\ b_{21} & b_{22} \end{pmatrix}$

$=\begin{pmatrix} a_{11}b_{11}+a_{12}b_{21} & a_{11}b_{12}+a_{12}b_{22} \\ a_{21}b_{11}+a_{22}b_{21} & a_{21}b_{12}+a_{22}b_{22} \end{pmatrix}$

$=\begin{pmatrix} a & b \\ c & d \end{pmatrix}$에서

a는 상반기 제조원가 총액이다.

b는 하반기 제조원가 총액이다.

c는 상반기 판매 총액이다.

d는 하반기 판매 총액이다.

ㄱ. $a+b$는 지난해 판매된 제품의 제조원가 총액이다.

ㄴ. $c+d$는 지난해 판매된 제품의 판매 총액이다.

ㄷ. $d-b$는 하반기에 판매된 제품의 이익금 총액이다. 답 ④

22. ㄱ. $AX\neq XA$이므로 성립하지 않는다.

ㄴ. $(X-A)X-(X-A)A=O$

$\Longleftrightarrow (X-A)(X-A)=O$

$\Longleftrightarrow (X-A)^2=O$

따라서, 옳다.

ㄷ. 영인자일 수도 있기 때문에

$(X-A)^2=O \not\Longrightarrow X-A=O$ 답 ②

23. (i) (1, 1)은 1지점에서 출발하여 1지점에서 마치는 경우이므로

· 1지점 → 1지점 → 1지점 :

$\{a\}\to\{a\} \Rightarrow 1\times1=1$(가지)

· 1지점 → 2지점 → 1지점 :

$\{b, c, d\}\to\{e, f\} \Rightarrow 3\times2=6$(가지)

$\therefore$ (1, 1)은 7가지

(ii) (1, 2)는 1지점에서 출발하여 2지점에서 마치는 경우이므로

· 1지점 → 1지점 → 2지점 :

$\{a\}\to\{b, c, d\} \Rightarrow 1\times3=3$(가지)

· 1지점 → 2지점 → 2지점 :

$3\times0=0$(가지)

$\therefore$ (1, 2)는 3가지

(iii) (2, 1)은 2지점에서 출발하여 1지점에서 마치는 경우이므로

· 2지점 → 1지점 → 1지점 :

$\{e, f\}\to\{a\} \Rightarrow 2\times1=2$(가지)

· 2지점 → 2지점 → 1지점 :

$0\times2=0$(가지)

$\therefore$ (2, 1)은 2가지

(iv) (2, 2)는 2지점에서 출발하여 2지점에서 마치는 경우이므로

· 2지점 → 1지점 → 2지점 :

$\{e, f\}\to\{b, c, d\} \Rightarrow 2\times3=6$(가지)

· 2지점 → 2지점 → 2지점 :

$0\times0=0$(가지)

$\therefore$ (2, 2)는 6가지

따라서, 구하는 행렬은

$\begin{pmatrix} 7 & 3 \\ 2 & 6 \end{pmatrix}=\begin{pmatrix} 1 & 3 \\ 2 & 0 \end{pmatrix}\begin{pmatrix} 1 & 3 \\ 2 & 0 \end{pmatrix}=A^2$ 답 ②

Note : · 행렬 A의 (1, 1) 성분 1의 의미 : 1지점에서 출발하여 그 지역을 관광하고 1지점으로 바로 가는 길이 있다.

· 행렬 A의 (2, 2) 성분 2의 의미 : 2지점에서 출발하여 그 지역을 관광하고 2지점으로 바로 가는 길이 없다.

3. 역행렬

p. 39

1. (1) $3\times2-1\times4=2\neq0$이므로 역행렬이 존재하고

$\begin{pmatrix} 3 & 1 \\ 4 & 2 \end{pmatrix}^{-1}=\frac{1}{2}\begin{pmatrix} 2 & -1 \\ -4 & 3 \end{pmatrix}$ ← 답

(2) $3\times1-(-2)\times(-1)=1\neq0$이므로 역행렬이 존재하고

$\begin{pmatrix} 3 & -2 \\ -1 & 1 \end{pmatrix}^{-1}=\frac{1}{1}\begin{pmatrix} 1 & 2 \\ 1 & 3 \end{pmatrix}=\begin{pmatrix} 1 & 2 \\ 1 & 3 \end{pmatrix}$ ← 답

(3) $2\times6-3\times4=0$이므로

역행렬이 존재하지 않는다. ← 답

(4) $1\times4-0\times1=4\neq0$이므로 역행렬이 존재하고

$\begin{pmatrix} 1 & 0 \\ 1 & 4 \end{pmatrix}^{-1}=\frac{1}{4}\begin{pmatrix} 4 & 0 \\ -1 & 1 \end{pmatrix}$ ← 답

2. (1) $\left\{2\begin{pmatrix} 3 & 1 \\ 5 & 2 \end{pmatrix}\right\}^{-1}=\frac{1}{2}\begin{pmatrix} 3 & 1 \\ 5 & 2 \end{pmatrix}^{-1}=\frac{1}{2}\begin{pmatrix} 2 & -1 \\ -5 & 3 \end{pmatrix}$

$$=\begin{pmatrix} \mathbf{1} & -\dfrac{\mathbf{1}}{\mathbf{2}} \\ -\dfrac{\mathbf{5}}{\mathbf{2}} & \dfrac{\mathbf{3}}{\mathbf{2}} \end{pmatrix} \leftarrow \text{답}$$

(2) $\left\{\frac{1}{2}\begin{pmatrix} 3 & 5 \\ 2 & 4 \end{pmatrix}\right\}^{-1}=2\begin{pmatrix} 3 & 5 \\ 2 & 4 \end{pmatrix}^{-1}$

$$=2\times\frac{1}{2}\begin{pmatrix} 4 & -5 \\ -2 & 3 \end{pmatrix}$$

$$=\begin{pmatrix} \mathbf{4} & -\mathbf{5} \\ -\mathbf{2} & \mathbf{3} \end{pmatrix} \leftarrow \text{답}$$

3. $a_{11}=1+2-3=0$

$a_{12}=1+4-3=2$

$a_{21}=2+2-3=1$

$a_{22}=2+4-3=3$

따라서, $A=\begin{pmatrix} 0 & 2 \\ 1 & 3 \end{pmatrix}$이므로

$$A^{-1}=-\frac{1}{2}\begin{pmatrix} 3 & -2 \\ -1 & 0 \end{pmatrix}=\begin{pmatrix} -\dfrac{\mathbf{3}}{\mathbf{2}} & \mathbf{1} \\ \dfrac{\mathbf{1}}{\mathbf{2}} & \mathbf{0} \end{pmatrix} \leftarrow \text{답}$$

4. $(E+A)A^{-1}=EA^{-1}+AA^{-1}=A^{-1}+E$에서

$\begin{pmatrix} -3 & 2 \\ 1 & 4 \end{pmatrix}^{-1}+\begin{pmatrix} 1 & 0 \\ 0 & 1 \end{pmatrix}$

$=-\frac{1}{14}\begin{pmatrix} 4 & -2 \\ -1 & -3 \end{pmatrix}+\begin{pmatrix} 1 & 0 \\ 0 & 1 \end{pmatrix}$

$=\begin{pmatrix} -\dfrac{2}{7} & \dfrac{1}{7} \\ \dfrac{1}{14} & \dfrac{3}{14} \end{pmatrix}+\begin{pmatrix} 1 & 0 \\ 0 & 1 \end{pmatrix}$

$=\begin{pmatrix} \dfrac{\mathbf{5}}{\mathbf{7}} & \dfrac{\mathbf{1}}{\mathbf{7}} \\ \dfrac{\mathbf{1}}{\mathbf{14}} & \dfrac{\mathbf{17}}{\mathbf{14}} \end{pmatrix} \leftarrow \text{답}$

5. $A(AB^{-1}+A^{-1}B)B$

$=AAB^{-1}B+AA^{-1}BB=A^2+B^2$

$=\begin{pmatrix} 1 & 1 \\ 0 & 1 \end{pmatrix}\begin{pmatrix} 1 & 1 \\ 0 & 1 \end{pmatrix}+\begin{pmatrix} 1 & 0 \\ 1 & 1 \end{pmatrix}\begin{pmatrix} 1 & 0 \\ 1 & 1 \end{pmatrix}$

$=\begin{pmatrix} 1 & 2 \\ 0 & 1 \end{pmatrix}+\begin{pmatrix} 1 & 0 \\ 2 & 1 \end{pmatrix}=\begin{pmatrix} 2 & 2 \\ 2 & 2 \end{pmatrix}$

따라서, 구하는 모든 성분의 합은

$\mathbf{2+2+2+2=8} \leftarrow$ 답

6. $D=(a-1)(a+2)-6\cdot3\neq0$에서

$a^2+a-20\neq0,\ (a+5)(a-4)\neq0$

$\therefore$ $\boldsymbol{a\neq-5}$ **이고** $\boldsymbol{a\neq4} \leftarrow$ 답

7. $(x+1)(1-x)+2a\neq0$

$x^2\neq1+2a$

x가 임의의 실수이므로 $x^2\geq0$에서

$1+2a<0 \qquad \therefore\ \boldsymbol{a<-\frac{1}{2}} \leftarrow$ 답

8. $A+tE=\begin{pmatrix} a & 2 \\ -2 & -1 \end{pmatrix}+t\begin{pmatrix} 1 & 0 \\ 0 & 1 \end{pmatrix}$

$=\begin{pmatrix} a+t & 2 \\ -2 & -1+t \end{pmatrix}$

역행렬이 존재하므로

$(a+t)(-1+t)+4\neq0$

$t^2+(a-1)t+4-a\neq0$

이것이 모든 실수 t에 대하여 성립하려면 판별식

$D<0$

$\therefore\ (a-1)^2-4(4-a)<0$

$a^2+2a-15<0 \qquad \therefore\ \boldsymbol{-5<a<3} \leftarrow$ 답

9. $\begin{pmatrix} 2\sin\theta & 4 \\ 1 & 2\sin\theta \end{pmatrix}$가 역행렬이 존재하지 않기 위해서는 $(2\sin\theta)^2-4=0,\ \sin^2\theta=1$

$\therefore\ \sin\theta=1$ 또는 $\sin\theta=-1$

$\therefore$ $\boldsymbol{\theta=\frac{\pi}{2}}$ **또는** $\boldsymbol{\theta=\frac{3}{2}\pi} \leftarrow$ 답

10. $A^2-(a+b)A+(ab-ab)E=O$

$A^2=(a+b)A \qquad \therefore\ a+b=1$

한편, $A-tE=\begin{pmatrix} a-t & b \\ a & b-t \end{pmatrix}$가 역행렬을 갖지 않으므로

$(a-t)(b-t)-ab=0$

$t^2-t=0$, 즉 $t(t-1)=0 \qquad \therefore\ t=0$ 또는 $t=1$

$t>0$이므로 $\boldsymbol{t=1} \leftarrow$ 답

p. 40

11. $A^2=\begin{pmatrix} 1+ab & 2a \\ 2b & ab+1 \end{pmatrix}=\begin{pmatrix} 1 & 0 \\ 0 & 1 \end{pmatrix}=E$에서

$a=0,\ b=0$

또, $A-xE=\begin{pmatrix} 1-x & a \\ b & 1-x \end{pmatrix}=\begin{pmatrix} 1-x & 0 \\ 0 & 1-x \end{pmatrix}$는 역행렬을 갖지 않으므로

$D=(1-x)^2=0 \qquad \therefore\ \boldsymbol{x=1} \leftarrow$ 답

12. $A-E=\begin{pmatrix} 2 & 1 \\ x & y \end{pmatrix}-\begin{pmatrix} 1 & 0 \\ 0 & 1 \end{pmatrix}=\begin{pmatrix} 1 & 1 \\ x & y-1 \end{pmatrix}$

$A+E=\begin{pmatrix} 2 & 1 \\ x & y \end{pmatrix}+\begin{pmatrix} 1 & 0 \\ 0 & 1 \end{pmatrix}=\begin{pmatrix} 3 & 1 \\ x & y+1 \end{pmatrix}$

$A-E,\ A+E$가 모두 역행렬을 갖지 않으므로

$(y-1)-x=0,\ 3(y+1)-x=0$

$\therefore\ x-y=-1,\ x-3y=3$

$\therefore\ \boldsymbol{x=-3,\ y=-2} \leftarrow$ 답

13. $A^2-2A-8E=2E$, $(A-4E)(A+2E)=2E$

$(A-4E)\dfrac{A+2E}{2}=E$

$\therefore\ (A-4E)^{-1}=\mathbf{\dfrac{1}{2}(A+2E)}$ ← 답

14. $A^2-E=O$에서 $(A+E)(A-E)=O$

이때 $(A-E)^{-1}$가 존재하므로 $(A-E)^{-1}$를 양변의 오른쪽에 곱하면

$(A+E)(A-E)(A-E)^{-1}=O$

$A+E=O$, $A=-E$

$\therefore\ A+A^2+A^3+A^4$

$=-E+E-E+E=\mathbf{O}$ ← 답

15. $A^2+A=A(A+E)=E$ $\cdots$ ㉠

$AB=2E \Longleftrightarrow A\left(\dfrac{B}{2}\right)=E$ $\cdots$ ㉡

이것은 A의 역행렬이 $A+E$도 되고 $\dfrac{B}{2}$도 된다는 것을 의미한다. 따라서, $A+E=\dfrac{B}{2}$이어야 한다.

이것의 양변을 2배하여 제곱하면

$B^2=4(A+E)^2=4(A^2+2A+E)$

$=4(E-A+2A+E)=4A+8E$ 답 ④

16. (1) (i) $A^2-A+E=O$의 양변에 행렬 $A+E$를 곱하면

$(A+E)(A^2-A+E)=O$

$A^3+E=O$, 즉 $-A^3=E$

곱셈의 결합법칙에 의하여

$(-A^2)A=E$, $A(-A^2)=E$

따라서, A의 역행렬이 존재하고 $A^{-1}=-A^2$

(ii) $A^2-A+E=O$에서 $A(A-E)=-E$

$-A(A-E)=E$, 즉 $A(E-A)=E$

따라서, A의 역행렬이 존재하고

$A^{-1}=E-A$

(i), (ii)에서 A^{-1}는 $\mathbf{-A^2}$ **또는** $\mathbf{E-A}$ ← 답

(2) $A^2-A+E=O$이므로

$A^3+E=(A+E)(A^2-A+E)=O$

$A^3=-E$에서 $A^6=E$ $\therefore\ \boldsymbol{n=6}$ ← 답

17. $A+2E$의 역행렬이 $A+E$이므로

$(A+2E)(A+E)=E$, $A^2+3A+2E=E$

$A(A+3E)=-E$, $A(-A-3E)=E$

$\therefore\ A^{-1}=\mathbf{-A-3E}$ ← 답

18. $\begin{pmatrix}\cos\theta & -\sin\theta\\ \sin\theta & \cos\theta\end{pmatrix}^{-1}$

$=\begin{pmatrix}\cos\theta & \sin\theta\\ -\sin\theta & \cos\theta\end{pmatrix}=\begin{pmatrix}\sin\theta & \cos\theta\\ -\cos\theta & \sin\theta\end{pmatrix}$

$\sin\theta=\cos\theta$ $\therefore\ \boldsymbol{\theta=\dfrac{\pi}{4}}$ ← 답

19. $A=pE+qA^{-1}$의 양변에 A를 곱하면

$A^2=pA+qE$

$\begin{pmatrix}5 & -2\\ 4 & -1\end{pmatrix}\begin{pmatrix}5 & -2\\ 4 & -1\end{pmatrix}=p\begin{pmatrix}5 & -2\\ 4 & -1\end{pmatrix}+q\begin{pmatrix}1 & 0\\ 0 & 1\end{pmatrix}$

$\begin{pmatrix}17 & -8\\ 16 & -7\end{pmatrix}=\begin{pmatrix}5p+q & -2p\\ 4p & -p+q\end{pmatrix}$

$-8=-2p$에서 $\boldsymbol{p=4}$

$-7=-p+q$에서 $\boldsymbol{q=-3}$ ← 답

Note : $A=pE+qA^{-1}$의 양변에 A를 곱하면

$A^2=pA+qE$, 즉 $A^2-pA-qE=O$

케일리-해밀턴의 정리에 의하여

$p=5+(-1)=4$,

$-q=5\times(-1)-(-2)\times4=3$ $\therefore\ p=4,\ q=-3$

20. A의 역행렬이 A이므로 $ab\neq0$

$A^2=\begin{pmatrix}ab & ac\\ bc & ab+c^2\end{pmatrix}=\begin{pmatrix}1 & 0\\ 0 & 1\end{pmatrix}$

에서 $ab=1$, $ac=0$, $bc=0$, $ab+c^2=1$

$\therefore\ c=0$, $a=b=1$ 또는 $a=b=-1$

따라서, $A=\begin{pmatrix}0 & 1\\ 1 & 0\end{pmatrix}$ 또는 $A=\begin{pmatrix}0 & -1\\ -1 & 0\end{pmatrix}$이므로

2개이다. ← 답

Note : 케일리-해밀턴의 정리에 의하여

$A^2=E$에서 $A^2-E=O$

따라서, $0+c=0$, $0\cdot c-a\cdot b=-1$이므로

$c=0$, $ab=1$

p. 41

1. $A^{-1}=A$이면 $A^2=E$이므로

$\begin{pmatrix}(x+1)^2-8 & 2(x+1)+2(y-2)\\ -4(x+1)-4(y-2) & -8+(y-2)^2\end{pmatrix}$

$=\begin{pmatrix}1 & 0\\ 0 & 1\end{pmatrix}$

성분을 각각 비교하면

$(x+1)^2-8=1$에서 $(x+4)(x-2)=0$

즉, $x=-4$ 또는 $x=2$

$(y-2)^2-8=1$에서 $(y-5)(y+1)=0$

즉, $y=5$ 또는 $y=-1$

$2(x+1)+2(y-2)=0$에서 $x+y=1$

따라서, $\begin{cases}\boldsymbol{x=-4}\\ \boldsymbol{y=5}\end{cases}$ **또는** $\begin{cases}\boldsymbol{x=2}\\ \boldsymbol{y=-1}\end{cases}$ ← 답

Note : $A^{-1}=A$이면 $A^2=E$이므로 $A^2-E=O$

케일리-해밀턴의 정리에 의하여

$(x+1)+(y-2)=0,\ (x+1)(y-2)-2\cdot(-4)=-1$

$x+y-1=0$에서 $y=-x+1$

$xy-2x+y-2+8+1=0$

$x(-x+1)-2x+(-x+1)+7=0$

$x^2+2x-8=0,\ (x+4)(x-2)=0$

$\therefore \begin{cases} x=-4 \\ y=5 \end{cases}$ 또는 $\begin{cases} x=2 \\ y=-1 \end{cases}$

2. $A=A^{-1}$에서 $A^2=E$

$A^2=\begin{pmatrix} x & -1 \\ 3 & y-4 \end{pmatrix}\begin{pmatrix} x & -1 \\ 3 & y-4 \end{pmatrix}$

$=\begin{pmatrix} x^2-3 & 4-x-y \\ 3(x+y-4) & (y-4)^2-3 \end{pmatrix}$

$=E$

$\therefore x^2=4,\ x+y=4,\ (y-4)^2=4$

$\therefore x=2,\ y=2$ 또는 $x=-2,\ y=6$

$\therefore x(y-4)+3=\mathbf{-1}$ ←답

Note : $A=A^{-1}$에서 $A^2=E$ $\quad\therefore A^2-E=O$

케일리-해밀턴의 정리에 의하여

$x+(y-4)=0,\ x(y-4)-(-1)\cdot 3=-1$

$\therefore x(y-4)+3=-1$

3. $A^{-1}=A$에서 $A^2=E,\ A^2-9E=-8E$

$(A+3E)(A-3E)=-8E$

$(A+3E)\dfrac{A-3E}{-8}=E$

$\therefore (A+3E)^{-1}=-\dfrac{1}{8}(A-3E)$ ←답

4. $A^{-1}B^{-1}=(BA)^{-1}$이므로

$A^{-1}B^{-1}=\begin{pmatrix} -1 & b \\ 0 & 1 \end{pmatrix}$에서 각각의 역행렬을 구하면,

$BA=\begin{pmatrix} -1 & b \\ 0 & 1 \end{pmatrix}^{-1}=\dfrac{1}{-1}\begin{pmatrix} 1 & -b \\ 0 & -1 \end{pmatrix}=\begin{pmatrix} -1 & b \\ 0 & 1 \end{pmatrix}$

$\begin{pmatrix} 2 & -3 \\ a & -1 \end{pmatrix}\begin{pmatrix} 1 & 2 \\ 1 & 1 \end{pmatrix}=\begin{pmatrix} -1 & 1 \\ a-1 & 2a-1 \end{pmatrix}=\begin{pmatrix} -1 & b \\ 0 & 1 \end{pmatrix}$

$\therefore a=1,\ b=1 \qquad \therefore a+b=\mathbf{2}$ ←답

5. $(BA)^{-1}=A^{-1}B^{-1}$이므로 $(AB)^{-1}=A^{-1}B^{-1}=(BA)^{-1}$

AB와 BA의 역행렬이 같으므로 $AB=BA$

$AB=\begin{pmatrix} 2x+y & 3x+2y \\ 7 & 12 \end{pmatrix},\ BA=\begin{pmatrix} 2x+6 & 2y+9 \\ x+4 & y+6 \end{pmatrix}$

$\therefore \boldsymbol{x=3,\ y=6}$ ←답

6. $(B^{-1}A)^{-1}=A^{-1}B,\ (A^{-1}B)^{-1}=B^{-1}A$이므로

$(B^{-1}A)^{-1}(A^{-1}B)^{-1}B=A^{-1}BB^{-1}AB$

$=A^{-1}EAB=A^{-1}AB$

$=EB=B$

$=\begin{pmatrix} \mathbf{-1} & \mathbf{3} \\ \mathbf{1} & \mathbf{-1} \end{pmatrix}$ ←답

7. $A^{-1}=\begin{pmatrix} 3 & -2 \\ -1 & 1 \end{pmatrix}$이므로

$\begin{pmatrix} 3 & -2 \\ -1 & 1 \end{pmatrix}\begin{pmatrix} 3 & -2 \\ -1 & 1 \end{pmatrix}=p\begin{pmatrix} 1 & 2 \\ 1 & 3 \end{pmatrix}+q\begin{pmatrix} 1 & 0 \\ 0 & 1 \end{pmatrix}$

따라서, $\begin{pmatrix} 11 & -8 \\ -4 & 3 \end{pmatrix}=\begin{pmatrix} p+q & 2p \\ p & 3p+q \end{pmatrix}$

$\therefore \boldsymbol{p=-4,\ q=15}$ ←답

8. $A^2=AA=\begin{pmatrix} 2 & -1 \\ 3 & -2 \end{pmatrix}\begin{pmatrix} 2 & -1 \\ 3 & -2 \end{pmatrix}=\begin{pmatrix} 1 & 0 \\ 0 & 1 \end{pmatrix}=E$

$A^2=E$에서 $A=A^{-1}$

$A^3=A,\ A^5=A^3=A,\ (A^{-1})^5=A$

$\therefore A^5+(A^{-1})^5=2A=\begin{pmatrix} 4 & -2 \\ 6 & -4 \end{pmatrix}$ 답 **4**

9. $A^5=A^4A=\begin{pmatrix} 2 & 1 \\ -3 & -1 \end{pmatrix}$

$A=(A^4)^{-1}A^5=\begin{pmatrix} 1 & 1 \\ -3 & -2 \end{pmatrix}^{-1}\begin{pmatrix} 2 & 1 \\ -3 & -1 \end{pmatrix}$

$=\dfrac{1}{-2+3}\begin{pmatrix} -2 & -1 \\ 3 & 1 \end{pmatrix}\begin{pmatrix} 2 & 1 \\ -3 & -1 \end{pmatrix}$

$=\begin{pmatrix} \mathbf{-1} & \mathbf{-1} \\ \mathbf{3} & \mathbf{2} \end{pmatrix}$ ←답

10. $X=(3A)^{-1}=\dfrac{1}{3}A^{-1}=\dfrac{1}{3}\begin{pmatrix} 6 & -9 \\ 3 & -3 \end{pmatrix}^{-1}$

$=\dfrac{1}{3}\cdot\dfrac{1}{9}\begin{pmatrix} -3 & 9 \\ -3 & 6 \end{pmatrix}=\begin{pmatrix} -\frac{1}{9} & \frac{1}{3} \\ -\frac{1}{9} & \frac{2}{9} \end{pmatrix}$ ←답

p. 42

11. $A^{-1}=\dfrac{1}{5-6}\begin{pmatrix} 1 & -2 \\ -3 & 5 \end{pmatrix}=\begin{pmatrix} -1 & 2 \\ 3 & -5 \end{pmatrix}$

$(kA)^{-1}=\dfrac{1}{k}A^{-1}=\dfrac{1}{k}\begin{pmatrix} -1 & 2 \\ 3 & -5 \end{pmatrix}$ … ㉠

㉠의 모든 성분의 합이 1이므로

$\dfrac{1}{k}(-1+2+3-5)=1 \qquad \therefore \boldsymbol{k=-1}$ ←답

12. $X=\begin{pmatrix} 2 & 5 \\ 4 & 3 \end{pmatrix}\begin{pmatrix} 3 & 1 \\ 2 & 2 \end{pmatrix}^{-1}$

$=\begin{pmatrix} 2 & 5 \\ 4 & 3 \end{pmatrix}\left\{\dfrac{1}{4}\begin{pmatrix} 2 & -1 \\ -2 & 3 \end{pmatrix}\right\}=\dfrac{1}{4}\begin{pmatrix} -6 & 13 \\ 2 & 5 \end{pmatrix}$ ←답

13. $(x \quad y)=(-4 \quad 2)\begin{pmatrix} 3 & 5 \\ -2 & -4 \end{pmatrix}^{-1}=(-10 \quad -13)$

그러므로 $\boldsymbol{x=-10,\ y=-13}$ ←답

14. $B^{-1}A=AX$에서 $A^{-1}B^{-1}A=X$

$$X=\begin{pmatrix}0&1\\1&-1\end{pmatrix}^{-1}\begin{pmatrix}2&3\\1&1\end{pmatrix}^{-1}\begin{pmatrix}0&1\\1&-1\end{pmatrix}$$
$$=\begin{pmatrix}1&1\\1&0\end{pmatrix}\begin{pmatrix}-1&3\\1&-2\end{pmatrix}\begin{pmatrix}0&1\\1&-1\end{pmatrix}$$
$$=\begin{pmatrix}1&-1\\3&-4\end{pmatrix}$$

따라서, 행렬 X의 모든 성분의 합은

$1+(-1)+3+(-4)=\mathbf{-1}$ ←답

15. $A^{-1}XA=B,\ XA=AB,\ X=ABA^{-1}$

$$A^{-1}=-\frac{1}{2}\begin{pmatrix}2&-3\\0&-1\end{pmatrix}$$
$$X=ABA^{-1}$$
$$=-\frac{1}{2}\begin{pmatrix}-1&3\\0&2\end{pmatrix}\begin{pmatrix}2&1\\1&-4\end{pmatrix}\begin{pmatrix}2&-3\\0&-1\end{pmatrix}$$
$$=\begin{pmatrix}\mathbf{-1}&\mathbf{-5}\\\mathbf{-2}&\mathbf{-1}\end{pmatrix}$$ ←답

16. $B^{-1}AB=\begin{pmatrix}2&0\\0&1\end{pmatrix} \Longrightarrow AB=B\begin{pmatrix}2&0\\0&1\end{pmatrix}$

$$\therefore \begin{pmatrix}1&-1\\0&2\end{pmatrix}\begin{pmatrix}a&1\\1&b\end{pmatrix}=\begin{pmatrix}a&1\\1&b\end{pmatrix}\begin{pmatrix}2&0\\0&1\end{pmatrix}$$
$$\Longrightarrow \begin{pmatrix}a-1&1-b\\2&2b\end{pmatrix}=\begin{pmatrix}2a&1\\2&b\end{pmatrix}$$

$\therefore\ a=-1,\ b=0 \qquad \therefore\ a+b=-1$ 답 ⑤

17. A+B의 역행렬이 $A^{-1}+B^{-1}$이므로

$(A+B)(A^{-1}+B^{-1})=E$

$AB^{-1}+BA^{-1}=-E$ ⋯ ㉠

㉠의 양변의 왼쪽에 A를, 오른쪽에 B를 곱하면

$A(AB^{-1}+BA^{-1})B=-AEB$

$A^2B^{-1}B+ABA^{-1}B=-AB$

$A^2-EA^{-1}B=E,\ A^2-A^{-1}B=E$

$\therefore\ A^2=A^{-1}B+E$

$AB=-E$에서 $A^{-1}=-B$이므로

$A^2=-BB+E \qquad \therefore\ A^2+B^2=E$ 답 2

18. $AX+A=B-BX,\ AX+BX=B-A$

$(A+B)X=B-A,\ X=(A+B)^{-1}(B-A)$

$$A+B=\begin{pmatrix}0&2\\-1&5\end{pmatrix},\ B-A=\begin{pmatrix}-2&2\\1&1\end{pmatrix}$$
$$\therefore\ X=\begin{pmatrix}0&2\\-1&5\end{pmatrix}^{-1}\begin{pmatrix}-2&2\\1&1\end{pmatrix}$$
$$=\frac{1}{2}\begin{pmatrix}5&-2\\1&0\end{pmatrix}\begin{pmatrix}-2&2\\1&1\end{pmatrix}$$
$$=\begin{pmatrix}-6&4\\-1&1\end{pmatrix}$$ 답 −2

19. $(P^{-1}AP)^2=(P^{-1}AP)(P^{-1}AP)$

$=P^{-1}A(PP^{-1})AP=P^{-1}A^2P$ ⋯ ㉠

$$P^{-1}=\frac{1}{1-0}\begin{pmatrix}1&1\\0&1\end{pmatrix}=\begin{pmatrix}1&1\\0&1\end{pmatrix} \quad \cdots ㉡$$
$$A^2=\begin{pmatrix}1&-1\\-1&1\end{pmatrix}\begin{pmatrix}1&-1\\-1&1\end{pmatrix}=\begin{pmatrix}2&-2\\-2&2\end{pmatrix} \quad \cdots ㉢$$

㉠, ㉡, ㉢에서

$(P^{-1}AP)^2=P^{-1}A^2P$
$$=\begin{pmatrix}1&1\\0&1\end{pmatrix}\begin{pmatrix}2&-2\\-2&2\end{pmatrix}\begin{pmatrix}1&-1\\0&1\end{pmatrix}$$
$$=\begin{pmatrix}0&0\\-2&2\end{pmatrix}\begin{pmatrix}1&-1\\0&1\end{pmatrix}$$
$$=\begin{pmatrix}\mathbf{0}&\mathbf{0}\\\mathbf{-2}&\mathbf{4}\end{pmatrix}$$ ←답

20. AB=BC의 양변의 왼쪽에 B^{-1}를 곱하면

$B^{-1}AB=C$

$C^3=(B^{-1}AB)^3=(B^{-1}AB)(B^{-1}AB)(B^{-1}AB)$

$=B^{-1}ABB^{-1}ABB^{-1}AB$

$=B^{-1}AEAEAB=B^{-1}A^3B$ ⋯ ㉠

$$A^3=\begin{pmatrix}1&0\\0&2\end{pmatrix}\begin{pmatrix}1&0\\0&2\end{pmatrix}\begin{pmatrix}1&0\\0&2\end{pmatrix}=\begin{pmatrix}1&0\\0&4\end{pmatrix}\begin{pmatrix}1&0\\0&2\end{pmatrix}$$
$$=\begin{pmatrix}1&0\\0&8\end{pmatrix} \quad \cdots ㉡$$
$$B^{-1}=\frac{1}{1-0}\begin{pmatrix}1&-1\\0&1\end{pmatrix}=\begin{pmatrix}1&-1\\0&1\end{pmatrix} \quad \cdots ㉢$$

㉠, ㉡, ㉢에서

$$C^3=\begin{pmatrix}1&-1\\0&1\end{pmatrix}\begin{pmatrix}1&0\\0&8\end{pmatrix}\begin{pmatrix}1&1\\0&1\end{pmatrix}$$
$$=\begin{pmatrix}1&-8\\0&8\end{pmatrix}\begin{pmatrix}1&1\\0&1\end{pmatrix}=\begin{pmatrix}1&-7\\0&8\end{pmatrix}$$ 답 2

p. 43

21. $A^2=(PBP^{-1})(PBP^{-1})$

$=PB(P^{-1}P)BP^{-1}$

$=PBEBP^{-1}$

$=PB^2P^{-1}$

$P^{-1}AP=(P^{-1}P)B(P^{-1}P)$

$=EBE=B$

$$P^{-1}=\begin{pmatrix}1&3\\2&5\end{pmatrix}$$

$\therefore\ B=P^{-1}AP$

$$=\begin{pmatrix}1&3\\2&5\end{pmatrix}\begin{pmatrix}7&16\\-3&-7\end{pmatrix}\begin{pmatrix}-5&3\\2&-1\end{pmatrix}$$
$$=\begin{pmatrix}0&-1\\-1&0\end{pmatrix}$$

$\therefore\ B^2=\begin{pmatrix}0 & -1\\ -1 & 0\end{pmatrix}\begin{pmatrix}0 & -1\\ -1 & 0\end{pmatrix}=\begin{pmatrix}1 & 0\\ 0 & 1\end{pmatrix}=E$

$\therefore\ A^2=PB^2P^{-1}=PEP^{-1}=PP^{-1}=E$ 답 2E

22. $P^{-1}AP=D$에서 양변의 왼쪽에 P, 오른쪽에 P^{-1}를 곱하면

$PP^{-1}APP^{-1}=PDP^{-1}$

$\therefore\ A=PDP^{-1}$

$\therefore\ A^4=(PDP^{-1})(PDP^{-1})(PDP^{-1})(PDP^{-1})$
$=PDP^{-1}PDP^{-1}PDP^{-1}PDP^{-1}$
$=PD^4P^{-1}$

$P^{-1}=\begin{pmatrix}0 & 1\\ 1 & 1\end{pmatrix}^{-1}=\frac{1}{-1}\begin{pmatrix}1 & -1\\ -1 & 0\end{pmatrix}=\begin{pmatrix}-1 & 1\\ 1 & 0\end{pmatrix}$

$D^2=\begin{pmatrix}\sqrt{3} & 0\\ 0 & -1\end{pmatrix}\begin{pmatrix}\sqrt{3} & 0\\ 0 & -1\end{pmatrix}=\begin{pmatrix}3 & 0\\ 0 & 1\end{pmatrix}$

$D^4=\begin{pmatrix}3 & 0\\ 0 & 1\end{pmatrix}\begin{pmatrix}3 & 0\\ 0 & 1\end{pmatrix}=\begin{pmatrix}9 & 0\\ 0 & 1\end{pmatrix}$

$\therefore\ A^4=\begin{pmatrix}0 & 1\\ 1 & 1\end{pmatrix}\begin{pmatrix}9 & 0\\ 0 & 1\end{pmatrix}\begin{pmatrix}-1 & 1\\ 1 & 0\end{pmatrix}$

$=\begin{pmatrix}0 & 1\\ 9 & 1\end{pmatrix}\begin{pmatrix}-1 & 1\\ 1 & 0\end{pmatrix}=\begin{pmatrix}1 & 0\\ -8 & 9\end{pmatrix}$ 답 2

23. $A\begin{pmatrix}1\\2\end{pmatrix}=\begin{pmatrix}1\\1\end{pmatrix}$이고, $A\begin{pmatrix}2\\1\end{pmatrix}=\begin{pmatrix}1\\0\end{pmatrix}$이므로

$A\begin{pmatrix}1 & 2\\ 2 & 1\end{pmatrix}=\begin{pmatrix}1 & 1\\ 1 & 0\end{pmatrix}$

$A=\begin{pmatrix}1 & 1\\ 1 & 0\end{pmatrix}\begin{pmatrix}1 & 2\\ 2 & 1\end{pmatrix}^{-1}=-\frac{1}{3}\begin{pmatrix}-1 & -1\\ 1 & -2\end{pmatrix}$

$\therefore\ A\begin{pmatrix}3\\3\end{pmatrix}=-\frac{1}{3}\begin{pmatrix}-1 & -1\\ 1 & -2\end{pmatrix}\begin{pmatrix}3\\3\end{pmatrix}=\begin{pmatrix}\mathbf{2}\\ \mathbf{1}\end{pmatrix}$ ←답

Note : $A\begin{pmatrix}3\\3\end{pmatrix}=A\left\{\begin{pmatrix}1\\2\end{pmatrix}+\begin{pmatrix}2\\1\end{pmatrix}\right\}$

$=A\begin{pmatrix}1\\2\end{pmatrix}+A\begin{pmatrix}2\\1\end{pmatrix}=\begin{pmatrix}1\\1\end{pmatrix}+\begin{pmatrix}1\\0\end{pmatrix}=\begin{pmatrix}2\\1\end{pmatrix}$

24. $A^2\begin{pmatrix}2\\1\end{pmatrix}=\begin{pmatrix}2\\-8\end{pmatrix}$에서

$A\begin{pmatrix}2\\1\end{pmatrix}=A^{-1}\begin{pmatrix}2\\-8\end{pmatrix}=2A^{-1}\begin{pmatrix}1\\-4\end{pmatrix}=\begin{pmatrix}4\\3\end{pmatrix}$

$\therefore\ A^{-1}\begin{pmatrix}1\\-4\end{pmatrix}=\begin{pmatrix}\mathbf{2}\\ \mathbf{\frac{3}{2}}\end{pmatrix}$ ←답

25. ㄱ. (반례) $B=\begin{pmatrix}1 & 1\\ 1 & 2\end{pmatrix}$

$AB-BA=\begin{pmatrix}1 & 1\\ 0 & 0\end{pmatrix}\begin{pmatrix}1 & 1\\ 1 & 2\end{pmatrix}-\begin{pmatrix}1 & 1\\ 1 & 2\end{pmatrix}\begin{pmatrix}1 & 1\\ 0 & 0\end{pmatrix}$

$=\begin{pmatrix}2 & 3\\ 0 & 0\end{pmatrix}-\begin{pmatrix}1 & 1\\ 1 & 1\end{pmatrix}$

$=\begin{pmatrix}1 & 2\\ -1 & -1\end{pmatrix}$

$\therefore\ ps-qr=1\neq 0$

ㄴ. $A=\begin{pmatrix}a & b\\ c & d\end{pmatrix}$, $B=\begin{pmatrix}x & y\\ z & u\end{pmatrix}$라 하면

$AB-BA=\begin{pmatrix}a & b\\ c & d\end{pmatrix}\begin{pmatrix}x & y\\ z & u\end{pmatrix}-\begin{pmatrix}x & y\\ z & u\end{pmatrix}\begin{pmatrix}a & b\\ c & d\end{pmatrix}$

$=\begin{pmatrix}ax+bz & ay+by\\ cx+dz & cy+du\end{pmatrix}$

$-\begin{pmatrix}ax+cy & bx+dy\\ az+cu & bz+du\end{pmatrix}$

$=\begin{pmatrix}bz-cy & \square\\ \square & cy-bz\end{pmatrix}$

$\therefore\ p+s=0$

ㄷ. (반례) $B=\begin{pmatrix}0 & 0\\ 0 & 0\end{pmatrix}$, $A=\begin{pmatrix}1 & 2\\ 1 & 1\end{pmatrix}$

$AB-BA=\begin{pmatrix}0 & 0\\ 0 & 0\end{pmatrix}$이지만

B는 A의 역행렬이 아니다. 답 ②

26. ㄱ. $(A')'=\begin{pmatrix}a & c\\ b & d\end{pmatrix}'=\begin{pmatrix}a & b\\ c & d\end{pmatrix}=A$

ㄴ. $A+A'=\begin{pmatrix}a & b\\ c & d\end{pmatrix}+\begin{pmatrix}a & c\\ b & d\end{pmatrix}=\begin{pmatrix}2a & b+c\\ b+c & 2d\end{pmatrix}$

$(A+A')'=\begin{pmatrix}2a & b+c\\ b+c & 2d\end{pmatrix}=A+A'$

ㄷ. $(A^{-1})'=\left\{\frac{1}{ad-bc}\begin{pmatrix}d & -b\\ -c & a\end{pmatrix}\right\}'$

$=\frac{1}{ad-bc}\begin{pmatrix}d & -c\\ -b & a\end{pmatrix}$

$(A')^{-1}=\begin{pmatrix}a & c\\ b & d\end{pmatrix}^{-1}=\frac{1}{ad-bc}\begin{pmatrix}d & -c\\ -b & a\end{pmatrix}$

$\therefore\ (A^{-1})'=(A')^{-1}$ 답 ⑤

27. ㄱ. $A^2=A$의 양변에 A를 곱하면

$A^3=A^2=A$

ㄴ. $B^2=(-A)^2=A^2=A=-B$

ㄷ. $A^2=A$에서 $A^2-A=O$이고,

이 식의 양변에 $-12E$를 더하면

$A^2-A-12E=-12E$

$(A+3E)(A-4E)=-12E$

$\therefore\ (A+3E)^{-1}=-\frac{1}{12}(A-4E)$

따라서, $A+3E$는 역행렬을 갖는다. 답 ⑤

28. A, A+E의 역행렬이 모두 존재하지 않으므로

$ab+1=0$

$(a+1)(b+1)+1=0,\ ab+a+b+1+1=0$

$a+b=-1$이다.

ㄱ. $a+b=-1$이다.

ㄴ. $(a-1)(b-1)+1=ab-(a+b)+2=2\neq 0$이므로

A−E의 역행렬은 항상 존재한다.

ㄷ. 케일리-해밀턴의 정리에 의하여 $A^2+A=O$이므로

$A+A^2+\cdots+A^{10}$

$=(A+A^2)+A^2(A+A^2)+\cdots+A^8(A+A^2)$

$=O$ 답 ③

p. 44

1. $\begin{pmatrix} a^2+b^2 & 2ab \\ 2ab & a^2+b^2 \end{pmatrix}=\begin{pmatrix} 5 & 4 \\ 4 & 5 \end{pmatrix}$

$a^2+b^2=5$, $ab=2$에서 $a>b>0$이므로

$a=2$, $b=1$

$\therefore \begin{pmatrix} a & b \\ b & a \end{pmatrix}^{-1}=\begin{pmatrix} 2 & 1 \\ 1 & 2 \end{pmatrix}^{-1}=\mathbf{\frac{1}{3}\begin{pmatrix} 2 & -1 \\ -1 & 2 \end{pmatrix}}$ ←답

2. 실수 a, b에 대하여

$|a-1|+|b-2|=0$에서 $a=1$, $b=2$

$A=\begin{pmatrix} 1 & 2 \\ -2 & 1 \end{pmatrix}$이므로 $A^{-1}=\mathbf{\frac{1}{5}\begin{pmatrix} 1 & -2 \\ 2 & 1 \end{pmatrix}}$ ←답

3. $B^{-1}=\frac{1}{b}\begin{pmatrix} 1 & 0 \\ a-1 & b \end{pmatrix}=\begin{pmatrix} \frac{1}{b} & 0 \\ \frac{a-1}{b} & 1 \end{pmatrix}$

$B^{-1}AB=\begin{pmatrix} \frac{1}{b} & 0 \\ \frac{a-1}{b} & 1 \end{pmatrix}\begin{pmatrix} a & b \\ c & 2-a \end{pmatrix}\begin{pmatrix} b & 0 \\ 1-a & 1 \end{pmatrix}$

$=\begin{pmatrix} 1 & 1 \\ (a-1)^2+bc & 1 \end{pmatrix}=\mathbf{\begin{pmatrix} 1 & 1 \\ 0 & 1 \end{pmatrix}}$ ←답

4. $A^{-1}=\begin{pmatrix} -1 & 4 \\ 3 & -11 \end{pmatrix}$이므로

A^{-1}에 대응하는 삼각형은

오른쪽 그림과 같다.

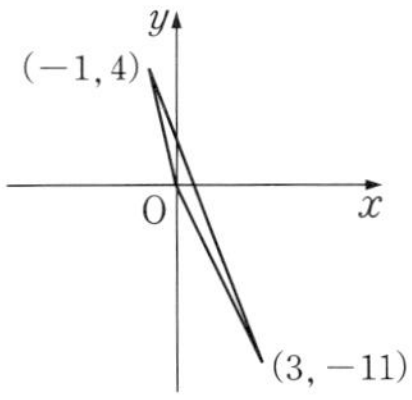

$\therefore$ 넓이 : $\mathbf{\frac{1}{2}}$ ←답

5. a_{11} ➡ $\begin{pmatrix} 2 & 1 \\ 1 & 1 \end{pmatrix}$의 역행렬이 존재하므로 $a_{11}=1$

a_{12} ➡ $\begin{pmatrix} 2 & 1 \\ 2 & 1 \end{pmatrix}$의 역행렬이 존재하지 않으므로 $a_{12}=0$

a_{21} ➡ $\begin{pmatrix} 2 & 2 \\ 1 & 1 \end{pmatrix}$의 역행렬이 존재하지 않으므로 $a_{21}=0$

a_{22} ➡ $\begin{pmatrix} 2 & 2 \\ 2 & 1 \end{pmatrix}$의 역행렬이 존재하므로 $a_{22}=2$

$A=\begin{pmatrix} 1 & 0 \\ 0 & 2 \end{pmatrix}$ $\therefore A^{-1}=\frac{1}{2}\begin{pmatrix} 2 & 0 \\ 0 & 1 \end{pmatrix}=\mathbf{\begin{pmatrix} 1 & 0 \\ 0 & \frac{1}{2} \end{pmatrix}}$ ←답

6. 행렬 A의 역행렬이 존재하기 위한 조건은

$(x-2a)(x-a)+4\neq0$

$x^2-3ax+2a^2+4\neq0$

이차방정식 $x^2-3ax+2a^2+4=0$의 근이 존재하지 않아야 하므로

$D=9a^2-8a^2-16<0$, $a^2-16<0$

$\therefore -4<a<4$

따라서, $\mathbf{a=-3, -2, -1, 0, 1, 2, 3}$ ←답

7. 행렬 A가 역행렬을 갖기 위한 조건은

$-(m-2)-(1-t)(t-3)\neq0$

$f(t)=(t-1)(t-3)-(m-2)$라 하면

$f(t)=(t-2)^2-m+1$

$-1<t<3$인 범위에서 $f(t)\neq0$이므로

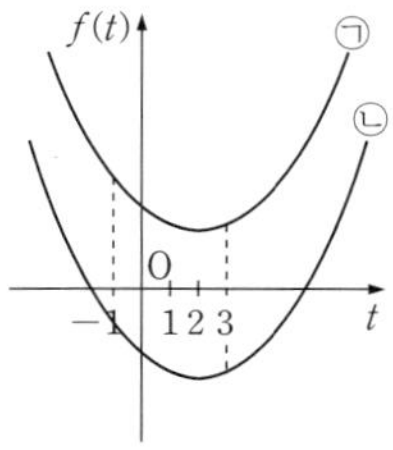

㉠ $f(2)>0$이므로 $-m+1>0$, $m<1$

㉡ $f(-1)\leq0$이므로 $10-m\leq0$, $m\geq10$

$\therefore$ **$m<1$ 또는 $m\geq10$** ←답

8. $A^{-1}=\begin{pmatrix} -4 & -7 \\ 1 & 2 \end{pmatrix}^{-1}=\begin{pmatrix} -2 & -7 \\ 1 & 4 \end{pmatrix}$

$\therefore A^{-1}-kE=\begin{pmatrix} -2-k & -7 \\ 1 & 4-k \end{pmatrix}$ ⋯ ㉠

㉠의 역행렬이 존재하지 않으므로

$(-2-k)(4-k)+7=0$

$k^2-2k-1=0$ $\therefore$ k의 값들의 합은 **2** ←답

9. $A=\begin{pmatrix} a & x \\ 1 & y-2 \end{pmatrix}$의 역행렬이 존재하지 않으므로

$a(y-2)-x=0$

$\therefore y=\frac{1}{a}x+2$

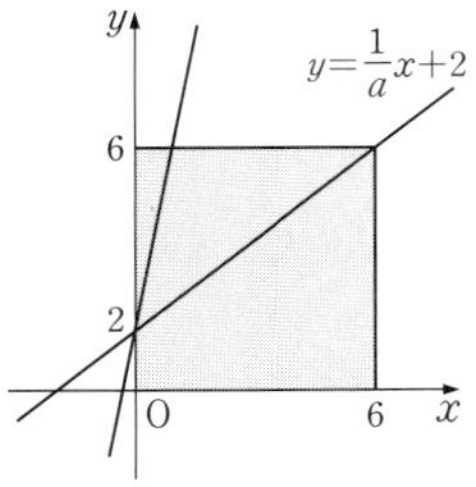

즉, 점 $P(x, y)$가 나타내는 도형은 직선 $y=\frac{1}{a}x+2$ 중 어두운 부분에 속하는 선분이다. 선분의 길이가 최대가 되는 것은 두 점 (0, 2), (6, 6) 사이의 거리이므로

$\sqrt{(6-0)^2+(6-2)^2}=\sqrt{52}=\mathbf{2\sqrt{13}}$ ←답

10. $AB+A=E$에서 $AB=E-A$

$AB-BA=E-A-BA=A+B$

$\therefore E=2A+B+BA$

양변에 2E를 더하면

$3E=2A+2E+B(A+E)$

$=2(A+E)+B(A+E)$

$=(B+2E)(A+E)$

$\therefore\ E=\frac{1}{3}(B+2E)(A+E)$

따라서, B+2E의 역행렬은 $\mathbf{\frac{1}{3}(A+E)}$ ←답

p. 45

11. (1) $E=2A-A^2=A(2E-A)$

따라서, $\mathbf{A^{-1}=2E-A}$ ←답

(2) A의 역행렬 A^{-1}가 존재한다고 가정하고, A^{-1}를 $A^2-A=O$의 양변에 곱하면

$A-E=O$, 즉 $A=E$

이것은 $A\neq E$라는 데 모순이다.

따라서, A의 역행렬은 **존재하지 않는다.** ←답

(3) A^{-1}가 존재한다면 $A^n=O$의 양변에 A^{-1}를 곱한다.

$A^{-1}A^n=A^{-1}O$에서 $A^{n-1}=O$

다시 양변에 A^{-1}를 곱하여 정리하면

$A^{n-2}=O,\ \cdots,\ A=O$

가 되어 A^{-1}가 존재한다는 것이 모순이다.

따라서, **A는 역행렬을 갖지 않는다.** ←답

(4) $A^2+A-2E=O$

$\Longleftrightarrow A(A+E)=2E$

$\Longleftrightarrow A\left\{\frac{1}{2}(A+E)\right\}=E$

따라서, A의 역행렬은 존재하고,

$\mathbf{A^{-1}=\frac{1}{2}(A+E)}$이다. ←답

($\because$ $XY=YX=E$이면 Y는 X의 역행렬이다.)

(5) $A^3+A^2+A=E$에서

$A(A^2+A+E)=E$

$\therefore\ \mathbf{A^{-1}=A^2+A+E}$ ←답

12. ① $A^2+6A=O$에서

$(A-4E)(A+10E)=-40E$

$\therefore\ (A-4E)^{-1}=-\frac{1}{40}(A+10E)$

② $A^2+6A=O$에서

$(A+2E)(A+4E)=8E$

$\therefore\ (A+2E)^{-1}=\frac{1}{8}(A+4E)$

③ $A^2+6A=O$에서

$(A-2E)(A+8E)=-16E$

$\therefore\ (A-2E)^{-1}=-\frac{1}{16}(A+8E)$

④ $A^2+6A=O$에서

$(A+2E)(A+4E)=8E$

$\therefore\ (A+4E)^{-1}=\frac{1}{8}(A+2E)$

⑤ $A^2+6A=O$에서 $A(A+6E)=O$

이때 A+6E의 역행렬이 존재한다면

A=O이므로 모순이다.

따라서, A+6E의 역행렬은 존재하지 않는다.

답 ⑤

13. $\frac{1}{2}(A+E)$의 역행렬이 $A-E$이므로

$\frac{1}{2}(A+E)(A-E)=E$

$A^2-E=2E\qquad\therefore\ A^2=3E$

따라서,

$A^2=\begin{pmatrix}1&3\\a&b\end{pmatrix}\begin{pmatrix}1&3\\a&b\end{pmatrix}=\begin{pmatrix}1+3a&3+3b\\a+ab&3a+b^2\end{pmatrix}$

$=\begin{pmatrix}3&0\\0&3\end{pmatrix}$

$1+3a=3$에서 $a=\frac{2}{3}$

$3+3b=0$에서 $b=-1$ 답 $-\frac{1}{3}$

14. $B^{-1}=\begin{pmatrix}2&5\\1&3\end{pmatrix}$이므로

$AB^{-1}=\begin{pmatrix}0&a\\3&3\end{pmatrix}\begin{pmatrix}2&5\\1&3\end{pmatrix}=\begin{pmatrix}a&3a\\9&24\end{pmatrix}$

$B^{-1}A=\begin{pmatrix}2&5\\1&3\end{pmatrix}\begin{pmatrix}0&a\\3&3\end{pmatrix}=\begin{pmatrix}15&2a+15\\9&a+9\end{pmatrix}$

$\begin{pmatrix}a&3a\\9&24\end{pmatrix}=\begin{pmatrix}15&2a+15\\9&a+9\end{pmatrix}\qquad\therefore\ \mathbf{a=15}$ ←답

Note : $AB^{-1}=B^{-1}A$에서

$BAB^{-1}B=BB^{-1}AB,\ BAE=EAB$

따라서, AB=BA를 계산해도 된다.

15. $AB=E$에서 $B=A^{-1}$, $A+A^{-1}=E$ … ㉠

㉠의 양변에 A를 곱하여 정리하면

$A^2-A+E=O$

케일리-해밀턴의 정리에 의하여

$A^2-(a+d)A+(ad-bc)E=O$

$\therefore\ \mathbf{a+d=1}$ ←답

16. B^{-1}가 존재하므로

$BA=B+E$의 양변의 왼쪽에 B^{-1}를 곱하면

$B^{-1}BA=B^{-1}B+B^{-1}E$

$\therefore\ A=E+B^{-1}=\begin{pmatrix}1&0\\0&1\end{pmatrix}+\begin{pmatrix}1&-1\\-2&3\end{pmatrix}$

$=\begin{pmatrix}2&-1\\-2&4\end{pmatrix}$

$\therefore$ 행렬 A의 모든 성분의 합은 3이다. 답 ⑤

17. $BA=BB^{-1}\begin{pmatrix}2&1\\5&3\end{pmatrix}$에서 $BA=\begin{pmatrix}2&1\\5&3\end{pmatrix}$

$BAB=\begin{pmatrix}2&1\\5&3\end{pmatrix}\begin{pmatrix}-1&2\\-3&2\end{pmatrix}=\begin{pmatrix}-5&6\\-14&16\end{pmatrix}$

∴ (모든 성분의 합)=3 답 ②

18. $APA^{-1}=A+A^{-1}$에서 양변의 왼쪽에 A^{-1}를 곱하면

$PA^{-1}=A^{-1}(A+A^{-1})=E+(A^{-1})^2$

양변의 오른쪽에 A를 곱하면

$P=\{E+(A^{-1})^2\}A=A+A^{-1}$

$=\begin{pmatrix}3&-1\\5&-2\end{pmatrix}+\begin{pmatrix}2&-1\\5&-3\end{pmatrix}=\begin{pmatrix}5&-2\\10&-5\end{pmatrix}$

∴ 행렬 P의 모든 성분의 합은 8이다. 답 ②

19. $A^{-1}PA=B$이므로

$P=ABA^{-1}$

$P^2=(ABA^{-1})(ABA^{-1})=AB^2A^{-1}$

$P^3=(AB^2A^{-1})(ABA^{-1})=AB^3A^{-1}$

⋮

$P^{2020}=(AB^{2019}A^{-1})(ABA^{-1})=AB^{2020}A^{-1}$

한편, $B=\begin{pmatrix}0&-1\\1&0\end{pmatrix}$에서

$B^2=\begin{pmatrix}0&-1\\1&0\end{pmatrix}\begin{pmatrix}0&-1\\1&0\end{pmatrix}=\begin{pmatrix}-1&0\\0&-1\end{pmatrix}=-E$

$B^{2020}=(B^2)^{1010}=(-E)^{1010}=E$

∴ $P^{2020}=AEA^{-1}=\mathbf{E}$ ← 답

20. $(A^{-1})^2=A^k$의 양변에 A^2을 곱하면

$E=A^{k+2}$

$A^2=\begin{pmatrix}0&-1\\1&1\end{pmatrix}\begin{pmatrix}0&-1\\1&1\end{pmatrix}=\begin{pmatrix}-1&-1\\1&0\end{pmatrix}$,

$A^3=A^2A=\begin{pmatrix}-1&-1\\1&0\end{pmatrix}\begin{pmatrix}0&-1\\1&1\end{pmatrix}$

$=\begin{pmatrix}-1&0\\0&-1\end{pmatrix}=-E$,

$A^6=(A^3)^2=(-E)^2=E^2=E$

$k+2=6$이므로 $\boldsymbol{k=4}$ ← 답

p. 46

21. $ad-bc=1$이므로 $A^{-1}=\begin{pmatrix}d&-b\\-c&a\end{pmatrix}$

$A=A^{-1}$이므로 $\begin{pmatrix}a&b\\c&d\end{pmatrix}=\begin{pmatrix}d&-b\\-c&a\end{pmatrix}$

∴ $a=d,\ b=0,\ c=0$

이것을 $ad-bc=1$에 대입하면 $a^2=1$이므로

$a=\pm1$

그런데 $a=1$이면 $A=E$이므로 $a\neq1$

∴ $a=-1,\ d=-1$

$A=\begin{pmatrix}-1&0\\0&-1\end{pmatrix}=-E$이므로

$A^{2011}=(-E)^{2011}=-E=\begin{pmatrix}\mathbf{-1}&\mathbf{0}\\\mathbf{0}&\mathbf{-1}\end{pmatrix}$ ← 답

22. $A=64A^{-1}$에서 $A^2=64E$

$\begin{pmatrix}x&y\\y&-x\end{pmatrix}\begin{pmatrix}x&y\\y&-x\end{pmatrix}=\begin{pmatrix}x^2+y^2&0\\0&x^2+y^2\end{pmatrix}=64E$

∴ $x^2+y^2=64=8^2$

따라서, 점 $(x,\ y)$가 나타내는 도형은 반지름의 길이가 8인 원이므로 둘레의 길이 a는 16π이다.

∴ $\dfrac{a}{\pi}=\dfrac{16\pi}{\pi}=\mathbf{16}$ ← 답

23. $x^3-1=0$, 즉 $(x-1)(x^2+x+1)=0$의 한 허근이 ω이면 $\omega^3=1,\ \omega^2+\omega+1=0$

$A=\begin{pmatrix}\omega^4&1\\\omega&-\omega^4\end{pmatrix}=\begin{pmatrix}\omega&1\\\omega&-\omega\end{pmatrix}$

$A^2=\begin{pmatrix}\omega&1\\\omega&-\omega\end{pmatrix}\begin{pmatrix}\omega&1\\\omega&-\omega\end{pmatrix}=\begin{pmatrix}\omega^2+\omega&0\\0&\omega^2+\omega\end{pmatrix}$

$=\begin{pmatrix}-1&0\\0&-1\end{pmatrix}=-E$

$A^4=A^2A^2=(-E)(-E)=E$

$A^{100}=(A^4)^{25}=E^{25}=E$

∴ $(A^{-1})^{100}=(A^{100})^{-1}=E^{-1}=E=\begin{pmatrix}\mathbf{1}&\mathbf{0}\\\mathbf{0}&\mathbf{1}\end{pmatrix}$ ← 답

24. 케일리-해밀턴의 정리에 의하여

$A^2-(-1+2)A+(-2+3)E=O$에서

$A^2-A+E=O,\ (A+E)(A^2-A+E)=O$

∴ $A^3=-E$

$-A^2A=E$에서 $A^{-1}=-A^2$

∴ $A^{10}-(A^{-1})^{10}=A^{10}-(-A^2)^{10}$

$=(A^3)^3A-(A^3)^6A^2$

$=-A-A^2$

$=-A-(A-E)=-2A+E$

$=\begin{pmatrix}2&2\\-6&-4\end{pmatrix}+\begin{pmatrix}1&0\\0&1\end{pmatrix}$

$=\begin{pmatrix}3&2\\-6&-3\end{pmatrix}$ 답 −4

25. $A^{-1}AX=A^{-1}B$에서 $X=A^{-1}B$이므로

$X=\begin{pmatrix}2&3\\3&4\end{pmatrix}^{-1}\begin{pmatrix}1&-2\\-4&3\end{pmatrix}$

$=-\begin{pmatrix}4&-3\\-3&2\end{pmatrix}\begin{pmatrix}1&-2\\-4&3\end{pmatrix}$

$=\begin{pmatrix}-16&17\\11&-12\end{pmatrix}$

$\therefore$ (중심의 좌표)$=\left(-\frac{5}{2}, \frac{5}{2}\right)$ ←답

26. $AX+BX=(A+B)X=\begin{pmatrix} 0 & 0 \\ 8 & 4 \end{pmatrix}$

$\therefore X=(A+B)^{-1}\begin{pmatrix} 0 & 0 \\ 8 & 4 \end{pmatrix}=\begin{pmatrix} 2 & 3 \\ 3 & 5 \end{pmatrix}^{-1}\begin{pmatrix} 0 & 0 \\ 8 & 4 \end{pmatrix}$

$=\begin{pmatrix} 5 & -3 \\ -3 & 2 \end{pmatrix}\begin{pmatrix} 0 & 0 \\ 8 & 4 \end{pmatrix}=\begin{pmatrix} \mathbf{-24} & \mathbf{-12} \\ \mathbf{16} & \mathbf{8} \end{pmatrix}$ ←답

27. $(A+E)^2=A$에서

$A^2+2A+E=A,\ A^2+A+E=O$

$A^{-1}(A^2+A+E)=O,\ A+A^{-1}=-E$

$\therefore (A+A^{-1})\begin{pmatrix} p \\ q \end{pmatrix}=-E\begin{pmatrix} p \\ q \end{pmatrix}=\begin{pmatrix} -1 & 0 \\ 0 & -1 \end{pmatrix}\begin{pmatrix} p \\ q \end{pmatrix}$

$=\begin{pmatrix} -p \\ -q \end{pmatrix}=\begin{pmatrix} -5 \\ 8 \end{pmatrix}$

$\therefore$ $\boldsymbol{p=5,\ q=-8}$ ←답

28. ㄱ. $\begin{pmatrix} 1 & 0 \\ 0 & m \end{pmatrix}+\begin{pmatrix} 1 & 0 \\ 0 & n \end{pmatrix}=\begin{pmatrix} 2 & 0 \\ 0 & m+n \end{pmatrix}\neq\begin{pmatrix} 1 & 0 \\ 0 & m+n \end{pmatrix}$

ㄴ. $\begin{pmatrix} 1 & 0 \\ 0 & m \end{pmatrix}\begin{pmatrix} 1 & 0 \\ 0 & n \end{pmatrix}=\begin{pmatrix} 1 & 0 \\ 0 & mn \end{pmatrix}$

ㄷ. $\frac{1}{n}\begin{pmatrix} n & 0 \\ 0 & 1 \end{pmatrix}\neq\frac{1}{n}\begin{pmatrix} 1 & 0 \\ 0 & n \end{pmatrix}$ 답 ②

p. 47

1. 행렬 A의 역행렬이 존재하므로 모든 실수 x에 대하여 $x^2+3ax+2a^2+12\neq0$

따라서, x에 대한 이차방정식 $x^2+3ax+2a^2+12=0$이 허근을 가지면 된다.

이때 판별식 $9a^2-4(2a^2+12)<0$

$-4\sqrt{3}<a<4\sqrt{3}$이다.

$\therefore$ 정수 a는 **13개** ←답

2. 역행렬이 존재하려면

$2k(2k+a-1)-b(k+1)(k-1)\neq0$

$(4-b)k^2+2(a-1)k+b\neq0$

(i) $b\neq4$일 때, $\frac{D}{4}=(a-1)^2-b(4-b)<0$

$(a-1)^2+b^2-4b<0$

$(a-1)^2+(b-2)^2<4$이므로 $a<b$을 만족시키는 (a, b)는 (0, 1), (0, 2), (0, 3), (1, 2), (1, 3), (2, 3)이다.

(ii) $b=4$일 때, 임의의 실수 k에 대하여 $2(a-1)k+4\neq0$인 것은 $a=1$이다.

이때 $(a, b)=(1, 4)$는 $a<b$를 만족한다.

(i), (ii)에 의해 $a<b$를 만족시키는 순서쌍의 개수는 7개다. 답 ⑤

3. $\begin{pmatrix} k & 3 \\ 2 & k+1 \end{pmatrix}$이 역행렬이 존재하지 않을 때

$D=k(k+1)-6=k^2+k-6=0$

$\therefore$ (모든 k 값들의 합)$=-1$ 답 ②

4. (i) A^{-1}가 존재하지 않으므로

$(x+y)(x+y)+xy=0$에서

$x^2+3xy+y^2=0$ … ㉠

(ii) $z^2<0$이므로 순허수 조건에서 실수부가 0이어야 한다. $x+y-3=0$ … ㉡

㉠에서 $(x+y)^2+xy=0$이고, ㉡을 대입해서 정리하면, $xy=-9$이다. 답 ②

5. 행렬 M이 역행렬을 갖지 않으려면

$D=a\cdot9-bc=0$ $\therefore 9a=bc$

서로 다른 한 자리의 자연수 a, b, c에 대하여 위의 등식을 만족하는 경우는 $a=2$이고,

$(b=3, c=6)$ 또는 $(b=6, c=3)$일 때 뿐이다.

$\therefore$ $\boldsymbol{abc=36}$ ←답

6. $A=\begin{pmatrix} a & 1 \\ b & c \end{pmatrix}$의 역행렬이 존재하지 않으므로 $ac-b=0$이다.

$\frac{178}{121}=1+\cfrac{1}{2+\cfrac{1}{8+\cfrac{1}{7}}}$이므로

$a=2,\ b=8,\ 2c-8=0,\ c=4$

$A=\begin{pmatrix} 2 & 1 \\ 8 & 4 \end{pmatrix}$이므로 $A^2=\begin{pmatrix} 12 & 6 \\ 48 & 24 \end{pmatrix}$

따라서, 모든 성분의 합은 **90** ←답

7. 행렬 A의 역행렬 A^{-1}가 존재한다고 하자.

$A^{2012}=O$의 양변에 A^{-1}를 계속 곱하면 $A=O$가 되는데 $A=\begin{pmatrix} 1 & x \\ y & -1 \end{pmatrix}$이므로 모순이다.

따라서, 행렬 A의 역행렬은 존재하지 않는다.

$\therefore -1-xy=0$에서 $y=-\frac{1}{x}$ 답 ④

8. $A^2-3A+E=A-2E$에서 $-A^2+4A=3E$

$-\frac{1}{3}A(A-4E)=E$

$\therefore A^{-1}=-\frac{1}{3}(A-4E)$ 답 ②

9. $2AB-A+2B-2E=O$에서 $(A+E)(2B-E)=E$이므로

$\therefore (A+E)^{-1}=2B-E$ 답 ①

10. $AB+E=O$이므로 $A=-B^{-1},\ B=-A^{-1}$

$(A+B)(A+B)^{-1}=(A+B)(A^{-1}+B^{-1})$

$E=E+AB^{-1}+BA^{-1}+E$

$E=E-A^2-B^2+E \quad \therefore A^2+B^2=E$ 답 ⑤

p. 48

11. $A^2=\begin{pmatrix}-2 & -3\\ 1 & 1\end{pmatrix}$, $A^3=\begin{pmatrix}1 & 0\\ 0 & 1\end{pmatrix}=E$이므로

(또는 케일리-해밀턴의 정리에 의해

$A^2+A+E=O$에서 $A^3=E$)

$A^{11}=(A^3)^3A^2=A^2$

$A^{11}\begin{pmatrix}x\\ y\end{pmatrix}=A^2\begin{pmatrix}x\\ y\end{pmatrix}=\begin{pmatrix}-2 & -3\\ 1 & 1\end{pmatrix}\begin{pmatrix}x\\ y\end{pmatrix}=\begin{pmatrix}18\\ 13\end{pmatrix}$

$\begin{pmatrix}x\\ y\end{pmatrix}=\begin{pmatrix}-2 & -3\\ 1 & 1\end{pmatrix}^{-1}\begin{pmatrix}18\\ 13\end{pmatrix}$

$=\begin{pmatrix}1 & 3\\ -1 & -2\end{pmatrix}\begin{pmatrix}18\\ 13\end{pmatrix}=\begin{pmatrix}57\\ -44\end{pmatrix}$

$\therefore$ $\boldsymbol{x+y=13}$ ←답

12. 행렬 ABA^{-1}의 역행렬이 A이므로

$(ABA^{-1})^{-1}=A$

$AB^{-1}A^{-1}=A$에서 $B^{-1}=A^{-1}AA=A$

따라서, $B=A^{-1}$이므로 $B=A^{-1}=\begin{pmatrix}-2 & -5\\ 1 & 2\end{pmatrix}$이다.

모든 성분의 합은 -4 답 ①

13. $A=(pA+qE)^{-1}$에서 $A^{-1}=pA+qE$

$\begin{pmatrix}1 & -2\\ 2 & -3\end{pmatrix}=\begin{pmatrix}-3p & 2p\\ -2p & p\end{pmatrix}+\begin{pmatrix}q & 0\\ 0 & q\end{pmatrix}$

$=\begin{pmatrix}-3p+q & 2p\\ -2p & p+q\end{pmatrix}$

$\therefore p+q=-3$ 답 ⑤

14. $A^2=\begin{pmatrix}1 & 1\\ 0 & 1\end{pmatrix}\begin{pmatrix}1 & 1\\ 0 & 1\end{pmatrix}=\begin{pmatrix}1 & 2\\ 0 & 1\end{pmatrix}$

$A^3=\begin{pmatrix}1 & 2\\ 0 & 1\end{pmatrix}\begin{pmatrix}1 & 1\\ 0 & 1\end{pmatrix}=\begin{pmatrix}1 & 3\\ 0 & 1\end{pmatrix}$

$\vdots$

$A^{10}=\begin{pmatrix}1 & 10\\ 0 & 1\end{pmatrix}$

$(A^{-1})^{10}=(A^{10})^{-1}=\begin{pmatrix}1 & -10\\ 0 & 1\end{pmatrix}$

$\therefore A^{10}+(A^{-1})^{10}=\begin{pmatrix}2 & 0\\ 0 & 2\end{pmatrix}$

따라서, 모든 성분의 합은 **4**이다. ←답

15. $AA^{-1}=A^{-1}A=E$, $(A^2)^{-1}=(A^{-1})^2$이고

$(A+A^{-1})^2$

$=\begin{pmatrix}-1 & 2\\ 6 & 1\end{pmatrix}\begin{pmatrix}-1 & 2\\ 6 & 1\end{pmatrix}=\begin{pmatrix}13 & 0\\ 0 & 13\end{pmatrix}=13E$이므로

$A^2+(A^2)^{-1}$

$=(A+A^{-1})^2-2AA^{-1}=13E-2E=11E$

따라서, 구하는 모든 성분의 합은 **22**이다. ←답

16. 케일리-해밀턴의 정리에 의하여

$A^2+A+E=O$의 양변에 $A-E$를 곱하면

$A^3-E=O$, $A^3=E$

$(A^{-1})^3=E$이다.

$(A^{-1})^{2004}=\{(A^{-1})^3\}^{668}=E$ 답 ②

17. $AX+BX=(A+B)X=\begin{pmatrix}3 & 0\\ 5 & 0\end{pmatrix}$

$X=(A+B)^{-1}\begin{pmatrix}3 & 0\\ 5 & 0\end{pmatrix}=\begin{pmatrix}3 & 1\\ 5 & 2\end{pmatrix}^{-1}\begin{pmatrix}3 & 0\\ 5 & 0\end{pmatrix}$

$=\begin{pmatrix}2 & -1\\ -5 & 3\end{pmatrix}\begin{pmatrix}3 & 0\\ 5 & 0\end{pmatrix}=\begin{pmatrix}1 & 0\\ 0 & 0\end{pmatrix}$ 답 1

18. ㄱ. $A=P^{-1}BP$이므로 $B=O$이면

$A=P^{-1}OP=O$

ㄴ. $B^3=(PAP^{-1})^3=PA^3P^{-1}$이므로 $A^3=E$이면

$B^3=PA^3P^{-1}=PEP^{-1}=E$

$\Rightarrow B^{100}=(B^3)^{33}B=(E)^{33}B=B$

ㄷ. $AB=APAP^{-1}=\begin{pmatrix}a^2+ab-b^2 & ab+b^2\\ a^2-ab & ab\end{pmatrix}=E$

$\begin{cases}a^2+ab-b^2=ab=1 & \cdots ㉠\\ ab+b^2=a^2-ab=0 & \cdots ㉡\end{cases}$

㉠과 ㉡에서 $a^2-b^2=0$, $a^2-b^2=2ab$에서 $ab=0$

또, ㉠에서 $ab=1$

$\therefore$ $AB=E$를 만족하는 행렬 A는 존재하지 않는다.

답 ②

19. ① $A(A+E)=E$이므로 $A^{-1}=A+E$

$(A^2)^{-1}=(A^{-1})^2=(A+E)^2$

② $ABC=E$이므로 각 행렬이 역행렬 관계이므로

$ABC=BCA=CAB=E$

③ $AA(A^{-1}A^{-1})=E$이므로 A^2의 역행렬이 존재한다.

④ $A^3=O$이면 A는 역행렬이 존재하지 않고

$A^2=kA$ (k는 상수)이므로 $A^3=kA^2=O$

따라서, $A^2=O$이다.

⑤ $AB=A+B$이면 $AB-A-B=O$이고,

$AB-A-B+E=(A-E)(B-E)=E$이므로

$(A-E)^{-1}=B-E$ 답 ②

p. 49

1. $\tan^2\theta=\dfrac{\sin^2\theta}{\cos^2\theta}=\dfrac{1-\cos^2\theta}{\cos^2\theta}=\dfrac{1}{\cos^2\theta}-1=4$

한편 $0<\theta<\dfrac{\pi}{2}$이므로 $\tan\theta>0$ $\quad\therefore \tan\theta=2$

따라서, 구하는 역행렬은

$$\begin{pmatrix}1 & \tan\theta\\ -\tan\theta & 1\end{pmatrix}^{-1}=\begin{pmatrix}1 & 2\\ -2 & 1\end{pmatrix}^{-1}$$

$$=\mathbf{\frac{1}{5}\begin{pmatrix}1 & -2\\ 2 & 1\end{pmatrix}} \leftarrow \text{답}$$

2. 이차함수 $ax^2+y=4$의 그래프와 직선 $by=7$이 점 $(1,\ 3)$에서 만나므로 $x=1,\ y=3$을 두 식에 대입하면

$a+3=4,\ 3b=7 \quad \therefore\ a=1,\ b=\dfrac{7}{3}$

$$A=\begin{pmatrix}1 & 1\\ 0 & \frac{7}{3}\end{pmatrix},\ A^{-1}=\begin{pmatrix}1 & -\frac{3}{7}\\ 0 & \frac{3}{7}\end{pmatrix}$$

$$\therefore\ A^{-1}\begin{pmatrix}4\\7\end{pmatrix}=\begin{pmatrix}1 & -\frac{3}{7}\\ 0 & \frac{3}{7}\end{pmatrix}\begin{pmatrix}4\\7\end{pmatrix}=\begin{pmatrix}1\\3\end{pmatrix}$$

$\therefore$ (성분의 합)$=1+3=4$ 답 ③

3. 역행렬이 존재하므로

$(b+1)(t-1)-a^2(t+1)\neq 0$

이때 모든 실수 t에 대하여

$(b+1-a^2)t+(-b-1-a^2)\neq 0$이므로

$\begin{cases}b+1-a^2=0\\ -b-1-a^2\neq 0\end{cases}$, 즉 $\begin{cases}b=a^2-1\\ b\neq -a^2-1\end{cases}$

$b=a^2-1,\ b=-a^2-1$을 연립하면

$a^2-1=-a^2-1,\ a^2=0$

$\therefore\ a=0,\ b=-1$

따라서, $b=a^2-1$의 그래프 중 $b=-a^2-1$의 그래프와의 교점 $(0,\ -1)$은 제외하므로 구하는 그래프는 오른쪽과 같다.

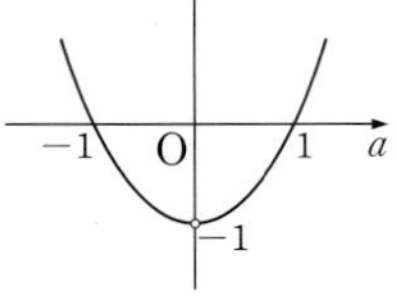

4. $A+E=\begin{pmatrix}a+1 & b\\ c & d+1\end{pmatrix}$에서

(i) $ad-bc=1,\ a+d=0$이므로

$(a+1)(d+1)-bc=ad-bc+(a+d)+1$
$=1+0+1=2\neq 0$

따라서, $A+E$의 역행렬은 존재하므로 (가)에 알맞은 것은 Y이다.

(ii) $ad-bc=0,\ a+d=$(나)이고, $A+E$의 역행렬이 존재하지 않으므로

$(a+1)(d+1)-bc=ad-bc+(a+d)+1$
$=0+$(나)$+1=0$

이므로 (나)에 알맞은 것은 -1이다.

답 (가) **Y**, (나) **−1**

5. $\begin{pmatrix}a & b\\ c & 1\end{pmatrix}$의 역행렬이 존재하지 않으므로

$D=a-bc=0,\ a=bc$이다.

a가 1이면 $(b,\ c)=(1,\ 1)$: 1개

a가 2이면 $(b,\ c)=(1,\ 2),\ (2,\ 1)$: 2개

a가 3이면 $(b,\ c)=(1,\ 3),\ (3,\ 1)$: 2개

a가 4이면 $(b,\ c)=(1,\ 4),\ (2,\ 2),\ (4,\ 1)$: 3개

⋮

a가 9이면 $(b,\ c)=(1,\ 9),\ (3,\ 3),\ (9,\ 1)$: 3개

따라서, a의 약수의 개수만큼 결정된다.

세 자리 자연수의 개수는 **23개**이다. ← 답

6. 행렬 $A=\begin{pmatrix}x & -y\\ y-4 & x-6\end{pmatrix}$의 역행렬이 존재하지 않으므로

$x(x-6)+y(y-4)=0,\ x^2-6x+y^2-4y=0$

$\therefore\ (x-3)^2+(y-2)^2=13$

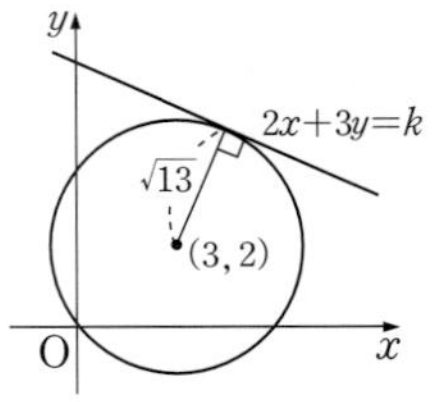

$2x+3y=k$라 하면 위의 그림과 같이 직선 $2x+3y-k=0$이 원 $(x-3)^2+(y-2)^2=13$에 접할 때, k가 최대이다.

$$\frac{|2\cdot 3+3\cdot 2-k|}{\sqrt{2^2+3^2}}=\sqrt{13}$$

$|k-12|=13 \quad \therefore\ k=-1,\ 25$

따라서, $2x+3y$의 최댓값은 **25**이다. ← 답

7. 행렬 $\begin{pmatrix}a & 2\\ x & y\end{pmatrix}$가 역행렬을 갖지 않으려면

$D=ay-2x=0 \quad \therefore\ y=\dfrac{2}{a}x\ (a>0)$이다.

점 $P(x,\ y)$가 부등식 $0\le x\le 1,\ 0\le y\le 1$이 나타내는 영역에 속하는 점이므로

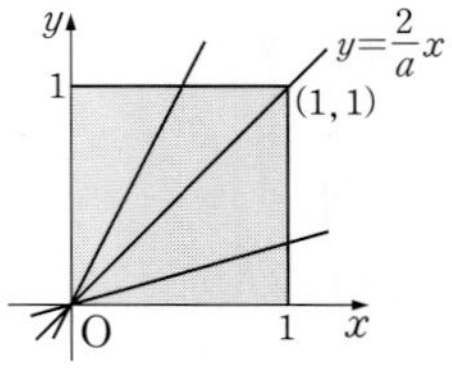

위의 그림에서 $f(a)$의 최댓값은 $\sqrt{2}$ 답 ②

8. 역행렬을 갖지 않도록 하는 실수 x가 존재해야 하므로
$D=2(x^2+2x+a^2+b^2)-(x+1)(x-1)=0$
즉, $x^2+4x+2a^2+2b^2+1=0$이 실근을 가져야 하므로
$\frac{D}{4}=4-(2a^2+2b^2+1)\ge 0$
따라서, $a^2+b^2\le\frac{3}{2}$ $\therefore$ (넓이)$=\frac{3}{2}\pi$ 답 ③

p. 50

9. ㄱ. 행렬 $\begin{pmatrix}1 & 2\\ 2 & 4\end{pmatrix}$의 역행렬이 존재하지 않으므로
$(2,\ 4)\in M$
ㄴ. $(a,\ b)\in M$이면 행렬 $\begin{pmatrix}1 & a\\ 2 & b\end{pmatrix}$의 역행렬이 존재하지 않으므로 $b=2a$
이때 행렬 $\begin{pmatrix}1 & -a\\ 2 & -b\end{pmatrix}$에서
$-b-(-2a)=-b+2a=0$이므로 역행렬이 존재하지 않는다.
따라서, $(-a,\ -b)\in M$
ㄷ. $(a,\ b)\in M$, $(c,\ d)\in M$이면 $b=2a,\ d=2c$
이때, 행렬 $\begin{pmatrix}1 & a+c\\ 2 & b+d\end{pmatrix}$에서
$(b+d)-2(a+c)=(b-2a)+(d-2c)=0$
이므로 역행렬이 존재하지 않는다.
따라서, $(a+c,\ b+d)\in M$ 답 ⑤

10. 조건식의 양변에 행렬 A를 곱하여 정리하면
$A^2=-E,\ A^3=-A,\ A^4=E$
$A^2+(A^2)^{-1}=-E-E=-2E$
$A^3+(A^3)^{-1}=-A-A^{-1}=-(A+A^{-1})=O$
$A^4+(A^4)^{-1}=E+E=2E$
⋮
n이 홀수이면 $A^n+(A^n)^{-1}=O$
n이 짝수이면 $A^n+(A^n)^{-1}\ne O$
따라서,
ㄱ. 참
ㄴ. 거짓
ㄷ. $A+A^2+A^3+A^4=A-E-A+E=O$
이므로 $A+A^2+A^3+\cdots+A^{4n}=O$ 답 ④

11. ㄱ. $AB+A=E$에서 $A(B+E)=E$이므로
$A^{-1}=B+E$
ㄴ. $AB=E-A$이고, ㄱ에서 $B=A^{-1}-E$이므로
$BA=(A^{-1}-E)A=E-A$ $\therefore AB=BA$
ㄷ. ㄴ에서 $AB=BA$이므로
조건 $AB+BA=A+B$에서
$2AB=A+B$
$A=E-AB$이므로 $2AB=E-AB+B$
$\therefore 3AB-B=E$
$(3A-E)B=E$ $\therefore B^{-1}=3A-E$ 답 ⑤

12. $A+E$의 역행렬이 $A-3E$이므로
$(A+E)(A-3E)=E$이다.
$A^2-2A-3E=E,\ A^2-2A=4E$
$A(A-2E)=4E$ $\therefore A^{-1}=\frac{1}{4}(A-2E)$ 답 ⑤

13. $A=100A^{-1}$에서
$\begin{pmatrix}x & y\\ y & -x\end{pmatrix}=\frac{100}{-x^2-y^2}\begin{pmatrix}-x & -y\\ -y & x\end{pmatrix}$
$=\frac{100}{x^2+y^2}\begin{pmatrix}x & y\\ y & -x\end{pmatrix}$
$\therefore \frac{100}{x^2+y^2}=1$ $\therefore x^2+y^2=100$
따라서, 점 P가 나타내는 도형은 반지름의 길이가 10인 원이고, 이 원의 둘레의 길이 $a=20\pi$이다.
$\therefore \boldsymbol{\frac{a}{\pi}=20}$ ←답

14. 이차방정식 $x^2-6x+2=0$의 두 실근을 $\alpha,\ \beta$라 하면 $\alpha+\beta=6,\ \alpha\beta=2$
$A=\begin{pmatrix}\alpha & 1\\ 1 & \beta\end{pmatrix}$의 역행렬은
$A^{-1}=\frac{1}{\alpha\beta-1}\begin{pmatrix}\beta & -1\\ -1 & \alpha\end{pmatrix}=\begin{pmatrix}\beta & -1\\ -1 & \alpha\end{pmatrix}$이므로
$(A^2)^{-1}=(A^{-1})^2=\begin{pmatrix}\beta & -1\\ -1 & \alpha\end{pmatrix}\begin{pmatrix}\beta & -1\\ -1 & \alpha\end{pmatrix}$
$=\begin{pmatrix}\beta^2+1 & -\beta-\alpha\\ -\beta-\alpha & \alpha^2+1\end{pmatrix}$
따라서, 행렬 $(A^2)^{-1}$의 모든 성분의 합은
$\alpha^2+\beta^2-2(\alpha+\beta)+2$
$=(\alpha+\beta)^2-2\alpha\beta-2(\alpha+\beta)+2$
$=6^2-2\cdot 2-2\cdot 6+2=\mathbf{22}$ ←답

Note : $\alpha+\beta=6,\ \alpha\beta=2$
$A^2=\begin{pmatrix}\alpha & 1\\ 1 & \beta\end{pmatrix}\begin{pmatrix}\alpha & 1\\ 1 & \beta\end{pmatrix}=\begin{pmatrix}\alpha^2+1 & \alpha+\beta\\ \alpha+\beta & \beta^2+1\end{pmatrix}$
$=\begin{pmatrix}\alpha^2+1 & 6\\ 6 & \beta^2+1\end{pmatrix}$
$(\alpha^2+1)(\beta^2+1)-6\cdot 6=\alpha^2\beta^2+\alpha^2+\beta^2+1-36$
$=(\alpha\beta)^2+(\alpha+\beta)^2-2\alpha\beta-35$
$=2^2+6^2-2\cdot 2-35$
$=1$

$\therefore\ (A^2)^{-1}=\begin{pmatrix} \beta^2+1 & -6 \\ -6 & \alpha^2+1 \end{pmatrix}$

$\therefore\ \beta^2+1-6-6+\alpha^2+1=(\alpha+\beta)^2-2\alpha\beta-10$
$=36-4-10=22$

15. 행렬 $A=\begin{pmatrix} a & b \\ b & -c \end{pmatrix}$에서 a, b, c가 양수이므로
$-ac-b^2<0$
따라서, 행렬 A의 역행렬이 항상 존재한다.
$A^4=3A^2$에서 양변에 $(A^{-1})^2$을 곱하면 $A^2=3E$

$\therefore\ A^2=\begin{pmatrix} a & b \\ b & -c \end{pmatrix}\begin{pmatrix} a & b \\ b & -c \end{pmatrix}=\begin{pmatrix} a^2+b^2 & ab-bc \\ ab-bc & b^2+c^2 \end{pmatrix}$
$=\begin{pmatrix} 3 & 0 \\ 0 & 3 \end{pmatrix}$

$\therefore\ a^2+2b^2+c^2=(a^2+b^2)+(b^2+c^2)$
$=3+3=6$ 답 ⑤

16. $A^n=\begin{pmatrix} 1 & -2n \\ 0 & 1 \end{pmatrix}$, $(A^{-1})^n=(A^n)^{-1}=\begin{pmatrix} 1 & 2n \\ 0 & 1 \end{pmatrix}$
이므로 $B^n=\begin{pmatrix} 2 & 0 \\ 0 & 2 \end{pmatrix}$
따라서, 모든 성분의 합은 $4\times100=$**400**이다. ←답

p. 51

17. 행렬 A를 $A-A^{-1}=\begin{pmatrix} -1 & 2 \\ 2 & 1 \end{pmatrix}$의 양변의 왼쪽에 곱하면
$A^2-E=A\begin{pmatrix} -1 & 2 \\ 2 & 1 \end{pmatrix}=\begin{pmatrix} -a+2 & 2a+1 \\ -b+4 & 2b+2 \end{pmatrix}$
행렬 A를 $A-A^{-1}=\begin{pmatrix} -1 & 2 \\ 2 & 1 \end{pmatrix}$의 양변의 오른쪽에 곱하면
$A^2-E=\begin{pmatrix} -1 & 2 \\ 2 & 1 \end{pmatrix}A=\begin{pmatrix} -a+2b & 3 \\ 2a+b & 4 \end{pmatrix}$
$\begin{pmatrix} -a+2 & 2a+1 \\ -b+4 & 2b+2 \end{pmatrix}=\begin{pmatrix} -a+2b & 3 \\ 2a+b & 4 \end{pmatrix}$에서
$2a+1=3$, $2b+2=4$
$a=1$, $b=1$ $\quad\therefore\ a+b=2$ 답 ①

Note : $A-A^{-1}=\begin{pmatrix} a & 1 \\ b & 2 \end{pmatrix}-\dfrac{1}{2a-b}\begin{pmatrix} 2 & -1 \\ -b & a \end{pmatrix}$
$=\begin{pmatrix} -1 & 2 \\ 2 & 1 \end{pmatrix}$
양변의 행렬 (1, 2) 성분을 비교하면
$1+\dfrac{1}{2a-b}=2 \qquad \therefore\ 2a-b=1$
양변의 행렬 (1, 1) 성분을 비교하면
$a-\dfrac{2}{2a-b}=-1$, $a-2=-1$ ($\because\ 2a-b=1$)
$\therefore\ a=1$, $b=1 \qquad \therefore\ a+b=2$

18. ㈏의 양변의 왼쪽에 A^2을 곱하면
$A^3\begin{pmatrix} 1 \\ 1 \end{pmatrix}+A\begin{pmatrix} 2 \\ 0 \end{pmatrix}=A^2\begin{pmatrix} 0 \\ 0 \end{pmatrix}$ … ①
㈎에서 $A^3=-E$이므로 ①에 대입하면
$-E\begin{pmatrix} 1 \\ 1 \end{pmatrix}+A\begin{pmatrix} 2 \\ 0 \end{pmatrix}=\begin{pmatrix} 0 \\ 0 \end{pmatrix}$
$A\begin{pmatrix} 2 \\ 0 \end{pmatrix}=E\begin{pmatrix} 1 \\ 1 \end{pmatrix}=\begin{pmatrix} 1 \\ 1 \end{pmatrix}$
$\therefore\ a=1$, $b=1 \qquad \therefore\ a+b=2$ 답 ②

19. $A^2X=X \Leftrightarrow (A^2-E)X=O$
만일 행렬 A^2-E의 역행렬이 존재한다면 행렬 X는 하나만 존재할 수 있으므로 문제의 조건처럼 행렬 X가 2개 이상 존재하기 위해서는 행렬 A^2-E의 역행렬이 존재하지 않아야 한다.
$A^2-E=\begin{pmatrix} 6 & 2+2a \\ 3+3a & 5+a^2 \end{pmatrix}$이므로
$D=30+6a^2-6(a+1)^2=24-12a=0$
$\therefore\ a=2$
$A=\begin{pmatrix} 1 & 2 \\ 3 & 2 \end{pmatrix}$, $A^{-1}=\dfrac{1}{4}\begin{pmatrix} -2 & 2 \\ 3 & -1 \end{pmatrix}$
$A\begin{pmatrix} p \\ q \end{pmatrix}=\begin{pmatrix} 16 \\ 24 \end{pmatrix}$에서
$\begin{pmatrix} p \\ q \end{pmatrix}=A^{-1}\begin{pmatrix} 16 \\ 24 \end{pmatrix}=\dfrac{1}{4}\begin{pmatrix} -2 & 2 \\ 3 & -1 \end{pmatrix}\begin{pmatrix} 16 \\ 24 \end{pmatrix}=\begin{pmatrix} 4 \\ 6 \end{pmatrix}$
$\therefore\ p+q=4+6=10$ 답 **10**

20. $(A-B)^2=A^2-AB-BA+B^2$
$=(A^2+B^2)-(AB+BA)=-2E$
$\therefore\ (A-B)\left(-\dfrac{1}{2}\right)(A-B)=E$
$\therefore\ (A-B)^{-1}=-\dfrac{1}{2}(A-B)$ 답 ⑤

21. $APA^{-1}=A+A^{-1}$에서
양변의 왼쪽에 A^{-1}를 곱하면
$PA^{-1}=A^{-1}(A+A^{-1})=E+(A^{-1})^2$
양변의 오른쪽에 A를 곱하면
$P=\{E+(A^{-1})^2\}A=A+A^{-1}$
$\therefore\ \begin{pmatrix} 5 & 0 \\ 0 & 5 \end{pmatrix}=\begin{pmatrix} x & 0 \\ 0 & x \end{pmatrix}+\dfrac{1}{x^2}\begin{pmatrix} x & 0 \\ 0 & x \end{pmatrix}$
$x+\dfrac{1}{x}=5$에서 $x^2-5x+1=0$ … ㉠
x의 값들의 합은 ㉠에서 두 근의 합과 같으므로 5이다. 답 ①

22. ① $A^4=O$의 양변에 $-E$를 더하면
$A^4-E=-E$

$A^4-E=-E$, $(A^2+E)(A^2-E)=-E$

$(A^2+E)(E-A^2)=E$

$\therefore (A^2+E)^{-1}=E-A^2$

② A의 역행렬이 존재한다고 가정하고 $A^2=A$의 양변에 A^{-1}를 곱하면 $A^2A^{-1}=AA^{-1}$

따라서, $A=E$이므로 $A\neq E$라는 가정에 모순이다.

③ $AB=BA$에서 $AAB=ABA$

$AAB=BAA$ $\quad \therefore A^2B=BA^2$

④ A의 역행렬이 존재한다고 가정하고 준식의 양변의 왼쪽에 A^{-1}를 곱하면 $A^{-1}AB=A^{-1}O$

$B=O$이다. $B\neq O$라는 가정에 모순이므로 행렬 A의 역행렬이 존재하지 않는다.

⑤ $A+2AB=AB+E$에서

$A+2AB-AB=E$, $A+AB=E$

$A(E+B)=A(B+E)=E$이므로

A의 역행렬은 $B+E$이다. 답 ④

23. ① 좌변 : $(A+B)A^{-1}(A-B)=A-BA^{-1}B$

우변 : $(A-B)A^{-1}(A+B)=A-BA^{-1}B$

(좌변=우변)이므로 참이다.

② $AB^2=E$이므로 $A^{-1}=B^2$이다.

$B^{-1}A^{-1}=B^{-1}B^2=(B^{-1}B)B=B$이므로 참이다.

③ $A^2B=A+E$에서

$A^2B-A=A(AB-E)=E$ … ㉠

$A^{-1}=AB-E$에서

$(AB-E)A=E$, $ABA-A=E$ … ㉡

㉠, ㉡에서 $A^2B=ABA$이고, 양변의 왼쪽에 A^{-1}를 곱하면 $AB=BA$이므로 참이다.

④ $(AB)^{-1}(AB)=\{(AB)^{-1}A\}B=E$이므로 B의 역행렬이 존재한다.

$(AB)(AB)^{-1}=A\{B(AB)^{-1}\}=E$이므로 A의 역행렬이 존재한다.

A, B의 역행렬이 존재하므로 참이다.

⑤ $A^2-A-E=O \iff A^2-A=E$

$\iff A(A-E)=E$

이므로 $A^{-1}=A-E$이다.

$(A^2)^{-1}=(A^{-1})^2=(A-E)^2$

$=A^2-2A+E=(A+E)-2A+E$

$=-A+2E$

$\therefore (A^2)^{-1}=-A+2E$ 답 ⑤

p. 52

1. $\begin{pmatrix}2&1\\1&1\end{pmatrix}\begin{pmatrix}x\\y\end{pmatrix}=\begin{pmatrix}10\\9\end{pmatrix}$에서

$\begin{pmatrix}x\\y\end{pmatrix}=\begin{pmatrix}2&1\\1&1\end{pmatrix}^{-1}\begin{pmatrix}10\\9\end{pmatrix}=\frac{1}{2-1}\begin{pmatrix}1&-1\\-1&2\end{pmatrix}\begin{pmatrix}10\\9\end{pmatrix}=\begin{pmatrix}1\\8\end{pmatrix}$

$\therefore x=1$, $y=8$, 즉 $xy=8$ 답 ②

2. 준 등식의 양변의 좌, 우측에 A^{-1}를 곱하면 $B=A^{-1}$

$A+B=A+A^{-1}=\begin{pmatrix}1&1\\2&3\end{pmatrix}+\begin{pmatrix}3&-1\\-2&1\end{pmatrix}$

$=\begin{pmatrix}\mathbf{4}&\mathbf{0}\\\mathbf{0}&\mathbf{4}\end{pmatrix}$ ←답

3. $A=\begin{pmatrix}5&2\\7&3\end{pmatrix}B$의 양변의 오른쪽에 B^{-1}를 곱하면

$AB^{-1}=\begin{pmatrix}5&2\\7&3\end{pmatrix}$

또한, $BA^{-1}=(AB^{-1})^{-1}=\begin{pmatrix}5&2\\7&3\end{pmatrix}^{-1}=\begin{pmatrix}3&-2\\-7&5\end{pmatrix}$

$\therefore AB^{-1}+BA^{-1}=\begin{pmatrix}8&0\\0&8\end{pmatrix}$ 답 **16**

4. $A^{-1}+AB=\begin{pmatrix}1&0\\1&1\end{pmatrix}^{-1}+\begin{pmatrix}1&0\\1&1\end{pmatrix}\begin{pmatrix}1&1\\0&-1\end{pmatrix}$

$=\begin{pmatrix}1&0\\-1&1\end{pmatrix}+\begin{pmatrix}1&1\\1&0\end{pmatrix}=\begin{pmatrix}\mathbf{2}&\mathbf{1}\\\mathbf{0}&\mathbf{1}\end{pmatrix}$ ←답

5. A가 역행렬을 가지므로 $AX=B$에서

$X=A^{-1}B=\begin{pmatrix}5&-2\\-2&1\end{pmatrix}\begin{pmatrix}2&-3\\1&-2\end{pmatrix}=\begin{pmatrix}8&-11\\-3&4\end{pmatrix}$

따라서, 모든 성분의 합은 $8+(-11)+(-3)+4=-2$

답 **−2**

6. $A+B=\begin{pmatrix}1&1\\3&4\end{pmatrix}$이므로

$(A+B)^{-1}=\frac{1}{4-3}\begin{pmatrix}4&-1\\-3&1\end{pmatrix}=\begin{pmatrix}4&-1\\-3&1\end{pmatrix}$

따라서, 구하는 모든 성분의 합은

$4-1-3+1=\mathbf{1}$ ←답

7. $(A+E)^2=A^2+2A+E=A$이므로

$A(A+E)=-E$에서 $A(-A-E)=E$

$\therefore A^{-1}=-A-E$ $\quad \therefore A+A^{-1}=-E$

따라서, $(A+A^{-1})\begin{pmatrix}p\\q\end{pmatrix}=-E\begin{pmatrix}p\\q\end{pmatrix}=\begin{pmatrix}3\\-7\end{pmatrix}$이므로

$\begin{pmatrix}p\\q\end{pmatrix}=-\begin{pmatrix}3\\-7\end{pmatrix}=\begin{pmatrix}-3\\7\end{pmatrix}$

$\therefore p^2+q^2=9+49=58$ 답 **58**

8. 역행렬이 존재하지 않으므로 $ad-bc=0$에서

$ad=bc$

다음 그림과 같이 좌표축을 잡고 점 P의 좌표를 $(x,\ y)$라 하면

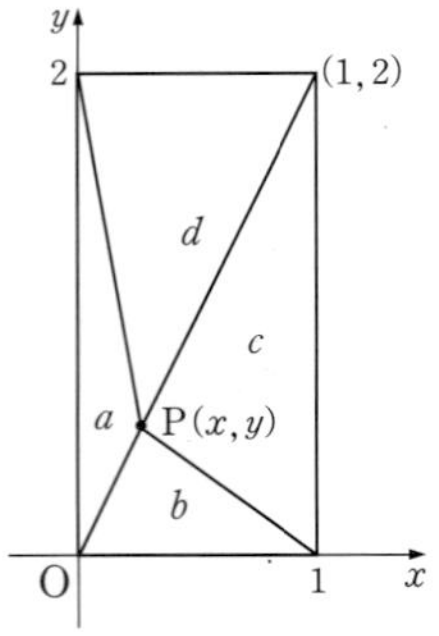

$a=\frac{1}{2}\cdot2\cdot x=x$

$b=\frac{1}{2}\cdot1\cdot y=\frac{y}{2}$

$c=\frac{1}{2}\cdot2\cdot(1-x)=1-x$

$d=\frac{1}{2}\cdot1\cdot(2-y)=\frac{2-y}{2}$

이것을 $ad=bc$에 대입하면

$x\cdot\frac{2-y}{2}=\frac{y}{2}\cdot(1-x)$

$\therefore\ y=2x\ (0<x<1,\ 0<y<2)$

점 P의 자취는 원점과 점 (1, 2)를 잇는 선분이므로 그 길이는 $\sqrt{1^2+2^2}=\sqrt{5}$ ← 답

9. 점 $Q(c,\ d)$는 원 $x^2+y^2=4$와 직선 $y=x$의 교점이므로 $c=d$이다.

행렬 $A=\begin{pmatrix} a & b \\ c & d \end{pmatrix}=\begin{pmatrix} a & b \\ c & c \end{pmatrix}$의 역행렬이 존재하려면

$ac-bc\neq0,\ ac\neq bc\qquad\therefore\ a\neq b$

따라서, 점 P 중에서 $a\neq b$인 점은 그림에서 모두 6개다. 답 6개

p. 53

10. $A=\begin{pmatrix} 2n & -7 \\ -1 & n \end{pmatrix}$에서 $A^{-1}=\frac{1}{2n^2-7}\begin{pmatrix} n & 7 \\ 1 & 2n \end{pmatrix}$

이때 A^{-1}의 (2, 1)의 성분이 $\frac{1}{2n^2-7}$이므로 A^{-1}의 모든 성분이 자연수가 되려면 $2n^2-7=1$

$2n^2=8,\ n^2=4$

따라서, $n=2\ (\because\ n$은 자연수) 답 ②

11. (나)의 $ABA=A^{-1}$에서 $A^{-1}ABA=A^{-1}A^{-1}$

$BA=(A^{-1})^2$

$BAA^{-1}=(A^{-1})^2A^{-1}$

$B=(A^{-1})^3$

$BAB=E$에 $B=(A^{-1})^3$을 대입하면

$(A^{-1})^3A(A^{-1})^3=E$에서 $(A^{-1})^5=E$

$(A^{-1})^5A^5=EA^5$

$E=A^5$

따라서, 자연수 n의 최솟값은 5이다. 답 5

12.

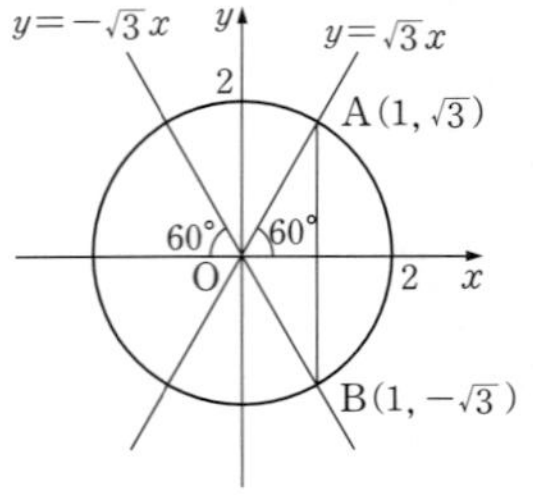

$\begin{pmatrix} x & y \\ 1 & a \end{pmatrix}$가 역행렬을 가지므로 $xa-y\neq0$

$-\sqrt{3}\le a\le\sqrt{3}$인 모든 a에 대하여 $y\neq ax$이므로 점 $P(x,\ y)$는 원 $x^2+y^2=4$ 위의 점이면서 원점을 지나고 기울기 a가 $\sqrt{3}$보다 크거나 $-\sqrt{3}$보다 작은 부분에 놓인 점이다.

(부채꼴의 호의 길이)$=2\times r\theta$

$=2\times2\times\frac{\pi}{3}=\frac{4}{3}\pi$ ← 답

13. ㄱ. $B^2=B$의 양변에 B^{-1}를 곱하면 $B^{-1}B^2=B^{-1}B$

$\therefore\ B=E$

ㄴ. $(E-A)^2=E-2A+A^2=E-2A+E=2(E-A)$

$(E-A)^3=(E-A)^2(E-A)=\{2(E-A)\}(E-A)$

$=2(E-A)^2=2^2(E-A)$

⋮

$\therefore\ (E-A)^5=2^4(E-A)$

ㄷ. $(E-ABA)^2=E-2ABA+ABAABA$

$=E-2ABA+ABBA\ (\because\ A^2=E)$

$=E-2ABA+ABA\ (\because\ B^2=B)$

$=E-ABA$ 답 ⑤

14. ㄱ. $(A+B)^2=(A+B)(A+B)$

$=A^2+AB+BA+B^2\neq A^2+2AB+B^2$

ㄴ. $A^2+A-2E=O\Rightarrow A(A+E)=2E$

$\therefore\ A\left(\frac{1}{2}A+\frac{1}{2}E\right)=E\qquad\therefore\ A^{-1}=\frac{1}{2}A+\frac{1}{2}E$

ㄷ (반례) $A=\begin{pmatrix} 1 & 0 \\ 0 & 0 \end{pmatrix}$이면 $A^2=\begin{pmatrix} 1 & 0 \\ 0 & 0 \end{pmatrix}$에서

$A^2=A$이지만 $A\neq E$ 답 ②

15. $A=\begin{pmatrix} 1 & 1 \\ 0 & 1 \end{pmatrix},\ B=\begin{pmatrix} 1 & 0 \\ 1 & 1 \end{pmatrix}$이므로

$A^n=\begin{pmatrix} 1 & n \\ 0 & 1 \end{pmatrix},\ B^n=\begin{pmatrix} 1 & 0 \\ n & 1 \end{pmatrix}$

$\begin{pmatrix} x \\ y \end{pmatrix}\in S\Rightarrow\begin{pmatrix} x \\ y \end{pmatrix}=A^n\begin{pmatrix} 1 \\ 1 \end{pmatrix}=\begin{pmatrix} 1 & n \\ 0 & 1 \end{pmatrix}\begin{pmatrix} 1 \\ 1 \end{pmatrix}=\begin{pmatrix} n+1 \\ 1 \end{pmatrix}$

$\begin{pmatrix} x \\ y \end{pmatrix}\in T\Rightarrow\begin{pmatrix} x \\ y \end{pmatrix}=B^n\begin{pmatrix} 1 \\ 1 \end{pmatrix}=\begin{pmatrix} 1 & 0 \\ n & 1 \end{pmatrix}\begin{pmatrix} 1 \\ 1 \end{pmatrix}=\begin{pmatrix} 1 \\ n+1 \end{pmatrix}$

ㄱ. $\begin{pmatrix} a \\ b \end{pmatrix}\in S\Rightarrow\begin{pmatrix} a \\ b \end{pmatrix}=\begin{pmatrix} n+1 \\ 1 \end{pmatrix}$에서

$\begin{pmatrix} b \\ a \end{pmatrix}=\begin{pmatrix} 1 \\ n+1 \end{pmatrix}$이므로 $\begin{pmatrix} b \\ a \end{pmatrix}\in\mathrm{T}$

ㄴ. $\begin{pmatrix} a \\ b \end{pmatrix}\in\mathrm{S} \Rightarrow \begin{pmatrix} a \\ b \end{pmatrix}=\begin{pmatrix} n+1 \\ 1 \end{pmatrix}$

$\begin{pmatrix} c \\ d \end{pmatrix}\in\mathrm{S} \Rightarrow \begin{pmatrix} c \\ d \end{pmatrix}=\begin{pmatrix} n+1 \\ 1 \end{pmatrix}$

$\begin{pmatrix} a+c \\ b+d \end{pmatrix}=\begin{pmatrix} n+1 \\ 1 \end{pmatrix}+\begin{pmatrix} n+1 \\ 1 \end{pmatrix}=\begin{pmatrix} 2n+2 \\ 2 \end{pmatrix}\notin\mathrm{S}$

ㄷ. $\begin{pmatrix} a \\ b \end{pmatrix}\in\mathrm{S} \Rightarrow \begin{pmatrix} a \\ b \end{pmatrix}=\begin{pmatrix} n+1 \\ 1 \end{pmatrix}$

$\begin{pmatrix} p \\ q \end{pmatrix}\in\mathrm{T} \Rightarrow \begin{pmatrix} p \\ q \end{pmatrix}=\begin{pmatrix} 1 \\ n+1 \end{pmatrix}$

$\begin{pmatrix} a & p \\ b & q \end{pmatrix}=\begin{pmatrix} n+1 & 1 \\ 1 & n+1 \end{pmatrix}$

$aq-bp=(n+1)^2-1^2=n^2+2n\neq 0$이므로 행렬

$\begin{pmatrix} a & p \\ b & q \end{pmatrix}$는 역행렬을 갖는다. ($\because$ n이 자연수)

답 ③

4. 행렬의 활용

p. 54

1. (1) $\begin{pmatrix} \mathbf{1} & \mathbf{-2} \\ \mathbf{4} & \mathbf{7} \end{pmatrix}\begin{pmatrix} \boldsymbol{x} \\ \boldsymbol{y} \end{pmatrix}=\begin{pmatrix} \mathbf{15} \\ \mathbf{9} \end{pmatrix}$

(2) $\begin{pmatrix} \mathbf{1} & \mathbf{2} & \mathbf{-3} \\ \mathbf{2} & \mathbf{-1} & \mathbf{5} \\ \mathbf{-1} & \mathbf{3} & \mathbf{-4} \end{pmatrix}\begin{pmatrix} \boldsymbol{x} \\ \boldsymbol{y} \\ \boldsymbol{z} \end{pmatrix}=\begin{pmatrix} \mathbf{4} \\ \mathbf{15} \\ \mathbf{6} \end{pmatrix}$

2. (1) 준 연립방정식을 행렬을 써서 나타내면

$\begin{pmatrix} 4 & -3 \\ 1 & 2 \end{pmatrix}\begin{pmatrix} x \\ y \end{pmatrix}=\begin{pmatrix} 6 \\ 7 \end{pmatrix}$

$4\cdot 2-(-3)\cdot 1=11\neq 0$이므로

$\begin{pmatrix} 4 & -3 \\ 1 & 2 \end{pmatrix}^{-1}=\frac{1}{11}\begin{pmatrix} 2 & 3 \\ -1 & 4 \end{pmatrix}$

$\therefore \begin{pmatrix} x \\ y \end{pmatrix}=\frac{1}{11}\begin{pmatrix} 2 & 3 \\ -1 & 4 \end{pmatrix}\begin{pmatrix} 6 \\ 7 \end{pmatrix}=\frac{1}{11}\begin{pmatrix} 33 \\ 22 \end{pmatrix}=\begin{pmatrix} 3 \\ 2 \end{pmatrix}$

따라서, $\boldsymbol{x=3,\ y=2}$ ←답

(2) 준 연립방정식을 행렬을 써서 나타내면

$\begin{pmatrix} \sin\theta & \cos\theta \\ \cos\theta & -\sin\theta \end{pmatrix}\begin{pmatrix} x \\ y \end{pmatrix}=\begin{pmatrix} 1 \\ 2 \end{pmatrix}$ $\cdots$ ㉠

$\mathrm{B}=\begin{pmatrix} \sin\theta & \cos\theta \\ \cos\theta & -\sin\theta \end{pmatrix}$라고 하면

$\mathrm{B}^{-1}=\begin{pmatrix} \sin\theta & \cos\theta \\ \cos\theta & -\sin\theta \end{pmatrix}$

㉠의 양변의 왼쪽에 B^{-1}를 곱하여 정리하면

$\begin{pmatrix} x \\ y \end{pmatrix}=\begin{pmatrix} \sin\theta & \cos\theta \\ \cos\theta & -\sin\theta \end{pmatrix}\begin{pmatrix} 1 \\ 2 \end{pmatrix}$

$=\begin{pmatrix} \sin\theta+2\cos\theta \\ \cos\theta-2\sin\theta \end{pmatrix}$

따라서,

$\boldsymbol{x=\sin\theta+2\cos\theta,\ y=\cos\theta-2\sin\theta}$ ←답

3. $\begin{pmatrix} 2 & -3 \\ 3 & -4 \end{pmatrix}\begin{pmatrix} x \\ y \end{pmatrix}=\begin{pmatrix} 5 \\ 7 \end{pmatrix}$에서

$\begin{pmatrix} x \\ y \end{pmatrix}=\begin{pmatrix} 2 & -3 \\ 3 & -4 \end{pmatrix}^{-1}\begin{pmatrix} 5 \\ 7 \end{pmatrix}$

이므로 $\mathrm{A}=\begin{pmatrix} \mathbf{-4} & \mathbf{3} \\ \mathbf{-3} & \mathbf{2} \end{pmatrix}$ ←답

4. $\begin{pmatrix} 3 & -4 \\ 2 & -3 \end{pmatrix}\begin{pmatrix} x \\ y \end{pmatrix}=\begin{pmatrix} m \\ n \end{pmatrix}$에서

$\begin{pmatrix} x \\ y \end{pmatrix}=\begin{pmatrix} 3 & -4 \\ 2 & -3 \end{pmatrix}^{-1}\begin{pmatrix} m \\ n \end{pmatrix}$

$\therefore\ \mathrm{A}=\begin{pmatrix} 3 & -4 \\ 2 & -3 \end{pmatrix}^{-1}=\begin{pmatrix} \mathbf{3} & \mathbf{-4} \\ \mathbf{2} & \mathbf{-3} \end{pmatrix}$ ←답

5. $\mathrm{A}^2=\begin{pmatrix} -1 & 3 \\ -1 & -1 \end{pmatrix}\begin{pmatrix} -1 & 3 \\ -1 & -1 \end{pmatrix}=\begin{pmatrix} -2 & -6 \\ 2 & -2 \end{pmatrix}$

$\mathrm{A}^3=\begin{pmatrix} -2 & -6 \\ 2 & -2 \end{pmatrix}\begin{pmatrix} -1 & 3 \\ -1 & -1 \end{pmatrix}=\begin{pmatrix} 8 & 0 \\ 0 & 8 \end{pmatrix}=8\mathrm{E}$

$\mathrm{A}^3\begin{pmatrix} x \\ y \end{pmatrix}=8\mathrm{E}\begin{pmatrix} x \\ y \end{pmatrix}=\begin{pmatrix} 16 \\ 16 \end{pmatrix}$, $\mathrm{E}\begin{pmatrix} x \\ y \end{pmatrix}=\begin{pmatrix} 2 \\ 2 \end{pmatrix}$

$\begin{pmatrix} 1 & 0 \\ 0 & 1 \end{pmatrix}\begin{pmatrix} x \\ y \end{pmatrix}=\begin{pmatrix} 2 \\ 2 \end{pmatrix}$ $\therefore\ x=y=2$ 답 4

6. $\begin{pmatrix} x \\ y \end{pmatrix}=\mathrm{A}^{-1}\begin{pmatrix} t \\ t^2 \end{pmatrix}$

$=\frac{1}{2}\begin{pmatrix} 4 & 1 \\ 2 & -3 \end{pmatrix}\begin{pmatrix} t \\ t^2 \end{pmatrix}=\begin{pmatrix} 2t+\frac{1}{2}t^2 \\ t-\frac{3}{2}t^2 \end{pmatrix}$

그러므로 $x-y=2t+\frac{1}{2}t^2-\left(t-\frac{3}{2}t^2\right)$

$=2t^2+t=2\left(t+\frac{1}{4}\right)^2-\frac{1}{8}$

따라서, $\boldsymbol{t=-\frac{1}{4}}$일 때 최소가 된다. ←답

7. 두 직선 l_1, l_2를 직선의 방정식으로 나타내면

$l_1: x-y=-2$, $l_2: x+y=1$이다.

연립방정식 $\begin{cases} x-y=-2 \\ x+y=1 \end{cases}$의 해가 점 $\mathrm{P}(a,\ b)$이므로

행렬을 이용하여 점 $\mathrm{P}(a,\ b)$를 구하면

$\begin{pmatrix}1 & -1\\1 & 1\end{pmatrix}\begin{pmatrix}a\\b\end{pmatrix}=\begin{pmatrix}-2\\1\end{pmatrix}$

$\begin{pmatrix}a\\b\end{pmatrix}=\frac{1}{2}\begin{pmatrix}1 & 1\\-1 & 1\end{pmatrix}\begin{pmatrix}-2\\1\end{pmatrix}$

따라서, $A=\frac{1}{2}\begin{pmatrix}1 & 1\\-1 & 1\end{pmatrix}$이므로 행렬 A의 모든 성분의 합은 **1** ← 답

8. $\begin{cases}2x+4y=60\\6x+3y=90\end{cases}$, $\begin{pmatrix}2 & 4\\6 & 3\end{pmatrix}\begin{pmatrix}x\\y\end{pmatrix}=\begin{pmatrix}60\\90\end{pmatrix}$

$\begin{pmatrix}x\\y\end{pmatrix}=\begin{pmatrix}2 & 4\\6 & 3\end{pmatrix}^{-1}\begin{pmatrix}60\\90\end{pmatrix}=-\frac{1}{18}\begin{pmatrix}3 & -4\\-6 & 2\end{pmatrix}\begin{pmatrix}60\\90\end{pmatrix}$

$\therefore\ A=-\frac{1}{18}\begin{pmatrix}3 & -4\\-6 & 2\end{pmatrix}$

또한, $p=150x+120y$이므로

$(p)=(150\ \ 120)\begin{pmatrix}x\\y\end{pmatrix}$

$\therefore\ B=(150\ \ 120)$

따라서, $BA=-\frac{1}{18}(150\ \ 120)\begin{pmatrix}3 & -4\\-6 & 2\end{pmatrix}$

$=(15\ \ 20)$

$a=15,\ b=20$이므로 $a+b=\mathbf{35}$ ← 답

p. 55

9. $D=(a-5)(a+2)-5(a^2-3a-10)=0$

$a^2-3a-10=0 \quad \therefore\ a=5,\ a=-2$ ⋯ ㉠

$(a-5)\cdot 0-5\cdot(a+2)\neq 0 \quad \therefore\ a\neq -2$ ⋯ ㉡

㉠, ㉡에서 $\mathbf{a=5}$ ← 답

10. 역행렬을 가지지 않아야 하므로

$D=(k-5)(k+3)-5(k^2-2k-15)=0$

$\therefore\ k=-3$ 또는 $k=5$

$k=-3$이면 $\begin{pmatrix}-8 & 0\\5 & 0\end{pmatrix}\begin{pmatrix}x\\y\end{pmatrix}=\begin{pmatrix}0\\0\end{pmatrix}$

$\therefore\ -8x=5x=0,\ 0\cdot y=0$

이 연립방정식은 무수히 많은 해를 가진다.

$k=5$이면 $\begin{pmatrix}0 & 0\\5 & 8\end{pmatrix}\begin{pmatrix}x\\y\end{pmatrix}=\begin{pmatrix}8\\0\end{pmatrix}$

$\therefore\ 0\cdot x+0\cdot y=8,\ 5x+8y=0$

이 연립방정식은 해를 가지지 않는다. 답 -3

11. ① $a^2-4=0 \iff a=\pm 2$

$a=-2$일 때, 주어진 연립방정식은

$\begin{cases}-2x+4y=2\\x-2y=1\end{cases}$ ⋯ ㉠

연립방정식 ㉠의 두 방정식은 평행한 두 직선을 나타낸다.

따라서, $a=-2$일 때 해는 없다.

② $a=2$일 때, 주어진 연립방정식은

$\begin{cases}2x+4y=2\\x+2y=1\end{cases}$ ⋯ ㉡

연립방정식 ㉡의 두 방정식이 나타내는 직선은 일치한다.

따라서, $a=2$일 때 해는 무수히 많다.

③ $a\neq 2$일 때에도 한 쌍의 해를 가지므로 「$a\neq -2$일 때만 한 쌍의 해를 가진다.」는 옳지 않다.

④ 「$a\neq 2$일 때 해가 무수히 많다.」는 옳지 않다.

$a=0$이면 $a\neq 2$이지만 주어진 연립방정식은 오직 한 쌍의 해 $x=1,\ y=\frac{1}{2}$만을 가지기 때문이다.

⑤ $a^2-4\neq 0 \iff a\neq\pm 2$이므로 $a\neq\pm 2$이면 주어진 연립방정식은 오직 한 쌍의 해를 가진다.

답 ①, ⑤

12. ㄱ. 두 직선 $ax+by=p,\ cx+dy=q$가 일치하므로

$\frac{a}{c}=\frac{b}{d}=\frac{p}{q}$

따라서, $\frac{p}{q}=\frac{b}{d}=\frac{a}{c}$이므로 ㉡의 해도 무수히 많다.

ㄴ. 두 직선 $ax+by=p,\ cx+dy=q$가 평행하므로

$\frac{a}{c}=\frac{b}{d}\neq\frac{p}{q}$에서 $pd-bq\neq 0$

따라서, 행렬 $\begin{pmatrix}p & b\\q & d\end{pmatrix}$가 역행렬을 가지므로 ㉡은 오직 한 쌍의 해를 갖는다.

ㄷ. $\frac{a}{c}\neq\frac{b}{d}$일 때, $pd-bq\neq 0$인 경우도 있으므로 ㉡의 해가 존재할 수도 있다.

따라서, 옳은 것은 ㄱ, ㄴ이다. 답 ②

13. $\begin{cases}(3-k)x+7y=0\\6x+(2-k)y=0\end{cases}$

$\therefore\ \begin{pmatrix}3-k & 7\\6 & 2-k\end{pmatrix}\begin{pmatrix}x\\y\end{pmatrix}=\begin{pmatrix}0\\0\end{pmatrix}$

해가 무수히 많으므로

$(3-k)(2-k)-6\cdot 7=0$

$k^2-5k-36=0 \quad \therefore\ \mathbf{k=9}$ **또는** $\mathbf{k=-4}$ ← 답

14. 주어진 연립방정식은 다음과 같이 변형할 수 있다.

$\begin{cases}kx+2y=0\\(1-k)x-y=0\end{cases}$

이 연립방정식을 행렬을 이용하여 나타내면

$\begin{pmatrix}k & 2\\1-k & -1\end{pmatrix}\begin{pmatrix}x\\y\end{pmatrix}=\begin{pmatrix}0\\0\end{pmatrix}$ ⋯ ㉠

(i) $D=-k-2(1-k)=k-2\neq0$이면

$A=\begin{pmatrix} k & 2 \\ 1-k & -1 \end{pmatrix}$

은 역행렬 A^{-1}를 가진다.

A^{-1}를 ㉠의 양변의 왼쪽에 곱하면

$A^{-1}A\begin{pmatrix} x \\ y \end{pmatrix}=A^{-1}\begin{pmatrix} 0 \\ 0 \end{pmatrix}$ 즉, $\begin{pmatrix} x \\ y \end{pmatrix}=\begin{pmatrix} 0 \\ 0 \end{pmatrix}$

따라서, $D\neq0$이면 주어진 연립방정식의 해는 $x=0,\ y=0$뿐이다.

(ii) $D=k-2=0$, 즉 $k=2$일 때는 주어진 연립방정식은

$\begin{cases} 2x+2y=0 \\ x+y=0 \end{cases}$

이 되고, 이 연립방정식은 무수히 많은 해를 가진다. 답 **2**

15. $AX=kX \iff AX=(kE)X$

$\iff (A-kE)X=O$

$\iff \begin{pmatrix} 1-k & 2 \\ -1 & 4-k \end{pmatrix}\begin{pmatrix} x \\ y \end{pmatrix}=\begin{pmatrix} 0 \\ 0 \end{pmatrix}$

두 개 이상의 해를 가지므로

$(1-k)(4-k)+2=0$

$k^2-5k+6=0$

따라서, $k=2$ 또는 $k=3$

(i) $k=2$일 때,

$\begin{pmatrix} -1 & 2 \\ -1 & 2 \end{pmatrix}\begin{pmatrix} x \\ y \end{pmatrix}=\begin{pmatrix} 0 \\ 0 \end{pmatrix} \iff \begin{cases} -x+2y=0 \\ -x+2y=0 \end{cases}$

따라서, $\boldsymbol{\frac{y}{x}=\frac{1}{2}(x\neq0)}$ ← 답

(ii) $k=3$일 때,

$\begin{pmatrix} -2 & 2 \\ -1 & 1 \end{pmatrix}\begin{pmatrix} x \\ y \end{pmatrix}=\begin{pmatrix} 0 \\ 0 \end{pmatrix} \iff \begin{cases} -2x+2y=0 \\ -x+y=0 \end{cases}$

따라서, $\boldsymbol{\frac{y}{x}=1(x\neq0)}$ ← 답

16. $\begin{pmatrix} a & -b \\ b & a \end{pmatrix}\begin{pmatrix} x \\ y \end{pmatrix}=\begin{pmatrix} 5 & 0 \\ 0 & 3 \end{pmatrix}\begin{pmatrix} x \\ y \end{pmatrix}$이므로

$\begin{pmatrix} a & -b \\ b & a \end{pmatrix}\begin{pmatrix} x \\ y \end{pmatrix}-\begin{pmatrix} 5 & 0 \\ 0 & 3 \end{pmatrix}\begin{pmatrix} x \\ y \end{pmatrix}=\begin{pmatrix} 0 \\ 0 \end{pmatrix}$

$\begin{pmatrix} a-5 & -b \\ b & a-3 \end{pmatrix}\begin{pmatrix} x \\ y \end{pmatrix}=\begin{pmatrix} 0 \\ 0 \end{pmatrix}$

$x=0,\ y=0$ 이외의 해를 가지려면

행렬 $\begin{pmatrix} a-5 & -b \\ b & a-3 \end{pmatrix}$의 역행렬이 존재하지 않아야 한다.

$(a-5)(a-3)+b^2=0,\ (a-4)^2+b^2=1$ … ㉠

㉠에서 점 $(a,\ b)$가 나타내는 도형은 반지름의 길이가 1인 원이므로 둘레의 길이는 $\boldsymbol{2\pi}$이다. ← 답

17. $\begin{pmatrix} 5 & 3 \\ 2 & 4 \end{pmatrix}\begin{pmatrix} x \\ y \end{pmatrix}=\begin{pmatrix} k & 0 \\ 0 & k \end{pmatrix}\begin{pmatrix} x \\ y \end{pmatrix}$에서

$\begin{pmatrix} 5-k & 3 \\ 2 & 4-k \end{pmatrix}\begin{pmatrix} x \\ y \end{pmatrix}=\begin{pmatrix} 0 \\ 0 \end{pmatrix}$

$x>0,\ y>0$인 해가 존재해야 하므로

($x=0,\ y=0$ 이외의 해가 존재해야 한다.)

행렬 $\begin{pmatrix} 5-k & 3 \\ 2 & 4-k \end{pmatrix}$의 역행렬이 존재하지 않아야 한다.

$(5-k)(4-k)-6=0,\ k^2-9k+14=0$

$(k-2)(k-7)=0 \quad \therefore\ k=2$ 또는 $k=7$

(i) $k=2$이면 $3x+3y=0$에서 $x=-y$

(ii) $k=7$이면 $-2x+3y=0$에서 $x=\frac{3}{2}y$

따라서, $x>0,\ y>0$인 해를 가지려면 **7** ← 답

p. 56

1.

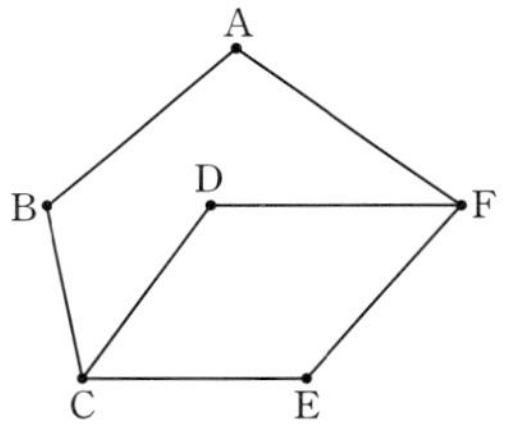

2.

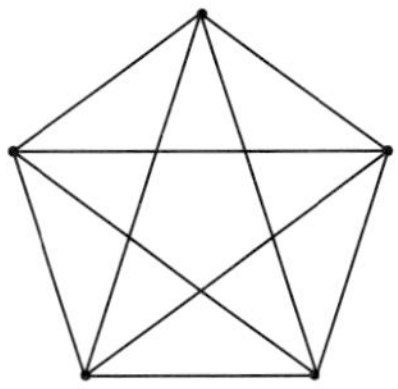

3.

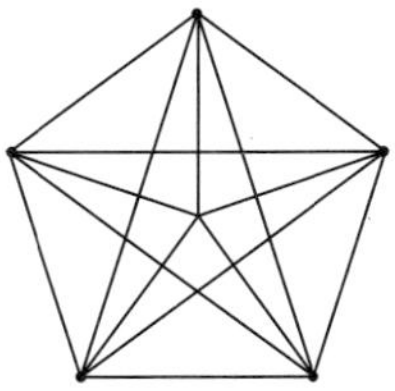

Note : 1~3의 그래프는 여러 가지가 나올 수 있다.

4. 꼭짓점의 집합 : {A, B, C, D, E}

변의 집합 : {AB, AD, BC, BD, BE, CE, DE}

5. 꼭짓점의 개수 : 11, 변의 개수 : 18 답 **29**

6. 변의 개수가 11이므로 $11\times2=\mathbf{22}$ ← 답

Note : $2+3+3+3+2+3+3+3=22$

7. $(4+3+3+2+2)\div 2=\mathbf{7}$ ← 답

8. 이 그래프는 꼭짓점이 6개인 그래프이고, 두 꼭짓점 사이에 최대 1개의 변을 그릴 수 있으므로 변의 개수 $n(Q)$의 최댓값은 ${}_6C_2=\mathbf{15}$이다. ← 답

9. **AB, ACB, ACDAB, ADCB, ADCAB**

10. **AFE, ABFE, ABDE, ABCDE, AFBDE, AFBCDE**

p. 57

11. ABDECA, ACBDEA, ACEDBA, AEDBCA 이므로 **4**이다. ← 답

12. 모든 변을 한 번씩만 지나는 경로가 존재하려면 각 꼭짓점에 연결된 변의 개수(차수)가 홀수인 점의 개수가 0 또는 2이어야 한다.
차수가 홀수인 꼭짓점의 개수는
① 2 ② 4 ③ 0 ④ 2 ⑤ 4 ⑥ 0

답 **①, ③, ④, ⑥**

13. 방을 꼭짓점, 문을 변으로 하여 그래프를 그리면

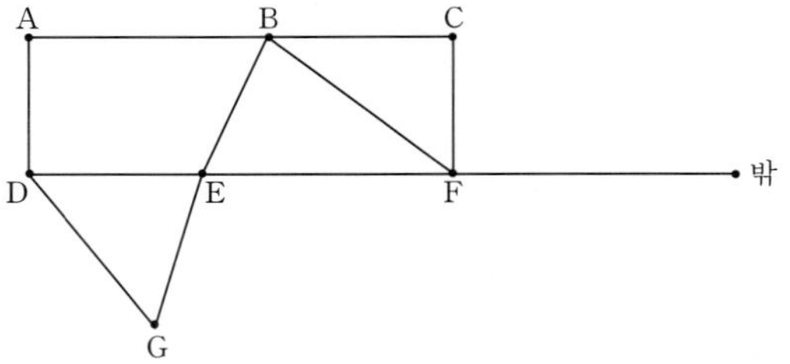

이때 각 꼭짓점에 연결된 변의 개수(차수)가 홀수개인 점은 D방과 밖이다.
따라서, 모든 문을 한 번씩만 통과하고 집 밖으로 나오려면 D방에서 청소를 시작해야 한다. 답 **D방**

14. ①, ⑥ 꼭짓점이 5개, 변이 6개, 차수가 홀수인 점이 2개이다.
③, ④ 꼭짓점이 6개, 변이 9개, 차수가 홀수인 점이 6개이다. 답 **①과 ⑥, ③과 ④**

15. ①, ②, ③, ⑤는 꼭짓점이 5개, 변이 7개, 차수가 홀수인 점이 4개이다. 답 **④**

16. (1)
$$\begin{array}{c|cccc} & A & B & C & D \\ \hline A & 0 & 1 & 1 & 1 \\ B & 1 & 0 & 1 & 0 \\ C & 1 & 1 & 0 & 1 \\ D & 1 & 0 & 1 & 0 \end{array}$$

(2)
$$\begin{array}{c|ccccc} & A & B & C & D & E \\ \hline A & 0 & 1 & 1 & 0 & 1 \\ B & 1 & 0 & 1 & 0 & 0 \\ C & 1 & 1 & 0 & 1 & 0 \\ D & 0 & 0 & 1 & 0 & 1 \\ E & 1 & 0 & 0 & 1 & 0 \end{array}$$

(3)
$$\begin{array}{c|ccccc} & A & B & C & D & E \\ \hline A & 0 & 0 & 1 & 1 & 0 \\ B & 0 & 0 & 0 & 1 & 1 \\ C & 1 & 0 & 0 & 0 & 1 \\ D & 1 & 1 & 0 & 0 & 0 \\ E & 0 & 1 & 1 & 0 & 0 \end{array}$$

17.

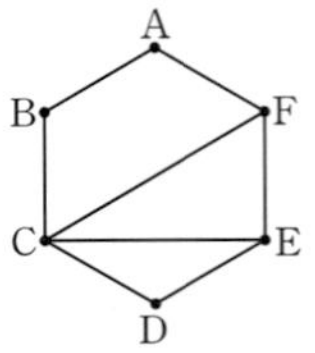

➡ $\begin{pmatrix} 0 & 1 & 0 & 0 & 0 & 1 \\ 1 & 0 & 1 & 0 & 0 & 0 \\ 0 & 1 & 0 & 1 & 1 & 1 \\ 0 & 0 & 1 & 0 & 1 & 0 \\ 0 & 0 & 1 & 1 & 0 & 1 \\ 1 & 0 & 1 & 0 & 1 & 0 \end{pmatrix}$ ← 답

18. 그래프를 나타내는 행렬의 모든 성분의 합은 그래프의 변의 개수의 2배이므로 $2\times 11=\mathbf{22}$ ← 답

p. 58

19. (1)
$$\begin{array}{c|cccc} & A & B & C & D \\ \hline A & 0 & 1 & 1 & 1 \\ B & 1 & 0 & 1 & 0 \\ C & 1 & 1 & 0 & 1 \\ D & 1 & 0 & 1 & 0 \end{array}$$

➡ 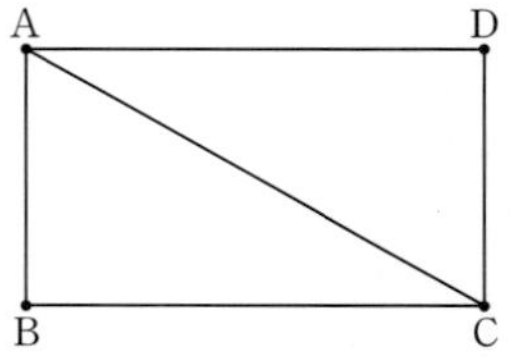

← 답

(2)
$$\begin{array}{c|ccccc} & A & B & C & D & E \\ \hline A & 0 & 0 & 0 & 1 & 1 \\ B & 0 & 0 & 0 & 1 & 1 \\ C & 0 & 0 & 0 & 1 & 1 \\ D & 1 & 1 & 1 & 0 & 1 \\ E & 1 & 1 & 1 & 1 & 0 \end{array}$$

➡ 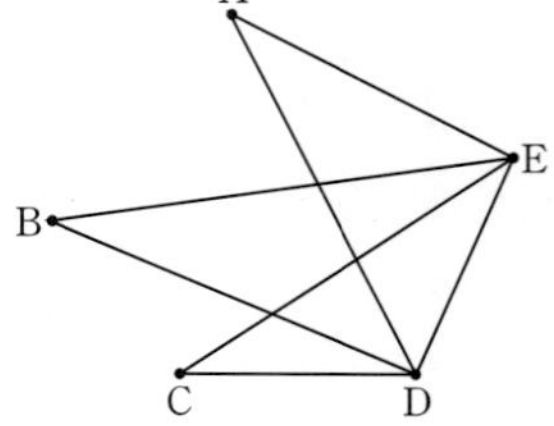

← 답

20. 그래프를 나타내는 행렬의 $(i,\ j)$ 성분과 $(j,\ i)$ 성분은 같으므로 행렬의 왼쪽 위에서 오른쪽 아래를 잇는 대각선을 기준으로 대칭이다.

$(a_{11}=a_{22}=a_{33}=\cdots=0)$

$\therefore\ a=1,\ b=1,\ c=1,\ d=0$ 답 3

21. (1) **5** (2) $\boldsymbol{a=1,\ b=0}$ (3) **7**

Note : 그래프의 변의 개수는 그래프를 나타내는 행렬의 성분의 합의 $\frac{1}{2}$이다.

22.

$$\therefore\ \mathrm{M}^2=\begin{pmatrix}3&2&2&2\\2&3&2&2\\2&2&3&2\\2&2&2&3\end{pmatrix}$$

(columns A B C D, rows A B C D)

이때 행렬 M^2의 (1, 2) 성분은 2이므로 꼭짓점 A에서 꼭짓점 B로 가는 경로 중 변을 두 번 지나는 경로는 모두 2(가지)이다. 답 ① **(1, 2)** ② **2**

Note : 한 꼭짓점에서 다른 꼭짓점으로 이동할 때 경로의 수

(i) 변을 1번 지나면 ➡ M의 $(i,\ j)$ 성분

(ii) 변을 2번 지나면 ➡ M^2의 $(i,\ j)$ 성분

(iii) 변을 3번 지나면 ➡ M^3의 $(i,\ j)$ 성분

(iv) 변을 n번 지나면 ➡ M^n의 $(i,\ j)$ 성분

23. A에서 한 꼭짓점을 지나 C로 가는 경로의 수는 행렬 M^2의 (1, 3) 성분이므로

$$(0\ \ 1\ \ 1\ \ 1)\begin{pmatrix}1\\1\\0\\1\end{pmatrix}=0\times1+1\times1+1\times0+1\times1$$

$=\mathbf{2}$ ←답

24. 행렬 M이 나타내는 그래프는 오른쪽 그림과 같다.

$$\mathrm{M}^3=\begin{pmatrix}0&4&4&0\\4&0&0&4\\4&0&0&4\\0&4&4&0\end{pmatrix}$$

(columns A B C D, rows A B C D)

이때 행렬 M^3의 (1, 3) 성분은 4이므로 꼭짓점 A에서 꼭짓점 C로 이동하는 경로 중 변을 세 번 지나는 경로는 4이다. 답 ① **(1, 3)** ② **4**

25. (1)

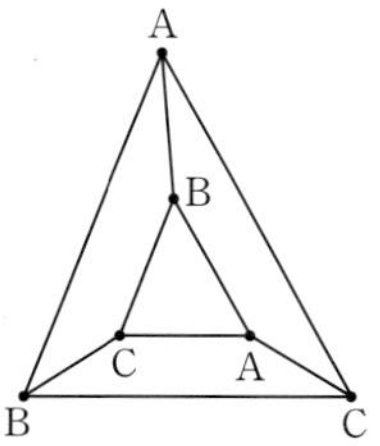

(2)

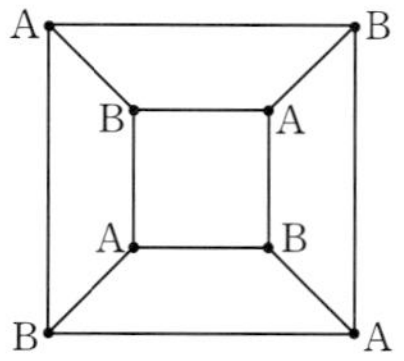

답 (1) **3** (2) **2**

26. 각 동을 꼭짓점, 동의 경계를 변으로하여 그래프를 그리면 오른쪽과 같다. 변으로 연결된 꼭짓점에 서로 다른 색을 칠할 때 필요한 색의 개수는 3이다.

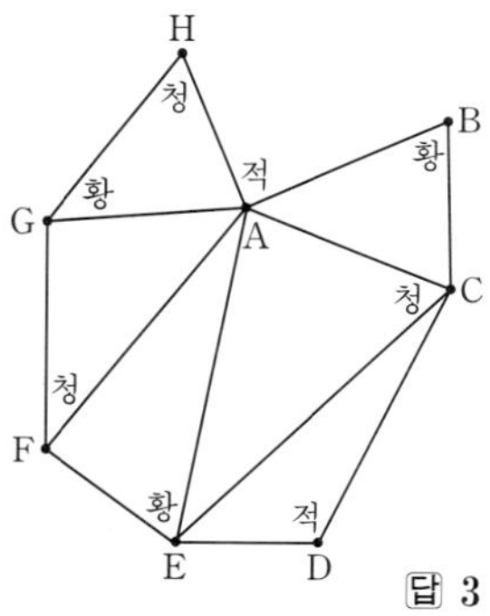

답 **3**

p. 59

1. 연립방정식 $\begin{cases}ax+by=2m\\cx+dy=2n\end{cases}$을 풀면

$$\begin{pmatrix}a&b\\c&d\end{pmatrix}\begin{pmatrix}x\\y\end{pmatrix}=2\begin{pmatrix}m\\n\end{pmatrix}$$

$$\begin{pmatrix}x\\y\end{pmatrix}=2\mathrm{A}^{-1}\begin{pmatrix}m\\n\end{pmatrix}=2\begin{pmatrix}1\\0\end{pmatrix}=\begin{pmatrix}2\\0\end{pmatrix}$$

$\therefore\ x=2,\ y=0$ 답 **(2, 0)**

2. $\begin{cases}ax+by=t\\cx+dy=t^2\end{cases}\iff\begin{pmatrix}a&b\\c&d\end{pmatrix}\begin{pmatrix}x\\y\end{pmatrix}=\begin{pmatrix}t\\t^2\end{pmatrix}$

$\iff \mathrm{A}\begin{pmatrix}x\\y\end{pmatrix}=\begin{pmatrix}t\\t^2\end{pmatrix}$ … ㉠

㉠의 양변의 왼쪽에 A^{-1}를 곱하면

$$\mathrm{A}^{-1}\mathrm{A}\begin{pmatrix}x\\y\end{pmatrix}=\mathrm{A}^{-1}\begin{pmatrix}t\\t^2\end{pmatrix}\iff\begin{pmatrix}x\\y\end{pmatrix}=\begin{pmatrix}4&\frac{1}{3}\\2&\frac{2}{3}\end{pmatrix}\begin{pmatrix}t\\t^2\end{pmatrix}$$

$$\iff\begin{pmatrix}x\\y\end{pmatrix}=\begin{pmatrix}4t+\frac{t^2}{3}\\2t+\frac{2t^2}{3}\end{pmatrix}$$

$\therefore\ x+y=t^2+6t=(t+3)^2-9$

따라서, 최솟값은 $\mathbf{-9}$이다. ←답

3. $\begin{pmatrix}x\\y\end{pmatrix}=\begin{pmatrix}1&1\\0.2&-0.1\end{pmatrix}^{-1}\begin{pmatrix}70\\2\end{pmatrix}$

$$=-\frac{1}{0.3}\begin{pmatrix}-0.1&-1\\-0.2&1\end{pmatrix}\begin{pmatrix}70\\2\end{pmatrix}=\begin{pmatrix}30\\40\end{pmatrix}$$

$\therefore\ x=30,\ y=40$

따라서, 2010년의 A매장의 매출액은

$x\times(1+0.2)=30\times1.2=$**36(억 원)** ←답

4. 준 연립일차방정식의 해가 무수히 많으려면 행렬 $\begin{pmatrix}1&a+1\\a+1&a^2+3\end{pmatrix}$의 역행렬이 존재하지 않아야 한다.

$a^2+3-(a+1)^2=0$에서

$2a=2 \quad \therefore a=1$

$a=1$을 주어진 연립일차방정식에 대입하면

$\begin{pmatrix}1&2\\2&4\end{pmatrix}\begin{pmatrix}x\\y\end{pmatrix}=\begin{pmatrix}3\\b\end{pmatrix}$

이므로 연립일차방정식이 해를 무수히 많이 가지려면

$\frac{1}{2}=\frac{2}{4}=\frac{3}{b}$에서 $b=6$

$\therefore$ **$a=1$, $b=6$** ← 답

5. $AX=kX \Leftrightarrow \begin{pmatrix}3-k&1\\4&1-k\end{pmatrix}\begin{pmatrix}x\\y\end{pmatrix}=\begin{pmatrix}0\\0\end{pmatrix}$

이 연립방정식이 $x=0$, $y=0$ 이외의 해를 가지려면 역행렬이 존재하지 않아야 한다.

$(3-k)(1-k)-4=0 \Leftrightarrow k^2-4k-1=0$

두 근이 a와 b이므로 $a+b=4$, $ab=-1$

$\therefore a^3+b^3=(a+b)^3-3ab(a+b)=$ **76** ← 답

6. $\begin{pmatrix}a-1&-b\\b&a+3\end{pmatrix}\begin{pmatrix}x\\y\end{pmatrix}=\begin{pmatrix}1&-2\\2&1\end{pmatrix}\begin{pmatrix}x\\y\end{pmatrix}$이므로

$\begin{pmatrix}a-2&-b+2\\b-2&a+2\end{pmatrix}\begin{pmatrix}x\\y\end{pmatrix}=\begin{pmatrix}0\\0\end{pmatrix}$ … ㉠

㉠이 $x=0$, $y=0$ 이외의 해를 가지므로 역행렬이 존재하지 않는다.

$(a-2)(a+2)-(-b+2)(b-2)=0$

$a^2+(b-2)^2=4$

따라서, 점 (a, b)의 자취의 개형은 오른쪽 그림과 같다.

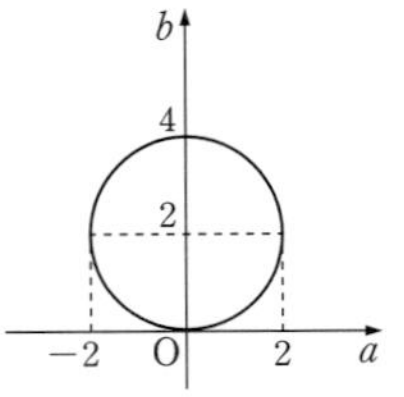

← 답

7. $\begin{pmatrix}a-1&-2\\8&b\end{pmatrix}\begin{pmatrix}x\\y\end{pmatrix}=\begin{pmatrix}-1&0\\0&2b\end{pmatrix}\begin{pmatrix}x\\y\end{pmatrix}$에서

$\begin{pmatrix}a&-2\\8&-b\end{pmatrix}\begin{pmatrix}x\\y\end{pmatrix}=\begin{pmatrix}0\\0\end{pmatrix}$

$x=0$, $y=0$ 이외의 해를 가지므로 $ab=16$이다.

한편 $a>0$, $b>0$이므로 (산술평균)≥(기하평균)을 이용하면

$a+b\geq 2\sqrt{ab}=2\sqrt{16}=8$ ($a=b=4$일 때, 등호 성립)

따라서, $a+b$의 최솟값은 8이다. ← 답

8. $\begin{pmatrix}k-1&k+1\\2&k+1\end{pmatrix}\begin{pmatrix}x\\y\end{pmatrix}=\begin{pmatrix}0\\0\end{pmatrix}$ … ㉠

연립방정식 ㉠이 $xy<0$인 해를 가지려면 $x=0$, $y=0$ 이외의 해를 가져야 한다.

따라서, 행렬 $\begin{pmatrix}k-1&k+1\\2&k+1\end{pmatrix}$의 역행렬이 존재하지 않는다.

$(k-1)(k+1)-2(k+1)=0$에서

$k^2-2k-3=0$, $(k+1)(k-3)=0$

$\therefore k=-1$ 또는 $k=3$

$k=-1$일 때, $x=0$이므로 주어진 조건을 만족하지 않는다.

$k=3$일 때, $x+2y=0$이므로 주어진 조건을 만족한다.

따라서, 구하는 실수 k의 값은 **3**이다. ← 답

p. 60

9. 임의의 두 꼭짓점을 연결하면 변이 1개 생기므로

$f(n)={}_nC_2$

$\therefore f(5)={}_5C_2=\frac{5\times 4}{2}=$ **10** ← 답

10. 전시실을 꼭짓점, 문을 변으로 하여 그래프를 그리면 다음 그림과 같다.

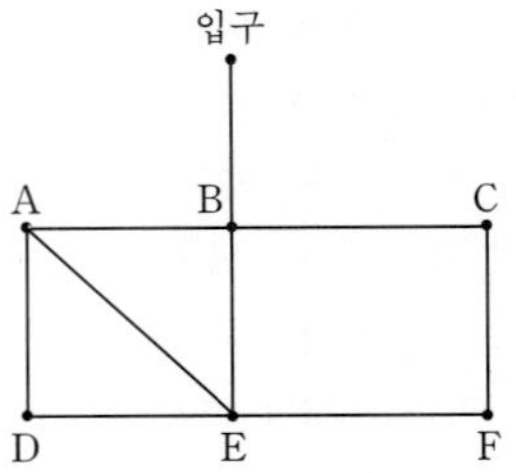

각 꼭짓점에 연결된 변의 개수가 홀수인 점은 입구와 A이다. 그러므로 입구에서 시작하는 경로의 마지막에 도달하는 전시실은 **A**이다. ← 답

11. 행렬의 (i, i) 성분은 모두 0이고, (i, j) 성분과 (j, i) 성분은 (i, i) 성분이 이루는 대각선에 대하여 대칭이다. 답 **①, ③, ④**

12. 준 그래프의 변의 개수는 10개이다. 그래프를 나타내는 행렬의 성분의 합은 그 그래프의 변의 개수의 2배이므로

$10\times 2=$ **20** ← 답

13. 두 꼭짓점 A, D 사이를 연결한 변이 2개이므로 경로의 수는 행렬 M^2의 (1, 4) 성분이다. 이때 (1, 4) 성분은

$$(0\ \ 1\ \ 1\ \ 1\ \ 1)\begin{pmatrix}1\\0\\1\\0\\1\end{pmatrix}=0+0+1+0+1=\mathbf{2}$$ ← 답

14. 행렬 M^2의 행과 열의 순서를 A, B, C라 하면

행렬 M^2의 (3, 3) 성분이 2이므로 꼭짓점 C에서 변 2개를 지나 C로 돌아오는 경로의 수가 2이다.

또한 (1, 1), (2, 2)의 성분이 1이므로 A, B에서 변 2개를 지나 A, B로 돌아오는 경로의 수는 각각 1이다.
따라서, 그래프는 오른쪽과 같다. 이 그래프를 나타내는 행렬은

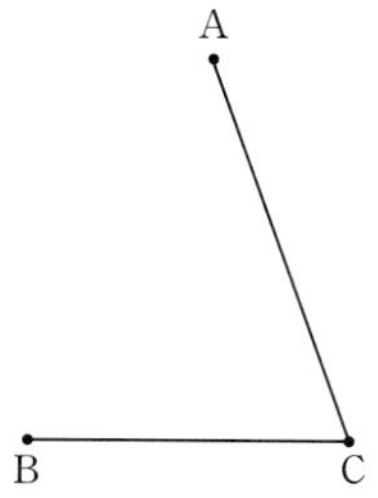

$$\mathrm{M}=\begin{pmatrix} 0 & 0 & 1 \\ 0 & 0 & 1 \\ 1 & 1 & 0 \end{pmatrix}\begin{matrix} \mathrm{A} \\ \mathrm{B} \\ \mathrm{C} \end{matrix}\ (\text{열: A B C}),\quad \mathrm{M}^2=\begin{pmatrix} 1 & 1 & 0 \\ 1 & 1 & 0 \\ 0 & 0 & 2 \end{pmatrix}$$

$\therefore\ a=1,\ b=0,\ c=0$ 답 1

Note: 행렬 M^2에서 $(i,\ j)$ 성분과 $(j,\ i)$ 성분은 $(i,\ i)$ 성분이 이루는 대각선에 대하여 대칭이므로
$a=1,\ b=c,\ b=0$ $\quad\therefore\ a=1,\ b=0,\ c=0$

15. A, B, C, D, E를 꼭짓점으로 하고 서로 모르는 사이를 변으로 연결하면 그래프는 다음과 같다.

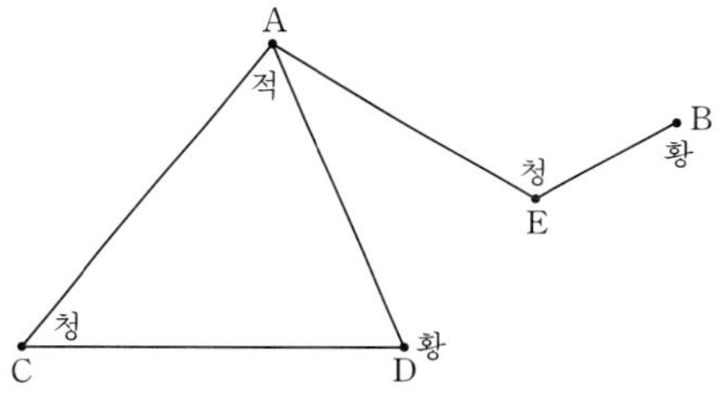

위의 그래프에서 변으로 연결된 꼭짓점을 구별하여 색을 칠하면 필요한 최소의 색의 수는 3이다.
이때 같은 색으로 칠해진 꼭짓점에 해당하는 사람끼리 모둠을 만들면 A, (C, E), (B, D)이므로 태훈이는 초대장을 친구들에게 주기 위해 최소 3개의 모임에 나가야 한다. 답 3개

Note: 그래프에서 B는 '적'이 될 수 있음.
이럴 때의 모둠은 (A, B), (C, E), D

p. 61

1. $\begin{pmatrix} a & b \\ c & d \end{pmatrix}\begin{pmatrix} x+1 \\ y-4 \end{pmatrix}=\begin{pmatrix} p \\ q \end{pmatrix}$에서

$$\begin{cases} a(x+1)+b(y-4)=p \\ c(x+1)+d(y-4)=q \end{cases}$$

이것은 두 직선 $ax+by=p$, $cx+dy=q$를 각각 x축의 방향으로 -1만큼, y축의 방향으로 4만큼 평행이동한 것이다.
따라서, 두 직선의 교점도 (4, 3)에서 (3, 7)로 평행이동된다.

$\therefore\ \alpha=3,\ \beta=7$ 답 21

2. $\begin{cases} x+y=10 \\ 10x+12y=114 \end{cases}$에서 $\begin{cases} x+y=10 \\ 5x+6y=57 \end{cases}$
이 식을 행렬로 나타내면

$$\begin{pmatrix} 1 & 1 \\ 5 & 6 \end{pmatrix}\begin{pmatrix} x \\ y \end{pmatrix}=\begin{pmatrix} 10 \\ 57 \end{pmatrix}$$

$$\begin{pmatrix} x \\ y \end{pmatrix}=\begin{pmatrix} 1 & 1 \\ 5 & 6 \end{pmatrix}^{-1}\begin{pmatrix} 10 \\ 57 \end{pmatrix}=\begin{pmatrix} 6 & -1 \\ -5 & 1 \end{pmatrix}\begin{pmatrix} 10 \\ 57 \end{pmatrix}$$

$\therefore\ a+b=-1+(-5)=-6$ 답 ④

3. 연립방정식 $\begin{pmatrix} a & 1 \\ -2b-3 & b+2 \end{pmatrix}\begin{pmatrix} x \\ y \end{pmatrix}=\begin{pmatrix} 2-a \\ 3 \end{pmatrix}$이 해를 갖지 않으면 행렬 $\begin{pmatrix} a & 1 \\ -2b-3 & b+2 \end{pmatrix}$의 역행렬이 존재하지 않으므로
$ab+2a+2b+3=0,\ (a+2)(b+2)=1$
$a,\ b$는 정수이므로
$a+2=1,\ b+2=1$ 또는 $a+2=-1,\ b+2=-1$에서
$a=-1,\ b=-1$ ⋯ ㉠, $a=-3,\ b=-3$ ⋯ ㉡
㉠의 경우 주어진 식은
$\begin{cases} -x+y=3 \\ -x+y=3 \end{cases}$이므로 부정(해가 무수히 많다.)
㉡의 경우 주어진 식은
$\begin{cases} -3x+y=5 \\ 3x-y=3 \end{cases}$이므로 불능(해가 없다.)
$\therefore\ a=-3,\ b=-3$
따라서, $a+b=-6$ 답 ②

4. 주어진 행렬을 이항하여 정리하면
$\begin{pmatrix} a-2 & 3a \\ 1 & 2a-2 \end{pmatrix}\begin{pmatrix} x \\ y \end{pmatrix}=\begin{pmatrix} 0 \\ 0 \end{pmatrix}$이다.
$x=0,\ y=0$ 이외의 해를 가지려면
$(a-2)(2a-2)-3a=0$이다.
$a=\frac{1}{2}$ 또는 $a=4$이므로 정수해는 $\boldsymbol{a=4}$ ← 답

5. 연립일차방정식을 행렬로 나타내면
$\begin{pmatrix} a(a+2) & -1 \\ (b+1)^2 & 1 \end{pmatrix}\begin{pmatrix} x \\ y \end{pmatrix}=\begin{pmatrix} 0 \\ 0 \end{pmatrix}$
$x=0,\ y=0$ 이외의 해를 가지려면
$\begin{pmatrix} a(a+2) & -1 \\ (b+1)^2 & 1 \end{pmatrix}$의 역행렬이 존재하지 않아야 한다.
$\therefore\ a(a+2)+(b+1)^2=0$
$(a+1)^2+(b+1)^2=1$이므로 점 $(a,\ b)$가 나타내는 도형은 중심이 $(-1,\ -1)$, 반지름의 길이가 1인 원이다.
따라서, 도형의 길이는 2π이다. 답 ②

6. $\begin{pmatrix} a & 8 \\ 2 & b \end{pmatrix}\begin{pmatrix} x \\ y \end{pmatrix}=\begin{pmatrix} 0 \\ 0 \end{pmatrix}$에서 $\begin{pmatrix} a & 8 \\ 2 & b \end{pmatrix}$의 역행렬이 존재하지 않아야 되므로 $ab-16=0$ $\quad\therefore\ ab=16$

한편, $a>0$, $b>0$이므로 산술·기하 평균을 이용하면 $a+b\geq 2\sqrt{ab}=8$($a=b=4$일 때, 등호 성립)이므로 최솟값은 8이다. ←답

7. 준 연립방정식이 $xy>0$인 해를 가지므로 이 연립방정식은 $x=0$, $y=0$ 이외의 해를 갖는다.

따라서, 행렬 $\begin{pmatrix} 3 & a \\ 1-a & -2 \end{pmatrix}$의 역행렬이 존재하지 않는다. 즉, $-6-a(1-a)=0$에서 $a^2-a-6=0$

$(a+2)(a-3)=0$ $\quad\therefore\ a=-2$ 또는 $a=3$

(i) $a=-2$일 때, 연립일차방정식이 $\begin{cases} 3x-2y=0 \\ 3x-2y=0 \end{cases}$이므로 그 해 x, y에 대하여 $xy\geq 0$이다.
따라서, $xy>0$인 해가 존재한다.

(ii) $a=3$일 때, 연립일차방정식이 $\begin{cases} x+y=0 \\ x+y=0 \end{cases}$이므로 그 해 x, y에 대하여 $xy\leq 0$이다.
따라서, $xy>0$인 해가 존재하지 않는다.

(i), (ii)에서 $\boldsymbol{a=-2}$ ←답

p. 62

8. 그래프의 변의 개수가 6이므로 그래프를 나타내는 행렬의 성분의 합은 $6\times 2=\mathbf{12}$ ←답

9. ①, ⑤ 꼭짓점과 변이 모두 5개씩이고, 차수가 홀수인 꼭짓점이 없다.
②, ④ 꼭짓점이 5개, 변이 6개이고, 차수가 홀수인 꼭짓점이 2개이다.
③, ⑥ 꼭짓점이 5개, 변이 6개이고, 차수가 홀수인 꼭짓점이 없다.

답 **①과 ⑤, ②와 ④, ③과 ⑥**

10. 꼭짓점 A, C를 변으로 연결하면 차수가 홀수인 꼭짓점이 D, E가 되므로 꼭짓점 D에서 출발하여 모든 변을 한 번씩만 지나 꼭짓점 E로 가는 경로를 만들 수 있다.

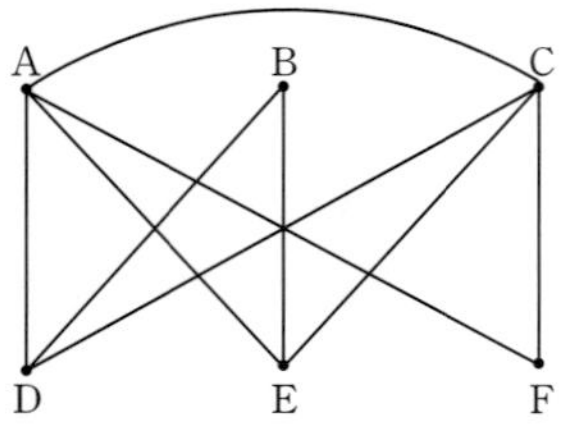

따라서, n의 최솟값은 1이다.

답 **$n=1$, 이때 경로는 DBEAFCDACE, DCADBECFAE, DAFCEBDCAE, DACFAECDBE 등**

11. 꼭짓점의 개수가 n인 그래프의 변의 수가 최대일 때에는 모든 꼭짓점을 잇는 변이 존재할 때이므로 변의 개수의 최댓값은

${}_n\mathrm{C}_2=\boldsymbol{\dfrac{n(n-1)}{2}}$ ←답

12. 행렬 A^2의 행과 열의 순서를 P, Q, R라고 하면 행렬 A^2의 (1, 1) 성분이 2이므로 꼭짓점 P에서 변 2개를 지나 P로 돌아오는 경로의 수가 2이다.
행렬 A^2의 (2, 2), (3, 3) 성분도 2이므로 꼭짓점 Q, R에 연결된 변도 2개씩이다.
따라서, 행렬 A가 나타내는 그래프는 오른쪽 그림과 같다.

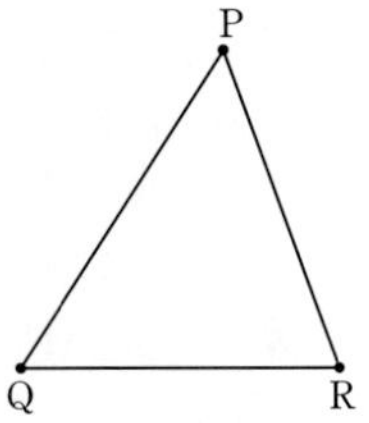

$\therefore\ \mathbf{A}=\begin{pmatrix} \mathbf{0} & \mathbf{1} & \mathbf{1} \\ \mathbf{1} & \mathbf{0} & \mathbf{1} \\ \mathbf{1} & \mathbf{1} & \mathbf{0} \end{pmatrix}$ ←답

13. 임의의 점에서 시작하여 모든 변을 한 번씩만 지나 처음 꼭짓점으로 돌아오는 경로가 존재하려면 각 꼭짓점에 연결된 변의 개수가 짝수이어야 하므로 그래프를 나타내는 행렬의 각 행의 숫자의 합은 짝수이어야 한다.
따라서, $a=1$, $b=0$이므로 $\boldsymbol{a+b=1}$ ←답

14. 과목을 꼭짓점, 한 학생이 수강하는 과목을 변으로 하여 그래프를 그리면 다음과 같다.

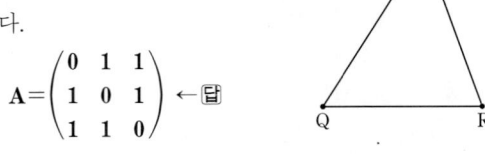

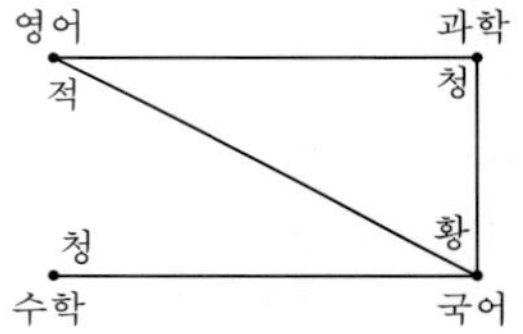

위의 그래프에서 변으로 연결된 꼭짓점을 구별하여 색을 칠하면 최소의 색의 수는 3이다. 이때 같은 색으로 칠해진 꼭짓점에 해당하는 과목끼리 모둠을 만들면 영어, (과학, 수학), 국어이므로 270분 후에 모든 수업을 마친다.

답 **5시 30분**

Note : 그래프에서 수학은 '적'이 될 수 있음.
이럴 때의 모둠은 (영어, 수학), 과학, 국어

p. 63

1. (i) $k=0$이면 $\begin{cases} 4x+3y=kx \\ x+2y=ky \end{cases} \iff x=y=0$

(ii) $k=1$이면 $\begin{cases} 4x+3y=x \\ x+2y=y \end{cases} \iff \begin{cases} 3x+3y=0 \\ x+y=0 \end{cases}$

$\therefore$ 해가 무수히 많다.

답 ②

2. $\begin{pmatrix} a & 3-b \\ 1 & a \end{pmatrix}\begin{pmatrix} x \\ y \end{pmatrix}=\begin{pmatrix} x \\ y \end{pmatrix}$에서 $\begin{pmatrix} a-1 & 3-b \\ 1 & a-1 \end{pmatrix}\begin{pmatrix} x \\ y \end{pmatrix}=\begin{pmatrix} 0 \\ 0 \end{pmatrix}$이 $x=0$, $y=0$ 이외의 해를 가지려면 행렬 $\begin{pmatrix} a-1 & 3-b \\ 1 & a-1 \end{pmatrix}$의 역행렬이 존재하지 않아야 하므로

$(a-1)^2-(3-b)=0$ $\quad\therefore\ b=-(a-1)^2+3$

따라서, 점 $\mathrm{P}(a,\ b)$의 자취는 오른쪽 그림과 같이 꼭짓점이 $(1,\ 3)$이고, 위로 볼록한 포물선이다.

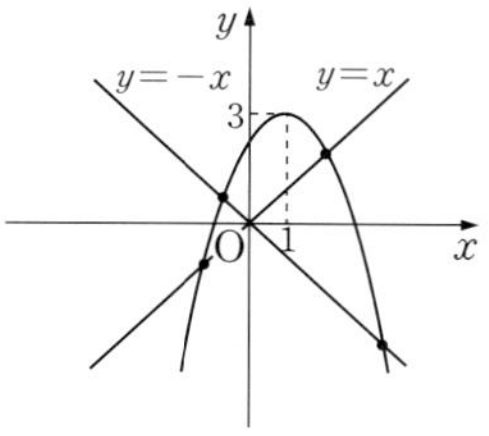

x축과 y축에 동시에 접하도록 하는 원의 중심은 두 직선 $y=x$와 $y=-x$가 곡선 $y=-(x-1)^2+3$과 만나는 점이다.

따라서, 구하는 원의 개수는 4이다. 답 ③

3. $\begin{pmatrix} 2a+b & -4 \\ -2 & 1 \end{pmatrix}\begin{pmatrix} x \\ y \end{pmatrix}=\begin{pmatrix} 0 \\ 0 \end{pmatrix}$이 $x=0$, $y=0$ 이외의 해를 가지므로 역행렬이 존재하지 않는다. $2a+b=8$

$a>0$, $b>0$에서 산술·기하 평균에 의하여

$2a+b\geq 2\sqrt{2ab}$, $8\geq 2\sqrt{2ab}$

$8ab\leq 64$이므로 $8ab$의 최댓값은 64이다.

(단, 등호는 $a=2$, $b=4$일 때 성립한다.) 답 **64**

4. $\begin{pmatrix} a & b \\ c & d \end{pmatrix}\begin{pmatrix} x \\ y \end{pmatrix}=\begin{pmatrix} x \\ y \end{pmatrix}$를 변형하면

$\begin{pmatrix} a-1 & b \\ c & d-1 \end{pmatrix}\begin{pmatrix} x \\ y \end{pmatrix}=\begin{pmatrix} 0 \\ 0 \end{pmatrix}$ ⋯ ㉠

㉠이 $x^2+y^2=1$을 만족하는 해를 갖는다는 말은 ㉠이 $x=0$, $y=0$ 이외의 해를 갖는다는 것을 의미한다.

따라서, 행렬 $\begin{pmatrix} a-1 & b \\ c & d-1 \end{pmatrix}$의 역행렬이 존재하지 않는다.

$(a-1)(d-1)-bc=0$

$ad-a-d+1-bc=0$

$ad-bc-(a+d)+1=0$

$ad-bc-3+1=0$

$\therefore\ \boldsymbol{ad-bc=2}$ ← 답

5. 준 연립방정식을 변형하면

$\begin{pmatrix} 4-k & 2 \\ 1 & 5-k \end{pmatrix}\begin{pmatrix} x \\ y \end{pmatrix}=\begin{pmatrix} 0 \\ 0 \end{pmatrix}$

행렬 $\begin{pmatrix} 4-k & 2 \\ 1 & 5-k \end{pmatrix}$에 대하여

(i) 역행렬이 존재하는 경우

$x=0$, $y=0$이므로 $\dfrac{\beta}{\alpha}$가 존재하지 않는다.

(ii) 역행렬이 존재하지 않는 경우

$(4-k)(5-k)-2=0$, $k^2-9k+18=0$

$\therefore\ k=3$ 또는 $k=6$

$k=3$이면 연립방정식은 $x+2y=0$이고, $\alpha+2\beta=0$에서 $\dfrac{\beta}{\alpha}$의 값은 양수가 아니다.

$k=6$이면 연립방정식은 $x-y=0$이고, $\alpha-\beta=0$

$\alpha\beta>0$이므로 $\alpha+\beta\neq 0$

$\therefore\ \boldsymbol{\dfrac{\alpha-\beta}{\alpha+\beta}=0}$ ← 답

6. $\mathrm{A}^2-3\mathrm{A}+\mathrm{E}=\mathrm{O}$를 변형하면 $\mathrm{E}=\mathrm{A}(3\mathrm{E}-\mathrm{A})$이므로 A는 역행렬이 존재한다.

ㄱ. $\mathrm{AB}=\mathrm{AC}$이면, $\mathrm{B}=\mathrm{C}$이다.

(∵ A의 역행렬이 존재하므로)

ㄴ. $(-\mathrm{A})(\mathrm{A}-3\mathrm{E})=\mathrm{E}$이므로 $\mathrm{A}-3\mathrm{E}$의 역행렬은 $-\mathrm{A}$이다.

ㄷ. A의 역행렬이 존재하므로 방정식 $\mathrm{A}\begin{pmatrix} x \\ y \end{pmatrix}=\begin{pmatrix} 0 \\ 0 \end{pmatrix}$의 해는 $x=0$, $y=0$만 가진다.

따라서, 옳은 것은 ㄱ, ㄴ이다. 답 ③

p. 64

7. F는 A, B, C, D, E와 (다섯 번) 악수하였다. B는 F와 (한 번) 악수했고, E는 A, C, D, F와 (네 번) 악수하였다. C는 E, F와 (두 번) 악수했고, D는 A, E, F와 (세 번) 악수하였다.

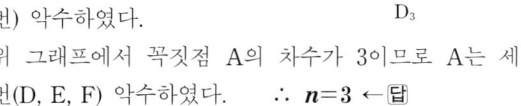

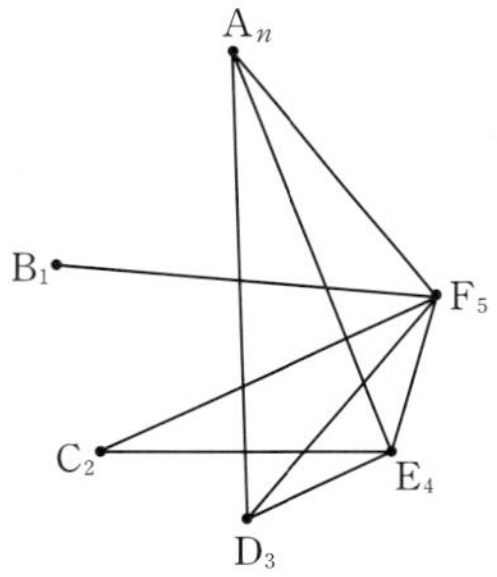

위 그래프에서 꼭짓점 A의 차수가 3이므로 A는 세 번(D, E, F) 악수하였다. $\therefore\ \boldsymbol{n=3}$ ← 답

8. ① EA

② EDA

③ ECDA

④ EBDA

⑤ ECDEA

⑥ EBDEA

⑦ EDCEA

⑧ EDBEA

⑨ ECDBEA

⑩ EBDCEA

⑪ ECDEBDA

⑫ ECDBEDA

⑬ EBDECDA

⑭ EBDCEDA

⑮ EDCEBDA

⑯ EDBECDA 답 16

9. 꼭짓점에 연결된 변의 개수의 총합이 $3+3+2+2+2=12$이므로 구하는 행렬의 모든 성분의 합은 **12**이다. ←답

10. ①, ②, ④ 각 꼭짓점의 차수가 3, 3, 2, 2이다.
③ 각 꼭짓점의 차수가 1, 3, 2, 2이다.

답 ①, ②, ④

11. 행렬 M^2의 행과 열의 순서를 P, Q, R, S라고 하면

(i) 행렬 M^2의 (1, 1) 성분이 3이므로 꼭짓점 P에서 두 변을 지나 P로 돌아오는 경로의 수는 3이다.

(ii) 행렬 M^2의 (2, 2) 성분이 3이므로 꼭짓점 Q에서 두 변을 지나 Q로 돌아오는 경로의 수는 3이다.

(iii) 행렬 M^2의 (3, 3) 성분이 2이므로 꼭짓점 R에서 두 변을 지나 R로 돌아오는 경로의 수는 2이다.

(iv) 행렬 M^2의 (4, 4) 성분이 2이므로 꼭짓점 S에서 두 변을 지나 S로 돌아오는 경로의 수는 2이다.

따라서, 그래프는 다음과 같다.

$$\therefore\ M=\begin{pmatrix}0&1&1&1\\1&0&1&1\\1&1&0&0\\1&1&0&0\end{pmatrix},$$

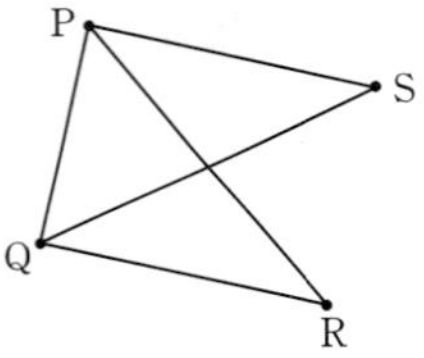

$$M^2=\begin{pmatrix}3&2&1&1\\2&3&1&1\\1&1&2&2\\1&1&2&2\end{pmatrix}$$

$\therefore\ a=2,\ b=1,\ c=1,\ d=2,\ e=1,\ f=2$ 답 9

12. 행렬 A를 그래프로 나타내면 오른쪽과 같다. 도시 P에서 출발하여 중간에 세 도시를 거쳐 도시 R로 가는 경로의 수는 도시 P에서 출발하여 도로(변) 4개를 지나 도시 R로 가는 경로의 수와 같다.

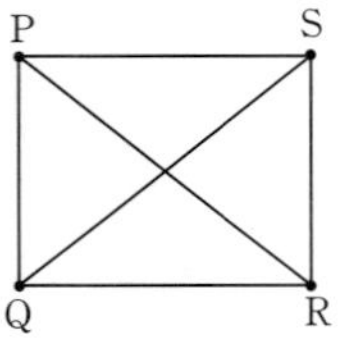

따라서, 행렬 A^4의 (1, 3) 성분을 구하면

$$A^2=\begin{matrix} & \begin{matrix}P&Q&R&S\end{matrix} & \\ & \begin{pmatrix}3&2&2&2\\2&3&2&2\\2&2&3&2\\2&2&2&3\end{pmatrix} & \begin{matrix}P\\Q\\R\\S\end{matrix}\end{matrix}$$

$$A^4=\begin{matrix} & \begin{matrix}P&Q&R&S\end{matrix} & \\ & \begin{pmatrix}21&20&20&20\\20&21&20&20\\20&20&21&20\\20&20&20&21\end{pmatrix} & \begin{matrix}P\\Q\\R\\S\end{matrix}\end{matrix}$$

답 20

13. 화학 약품을 꼭짓점으로 하고 서로 반응하기 쉬운 화학 약품 사이의 관계를 변으로 하여 그래프를 그리면 다음과 같다.

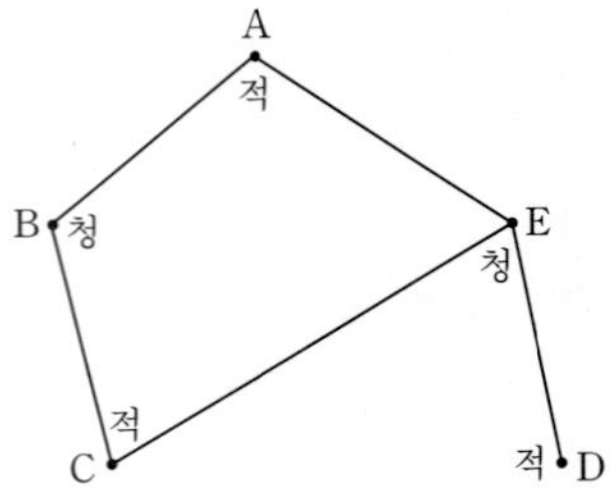

위의 그래프에서 변으로 연결된 꼭짓점을 구별하여 색칠할 때 필요한 최소의 색의 수는 2이다. 이때 같은 색으로 칠해진 꼭짓점에 해당하는 화학 약품은 한 차량에 실어 운반하면 된다.
따라서, 화학 약품을 안전하게 운반하기 위한 최소의 차량의 수는 **2**이다. ←답

p. 65

1. $A=\begin{pmatrix}1&0\\1&1\end{pmatrix}$

$A^2=\begin{pmatrix}1&0\\1&1\end{pmatrix}\begin{pmatrix}1&0\\1&1\end{pmatrix}=\begin{pmatrix}1&0\\2&1\end{pmatrix}$

$A^3=\begin{pmatrix}1&0\\2&1\end{pmatrix}\begin{pmatrix}1&0\\1&1\end{pmatrix}=\begin{pmatrix}1&0\\3&1\end{pmatrix}$

⋮

$A^n=\begin{pmatrix}1&0\\n&1\end{pmatrix}$

$A^n\begin{pmatrix}x\\y\end{pmatrix}=\begin{pmatrix}1&0\\n&1\end{pmatrix}\begin{pmatrix}x\\y\end{pmatrix}=\begin{pmatrix}3\\8\end{pmatrix}$

$\begin{pmatrix}x\\y\end{pmatrix}=\begin{pmatrix}1&0\\n&1\end{pmatrix}^{-1}\begin{pmatrix}3\\8\end{pmatrix}=\begin{pmatrix}1&0\\-n&1\end{pmatrix}\begin{pmatrix}3\\8\end{pmatrix}=\begin{pmatrix}3\\-3n+8\end{pmatrix}$

$\alpha+\beta=-3n+11=2 \qquad \therefore\ n=3$ 답 ③

2. $A\begin{pmatrix}1\\2\end{pmatrix}=\begin{pmatrix}4\\3\end{pmatrix}$ ⋯ ㉠, $A\begin{pmatrix}1\\1\end{pmatrix}=\begin{pmatrix}3\\2\end{pmatrix}$ ⋯ ㉡

㉠+㉡을 하면 $A\left\{\begin{pmatrix}1\\2\end{pmatrix}+\begin{pmatrix}1\\1\end{pmatrix}\right\}=\begin{pmatrix}7\\5\end{pmatrix}$

$\therefore\ A\begin{pmatrix}2\\3\end{pmatrix}=\begin{pmatrix}7\\5\end{pmatrix}$

$\therefore\ p=2,\ q=3 \qquad \therefore\ p+q=5$ 답 ⑤

3. $\begin{pmatrix}a&b\\c&d\end{pmatrix}\begin{pmatrix}x\\y\end{pmatrix}=\begin{pmatrix}s\\t\end{pmatrix}$, $\begin{pmatrix}e&f\\g&h\end{pmatrix}\begin{pmatrix}s\\t\end{pmatrix}=\begin{pmatrix}3\\2\end{pmatrix}$이므로

$\begin{pmatrix}e&f\\g&h\end{pmatrix}\begin{pmatrix}a&b\\c&d\end{pmatrix}\begin{pmatrix}x\\y\end{pmatrix}=\begin{pmatrix}3\\2\end{pmatrix}$

$\begin{pmatrix}1&0\\0&1\end{pmatrix}\begin{pmatrix}x\\y\end{pmatrix}=\begin{pmatrix}3\\2\end{pmatrix}$ $\left(\because \begin{pmatrix}a&b\\c&d\end{pmatrix}^{-1}=\begin{pmatrix}e&f\\g&h\end{pmatrix}\right)$

$\therefore \begin{pmatrix}x\\y\end{pmatrix}=\begin{pmatrix}3\\2\end{pmatrix}$

따라서, $x+y=5$이다. 답 ⑤

4. $\begin{pmatrix}a&b\\c&d\end{pmatrix}\begin{pmatrix}x\\y\end{pmatrix}=\begin{pmatrix}t\\-t^2\end{pmatrix}$에서

행렬 $\begin{pmatrix}a&b\\c&d\end{pmatrix}$의 역행렬이 $\begin{pmatrix}9&-3\\3&5\end{pmatrix}$이므로

$\begin{pmatrix}x\\y\end{pmatrix}=\begin{pmatrix}9&-3\\3&5\end{pmatrix}\begin{pmatrix}t\\-t^2\end{pmatrix}$

$\therefore \begin{cases}x=9t+3t^2\\y=3t-5t^2\end{cases}$

$x+y=-2t^2+12t=-2(t-3)^2+18$

따라서, 최댓값은 **18**이다. ←답

5. $(x-y)+(x+y)i=3-5i$이므로

복소수 상등에 의해

$\begin{cases}x-y=3\\x+y=-5\end{cases} \Rightarrow \begin{pmatrix}1&-1\\1&1\end{pmatrix}\begin{pmatrix}x\\y\end{pmatrix}=\begin{pmatrix}3\\-5\end{pmatrix}$

따라서, A는 $\begin{pmatrix}1&-1\\1&1\end{pmatrix}$의 역행렬이다.

$\therefore \mathrm{A}=\begin{pmatrix}\frac{1}{2}&\frac{1}{2}\\-\frac{1}{2}&\frac{1}{2}\end{pmatrix}$

따라서, A의 모든 성분의 합은 1이다. 답 ⑤

6. 준식을 정리하면

$(x+y-27)+(x-2y-18)\sqrt{3}=0$

$\begin{cases}x+y=27\\x-2y=18\end{cases} \Rightarrow \begin{pmatrix}1&1\\1&-2\end{pmatrix}\begin{pmatrix}x\\y\end{pmatrix}=\begin{pmatrix}27\\18\end{pmatrix}=3\begin{pmatrix}9\\6\end{pmatrix}$

$\begin{pmatrix}x\\y\end{pmatrix}=3\begin{pmatrix}1&1\\1&-2\end{pmatrix}^{-1}\begin{pmatrix}9\\6\end{pmatrix}$

$=\begin{pmatrix}2&1\\1&-1\end{pmatrix}\begin{pmatrix}9\\6\end{pmatrix}=\begin{pmatrix}m&1\\1&n\end{pmatrix}\begin{pmatrix}9\\6\end{pmatrix}$

$\therefore m=2,\ n=-1$

따라서, $mn=-2$ 답 ①

7. 지난 달의 전체 회원의 수는 160명이므로

$x+y=160$ ⋯ ㉠

이번 달의 회원의 수가 모두 7명이 감소하였으므로

$0.05x-0.1y=-7$

$x-2y=-140$ ⋯ ㉡

연립방정식 ㉠, ㉡을 행렬로 나타내면

$\begin{pmatrix}1&1\\1&-2\end{pmatrix}\begin{pmatrix}x\\y\end{pmatrix}=\begin{pmatrix}160\\-140\end{pmatrix}$

$a=1,\ b=-2$이므로 $a-b=3$ 답 ⑤

p. 66

8. 방정식 $\begin{pmatrix}a&-1\\b-1&1\end{pmatrix}\begin{pmatrix}x\\y\end{pmatrix}=\begin{pmatrix}1\\2\end{pmatrix}$가 해를 갖지 않으려면 행렬 $\begin{pmatrix}a&-1\\b-1&1\end{pmatrix}$의 역행렬이 존재하지 않아야 하므로

$a\times1-(-1)\times(b-1)=0$

$a+b-1=0$ $\therefore a+b=1$ 답 ①

9. 행렬 $\begin{pmatrix}k-6&-2\\2&k-1\end{pmatrix}$의 역행렬이 존재하지 않으므로

$(k-6)(k-1)-(-2)\cdot2=0,\ k^2-7k+10=0$

$(k-2)(k-5)=0$ $\therefore k=2$ 또는 $k=5$

$k=2$이면 $\frac{-4}{2}=\frac{-2}{1}\neq\frac{3}{-6}$이므로 해가 존재하지 않고

$k=5$이면 $\frac{-1}{2}=\frac{-2}{4}=\frac{3}{-6}$이므로 해가 무수히 많다.

답 ⑤

10. $\begin{pmatrix}2&1\\3&4\end{pmatrix}\begin{pmatrix}x\\y\end{pmatrix}+\begin{pmatrix}1\\3\end{pmatrix}=k\begin{pmatrix}x\\y\end{pmatrix}$에서

$\begin{pmatrix}2-k&1\\3&4-k\end{pmatrix}\begin{pmatrix}x\\y\end{pmatrix}=\begin{pmatrix}-1\\-3\end{pmatrix}$이 해를 갖지 않으려면

$(2-k)(4-k)-3=0$ $\therefore k=1$ 또는 $k=5$

$k=1$일 때에는 무수히 많은 해를 갖고, $k=5$일 때는 해를 갖지 않는다. 답 ①

11. $\begin{pmatrix}a-1&2\\3&b-2\end{pmatrix}\begin{pmatrix}x\\y\end{pmatrix}=\begin{pmatrix}0\\0\end{pmatrix}$이 $x=0,\ y=0$ 이외의 해를 가지므로 $(a-1)(b-2)=6$이다.

$a-1$	1	2	3	6
$b-2$	6	3	2	1
a	2	3	4	7
b	8	5	4	3
ab	16	15	16	21

따라서, $\mathrm{M}=21,\ m=15$이다.

$\therefore$ **$\mathrm{M}+m=36$** ←답

12. $x=0,\ y=0$ 이외의 해를 가지려면 역행렬을 갖지 않아야 하므로

$2a(a-1)-(2b+2)(-b-1)=0$

$\therefore a(a-1)+(b+1)^2=0$

이 식을 $a^2+(b+1)^2=1$과 연립하면

$a=1,\ b=-1$ $\therefore a+b=0$

따라서, ㈎ : $a(a-1)+(b+1)^2=0$, ㈏ : 0 답 ①

13. 꼭짓점 a에서 각 꼭짓점으로 가는 변의 수가 2인 경로의 수를 세면 아래와 같다.

$a(2)$, $b(0)$, $c(2)$, $d(2)$, $e(0)$

또, 각 꼭짓점에서 출발하여 꼭짓점 d로 가는 변의 수가 2인 경로의 수를 세면 아래와 같다.

$a(2)$, $b(a)$, $c(2)$, $d(3)$, $e(1)$

꼭짓점 a에서 꼭짓점 d로 가는 변의 수가 4인 경로는 변의 수가 2가 되도록 하는 각 꼭짓점으로 가는 경로의 수와 그 꼭짓점에서 d로 가는 변의 수가 2인 경로의 수를 곱하여 더한 것과 같으므로 구하는 경로의 수는

$2\times2+0\times1+2\times2+2\times3+0\times1=$**14(가지)** ←답

5. 지수

p. 67

1. (1) -8의 세제곱근을 x라고 하면
$x^3=-8$, $(x+2)(x^2-2x+4)=0$
$\therefore$ $x=-2$ 또는 $x=1\pm\sqrt{3}i$
따라서, -8의 세제곱근 중에서 실수인 것은 -2이다. 답 -2

(2) 81의 네제곱근을 x라고 하면
$x^4=81$, $(x+3)(x-3)(x^2+9)=0$
$\therefore$ $x=\pm3$ 또는 $x=\pm3i$
따라서, 81의 네제곱근 중에서 실수인 것은 -3, 3이다. 답 -3, 3

2. (1) 8의 세제곱근은 $x^3=8$의 근이므로
$(x-2)(x^2+2x+4)=0$
$\therefore$ $\boldsymbol{x=2}$ **또는** $\boldsymbol{x=-1\pm\sqrt{3}i}$ ← 답

(2) 16의 네제곱근은 $x^4=16$의 근이므로
$(x^2-4)(x^2+4)=0$
$\therefore$ $\boldsymbol{x=\pm2}$ **또는** $\boldsymbol{x=\pm2i}$ ← 답

3. ① $(-2)^3=-8$이므로 -2는 -8의 세제곱근 중에서 실수인 것이다.
② 방정식 $x^3=9$, 즉 $x^3-9=0$을 만족하는 세 근이 9의 세제곱근이다.
③ 9의 네제곱근 중에서 실수인 것은 $\sqrt[4]{9}$, $-\sqrt[4]{9}$의 2개이다.
④ n이 짝수일 때, $a<0$인 a의 n제곱근은 없다.
⑤ n이 홀수일 때, 실수 a의 n제곱근 중에서 실수인 것은 하나뿐이다. 답 ⑤

4. (1) $\sqrt[5]{(-1)^5}=\boldsymbol{-1}$ ← 답

(2) $\sqrt[3]{\dfrac{8}{10^3}}=\sqrt[3]{\left(\dfrac{2}{10}\right)^3}=\boldsymbol{\dfrac{1}{5}}$ ← 답

(3) $\sqrt[3]{-\dfrac{64}{1000}}=\sqrt[3]{\left(-\dfrac{4}{10}\right)^3}=-\dfrac{4}{10}=\boldsymbol{-\dfrac{2}{5}}$ ← 답

(4) $\sqrt[4]{16^2}=\sqrt[4]{(2^4)^2}=\sqrt[4]{(2^2)^4}=2^2=\boldsymbol{4}$ ← 답

(5) $\sqrt[5]{(-5)^5}=\boldsymbol{-5}$ ← 답

(6) $\sqrt[6]{3^6}=\boldsymbol{3}$ ← 답

5. (1) $\sqrt[3]{\sqrt{729}}=\sqrt[6]{729}=\sqrt[6]{3^6}=\boldsymbol{3}$ ← 답

(2) $\sqrt{3\sqrt[3]{9\sqrt[4]{81}}}=\sqrt{3\sqrt[3]{9\times3}}=\sqrt{3\times3}=\boldsymbol{3}$ ← 답

(3) $\sqrt{\sqrt[3]{4^3}}\times\sqrt[3]{2^3}=\sqrt{4}\times2=\boldsymbol{4}$ ← 답

(4) $\dfrac{\sqrt[4]{80}}{\sqrt[4]{5}}=\sqrt[4]{\dfrac{80}{5}}=\sqrt[4]{16}=\sqrt[4]{2^4}=\boldsymbol{2}$ ← 답

(5) $\dfrac{\sqrt[6]{27}\cdot\sqrt[6]{3}}{\sqrt[6]{81}}=\dfrac{\sqrt[6]{81}}{\sqrt[6]{81}}=\boldsymbol{1}$ ← 답

6. (준식)$=\sqrt[5]{(2^5)^3}+\{(\sqrt[3]{2})^3\}^2-\sqrt[6]{2^6}$
$=2^3+2^2-2$
$=\boldsymbol{10}$ ← 답

7. (준식)$=\sqrt[3]{(-2)^3}+\sqrt[3]{2\times4}+\sqrt[6]{2^6}$
$=-2+\sqrt[3]{2^3}+2$
$=-2+2+2=\boldsymbol{2}$ ← 답

8. (준식)$=\sqrt{\sqrt{4+\sqrt{15}}}\times\sqrt{\sqrt{5}-\sqrt{3}}\times\sqrt{2\sqrt[4]{2}}$
$=\sqrt{\sqrt{\dfrac{8+2\sqrt{15}}{2}}}\times\sqrt{\sqrt{5}-\sqrt{3}}\times\sqrt{2}\times\sqrt[4]{2}$
$=\dfrac{\sqrt{2}}{\sqrt[4]{2}}\times\sqrt{2}\times\sqrt[4]{2}=\boldsymbol{2}$ ← 답

9. $x^3=-27$을 만족하는 실수는 $x=-3$ $\therefore$ $a=-3$
$b=\sqrt[4]{625}=\sqrt[4]{5^4}=5$ $\therefore$ $\boldsymbol{ab=-15}$ ← 답

10. $a=\sqrt[3]{-125}=\sqrt[3]{(-5)^3}=-5$
$b=\sqrt{\sqrt[3]{64}}=\sqrt[6]{2^6}=2$ $\therefore$ $\boldsymbol{ab=-10}$ ← 답

p. 68

11. (준식)$=\dfrac{\sqrt[12]{a}}{\sqrt[8]{a}}\times\dfrac{\sqrt[3]{a}}{\sqrt[12]{a}}\times\dfrac{\sqrt[8]{a}}{\sqrt[6]{a}}=\dfrac{\sqrt[3]{a}}{\sqrt[6]{a}}=\dfrac{\sqrt[6]{a^2}}{\sqrt[6]{a}}=\sqrt[6]{\dfrac{a^2}{a}}$
$=\boldsymbol{\sqrt[6]{a}}$ ← 답

12. (준식)$=\sqrt[12]{a^5b^2}\times\sqrt[12]{a^7b^{10}}+\dfrac{\sqrt[6]{a^8b^2}}{\sqrt[6]{a^2b^8}}$
$=\sqrt[12]{a^{12}b^{12}}+\sqrt[6]{\dfrac{a^6}{b^6}}=(\sqrt[12]{ab})^{12}+\left(\sqrt[6]{\dfrac{a}{b}}\right)^6$
$=\boldsymbol{ab+\dfrac{a}{b}}$ ← 답

13. $b<a<0$이므로 $a+b<0$, $a-b>0$
$\therefore$ (준식)$=-(a+b)+a-b-(a-b)+a+b$
$=-a-b+a-b-a+b+a+b$
$=\boldsymbol{0}$ ← 답

14. (준식)$=\dfrac{\sqrt[3]{\sqrt{a}}}{\sqrt[3]{\sqrt[4]{a}}}\times\dfrac{\sqrt[3]{a}}{\sqrt{\sqrt{a}}}=\dfrac{\sqrt[6]{a}}{\sqrt[12]{a}}\times\dfrac{\sqrt[3]{a}}{\sqrt[4]{a}}$
$=\dfrac{\sqrt[12]{a^2}}{\sqrt[12]{a}}\times\dfrac{\sqrt[12]{a^4}}{\sqrt[12]{a^3}}=\sqrt[12]{\dfrac{a^2}{a}\times\dfrac{a^4}{a^3}}$
$=\sqrt[12]{a^2}=\sqrt[6]{a}$ $\therefore$ $\boldsymbol{k=6}$ ← 답

15. $\sqrt[3]{a}=81$에서 $a=(81)^3=(3^4)^3=3^{12}$
$\sqrt[4]{b}=8$에서 $b=8^4=(2^3)^4=2^{12}$
따라서, $ab=3^{12}\cdot2^{12}=(3\cdot2)^{12}=6^{12}$이므로

$\sqrt[6]{ab}=\sqrt[6]{6^{12}}=\sqrt[6]{(6^2)^6}=\mathbf{36}$ ← 답

16. $\sqrt{a}=4$에서 $a=4^2$

$\sqrt[3]{b}=27$에서 $b=27^3$

$\sqrt[5]{c}=2$에서 $c=2^5$

$\sqrt[9]{abc}=\sqrt[9]{4^2\cdot 27^3\cdot 2^5}=\sqrt[9]{2^4\cdot 2^5\cdot 3^9}=\sqrt[9]{(2\cdot 3)^9}$

$=\mathbf{6}$ ← 답

17. $a^3=\left(\sqrt[3]{2}+\dfrac{1}{\sqrt[3]{2}}\right)^3$

$=(\sqrt[3]{2})^3+\dfrac{1}{(\sqrt[3]{2})^3}+3\cdot\sqrt[3]{2}\cdot\dfrac{1}{\sqrt[3]{2}}\cdot\left(\sqrt[3]{2}+\dfrac{1}{\sqrt[3]{2}}\right)$

$=2+\dfrac{1}{2}+3a$

$\therefore\ a^3-3a=\mathbf{\dfrac{5}{2}}$ ← 답

18. ㈎의 a에 $2b$를 대입하면

$(2b)^b=b^{2b}=(b^b)^2,\ 2^b b^b=b^b\cdot b^b$

$\therefore\ \boldsymbol{b=2,\ a=4}$ ← 답

19. $\sqrt[3]{5}, \sqrt[4]{10}, \sqrt[6]{20}$을 각각 12제곱하면

$(\sqrt[3]{5})^{12}=\{(\sqrt[3]{5})^3\}^4=5^4=625$

$(\sqrt[4]{10})^{12}=\{(\sqrt[4]{10})^4\}^3=10^3=1000$

$(\sqrt[6]{20})^{12}=\{(\sqrt[6]{20})^6\}^2=20^2=400$

$\therefore\ \boldsymbol{\sqrt[6]{20}<\sqrt[3]{5}<\sqrt[4]{10}}$ ← 답

20. 각 수를 12제곱하면 12, 2^6, 6^2이고,

$12<6^2<2^6$이므로 $\boldsymbol{\sqrt[4]{\sqrt[3]{12}}<\sqrt[3]{\sqrt{6}}<\sqrt{2}}$ ← 답

p. 69

1. (1) $\left(\dfrac{2}{3}\right)^0=\mathbf{1}$ (2) $3^{-1}=\mathbf{\dfrac{1}{3}}$

(3) $2^{-3}=\mathbf{\dfrac{1}{8}}$ (4) $\left(\dfrac{1}{3}\right)^{-2}=\mathbf{9}$

2. (1) $a^{-3}\times a^3=a^{-3+3}=a^0=\mathbf{1}$ ← 답

(2) $(a^{-2}b^4)^{-2}=a^{(-2)\times(-2)}b^{4\times(-2)}=\boldsymbol{a^4b^{-8}}$ ← 답

(3) $a^5\div a^3\times a^{-1}=a^{5-3+(-1)}=a^1=\boldsymbol{a}$ ← 답

(4) (준식)$=(a^{2\times4}\times b^{-3\times4})\times(a^{-2\times(-3)}\times b^{2\times(-3)})$

$=(a^8b^{-12})\times(a^6b^{-6})$

$=(a^8\times a^6)\times(b^{-12}\times b^{-6})=a^{14}b^{-18}$

$=\boldsymbol{\dfrac{a^{14}}{b^{18}}}$ ← 답

(5) (준식)$=\dfrac{a^{-6}\times a^8}{a^6\times a^{-4}}=\dfrac{a^{-6+8}}{a^{6-4}}=\dfrac{a^2}{a^2}=\mathbf{1}$ ← 답

3. $(x-x^{-1})^2=x^2+x^{-2}-2=47-2=45$

$\therefore\ \boldsymbol{x-x^{-1}=\pm3\sqrt{5}}$ ← 답

4. $\dfrac{a^3+a^{-3}}{a+a^{-1}}=\dfrac{a^3+(a^{-1})^3}{a+a^{-1}}$

$=a^2-1+(a^2)^{-1}$

$=5-1+\dfrac{1}{5}=\mathbf{\dfrac{21}{5}}$ ← 답

5. $\dfrac{a^3-a^{-3}}{a^3+a^{-3}}=\dfrac{(a-a^{-1})(a^2+a\cdot a^{-1}+a^{-2})}{(a+a^{-1})(a^2-a\cdot a^{-1}+a^{-2})}$

$=\dfrac{(a^2-2a\cdot a^{-1}+a^{-2})(a^2+1+a^{-2})}{(a^2-a^{-2})(a^2-1+a^{-2})}$

$=\dfrac{\left(5-2+\frac{1}{5}\right)\left(5+1+\frac{1}{5}\right)}{\left(5-\frac{1}{5}\right)\left(5-1+\frac{1}{5}\right)}$

$=\mathbf{\dfrac{62}{63}}$ ← 답

Note : $\dfrac{a^3-a^{-3}}{a^3+a^{-3}}=\dfrac{a^2\cdot a-a^{-2}\cdot a^{-1}}{a^2\cdot a+a^{-2}\cdot a^{-1}}$

$=\dfrac{5a-\frac{1}{5a}}{5a+\frac{1}{5a}}=\dfrac{25a^2-1}{25a^2+1}$

$=\dfrac{25\times5-1}{25\times5+1}=\dfrac{124}{126}=\dfrac{62}{63}$

6. (준식)$=5^{10}\times2^{60}\times\dfrac{1}{2^{20}}\times5^{30}=5^{40}\times2^{40}=10^{40}$

$\therefore\ \boldsymbol{k=40}$ ← 답

7. (1) $\boldsymbol{a^{\frac{4}{3}}}$

(2) $\dfrac{1}{a^2}=\boldsymbol{a^{-2}}$ ← 답

(3) $a^{-\frac{6}{4}}=\boldsymbol{a^{-\frac{3}{2}}}$ ← 답

8. (1) $25^{\frac{1}{4}}=(5^2)^{\frac{1}{4}}=5^{\frac{1}{2}}=\boldsymbol{\sqrt{5}}$ ← 답

(2) $16^{\frac{5}{6}}=(2^4)^{\frac{5}{6}}=2^{\frac{10}{3}}=\boldsymbol{\sqrt[3]{2^{10}}}$ ← 답

(3) $27^{-\frac{2}{9}}=(3^3)^{-\frac{2}{9}}=3^{-\frac{2}{3}}=\boldsymbol{\dfrac{1}{\sqrt[3]{3^2}}}$ ← 답

(4) $\left(\dfrac{1}{8}\right)^{-\frac{5}{12}}=(2^{-3})^{-\frac{5}{12}}=2^{\frac{5}{4}}=\boldsymbol{\sqrt[4]{2^5}}$ ← 답

9. (1) (준식)$=2^4\times2^{\frac{4}{3}}\div2^{\frac{1}{3}}=2^{4+\frac{4}{3}-\frac{1}{3}}=\boldsymbol{2^5}$ ← 답

(2) (준식)$=2^{\frac{1}{3}}\times3^{-\frac{1}{3}}\times(2\times3^2)^{\frac{2}{3}}$

$=2^{\frac{1}{3}+\frac{2}{3}}\times3^{-\frac{1}{3}+\frac{4}{3}}=2\times3=\mathbf{6}$ ← 답

(3) (준식)$=\sqrt[28]{2^8\times2^{\frac{8}{3}}\times2^{-6}}=\sqrt[28]{2^{\frac{14}{3}}}=2^{\frac{14}{3}\times\frac{1}{28}}=2^{\frac{1}{6}}$

$=\boldsymbol{\sqrt[6]{2}}$ ← 답

10. (준식)$=\sqrt[6]{3^6}\times(3^{\frac{3}{2}})^{\frac{1}{3}}\div(3^{-\frac{1}{2}})^{-\frac{1}{3}}$

$=3\times3^{\frac{1}{2}}\div3^{\frac{1}{6}}=3^{1+\frac{1}{2}-\frac{1}{6}}=3^{\frac{4}{3}}=\boldsymbol{\sqrt[3]{3^4}}$ ← 답

p. 70

11. (1) $(a^{2\sqrt{2}})^{\sqrt{3}}=a^{2\sqrt{2}\times\sqrt{3}}=\boldsymbol{a^{2\sqrt{6}}}$ ← 답

(2) $(3^{\sqrt{2}})^{\sqrt{8}}=3^{\sqrt{16}}=\boldsymbol{3^4}$ ← 답

(3) $(8^{\sqrt{2}})^{\frac{\sqrt{2}}{3}}=8^{\sqrt{2}\times\frac{\sqrt{2}}{3}}=8^{\frac{2}{3}}=(2^3)^{\frac{2}{3}}=\mathbf{2^2}$ ← 답

(4) $\left(\frac{3^{\sqrt{3}}}{9}\right)^{\sqrt{3}+2}=(3^{\sqrt{3}-2})^{\sqrt{3}+2}$

$=3^{(\sqrt{3}-2)(\sqrt{3}+2)}=\mathbf{3^{-1}}$ ← 답

12. (1) (준식)$=a^{(1+\sqrt{2})+(1-\sqrt{2})}=\boldsymbol{a^2}$ ← 답

(2) (준식)$=a^{\sqrt{6}+\sqrt{2}}\times a^{\sqrt{6}-\sqrt{2}}$

$=a^{\sqrt{6}+\sqrt{2}+\sqrt{6}-\sqrt{2}}=\boldsymbol{a^{2\sqrt{6}}}$ ← 답

(3) (준식)$=a^{\left(-\frac{\sqrt{3}}{2}\right)+\left(-\frac{3\sqrt{3}}{2}\right)-(-2\sqrt{3})}=a^0=\mathbf{1}$ ← 답

13. (준식)$=(2^{2\sqrt{2}})^{2\sqrt{2}}\times2^{3\sqrt{3}}\div2^{3\sqrt{3}}$

$=2^{8+3\sqrt{3}-3\sqrt{3}}=2^8=\mathbf{256}$ ← 답

14. (준식)$=(\sqrt{2})^3\times(\sqrt[4]{2})^2=2^{\frac{3}{2}}\times2^{\frac{1}{2}}=\mathbf{4}$ ← 답

15. $\sqrt[3]{a}=a^{\frac{1}{3}},\ \sqrt[4]{a\cdot\sqrt{a^k}}=(a^{\frac{k+2}{2}})^{\frac{1}{4}}=a^{\frac{k+2}{8}}$

$\therefore\ a^{\frac{1}{3}}=a^{\frac{k+2}{8}},\ \frac{1}{3}=\frac{k+2}{8}$

$\therefore\ \boldsymbol{k=\frac{2}{3}}$ ← 답

16. $\sqrt{4\cdot\sqrt[3]{4\cdot\sqrt[4]{8}}}=\sqrt{2^{2+\frac{2}{3}+\frac{3}{12}}}=2^{\frac{35}{24}}=2^k$

$\therefore\ \boldsymbol{k=\frac{35}{24}}$ ← 답

17. $\sqrt[4]{\sqrt{a\sqrt[3]{a^2}}}=\{(a\cdot a^{\frac{2}{3}})^{\frac{1}{2}}\}^{\frac{1}{4}}=(a^{\frac{5}{3}})^{\frac{1}{8}}=a^{\frac{5}{24}}$

$\therefore\ \boldsymbol{x=\frac{5}{24}}$

18. (1) (준식)$=(2^{\frac{1}{2}}-1)(2^{\frac{1}{2}}+1)=2-1=\mathbf{1}$ ← 답

(2) (준식)$=(3^{\frac{1}{3}})^3+(2^{\frac{1}{3}})^3=3+2=\mathbf{5}$ ← 답

19. (준식)$=\{(10^{\frac{1}{8}})^2-1\}(10^{\frac{1}{4}}+1)(10^{\frac{1}{2}}+1)$

$=(10^{\frac{1}{4}}-1)(10^{\frac{1}{4}}+1)(10^{\frac{1}{2}}+1)$

$=\{(10^{\frac{1}{4}})^2-1\}(10^{\frac{1}{2}}+1)$

$=(10^{\frac{1}{2}}-1)(10^{\frac{1}{2}}+1)$

$=(10^{\frac{1}{2}})^2-1=10-1=\mathbf{9}$ ← 답

20. (준식)$=2^{2(x+y)}+2\cdot2^{x+y}\cdot2^{x-y}+2^{2(x-y)}$

$-2^{2(x+y)}+2\cdot2^{x+y}\cdot2^{x-y}-2^{2(x-y)}$

$=2\cdot2^{2x}+2\cdot2^{2x}=4\cdot2^{2x}=\mathbf{2^{2x+2}}$ ← 답

Note : $a^2-b^2=(a+b)(a-b)$이므로

(준식)$=(2^{x+y}+2^{x-y}+2^{x+y}-2^{x-y})$

$\times(2^{x+y}+2^{x-y}-2^{x+y}+2^{x-y})$

$=2\cdot2^{x+y}\cdot2\cdot2^{x-y}=2^{2x+2}$

p. 71

21. $\sqrt[6]{12}=\sqrt[6]{2^2\times3}=\sqrt[6]{2^2}\times\sqrt[6]{3}$

$=\sqrt[3]{2}\times\sqrt[3]{\sqrt{3}}=\boldsymbol{a\sqrt[3]{b}}$ ← 답

22. $\left(\frac{1}{7}\right)^{3m-4n}=(7^m)^{-3}\times(7^n)^4=a^{-3}b^4=\boldsymbol{\frac{b^4}{a^3}}$ ← 답

23. $\frac{2^{3x-y}}{2^{x-y}}=\frac{a}{b}$에서 $2^{2x}=\frac{a}{b}\qquad\therefore\ 2^x=\sqrt{\frac{a}{b}}$

$2^{x-y}=\frac{2^x}{2^y}=b$에서 $2^y=\frac{2^x}{b}$

$\therefore\ 2^{x+y}=2^x\cdot2^y=\frac{(2^x)^2}{b}$

$=\frac{1}{b}\left(\sqrt{\frac{a}{b}}\right)^2=\boldsymbol{\frac{a}{b^2}}$ ← 답

24. (준식)$=a^{\frac{1}{2}+\frac{1}{4}+\frac{1}{8}+\frac{1}{16}}\cdot a^{\frac{1}{16}}=\boldsymbol{a}$ ← 답

25. 지수를 정리하면

$(xy-xz)+(yz-xy)+(xz-zy)=0$

(준식)$=a^0=\mathbf{1}$ ← 답

26. 지수를 정리하면

$\frac{x^2(y-z)+y^2(z-x)+z^2(x-y)}{(x-y)(y-z)(z-x)}$

$=\frac{(y-z)(x-y)(x-z)}{(x-y)(y-z)(z-x)}=-1$

$\therefore$ (준식)$=3^{-1}=\boldsymbol{\frac{1}{3}}$ ← 답

27. $\frac{a^x+a^{2x}+a^{3x}}{a^{-x}+a^{-2x}+a^{-3x}}=\frac{a^{4x}(a^{-3x}+a^{-2x}+a^{-x})}{a^{-3x}+a^{-2x}+a^{-x}}$

$=\boldsymbol{a^{4x}}$ ← 답

28. $x^{\frac{1}{2}}+x^{-\frac{1}{2}}=3$의 양변을 제곱하면

$x+x^{-1}+2=9\qquad\therefore\ x+x^{-1}=7$

$x+x^{-1}=7$의 양변을 제곱하면

$x^2+x^{-2}+2=49$

$\therefore\ x^2+x^{-2}=47$ 답 **54**

29. $(x^{\frac{1}{2}}+x^{-\frac{1}{2}})^3=(1+\sqrt{3})^3$

$x^{\frac{3}{2}}+x^{-\frac{3}{2}}+3(x^{\frac{1}{2}}+x^{-\frac{1}{2}})=10+6\sqrt{3}$

$x^{\frac{3}{2}}+x^{-\frac{3}{2}}+3(1+\sqrt{3})=10+6\sqrt{3}$

$\therefore\ x^{\frac{3}{2}}+x^{-\frac{3}{2}}=\mathbf{7+3\sqrt{3}}$ ← 답

30. $a^{3x}+a^{-3x}=(a^x+a^{-x})^3-3a^xa^{-x}(a^x+a^{-x})=2$

$a^{2x}+a^{-2x}=(a^x+a^{-x})^2-2a^xa^{-x}=2$

$\therefore$ (준식)$=\frac{2+3}{2}=\boldsymbol{\frac{5}{2}}$ ← 답

p. 72

1. $(x^{\frac{1}{4}}-y^{\frac{1}{4}})(x^{\frac{1}{4}}+y^{\frac{1}{4}})=(x^{\frac{1}{4}})^2-(y^{\frac{1}{4}})^2=x^{\frac{1}{2}}-y^{\frac{1}{2}}$

$\therefore$ (준식)$=(x^{\frac{1}{2}}-y^{\frac{1}{2}})(x^{\frac{1}{2}}+y^{\frac{1}{2}})$

$=x-y=(\sqrt{5}+\sqrt{3})-(\sqrt{5}-\sqrt{3})$

$=\mathbf{2\sqrt{3}}$ ← 답

2. $x=\dfrac{3^{\frac{1}{3}}+3^{-\frac{1}{3}}}{2}$에서 $x^2-1=\left(\dfrac{3^{\frac{1}{3}}-3^{-\frac{1}{3}}}{2}\right)^2$이므로

$(x-\sqrt{x^2-1})^3=\left(\dfrac{3^{\frac{1}{3}}+3^{-\frac{1}{3}}}{2}-\dfrac{3^{\frac{1}{3}}-3^{-\frac{1}{3}}}{2}\right)^3$

$=(3^{-\frac{1}{3}})^3=\mathbf{\dfrac{1}{3}}$ ←답

3. $\sqrt[3]{2}=\mathrm{A}$로 놓으면 $x=\dfrac{1}{2}\left(\mathrm{A}-\dfrac{1}{\mathrm{A}}\right)$

$x^2+1=\dfrac{1}{4}\left(\mathrm{A}-\dfrac{1}{\mathrm{A}}\right)^2+1$

$=\dfrac{1}{4}\left(\mathrm{A}^2+2+\dfrac{1}{\mathrm{A}^2}\right)=\dfrac{1}{4}\left(\mathrm{A}+\dfrac{1}{\mathrm{A}}\right)^2$

$\mathrm{A}>0$이므로

$x+\sqrt{x^2+1}=\dfrac{1}{2}\left(\mathrm{A}-\dfrac{1}{\mathrm{A}}\right)+\dfrac{1}{2}\left(\mathrm{A}+\dfrac{1}{\mathrm{A}}\right)=\mathrm{A}$

$\therefore\ (x+\sqrt{x^2+1})^3=\mathrm{A}^3=(\sqrt[3]{2})^3=\mathbf{2}$ ←답

4. (1) $\dfrac{a^x-a^{-x}}{a^x+a^{-x}}=\dfrac{a^{2x}-1}{a^{2x}+1}=\dfrac{3-1}{3+1}=\mathbf{\dfrac{1}{2}}$ ←답

(2) $\dfrac{a^{3x}+a^{-3x}}{a^{3x}-a^{-3x}}=\dfrac{a^{6x}+1}{a^{6x}-1}=\dfrac{3^3+1}{3^3-1}=\mathbf{\dfrac{14}{13}}$ ←답

5. (준식)$=\dfrac{(a^x+a^{-x})(a^{2x}-a^xa^{-x}+a^{-2x})}{a^x+a^{-x}}$

$=a^{2x}-a^0+a^{-2x}=\dfrac{1}{3}-1+3=\mathbf{\dfrac{7}{3}}$ ←답

6. (1) (준식)$=\dfrac{a^x(a^x-a^{-x})}{a^x(a^x+a^{-x})}$

$=\dfrac{a^{2x}-1}{a^{2x}+1}=\dfrac{\sqrt{2}-1-1}{\sqrt{2}-1+1}$

$=\dfrac{\sqrt{2}-2}{\sqrt{2}}=\mathbf{1-\sqrt{2}}$ ←답

(2) (준식)$=\dfrac{a^{4x}+a^{-2x}}{a^{2x}+1}$

$=\dfrac{3-2\sqrt{2}+\sqrt{2}+1}{\sqrt{2}}=\mathbf{2\sqrt{2}-1}$ ←답

Note : (2) (준식)$=\dfrac{(a^x+a^{-x})(a^{2x}-a^x\cdot a^{-x}+a^{-2x})}{a^x+a^{-x}}$

$=a^{2x}-1+a^{-2x}$

$=\sqrt{2}-1-1+\sqrt{2}+1=2\sqrt{2}-1$

7. $\dfrac{a^x+a^{-x}}{a^x-a^{-x}}\times\dfrac{a^x}{a^x}=\dfrac{a^{2x}+1}{a^{2x}-1}=2$

$a^{2x}+1=2a^{2x}-2,\ a^{2x}=3$

$a>0$이므로 $a^x=\mathbf{\sqrt{3}}$ ←답

8. $\dfrac{a^x+a^{-x}}{a^x-a^{-x}}=3$에서 $3(a^x-a^{-x})=a^x+a^{-x}$

$2a^x=4a^{-x}$ $\quad\therefore\ a^{2x}=2$

$\therefore\ a^{2x}+a^{-2x}=2+\dfrac{1}{2}=\mathbf{\dfrac{5}{2}}$ ←답

9. $2^x=(\sqrt{3+\sqrt{5}}-\sqrt{3-\sqrt{5}})^2$

$=(3+\sqrt{5})-2\sqrt{3+\sqrt{5}}\sqrt{3-\sqrt{5}}+(3-\sqrt{5})$

$=6-2\sqrt{3^2-(\sqrt{5})^2}$

$=6-2\cdot2=2$

$\therefore\ 4^x+4^{-x}=(2^x)^2+(2^{-x})^2$

$=2^2+\left(\dfrac{1}{2}\right)^2=4+\dfrac{1}{4}=\mathbf{\dfrac{17}{4}}$ ←답

10. $\sqrt{17+2\sqrt{72}}=\sqrt{9}+\sqrt{8}=3+2\sqrt{2}$,

$\sqrt{17-2\sqrt{72}}=\sqrt{9}-\sqrt{8}=3-2\sqrt{2}$이므로

$a=\sqrt{\sqrt{17+2\sqrt{72}}}+\sqrt{\sqrt{17-2\sqrt{72}}}$

$=\sqrt{3+2\sqrt{2}}+\sqrt{3-2\sqrt{2}}$

$=\sqrt{2}+1+\sqrt{2}-1$

$=2\sqrt{2}$

$\therefore\ \dfrac{a+a^{-3}}{a-a^{-3}}\times\dfrac{a^3}{a^3}=\dfrac{a^4+1}{a^4-1}=\dfrac{(2\sqrt{2})^4+1}{(2\sqrt{2})^4-1}$

$=\dfrac{64+1}{64-1}=\mathbf{\dfrac{65}{63}}$ ←답

p. 73

11. $\sqrt{2x+4+2\sqrt{x(x+4)}}=\sqrt{x}+\sqrt{x+4}$

$x=(a^2-a^{-2})^2=a^4-2+a^{-4}$

$x+4=a^4+2+a^{-4}=(a^2+a^{-2})^2$

$\sqrt{x+4}=a^2+a^{-2}$

$\therefore\ (\sqrt{2x+4+2\sqrt{x^2+4x}})^3=(\sqrt{x}+\sqrt{x+4})^3$

$=(a^2-a^{-2}+a^2+a^{-2})^3$

$=(2a^2)^3=\mathbf{8a^6}$ ←답

12. $2^{3a-b}=2^{3a}\times2^{-b}=(2^a)^3\times\dfrac{1}{2^b}$

$=5^3\times\dfrac{1}{45}=\mathbf{\dfrac{25}{9}}$ ←답

13. $72^x=8$에서 $72=8^{\frac{1}{x}}=(2^3)^{\frac{1}{x}}=2^{\frac{3}{x}}$

$576^y=16$에서

$576=16^{\frac{1}{y}}=(2^4)^{\frac{1}{y}}=2^{\frac{4}{y}}$

$\dfrac{72}{576}=\dfrac{2^{\frac{3}{x}}}{2^{\frac{4}{y}}},\ \dfrac{1}{8}=2^{\frac{3}{x}-\frac{4}{y}}$

$\therefore\ 2^{\frac{3}{x}-\frac{4}{y}}=2^{-3}$ $\quad\therefore\ \dfrac{3}{x}-\dfrac{4}{y}=\mathbf{-3}$ ←답

14. $a=7^{\frac{1}{x}}$ ⋯ ㉠, $ab=7^{\frac{3}{y}}$ ⋯ ㉡, $abc=7^{\frac{5}{z}}$ ⋯ ㉢에서

㉠÷㉡×㉢을 계산하면

$\dfrac{a}{ab}\times abc=7^{\frac{1}{x}}\div7^{\frac{3}{y}}\times7^{\frac{5}{z}}$

$\therefore\ ac=7^{\frac{1}{x}-\frac{3}{y}+\frac{5}{z}}$ 답 $\boldsymbol{ac}$

15. $(11.1)^a=1000=10^3$에서 $11.1=10^{\frac{3}{a}}$ ⋯ ㉠

$(0.00111)^b=1000=10^3$에서 $0.00111=10^{\frac{3}{b}}$ ⋯ ㉡

㉠÷㉡을 계산하면

$\dfrac{11.1}{0.00111}=10^{\frac{3}{a}-\frac{3}{b}}$, $10^4=10^{3(\frac{1}{a}-\frac{1}{b})}$

따라서, $3\left(\dfrac{1}{a}-\dfrac{1}{b}\right)=4$이므로 $\dfrac{1}{a}-\dfrac{1}{b}=\boldsymbol{\dfrac{4}{3}}$ ←답

16. $3^a=5^b=15^c=k$라 하면

$(3^a)^{\frac{1}{a}}=k^{\frac{1}{a}}$에서 $3=k^{\frac{1}{a}}$ … ㉠

$(5^b)^{\frac{1}{b}}=k^{\frac{1}{b}}$에서 $5=k^{\frac{1}{b}}$ … ㉡

$(15^c)^{\frac{1}{c}}=k^{\frac{1}{c}}$에서 $15=k^{\frac{1}{c}}$ … ㉢

㉠×㉡=㉢이므로

$k^{\frac{1}{a}}\times k^{\frac{1}{b}}=k^{\frac{1}{c}}$에서 $k^{\frac{1}{a}+\frac{1}{b}}=k^{\frac{1}{c}}$

$\therefore\ \dfrac{1}{a}+\dfrac{1}{b}=\dfrac{1}{c}$ … ㉣

㉣의 양변에 abc를 곱하면

$bc+ac=ab$ $\quad\therefore\ ab-bc-ca=\mathbf{0}$ ←답

17. ②에서 $4=k^{\frac{1}{x}}$ … ㉠, $3=k^{\frac{1}{y}}$ … ㉡, $2=k^{\frac{1}{z}}$ … ㉢

㉠×㉡÷㉢을 계산하면

$\dfrac{4\times3}{2}=k^{\frac{1}{x}}\times k^{\frac{1}{y}}\div k^{\frac{1}{z}}=k^{\frac{1}{x}+\frac{1}{y}-\frac{1}{z}}$

①에서 $\dfrac{1}{x}+\dfrac{1}{y}-\dfrac{1}{z}=2$이므로 $6=k^2$

$k>0$이므로 $\boldsymbol{k=\sqrt{6}}$ ←답

18. $4^{\frac{1}{2}}=(2^2)^{\frac{1}{2}}=2$

$\sqrt{2\sqrt{2}}=\sqrt{2^{\frac{3}{2}}}=2^{\frac{3}{2}\times\frac{1}{2}}=2^{\frac{3}{4}}=2^{0.75}$

$2^{\sqrt{2}}=2^{1.4142\cdots}$

$\sqrt[3]{4}=\sqrt[3]{2^2}=2^{\frac{2}{3}}=2^{0.666\cdots}$

$0.666\cdots<0.75<1<1.414\cdots$ 이므로

$\boldsymbol{\sqrt[3]{4}<\sqrt{2\sqrt{2}}<4^{\frac{1}{2}}<2^{\sqrt{2}}}$ ←답

19. $\sqrt{3}=3^{\frac{1}{2}}$, $9^{\frac{1}{3}}=3^{\frac{2}{3}}$, $\sqrt[5]{27}=3^{\frac{3}{5}}$

$81^{-\frac{1}{7}}=3^{-\frac{4}{7}}$, $\dfrac{1}{\sqrt[8]{243}}=3^{-\frac{5}{8}}$

$-\dfrac{5}{8}<-\dfrac{4}{7}<\dfrac{1}{2}<\dfrac{3}{5}<\dfrac{2}{3}$이므로

$\boldsymbol{\dfrac{1}{\sqrt[8]{243}}<81^{-\frac{1}{7}}<\sqrt{3}<\sqrt[5]{27}<9^{\frac{1}{3}}}$ ←답

20. $a^{\frac{1}{3}}=\mathrm{A}$, $b^{\frac{1}{3}}=\mathrm{B}$로 놓으면

$(a^{\frac{2}{3}}+b^{\frac{2}{3}})^3=(\mathrm{A}^2+\mathrm{B}^2)^3$

$\qquad=\mathrm{A}^6+3\mathrm{A}^4\mathrm{B}^2+3\mathrm{A}^2\mathrm{B}^4+\mathrm{B}^6$

$\{(a+b)^{\frac{2}{3}}\}^3=(\mathrm{A}^3+\mathrm{B}^3)^2=\mathrm{A}^6+2\mathrm{A}^3\mathrm{B}^3+\mathrm{B}^6$

$(a^{\frac{2}{3}}+b^{\frac{2}{3}})^3-\{(a+b)^{\frac{2}{3}}\}^3$

$=\mathrm{A}^2\mathrm{B}^2\{3\mathrm{A}^2-2\mathrm{AB}+3\mathrm{B}^2\}$

$=\mathrm{A}^2\mathrm{B}^2\{(\mathrm{A}-\mathrm{B})^2+2(\mathrm{A}^2+\mathrm{B}^2)\}>0$

$\therefore\ \boldsymbol{a^{\frac{2}{3}}+b^{\frac{2}{3}}>(a+b)^{\frac{2}{3}}}$ ←답

p. 74

1. (준식)$=\dfrac{\sqrt[20]{2^2}}{\sqrt[24]{2^2}}\times\dfrac{\sqrt[12]{2}}{\sqrt[15]{2}}\times\dfrac{\sqrt[15]{2}}{\sqrt[10]{2}}$

$=\dfrac{\sqrt[10]{2}}{\sqrt[12]{2}}\times\dfrac{\sqrt[12]{2}}{\sqrt[15]{2}}\times\dfrac{\sqrt[15]{2}}{\sqrt[10]{2}}=1=2^{\boxed{0}}$ 답 **0**

2. (준식)$=\sqrt{\sqrt{5}+\sqrt{3}}\times\sqrt[4]{\dfrac{8-2\sqrt{15}}{2}}$

$=\sqrt{\sqrt{5}+\sqrt{3}}\times\dfrac{\sqrt{\sqrt{5}-\sqrt{3}}}{\sqrt[4]{2}}=\dfrac{\sqrt{2}}{\sqrt[4]{2}}=\boldsymbol{\sqrt[4]{2}}$ ←답

3. (준식)$=\sqrt[12]{4^3a^3b^6}\times\sqrt[12]{a^5b^4}\div\sqrt[12]{8^2a^6b^{10}}$

$=\sqrt[12]{\dfrac{4^3a^3b^6\times a^5b^4}{8^2a^6b^{10}}}$

$=\sqrt[12]{a^2}=\boldsymbol{\sqrt[6]{a}}$ ←답

4. (준식)$=\dfrac{(\sqrt{5}-\sqrt{2})(\sqrt{5}+\sqrt{2})}{(\sqrt{3}-1)(\sqrt{3}+1)}=\dfrac{5-2}{3-1}=\boldsymbol{\dfrac{3}{2}}$ ←답

5. $\sqrt{a\sqrt{a\sqrt[3]{a^2}}}=\sqrt{\sqrt[6]{a^6a^3a^4}}=\sqrt[12]{a^{13}}$

$\sqrt[3]{\dfrac{\sqrt[4]{a^n}}{\sqrt{a}}}=\sqrt[3]{\sqrt[4]{\dfrac{a^n}{a^2}}}=\sqrt[12]{\dfrac{a^n}{a^2}}$

따라서, $a^{13}=\dfrac{a^n}{a^2}$이므로 $\boldsymbol{n=15}$ ←답

Note : a의 지수를 정리하면

$\dfrac{1}{2}\left(1+\dfrac{1}{2}+\dfrac{2}{3}\right)=\dfrac{1}{3}\left(\dfrac{n}{4}-\dfrac{1}{2}\right)$ … ㉠

㉠의 양변에 6을 곱하면

$3\times\dfrac{13}{6}=2\times\dfrac{n-2}{4}$

$13=n-2$ $\quad\therefore\ n=15$

6. (i) $\sqrt[3]{a^2}=3$일 때 :

$a^2=27$이므로 $a=3\sqrt{3}$ ($\because\ a>0$)

이때 $a^3=27\sqrt{27}=81\sqrt{3}$이고,

$\sqrt[4]{a^3}=\sqrt[4]{81\sqrt{3}}=3\cdot\sqrt[4]{\sqrt{3}}$이므로 $\mathrm{A}\cap\mathrm{B}=\{3\}$

(ii) $\sqrt[4]{a^3}=3$일 때 :

$a^3=81$이므로 $a=\sqrt[3]{81}=3\cdot\sqrt[3]{3}$

이때 $a^2=9\cdot\sqrt[3]{9}$이고,

$\sqrt[3]{a^2}=\sqrt[3]{9\cdot\sqrt[3]{9}}$이므로 $\mathrm{A}\cap\mathrm{B}=\{3\}$

위의 (i), (ii)에서 $\boldsymbol{a=3\sqrt{3}}$ **또는** $\boldsymbol{a=3\cdot\sqrt[3]{3}}$ ←답

7. 조건식의 양변을 mn제곱하면

$9^n\times27^m=3^{mn}$, $3^{2n}\times3^{3m}=3^{mn}$

$3^{2n+3m}=3^{mn}$, $2n+3m=mn$

$mn-2n-3m+6=6$에서

$(m-2)(n-3)=6$

$m-2$	1	2	3	6	-1	-2	-3	-6
$n-3$	6	3	2	1	-6	-3	-2	-1

m	3	4	5	8	1	0	-1	-4
n	9	6	5	4	-3	0	1	2

따라서, 두 자연수 m, n에 대하여 $m+n$의 최댓값은 12이다. 답 **12**

8. $\sqrt{\frac{n}{2}}$이 자연수이므로 $n=2^{2a-1}p^2$ (a, p는 자연수)꼴이고,

$\sqrt[3]{\frac{n}{3}}$이 자연수이므로 $n=3^{3b-2}q^3$ (b, q는 자연수)꼴이다.

즉, $n=2^{2a-1}p^2=3^{3b-2}q^3$

이때 p는 3의 배수, q는 2의 배수이어야 하므로

n의 최솟값은 $a=2$, $b=2$이고, $p=9$, $q=2$일 때,

$2^3\times3^4=8\times81=\mathbf{648}$ ←답

9. $(\text{준식})=\dfrac{a+1-(a-1)}{(a-1)(a+1)}-\dfrac{2}{a^2+1}-\dfrac{4}{a^4+1}$

$=\dfrac{2}{a^2-1}-\dfrac{2}{a^2+1}-\dfrac{4}{a^4+1}$

$=\dfrac{2(a^2+1)-2(a^2-1)}{(a^2-1)(a^2+1)}-\dfrac{4}{a^4+1}$

$=\dfrac{4}{a^4-1}-\dfrac{4}{a^4+1}$

$=\dfrac{4(a^4+1)-4(a^4-1)}{(a^4-1)(a^4+1)}=\dfrac{8}{a^8-1}$

$a=\sqrt[4]{2}$이므로 $a^8=(\sqrt[4]{2})^8=2^2=4$

$\therefore\ \dfrac{8}{a^8-1}=\dfrac{8}{4-1}=\mathbf{\dfrac{8}{3}}$ ←답

10. $1\le n<16$이면 $1\le\sqrt[4]{n}<2$이므로 $[\sqrt[4]{n}]=1$

$16\le n<81$이면 $2\le\sqrt[4]{n}<3$이므로 $[\sqrt[4]{n}]=2$

$81\le n\le200$이면 $3\le\sqrt[4]{n}<4$이므로 $[\sqrt[4]{n}]=3$

$\therefore\ [\sqrt[4]{1}]+[\sqrt[4]{2}]+[\sqrt[4]{3}]+\cdots+[\sqrt[4]{200}]$

$=1\times15+2\times65+3\times120=\mathbf{505}$ ←답

11. $\sqrt{100}=10$이므로 $[\sqrt{100}]=10$

$4^3=64$, $5^3=125$이므로

$4<\sqrt[3]{100}<5\quad\therefore\ [\sqrt[3]{100}]=4$

$3^4=81$, $4^4=256$이므로

$3<\sqrt[4]{100}<4\quad\therefore\ [\sqrt[4]{100}]=3$

$2^5=32$, $3^5=243$이므로

$2<\sqrt[5]{100}<3\quad\therefore\ [\sqrt[5]{100}]=2$

$2^6=64$, $3^6=729$이므로

$2<\sqrt[6]{100}<3\quad\therefore\ [\sqrt[6]{100}]=2$

$1^7=1$, $2^7=128$이므로

$1<\sqrt[7]{100}<2\quad\therefore\ [\sqrt[7]{100}]=1$

$1<\sqrt[8]{100}<2\quad\therefore\ [\sqrt[8]{100}]=1$

$1<\sqrt[9]{100}<2\quad\therefore\ [\sqrt[9]{100}]=1$

$1<\sqrt[10]{100}<2\quad\therefore\ [\sqrt[10]{100}]=1$

$\therefore\ 10+4+3+2+2+1\times4=\mathbf{25}$ ←답

p. 75

12. $\dfrac{a+a^3+a^5+a^7+a^9}{\frac{1}{a^2}+\frac{1}{a^4}+\frac{1}{a^6}+\frac{1}{a^8}+\frac{1}{a^{10}}}\times\dfrac{a^{11}}{a^{11}}$

$=\dfrac{(a+a^3+a^5+a^7+a^9)\times a^{11}}{(a^9+a^7+a^5+a^3+a)}$

$=a^{11}\quad\therefore\ \boldsymbol{k=11}$ ←답

13. $\sqrt[4]{a}=243=3^5$에서 $a=(3^5)^4=3^{20}$

$\sqrt[5]{b}=625=5^4$에서 $b=(5^4)^5=5^{20}$

$\sqrt{c}=32=2^5$에서 $c=(2^5)^2=2^{10}$

$\therefore\ \sqrt[10]{\dfrac{ac}{b}}=\sqrt[10]{\dfrac{3^{20}\times2^{10}}{5^{20}}}=\sqrt[10]{\left(\dfrac{3^2\times2}{5^2}\right)^{10}}$

$=\mathbf{\dfrac{18}{25}}$ ←답

14. $(2^x+2^{-x})^2=2^{2x}+2^{-2x}+2$

$=4^x+4^{-x}+2=16$

$2^x+2^{-x}>0$이므로 $2^x+2^{-x}=4$

$\therefore\ 8^x+8^{-x}=(2^x)^3+(2^{-x})^3$

$=(2^x+2^{-x})^3-3(2^x+2^{-x})$

$=64-12=\mathbf{52}$ ←답

15. $(\text{준식})=\dfrac{1}{2}\{(a^x-a^{-x})^3+3(a^x-a^{-x})\}$

$=\dfrac{1}{2}\{(2\mathrm{A})^3+3\cdot2\mathrm{A}\}$

$=\dfrac{1}{2}(8\mathrm{A}^3+6\mathrm{A})$

$=\mathbf{4A^3+3A}$ ←답

16. 2^m을 x라고 하면 $2^{-m}=x^{-1}$이므로

$t=\dfrac{x-x^{-1}}{x+x^{-1}}=\dfrac{x^2-1}{x^2+1}\quad\therefore\ x^2=\dfrac{1+t}{1-t}$

$\therefore\ 4^m-4^{-m}=(2^m)^2-(2^{-m})^2=x^2-x^{-2}$

$=\dfrac{1+t}{1-t}-\dfrac{1-t}{1+t}=\boldsymbol{\dfrac{4t}{1-t^2}}$ ←답

17. $1+x^2=1+\left(\dfrac{a^{\frac{1}{n}}-a^{-\frac{1}{n}}}{2}\right)^2=1+\dfrac{a^{\frac{2}{n}}-2+a^{-\frac{2}{n}}}{4}$

$=\dfrac{a^{\frac{2}{n}}+2+a^{-\frac{2}{n}}}{4}=\left(\dfrac{a^{\frac{1}{n}}+a^{-\frac{1}{n}}}{2}\right)^2$

$\sqrt{1+x^2}=\sqrt{\left(\dfrac{a^{\frac{1}{n}}+a^{-\frac{1}{n}}}{2}\right)^2}=\dfrac{a^{\frac{1}{n}}+a^{-\frac{1}{n}}}{2}$

$x+\sqrt{1+x^2}=\dfrac{a^{\frac{1}{n}}-a^{-\frac{1}{n}}}{2}+\dfrac{a^{\frac{1}{n}}+a^{-\frac{1}{n}}}{2}$

$=a^{\frac{1}{n}}$

$\therefore\ (x+\sqrt{1+x^2})^n=(a^{\frac{1}{n}})^n=\boldsymbol{a}$ ←답

18. $125^x+125^{-y}=(5^x)^3+(5^{-y})^3$

$=(5^x+5^{-y})^3-3\cdot5^x\cdot5^{-y}(5^x+5^{-y})$

$=6^3-3\times5^{x-y}\times6=216-3\times5\times6$

$=\mathbf{126}$ ← 답

19. $2^x=\left(\frac{1}{\sqrt{5}}\right)^y=\sqrt[3]{10^z}=a$라고 하면

$2=a^{\frac{1}{x}}$ … ㉠, $5=a^{-\frac{2}{y}}$ … ㉡, $10=a^{\frac{3}{z}}$ … ㉢

㉠×㉡=㉢이므로

$a^{\frac{1}{x}}\times a^{-\frac{2}{y}}=a^{\frac{3}{z}}$, $a^{\frac{1}{x}-\frac{2}{y}}=a^{\frac{3}{z}}$

$\frac{1}{x}-\frac{2}{y}=\frac{3}{z}$ ∴ $\boldsymbol{k=-2}$ ← 답

20. $8^{\frac{1}{x}}+16^{\frac{1}{y}}\ge2\sqrt{8^{\frac{1}{x}}\cdot16^{\frac{1}{y}}}$

$8^{\frac{1}{x}}+16^{\frac{1}{y}}\ge2\sqrt{2^{\frac{3}{x}}\cdot2^{\frac{4}{y}}}$

$8^{\frac{1}{x}}+16^{\frac{1}{y}}\ge2\sqrt{2^{\frac{3}{x}+\frac{4}{y}}}$ … ㉠

한편 $xy=3y+4x$의 양변을 xy로 나누면

$1=\frac{3}{x}+\frac{4}{y}$

㉠에서 $8^{\frac{1}{x}}+16^{\frac{1}{y}}\ge2\sqrt{2}$ 답 $\mathbf{2\sqrt{2}}$

21. $2^a=3^b$에서 $2^{6a}=3^{6b}$, $(2^3)^{2a}=(3^2)^{3b}$

$1<2^3<3^2$이므로 $2a>3b$ … ㉠

$3^b=5^c$에서 $3^{15b}=5^{15c}$, $(3^5)^{3b}=(5^3)^{5c}$

$1<5^3<3^5$이므로 $3b<5c$ … ㉡

$2^a=5^c$에서 $2^{10a}=5^{10c}$, $(2^5)^{2a}=(5^2)^{5c}$

$1<5^2<2^5$이므로 $2a<5c$ … ㉢

㉠, ㉡, ㉢에서 $\boldsymbol{5c>2a>3b}$ ← 답

22. $4^{\alpha-\beta}+4^{\beta-\alpha}=\frac{(2^\alpha)^2}{(2^\beta)^2}+\frac{(2^\beta)^2}{(2^\alpha)^2}=\frac{(2^\alpha)^4+(2^\beta)^4}{(2^\alpha2^\beta)^2}$

$=\frac{\{(2^\alpha)^2+(2^\beta)^2\}^2-2(2^\alpha2^\beta)^2}{(2^\alpha2^\beta)^2}$

$=\frac{\{(2^\alpha+2^\beta)^2-2\cdot2^\alpha2^\beta\}^2-2(2^\alpha2^\beta)^2}{(2^\alpha2^\beta)^2}$ … ㉠

이차방정식 $x^2-3x+1=0$에서

$2^\alpha+2^\beta=3$, $2^\alpha2^\beta=1$이므로 ㉠에서

$4^{\alpha-\beta}+4^{\beta-\alpha}=\frac{(3^2-2)^2-2}{1^2}=\mathbf{47}$ ← 답

Note : 이차방정식 $x^2-3x+1=0$에서

$2^\alpha+2^\beta=3$, $2^\alpha2^\beta=2^{\alpha+\beta}=1$

$(2^\alpha+2^\beta)^2=4^\alpha+4^\beta+2\cdot2^{\alpha+\beta}=9$

$4^\alpha+4^\beta=7$

$(4^\alpha+4^\beta)^2=(4^\alpha)^2+(4^\beta)^2+2\cdot4^{\alpha+\beta}=49$

$(4^\alpha)^2+(4^\beta)^2=47$

한편, (준식)$=\frac{4^\alpha}{4^\beta}+\frac{4^\beta}{4^\alpha}=\frac{(4^\alpha)^2+(4^\beta)^2}{4^{\alpha+\beta}}=47$

23. 이차방정식 $x^2-10x+2a=0$에서

$\alpha+\beta=10$, $\alpha\beta=2a$

$\frac{\alpha^{-1}-\beta^{-1}}{\alpha^{-2}-\beta^{-2}}$의 분모, 분자에 $\alpha^2\beta^2$을 각각 곱하면

$\frac{(\alpha^{-1}-\beta^{-1})(\alpha^2\beta^2)}{(\alpha^{-2}-\beta^{-2})(\alpha^2\beta^2)}=\frac{\alpha\beta^2-\alpha^2\beta}{\beta^2-\alpha^2}$

$=\frac{\alpha\beta(\beta-\alpha)}{(\beta+\alpha)(\beta-\alpha)}$

$=\frac{\alpha\beta}{\beta+\alpha}=\frac{2a}{10}=1$

∴ $\boldsymbol{a=5}$ ← 답

p. 76

1. ① $\sqrt[6]{5\cdot6}$ ② $\sqrt[6]{6^3\cdot5}$ ③ $\sqrt[6]{5^3\cdot6}$

④ $\sqrt[6]{5^2\cdot6}$ ⑤ $\sqrt[6]{6^2\cdot5}$

따라서, 가장 큰 수는 $\sqrt[6]{6^3\cdot5}$ 답 ②

2. (준식)$=\sqrt{\frac{3^{14}+3^{10}}{3^8+3^4}}=\sqrt{\frac{3^{10}(3^4+1)}{3^4(3^4+1)}}=3^3=\mathbf{27}$ ← 답

3. $(\sqrt{2\sqrt{6}})^4=(2^{\frac{1}{2}}\times6^{\frac{1}{4}})^4=2^2\times6=\mathbf{24}$ ← 답

4. (준식)$=\{2\times(4\times8^{\frac{1}{4}})^{\frac{1}{3}}\}^{\frac{1}{2}}$

$=\{2\times(2^2\times2^{\frac{3}{4}})^{\frac{1}{3}}\}^{\frac{1}{2}}$

$=(2\times2^{\frac{11}{12}})^{\frac{1}{2}}$

$=(2^{\frac{23}{12}})^{\frac{1}{2}}=\mathbf{2^{\frac{23}{24}}}$ ← 답

5. (준식)$=\left(\frac{4}{9}\right)^{-\frac{2}{3}\times\frac{9}{4}}=\left(\frac{4}{9}\right)^{-\frac{3}{2}}=\left\{\left(\frac{2}{3}\right)^2\right\}^{-\frac{3}{2}}=\left(\frac{2}{3}\right)^{-3}$

$=\left(\frac{3}{2}\right)^3=\mathbf{\frac{27}{8}}$ ← 답

6. $(3\cdot9^{\frac{1}{3}})^{\frac{3}{5}}=(3\cdot3^{\frac{2}{3}})^{\frac{3}{5}}=(3^{\frac{5}{3}})^{\frac{3}{5}}=3$ 답 ③

7. $\{(-2)^2\}^{\frac{1}{2}}\times(\sqrt{2})^2=4^{\frac{1}{2}}\cdot2=\mathbf{4}$ ← 답

8. (준식)$=(2\cdot2^{\frac{1}{2}})^{\frac{1}{3}}\times(2^3)^{\frac{1}{6}}=(2^{\frac{3}{2}})^{\frac{1}{3}}\times2^{\frac{3}{6}}$

$=2^{\frac{1}{2}}\times2^{\frac{1}{2}}=\mathbf{2}$ ← 답

9. $\frac{1}{\sqrt{2}}\times\sqrt{32}\times\sqrt[3]{27}=\frac{1}{\sqrt{2}}\times4\sqrt{2}\times3=\mathbf{12}$ ← 답

10. $5^{-3}\times(5^2\times2^2)^{\frac{3}{2}}=5^{-3}\times5^3\times2^3=8$ ← 답

Note : $25^{-\frac{3}{2}}\times100^{\frac{3}{2}}=\left(\frac{100}{25}\right)^{\frac{3}{2}}=(2^2)^{\frac{3}{2}}=8$

11. $2^{\frac{5}{2}}\cdot2^{-\frac{1}{2}}\cdot2^{-\frac{1}{2}}=2^{\frac{5}{2}-\frac{1}{2}-\frac{1}{2}}=2^{\frac{3}{2}}=\mathbf{2\sqrt{2}}$ ← 답

12. (준식)$=a^{\sqrt{3}\times2\sqrt{3}}\div a^3\times(a^{\frac{1}{3}})^6$

$=a^6\div a^3\times a^2=a^{6-3+2}=a^5$

∴ $\boldsymbol{k=5}$ ← 답

p. 77

13. $(4^{x+y}+4^{x-y})^2-(4^{x+y}-4^{x-y})^2$
$=4^{2(x+y)}+2\cdot4^{x+y}\cdot4^{x-y}+4^{2(x-y)}$
$\quad-4^{2(x+y)}+2\cdot4^{x+y}\cdot4^{x-y}-4^{2(x-y)}$
$=2\cdot4^{2x}+2\cdot4^{2x}=4\cdot4^{2x}$
$=\mathbf{4^{2x+1}}$ ←답

14. $a=\sqrt{2}=2^{\frac{1}{2}}$, $b=\sqrt[3]{3}=3^{\frac{1}{3}}$이므로
$\sqrt[6]{6}=6^{\frac{1}{6}}=2^{\frac{1}{6}}\cdot3^{\frac{1}{6}}=(2^{\frac{1}{2}})^{\frac{1}{3}}\cdot(3^{\frac{1}{3}})^{\frac{1}{2}}=\boldsymbol{a^{\frac{1}{3}}b^{\frac{1}{2}}}$ ←답

15. $\left(\frac{3^{\sqrt{5}}}{9}\right)^{\sqrt{5}+2}=(3^{\sqrt{5}-2})^{\sqrt{5}+2}$
$=3^{(\sqrt{5}-2)(\sqrt{5}+2)}=\mathbf{3}$ ←답

16. $9^x=2$이므로 $3^{2x}=2$이다.
$\left(\frac{1}{27}\right)^{-4x}=(3^{-3})^{-4x}=3^{12x}$
$=(3^{2x})^6=2^6=\mathbf{64}$ ←답

17. $(\text{준식})=\frac{(\sqrt{10}+3)+2(\sqrt{10}+3)^{\frac{1}{2}}(\sqrt{10}-3)^{\frac{1}{2}}+\sqrt{10}-3}{\sqrt{10}+1}$
$=\frac{2\sqrt{10}+2}{\sqrt{10}+1}=\frac{2(\sqrt{10}+1)}{\sqrt{10}+1}=2$ 답 ②

18. 피자 8조각을 굽는데 걸리는 시간이 2조각을 굽는데 걸리는 시간의 a배라 하면
$1.2\times8^{\frac{1}{2}}=a\times1.2\times2^{\frac{1}{2}}$
$a\times2^{\frac{1}{2}}=8^{\frac{1}{2}}=2^{\frac{3}{2}}\quad\therefore a=2$ 답 ③

19. 깊이가 20 m인 곳의 빛의 밝기는 해수면의 밝기의 16 %이므로 $f(20)=\mathrm{A}a^{20}=0.16\mathrm{A}$이다.
$\therefore a^{10}=0.4$
깊이가 10 m인 곳의 밝기는 $f(10)=\mathrm{A}a^{10}=0.4\mathrm{A}$이므로 해수면의 밝기의 40 %이다. 답 **40 %**

20. 약품을 투여하고 5분이 경과한 후 혈액 속에 남아 있는 약품의 양이 a이므로 $a=10^{1-0.1}=10^{0.9}$에서 35분이 지난 후 혈액 속에 남아 있는 약품의 양은
$10^{1-0.7}=10^{0.3}=a^{\frac{1}{3}}=\sqrt[3]{a}$ 답 ①

p. 78

1. ㄱ. n이 홀수일 때, 양변을 n제곱하면
$(\sqrt[n]{-5})^n=(-\sqrt[n]{5})^n=-5$ (참)
ㄴ. n이 짝수일 때, $\sqrt[n]{(-5)^n}=5$ (거짓)
ㄷ. n이 홀수일 때, $x^n=-5$, 실수 $x=\sqrt[n]{-5}$ (참)
ㄹ. n이 짝수일 때, $x^n=5$, 실수 $x=\pm\sqrt[n]{5}$ (거짓)
답 ①

2. $7^{\frac{y}{2}}=(2^x)^{\frac{y}{2}}=2^{\frac{xy}{2}}=16=2^4$에서 $\frac{xy}{2}=4$이므로
$\therefore \boldsymbol{xy=8}$ ←답

3. $2^{2a-b}=2^{2a}\cdot2^{-b}=(2^a)^2(2^b)^{-1}$
$=3^2\times\frac{1}{45}=\mathbf{\frac{1}{5}}$ ←답

4. $x^2-4=(2^{\frac{1}{4}}-2^{-\frac{1}{4}})^2$이므로
$\sqrt{x^2-4}+x=(2^{\frac{1}{4}}-2^{-\frac{1}{4}})+(2^{\frac{1}{4}}+2^{-\frac{1}{4}})=\mathbf{2^{\frac{5}{4}}}$ ←답

5. $\sqrt[4]{a\sqrt[3]{a\sqrt{a}}}=a^{\frac{1}{4}+\frac{1}{12}+\frac{1}{24}}=a^{\frac{3}{8}}$
$\therefore \boldsymbol{m+n=11}$ ←답

6. $\sqrt{\frac{2^a\cdot5^b}{2}}$는 a는 홀수, b는 짝수일 때 자연수가 되고,
$\sqrt[3]{\frac{2^a\cdot5^b}{5}}$는 a와 $b-1$이 3의 배수일 때 자연수가 된다.
그러므로 a의 최솟값은 3이고, b의 최솟값은 4이다.
따라서, $3+4=\mathbf{7}$ ←답

7. $\left(\frac{1}{81}\right)^{\frac{1}{n}}=3^{-\frac{4}{n}}$이 자연수로 나타나므로 n은 4의 음의 약수 $n=-1,\ -2,\ -4$이다.
$\therefore 81+9+3=93$ 답 ④

8. $\left(\frac{1}{256}\right)^{\frac{1}{n}}=(2^{-8})^{\frac{1}{n}}=2^{-\frac{8}{n}}$에서 $2^{-\frac{8}{n}}$이 자연수이려면
$n=-1,\ -2,\ -4,\ -8$이어야 하고,
이때 $2^{-\frac{8}{n}}$의 값은 각각 256, 16, 4, 2이다.
따라서, 구하는 자연수의 개수는 4이다. 답 ④

9. $x=\frac{1}{2}(5^{\frac{1}{n}}-5^{-\frac{1}{n}})$이므로
$x^2+1=\frac{1}{4}(5^{\frac{2}{n}}-2+5^{-\frac{2}{n}})+1$
$=\frac{1}{4}(5^{\frac{2}{n}}+2+5^{-\frac{2}{n}})$
$=\frac{1}{4}(5^{\frac{1}{n}}+5^{-\frac{1}{n}})^2$
$\therefore (x+\sqrt{x^2+1})^n$
$=\left\{\frac{1}{2}(5^{\frac{1}{n}}-5^{-\frac{1}{n}})+\frac{1}{2}(5^{\frac{1}{n}}+5^{-\frac{1}{n}})\right\}^n$
$=(5^{\frac{1}{n}})^n=\mathbf{5}$ ←답

10. $x+y=(a^{\frac{1}{3}}+b^{\frac{1}{3}})^3$, $x-y=(a^{\frac{1}{3}}-b^{\frac{1}{3}})^3$이므로
$(x+y)^{\frac{2}{3}}+(x-y)^{\frac{2}{3}}$
$=\{(a^{\frac{1}{3}}+b^{\frac{1}{3}})^3\}^{\frac{2}{3}}+\{(a^{\frac{1}{3}}-b^{\frac{1}{3}})^3\}^{\frac{2}{3}}$
$=(a^{\frac{1}{3}}+b^{\frac{1}{3}})^2+(a^{\frac{1}{3}}-b^{\frac{1}{3}})^2$
$=2(a^{\frac{2}{3}}+b^{\frac{2}{3}})=2\cdot4=\mathbf{8}$ ←답

11. $2^x=a$에서 $2=a^{\frac{1}{x}}$ … ㉠
$3^y=a$에서 $3=a^{\frac{1}{y}}$ … ㉡
$5^z=a$에서 $5=a^{\frac{1}{z}}$ … ㉢

㉠, ㉡, ㉢을 변끼리 곱하면

$2\cdot3\cdot5=a^{\frac{1}{x}+\frac{1}{y}+\frac{1}{z}}$

여기서 $\frac{1}{x}+\frac{1}{y}+\frac{1}{z}=2$이므로

$a^2=30 \quad \therefore\ a=\sqrt{\mathbf{30}}\,(\because\ a>0)$ ←답

p. 79

12. $\frac{2}{2^{-10}+1}=\frac{2\cdot2^{10}}{(2^{-10}+1)2^{10}}=\frac{2^{11}}{1+2^{10}}$ 이므로

$\frac{2}{2^{-10}+1}+\frac{2}{2^{10}+1}=\frac{2^{11}}{1+2^{10}}+\frac{2}{2^{10}+1}$

$=\frac{2(1+2^{10})}{1+2^{10}}=2$

마찬가지로

$\frac{2}{2^{-9}+1}+\frac{2}{2^{9}+1}=\frac{2^{10}}{1+2^{9}}+\frac{2}{2^{9}+1}=2$

$\vdots$

$\frac{2}{2^{-1}+1}+\frac{2}{2^{1}+1}=\frac{2^{2}}{1+2^{1}}+\frac{2}{2^{1}+1}=2$

한편, $\frac{2}{2^0+1}=\frac{2}{1+1}=1$이다.

$\therefore\ \mathrm{A}+\mathrm{B}=2+2+\cdots+2+\frac{2}{2^0+1}$

$=2\times10+1=\mathbf{21}$ ←답

13. $2^a=3^2,\ 3^b=5^3$에서 $3=2^{\frac{a}{2}},\ 5=3^{\frac{b}{3}}$이므로

$5^c=(3^{\frac{b}{3}})^c=3^{\frac{bc}{3}}=(2^{\frac{a}{2}})^{\frac{bc}{3}}=2^{\frac{abc}{6}}$

$=2^{\frac{24}{6}}=2^4=\mathbf{16}$ ←답

14. $\sqrt[4]{a\sqrt{a^3}}=a^{\frac{5}{8}}$이므로 양수 a를 연산 장치에 입력하면 $a^{\frac{5}{8}}$이 출력된다.

따라서, $a^{\frac{3}{2}}$을 입력하면 $(a^{\frac{3}{2}})^{\frac{5}{8}}=a^{\frac{15}{16}}$

$\therefore\ m=16,\ n=15$

$\therefore\ m+n=\mathbf{31}$ ←답

15. $36=2^2\cdot3^2=a^mb^n=2^{\frac{2m}{3}}\cdot3^{\frac{n}{6}}$에서

$\frac{2m}{3}=2,\ \frac{n}{6}=2$ ($\because\ m,\ n$은 자연수)

$\therefore\ m+n=3+12=\mathbf{15}$ ←답

16. $2*\sqrt{2}=(\sqrt{2})^2=2\ (\because\ 2>\sqrt{2})$이므로

(준식)$=2*2\sqrt{2}=2^{2\sqrt{2}}\ (\because\ 2<2\sqrt{2})$ 답 ③

17. 2006년도의 인구수를 $\mathrm{P}\times10^6$(명)이라 하면

$\mathrm{P}=5\cdot2^{\frac{2006-2001}{15}}=5\cdot2^{\frac{5}{15}}=5\cdot2^{\frac{1}{3}}$이므로

$2\mathrm{P}=5\cdot2^{\frac{4}{3}}=5\cdot2^{\frac{t-2001}{15}}$에서

$\frac{4}{3}=\frac{t-2001}{15} \quad \therefore\ t=2021$ 답 ③

18. 소금물의 농도를 a라고 하면, 갑과 을이 각각 5회, n회 시행했을 때 소금물의 농도가 같으므로

$a\left(\frac{1}{4}\right)^5=a\left(\frac{1}{2}\right)^n$이 된다.

$\left(\frac{1}{4}\right)^5=\left(\frac{1}{2}\right)^n \quad \therefore\ \boldsymbol{n=10}$ ←답

19. $\sqrt{10}=10^{\frac{1}{2}},\ \sqrt[3]{10^2}=10^{\frac{2}{3}},\ \sqrt[6]{10^5}=10^{\frac{5}{6}}$이므로 금속덩어리의 부피는 $10^{\frac{1}{2}+\frac{2}{3}+\frac{5}{6}}=100$이다.

따라서, 부피가 작은 덩어리의 부피는 25이므로 한 모서리의 길이는 $\sqrt[3]{25}$이다. 답 ②

p. 80

1. $\sqrt[3]{2}\times\sqrt[6]{16}=\sqrt[3]{2}\times\sqrt[6]{2^4}=\sqrt[3]{2}\times\sqrt[3]{2^2}=\sqrt[3]{2^3}=2$ 답 ①

2. (준식)$=\sqrt{\sqrt{17+2\sqrt{72}}}+\sqrt{\sqrt{17-2\sqrt{72}}}$

$=\sqrt{\sqrt{9}+\sqrt{8}}+\sqrt{\sqrt{9}-\sqrt{8}}$

$=\sqrt{3+2\sqrt{2}}+\sqrt{3-2\sqrt{2}}$

$=\sqrt{2}+1+\sqrt{2}-1$

$=2\sqrt{2}$ 답 ②

3. $\sqrt{2+\sqrt{3}}=\frac{\sqrt{3}+1}{\sqrt{2}},\ \sqrt{2-\sqrt{3}}=\frac{\sqrt{3}-1}{\sqrt{2}}$

$2^x=\left(\frac{\sqrt{3}+1}{\sqrt{2}}-\frac{\sqrt{3}-1}{\sqrt{2}}\right)^{\frac{1}{3}}$

$=(\sqrt{2})^{\frac{1}{3}}=(2^{\frac{1}{2}})^{\frac{1}{3}}=2^{\frac{1}{6}} \quad \therefore\ x=\frac{1}{6}$ 답 ①

4. $\sqrt[4]{a\sqrt{a^k}}=(a\times a^{\frac{k}{2}})^{\frac{1}{4}}=(a^{\frac{2+k}{2}})^{\frac{1}{4}}=a^{\frac{2+k}{8}}$

준식에서 $a^{\frac{2}{3}}=a^{\frac{2+k}{8}} \quad \therefore\ \frac{2}{3}=\frac{2+k}{8}$

$16=6+3k \quad \therefore\ k=\frac{10}{3}$ 답 ⑤

5. $3^{\frac{2}{3}}\times9^{\frac{3}{2}}\div27^{\frac{8}{9}}=3^{\frac{2}{3}}\times3^3\div3^{\frac{8}{3}}=3^{\frac{2}{3}+3-\frac{8}{3}}=\mathbf{3}$ ←답

6. $9^{\frac{3}{2}}\times27^{-\frac{2}{3}}=(3^2)^{\frac{3}{2}}\times(3^3)^{-\frac{2}{3}}=3^3\times3^{-2}=3^{3-2}=3$ 답 ④

7. $a=3^{x+2}=9\cdot3^x \quad \therefore\ 3^x=\frac{a}{3^2}$

$\therefore\ 27^x=3^{3x}=(3^x)^3=\left(\frac{a}{3^2}\right)^3=\frac{a^3}{3^6}$ 답 ⑤

8. $\left(\frac{1}{2}\right)^{2a+b}=\frac{1}{2^{2a+b}}=\frac{1}{2^{2a}\cdot2^b}$

$=\frac{1}{(2^a)^2\cdot2^b}=\frac{1}{c^2d}$ 답 ③

9. $a=\sqrt{2}$에서 $a^2=2$

$b^3=\sqrt{3}$에서 $b^2=(b^3)^{\frac{2}{3}}=(\sqrt{3})^{\frac{2}{3}}=(3^{\frac{1}{2}})^{\frac{2}{3}}=3^{\frac{1}{3}}$

따라서, $(ab)^2=a^2b^2=2\cdot3^{\frac{1}{3}}$ 답 ①

p. 81

10. 분자, 분모에 a^{4x}을 곱하면

$\dfrac{a^{4x}(a^x+a^{2x}+a^{3x})}{a^x+a^{2x}+a^{3x}}=a^{4x}=\sqrt{3+2\sqrt{2}}=1+\sqrt{2}$

에서 $m=1$, $n=2$이므로

$100m+n=$**102** ←답

11. $8^x+8^{-y}=2^{3x}+2^{-3y}$

$=(2^x+2^{-y})^3-3\cdot 2^x2^{-y}(2^x+2^{-y})$

$=5^3-3\cdot 4\cdot 5=65$ 답 ⑤

12. $a=3^{\frac{1}{6}}$, $b=7^{\frac{1}{5}}$, $c=11^{\frac{1}{2}}$

$(abc)^n=(3^{\frac{1}{6}}\times 7^{\frac{1}{5}}\times 11^{\frac{1}{2}})^n$

$3^{\frac{n}{6}}\times 7^{\frac{n}{5}}\times 11^{\frac{n}{2}}$이 자연수이려면, $\frac{n}{6}$, $\frac{n}{5}$, $\frac{n}{2}$이 모두 자연수이어야 한다.

따라서, 최소의 자연수 n은 6, 5, 2의 최소공배수이므로 $n=30$이다. 답 **30**

13. $x=\left\{\dfrac{2^{11}(3^4+3^2+1)}{(3^2-1)(3^4+3^2+1)}\right\}^{\frac{1}{2n}}$

$=\left(\dfrac{2^{11}}{3^2-1}\right)^{\frac{1}{2n}}=2^{\frac{4}{n}}$

양의 정수 n에 대하여 x가 자연수가 되기 위한 n은 1, 2, 4이다.

따라서, $\text{A}=\{2, 4, 16\}$

그러므로 집합 A의 원소의 합은 **22** ←답

14. 두 점 (2, 0), (0, 4)를 지나는 직선의 방정식은

$y=-2x+4$이므로 $b=-2a+4$ $\quad\therefore 2a+b=4$

$\therefore (4^a+2^b)^2=(4^a-2^b)^2+4\cdot 4^a2^b$

$=6^2+4\cdot 2^{2a+b}=6^2+4\cdot 2^4=100$

그런데 $4^a+2^b>0$이므로 $4^a+2^b=\sqrt{100}=10$ 답 ③

15. $f(2\cdot 3)\times f(3\cdot 4)\times\cdots\times f(9\cdot 10)$

$=a^{\frac{1}{2\cdot 3}}\times a^{\frac{1}{3\cdot 4}}\times\cdots\times a^{\frac{1}{9\cdot 10}}$

$=a^{\frac{1}{2\cdot 3}+\frac{1}{3\cdot 4}+\cdots+\frac{1}{9\cdot 10}}$

$=a^{(\frac{1}{2}-\frac{1}{3})+(\frac{1}{3}-\frac{1}{4})+\cdots+(\frac{1}{9}-\frac{1}{10})}$

$=a^{\frac{1}{2}-\frac{1}{10}}=a^{\frac{4}{10}}=a^{\frac{2}{5}}=f\left(\dfrac{5}{2}\right)$

$\therefore k=\dfrac{5}{2}$ $\qquad\therefore 10k=10\cdot\dfrac{5}{2}=$**25** ←답

16. a의 n제곱근 중 실수인 것의 개수를 $f(a, n)$이므로

$f(2006, 2007)=1$

$f(2007, 2008)=2$

$f(-2008, 2009)=1$

$f(-2009, 2010)=0$

$\therefore 1+2+1+0=4$ 답 ③

17. ㄱ. $\sqrt[4]{\sqrt[3]{5}}=\sqrt[12]{5}\neq\sqrt[7]{5}$ (거짓)

ㄴ. $1\leq n<8$이면 $[\sqrt[3]{n}]=1$

$8\leq n<27$이면 $[\sqrt[3]{n}]=2$

$27\leq n\leq 36$이면 $[\sqrt[3]{n}]=3$

$[\sqrt[3]{1}]+[\sqrt[3]{2}]+[\sqrt[3]{3}]+\cdots+[\sqrt[3]{36}]$

$=1\times 7+2\times 19+3\times 10=75$ (참)

ㄷ. $1\leq a\leq 10$이면 $1\leq[\sqrt{a}]\leq 3$이다.

$[\sqrt{10}]=3$이므로

(i) $[\sqrt{a}]=1$, $[\sqrt{10-a}]=2$인 경우

$[\sqrt{a}]=1$이면 $1\leq\sqrt{a}<2$이므로 $1\leq a<4$

$[\sqrt{10-a}]=2$이면 $2\leq\sqrt{10-a}<3$이므로

$1<a\leq 6$

$\therefore 1<a<4$에서 $a=2, 3$

(ii) $[\sqrt{a}]=2$, $[\sqrt{10-a}]=1$인 경우

같은 방법으로 $6<a<9$ $\quad\therefore a=7, 8$

(iii) $[\sqrt{a}]=3$, $[\sqrt{10-a}]=0$인 경우

같은 방법으로 $9<a\leq 10$ $\quad\therefore a=10$

따라서, (i), (ii), (iii)에서

$a=2, 3, 7, 8, 10$으로 5개이다. (참) 답 ④

18. $\text{A}=m^{\frac{1}{m-8}}\cdot n^{\frac{1}{n-5}}=(m^{n-5}\cdot n^{m-8})^{\frac{1}{(m-8)(n-5)}}$

$\text{B}=m^{-\frac{1}{m-8}}\cdot n^{\frac{1}{n-5}}=(m^{-(n-5)}\cdot n^{m-8})^{\frac{1}{(m-8)(n-5)}}$

$=\left(\dfrac{n^{m-8}}{m^{n-5}}\right)^{\frac{1}{(m-8)(n-5)}}$

$\text{C}=m^{\frac{1}{m-8}}\cdot n^{-\frac{1}{n-5}}=(m^{n-5}\cdot n^{-(m-8)})^{\frac{1}{(m-8)(n-5)}}$

$=\left(\dfrac{m^{n-5}}{n^{m-8}}\right)^{\frac{1}{(m-8)(n-5)}}$

한편, $m-8>0$, $n-5>0$이므로 $\dfrac{1}{(m-8)(n-5)}>0$

A, B, C의 지수는 모두 같고 양수이므로 세 수 중에서 밑이 큰 수가 크다.

$1<m^{n-5}<n^{m-8}$이므로

$m^{n-5}\cdot n^{m-8}>\dfrac{n^{m-8}}{m^{n-5}}>\dfrac{m^{n-5}}{n^{m-8}}$

$\therefore \text{A}>\text{B}>\text{C}$ 답 ①

6. 지수함수

p. 82

1. $f(0)=\left(\dfrac{1}{2}\right)^{-k}=8$, $2^k=8$ $\qquad\therefore k=3$

따라서, $f(2)=\left(\frac{1}{2}\right)^{2-3}=\mathbf{2}$ ← 답

2. $(f\circ f)(x)=f(3\sqrt{x})=3\sqrt{3\sqrt{x}}$

$(f\circ f\circ f)(x)=f(3\sqrt{3\sqrt{x}})=3\sqrt{3\sqrt{3\sqrt{x}}}$

$\therefore (f\circ f\circ f)(9)=3\sqrt{3\sqrt{3\sqrt{9}}}=3\sqrt{3\sqrt{3\cdot3}}=3\sqrt{3\cdot3}$

$=3\times3=3^2=3^k \quad \therefore \mathbf{k=2}$ ← 답

3. $f(x+y)=2f(x)\cdot f(y)$에 $f(x)=2^{ax+b}$을 대입하면

$2^{a(x+y)+b}=2\cdot2^{ax+b}\cdot2^{ay+b}=2^{a(x+y)+2b+1}$

$a(x+y)+b=a(x+y)+2b+1 \quad \therefore b=-1$

또, $f\left(\frac{5}{2}\right)=2^{\frac{5}{2}a+b}=2\sqrt{2}=2^{\frac{3}{2}} \quad \therefore \frac{5}{2}a+b=\frac{3}{2}$

$b=-1$이므로 $\frac{5}{2}a-1=\frac{3}{2} \quad \therefore a=1$

$\therefore \mathbf{a=1,\ b=-1}$ ← 답

4. ① $f(2x)=2^{2x}=(2^x)^2=\{f(x)\}^2$

$\therefore f(2x)=\{f(x)\}^2$ (참)

② $f(x^2)=2^{x^2}$, $\{f(x)\}^2=(2^x)^2=2^{2x}$

$\therefore f(x^2)\neq\{f(x)\}^2$

③ $2f(x)=2\cdot2^x=2^{x+1}=f(x+1)$

$\therefore 2f(x)=f(x+1)$ (참)

④ $x=y=1$이면, $f(xy)=f(1)=2$

$f(x)+f(y)=f(1)+f(1)=4$

$\therefore f(xy)\neq f(x)+f(y)$

⑤ $f(-p)=2^{-p}=(2^p)^{-1}=\frac{1}{2^p}=\frac{1}{f(p)}$ (참)

답 ②, ④

5. ① $f(x)\cdot f(y)=a^x\cdot a^y=a^{x+y}=f(x+y)$ (참)

② $f(x)\div f(y)=a^x\div a^y=a^{x-y}=f(x-y)$ (참)

③ $f(x\div y)=a^{\frac{x}{y}}=f\left(\frac{x}{y}\right)\neq f(x)-f(y)$

④ $\{f(x)\}^y=\{a^x\}^y=a^{xy}=f(xy)$ (참)

⑤ $f(x)=a^x$은 일대일함수이므로 $f(p)=f(q)$이면 $p=q$이다. (참)

답 ③

6. $f(t)=\frac{1}{2}$에서 $\frac{a^t-a^{-t}}{a^t+a^{-t}}=\frac{1}{2}$, $\frac{a^{2t}-1}{a^{2t}+1}=\frac{1}{2}$

$2\cdot a^{2t}-2=a^{2t}+1 \quad \therefore a^{2t}=3$

$f(2t)=\frac{a^{2t}-a^{-2t}}{a^{2t}+a^{-2t}}=\frac{3-\frac{1}{3}}{3+\frac{1}{3}}=\mathbf{\frac{4}{5}}$ ← 답

7. $f(x)\cdot f(y)=4$이므로

$(a^x-a^{-x})(a^y-a^{-y})$

$=a^{x+y}+a^{-x-y}-(a^{x-y}+a^{-x+y})=4$ … ㉠

$g(x)\cdot g(y)=8$이므로

$(a^x+a^{-x})(a^y+a^{-y})$

$=a^{x+y}+a^{-x-y}+(a^{x-y}+a^{-x+y})=8$ … ㉡

㉡−㉠에서 $2(a^{x-y}+a^{-x+y})=4$

$\therefore a^{x-y}+a^{-x+y}=2$

$\therefore g(x-y)=a^{x-y}+a^{-x+y}=\mathbf{2}$ ← 답

8. $g\left(\frac{1}{9}\right)=a$라 하면 $f(a)=\frac{1}{9}$이므로

$3^a=\frac{1}{9}$, $3^a=3^{-2} \quad \therefore a=-2$

$g(81)=b$라 하면 $f(b)=81$이므로

$3^b=81$, $3^b=3^4 \quad \therefore b=4$

$\therefore g\left(\frac{1}{9}\right)\cdot g(81)=(-2)\times4=\mathbf{-8}$ ← 답

9. $f^{-1}(1)=0$이므로 $f(0)=1$

$f(0)=a^0+b=1$, $1+b=1$에서 $b=0$

$f(1)=a^1=3$, $a=3$, $f(x)=3^x$

$\therefore f(2)=3^2=\mathbf{9}$ ← 답

10. $g\left(\frac{40}{9}\right)=x$라 하면 $f(x)=\frac{40}{9}$

$\therefore \frac{3^x-3^{-x}}{2}=\frac{40}{9}$

$3^x=t\ (t>0)$로 놓으면, $t-\frac{1}{t}=\frac{80}{9}$

$9t^2-80t-9=0 \quad \therefore t=-\frac{1}{9}$ 또는 $t=9$

$t>0$이므로 $t=3^x=9 \quad \therefore \mathbf{x=2}$ ← 답

p. 83

11. (1) $A=\sqrt[4]{32}=2^{\frac{5}{4}}$, $B=\sqrt[3]{4}=2^{\frac{2}{3}}$, $C=\sqrt[5]{16}=2^{\frac{4}{5}}$

함수 $y=2^x$의 밑이 1보다 크므로 x의 값이 증가하면 y의 값도 증가한다.

$\frac{2}{3}<\frac{4}{5}<\frac{5}{4}$이므로 $2^{\frac{2}{3}}<2^{\frac{4}{5}}<2^{\frac{5}{4}}$

$\therefore \mathbf{B<C<A}$ ← 답

(2) 주어진 세 수를 밑이 0.1인 거듭제곱꼴로 나타내면

$\left(\frac{1}{100}\right)^{-2}=\{(0.1)^2\}^{-2}=(0.1)^{-4}$

$\sqrt{10}=10^{\frac{1}{2}}=(0.1)^{-\frac{1}{2}}$, $(0.1)^{-0.1}$

함수 $y=0.1^x$의 밑이 1보다 작은 양수이므로 x의 값이 증가하면 y의 값은 감소한다.

$-4<-\frac{1}{2}<-0.1$이므로

$(0.1)^{-0.1}<(0.1)^{-\frac{1}{2}}<(0.1)^{-4}$

$\therefore (0.1)^{-0.1}<\sqrt{10}<\left(\frac{1}{100}\right)^{-2}$ 답 $\mathbf{C<B<A}$

12. $\sqrt[n-1]{a^n}=a^{\frac{n}{n-1}}$ … ㉠

$\sqrt[n]{a^{n+1}}=a^{\frac{n+1}{n}}$ … ㉡

$\sqrt[n]{a^{n-1}}=a^{\frac{n-1}{n}}$ … ㉢

㉠, ㉡에서

$\frac{n}{n-1}-\frac{n+1}{n}=\frac{n^2-(n^2-1)}{n(n-1)}$

$=\frac{1}{n(n-1)}>0\ (\because\ n>2)$

$\therefore\ \frac{n}{n-1}>\frac{n+1}{n}$ … ㉣

㉡, ㉢에서

$\frac{n+1}{n}-\frac{n-1}{n}=\frac{2}{n}>0\ (\because\ n>2)$

$\therefore\ \frac{n+1}{n}>\frac{n-1}{n}$ … ㉤

㉣, ㉤에서 $\frac{n}{n-1}>\frac{n+1}{n}>\frac{n-1}{n}$

함수 $y=a^x$에서 $0<a<1$이므로 x의 값이 증가하면 y의 값은 감소한다.

$a^{\frac{n}{n-1}}<a^{\frac{n+1}{n}}<a^{\frac{n-1}{n}}$

곧, $\sqrt[n-1]{\boldsymbol{a}^n}<\sqrt[n]{\boldsymbol{a}^{n+1}}<\sqrt[n]{\boldsymbol{a}^{n-1}}$ ←답

13. (1)

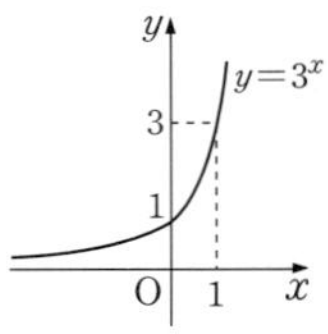

(2)

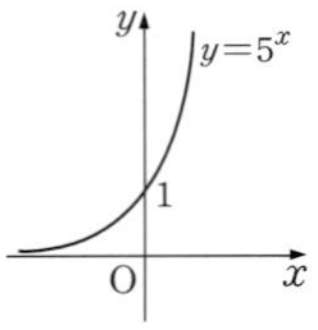

14. (1) $y=3^x$의 그래프를 x축에 대하여 대칭이동한 그래프이다.

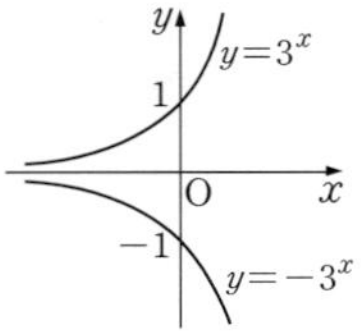

(2) $y=3^x$의 그래프를 y축에 대하여 대칭이동한 그래프이다.

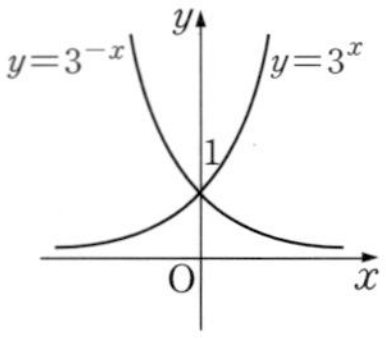

(3) $y=3^x$의 그래프를 원점에 대하여 대칭이동한 그래프이다.

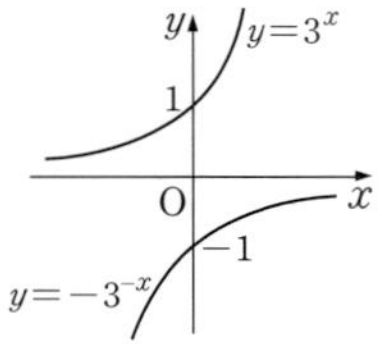

15. (i) $x<0$일 때, $f(x)=1$이므로 $y=2$

(ii) $0\leq x<2$일 때,

$f(x)=-x+1$이므로 $y=2^{-(x-1)}$

(iii) $x\geq 2$일 때,

$f(x)=-1$이므로 $y=2^{-1}=\frac{1}{2}$

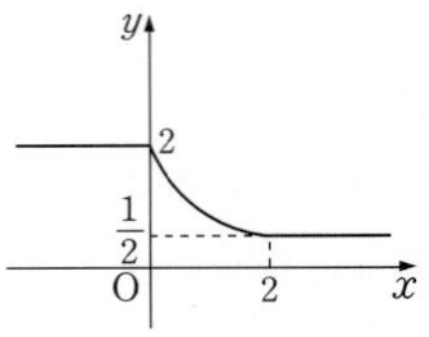

16. (1) **x축에 대하여 대칭이동시킨 후, x축의 방향으로 -1만큼 평행이동(또는 x축의 방향으로 -1만큼 평행이동시킨 후, x축에 대하여 대칭이동)**

(2) **원점에 대하여 대칭이동시킨 후, y축의 방향으로 -2만큼 평행이동**

(3) **x축의 방향으로 -2만큼, y축의 방향으로 -1만큼 평행이동**

(4) **y축에 대하여 대칭이동시킨 후, y축의 방향으로 2만큼 평행이동(또는 y축의 방향으로 2만큼 평행이동시킨 후, y축에 대하여 대칭이동)**

17. 함수 $y=2^{3x}$의 그래프를 x축의 방향으로 a만큼, y축의 방향으로 b만큼 평행이동하면

$y-b=2^{3(x-a)}$에서 $y=2^{3x-3a}+b$ … ㉠

$y=\frac{1}{8}\cdot 2^{3x}-3=2^{-3}\cdot 2^{3x}-3=2^{3x-3}-3$ … ㉡

㉠, ㉡이 일치하므로 $3x-3a=3x-3$, $b=-3$

답 $\boldsymbol{a=1,\ b=-3}$

18. $y=3^x$의 그래프를 y축에 대하여 대칭이동하면

$y=3^{-x}=\left(\frac{1}{3}\right)^x$

이것을 x축의 방향으로 m만큼, y축의 방향으로 n만큼 평행이동하면

$y=\left(\frac{1}{3}\right)^{x-m}+n=3^m\left(\frac{1}{3}\right)^x+n$

이것이 $y=27\cdot\left(\frac{1}{3}\right)^x+8$과 일치하므로

$3^m=27,\ n=8$

$\therefore\ \boldsymbol{m=3,\ n=8}$ ←답

19. 함수 $y=3^x$의 그래프를 x축의 방향으로 c만큼 평행이동한 후, x축에 대하여 대칭이동하면

$y=-3^{x-c}$

이것이 $f(x)=-\left(\frac{1}{3}\right)^{ax+b}=-(3^{-1})^{ax+b}=-3^{-ax-b}$와 일치하므로 $x-c=-ax-b$

$\therefore\ a=-1,\ b=c$

$f(x)=-\left(\frac{1}{3}\right)^{-x+b}$에서

$f(5)=-\left(\frac{1}{3}\right)^{-5+b}=-1,\ \left(\frac{1}{3}\right)^{-5+b}=1$

$-5+b=0$ $\therefore\ b=5$ 답 $\boldsymbol{a=-1,\ b=c=5}$

p. 84

1. $5^a=\alpha$, $5^b=\beta$이므로

$\alpha\beta=5^a\cdot5^b=5^{a+b}=125=5^3$

$\therefore$ $\boldsymbol{a+b=3}$ ←답

2. $y=3^x$의 그래프를 y축에 대하여 대칭이동하면

$y=3^{-x}$

이것을 x축의 방향으로 a만큼, y축의 방향으로 b만큼 평행이동하면

$y=3^{-(x-a)}+b$ … ㉠

㉠의 점근선이 -9이므로 $b=-9$

$\therefore$ $y=3^{-(x-a)}-9$ … ㉡

㉡이 원점을 지나므로 $3^a-9=0$

$3^a=9=3^2$에서 $a=2$

답 $\boldsymbol{a=2,\ b=-9}$

3. $y=\left(\frac{1}{3}\right)^{x+a}+b$의 그래프가 점 $(-1,\ -2)$를 지나므로

$\left(\frac{1}{3}\right)^{-1+a}+b=-2$, $3\left(\frac{1}{3}\right)^a+b=-2$ … ㉠

$y=\left(\frac{1}{3}\right)^{x+a}+b$의 그래프가 점 $\left(0,\ -\frac{8}{3}\right)$을 지나므로

$\left(\frac{1}{3}\right)^a+b=-\frac{8}{3}$ … ㉡

㉠$-$㉡을 하면 $2\left(\frac{1}{3}\right)^a=\frac{2}{3}$

$\left(\frac{1}{3}\right)^a=\frac{1}{3}$ $\quad\therefore$ $a=1$

$a=1$을 ㉡에 대입하면

$\frac{1}{3}+b=-\frac{8}{3}$ $\quad\therefore$ $b=-3$ 답 -2

4. ① 정의역은 실수 전체의 집합이고, 치역은 양의 실수 전체의 집합이다.

② $a>1$이면 x의 값이 증가할 때 y의 값도 증가하지만, $0<a<1$이면 x의 값이 증가할 때 y의 값은 감소한다.

④ 그래프는 x축을 점근선으로 갖는다.

⑤ $k>0$일 때, 그래프는 직선 $y=k$와 만난다.

답 ③

5. ① 밑이 1보다 크므로 x의 값이 증가하면 y의 값도 증가한다.

② 정의역은 실수 전체의 집합이고, 치역은 $\{y|y>5\}$이다.

③ $y=9\cdot3^{2x}+5=9\cdot9^x+5=9^{x+1}+5$이므로

$y=9\cdot3^{2x}+5$의 그래프는 $y=9^x$의 그래프를 x축의 방향으로 -1만큼, y축의 방향으로 5만큼 평행이동한 것이다.

④ $x=-1$, $y=6$이면 $6=9\times3^{-2}+5$이므로 참이다.

⑤ 그래프의 점근선의 방정식은 $y=5$이다.

답 ②, ⑤

6. $\mathrm{A}(k,\ 9^k)$, $\mathrm{B}(k,\ 3^{k+1})$이므로

$\overline{\mathrm{AB}}=9^k-3^{k+1}=54$

$(3^k)^2-3\cdot3^k-54=0$

$3^k=t$라고 하면 $t>0$, $t^2-3t-54=0$

$(t-9)(t+6)=0$, $t=9$

$3^k=9$에서 $\boldsymbol{k=2}$ ←답

7. $\mathrm{P}(a,\ k)$, $\mathrm{Q}(b,\ k)$라고 하면 $k=3^a$ … ㉠

$k=\frac{3^b}{27}$에서 $27k=3^b$ … ㉡

㉡÷㉠을 하면 $27=3^b\div3^a=3^{b-a}$

$3^3=3^{b-a}$ $\quad\therefore$ $\overline{\mathrm{PQ}}=b-a=\boldsymbol{3}$ ←답

8. $y=3a^{-x}$의 그래프는 항상 점 $(0,\ 3)$을 지난다.

$y=3a^{-x+2}-6=3a^{-(x-2)}-6$ … ㉠

이므로 ㉠의 그래프는 $y=3a^{-x}$의 그래프를 x축의 방향으로 2만큼, y축의 방향으로 -6만큼 평행이동한 것이다.

따라서, ㉠의 그래프가 항상 지나는 점은

$\mathrm{A}(0+2,\ 3-6)$, 즉 $\mathrm{A}(2,\ -3)$

$\therefore$ $\overline{\mathrm{OA}}=\sqrt{2^2+(-3)^2}=\boldsymbol{\sqrt{13}}$ ←답

p. 85

9. $\mathrm{A}(a,\ 4)$, $\mathrm{B}(b,\ 4)$라고 하면

$4^a=4$에서 $a=1$, $2^b=4$에서 $b=2$

$\therefore$ $\triangle\mathrm{AOB}=\frac{1}{2}\times(2-1)\times4=\boldsymbol{2}$ ←답

10. (1) $x=-1$일 때, 최댓값 4

$x=2$일 때, 최솟값 $\frac{1}{16}$

$\therefore$ 치역은 $\boldsymbol{\left\{y\,\middle|\,\frac{1}{16}\le y\le4\right\}}$ ←답

(2) $x=2$일 때, 최댓값 $\frac{9}{4}$

$x=-1$일 때, 최솟값 $\frac{2}{3}$

$\therefore$ 치역은 $\boldsymbol{\left\{y\,\middle|\,\frac{2}{3}\le y\le\frac{9}{4}\right\}}$ ←답

11. (1) $y=2^x\cdot3^{-x}=\left(\frac{2}{3}\right)^x$에서 $0<\frac{2}{3}<1$이므로

$x=-2$일 때, 최댓값 $\boldsymbol{\frac{9}{4}}$

$x=2$일 때, 최솟값 $\boldsymbol{\frac{4}{9}}$ ←답

(2) $y=3^{2x-1}=\frac{1}{3}\cdot 9^x$에서 $9>1$이므로

$x=0$일 때, 최솟값은 $\mathbf{\frac{1}{3}}$
$x=3$일 때, 최댓값은 **243** } ← 답

12. $y=2^{x^2-2x+3}$에서 밑이 1보다 크므로 y는 x^2-2x+3이 최대일 때 최댓값을 갖고, x^2-2x+3이 최소일 때 최솟값을 갖는다.

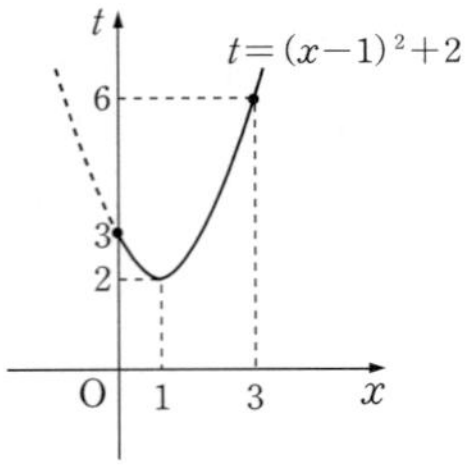

$t=x^2-2x+3$이라고 하면,
$t=(x-1)^2+2$이므로
$0\leq x\leq 3$에서 $2\leq t\leq 6$이다.
따라서, $y=2^{x^2-2x+3}$은
$t=6$(즉, $x=3$)일 때,
최댓값 64
$t=2$(즉, $x=1$)일 때, 최솟값 4
를 갖는다. 답 **최댓값 : 64, 최솟값 : 4**

13. $y=\left(\frac{1}{2}\right)^{x^2+4x+a}$에서 밑이 1보다 작은 양수이므로

y는 x^2+4x+a가 최소일 때 최댓값을 갖는다.
$t=x^2+4x+a$라고 하면 $t=(x+2)^2+a-4$
따라서, y는 $t=a-4$(즉, $x=-2$)일 때, 최댓값 32를 갖는다.

$\left(\frac{1}{2}\right)^{a-4}=32=2^5=\left(\frac{1}{2}\right)^{-5}$

$a-4=-5$ $\therefore$ $\boldsymbol{a=-1}$ ← 답

14. $f(x)=-x^2+4x+2$
$=-(x-2)^2+6$
이므로

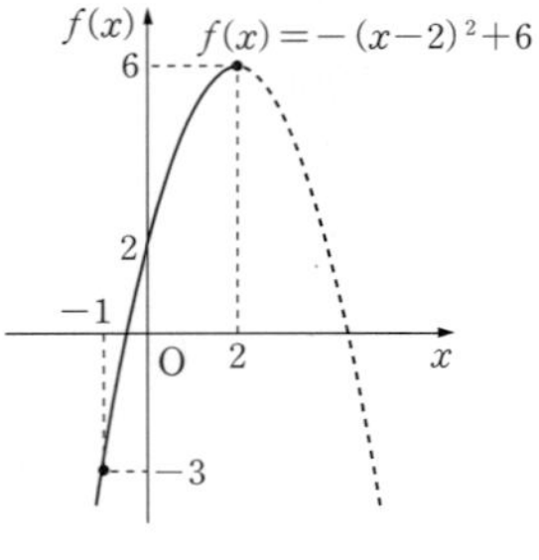

$-1\leq x\leq 2$에서
$-3\leq f(x)\leq 6$
$(g\circ f)(x)=\left(\frac{1}{2}\right)^{f(x)}$에서

밑 $\frac{1}{2}$은 1보다 작으므로

$f(x)=-3$일 때, 최댓값 $\left(\frac{1}{2}\right)^{-3}=8$

$f(x)=6$일 때, 최솟값 $\left(\frac{1}{2}\right)^6=\frac{1}{64}$

을 갖는다. 답 **최댓값 : 8, 최솟값 : $\mathbf{\frac{1}{64}}$**

15. $2^x=t$라 하면 $y=t^2-2t$ $\left(\frac{1}{2}\leq t\leq 4\right)$

$y=(t-1)^2-1$
따라서, $t=1$, 즉 $x=0$일 때, **최솟값** : **−1**
$t=4$, 즉 $x=2$일 때, **최댓값** : **8** } ← 답

16. $a^x=t$라 하면 $t>0$, $y=t^2-4t=(t-2)^2-4$
$t>0$이므로 y는 $t=2$일 때, 최솟값 -4를 갖는다.
$y=a^{2x}-4a^x$은 $x=2$일 때, 최솟값을 가지므로
$a^x=t$에서 $a^2=2$ $\therefore$ $\boldsymbol{a=\sqrt{2}}$ ← 답

17. $4^x+4^{-x}=(2^x+2^{-x})^2-2$이므로
$y=-(2^x+2^{-x})^2+2(2^x+2^{-x})+5$
$2^x+2^{-x}=t$로 치환하면
$\frac{2^x+2^{-x}}{2}\geq\sqrt{2^x\cdot 2^{-x}}=1$ (등호는 $2^x=2^{-x}$일 때 성립),
$t\geq 2$
$y=-t^2+2t+5=-(t-1)^2+6$
최댓값 : $t=2$일 때 **5** ← 답

18. $3^{x+2a}>0$, $\left(\frac{1}{3}\right)^{x+a}>0$이므로

$3^{x+2a}+\left(\frac{1}{3}\right)^{x+a}\geq 2\sqrt{3^{x+2a}\cdot\left(\frac{1}{3}\right)^{x+a}}=2\sqrt{3^a}$

(등호는 $3^{x+2a}=\left(\frac{1}{3}\right)^{x+a}$일 때 성립)

최솟값이 54이므로 $2\sqrt{3^a}=54$에서 $\sqrt{3^a}=27$

$3^{\frac{a}{2}}=3^3$ $\therefore$ $\boldsymbol{a=6}$ ← 답

p. 86

1. (1) $4^x=2^{2x}$, $2\sqrt{2}=2^{\frac{3}{2}}$이므로 주어진 방정식은 $2^{2x}=2^{\frac{3}{2}}$

따라서, $2x=\frac{3}{2}$ $\therefore$ $\boldsymbol{x=\frac{3}{4}}$ ← 답

(2) $3^{x-2}=27=3^3$이므로
$x-2=3$ $\therefore$ $\boldsymbol{x=5}$ ← 답

(3) $8^{x+1}=(2^3)^{x+1}=2^{3x+3}$, $\sqrt[3]{16}=\sqrt[3]{2^4}=2^{\frac{4}{3}}$이므로 주어진 방정식은 $2^{3x+3}=2^{\frac{4}{3}}$

따라서, $3x+3=\frac{4}{3}$, 즉 $\boldsymbol{x=-\frac{5}{9}}$ ← 답

(4) $10^4\cdot 10^x=\frac{10}{10^{2x}}$에서
$10^4\cdot 10^{3x}=10$, $10^{4+3x}=10$
$\therefore$ $3x+4=1$ $\therefore$ $\boldsymbol{x=-1}$ ← 답

2. $2^x=\frac{5}{5^x}$에서 $2^x\cdot 5^x=5$
$\therefore$ $10^x=5$, 즉 $10^a=5$
$100^a=(10)^{2a}=(10^a)^2=5^2=25$
따라서, $10^a+100^a=$**30** ← 답

3. (1) 밑을 $\frac{2}{3}$로 변형하면 $\left(\frac{2}{3}\right)^{2x^2-7}=\left(\frac{2}{3}\right)^{x-4}$

$2x^2-7=x-4$
곧, $(2x-3)(x+1)=0$
$\therefore$ $\boldsymbol{x=\frac{3}{2}}$ **또는** $\boldsymbol{x=-1}$ ← 답

(2) $4^{x^2}=2^{3x-1}$

$4^{x^2}=(2^2)^{x^2}=2^{2x^2}$이므로 $2^{2x^2}=2^{3x-1}$

밑이 같으므로 $2x^2=3x-1$

$2x^2-3x+1=0$, $(2x-1)(x-1)=0$

$\therefore$ $\boldsymbol{x=\frac{1}{2}}$ **또는** $\boldsymbol{x=1}$ ← 답

4. $\dfrac{10^{x^2+1}}{10^x}=1000$에서 $10^{x^2+1}=10^x\cdot10^3=10^{x+3}$이므로

$x^2+1=x+3$, $x^2-x-2=0$

따라서, 근과 계수의 관계에서 모든 근의 합은 **1** ← 답

5. (1) $(2^2)^x+2^x\cdot2^2-12=0$

$X=2^x$이라고 놓으면 $X>0$이고,

$(2^2)^x=(2^x)^2=X^2$, $2^x\cdot2^2=4X$

이므로 주어진 방정식은

$X^2+4X-12=0$

$(X+6)(X-2)=0$

$\therefore$ $X=-6$ 또는 $X=2$

그런데 $X=2^x>0$이므로 $X=2$, 즉 $2^x=2$

따라서, $\boldsymbol{x=1}$ ← 답

(2) $3^x=t$ $(t>0)$라 하면

$\dfrac{t^2}{9}+t^3=\dfrac{4}{27}t$, $3t^2+27t^3=4t$

$t(3t-1)(9t+4)=0$

$\therefore$ $t=0$ 또는 $t=\dfrac{1}{3}$ 또는 $t=-\dfrac{4}{9}$

$t>0$이므로 $t=\dfrac{1}{3}$

$3^x=\dfrac{1}{3}$ $\quad\therefore$ $\boldsymbol{x=-1}$ ← 답

6. (1) $(5^{|x|})^2-3\cdot5^{|x|}-10=0$

$5^{|x|}=X$ $(X>0)$로 놓으면 $X^2-3X-10=0$

$(X-5)(X+2)=0$ $\quad\therefore$ $X=5$ $(\because X>0)$

따라서, $5^{|x|}=5$에서 $\boldsymbol{x=\pm1}$ ← 답

(2) $2\cdot\{(\sqrt{2})^x\}^2-3\cdot(\sqrt{2})^x+1=0$

$(\sqrt{2})^x=X$ $(X>0)$로 놓으면 $2X^2-3X+1=0$

$(2X-1)(X-1)=0$ $\quad\therefore$ $X=\dfrac{1}{2}$ 또는 $X=1$

$\therefore$ $(\sqrt{2})^x=\dfrac{1}{2}$ 또는 $(\sqrt{2})^x=1$

(i) $(\sqrt{2})^x=\dfrac{1}{2}$에서 $2^{\frac{1}{2}x}=2^{-1}$

$\dfrac{1}{2}x=-1$ $\quad\therefore$ $x=-2$

(ii) $(\sqrt{2})^x=1$에서 $2^{\frac{1}{2}x}=2^0$ $\quad\therefore$ $x=0$

(i), (ii)에서 $\boldsymbol{x=-2}$ **또는** $\boldsymbol{x=0}$ ← 답

7. $2^x=X$ $(X>0)$라 하면 $X+\dfrac{9}{X}=6$

$X^2-6X+9=(X-3)^2=0$ $\quad\therefore$ $X=3$

$8^x-4^{x+1}=2^{3x}-4\cdot2^{2x}=X^3-4X^2$

$=27-36=\boldsymbol{-9}$ ← 답

8. $\begin{cases}x-y=2\\2^x-2^y=6\end{cases}$ 에서

$y=x-2$이므로 $2^x-2^{x-2}=6$

$2^x(1-2^{-2})=6$

$2^x=8$ $\quad\therefore$ $x=3$, $y=1$

$\therefore$ $2^x+2^y=2^3+2^1=\boldsymbol{10}$ ← 답

9. $2^x=X$, $2^y=Y$ $(X>0,\ Y>0)$라 하면

$X+Y=20$, $XY=64$

X, Y를 두 근으로 하는 이차방정식은

$t^2-20t+64=0$

$(t-4)(t-16)=0$, $t=4$ 또는 $t=16$

$\therefore$ $\begin{cases}X=4\\Y=16\end{cases}$ 또는 $\begin{cases}X=16\\Y=4\end{cases}$

$\therefore$ $\begin{cases}2^x=4\\2^y=16\end{cases}$ 또는 $\begin{cases}2^x=16\\2^y=4\end{cases}$

$\therefore$ $\begin{cases}\boldsymbol{x=2}\\\boldsymbol{y=4}\end{cases}$ **또는** $\begin{cases}\boldsymbol{x=4}\\\boldsymbol{y=2}\end{cases}$ ← 답

10. $x>5$이므로 $x+1\neq0$

따라서, 준 방정식이 성립하려면 밑이 서로 같아야 한다.

$x-5=3$ $\quad\therefore$ $\boldsymbol{x=8}$ ← 답

p. 87

11. $(x^x)^3=x^{x^3}$에서 $x^{3x}=x^{x^3}$

$3x=x^3$이므로 $x^3-3x=0$, $x(x^2-3)=0$

$\therefore$ $x=0$ 또는 $x=\pm\sqrt{3}$

$x>0$이므로 $\boldsymbol{x=\sqrt{3}}$ ← 답

12. $(f\circ g)(x)=f(g(x))=f(2x+1)=3^{2x+1}$ $\cdots$ ㉠

$(g\circ f)(x)=g(f(x))=g(3^x)=2\cdot3^x+1$ $\cdots$ ㉡

㉠=㉡이므로 $3^{2x+1}=2\cdot3^x+1$

$3\cdot3^{2x}-2\cdot3^x-1=0$에서 $3^x=t$ $(t>0)$라고 하면

$3t^2-2t-1=(3t+1)(t-1)=0$

$t>0$이므로 $t=1$

$3^x=1$에서 $x=0$ $\quad\therefore$ $a=0$

따라서, $3^a=3^0=\boldsymbol{1}$ ← 답

13. $27^x-2\cdot9^x=3^{x+1}$에서

$(3^x)^3-2(3^x)^2-3\cdot3^x=0$ $\cdots$ ㉠

$3^x=X$ $(X>0)$로 놓으면 ㉠은 $X^3-2X^2-3X=0$

$X(X+1)(X-3)=0$

$\therefore$ $X=0$ 또는 $X=-1$ 또는 $X=3$

그런데 X>0이므로 X=3, 즉 $3^x=3$

$\therefore\ x=1,\ f(1)=27-18=9$

따라서, 교점의 좌표는 **(1, 9)** ← 답

14. $A=\begin{pmatrix} 2-2^a & 1+2^{a-2} \\ 4 & 3 \end{pmatrix}$이 역행렬을 갖지 않으므로

$3(2-2^a)-4(1+2^{a-2})=0$

$6-3\cdot 2^a-4-4\cdot 2^{a-2}=0$

$2-3\cdot 2^a-2^a=0 \qquad \therefore\ 2^a=\dfrac{1}{2}$

따라서, $\boldsymbol{a=-1}$ ← 답

15. $16^x-5\cdot 4^x+4=(4^x)^2-5\cdot 4^x+4=0$

에서 $4^x=t\ (t>0)$라고 하면 $t^2-5t+4=0$

이때 두 근이 4^α, 4^β이므로

$4^\alpha+4^\beta=5,\ 4^\alpha\cdot 4^\beta=4$

$4^\alpha+4^\beta=5$에서 $2^{2\alpha}+2^{2\beta}=5$

$4^\alpha\cdot 4^\beta=4$에서 $2^{2\alpha}\cdot 2^{2\beta}=4,\ 2^{2(\alpha+\beta)}=2^2$

$\therefore\ 2^{\alpha+\beta}=2$

$(2^\alpha+2^\beta)^2=2^{2\alpha}+2\cdot 2^\alpha\cdot 2^\beta+2^{2\beta}$

$\qquad =2^{2\alpha}+2^{2\beta}+2\cdot 2^{\alpha+\beta}$

$\qquad =5+4=9$

$\therefore\ \boldsymbol{2^\alpha+2^\beta=3}$ ← 답

Note : $t^2-5t+4=0$

$(t-4)(t-1)=0 \qquad \therefore\ t=4$ 또는 $t=1$

$4^x=t$에서 $4^x=4$ 또는 $4^x=1$

$x=1$ 또는 $x=0 \qquad \therefore \begin{cases}\alpha=1\\ \beta=0\end{cases}$ 또는 $\begin{cases}\alpha=0\\ \beta=1\end{cases}$

따라서, $2^\alpha+2^\beta=3$

16. $x^2-3x+1=0$에서 $\alpha+\beta=3,\ \alpha\beta=1$

2^α, 2^β을 두 근으로 하고 x^2의 계수가 1인 이차방정식

$x^2-(2^\alpha+2^\beta)x+2^\alpha\cdot 2^\beta=0$

따라서, 상수항은

$2^\alpha\cdot 2^\beta=2^{\alpha+\beta}=2^3=\boldsymbol{8}$ ← 답

17. $2^t+5^t=a$ ⋯ ㉠, $2^t\cdot 5^t=100$ ⋯ ㉡

㉡에서 $(2\cdot 5)^t=10^t=10^2 \qquad \therefore\ t=2$

㉠에서 $a=2^2+5^2=29$ 답 $\boldsymbol{t=2,\ a=29}$

18. 준 이차방정식의 판별식은

$D=(2^a)^2-4\cdot 2^{a+1}=(2^a)^2-8\cdot 2^a<0$

$2^a=t\ (t>0)$라고 하면 $t^2-8t<0$

$t(t-8)<0$에서 $0<t<8$

$0<2^a<2^3$에서 $\boldsymbol{a<3}$ ← 답

19. 방정식 $4^x-2^{x+3}+k=0$의 두 근을 $\alpha,\ \beta\ (\alpha<0,\ \beta>0)$라고 하자.

$4^x-2^{x+3}+k=(2^x)^2-8\cdot 2^x+k=0$

에서 $2^x=t\ (t>0)$라고 하면

$t^2-8t+k=0$

의 두 근은 $t=2^\alpha,\ t=2^\beta$이고,

$0<2^\alpha<1,\ 2^\beta>1$이다.

$f(t)=t^2-8t+k$라고 하면

$f(t)=(t-4)^2+k-16$

이고 그래프는 오른쪽과 같다.

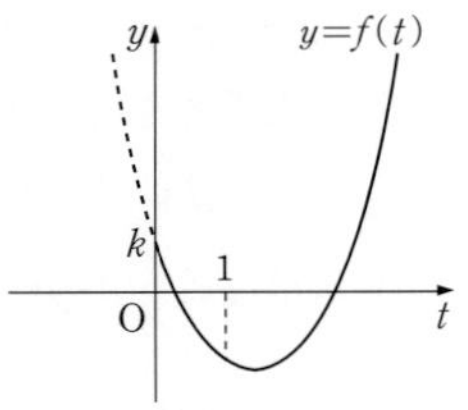

(i) $f(0)>0$이므로 $k>0$

(ii) $f(1)<0$이므로 $1-8+k<0,\ k<7$

(i), (ii)에서 $\boldsymbol{0<k<7}$ ← 답

20. $5^x=t\ (t>0)$라고 하면 준 방정식은

$t^2-2at+2a+24=0$

(두 근의 합)$=2a>0 \qquad \therefore\ a>0$ ⋯ ㉠

(두 근의 곱)$=2a+24>0 \qquad \therefore\ a>-12$ ⋯ ㉡

$\dfrac{D}{4}=a^2-2a-24=(a+4)(a-6)>0$

$\therefore\ a<-4$ 또는 $a>6$ ⋯ ㉢

㉠, ㉡, ㉢에서 $\boldsymbol{a>6}$ ← 답

21. $(2^x)^2-16\cdot 2^x-2a=0$에서 $2^x=t\ (t>0)$

라고 하면 $t^2-16t-2a=0$ ⋯ ㉠

$f(t)=t^2-16t-2a$

라고 하면

$f(t)=(t-8)^2-64-2a$

㉠이 한 개의 실근을 갖기 위해서는

$y=t^2-16t-2a$의 그래프가 t축과 접하거나,

y절편이 0 이하이어야 한다.

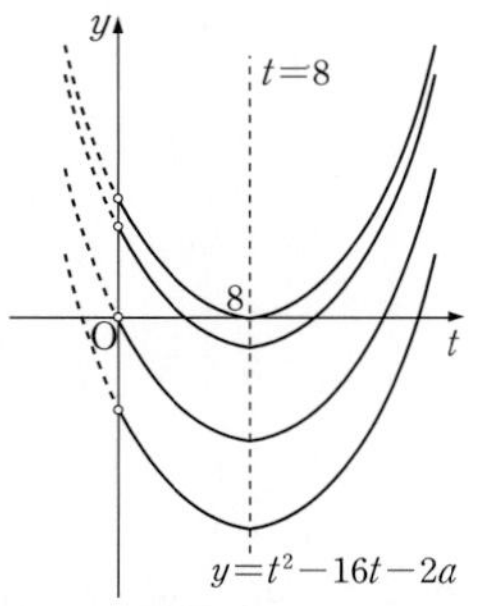

(i) $y=t^2-16t-2a$의 그래프가 t축과 접할 때,

$y=8^2-16\cdot 8-2a=0 \qquad \therefore\ a=-32$

(ii) $y=t^2-16t-2a$의 그래프의 y절편이 0 이하일 때, $-2a\le 0 \qquad \therefore\ a\ge 0$

$\therefore\ \boldsymbol{a=-32}$ **또는** $\boldsymbol{a\ge 0}$ ← 답

p. 88

1. (1) $4=2^2$이므로 $2^{1-x}>2^2$

밑이 1보다 크므로 $1-x>2$

$\therefore\ \boldsymbol{x<-1}$ ← 답

(2) 주어진 식을 변형하면 $3^{1-x}>3^3$

밑이 1보다 크므로 $1-x>3$

따라서, $\boldsymbol{x<-2}$ ← 답

(3) $\dfrac{3}{2}=\left(\dfrac{2}{3}\right)^{-1}$이므로 $\left(\dfrac{2}{3}\right)^{2x-1}>\left(\dfrac{2}{3}\right)^{x+3}$

밑이 1보다 작으므로 $2x-1<x+3$

$\therefore$ $\boldsymbol{x<4}$ ←답

(4) $(0.3)^{2(x+1)}<(0.3)^{3-x}$

밑이 1보다 작으므로

$2(x+1)>3-x$ $\therefore$ $\boldsymbol{x>\frac{1}{3}}$ ←답

2. 밑을 $\frac{1}{2}$로 정리하면 $\left(\frac{1}{2}\right)^{3x-1}\geq\left(\frac{1}{2}\right)^{2x+2}$

밑이 1보다 작으므로 $3x-1\leq 2x+2$

$x\leq 3$이므로 $x=1, 2, 3$ 답 **6**

3. (1) $3^{x^2}>3^{-2x+3}$이므로 $x^2>-2x+3$

$x^2+2x-3>0$, $(x+3)(x-1)>0$

따라서, $\boldsymbol{x>1}$ **또는** $\boldsymbol{x<-3}$ ←답

(2) $\left(\frac{1}{16}\right)^{x^2+x-4}=\left(\frac{1}{4}\right)^{2(x^2+x-4)}=\left(\frac{1}{4}\right)^{2x^2+2x-8}$이므로

$\left(\frac{1}{4}\right)^{x^2}<\left(\frac{1}{4}\right)^{2x^2+2x-8}$

밑 $\frac{1}{4}$이 1보다 작으므로

$x^2>2x^2+2x-8$, $x^2+2x-8<0$

$(x+4)(x-2)<0$ $\therefore$ $\boldsymbol{-4<x<2}$ ←답

4. $3^{x^2+1}\leq 27\cdot 3^x$에서 $3^{x^2+1}\leq 3^{x+3}$

$x^2+1\leq x+3$, $x^2-x-2\leq 0$

$(x+1)(x-2)\leq 0$ $\therefore$ $-1\leq x\leq 2$

따라서, 정수 x는 $-1, 0, 1, 2$ 답 **2**

5. (1) $\frac{1}{9}=\frac{1}{3^2}=3^{-2}$, $27=3^3$이므로

준 부등식은 $3^{-2}<3^x<3^3$

밑 3은 1보다 크므로 $\boldsymbol{-2<x<3}$ ←답

(2) $\frac{1}{4}<\left(\frac{1}{2}\right)^x\leq 32$에서 $\left(\frac{1}{2}\right)^2<\left(\frac{1}{2}\right)^x\leq\left(\frac{1}{2}\right)^{-5}$

밑 $\frac{1}{2}$이 1보다 작으므로 $\boldsymbol{-5\leq x<2}$ ←답

6. (1) $3^{-x}\leq 3^{\frac{3}{2}}$ … ㉠, $3^{\frac{3}{2}}<3^{-2x+2}$ … ㉡

㉠에서 $-x\leq\frac{3}{2}$ $\therefore$ $x\geq-\frac{3}{2}$

㉡에서 $\frac{3}{2}<-2x+2$ $\therefore$ $x<\frac{1}{4}$

$\therefore$ $\boldsymbol{-\frac{3}{2}\leq x<\frac{1}{4}}$ ←답

(2) $2\cdot\sqrt[3]{2}=2^{\frac{4}{3}}$, $\left(\frac{1}{2}\right)^{2x-3}=2^{-2x+3}$이므로

$2^{-x}<2\cdot\sqrt[3]{2}<\left(\frac{1}{2}\right)^{2x-3}$에서 $2^{-x}<2^{\frac{4}{3}}<2^{-2x+3}$

밑이 1보다 크므로 $-x<\frac{4}{3}<-2x+3$

$-x<\frac{4}{3}$에서 $x>-\frac{4}{3}$

$\frac{4}{3}<-2x+3$에서 $x<\frac{5}{6}$

$\therefore$ $\boldsymbol{-\frac{4}{3}<x<\frac{5}{6}}$ ←답

7. $4^{-3x-4}<32<\left(\frac{1}{2}\right)^{2x-7}$, $2^{-6x-8}<2^5<2^{-2x+7}$

밑이 1보다 크므로 $-6x-8<5<-2x+7$

$-6x-8<5$에서 $6x>-13$, $x>-\frac{13}{6}$

$5<-2x+7$에서 $2x<2$, $x<1$

$\therefore$ $-\frac{13}{6}<x<1$

이때 $x=-2, -1, 0$ 답 **−3**

8. $\left(\frac{5}{3}\right)^{-9}=\left(\frac{3}{5}\right)^9$

$\left(\frac{25}{9}\right)^{2x}=\left\{\left(\frac{5}{3}\right)^2\right\}^{2x}=\left(\frac{5}{3}\right)^{4x}=\left(\frac{3}{5}\right)^{-4x}$

준 부등식은

$\left(\frac{3}{5}\right)^9<\left(\frac{3}{5}\right)^{x^2}<\left(\frac{3}{5}\right)^{-4x}$

밑이 1보다 작으므로

$9>x^2>-4x$

$9>x^2$에서 $x^2-9=(x+3)(x-3)<0$

$\therefore$ $-3<x<3$ … ㉠

$x^2>-4x$에서 $x^2+4x=x(x+4)>0$

$\therefore$ $x<-4$ 또는 $x>0$ … ㉡

㉠, ㉡에서 $\boldsymbol{0<x<3}$ ←답

9. $2<4^x+2^x$ … ㉠, $4^x+2^x<72$ … ㉡

㉠에서 $(2^x)^2+2^x-2>0$

$2^x=t\ (t>0)$라고 하면 $t^2+t-2>0$

$(t+2)(t-1)>0$에서 $t>1$

$2^x>1$에서 $2^x>2^0$ $\therefore$ $x>0$ … ㉢

㉡에서 $(2^x)^2+2^x-72<0$

$2^x=t\ (t>0)$라고 하면 $t^2+t-72<0$

$(t-8)(t+9)<0$에서 $0<t<8$

$2^x<8$에서 $2^x<2^3$ $\therefore$ $x<3$ … ㉣

㉢, ㉣에서 $0<x<3$ 답 **3**

10. $3^x=t\ (t>0)$라 하면

$t^2-9t>1-\frac{t}{9}$에서

$9t^2-81t>9-t$, $9t^2-80t-9>0$

$(9t+1)(t-9)>0$

$t>0$이므로 $t>9$

즉, $x>2$이므로 최소의 정수는 **3** ←답

p. 89

11. $\left(\frac{1}{4}\right)^x=\left\{\left(\frac{1}{2}\right)^2\right\}^x=\left\{\left(\frac{1}{2}\right)^x\right\}^2$

$\left(\frac{1}{2}\right)^x=t\ (t>0)$라고 하면

$8t^2-6t+1<0,\ (4t-1)(2t-1)<0$

에서 $\frac{1}{4}<t<\frac{1}{2},\ \left(\frac{1}{2}\right)^2<\left(\frac{1}{2}\right)^x<\frac{1}{2}$

에서 밑이 1보다 작은 양수이므로 $\boldsymbol{1<x<2}$ ←답

12. $\frac{1}{2+\sqrt{3}}=\frac{2-\sqrt{3}}{(2+\sqrt{3})(2-\sqrt{3})}=2-\sqrt{3}$이므로

준 부등식은 $(2+\sqrt{3})^x+\frac{1}{(2+\sqrt{3})^x}\le4$

$2+\sqrt{3}=a$라고 하면 $a^x+\frac{1}{a^x}\le4$

$a^x=t\ (t>0)$라고 하면

$t+\frac{1}{t}\le4,\ t^2-4t+1\le0$

$2-\sqrt{3}\le t\le2+\sqrt{3}$

$\frac{1}{a}\le a^x\le a$이므로 $\boldsymbol{-1\le x\le1}$ ←답

13. $-1\le x\le3$에서 $2^{-1}\le2^x\le2^3$

$2^x=t\ (t>0)$라고 하면 $\frac{1}{2}\le t\le8$

$\left(t-\frac{1}{2}\right)(t-8)\le0,\ t^2-\frac{17}{2}t+4\le0$

$2t^2-17t+8\le0$ ⋯ ㉠

$t=2^x$이므로 ㉠은 $2\cdot(2^x)^2-17\cdot2^x+8\le0$

$2\cdot4^x-17\cdot2^x+8\le0$ $\quad\therefore\ \boldsymbol{a=-17}$ ←답

14. $3^{3x}>\left(\frac{1}{3}\right)^{3x+4}$에서 $3^{3x}>3^{-3x-4}$

$3x>-3x-4,\ 6x>-4$ $\quad\therefore\ x>-\frac{2}{3}$ ⋯ ㉠

$4^x-3\cdot2^x+2\le0$에서 $2^x=\mathrm{X}\ (\mathrm{X}>0)$로 놓으면

$\mathrm{X}^2-3\mathrm{X}+2\le0,\ (\mathrm{X}-1)(\mathrm{X}-2)\le0$

$\therefore\ 1\le\mathrm{X}\le2$

즉, $2^0\le2^x\le2^1$에서 $0\le x\le1$ ⋯ ㉡

㉠, ㉡에서 $\boldsymbol{0\le x\le1}$ ←답

15. $\left(\frac{1}{9}\right)^{-4}=(3^{-2})^{-4}=3^8$이므로

$3^{2x}>3^8$에서 $2x>8$ $\quad\therefore\ x>4$ ⋯ ㉠

$(0.04)^{x^2}\ge(0.008)^{4x}$에서 $(0.2)^{2x^2}\ge(0.2)^{12x}$

$2x^2\le12x,\ 2x^2-12x\le0$

$2x(x-6)\le0$ $\quad\therefore\ 0\le x\le6$ ⋯ ㉡

㉠, ㉡에서 $\boldsymbol{4<x\le6}$ ←답

16. (i) $0<a<1$인 경우

$2x+1<10-x,\ 3x<9$ $\quad\therefore\ \boldsymbol{x<3}$ ←답

(ii) $a>1$인 경우

$2x+1>10-x$ $\quad\therefore\ \boldsymbol{x>3}$ ←답

17. (i) $0<x<1$일 때 :

$x+2\ge x^2$이므로 $x^2-x-2\le0$

$(x+1)(x-2)\le0$ $\quad\therefore\ -1\le x\le2$

그런데 $0<x<1$이므로 $0<x<1$

(ii) $x>1$일 때 :

$x+2\le x^2$이므로 $x^2-x-2\ge0$

$(x+1)(x-2)\ge0$

$\therefore\ x\le-1$ 또는 $x\ge2$

그런데 $x>1$이므로 $x\ge2$

(i), (ii)에서 $\boldsymbol{0<x<1}$ **또는** $\boldsymbol{x\ge2}$ ←답

18. (i) $x>2$일 때 ($x-1>1$인 경우)

밑 $x-1$은 1보다 크므로

$x^2+8\le6x,\ x^2-6x+8\le0$

$(x-2)(x-4)\le0$ $\quad\therefore\ 2\le x\le4$

$\therefore\ 2<x\le4$

(ii) $1<x<2$일 때 ($0<x-1<1$인 경우)

밑 $x-1$은 0보다 크고 1보다 작으므로

$x^2+8\ge6x,\ x^2-6x+8\ge0$

$(x-2)(x-4)\ge0$ $\quad\therefore\ x\le2$ 또는 $x\ge4$

$\therefore\ 1<x<2$

(i), (ii)에서 $\boldsymbol{1<x<2}$ **또는** $\boldsymbol{2<x\le4}$ ←답

19. $2^x=t\ (t>0)$라고 하면 준 부등식은

$2\cdot2^{2x}+4\cdot2^x+a-2\ge0$에서

$2t^2+4t+a-2\ge0$ ⋯ ㉠

$f(t)=2t^2+4t+a-2$

라고 하면

$f(t)=2(t+1)^2+a-4$

$t>0$인 범위에서 ㉠이

항상 성립하려면

$f(0)=a-2\ge0$ $\quad\therefore\ \boldsymbol{a\ge2}$ ←답

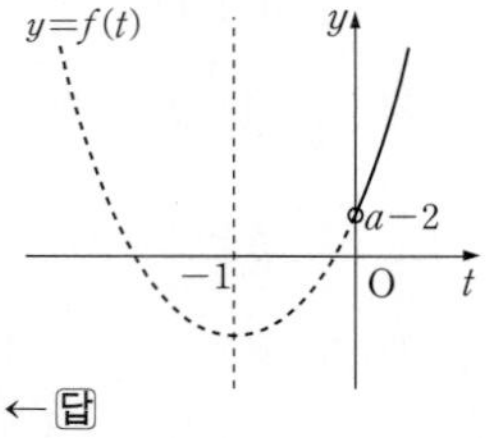

20. $2^x=t\ (t>0)$라고 하면 준 부등식은

$(2^x)^2-2^k\cdot2^x+4\ge0$에서

$t^2-2^kt+4\ge0$ ⋯ ㉠

$f(t)=t^2-2^kt+4$라고 하면

$f(t)=(t-2^{k-1})^2+4-2^{2(k-1)}$

$2^{k-1}>0$이므로

$f(t)$는 $x=2^{k-1}$일 때,

최솟값 $4-2^{2(k-1)}$을 갖는다.

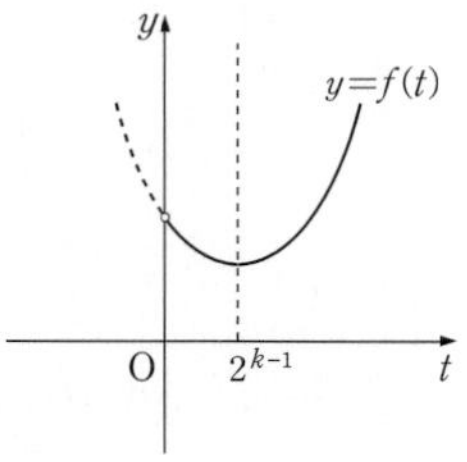

$4-2^{2(k-1)}\ge0$에서 $2^{2(k-1)}\le4=2^2,\ 2(k-1)\le2$

$\therefore\ \boldsymbol{k\le2}$ ←답

1. $f(a+b)=\dfrac{2^{a+b}+2^{-(a+b)}}{2^{a+b}-2^{-(a+b)}}$ … ㉠

$f(a)=\dfrac{2^a+2^{-a}}{2^a-2^{-a}}=\dfrac{4}{3}$에서

$3(2^a+2^{-a})=4(2^a-2^{-a})$

$2^a=7\cdot 2^{-a}$, $(2^a)^2=7$ $\quad\therefore 2^a=\sqrt{7}$

$f(b)=\dfrac{2^b+2^{-b}}{2^b-2^{-b}}=\dfrac{5}{4}$에서

$4(2^b+2^{-b})=5(2^b-2^{-b})$

$2^b=9\cdot 2^{-b}$, $(2^b)^2=9$ $\quad\therefore 2^b=3$

$\therefore 2^{a+b}=2^a\times 2^b=3\sqrt{7}$

$2^{-(a+b)}=\dfrac{1}{2^{a+b}}=\dfrac{1}{3\sqrt{7}}$

㉠에서

$f(a+b)=\dfrac{3\sqrt{7}+\dfrac{1}{3\sqrt{7}}}{3\sqrt{7}-\dfrac{1}{3\sqrt{7}}}=\dfrac{63+1}{63-1}=\mathbf{\dfrac{32}{31}}$ ← 답

2. (준식)$=a^{\frac{1}{1\cdot 2}}\times a^{\frac{1}{2\cdot 3}}\times a^{\frac{1}{3\cdot 4}}\times\cdots\times a^{\frac{1}{9\cdot 10}}$

$=a^{\frac{1}{1\cdot 2}+\frac{1}{2\cdot 3}+\frac{1}{3\cdot 4}+\cdots+\frac{1}{9\cdot 10}}$ … ㉠

(지수)$=\left(1-\dfrac{1}{2}\right)+\left(\dfrac{1}{2}-\dfrac{1}{3}\right)+\left(\dfrac{1}{3}-\dfrac{1}{4}\right)+\cdots+\left(\dfrac{1}{9}-\dfrac{1}{10}\right)$

$=1-\dfrac{1}{10}=\dfrac{9}{10}$

㉠에서

(준식)$=a^{\frac{9}{10}}=f\left(\dfrac{10}{9}\right)=f(k)$ $\quad\therefore \boldsymbol{k=\dfrac{10}{9}}$ ← 답

Note : $\dfrac{1}{n(n+1)}=\dfrac{1}{n}-\dfrac{1}{n+1}$

3. $a>0$이고, $a^2<a$이므로 $0<a<1$

$b>0$이고, $b<b^2$이므로 $b>1$ $\quad\therefore 0<a<1<b$

(i) $0<a<1$이므로 $a<\dfrac{1}{a}$ $\quad\therefore a^{\frac{1}{a}}<a^a<1$

(ii) $b>1$이므로 $\dfrac{1}{b}<b$ $\quad\therefore 1<b^{\frac{1}{b}}<b^b$

(i), (ii)에서 $\boldsymbol{a^{\frac{1}{a}}<a^a<b^{\frac{1}{b}}<b^b}$ ← 답

4. 함수 $y=2^x$의 그래프를 원점에 대하여 대칭이동한 후, y축의 방향으로 k만큼 평행이동하면 $y=-2^{-x}+k$

이때 두 함수 $y=-2^{-x}+k$, $y=2^x$의 그래프의 교점의 좌표를 $(\alpha, 2^\alpha)$, $(\beta, 2^\beta)$이라 하면

$2^\alpha=-2^{-\alpha}+k$, $\alpha+\beta=0$, $\dfrac{2^\alpha+2^\beta}{2}=2$

$2^\alpha+2^\beta=4$에서 $2^\alpha+2^{-\alpha}=4$

$2^\alpha+2^{-\alpha}=k$이므로 $\boldsymbol{k=4}$ ← 답

5. $y=\left(\dfrac{1}{2}\right)^x$의 그래프를 x축의 방향으로 m만큼, y축의 방향으로 n만큼 평행이동하면

$y=\left(\dfrac{1}{2}\right)^{x-m}+n$ … ㉠

㉠의 점근선이 $y=-2$이므로 $n=-2$

$y=\left(\dfrac{1}{2}\right)^{x-m}-2$의 그래프가 점 (0, 6)을 지나므로

$6=\left(\dfrac{1}{2}\right)^{-m}-2$, $2^m=8$, $m=3$

$\therefore \boldsymbol{y=\left(\dfrac{1}{2}\right)^{x-3}-2}$ ← 답

6. $f(a)=2^a=3$, $f(b)=2^b=4$

(1) $f(2a+3b)=2^{2a+3b}=2^{2a}\times 2^{3b}$

$=(2^a)^2\times(2^b)^3$

$=3^2\times 4^3=\mathbf{576}$ ← 답

(2) $f(2b-3a)=2^{2b-3a}=\dfrac{2^{2b}}{2^{3a}}$

$=\dfrac{(2^b)^2}{(2^a)^3}=\dfrac{4^2}{3^3}=\mathbf{\dfrac{16}{27}}$ ← 답

7. (1) $0<a<b$이고, $p>0$이므로

$a^p<b^p$이다. $\quad\therefore f(p)<g(p)$ 답 참

(2) $f(p)=g(-p)$이면 $a^p=b^{-p}$이므로 $a=\dfrac{1}{b}$

$\therefore f\left(-\dfrac{1}{p}\right)=a^{-\frac{1}{p}}=\left(\dfrac{1}{b}\right)^{-\frac{1}{p}}=b^{\frac{1}{p}}=g\left(\dfrac{1}{p}\right)$

답 참

(3) $a=\dfrac{1}{3}$, $b=9$이면

$f(p)=\left(\dfrac{1}{3}\right)^p=3^{-p}$

$g(-p)=9^{-p}=3^{-2p}$

이때 $p>0$이므로 $-p>-2p$ $\quad\therefore 3^{-p}>3^{-2p}$

즉, $f(p)>g(-p)$이지만 $a<1$이다. 답 거짓

8. $\mathrm{A}(a, 3^a)$, $\mathrm{B}(b, 3^b)$이고,

$\overline{\mathrm{AB}}$의 중점의 좌표가 (2, 15)이므로

$\dfrac{a+b}{2}=2$에서 $a+b=4$

$\dfrac{3^a+3^b}{2}=15$에서 $3^a+3^b=30$

$b=4-a$이므로 $3^a+3^{4-a}=30$

$(3^a)^2-30\cdot 3^a+81=0$

$(3^a-3)(3^a-27)=0$

$3^a=3$ 또는 $3^a=27$에서 $a=1$ 또는 $a=3$

$b>2$이므로 $a=1$, $b=3$

$\therefore$ **A(1, 3), B(3, 27)** ← 답

9. $\mathrm{B}(k, 0)$이므로 $\mathrm{A}(k, 3^k)$, $\mathrm{C}(0, 3^k)$이다.

$\mathrm{D}(0, 1)$이므로 $\square\mathrm{ACOB}=k\cdot 3^k$

$\overline{\mathrm{CD}}=3^k-1$이므로 $\triangle\mathrm{ACD}=\dfrac{1}{2}k(3^k-1)$

$\frac{1}{2}k(3^k-1)\geq\frac{4}{9}k\cdot3^k$

$9k(3^k-1)\geq8k\cdot3^k$, $k\cdot3^k\geq9k$

$3^k\geq9$, $3^k\geq3^2$ $\quad\therefore$ $\boldsymbol{k\geq2}$ ←답

p. 91

10. 직선 $x=0$과 두 함수 $y=3^x+4$, $y=3^x$의 그래프와의 교점을 A, B라 하고, 두 점 A, B를 지나고 x축에 평행한 직선이 $x=2$와 만나는 점을 각각 D, C라고 하자.

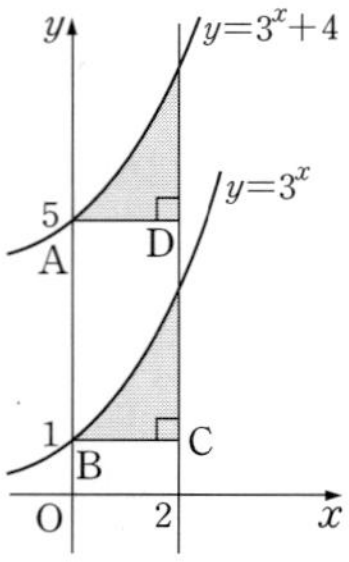

함수 $y=3^x+4$의 그래프는 함수 $y=3^x$의 그래프를 y축의 방향으로 4만큼 평행이동한 것이므로 오른쪽 그림에서 어두운 두 부분의 넓이는 같다.

$\overline{AB}=4$, $\overline{BC}=2$이므로 구하는 넓이는 $2\times4=8$ ←답

11. 밑 a가 $0<a<1$이므로 주어진 함수는 지수가 최대일 때 최솟값을 갖는다.

$f(x)=-x^2+2x+2$라고 하면

$f(x)=-(x-1)^2+3$이므로 $f(x)$는 최댓값 3을 갖는다.

따라서, $y=a^{f(x)}$의 최솟값은

$a^3=\frac{1}{27}$ $\quad\therefore$ $\boldsymbol{a=\frac{1}{3}}$ ←답

12. $2^x=t\ (t>0)$라고 하면

$2^{-1}\leq2^x<2^1$에서 $\frac{1}{2}\leq t\leq2$이고,

$(2^x)^2-2\cdot2^x+2=t^2-2t+2=(t-1)^2+1$

$f(t)=(t-1)^2+1$이라고 하면

$1\leq f(t)\leq2$

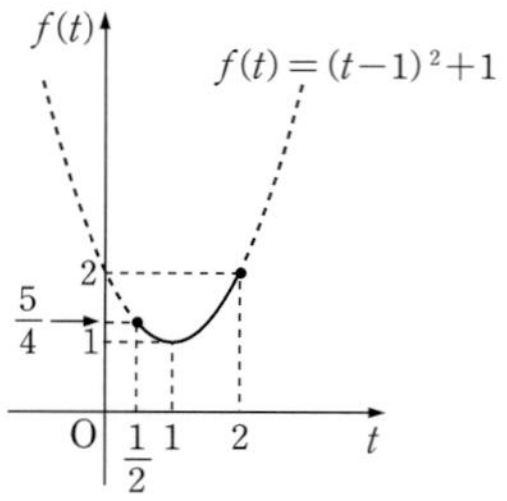

(i) $a>1$인 경우 : $f(t)=2$일 때,

$y=a^{f(t)}$는 최대이므로 $a^2=4$ $\quad\therefore$ $a=2$

(ii) $0<a<1$인 경우 : $f(t)=1$일 때,

$y=a^{f(t)}$은 최대이므로 $a=4$

(이것은 $0<a<1$인 조건에 어긋난다.)

(i), (ii)에서 $\boldsymbol{a=2}$ ←답

13. $4^x+4^y\geq2\sqrt{4^x\cdot4^y}=2\sqrt{4^{x+y}}$

(등호는 $4^x=4^y$일 때 성립)

그런데 $x+y=2$이므로 $4^x+4^y\geq2\sqrt{4^2}=8$

$\therefore$ $a=8$

$2x+y\geq2\sqrt{2x\cdot y}=2\sqrt{2\cdot2}=4$

(등호는 $2x=y$일 때 성립)

$\therefore$ $2^{2x}\cdot2^y=2^{2x+y}\geq2^4=16$

$\therefore$ $b=16$ $\quad\therefore$ $a+b=\boldsymbol{24}$ ←답

Note : $x+y>0$, $xy>0$이므로 $x>0$, $y>0$이다.

따라서, $2x>0$, $y>0$이므로 $2x+y\geq2\sqrt{2xy}$

14. $3^x+3^{-x}\geq2\sqrt{3^x\cdot3^{-x}}=2$

(등호는 $3^x=3^{-x}$일 때 성립)

$3^x+3^{-x}=t\ (t\geq2)$라고 하면

$9^x+9^{-x}=(3^x+3^{-x})^2-2$이므로

$y=t^2-2t-2=(t-1)^2-3$

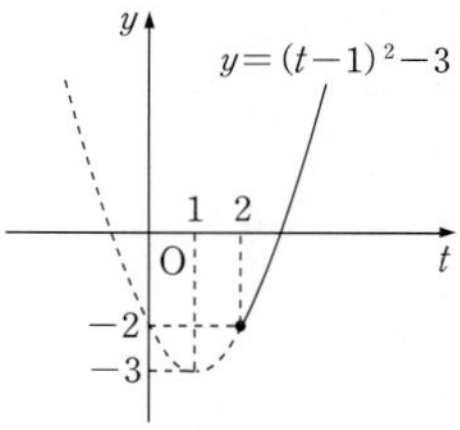

따라서, $t=2$일 때, y는 최솟값 -2를 갖는다.

답 -2

15. $\sqrt{2+\sqrt3}=\frac{\sqrt{4+2\sqrt3}}{\sqrt2}=\frac{\sqrt3+1}{\sqrt2}$

$\sqrt{2-\sqrt3}=\frac{\sqrt{4-2\sqrt3}}{\sqrt2}=\frac{\sqrt3-1}{\sqrt2}$

$\frac{\sqrt3+1}{\sqrt2}-\frac{\sqrt3-1}{\sqrt2}=\frac{2}{\sqrt2}=\sqrt2$

$\therefore$ $2^x=(\sqrt2)^{\frac{1}{5}}=(2^{\frac{1}{2}})^{\frac{1}{5}}=2^{\frac{1}{10}}$ $\quad\therefore$ $\boldsymbol{x=\frac{1}{10}}$ ←답

16. $a^x=t\ (t>0)$라고 하면

(준식)$=t^2-2t-8=(t-4)(t+2)=0$

$t>0$이므로 $t=4$ 즉, $a^x=4$

$x=\frac{1}{2}$이므로 $a^{\frac{1}{2}}=4$ $\quad\therefore$ $\boldsymbol{a=16}$ ←답

17. $a^{2x}-25a^x+81=0$ $\quad\cdots$ ㉠

에서 $a^x=t\ (t>0)$라고 하면

$t^2-25t+81=0$

㉠의 두 근을 α, β라고 하면

$t=a^\alpha$, $t=a^\beta$

$a^\alpha\cdot a^\beta=a^{\alpha+\beta}=81$

㉠의 두 근의 합이 4이므로 $\alpha+\beta=4$

$a^4=81$ $\quad\therefore$ $\boldsymbol{a=3}$ ←답

18. $4^x+8m\cdot 2^x-5m=0$ $\cdots$ ㉠

에서 $2^x=t\ (t>0)$라고 하면

$t^2+8mt-5m=0$ $\cdots$ ㉡

㉠이 서로 다른 두 실근을 가지므로

㉡은 서로 다른 두 양의 실근을 갖는다.

㉡의 판별식을 D라고 하면

$\frac{D}{4}=16m^2+5m=m(16m+5)>0$

$m<-\frac{5}{16}$ 또는 $m>0$ $\cdots$ ㉢

㉡의 두 근의 합이 양수이므로

$-8m>0$ $\therefore\ m<0$ $\cdots$ ㉣

㉡의 두 근의 곱이 양수이므로

$-5m>0$ $\therefore\ m<0$ $\cdots$ ㉤

㉢, ㉣, ㉤에서 $\boldsymbol{m<-\frac{5}{16}}$ ←답

19. $4^x-2(a+2)\cdot 2^x+a^2=0$ $\cdots$ ㉠

㉠에서 $2^x=t\ (t>0)$라고 하면

$t^2-2(a+2)t+a^2=0$ $\cdots$ ㉡

㉠의 두 근이 모두 2보다 크므로

㉡의 두 근은 모두 4보다 크다.

$f(t)=t^2-2(a+2)t+a^2$이라고 하면

$f(t)=\{t-(a+2)\}^2-4a-4$

(i) ㉡의 판별식을 D라고 하면

$\frac{D}{4}=(a+2)^2-a^2=4a+4>0$ $\therefore\ a>-1$

(ii) $f(4)=a^2-8a=a(a-8)>0$

$\therefore\ a<0$ 또는 $a>8$

(iii) $y=f(t)$의 그래프의 꼭짓점의 x좌표가 4보다 크므로

$a+2>4$ $\therefore\ a>2$

(i), (ii), (iii)에서 $\boldsymbol{a>8}$ ←답

p. 92

20. $2^x+2^{-x}\geq 2\sqrt{2^x\cdot 2^{-x}}=2$

(등호는 $2^x=2^{-x}$일 때 성립)

$2^x+2^{-x}=t\ (t\geq 2)$라고 하면

$4^x+4^{-x}=(2^x+2^{-x})^2-2$이므로

준 방정식은 $t^2-2kt+2=0$ $\cdots$ ㉠

$f(t)=t^2-2kt+2$라고 하면

$f(t)=(t-k)^2+2-k^2$

$t\geq 2$일 때, ㉠이 실근을 갖지 않을 조건을 구하면

(i) $k\leq 2$일 때 : $f(2)=-4k+6>0$ $\therefore\ k<\frac{3}{2}$

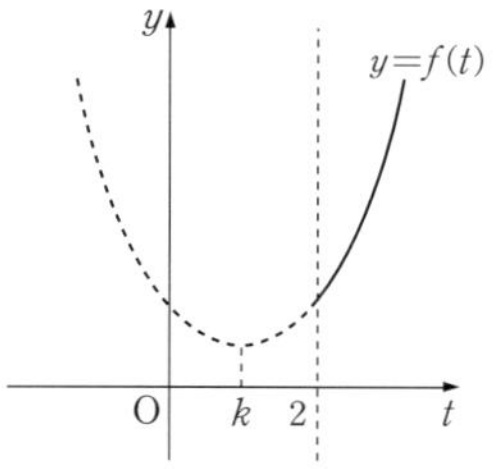

(ii) $k>2$일 때 : $f(k)=2-k^2>0$,

$(k+\sqrt{2})(k-\sqrt{2})<0$, $-\sqrt{2}<k<\sqrt{2}$

이때 $k>2$를 만족하는 k의 값은 없다.

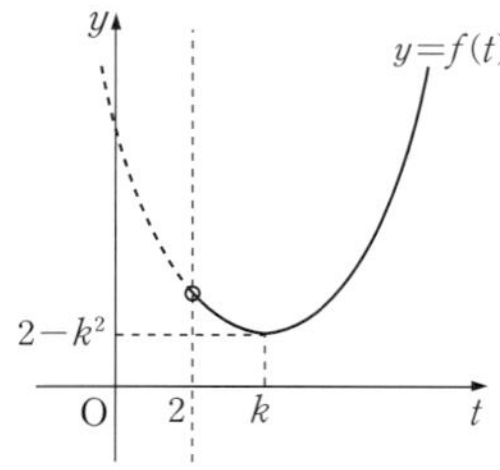

(i), (ii)에서 $\boldsymbol{k<\frac{3}{2}}$ ←답

21. 행렬 A가 역행렬을 가지므로

$4^x+k-2^{x+1}(2-k)\neq 0$

$4^x-2(2-k)2^x+k\neq 0$ $\cdots$ ㉠

$2^x=t\ (t>0)$라고 하면 ㉠은

$t^2-2(2-k)t+k\neq 0$ $\cdots$ ㉡

$f(t)=t^2-2(2-k)t+k$라고 하면

$f(t)=\{t-(2-k)\}^2-k^2+5k-4$

$t>0$일 때, ㉡이 실근을 갖지 않을 조건을 구하면

(i) (대칭축)$=2-k\leq 0$

즉, $k\geq 2$일 때, $f(0)=k\geq 0$ $\therefore\ k\geq 2$

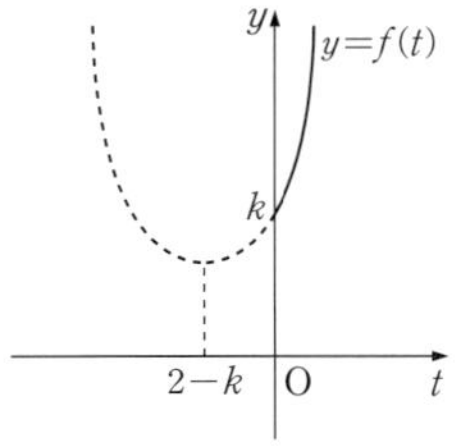

(ii) (대칭축)$=2-k>0$

즉, $k<2$일 때, $f(2-k)=-k^2+5k-4>0$

$k^2-5k+4<0$, $(k-1)(k-4)<0$

$1<k<4$ $\therefore\ 1<k<2$

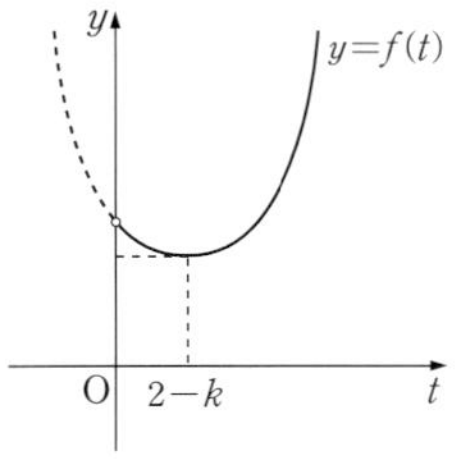

(i), (ii)에서 $\boldsymbol{k>1}$ ←답

22. A×D=B×C이므로 $2^{3a+1}\times3^{3b+1}=2^{4a-1}\times3^{3b+1}$

$3a+1=4a-1$ $\quad\therefore a=2$

$A=16\times3^{2b}$, $\quad B=8\times3^{2b+1}=24\times3^{2b}$

$C=16\times3^{b}$, $\quad D=8\times3^{b+1}=24\times3^{b}$

$A+B+C+D=40\times3^{2b}+40\times3^{b}$

$\qquad\qquad\qquad=40(3^{2b}+3^{b})=3600$

$3^{2b}+3^{b}=90$ ⋯ ㉠

$3^{b}=t\ (t>0)$라고 하면 ㉠은

$t^2+t-90=0$, $(t+10)(t-9)=0$

$t=9$에서 $3^{b}=9$ $\quad\therefore b=2$

A=16×81=1296 ← 답

D=24×9=216 ← 답

23. 밑이 1보다 작으므로 $f(x)<g(x)$

$y=g(x)$의 그래프가 $y=f(x)$의 그래프보다 위쪽에 있는 x의 값의 범위는 $-1<x<2$이므로 준 부등식의 해는 $\boldsymbol{-1<x<2}$ ← 답

24. $\left(\frac{1}{2}\right)^x=t\ (t>0)$라고 하면 준식은

$t^2-t-12\le0$, $(t+3)(t-4)\le0$에서

$0<t\le4$, $0<\left(\frac{1}{2}\right)^x\le4$

$2^{-x}\le2^2$에서 $-x\le2$ $\quad\therefore x\ge-2$

따라서, x의 최솟값은 -2이다. 답 **−2**

25. $\frac{1}{\sqrt[3]{4}}=2^{-\frac{2}{3}}$, $2\sqrt{2}=2^{\frac{3}{2}}$이므로 $2^{-\frac{2}{3}}<2^{[x-3]}<2^{\frac{3}{2}}$

밑이 1보다 크므로 $-\frac{2}{3}<[x-3]<\frac{3}{2}$

$[x-3]$은 정수이므로

$[x-3]=0$ 또는 $[x-3]=1$

$[x-3]=0$에서 $0\le x-3<1$, $3\le x<4$

$[x-3]=1$에서 $1\le x-3<2$, $4\le x<5$

$\therefore \boldsymbol{3\le x<5}$ ← 답

26. $2^x=t\ (t>0)$라고 하면 준 부등식은

$2t^2+at+b\le0$ ⋯ ㉠

준 부등식의 해가 $-1\le x\le3$이므로

$2^{-1}\le2^x\le2^3$에서 $\frac{1}{2}\le t\le8$ ⋯ ㉡

㉡에서 $\left(t-\frac{1}{2}\right)(t-8)\le0$

$2t^2-17t+8\le0$ ⋯ ㉢

㉠, ㉢에서 $\boldsymbol{a=-17,\ b=8}$ ← 답

27. (i) $x^2-2x+1>1$일 때 :

$x^2-2x=x(x-2)>0$에서

$x<0$ 또는 $x>2$일 때 ⋯ ㉠

$x+2<4x-1$ $\quad\therefore x>1$ ⋯ ㉡

㉠, ㉡에서 $x>2$

(ii) $0<x^2-2x+1<1$일 때 :

$x^2-2x+1=(x-1)^2>0$에서 $x\ne1$

$x^2-2x=x(x-2)<0$에서 $0<x<2$

즉, $0<x<1$ 또는 $1<x<2$일 때 ⋯ ㉢

$x+2>4x-1$ $\quad\therefore x<1$ ⋯ ㉣

㉢, ㉣에서 $0<x<1$

(i), (ii)에서 $\boldsymbol{0<x<1}$ **또는** $\boldsymbol{x>2}$ ← 답

28. $4^x-2\cdot2^x-a\cdot2^x+2a\le0$

$4^x-(2+a)\cdot2^x+2a\le0$ ⋯ ㉠

에서 $2^x=t\ (t>0)$라고 하면 ㉠은

$t^2-(2+a)t+2a\le0$, $(t-2)(t-a)\le0$

이때 $a=2$이면 $(t-2)^2\le0$에서

$t=2$이므로 정수 x의 개수는 1개($x=1$)뿐이다.

(i) $a>2$일 때 : $2\le t\le a$에서 $2^1\le2^x\le a$

이 부등식을 만족하는 정수 x가 4개이므로

$x=1, 2, 3, 4$이다.

$\therefore 2^4\le a<2^5$, 즉 $16\le a<32$

(ii) $0<a<2$일 때 : $a\le t\le2$에서 $a\le2^x\le2^1$

이 부등식을 만족하는 정수 x가 4개이므로

$x=1, 0, -1, -2$이다.

$\therefore 2^{-3}<a\le2^{-2}$, 즉 $\frac{1}{8}<a\le\frac{1}{4}$

답 $\boldsymbol{16\le a<32}$ **또는** $\boldsymbol{\frac{1}{8}<a\le\frac{1}{4}}$

29. $4^x-2a\cdot2^x+1\ge0$에서

$2^x=t\ (t>0)$라고 하면 준 부등식은

$t^2-2at+1\ge0$ ⋯ ㉠

$f(t)=t^2-2at+1$이라고 하면

$f(t)=(t-a)^2+1-a^2$

(i) $a=0$일 때 : $f(t)=t^2+1>0$이므로

㉠은 항상 성립한다. $\quad\therefore a=0$

(ii) $a>0$일 때 : $x=a$일 때 $f(t)$는 최소이고,

최솟값은 $f(a)=1-a^2\ge0$, $(a-1)(a+1)\le0$

$-1\le a\le1$이므로 $0<a\le1$

(iii) $a<0$일 때 : $x=0$일 때 $f(t)$는 최소이고,

최솟값은 $f(0)=1>0$ $\quad\therefore a<0$

(i), (ii), (iii)에서 $a\le1$

따라서, a의 최댓값은 **1** ← 답

p. 93

1. $f(2a)f(b)=4$에서 $2^{-2a}\cdot2^{-b}=4$, $2^{-2a-b}=2^2$이므로

$-2a-b=2$ ⋯ ㉠

$f(a-b)=2$에서 $2^{b-a}=2^1$이므로 $b-a=1$ ⋯ ㉡

㉠, ㉡을 연립하여 풀면 $a=-1$, $b=0$이다.

구한 값을 $2^{3a}+2^{3b}$에 대입하면

$2^{-3}+2^0=\frac{1}{8}+1=\frac{9}{8}$ 답 17

2. ⑤ $f(x\times y)=a^{x\times y}=(a^x)^y=\{f(x)\}^y$

$f(x)+f(y)=a^x+a^y$이므로

$f(x\times y)\neq f(x)+f(y)$이다. 답 ⑤

Note : $f(x\times y)=f(x)+f(y)$는 $f(x)=\log_a x$일 때 성립한다.

3. ㄱ. $f(-x)=a^{-x}=\frac{1}{a^x}=\frac{1}{f(x)}$

ㄴ. $f(2x)=a^{2x}=(a^x)^2$이므로 $\sqrt{f(2x)}=f(x)$

ㄷ. $f(x^3)=a^{x^3}$이고, $\{f(x)\}^3=(a^x)^3=a^{3x}$이므로

$f(x^3)\neq\{f(x)\}^3$ 답 ③

4. $0<a<1$이므로 $f(x)=a^x$은 x의 값이 증가할 때, y의 값은 감소한다.

$\therefore$ $A=a^{\frac{n-1}{n}}$, $B=a^{\frac{n+1}{n}}$, $C=a^{\frac{n}{n+1}}$

따라서, $\frac{n-1}{n}<\frac{n}{n+1}<\frac{n+1}{n}$ 이므로

B<C<A ←답

5. $y=5^2\cdot 5^{2x}+2=5^{2x+2}+2=5^{2(x+1)}+2$

x축의 방향으로 -1만큼, y축의 방향으로 2만큼 평행이동한 것이다.

$\therefore$ $m+n=-1+2=\mathbf{1}$ ←답

6. $y=2^x$의 그래프를 y축에 대하여 대칭이동하면

$y=\left(\frac{1}{2}\right)^x$이다.

문제의 그래프에서 점근선이 $y=-2$이므로 y축의 방향으로 -2만큼 평행이동한 것이고, 원점을 지나므로

$y=\left(\frac{1}{2}\right)^{x-a}-2$에서 $0=\left(\frac{1}{2}\right)^{-a}-2$

$a=1$, $b=-2$ $\therefore$ $\boldsymbol{a-b=3}$ ←답

7. $y=2^x$의 그래프를 x축의 방향으로 m만큼, y축의 방향으로 n만큼 평행이동시킨 그래프의 식은 $y-n=2^{x-m}$이다.

이 그래프가 두 점 $(-1,\ 1)$, $(0,\ 5)$를 지나므로

$1-n=2^{-1-m}$ ⋯ ㉠, $5-n=2^{-m}$ ⋯ ㉡

㉡에서 $2^{-m}=5-n$이므로 ㉠에 대입하면

$1-n=\frac{1}{2}(5-n)$ $\therefore$ $n=-3$

㉡에서 $5-(-3)=2^{-m}$ $\therefore$ $m=-3$

$\therefore$ $m^2+n^2=9+9=\mathbf{18}$ ←답

8. $P(k,\ 2^k)$, $Q\left(k,\ -\left(\frac{1}{2}\right)^k\right)$

$\overline{PQ}=2^k+\left(\frac{1}{2}\right)^k\geq 2\sqrt{2^k\cdot\left(\frac{1}{2}\right)^k}=2$

(등호는 $2^k=\left(\frac{1}{2}\right)^k$일 때 성립)

$\therefore$ 최솟값은 **2** ←답

9. 두 함수 $y=2^x$, $y=-\left(\frac{1}{2}\right)^x+k$의 그래프의 두 교점 A, B의 좌표를 $A(\alpha,\ 2^\alpha)$, $B\left(\beta,\ -\left(\frac{1}{2}\right)^\beta+k\right)$라 하면

선분 AB의 중점의 좌표가 $\left(0,\ \frac{5}{4}\right)$이므로

$\frac{\alpha+\beta}{2}=0$ $\therefore$ $\beta=-\alpha$ ⋯ ㉠

$\frac{2^\alpha-\left(\frac{1}{2}\right)^\beta+k}{2}=\frac{5}{4}$

$\frac{k}{2}=\frac{5}{4}$ (∵ ㉠) $\therefore$ $\boldsymbol{k=\frac{5}{2}}$ ←답

10. S는 평행사변형 ABDC의 넓이와 같다.

B(2, 1), C(2, 4)이므로 $S=2\times 3=6$이다. 답 6

Note : $y=2^{x-2}$의 그래프는 $y=2^x$의 그래프를 x축의 방향으로 2만큼 평행이동한 것이므로 오른쪽 그림에서 어두운 두 부분의 넓이는 같다.

$\therefore$ $S=2\times 3=6$

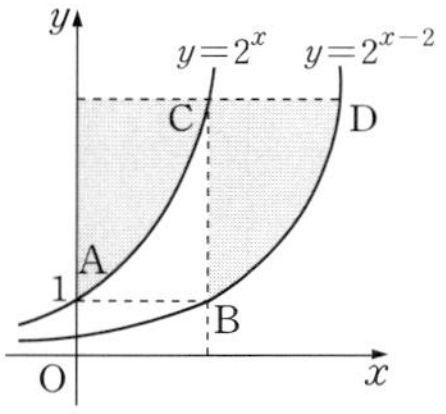

p. 94

11. $g(f(x))=x$이므로 함수 $g(x)$는 함수 $f(x)$의 역함수이다.

$g(12)=f^{-1}(12)=k$라고 하면

$f(k)=a^k=12$ ⋯ ㉠

한편 $f(p)=a^p=2$, $f(q)=a^q=3$이므로

㉠에서 $12=2^2\times 3=(a^p)^2\times a^q=a^{2p+q}$

$\therefore$ $k=2p+q$ 답 ④

12. $y=3^{x^2-4x-3}$이므로 지수를 t라 하면

$t=x^2-4x-3$

$=(x-2)^2-7$ $(-2\leq x\leq 4)$

$x=2$일 때, 최솟값 $t=-7$

$x=-2$일 때, 최댓값 $t=9$

지수함수 $y=3^t$은 증가함수이므로 $3^{-7}\leq 3^t\leq 3^9$이므로

최댓값은 3^9, 최솟값은 3^{-7}이다.

$\therefore$ $3^9\cdot 3^{-7}=3^2=\mathbf{9}$ ←답

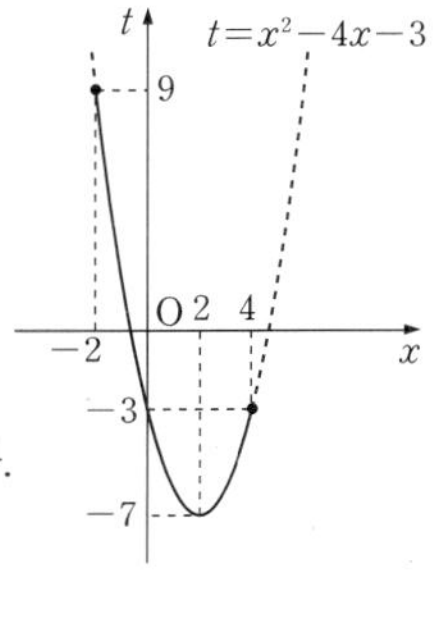

13. $f(x)=2^{(x-1)^2+2}$이므로 $x=1$일 때, 지수의 최솟값은 2이다.
따라서, 함수 $f(x)$의 최솟값은 4이다. 답 4

14. $9^x-3^{x+2}+8=0$에서 $3^x=t\ (t>0)$라 하면
$t^2-9t+8=0$의 두 근은 3^α, 3^β이다.
따라서, 근과 계수의 관계에 의하여
$3^\alpha+3^\beta=9$, $3^\alpha\cdot3^\beta=8$
$(3^\alpha)^2+(3^\beta)^2=(3^\alpha+3^\beta)^2-2\cdot3^\alpha3^\beta$
$=9^2-2\cdot8=\mathbf{65}$ ← 답

15. $2^x=t\ (t>0)$로 놓으면 $4^x=t^2$이므로
$t^2-3t+2=(t-1)(t-2)=0$
$\therefore\ t=1$ 또는 $t=2$
즉, $2^x=1$ 또는 $2^x=2$이므로 $x=0$ 또는 $x=1$
따라서, 두 근의 합은 1이다. 답 1

16. $2^x=\mathrm{X}\ (\mathrm{X}>0)$, $3^y=\mathrm{Y}\ (\mathrm{Y}>0)$라고 하면
$$\begin{cases}3\mathrm{X}-2\mathrm{Y}=6\\ \frac{1}{4}\mathrm{X}-\frac{1}{3}\mathrm{Y}=-1\end{cases}$$
두 식을 연립하면 $\mathrm{X}=8$, $\mathrm{Y}=9$ $\quad\therefore\ x=3,\ y=2$
$\boldsymbol{\alpha^2+\beta^2=13}$ ← 답

17. $2(2^x)^2-17\cdot2^x+32=0$ … ㉠에서
$2^x=t\ (t>0)$로 놓으면 $2t^2-17t+32=0$ … ㉡
이때 ㉡의 판별식 D가 D>0이고, 두 근이 모두 양수이므로 ㉠을 만족시키는 실근은 두 개이다.
이때 ㉠의 두 실근을 각각 α, β라 하면 ㉡의 두 실근은 2^α, 2^β이다.
따라서, 근과 계수의 관계에 의하여
$2^\alpha\cdot2^\beta=2^{\alpha+\beta}=16$이다. $\quad\therefore\ \boldsymbol{\alpha+\beta=4}$ ← 답

18. $2^x+2^{-x}=t\ (t>0)$라 하면
$t\geq2\ (\because\ 2^x+2^{-x}\geq2\sqrt{2^x\cdot2^{-x}})$
$(2^x+2^{-x})^2=2^{2x}+2^{-2x}+2 \quad\therefore\ 2^{2x}+2^{-2x}=t^2-2$
준식은 $t^2-k(t^2-2)=2$
$(1-k)t^2+2k-2=0$
$(1-k)t^2+2(k-1)=0$, $(1-k)(t^2-2)=0$
그런데 $t\geq2$에서 $t^2\geq4$, 즉 $t^2-2\neq0$
$\therefore\ \boldsymbol{k=1}$ ← 답

19. $\left(\frac{1}{2}\right)^{x-4}>\sqrt{\sqrt[3]{64}}$에서 $\left(\frac{1}{2}\right)^{x-4}>(2^6)^{\frac{1}{3}\times\frac{1}{2}}$, $2^{4-x}>2^1$
$4-x>1$, $x<3$ $\quad\therefore$ 정수 x의 최댓값은 **2** ← 답

20. $\left(\frac{1}{3}\right)^{3x-2}\geq\left(\frac{1}{3}\right)^{2(x+2)}$이므로
$3x-2\leq2x+4$를 풀면 $x\leq6$
$\therefore\ x\leq6$을 만족하는 자연수는 모두 **6개** ← 답

21. $\left(\frac{1}{2}\right)^x=t\ (t>0)$라 하면
주어진 부등식은 $t^2-2t-8\leq0$
$(t-4)(t+2)\leq0$에서 $0<t\leq4$이므로
$0<\left(\frac{1}{2}\right)^x\leq\left(\frac{1}{2}\right)^{-2}$이고, 밑이 1보다 작으므로
$\boldsymbol{x\geq-2}$ ← 답

p. 95

1. ㄱ. $(a,\ b)\in\mathrm{G}$이면 $b=5^a$이므로
$\sqrt{b}=\sqrt{5^a}=(5^a)^{\frac{1}{2}}=5^{\frac{a}{2}} \quad\therefore\ \left(\frac{a}{2},\ \sqrt{b}\right)\in\mathrm{G}$ (참)
ㄴ. $(-a,\ b)\in\mathrm{G}$이면 $b=5^{-a}$이므로
$\frac{1}{b}=b^{-1}=(5^{-a})^{-1}=5^a \quad\therefore\ \left(a,\ \frac{1}{b}\right)\in\mathrm{G}$ (참)
ㄷ. $(2a,\ b)\in\mathrm{G}$이면 $b=5^{2a}$이므로
$b^2=(5^{2a})^2=5^{4a}\neq5^a \quad\therefore\ (a,\ b^2)\notin\mathrm{G}$ (거짓)
답 ②

2. ㄱ. $f(x)=a^x>0$ (참)
ㄴ. $a^x+a^{-x}\geq2\sqrt{a^x\cdot a^{-x}}=2$
(등호는 $a^x=a^{-x}$일 때 성립) (참)
ㄷ. (i) $x\geq0$일 때,
$f(|x|)-\frac{1}{2}\{f(x)+f(-x)\}$
$=\frac{1}{2}\{f(x)-f(-x)\}\geq0$
(ii) $x<0$일 때,
$f(|x|)-\frac{1}{2}\{f(x)+f(-x)\}$
$=\frac{1}{2}\{f(-x)-f(x)\}>0$ (참) 답 ⑤

3. $\sqrt{2^{\sqrt{3}}}\cdot\sqrt{3^{\sqrt{2}}}-\sqrt{2^{\sqrt{2}}}\cdot\sqrt{3^{\sqrt{3}}}$
$=\sqrt{2^{\sqrt{2}}}\cdot\sqrt{3^{\sqrt{2}}}\left(\sqrt{2^{\sqrt{3}-\sqrt{2}}}-\sqrt{3^{\sqrt{3}-\sqrt{2}}}\right)$
그런데 $\sqrt{2^{\sqrt{3}-\sqrt{2}}}<\sqrt{3^{\sqrt{3}-\sqrt{2}}}$
$\sqrt{2^{\sqrt{2}}}>0$, $\sqrt{3^{\sqrt{2}}}>0$이므로
$\sqrt{2^{\sqrt{2}}}\cdot\sqrt{3^{\sqrt{2}}}\left(\sqrt{2^{\sqrt{3}-\sqrt{2}}}-\sqrt{3^{\sqrt{3}-\sqrt{2}}}\right)<0$
$\therefore\ \sqrt{2^{\sqrt{3}}}\cdot\sqrt{3^{\sqrt{2}}}<\sqrt{2^{\sqrt{2}}}\cdot\sqrt{3^{\sqrt{3}}}$
따라서, (가) : $\sqrt{2}$, (나) : $\sqrt{3}-\sqrt{2}$, (다) : $<$이다.
답 (가) : ①, (나) : ③, (다) : ⑤

4.

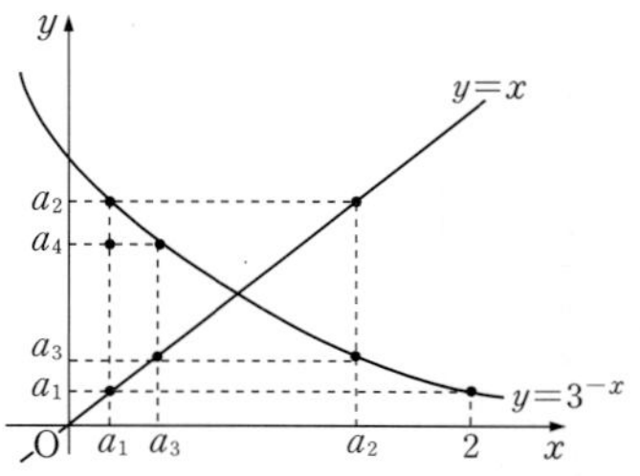

$a_2=f(a_1),\ a_3=f(a_2),\ a_4=f(a_3)$

$\therefore\ \boldsymbol{a_3<a_4<a_2}$ ← 답

5. A는 원점과 점 P와의 기울기
B는 원점과 점 Q와의 기울기
C는 점 P와 점 Q의 기울기
이므로 오른쪽 그림에서
$\therefore$ **A<B<C** ← 답

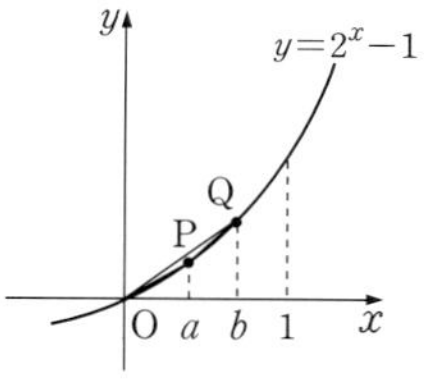

6. $f(10)=(1+r_1)^{10},\ g(10)=\left(1+\frac{r_2}{2}\right)^{20}$

$h(10)=\left(1+\frac{r_3}{4}\right)^{40}$

(i) $(1+r_1)^{10}=\left(1+\frac{r_2}{2}\right)^{20}$에서

$1+r_1=\left(1+\frac{r_2}{2}\right)^2=1+r_2+\frac{r_2^2}{4}$ 이므로

$r_1-r_2=\frac{r_2^2}{4}>0 \qquad \therefore\ r_1>r_2$

(ii) 마찬가지로 $\left(1+\frac{r_2}{2}\right)^{20}=\left(1+\frac{r_3}{4}\right)^{40}$에서

$1+\frac{r_2}{2}=\left(1+\frac{r_3}{4}\right)^2=1+\frac{r_3}{2}+\frac{r_3^2}{16}$

$\frac{r_2}{2}=\frac{r_3}{2}+\frac{r_3^2}{16}$ 이므로

$r_2-r_3=\frac{r_3^2}{8}>0 \qquad \therefore\ r_2>r_3$

(i), (ii)에서 $\boldsymbol{r_3<r_2<r_1}$ ← 답

7. $f(x)=a^x\ (a>1),\ g(x)=b^x\ (0<b<1)$

$y=\frac{f(x)}{g(x)}=\left(\frac{a}{b}\right)^x \left(\frac{a}{b}>1\right)$이므로 답
그래프의 개형은 오른쪽 그림과
같다.

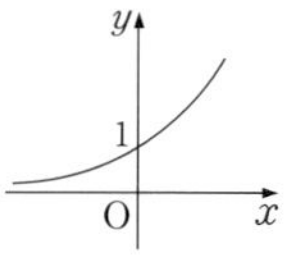

p. 96

8. 문제의 그림에서

$$f(x)=\begin{cases} x+2 & (-2\le x\le -1) \\ 1 & (-1\le x\le 1) \\ -x+2 & (1\le x\le 2) \end{cases}$$

$$g(x)=\begin{cases} a^{x+2} & (-2\le x\le -1) \\ a & (-1\le x\le 1) \\ a^{-x+2} & (1\le x\le 2) \end{cases}$$

(i) $0<a<1$

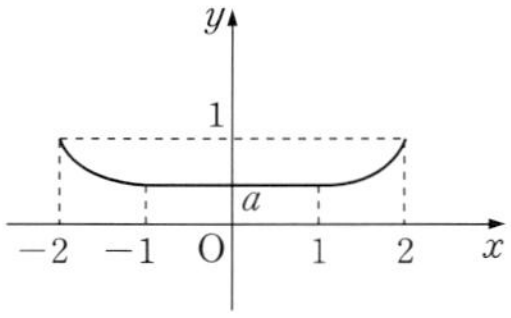

(ii) $a>1$

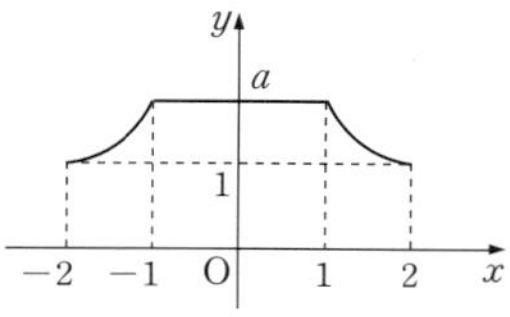

옳은 것은 ㄱ, ㄴ, ㄷ 답 ⑤

9. ㄱ. 곡선 $y=f(x)$와 직선 $y=x$는 점 (1, 1)에서 만나므로 다음 그림에서 $0<a<1$이면 $f(a)<a$이고, $a>1$이면 $f(a)>a$이다. (참)

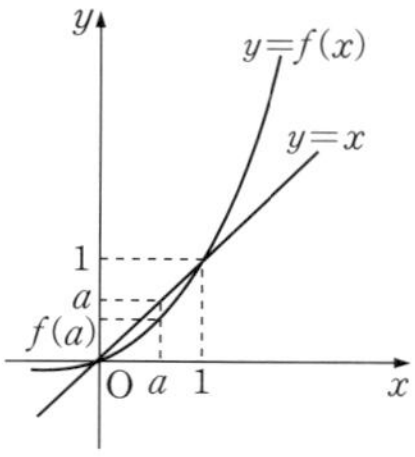

ㄴ. 직선 AB의 기울기는

$\frac{f(b)-f(a)}{b-a}=\frac{2^b-1-(2^a-1)}{b-a}=\frac{2^b-2^a}{b-a}$이고,

기울기가 1보다 큰 경우는 $\frac{2^b-2^a}{b-a}>1$

즉, $b-a<2^b-2^a$

기울기가 1보다 작은 경우는 $\frac{2^b-2^a}{b-a}<1$

즉, $b-a>2^b-2^a$ (거짓)

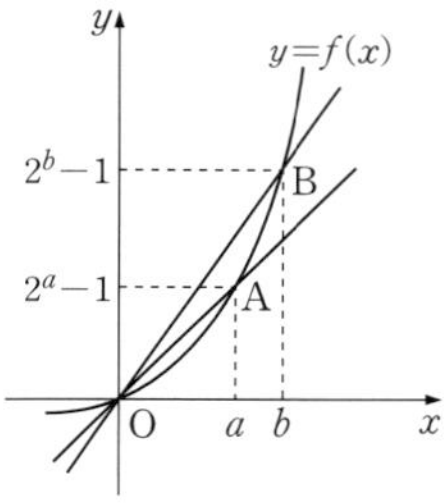

ㄷ. (직선 OA의 기울기)<(직선 OB의 기울기)

이므로 $\frac{2^a-1}{a}<\frac{2^b-1}{b}$

$\therefore\ b(2^a-1)<a(2^b-1)$ (참)

따라서, 옳은 것은 ㄱ, ㄷ이다. 답 ③

10. $2^{\frac{x}{2}}=t\ (t>0)$로 치환하면

$2^{x+1}=2^x\cdot 2=(2^{\frac{x}{2}})^2\cdot 2=2t^2$

$2^{\frac{x+4}{2}}=2^{\frac{x}{2}}\cdot 2^2=4t$이므로 주어진 부등식은

$2t^2-4t+a=2(t-1)^2+a-2\ge 0$ … ㉠

여기서 $t>0$일 때, 이차부등식 ㉠이 항상 성립하기 위해서는 $a-2\ge 0$이어야 한다. $\therefore\ a\ge 2$

따라서, 구하는 실수 a의 최솟값은 2이다. 답 **2**

11. 점 B의 x좌표를 k라 하면 점 A의 x좌표는 $k-2$이다.

y좌표가 같으므로 $2^{-k+2}=4^k$ $\quad\therefore k=\dfrac{2}{3}$

$B\left(\dfrac{2}{3}, 4^{\frac{2}{3}}\right)$, $C\left(\dfrac{2}{3}, 2^{-\frac{2}{3}}\right)$이므로 $l=2^{\frac{4}{3}}-2^{-\frac{2}{3}}$

$\therefore$ **$4l^3=27$** ←답

12. 연립부등식을 만족하는 영역을 좌표평면에 나타내면 오른쪽의 어두운 부분과 같다. 2^x4^y을 k라 하자.

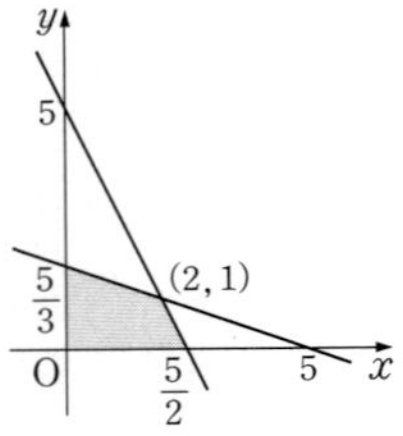

$k=2^{x+2y}$

k는 $x+2y$가 최대일 때, 최댓값을 갖는다.

$x+2y$를 t라 하면 $t=x+2y$, $k=2^t$

$(x, y)=(2, 1)$일 때, t는 최댓값 4를 갖는다.

따라서, k의 최댓값은 $2^4=16$이다. 답 **16**

13. $2^x=t\,(t>0)$, $g(t)=t^2-2at+a^2-a-6$이라 하자.

방정식 $4^x-a\cdot 2^{x+1}+a^2-a-6=0$이 서로 다른 두 실근을 가지면, 방정식 $g(t)=0$이 서로 다른 두 양의 실근을 갖는다.

방정식 $g(t)=0$의 서로 다른 두 양의 실근을 α, β라 하면 $\alpha>0$, $\beta>0$이므로

$\dfrac{D}{4}=a^2-(a^2-a-6)=a+6>0$에서 $a>-6$ $\cdots$ ㉠

$\alpha+\beta=2a>0$에서 $a>0$ $\cdots$ ㉡

$\alpha\beta=a^2-a-6=(a-3)(a+2)>0$에서

$a>3$ 또는 $a<-2$ $\cdots$ ㉢

㉠, ㉡, ㉢에서 구하는 범위는 **$a>3$** ←답

14. $3^x=t\,(t>0)$라 하면

$9^x+9^{-x}=t^2+\dfrac{1}{t^2}=\left(t+\dfrac{1}{t}\right)^2-2$이므로

$(9^x+9^{-x})-(3^x+3^{-x})-10=0$에서

$\left(t+\dfrac{1}{t}\right)^2-\left(t+\dfrac{1}{t}\right)-12=0$

$\left(t+\dfrac{1}{t}+3\right)\left(t+\dfrac{1}{t}-4\right)=0$

$t+\dfrac{1}{t}=-3$ 또는 $t+\dfrac{1}{t}=4$

$\therefore t+\dfrac{1}{t}=4$ ($\because t>0$)

$t^2-4t+1=0$에서 두 근이 3^α, 3^β이므로 두 근의 합은 **$3^\alpha+3^\beta=4$** ←답

15. $\dfrac{1}{y}$이 최소이면 $y=\dfrac{3^{x+3}}{3^{2x}+3^x+1}$이 최대이다.

$\dfrac{1}{y}=\dfrac{3^{2x}+3^x+1}{3^{x+3}}=\dfrac{1}{27}\left(3^x+\dfrac{1}{3^x}\right)+\dfrac{1}{27}$

$3^x+\dfrac{1}{3^x}\geq 2\sqrt{3^x\cdot\dfrac{1}{3^x}}=2$ (등호는 $3^x=\dfrac{1}{3^x}$일 때 성립)

$\therefore \dfrac{1}{y}\geq\dfrac{2}{27}+\dfrac{1}{27}=\dfrac{1}{9}$ $\quad\therefore y\leq 9$

따라서, 최댓값은 9이다. 답 **9**

p. 97

1. ㄱ. $y=2^x$의 그래프를 x축에 대하여 대칭이동하면

$-y=2^x$ $\quad\therefore y=-2^x$

또, $y=\dfrac{1}{2^x}=2^{-x}$, 즉 옳지 않다.

ㄴ. $y=2^x$의 그래프를 x축의 방향으로 1만큼 평행이동하면 $y=2^{x-1}$이므로 그 그래프는 다음과 같다.

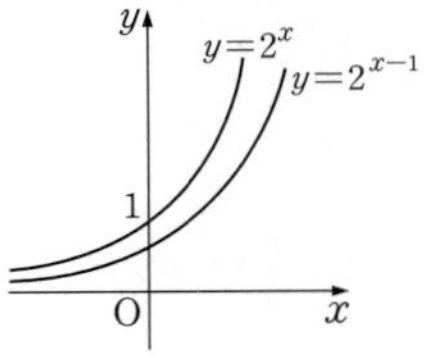

따라서, 옳다.

ㄷ. $y=\sqrt{2}\cdot 2^x=2^{\frac{1}{2}}\cdot 2^x=2^{x+\frac{1}{2}}$

이므로 $y=2^{x+\frac{1}{2}}$의 그래프는 $y=2^x$의 그래프를 x축의 방향으로 $-\dfrac{1}{2}$만큼 평행이동한 것이다.

따라서, 옳다. 답 **③**

2. $5=5^{a-1}$에서 $1=a-1$ $\quad\therefore a=2$

$b=5^{3-1}$에서 $b=5^2=25$

$\therefore a+b=2+25=$**27** ←답

3. 조건 ㈎에 의하여 $f(2)=g(2)$

$a^{2b-1}=a^{1-2b}$ $\quad\therefore 2b-1=1-2b$ ($\because a\neq 1$)

$\therefore b=\dfrac{1}{2}$

조건 ㈏에서 $f(4)+g(4)=a^{2-1}+a^{1-2}=\dfrac{5}{2}$

$a+\dfrac{1}{a}=\dfrac{5}{2}$, $2a^2-5a+2=0$

$(a-2)(2a-1)=0$ $\quad\therefore a=\dfrac{1}{2}$ ($\because 0<a<1$)

$\therefore a+b=\dfrac{1}{2}+\dfrac{1}{2}=$**1** ←답

4. 곡선 $y=3^{x+m}$이 y축과 만나는 점은 $A(0, 3^m)$

곡선 $y=3^{-x}$이 y축과 만나는 점은 $B(0, 1)$

$\overline{AB}=|3^m-1|=8$

$3^m-1=\pm 8$

$3^m=9$ ($\because 3^m>0$) $\quad\therefore$ **$m=2$** ←답

5. 주어진 그래프는 $f(x)=x+1$이므로

$y=2^{2-f(x)}=2^{2-(x+1)}=2^{-(x-1)}=\left(\frac{1}{2}\right)^{x-1}$

따라서, 지수함수 중에서 $y>0$이고, 감소하는 그래프를 찾으면 ④번이다. 답 ④

6. 점 A(1, $f(1)$)을 x축의 방향으로 m만큼, y축의 방향으로 n만큼 평행이동한 점 A′의 좌표는 $(1+m,\ f(1)+n)$이므로 $1+m=3$에서 $m=2$

따라서, $f(x)=2^x$의 그래프를 x축의 방향으로 2만큼, y축의 방향으로 n만큼 평행이동한 함수는 $g(x)=2^{x-2}+n$이고, $y=g(x)$의 그래프가 점 (0, 1)을 지나므로 $g(0)=2^{-2}+n=1$에서 $n=\frac{3}{4}$

$\therefore\ m+n=2+\frac{3}{4}=\mathbf{\frac{11}{4}}$ ←답

7. $f(x)$는 (밑)>1이므로 증가함수이다.

따라서, $x=3$일 때 최댓값 $4^3=64$를 갖는다.

$\therefore$ M$=64$

$g(x)$는 0<(밑)<1이므로 감소함수이다.

따라서, $x=3$일 때 최솟값 $\left(\frac{1}{2}\right)^3=\frac{1}{8}$을 갖는다.

$\therefore\ m=\frac{1}{8}$

$\therefore$ M$m=64\times\frac{1}{8}=8$ ←답

p. 98

8. 함수 $f(x)$는 주기가 2인 주기함수이므로 $y=f(x)$의 그래프는 다음과 같다.

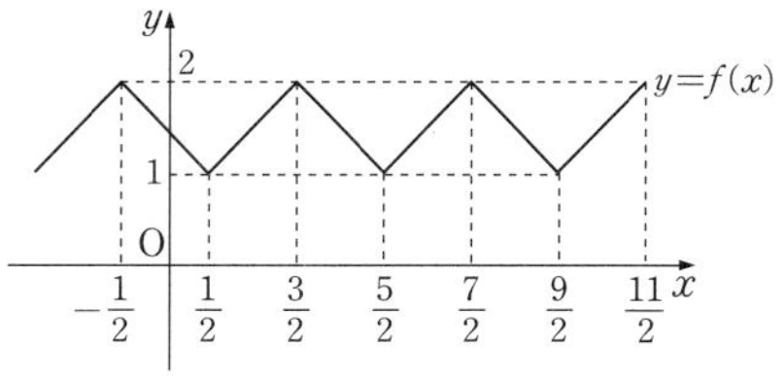

n이 자연수일 때, $y=2^{\frac{x}{n}}$의 그래프는 다음과 같다.

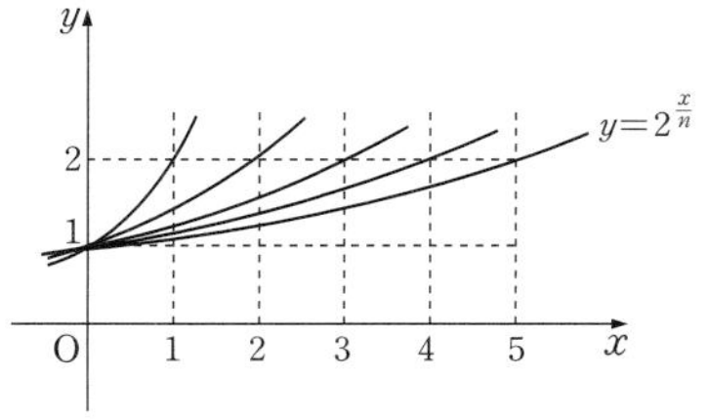

$y=2^{\frac{x}{n}}$은 점 (0, 1)을 지나고 $x<0$일 때, $2^{\frac{x}{n}}<1$이므로 $y=f(x)$의 그래프와 $x>0$에서 5개의 교점을 가져야 한다.

따라서, $y=2^{\frac{x}{n}}$의 그래프와 함수 $y=f(x)$의 그래프의 교점의 개수가 5가 되려면 다음 그림과 같아야 한다.

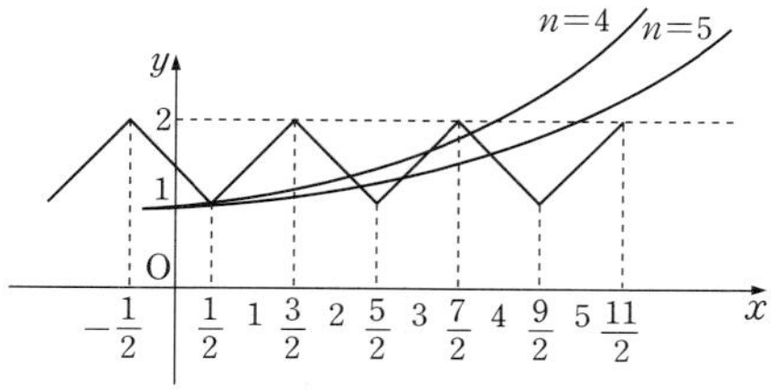

$x=\frac{7}{2}$일 때, 함수 $y=f(x)$의 그래프가 지수함수 $y=2^{\frac{x}{n}}$의 그래프보다 위에 있어야 하고,

$x=\frac{11}{2}$일 때, 함수 $y=f(x)$의 그래프가 지수함수 $y=2^{\frac{x}{n}}$의 그래프보다 아래에 있어야 하므로

(i) $2^{\frac{7}{2n}}<f\left(\frac{7}{2}\right)$

(ii) $f\left(\frac{11}{2}\right)<2^{\frac{11}{2n}}$

그런데 $f\left(\frac{7}{2}\right)=f\left(\frac{11}{2}\right)=f\left(\frac{3}{2}\right)=2$이므로

$2^{\frac{7}{2n}}<2^1<2^{\frac{11}{2n}},\ \frac{7}{2n}<1<\frac{11}{2n}$

$\frac{7}{2}<n<\frac{11}{2}\quad \therefore\ n=4,\ 5$

따라서, 주어진 조건을 만족하는 모든 n의 값의 합은 9이다. 답 **9**

9. $f(x)$의 그래프와 그 역함수의 그래프의 교점은 $f(x)$의 그래프와 직선 $y=x$의 교점과 같고, 두 교점의 x좌표가 1, 3이므로 교점의 좌표는 (1, 1), (3, 3)이다.

$f(1)=1$에서 $a^{1-m}=1$이므로 $1-m=0\quad \therefore\ m=1$

$f(3)=3$에서 $a^{3-m}=3$이므로 $a^2=3$

$a>0$이므로 $a=\sqrt{3}$

$\therefore\ \mathbf{a+m=1+\sqrt{3}}$ ←답

10. 점 P의 x좌표를 α라 하면 $k\cdot 3^\alpha=3^{-\alpha}$

따라서, $k\cdot 3^\alpha=\frac{1}{3^\alpha}$이므로 양변에 3^α을 곱하여 정리하면 $(3^\alpha)^2=3^{2\alpha}=\frac{1}{k}$

이때 점 Q의 x좌표는 2α이므로

$k\cdot 3^{2\alpha}=-4\cdot 3^{2\alpha}+8$

이때 $3^{2\alpha}=\frac{1}{k}$이므로 $k\cdot\frac{1}{k}=-4\cdot\frac{1}{k}+8$

$1=-\frac{4}{k}+8\quad \therefore\ k=\frac{4}{7}\quad \therefore\ \mathbf{35k=20}$ ←답

11. α가 주어진 지수방정식의 근이므로 $3^{\alpha+2}=96$

그런데 $3^4<96<3^5,\ 3^4<3^{\alpha+2}<3^5$

$4<\alpha+2<5\quad \therefore\ 2<\alpha<3$ 답 ③

12. $2^x=t\,(t>0)$라 하면 $t=2^\alpha$ 또는 $t=2^\beta$ … ㉠

$t^2-7t+12=0$

$(t-3)(t-4)=0$으로부터 $t=3$ 또는 $t=4$ … ㉡

㉠, ㉡에서 $2^{2\alpha}+2^{2\beta}=(2^\alpha)^2+(2^\beta)^2$

$=3^2+4^2=9+16=\mathbf{25}$ ← 답

13. $A=\begin{pmatrix} 3^{2x}+3 & -3^x \\ -4 & 1 \end{pmatrix}$에서

$A^{-1}=\dfrac{1}{3^{2x}+3-4\cdot3^x}\begin{pmatrix} 1 & 3^x \\ 4 & 3^{2x}+3 \end{pmatrix}$

$3^x>0$이므로 A^{-1}의 모든 성분이 음수가 되려면

$3^{2x}+3-4\cdot3^x<0$ … ㉠

이어야 한다.

㉠에서 $3^x=t\,(t>0)$로 놓으면 $t^2-4t+3<0$

$(t-1)(t-3)<0$ $\quad\therefore 1<t<3$

따라서, $3^0<3^x<3^1$이므로 $\mathbf{0<x<1}$ ← 답

14. $\{f(x)\}^{g(x)}=1$인 경우는

(i) $f(x)=1$

(ii) $f(x)=-1$, $g(x)$는 짝수

(iii) $f(x)\neq0$, $g(x)=0$일 때이다.

$(x^2-x-1)^{x+2}=1$에서

$f(x)=x^2-x-1$, $g(x)=x+2$라 하면

(i) $x^2-x-1=1$일 때 $x=2$ 또는 $x=-1$

(ii) $x^2-x-1=-1$이고, $x+2$는 짝수일 때

$x^2-x=0$ $\quad\therefore x=0$

(iii) $x+2=0$, $x^2-x-1\neq0$일 때 $x=-2$

따라서, 정수 x는 4개이다. 답 ③

15. $2^{x^2}<4\cdot2^x$에서 $2^{x^2}<2^2\cdot2^x=2^{x+2}$이고,

밑이 1보다 크므로 $x^2<x+2 \Leftrightarrow -1<x<2$이다.

그러므로 $\alpha+\beta=1$이다. 답 ①

7. 로그

p. 99

1. (1) $3^3=27$ (2) $5^0=1$

(3) $9^{\frac{1}{2}}=3$ (4) $3^{-4}=\dfrac{1}{81}$

2. (1) $3=\log_{10}1000$ (2) $\dfrac{1}{2}=\log_5\sqrt{5}$

(3) $2=\log_{0.1}0.01$ (4) $-1=\log_{\sqrt{3}}\dfrac{1}{\sqrt{3}}$

3. (1) $\log_2 32=x$라 놓으면 $2^x=32=2^5$

따라서, $x=5$ $\quad\therefore \mathbf{\log_2 32=5}$ ← 답

(2) $\log_9 243=x$라 놓으면 $9^x=243$

$(3^2)^x=3^5$, 즉 $3^{2x}=3^5$

따라서, $2x=5$, 즉 $x=2.5$

$\therefore \mathbf{\log_9 243=2.5}$ ← 답

(3) $\log_{\sqrt{2}}\dfrac{1}{8}=x$로 놓으면

$(\sqrt{2})^x=\dfrac{1}{8}$, $2^{\frac{x}{2}}=2^{-3}$

따라서, $\dfrac{x}{2}=-3$이므로 $x=-6$

$\therefore \mathbf{\log_{\sqrt{2}}\dfrac{1}{8}=-6}$ ← 답

(4) $\log_{10}\sqrt[3]{100}=x$로 놓으면

$10^x=\sqrt[3]{100}=\sqrt[3]{10^2}=10^{\frac{2}{3}}$

따라서, $x=\dfrac{2}{3}$ $\quad\therefore \mathbf{\log_{10}\sqrt[3]{100}=\dfrac{2}{3}}$ ← 답

4. (1) $\log_2 x=-2$에서 $x=2^{-2}$ $\quad\therefore \mathbf{x=\dfrac{1}{4}}$ ← 답

(2) $\log_{10}x=-3$에서 $x=10^{-3}$ $\quad\therefore \mathbf{x=0.001}$ ← 답

(3) $\log_{\frac{1}{3}}x=-2$에서 $x=\left(\dfrac{1}{3}\right)^{-2}$ $\quad\therefore \mathbf{x=9}$ ← 답

(4) $\log_x 16=4$에서 $x^4=16$

$x^4=2^4$ $\quad\therefore \mathbf{x=2}(\because x>0)$ ← 답

(5) $\log_x 27=3$에서 $x^3=27$

$x^3=3^3$ $\quad\therefore \mathbf{x=3}$ ← 답

(6) $\log_x 2=\dfrac{1}{4}$에서 $x^{\frac{1}{4}}=2$ $\quad\therefore \mathbf{x=16}$ ← 답

5. (1) $x-10$은 진수이므로 $x-10>0$

$\therefore \mathbf{x>10}$ ← 답

(2) $x-1$은 밑이므로 $x-1>0$, $x-1\neq1$

$\therefore x>1$, $x\neq2$

따라서, $\mathbf{1<x<2}$ **또는** $\mathbf{x>2}$ ← 답

6. $3x-1$은 진수이므로 $3x-1>0$ $\quad\therefore x>\dfrac{1}{3}$ … ㉠

$x+1$은 밑이므로

$x+1>0$, $x+1\neq1$ $\quad\therefore x>-1$, $x\neq0$ … ㉡

㉠, ㉡으로부터 $\mathbf{x>\dfrac{1}{3}}$ ← 답

7. 밑은 1 아닌 양수이므로

$(x-2)^2\neq1$, $(x-2)^2>0$에서

$x\neq1$, $x\neq3$, $x\neq2$ … ㉠

진수는 양수이어야 하므로

$-x^2+x+12>0$에서 $-3<x<4$ … ㉡

㉠과 ㉡에서 정수 x는 -2, -1, 0이므로 3개이다.

답 **3개**

p. 100

8. 밑의 조건에서 $|x|>0$, $|x|\neq 1$

$\therefore\ x\neq 0,\ x\neq \pm 1$ … ㉠

진수 조건에서 $(x+3)(5-x)>0$

$\therefore\ -3<x<5$ … ㉡

㉠, ㉡을 동시에 만족하는 정수는 -2, 2, 3, 4의 4개이다.

답 **4개**

9. $\log_2(\log_2 x)=2$에서 $\log_2 x=2^2=4$

$\therefore\ x=2^4=\mathbf{16}$ ← 답

10. $x=\log_2(2+\sqrt{3})$에서 $2^x=2+\sqrt{3}$

$\therefore\ 2^x+2^{-x}=2^x+\dfrac{1}{2^x}=2+\sqrt{3}+\dfrac{1}{2+\sqrt{3}}=\mathbf{4}$ ← 답

11. $\log_3 ab=0$에서 $ab=1$

$\log_3(a+b)=1$에서 $a+b=3$

$\therefore\ a^3+b^3=(a+b)^3-3ab(a+b)$

$=3^3-3\cdot1\cdot3=\mathbf{18}$ ← 답

12. ⑤ $\log_a b-\log_a c=\log_a \dfrac{b}{c}$이므로

$\log_a(b-c)\neq\log_a b-\log_a c=\log_a\dfrac{b}{c}$ 답 ⑤

13. (준식)$=(\log_{10}2)^2+(\log_{10}5)^2+2\log_{10}2\cdot\log_{10}5$

$=(\log_{10}2+\log_{10}5)^2=(\log_{10}10)^2=\mathbf{1}$ ← 답

14. $\log_2\left(1-\dfrac{1}{2}\right)+\log_2\left(1-\dfrac{1}{3}\right)+\log_2\left(1-\dfrac{1}{4}\right)$

$+\cdots+\log_2\left(1-\dfrac{1}{64}\right)$

$=\log_2\dfrac{1}{2}+\log_2\dfrac{2}{3}+\log_2\dfrac{3}{4}+\cdots+\log_2\dfrac{63}{64}$

$=\log_2\left(\dfrac{1}{2}\times\dfrac{2}{3}\times\dfrac{3}{4}\times\cdots\times\dfrac{63}{64}\right)$

$=\log_2\dfrac{1}{64}=\log_2 2^{-6}=\mathbf{-6}$ ← 답

15. $\sqrt{2x+2\sqrt{x^2-1}}=\sqrt{x+1}+\sqrt{x-1}$이므로

(준식)$=\log_2(\sqrt{x+1}+\sqrt{x-1})$

$+\log_2(\sqrt{x+1}-\sqrt{x-1})$

$=\log_2(x+1-x+1)=\mathbf{1}$ ← 답

16. $\sin 1560^\circ=\sin(90^\circ\times17+30^\circ)=\cos 30^\circ=\dfrac{\sqrt{3}}{2}$

$\tan 30^\circ=\dfrac{1}{\sqrt{3}}$, $\dfrac{1}{\tan 45^\circ}=1$이므로

$\log_2\left(\dfrac{\sqrt{3}}{2}\times\dfrac{1}{\sqrt{3}}\times1\right)=\log_2\dfrac{1}{2}=\mathbf{-1}$ ← 답

17. $\tan10^\circ\times\tan20^\circ\times\tan30^\circ\times\cdots\times\tan80^\circ$

$=(\tan10^\circ\times\tan80^\circ)\times(\tan20^\circ\times\tan70^\circ)$

$\times(\tan30^\circ\times\tan60^\circ)\times(\tan40^\circ\times\tan50^\circ)$

$=\left(\tan10^\circ\times\dfrac{1}{\tan10^\circ}\right)\times\left(\tan20^\circ\times\dfrac{1}{\tan20^\circ}\right)$

$\times\left(\tan30^\circ\times\dfrac{1}{\tan30^\circ}\right)\times\left(\tan40^\circ\times\dfrac{1}{\tan40^\circ}\right)$

$=1\times1\times1\times1=1$

$\therefore$ (준식)$=\log_3 1=\mathbf{0}$ ← 답

18. (준식)$=\left(\log_2 3+\dfrac{1}{3}\log_2 3\right)\left(\log_3 2+\dfrac{1}{2}\log_3 2\right)$

$=\left(\dfrac{4}{3}\log_2 3\right)\left(\dfrac{3}{2}\log_3 2\right)$

$=\dfrac{4}{3}\cdot\dfrac{3}{2}=\mathbf{2}$ ← 답

19. (준식)$=\log_2(\log_2 3\times\log_3 4)=\log_2(\log_2 4)$

$=\log_2 2=\mathbf{1}$ ← 답

20. $\log_{\sqrt{2}}9^{\log_3 8}=\log_{2^{\frac{1}{2}}}3^{2\log_3 8}=2\log_2 2^6=\mathbf{12}$ ← 답

21. $(4^{\frac{3}{4}}\cdot\sqrt{2^5}\,)^{\frac{1}{2}}=(2^{\frac{3}{2}}\cdot2^{\frac{5}{2}})^{\frac{1}{2}}$

$=(2^{\frac{3}{2}+\frac{5}{2}})^{\frac{1}{2}}=(2^4)^{\frac{1}{2}}=2^2$

$\therefore\ \log_2(4^{\frac{3}{4}}\cdot\sqrt{2^5}\,)^{\frac{1}{2}}=\log_2 2^2=\mathbf{2}$ ← 답

22. $2\log_3 5-3\log_{\frac{1}{3}}4-2\log_3 20$

$=\log_3 5^2-(-\log_3 4^3)-\log_3 20^2$

$=\log_3\dfrac{5^2\times4^3}{20^2}=\log_3 4$

$\therefore$ (준식)$=27^{\log_3 4}=3^{3\log_3 4}=3^{\log_3 4^3}=4^3=\mathbf{64}$ ← 답

p. 101

1. $s=\log_a y$이므로 $y=a^s$ $\therefore\ a^s=y$ $\therefore$ (가)$=y$

$a^{r+s}=a^r\cdot a^s=x\cdot y$ $\therefore\ a^{r+s}=xy$ $\therefore$ (나)$=xy$

답 (가) $\boldsymbol{y}$, (나) $\boldsymbol{xy}$

2. (가) $\mathbf{\log_b c}$ (나) $\mathbf{\log_b a}$

3. $\sqrt{3}<3^5$이므로 $\sqrt{3}\circ3^5=\log_{\sqrt{3}}3^5=10$

또 $10>\log_{10}81$이므로

$10\circ\log_{10}81=10^{\log_{10}81}=\mathbf{81}$ ← 답

4. $4\odot2=4^2\cdot2^4=2^8$이므로

$(4\odot2)\diamond\dfrac{1}{2}=2^8\diamond\dfrac{1}{2}=\log_2\left(2^8\cdot\dfrac{1}{2}\right)=\log_2 2^7=\mathbf{7}$ ← 답

5. ① $1*1=-\log_{2^1}2^{-1}=1$

② $1*2=-\log_{2^1}2^{-2}=2$

③ $2*1=-\log_{2^2}2^{-1}=\frac{1}{2}$

④ $1*3=-\log_{2^1}2^{-3}=3$

⑤ $3*1=-\log_{2^3}2^{-1}=\frac{1}{3}$ 답 ④

6. $\sqrt{10\sqrt{10\sqrt{10}}}=\{10(10\cdot10^{\frac{1}{2}})^{\frac{1}{2}}\}^{\frac{1}{2}}=(10\cdot10^{\frac{3}{4}})^{\frac{1}{2}}$

$=(10^{\frac{7}{4}})^{\frac{1}{2}}=10^{\frac{7}{8}}$

$\therefore \log_5\sqrt{10\sqrt{10\sqrt{10}}}=\log_5 10^{\frac{7}{8}}=\frac{7}{8}\log_5(5\times2)$

$=\frac{7}{8}(\log_5 5+\log_5 2)$

$=\mathbf{\frac{7}{8}\left(1+\frac{1}{a}\right)}$ ← 답

7. $\log_9 12=\frac{\log_{10}12}{\log_{10}9}=\frac{\log_{10}(2^2\times3)}{\log_{10}3^2}$

$=\frac{2\log_{10}2+\log_{10}3}{2\log_{10}3}$

여기서 $b=\log_{10}6=\log_{10}(2\times3)$

$=\log_{10}2+\log_{10}3=a+\log_{10}3$

따라서, $\log_{10}3=b-a$

$\therefore \log_9 12=\frac{2a+b-a}{2(b-a)}=\mathbf{\frac{a+b}{2(b-a)}}$ ← 답

8. $\log_2 5=\log_2 3\cdot\log_3 5=ab$

$\log_2 7=\log_2 5\cdot\log_5 7=abc$

$\therefore \log_{14}105=\frac{\log_2 105}{\log_2 14}$

$=\frac{\log_2 3+\log_2 5+\log_2 7}{\log_2 2+\log_2 7}$

$=\mathbf{\frac{a+ab+abc}{1+abc}}$ ← 답

9. $3^a=x,\ 3^b=y,\ 3^c=z$에서

$a=\log_3 x,\ b=\log_3 y,\ c=\log_3 z$이므로

$\log_{xy}y^2z^3=\frac{\log_3 y^2z^3}{\log_3 xy}=\frac{2\log_3 y+3\log_3 z}{\log_3 x+\log_3 y}$

$=\mathbf{\frac{2b+3c}{a+b}}$ ← 답

p. 102

10. $a=\log_x xy,\ b=\log_y xy$

$\frac{1}{a}=\log_{xy}x,\ \frac{1}{b}=\log_{xy}y$이므로

$\frac{2(a+b)}{ab}=2\left(\frac{1}{a}+\frac{1}{b}\right)=2\log_{xy}xy=\mathbf{2}$ ← 답

11. $2007^x=100$에서 $x=\log_{2007}100=\frac{1}{\log_{100}2007}$

$0.2007^y=100$에서 $y=\log_{0.2007}100=\frac{1}{\log_{100}0.2007}$

이므로

$\frac{1}{x}-\frac{1}{y}=\log_{100}2007-\log_{100}0.2007$

$=\log_{100}\frac{2007}{0.2007}$

$=\log_{100}10000=\mathbf{2}$ ← 답

12. $x=\log_{23}27$에서 $\frac{1}{x}=\log_{27}23$

$\log_{27}23=\log_{3^3}23^1=\frac{1}{3}\log_3 23,\ \frac{3}{x}=\log_3 23$

$y=\log_{207}81$에서 $\frac{1}{y}=\log_{81}207$

$\log_{81}207=\log_{3^4}207^1=\frac{1}{4}\log_3 207,\ \frac{4}{y}=\log_3 207$

$\therefore \frac{3}{x}-\frac{4}{y}=\log_3 23-\log_3 207$

$=\log_3\frac{1}{9}=\log_3 3^{-2}=\mathbf{-2}$ ← 답

13. $a-2>0,\ 6-b>0 \quad \therefore a>2,\ b<6$

$\log_7(a-2)+\log_7(6-b)=1$

$\log_7(a-2)(6-b)=1$

$\therefore (a-2)(6-b)=7$

$a,\ b$가 자연수이므로 $a-2=7,\ 6-b=1$

$\therefore a+b=9+5=\mathbf{14}$ ← 답

14. $\log_2(b-a)^2=\log_2 a(2b-3a)$

$(b-a)^2=a(2b-3a) \quad \therefore b=2a$

$\therefore \frac{b}{a}=\frac{2a}{a}=\mathbf{2}$ ← 답

15. $x=\frac{\log_6 3}{1-\frac{\log_2 3}{\log_2 6}}=\frac{\log_6 3}{1-\log_6 3}$

$=\frac{\log_6 3}{\log_6\frac{6}{3}}=\frac{\log_6 3}{\log_6 2}=\log_2 3 \quad \therefore 2^x=\mathbf{3}$ ← 답

16. $p\log_b a=\log_b(\log_b a)$

$\therefore \log_b a^p=\log_b(\log_b a)$

$\therefore \mathbf{a^p=\log_b a}$ ← 답

17. $\frac{ab}{c}=3$이므로

$\{(3^a)^b\}^{-\frac{1}{c}}=3^{-\frac{ab}{c}}=3^{-3}=\mathbf{\frac{1}{27}}$ ← 답

18. $xyz=3^{a+b+c}=3^0=1$

(준식)$=\log_x\frac{1}{x}+\log_y\frac{1}{y}+\log_z\frac{1}{z}=\mathbf{-3}$ ← 답

19. $a^2\cdot\sqrt[5]{b}=1$에서 $a^2b^{\frac{1}{5}}=1$이므로 $b=a^{-10}$이다.

따라서, $\log_a\frac{1}{ab}=\log_a(a\cdot a^{-10})^{-1}$

$=\log_a a^9=\mathbf{9}$ ← 답

p. 103

20. $\log_2 a=x$, $\log_2 b=y$라고 하자.

$\log_4 a+\log_8 b=7$에서 $\frac{1}{2}\log_2 a+\frac{1}{3}\log_2 b=7$

$\therefore\ 3x+2y=42 \quad \cdots$ ㉠

$\log_8 a+\log_4 b=3$에서 $\frac{1}{3}\log_2 a+\frac{1}{2}\log_2 b=3$

$\therefore\ 2x+3y=18 \quad \cdots$ ㉡

㉠, ㉡을 연립하여 풀면

$$\begin{array}{r} 6x+4y=84 \\ -)\ 6x+9y=54 \\ \hline -5y=30 \end{array}$$

$x=18,\ y=-6$

$\therefore\ \log_2 ab=\log_2 a+\log_2 b$

$=x+y=18-6$

$=\mathbf{12}$ ← 답

21. $\log_a c : \log_b c=1:3$이므로

$\log_b c=3\log_a c,\ \frac{1}{\log_c b}=\frac{3}{\log_c a}$

$3\log_c b=\log_c a$에서 $a=b^3$

$\therefore\ \log_a b+\log_b a=\frac{1}{\log_b a}+\log_b a$

$=\frac{1}{\log_b b^3}+\log_b b^3$

$=\frac{1}{3}+3=\mathbf{\frac{10}{3}}$ ← 답

22. $\log_a x=3,\ \log_b x=8,\ \log_c x=24$

$\log_{abc} x=\frac{1}{\log_x abc}$

$=\frac{1}{\log_x a+\log_x b+\log_x c}$

$=\frac{1}{\frac{1}{3}+\frac{1}{8}+\frac{1}{24}}=\mathbf{2}$ ← 답

23. $2^3<12<2^4$에서 $3<\log_2 12<4$이므로 $a=3$

$b=\log_2 12-3=\log_2 12-\log_2 2^3$

$=\log_2\frac{12}{8}=\log_2\frac{3}{2}$

$\therefore\ 2^a+2^b=2^3+\frac{3}{2}=\mathbf{\frac{19}{2}}$ ← 답

24. $3^1<5<3^2$에서 $1<\log_3 5<2$이므로 $a=1$

$b=\log_3 5-1=\log_3 5-\log_3 3=\log_3\frac{5}{3}$

$\therefore\ \frac{3^a+3^b}{3^{-a}+3^{-b}}=\frac{3+\frac{5}{3}}{\frac{1}{3}+\frac{3}{5}}=\frac{\frac{14}{3}}{\frac{14}{15}}=\frac{15}{3}=\mathbf{5}$ ← 답

25. $\log_2 a+\log_2 b=6,\ \log_2 a\cdot\log_2 b=4$이므로

$\log_a b+\log_b a$

$=\frac{\log_2 b}{\log_2 a}+\frac{\log_2 a}{\log_2 b}$

$=\frac{(\log_2 a)^2+(\log_2 b)^2}{\log_2 a\cdot\log_2 b}$

$=\frac{(\log_2 a+\log_2 b)^2-2\log_2 a\cdot\log_2 b}{\log_2 a\cdot\log_2 b}$

$=\frac{36-2\cdot4}{4}=\mathbf{7}$ ← 답

26. $x^2-5x+5=0$의 두 근이 $\alpha,\ \beta$이므로

$\alpha+\beta=5,\ \alpha\beta=5$

또, $(\alpha-\beta)^2=(\alpha+\beta)^2-4\alpha\beta=5^2-20=5$

$\therefore\ a=\alpha-\beta=\sqrt{5}(\because\ \alpha>\beta)$

$\therefore\ \log_a\alpha+\log_a\beta=\log_a\alpha\beta=\log_{\sqrt{5}}5$

$=\frac{1}{\frac{1}{2}}\log_5 5=\mathbf{2}$ ← 답

27. $\mathrm{A}=-\frac{1}{2}\log_2 3,\ \mathrm{B}=-1,\ \mathrm{C}=\log_2 3$

$\therefore$ **B<A<C** ← 답

28. $\mathrm{A}=3^{\log_3 2}=2$

$\mathrm{B}=\frac{1}{\log_2 3}+\frac{1}{\log_3 2}=\log_3 2+\log_2 3$

$\log_3 2+\log_2 3>2\sqrt{\log_3 2\cdot\log_2 3}=2$

$(\because\ \log_3 2\cdot\log_2 3=1) \qquad \therefore\ \mathrm{B}>2$

$\mathrm{C}=\log_4 2+\log_9 3=\log_{2^2}2+\log_{3^2}3=\frac{1}{2}+\frac{1}{2}=1$

$\therefore$ **C<A<B** ← 답

29. $\mathrm{A}=\frac{1}{\log_a 2}+\frac{1}{\log_b 2}=\log_2 a+\log_2 b=\log_2 ab$

$\mathrm{B}=2\left(\frac{1}{\log_{a+b}2}-1\right)=2\{\log_2(a+b)-1\}$

$=2\log_2\left(\frac{a+b}{2}\right)=\log_2\left(\frac{a+b}{2}\right)^2$

$\left(\frac{a+b}{2}\right)^2-ab=\frac{(a+b)^2}{4}-ab$

$=\frac{(a+b)^2-4ab}{4}$

$=\frac{1}{4}(a-b)^2\geq0$

$\therefore\ \left(\frac{a+b}{2}\right)^2\geq ab \qquad \therefore\ \mathrm{B}\geq\mathrm{A}$ 답 ①

p. 104

1. $\frac{1}{\log_a x}+\frac{1}{\log_c x}=\frac{1}{\log_b x}$에서

$\log_x a+\log_x c=\log_x b$

$\log_x ac=\log_x b$ 그러므로 $\boldsymbol{ac=b}$ ← 답

2. $y=a^{\frac{x}{2}}\ \cdots$ ㉠, $z=y^9\ \cdots$ ㉡, $z=a^{-u}\ \cdots$ ㉢

㉠, ㉢을 ㉡에 대입하면

$a^{-u}=(a^{\frac{x}{2}})^9=a^{\frac{9}{2}x}$　　$\therefore\ \boldsymbol{u=-\frac{9}{2}x}$ ← 답

3. $a=10^x$, $b=10^y$을 로그로 나타내면

$\log_{10} a=x$, $\log_{10} b=y$

그러므로 $\log_{\sqrt{a}} b=\dfrac{\log_{10} b}{\log_{10}\sqrt{a}}=\dfrac{\log_{10} b}{\frac{1}{2}\log_{10} a}$

$=\dfrac{y}{\frac{x}{2}}=\boldsymbol{\dfrac{2y}{x}}$ ← 답

4. $(\text{준식})=\log_5 10^{\frac{3}{4}}+\log_{10} 5^{\frac{3}{4}}$

$=\dfrac{3}{4}(\log_5 10+\log_{10} 5)$

$=\dfrac{3}{4}\left(\dfrac{\log_2 10}{\log_2 5}+\dfrac{\log_2 5}{\log_2 10}\right)$

$=\dfrac{3}{4}\left(\dfrac{\log_2 5+1}{\log_2 5}+\dfrac{\log_2 5}{\log_2 5+1}\right)$

$=\dfrac{3}{4}\left(\dfrac{a+1}{a}+\dfrac{a}{a+1}\right)$

$=\boldsymbol{\dfrac{3(2a^2+2a+1)}{4a(a+1)}}$ ← 답

5. $b=a^{\frac{1}{2}}$, $c=b^{\frac{2}{3}}$, $a=c^3$이므로

$\log_a b+\log_b c+\log_c a=\log_a a^{\frac{1}{2}}+\log_b b^{\frac{2}{3}}+\log_c c^3$

$=\dfrac{1}{2}+\dfrac{2}{3}+3=\boldsymbol{\dfrac{25}{6}}$ ← 답

6. $\log_a b=t$로 놓으면 $t+\dfrac{3}{t}=\dfrac{13}{2}$

$\therefore\ 2t^2-13t+6=0$　　$\therefore\ t=\dfrac{1}{2}$ 또는 $t=6$

$b=a^t$에서 $b=\sqrt{a}$ 또는 $b=a^6$

$a>b>1$이므로 $b=\sqrt{a}$

$\therefore\ (\text{준식})=\dfrac{a+(\sqrt{a})^4}{a^2+(\sqrt{a})^2}=\dfrac{a+a^2}{a^2+a}=\boldsymbol{1}$ ← 답

7. $\log_9 p=\log_{12} q=\log_{16}(p+q)=t$라 하면

$p=9^t$, $q=12^t$, $p+q=16^t$, $q=16^t-9^t$

$\therefore\ \dfrac{q}{p}=\dfrac{16^t-9^t}{9^t}=\dfrac{16^t}{9^t}-1$

$=\left\{\left(\dfrac{4}{3}\right)^t\right\}^2-1=\left\{\left(\dfrac{4}{3}\cdot\dfrac{3}{3}\right)^t\right\}^2-1$

$=\left\{\left(\dfrac{12}{9}\right)^t\right\}^2-1=\left(\dfrac{q}{p}\right)^2-1$

$\therefore\ \dfrac{q}{p}=\left(\dfrac{q}{p}\right)^2-1$

여기서 $\dfrac{q}{p}=x\ (x>0)$라 하면

$x^2-x-1=0$　　$\therefore\ \boldsymbol{x=\dfrac{1+\sqrt{5}}{2}\ (\because\ x>0)}$ ← 답

8. $\log_2 x+2\times\dfrac{\log_2 y}{\log_2 4}+3\times\dfrac{\log_2 z}{\log_2 8}=1$,

$\log_2 x+\log_2 y+\log_2 z=1$

$\therefore\ \log_2 xyz=1$, $xyz=2$

$\therefore\ \{(2^x)^y\}^z=2^{xyz}=2^2=\boldsymbol{4}$ ← 답

9. $x^3+y^3+z^3-3xyz=0$의 좌변을 인수분해하면

$(x+y+z)(x^2+y^2+z^2-xy-yz-zx)=0$

그런데 $x+y+z>0$이므로

$x^2+y^2+z^2-xy-yz-zx=0$

$\dfrac{1}{2}\{(x-y)^2+(y-z)^2+(z-x)^2\}=0$

$\therefore\ x-y=0,\ y-z=0,\ z-x=0$

$\therefore\ \log_2(x-y+1)+\log_2(y-z+2)+\log_2(z-x+4)$

$=\log_2 1+\log_2 2+\log_2 4$

$=0+1+2=\boldsymbol{3}$ ← 답

10. $x^2=5^2+6^2-2\cdot5\cdot6\cos 60°$

이므로 $x^2=31$

$\therefore\ 4^{\log_2 x}=x^2=\boldsymbol{31}$ ← 답

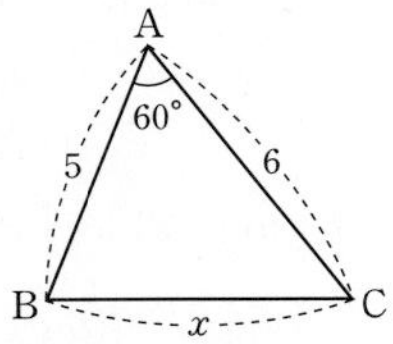

p. 105

11. $\log_a(b+c)+\log_a(b-c)=2$에서

$\log_a(b+c)(b-c)=2$

$\log_a(b^2-c^2)=2$, $b^2-c^2=a^2$　　$\therefore\ b^2=a^2+c^2$

따라서, $\triangle$ABC는 **$\angle$B$=90°$인 직각삼각형**이다.

← 답

12. 밑 $a-3$은 1이 아닌 양수이므로

$a-3>0$, $a-3\neq1$

$\therefore\ a>3$, $a\neq4$, 즉 $3<a<4$ 또는 $a>4$　　… ㉠

진수는 양수이므로 $x^2-2ax+4a>0$　　… ㉡

모든 실수 x에 대하여 ㉡이 성립해야 하므로

$\dfrac{D}{4}=(-a)^2-1\cdot4a=a^2-4a<0$

$a(a-4)<0$, $0<a<4$　　… ㉢

㉠, ㉢에서 $\boldsymbol{3<a<4}$ ← 답

13. $10^9=2^9\times5^9$이므로 10^9의 양의 약수는 100개다.

양의 약수를 크기순으로

a_1, a_2, a_3, $\cdots$, a_{100}이라 하면

$a_ia_j=10^9$ $(i+j=101,\ i=1,\ 2,\ 3,\ \cdots,\ 100)$이므로 모든 양의 약수의 곱 $N=(10^9)^{50}=10^{450}$이다.

$\therefore\ \log_{10} N=\log_{10} 10^{450}=\boldsymbol{450}$ ← 답

14. $2000=2^4\times5^3$이므로 2000의 약수의 개수는

$(4+1)(3+1)=20$

20개의 약수를 작은 수부터 차례로 a_1, a_2, a_3, $\cdots$, a_{20}이라고 하면

$a_1\times a_{20}=a_2\times a_{19}=\cdots=a_{10}\times a_{11}=2000$

$\therefore \log_{10} a_1+\log_{10} a_2+\cdots+\log_{10} a_{20}$

$=\log_{10}(a_1\times a_2\times\cdots\times a_{20})$

$=\log_{10} 2000^{10}=\log_{10}(2\times 10^3)^{10}$

$=\log_{10} 2^{10}+\log_{10} 10^{30}=10\log_{10} 2+30$

$=3.01+30=\mathbf{33.01}$ ← 답

15. $\log_x w=\dfrac{1}{\log_w x}=20$에서 $\log_w x=\dfrac{1}{20}$

$\log_y w=\dfrac{1}{\log_w y}=60$에서 $\log_w y=\dfrac{1}{60}$

$\log_{xyz} w=\dfrac{1}{\log_w xyz}=10$에서 $\log_w xyz=\dfrac{1}{10}$

$\log_w x+\log_w y+\log_w z=\log_w xyz$이므로

$\dfrac{1}{20}+\dfrac{1}{60}+\log_w z=\dfrac{1}{10}$ $\quad\therefore \log_w z=\dfrac{1}{30}$

$\log_w z=\dfrac{1}{\log_z w}=\dfrac{1}{30}$이므로 $\mathbf{\log_z w=30}$ ← 답

16. $a>1$이므로 $a<b<a^2$에 a를 밑으로 하는 로그를 취하면

$\log_a a<\log_a b<\log_a a^2$ $\quad\therefore 1<\log_a b<2$ $\quad\cdots$ ㉠

또, $b>1$이므로 $a<b<a^2$에 b를 밑으로 하는 로그를 취하면

$\log_b a<1<2\log_b a$ $\quad\therefore \dfrac{1}{2}<\log_b a<1$ $\quad\cdots$ ㉡

$\log_a \dfrac{a}{b}=\log_a a-\log_a b=1-\log_a b$이므로

㉠에 의하여 $\log_a \dfrac{a}{b}<0$ $\quad\cdots$ ㉢

$\log_b \dfrac{b}{a}=\log_b b-\log_b a=1-\log_b a$이므로

㉡에 의하여 $0<\log_b \dfrac{b}{a}<\dfrac{1}{2}$ $\quad\cdots$ ㉣

㉠, ㉡, ㉢, ㉣에 의하여

$\mathbf{\log_a \dfrac{a}{b}<\log_b \dfrac{b}{a}<\log_b a<\log_a b}$ ← 답

17. 준식의 양변에 2를 곱하면

$2\log_5 2=a_1+\dfrac{a_2}{2}+\dfrac{a_3}{2^2}+\dfrac{a_4}{2^3}+\cdots$ $\quad\cdots$ ㉠

이때 $0<2\log_5 2<1$이므로 $a_1=0$

㉠의 양변에 2를 곱하면

$4\log_5 2=a_2+\dfrac{a_3}{2}+\dfrac{a_4}{2^2}+\cdots$ $\quad\cdots$ ㉡

이때 $1<4\log_5 2<2$이므로 $a_2=1$

㉡의 양변에 2를 곱하면

$8\log_5 2=2+a_3+\dfrac{a_4}{2}+\cdots$

이때 $3<8\log_5 2<4$이므로 $2+a_3=3$ $\quad\therefore a_3=1$

$\therefore$ $\mathbf{a_1=0,\ a_2=1,\ a_3=1}$ ← 답

18. $\log_a \dfrac{I_0}{I}=kx \Leftrightarrow \dfrac{I_0}{I}=a^{kx}$

$x=0.2$일 때, $I=\dfrac{5}{6}I_0$이므로 $\dfrac{I_0}{\frac{5}{6}I_0}=a^{\frac{k}{5}}$

$\therefore a^k=\left(\dfrac{6}{5}\right)^5$

$\therefore 1000\log_{10} a^k=1000\log_{10}\left(\dfrac{6}{5}\right)^5=5000\log_{10}\dfrac{6}{5}$

$=5000\times(\log_{10} 6-\log_{10} 5)$

$=5000\times 0.079=395$ $\quad$ 답 **395**

19. 암석이 25.2억 년이 지난 후 A의 양과 B의 양이 각각 a, b이므로 $a:b=3:1$

$25.2=k\log_{10}\left(\dfrac{9b}{3b}+1\right)=k\log_{10} 4$

$k=\dfrac{25.2}{2\log_{10} 2}=42$

$x=k\log_{10}\left(\dfrac{9a}{a}+1\right)=k=\mathbf{42}$ ← 답

p. 106

1. $\log_{\sqrt{3}} x=4$에서 $2\log_3 x=4$

$\therefore \log_3 x=2$이고, $\log_3 y=6$이다.

따라서, 밑의 변환 공식에 의해

$\log_x y=\dfrac{\log_3 y}{\log_3 x}=\dfrac{6}{2}=\mathbf{3}$ ← 답

2. $\log_3 9=2$이므로

ㄱ. $\log_4 16=2$

ㄴ. $\log_2 8+\log_{3^{-1}} 3=3-1=2$

ㄷ. $\log_4 60$

ㄹ. $\dfrac{1}{3}\log_{10}\dfrac{10^6\cdot 11}{11}=2$ $\quad$ 답 ④

3. $(\text{준식})=\left(\dfrac{\log_{10} a}{\log_{10} 2}+\dfrac{2\log_{10} b}{2\log_{10} 2}\right)\times\dfrac{3\log_{10} 2}{\log_{10}\sqrt{ab}}$

$=\dfrac{\log_{10} a+\log_{10} b}{\log_{10} 2}\times\dfrac{3\log_{10} 2}{\frac{1}{2}\log_{10} ab}$

$=\log_2 ab\times\dfrac{6}{\log_2 ab}=\mathbf{6}$ ← 답

4. $\log_2 a-\log_2 b=x$, $\log_2 b-\log_2 c=y$, $\log_2 c-\log_2 a=z$라 하면

$x>y>z$이고, $x+y+z=0$이므로 항상 $x>0$, $z<0$가 성립하고, y의 부호는 알 수 없다.

따라서, 항상 $a>b$, $a>c$가 성립하고, b, c의 대소 관계는 알 수 없다.

따라서, 옳은 것은 ㄱ이다. $\quad$ 답 ①

5. $y=\log_{10}(10-x^2)$에서 진수가 양(+)이어야 하므로
$10-x^2>0$, $x^2-10<0$
$A=\{x|-\sqrt{10}<x<\sqrt{10}\}$
$y=\log_{10}(\log_{10}x)$에서 진수가 양(+)이어야 하므로
$\log_{10}x>0$, $x>1$
$B=\{x|x>1\}$
$\therefore A\cap B=\{x|1<x<\sqrt{10}\}$
따라서, 정수 x는 2, 3이므로 2개이다. 답 ②

6. $3<\log_2 10<4$이므로 $a=3$, $b=\log_2 10-3=\log_2\frac{5}{4}$

$2^a=8$, $2^{-b}=\frac{4}{5}$ $\therefore$ (준식)$=\dfrac{8-\frac{4}{5}}{8+\frac{4}{5}}=\mathbf{\frac{9}{11}}$ ←답

7. (i) $a=4\cdot\log_2 3$
(ii) $\log_3 b+\log_3(\log_2 3)=1$
$\log_3(b\cdot\log_2 3)=\log_3 3$
$b\cdot\log_2 3=3$ $\therefore b=3\cdot\log_3 2$
따라서, $\boldsymbol{ab=12}$ ←답

8. $\overline{OA}=\log_{10}5$, $\overline{OB}=\log_{10}50$이므로
$\overline{AB}=\overline{OB}-\overline{OA}=\log_{10}50-\log_{10}5$
$=\log_{10}\frac{50}{5}=\log_{10}10=\mathbf{1}$ ←답

p. 107

9. $a=\log_7\sqrt{7-\sqrt{48}}$에서 $7^a=\sqrt{7-4\sqrt{3}}$이므로
$7^{2a}=7-4\sqrt{3}$, $7^{-2a}=\frac{1}{7-4\sqrt{3}}=7+4\sqrt{3}$
$\therefore 7^{2a}-7^{-2a}=-8\sqrt{3}$, $7^{2a}+7^{-2a}=14$
$\therefore \frac{7^{2a}-7^{-2a}}{7^{2a}+7^{-2a}}=\frac{-8\sqrt{3}}{14}=-\mathbf{\frac{4\sqrt{3}}{7}}$ ←답

10. 고양이의 수 : 7×7
밀알의 수 : $7\times7\times7\times7$
고양이의 수와 밀알의 수를 곱하면 $a=7^6$
$\therefore \log_7 7^6=6$ 답 ③

11. ㄱ. $\langle\!\langle 3, 2\rangle\!\rangle+\langle\!\langle 3, 7\rangle\!\rangle$
$=\log_3 2+\log_3 7=\log_3 14\neq2$ (거짓)
ㄴ. $\langle\!\langle 3, 6\rangle\!\rangle-\langle\!\langle 3, 2\rangle\!\rangle$
$=\log_3 6-\log_3 2=\log_3\frac{6}{2}=1$ (참)
ㄷ. $\langle\!\langle 3, 4\rangle\!\rangle\times\langle\!\langle 4, 3\rangle\!\rangle$
$=\log_3 4\times\log_4 3=\frac{\log_{10}4}{\log_{10}3}\times\frac{\log_{10}3}{\log_{10}4}=1$ (참)
답 ④

12. $\log_3 a+\log_3 b=0$에서 $\log_3 ab=0$ $\therefore ab=1$
$\log_3(a+b)=1$에서 $a+b=3$이므로
$a^2+b^2=(a+b)^2-2ab=9-2=7$ 답 ⑤

13. $\log_{10}5$를 유리수라고 가정하자.
$0<\log_{10}5<1$이므로 서로소인 두 자연수 m, n에 대해 $\log_{10}5=\frac{n}{m}$ $(m>n)$로 놓을 수 있다.
$\log_{10}5=\frac{n}{m} \Leftrightarrow 10^{\frac{n}{m}}=5$
양변을 m제곱하면 $5^m=10^n$
양변을 5^n으로 나누면 $5^{\boxed{m-n}}=2^n$
이때 $m-n>0$이므로 5^{m-n}은 홀수이고, 2^n은 짝수가 되어 모순이다.
따라서, $\log_{10}5$는 무리수이다. 답 ①

14. $p=92-28\log_5 t$에 $t=10$을 대입하면
$p=92-28\log_5 10=92-28\times\frac{1}{\log_{10}5}$
$=92-28\times\frac{1}{1-\log_{10}2}=92-28\times\frac{1}{1-0.3}$
$=52(\%)$
따라서, 구하는 학생 수는
$1000\times0.52=$ **520(명)** ←답

p. 108

1. $\log_3(\log_4 x)=\log_4(\log_2 y)=\log_2(\log_3 z)=1$
$\therefore \log_4 x=3$, $\log_2 y=4$, $\log_3 z=2$
$\therefore x=4^3$, $y=2^4$, $z=3^2$
$\therefore x+y+z=89$ 답 ④

2. $x^3=1$의 한 허근 w라 하면 다른 한 허근은 $\overline{w}$이다.
$x^3-1=0$, $(x-1)(x^2+x+1)=0$에서
$x^2+x+1=0$의 근과 계수의 관계에 의하여
$w+\overline{w}=-1$, $w\overline{w}=1$이므로
$A=(w-1)(\overline{w}-1)=w\overline{w}-(w+\overline{w})+1$
$=1-(-1)+1=3$
따라서, $2^{\log_2 A}=A=3$ 답 ④

3. $\log_2(a^2+b^2-c^2)=\frac{1}{2}+\log_2 a+\log_2 b$
$=\log_2 2^{\frac{1}{2}}+\log_2 ab$
$=\log_2\sqrt{2}ab$
$a^2+b^2-c^2=\sqrt{2}ab$
$c^2=a^2+b^2-\sqrt{2}ab$
코사인법칙에서 $c^2=a^2+b^2-2ab\cos C$
$\therefore -2ab\cos C=-\sqrt{2}ab$

$\therefore \cos C=\frac{\sqrt{2}}{2}$ $\quad \therefore \angle\mathbf{C=45^\circ}$ ← 답

4. $a^2b^3=64$에서 밑이 2인 로그를 취하면

$2\log_2 a+3\log_2 b=6$ $\quad \cdots$ ㉠

$3(\log_a c)^2-2(\log_b c)^2=-(\log_a c)(\log_b c)$

에서

$(3\log_a c-2\log_b c)(\log_a c+\log_b c)=0$

으로 인수분해되므로

(i) $3\log_a c-2\log_b c=0$일 때,

밑이 2인 로그로 밑을 변환하면

$3\times\frac{\log_2 c}{\log_2 a}-2\times\frac{\log_2 c}{\log_2 b}=0$

$\frac{3}{\log_2 a}-\frac{2}{\log_2 b}=0$ ($\because \log_2 c\neq 0$)

$\therefore 3\log_2 b-2\log_2 a=0$ $\quad \cdots$ ㉡

㉠과 ㉡에서 $\log_2 a=\frac{3}{2}$, $\log_2 b=1$이므로

$\therefore \log_2 ab=\log_2 a+\log_2 b=\frac{3}{2}+1=\frac{5}{2}$

(ii) $\log_a c+\log_b c=0$ (모순)

($\because$ 문제의 조건에서 a, b, c가 1보다 크기 때문에 $\log_2 a$, $\log_2 b$, $\log_2 c$는 0보다 크다.)

답 ④

5. ㄱ. $R(16,\ 4)=\sqrt[16]{4}=\sqrt[16]{2^2}=\sqrt[8]{2}=R(8,\ 2)$ (참)

ㄴ. $R(a,\ 5)\cdot R(b,\ 5)=\sqrt[a]{5}\cdot\sqrt[b]{5}=5^{\frac{1}{a}}\cdot 5^{\frac{1}{b}}$

$=5^{\frac{1}{a}+\frac{1}{b}}=5^{\frac{a+b}{ab}}$

$R(a+b,\ 5)=\sqrt[a+b]{5}=5^{\frac{1}{a+b}}$

$\therefore R(a,\ 5)\cdot R(b,\ 5)\neq R(a+b,\ 5)$ (거짓)

ㄷ. $R(a,\ b)=\sqrt[a]{b}=b^{\frac{1}{a}}=k$

$\frac{1}{a}=\log_b k=\frac{1}{\log_k b}$

$\therefore a=\log_k b$ (참) $\quad$ 답 ③

6. ㄱ. $3<\log_2 9<4$이므로 $f(2,\ 9)=3$ (거짓)

ㄴ. $f(a,\ b)=2$이면 $2\le\log_a b<3$

$\frac{1}{3}<\log_b a\le\frac{1}{2}$ $\quad \therefore f(b,\ a)=0$ (참)

ㄷ. $f(a,\ b)=-2$이면 $-2\le\log_a b<-1$

$-1<\log_b a\le-\frac{1}{2}$ $\quad \therefore f(b,\ a)=-1$ (참)

답 ④

7. ㄱ. $(a,\ b)\in A$이므로 $b=\log_3 a$

양변에 1을 더하면 $b+1=\log_3 3a$

즉, $(3a,\ b+1)\in A$ (참)

ㄴ. $\left(\frac{a}{3},\ b\right)\in A$이므로 $b=\log_3\frac{a}{3}$

$\log_3 a=b+1$

즉, $(a,\ b-1)\notin A$ (거짓)

ㄷ. $(a,\ b)\in A$, $(c,\ d)\in A$이므로

$b=\log_3 a$, $d=\log_3 c$

$b+d=\log_3 ac$

즉, $(ac,\ b+d)\in A$ (참) $\quad$ 답 ③

p. 109

8. 로그의 정의에서 밑은 1이 아닌 양수이고, 진수는 양수이어야 한다.

ㄱ. 밑의 조건 : $a^2-a+2=\left(a-\frac{1}{2}\right)^2+\frac{7}{4}>1$

진수의 조건 : $a^2+1\ge 1$

따라서, 항상 로그가 정의될 수 있다.

ㄴ. [반례] $a=0$일 때, 밑은 $2|a|+1=1$이므로 로그가 정의될 수 없다.

ㄷ. [반례] $a=1$일 때, 진수는 $a^2-2a+1=0$이므로 로그가 정의될 수 없다.

따라서, 항상 로그가 정의될 수 있는 것은 ㄱ뿐이다.

답 ①

9. $\frac{\log_2 9}{\log_4 3}=\frac{2\log_2 3}{\frac{1}{2}\log_2 3}=4$, $3^{10}\div 3^9=3$

$2^{\log_2 3}=3$, $\frac{1}{\log_4 2}=\frac{1}{\frac{1}{2}\log_2 2}=2$

최소 보물의 개수가 감추어진 한 경우

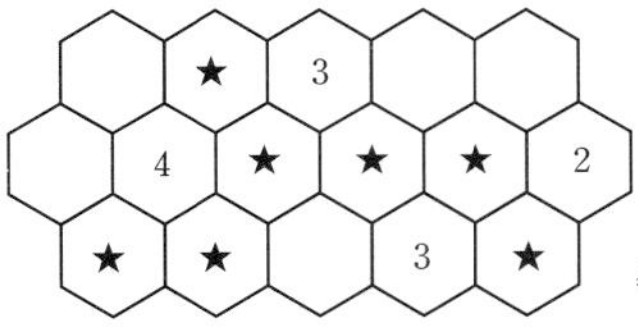

최소 개수 7개

최대 보물의 개수가 감추어진 한 경우

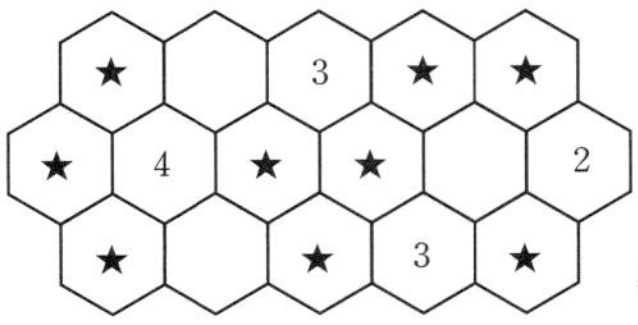

최대 개수 9개

따라서, $\mathbf{M\cdot m=63}$ ← 답

10. 두 근을 α, β라 하면 $\alpha\beta=1$이고,

$\log_2\left(\alpha+\frac{4}{\beta}\right)+\log_2\left(\beta+\frac{4}{\alpha}\right)$

$=\log_2\left(\alpha+\frac{4}{\beta}\right)\left(\beta+\frac{4}{\alpha}\right)$

$=\log_2\left(\alpha\beta+4+4+\frac{16}{\alpha\beta}\right)$

$=\log_2 25=k$ $\quad \therefore \mathbf{2^k=25}$ ← 답

11. n초 후 작업장의 $1\,\text{m}^3$당 먼지의 양이 $50\,\mu\text{g}$이 되므로

$20+180\times3^{-\frac{n}{256}}=50$

$3^{-\frac{n}{256}}=\frac{1}{6}$에서 $3^{\frac{n}{256}}=6$

$\frac{n}{256}=\log_3 6=\log_3 2+1$

$=1+\frac{\log_{10}2}{\log_{10}3}=1+\frac{0.30}{0.48}$

$=1+\frac{5}{8}=\frac{13}{8}$

$\therefore\ n=256\times\frac{13}{8}=32\times13=$ **416** ← 답

12. $n=2^k\cdot m$이므로

(가) $\log_2 n=\log_2(2^k\cdot m)=\log_2 2^k+\log_2 m$

$=k+\log_2 m$

$\therefore\ \log_2 n=k+\log_2 m$

(나) $\log_2 m=\frac{q}{p}$에서 $m=2^{\frac{q}{p}}$ $\quad\therefore\ m^p=2^q$

(다) m^p이 홀수이므로 2^q도 홀수이어야 한다.

$\therefore\ q=0$ 답 (가) : ①, (나) : ③, (다) : ⑤

p. 110

1. 로그가 정의되기 위해서는 밑은 1이 아닌 양수이고 진수는 양수이므로

$x>0,\ x\neq1,$

$4-|x|-|y|>0$이다.

점 $(x,\ y)$가 나타내는 영역은 마름모 내부의 y축 오른쪽 영역이다. (경계선 제외)

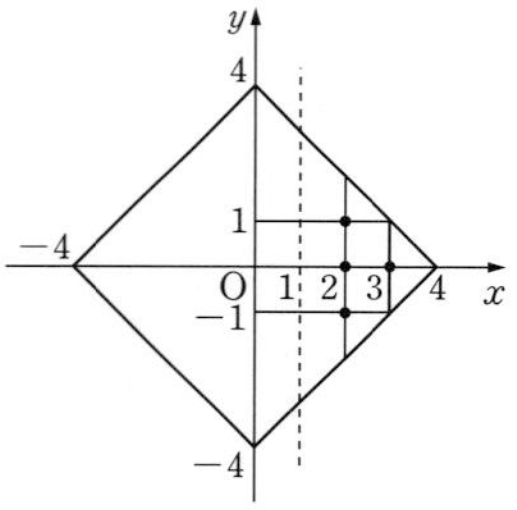

이때 $x,\ y$좌표가 모두 정수인 점 $(x,\ y)$의 개수는 4개이다. 답 **4개**

2. $f(n)=2^n-\log_2 n$

ㄱ. $f(2)=2^2-\log_2 2=4-1=3$ (참)

ㄴ. $f(8)=2^8-\log_2 8=2^8-3$

$-f(\log_2 8)=-2^{\log_2 8}+\log_2(\log_2 8)$

$=-8+\log_2 3$ (거짓)

ㄷ. $f(2^n)+n=2^{2^n}-\log_2 2^n+n$

$=2^{2^n}-n+n=2^{2^n}$

$f(2^{n-1})+n-1=2^{2^{n-1}}-\log_2 2^{n-1}+n-1$

$=2^{2^{n-1}}-(n-1)+n-1$

$=2^{2^{n-1}}$

$\therefore\ \{f(2^{n-1})+n-1\}^2=2^{2^n}$

$f(2^n)+n=\{f(2^{n-1})+n-1\}^2$ (참) 답 ④

3. 조건 (나)에서 $\log_2(b-a)=3$

$b-a=2^3=8$ $\cdots$ ㉠

조건 (다)에서 $\log_2(c-b)=2$

$c-b=2^2=4$ $\cdots$ ㉡

㉠, ㉡에서 $c-a=12$ $\cdots$ ㉢

㉠에서 $b=a+8$, ㉢에서 $c=a+12$이고 조건 (가)에 의하여

$9\le b\le13,\ 13\le c\le17$

따라서, k의 최댓값을 M, 최솟값을 m이라 하면

$M=5+13+17=35,\ m=1+9+13=23$

$\therefore$ **M+m=58** ← 답

4. $5^{\log_{10}b}=a^{2\log_{10}5}=5^{2\log_{10}a}$에서

$\log_{10}b=2\log_{10}a$ $\quad\therefore\ b=a^2$ $\cdots$ ㉠

행렬 $\begin{pmatrix}a & -1\\ -b & 2\end{pmatrix}$가 역행렬을 갖지 않으므로

$2a-b=0$, 즉 $b=2a$ $\cdots$ ㉡

㉠, ㉡에서 $a^2=2a$

$a>0$이므로 $a=2$

㉠에서 $b=4$ $\quad\therefore\ ab=2\cdot4=8$ 답 ①

5. ㄱ. $8A=\begin{pmatrix}8 & 8\\ 8 & 8\end{pmatrix}$이므로

$L(8A)=\begin{pmatrix}\log_2 8 & \log_2 8\\ \log_2 8 & \log_2 8\end{pmatrix}=\begin{pmatrix}\log_2 2^3 & \log_2 2^3\\ \log_2 2^3 & \log_2 2^3\end{pmatrix}$

$=\begin{pmatrix}3 & 3\\ 3 & 3\end{pmatrix}=3\begin{pmatrix}1 & 1\\ 1 & 1\end{pmatrix}=3A$ (참)

ㄴ. $L(A)=E$에서

$\begin{pmatrix}\log_2 a & \log_2 b\\ \log_2 c & \log_2 d\end{pmatrix}=\begin{pmatrix}1 & 0\\ 0 & 1\end{pmatrix}$이므로

$\log_2 a=1,\ \log_2 b=0,\ \log_2 c=0,\ \log_2 d=1$

$\therefore\ a=2,\ b=1,\ c=1,\ d=2$

이때 $A=\begin{pmatrix}2 & 1\\ 1 & 2\end{pmatrix}$이고, $2\cdot2-1\cdot1\neq0$이므로

행렬 A는 역행렬을 갖는다. (참)

ㄷ. $A^2=\begin{pmatrix}a & b\\ c & d\end{pmatrix}\begin{pmatrix}a & b\\ c & d\end{pmatrix}$

$=\begin{pmatrix}a^2+bc & ab+bd\\ ca+dc & cb+d^2\end{pmatrix}$이므로

$L(A^2)=\begin{pmatrix}\log_2(a^2+bc) & \log_2(ab+bd)\\ \log_2(ca+dc) & \log_2(cb+d^2)\end{pmatrix}$

$2L(A)=2\begin{pmatrix}\log_2 a & \log_2 b\\ \log_2 c & \log_2 d\end{pmatrix}=\begin{pmatrix}\log_2 a^2 & \log_2 b^2\\ \log_2 c^2 & \log_2 d^2\end{pmatrix}$

이때 $L(A^2)=2L(A)$이려면

$a^2+bc=a^2$ $\cdots$ ㉠, $ab+bd=b^2$

$ca+dc=c^2,\ cb+d^2=d^2$

㉠에서 $bc=0$이므로 $b>0,\ c>0$에 모순이다.

따라서, $L(A^2)=2L(A)$를 만족시키는 행렬 A가

존재하지 않는다. (거짓) 답 ③

6. ㄱ. $A=\begin{pmatrix} 4 & 9 \\ 3 & 2 \end{pmatrix}$이면 $\log_4 2=\log_9 3=\frac{1}{2}$이고,

$4\neq 9$, $9\cdot 3=27\neq 1$이므로 $A\in S$ (참)

ㄴ. [반례] $A=\begin{pmatrix} 2 & 3 \\ 4 & 2 \end{pmatrix}$이면 $2\cdot 2-3\cdot 4=-8\neq 0$

이므로 역행렬을 갖는다.

$\log_2 2\neq \log_3 4$이므로 $A\notin S$ (거짓)

ㄷ. 행렬 $A=\begin{pmatrix} a & b \\ c & d \end{pmatrix}$라 할 때, A가 역행렬을 갖지 않는다면 $ad-bc=0$

$\therefore d=\frac{bc}{a}$

$\therefore \log_a d=\log_a \frac{bc}{a}=\log_a b+\log_a c-1$

$=\frac{1}{\log_b a}+\frac{\log_b c}{\log_b a}-1$

$=\frac{1+\log_b c}{\log_b a}-1$

$\neq \log_b c$ ($\because a\neq b$이므로 $\log_b a\neq 1$)

즉, $A\notin S$이다. 그러므로 $A\in S$이면 A는 역행렬을 가진다. (참) 답 ③

p. 111

7. $x=0$, $y=0$ 이외의 해를 가지려면 역행렬을 갖지 않아야 하므로 $\begin{pmatrix} 1 & \log_{10} a \\ -1 & \log_{10} b \end{pmatrix}$에서

$\log_{10} b+\log_{10} a=0$

$\log_{10} ab=0$, $ab=1$ $\quad\therefore b=\frac{1}{a}$

$a>0$, $b>0$인 범위에서 유리함수 $b=\frac{1}{a}$의 그래프를 그린다. 답 ①

8. $\log_a c : \log_b c=2:1$이므로 $\log_a c=2\log_b c$

이때 $\frac{1}{\log_c a}=\frac{2}{\log_c b}$이므로

$\frac{\log_c b}{\log_c a}=\log_a b=2$

$\therefore \log_a b+\log_b a=\log_a b+\frac{1}{\log_a b}$

$=2+\frac{1}{2}=\frac{5}{2}$ ← 답

9. $0<a<1$일 때, $1<10^a<10$이므로 3으로 나눈 나머지가 2인 자연수 10^a은 $10^a=3Q+2$에서 자연수는

$10^a=2,\ 5,\ 8$ $\quad\therefore a=\log_{10} 2,\ \log_{10} 5,\ \log_{10} 8$

따라서, 구하는 모든 a의 값의 합은

$\log_{10} 2+\log_{10} 5+\log_{10} 8=\log_{10} 10+3\log_{10} 2$

$=1+3\log_{10} 2$ 답 ③

10. $1<a<b$이므로 $\log_a b=t$ $(t>1)$라 하면

$\frac{3a}{t}=\frac{bt}{2}=\frac{3a+b}{3}$

$6a=bt^2$ ⋯ ㉠

$6a+2b=3bt$ ⋯ ㉡

㉠에서 $a=\frac{1}{6}bt^2$을 ㉡에 대입하면

$bt^2+2b=3bt$, $t^2+2=3t$

$t^2-3t+2=0$, $(t-1)(t-2)=0$

$\therefore t=1$ 또는 $t=2$ $\quad\therefore t=2$ ($\because t>1$)

$\therefore 10\log_a b=10\cdot t=10\cdot 2=\mathbf{20}$ ← 답

Note : $\frac{3a}{\log_a b}=\frac{b}{2\log_b a}=\frac{3a+b}{3}$에서

$\log_a b+2\log_b a=3$

$\log_a b=A$라 하면 $A+\frac{2}{A}=3$

$A^2-3A+2=0$, $(A-1)(A-2)=0$

$1<a<b$이므로 $A\neq 1$ $\quad\therefore A=2$

$\therefore 10\log_a b=10\times 2=20$

11. ㄱ. $2^{\log_2(1\cdot 2\cdot 3\cdot \cdots \cdot 10)}=1\cdot 2\cdot 3\cdot \cdots \cdot 10=10!$ (참)

ㄴ. $\log_2 (2^{1+2+\cdots+10})^2=\log_2 2^{55\times 2}=55\times 2$ (거짓)

ㄷ. $\log_2 2^n=n$이므로

(준식)$=1\cdot 2\cdot 3\cdot \cdots \cdot 10=10!$ (거짓) 답 ①

12. $ab=27$에서 $\log_3 ab=\log_3 a+\log_3 b=3$

$\log_3 \frac{b}{a}=\log_3 b-\log_3 a=5$이므로

$\therefore \log_3 a=-1$, $\log_3 b=4$

$\therefore 4\log_3 a+9\log_3 b=-4+36=\mathbf{32}$ ← 답

13. 어떤 지점에서 지진해일의 높이가 am인 지진해일의 규모는 지진해일의 높이가 9m일 때의 지진해일의 규모의 1.5배이므로

$1.5\times \log_8 9=\log_8 a$

$\therefore a=9^{1.5}=(3^2)^{\frac{3}{2}}=\mathbf{27}$ ← 답

14. $I(t)=10+990\times a^{-5t}$에서 $I(t)=21$을 대입하면

$21=10+990\times a^{-5t}$이므로 $a^{-5t}=\frac{11}{990}$

$a^{5t}=\frac{990}{11}=90$에서

$5t=\log_a 90=\frac{\log_{10}(9\times 10)}{\log_{10} a}=\frac{2\log_{10} 3+1}{\log_{10} a}$

$\therefore t=s=\frac{1+2\log_{10} 3}{5\log_{10} a}$ 답 ①

8. 상용로그

p. 112

1. (1) $\log 1000=\log 10^3=3\log 10=\mathbf{3}$ ← 답

(2) $\log \frac{1}{100}=\log 10^{-2}=-2\log 10=\mathbf{-2}$ ← 답

(3) $\log 0.0001=\log 10^{-4}=-4\log 10=\mathbf{-4}$ ← 답

(4) $\log 0.01^3=\log 10^{-6}=-6\log 10=\mathbf{-6}$ ← 답

2. $\sqrt{\sqrt[3]{100}}=100^{\frac{1}{6}}=10^{\frac{1}{3}}$

∴ (준식)$=\frac{1}{3}\log 10-\frac{1}{3}\log 10+4\log 10$

$=\frac{1}{3}-\frac{1}{3}+4=\mathbf{4}$ ← 답

3. (1) $\log 81.5=\log(8.15\times 10)$

$=\log 8.15+\log 10=\mathbf{1.9112}$ ← 답

(2) $\log 81500=\log(8.15\times 10000)$

$=\log 8.15+\log 10000=\mathbf{4.9112}$ ← 답

(3) $\log 0.00815=\log(8.15\times 10^{-3})$

$=\log 8.15+\log 10^{-3}$

$=0.9112-3=\mathbf{\bar{3}.9112}$ ← 답

4. (1) **지표 : 5, 가수 : 0.154**

(2) **지표 : −3, 가수 : 0.172**

(3) $-5.16=-5-0.16=-6+0.84=\bar{6}.84$

답 **지표 : −6, 가수 : 0.84**

5. (1) **0** (2) **4** (3) **−2** (4) **−4**

6. (1) $\log x=1+0.7348$

$=\log 10+\log 5.43$

$=\log 54.3$ ∴ $\mathbf{x=54.3}$ ← 답

(2) $\log x=4+0.7348$

$=\log 10000+\log 5.43$

$=\log 54300$ ∴ $\mathbf{x=54300}$ ← 답

(3) $\log x=-3+0.7348$

$=\log 10^{-3}+\log 5.43$

$=\log 0.00543$ ∴ $\mathbf{x=0.00543}$ ← 답

7. $\log(31.4)^5=5\log 31.4=5\{\log(10\times 3.14)\}$

$=5(\log 10+\log 3.14)$

$=5\times 1.4969=7.4845$

따라서, $\log(31.4)^5$의 지표는 7이다. 답 **7**

8. $\log 0.02=-2+\log 2$,

$\log 200=2+\log 2$,

$\log 2500=3+\log 2.5$

지표의 합은 $-2+2+3=3$

가수의 합은 $\log 2+\log 2+\log 2.5=1$ 답 **3, 1**

9. $\log 3740=\log(3.74\times 1000)$

$=\log 3.74+\log 1000$

$=3.5729=a$

$\log b=-2.4271=-2-0.4271$

$=-3+0.5729$

$=\log 10^{-3}+\log 3.74$

$=\log(10^{-3}\times 3.74)=\log 0.00374$

∴ $b=0.00374$

따라서, $\mathbf{a+b=3.57664}$ ← 답

10. $\log\sqrt[3]{N}=\log N^{\frac{1}{3}}=\frac{1}{3}\log N$

$=\frac{1}{3}\times 7.6020=2.5340$

이므로 $\log\sqrt[3]{N}$의 **지표는 2, 가수는 0.5340** ← 답

11. $\log x=-1.29=-2+0.71$

$=\log 10^{-2}+\log 5.13=\log 0.0513$

∴ $\mathbf{x=0.0513}$ ← 답

12. 상용로그의 지표가 3인 자연수 N은 4자리의 자연수이므로 1000부터 9999까지 모두 9000개이다.

답 **9000개**

13. $\log x^4y^2=\log x^4+\log y^2$

$=4\log x+2\log y$

$=4\times\left(-\frac{8}{5}\right)+2\times\frac{5}{2}$

$=-1.4=-1-0.4$

$=-2+0.6=\bar{2}.6$ 답 **지표 : −2, 가수 : 0.6**

p. 113

14. $\log x=-\frac{28}{3}=-10+\frac{2}{3}$에서 $n=-10,\ \alpha=\frac{2}{3}$

∴ $\mathbf{\frac{n}{\alpha}=-15}$ ← 답

15. $\log 25000=\log(2.5\times 10^4)=4+\log 2.5$

∴ $m=4,\ \alpha=\log 2.5$

또한, $\log 0.025=\log(2.5\times 10^{-2})=-2+\log 2.5$

∴ $n=-2,\ \beta=\log 2.5$

∴ $\frac{m^\alpha}{(n^2)^\beta}=\frac{4^\alpha}{\{(-2)^2\}^\beta}=\frac{4^\alpha}{4^\beta}=\mathbf{1}$ ← 답

16. $\log 25=1+\alpha$

x좌표 : 1, y좌표 : $\alpha=\log 25-1$

$\Rightarrow$ A(1, $\log 25-1$)

$\log \frac{1}{25}=-1-\alpha=-2+(1-\alpha)$

x좌표 : -2, y좌표 : $1-\alpha=2-\log 25$

$\Rightarrow$ B(-2, $2-\log 25$)

따라서 A, B의 중점은 $\left(-\frac{1}{2}, \frac{1}{2}\right)$ ← 답

17. $\log A=3.7$이므로

$\log \frac{100}{A}=\log 100-\log A$

$=2-3.7=-1.7$

$=-2+0.3=\bar{2}.3$ 답 **지표 : -2, 가수 : 0.3**

18. $\log N=7+\alpha\ (0<\alpha<1)$이므로

$\log \frac{1}{\sqrt{N}}=\log N^{-\frac{1}{2}}=-\frac{1}{2}\log N$

$=-\frac{1}{2}(7+\alpha)$

$=-4+\frac{1-\alpha}{2}\left(0<\frac{1-\alpha}{2}<\frac{1}{2}\right)$

따라서, $\frac{1}{\sqrt{N}}$의 상용로그의 지표는 -4, 가수는 $\frac{1-\alpha}{2}$이다. 답 **지표 : -4, 가수 : $\frac{1-\alpha}{2}$**

19. $\log A=n+\alpha$ (n은 정수, $0<\alpha<1$)라 하면

$\log \frac{1}{A}=-\log A=-n-\alpha$

$=(-n-1)+(1-\alpha)$이므로

지표는 $-n-1$, 가수는 $1-\alpha$

이때 지표의 합은 $a=-1$, 가수의 합은 $b=1$이다.

$\therefore$ $\boldsymbol{a^2+b^2=2}$ ← 답

20. $\log 2^{2005}=2005\times 0.3010=603.505$에서 지표가 603이므로 $m=604$이고,

$\log 5^{2005}=2005\times(1-0.3010)=1401.495$에서 지표가 1401이므로 $n=1402$이다.

$\therefore$ $\boldsymbol{m+n=2006}$ ← 답

21. 54^{100}, 54^{25}에 각각 상용로그를 취하면

$100\log 54$, $25\log 54$

54^{100}이 174자리의 정수이므로

$173\le 100\log 54<174$

$\therefore$ $43.25=\frac{173}{4}\le 25\log 54<\frac{174}{4}=43.5$

지표가 43이므로 54^{25}은 **44자리의 정수**이다. ← 답

22. $(17.8)^n$의 정수 부분이 9자리의 수이므로

$\log(17.8)^n$의 지표가 8이다.

$8\le\log(17.8)^n<9$

$\log 1.78=0.25$이므로 $\log 17.8=1.25$

$8\le n\times 1.25<9$

$\frac{8}{1.25}\le n<\frac{9}{1.25}$

$6.4\le n<7.2$

$\therefore$ $\boldsymbol{n=7}$ ← 답

23. $12\le\log a^3b^2<13$에서

$12\le 3\log a+2\log b<13$ $\cdots$ ㉠

$13\le\log a^2b^3<14$에서

$13\le 2\log a+3\log b<14$ $\cdots$ ㉡

㉠, ㉡을 같은 변끼리 더하면

$25\le 5\log a+5\log b<27$

$\frac{25}{5}\le\log ab<\frac{27}{5}$, $5\le\log ab<5.4$

따라서, $\log ab$의 지표가 5이므로 ab는 6자리의 자연수이다. 답 **6 자리**

24. $\log\left(\frac{3}{5}\right)^{20}=20\log\frac{6}{10}$

$=20(\log 2+\log 3-1)$

$=-4.438$

$=\bar{5}.562$

따라서, **소수점 아래 다섯째 자리** ← 답

25. 18^{18}이 23자리 정수이므로 $\log 18^{18}$의 지표는 22이다. 즉, $22\le 18\log 18<23$

$\log 18^{-18}=-18\log 18$이므로

$-23<-18\log 18\le -22$

그러므로 $\log 18^{-18}$의 지표는 $\overline{23}$ 또는 $\overline{22}$이다.

따라서, 18^{-18}이 처음으로 0이 아닌 수가 나오는 것은 **소수 22째 자리 또는 소수 23째 자리** ← 답

p. 114

1. 밑이 2인 로그를 취하면

$\log_2 5^{10}=10\log_2 5=10\times\frac{1-\log 2}{\log 2}$

$=10\times\frac{0.6990}{0.3010}=23.2\cdots$

따라서, 5^{10}은 이진법으로 $(23+1)=24$자리의 정수이다. 답 **24 자리**

2. 이진법으로 나타내면 29자리인 정수를 x라고 하면

$28\le\log_2 x<29$, $2^{28}\le x<2^{29}$

각 변에 상용로그를 취하면

$28\log 2\le\log x<29\log 2$

$8.428\le\log x<8.729$

$\log x$의 지표가 8이므로 x는 9자리의 수이다.

답 **9 자리**

3. $\log A=n+\alpha$ (n은 정수, $0\le\alpha<1$)라고 하면 근과 계수의 관계에서

$n+\alpha=\dfrac{33}{2}$, $n\alpha=\dfrac{k}{2}$

$n+\alpha=16+\dfrac{1}{2}$이므로 $n=16$, $\alpha=\dfrac{1}{2}$

$\therefore\ k=2n\alpha=2\cdot16\cdot\dfrac{1}{2}=\mathbf{16}$ ← 답

4. $\log A$의 지표와 가수를 각각 n, α (n은 정수, $0\le\alpha<1$)라고 하면 n, α가 이차방정식 $4x^2+13x+k=0$의 두 근이므로

$n+\alpha=-\dfrac{13}{4}$, $n\alpha=\dfrac{k}{4}$

$n+\alpha=-\dfrac{13}{4}=-4+\dfrac{3}{4}$이므로 $n=-4$, $\alpha=\dfrac{3}{4}$

$\therefore\ k=4n\alpha=4\cdot(-4)\cdot\dfrac{3}{4}=\mathbf{-12}$ ← 답

5. (1) $\log_4 9=\log_{2^2}3^2=\log_2 3$

$\log_9 25=\log_{3^2}5^2=\log_3 5$

$\log_2 3-\dfrac{3}{2}=\dfrac{\log 3}{\log 2}-\dfrac{3}{2}=\dfrac{\log 9-\log 8}{2\log 2}>0$

$\log_3 5-\dfrac{3}{2}=\dfrac{\log 5}{\log 3}-\dfrac{3}{2}=\dfrac{\log 25-\log 27}{2\log 3}<0$

$\therefore\ \mathbf{\log_9 25<\dfrac{3}{2}<\log_4 9}$ ← 답

(2) $\log_{0.3}0.5=\dfrac{\log 0.5}{\log 0.3}$,

$\log_2 0.5=\dfrac{\log 0.5}{\log 2}$,

$\log_3 0.5=\dfrac{\log 0.5}{\log 3}$ 이고,

$\log 0.3<0$, $\log 0.5<0$, $0<\log 2<\log 3$이므로

$\mathbf{\log_2 0.5<\log_3 0.5<\log_{0.3}0.5}$ ← 답

6. (1) $\log 4^{50}=50\log 4=50\times2\log 2=100\log 2$

$=100\times0.3010=30.10$

$\log 5^{40}=40\log 5=40(1-\log 2)$

$=40(1-0.3010)=27.96$

즉, 4^{50}은 31자리 정수이고, 5^{40}은 28자리 정수이므로 $\mathbf{4^{50}>5^{40}}$ ← 답

(2) $\log 5^{999}=999\log 5=698.301$

$\log 2^{2331}=2331\log 2=701.631$

$\therefore\ \mathbf{5^{999}<2^{2331}}$ ← 답

7. $x=\log 2006+\log 200.6-k\log 20.06$에 대하여 $[x]=x$이므로 $\alpha=\log 2.006$이라 할 때,

$\log 2006+\log 200.6-k\log 20.06$

$=(3+\alpha)+(2+\alpha)-k(1+\alpha)$

$=(5-k)+(2-k)\alpha$ $(0<\alpha<1)$

이므로 x가 정수가 되려면 $2-k=0$

그러므로 $\mathbf{k=2}$ ← 답

8. $[(1.2)^n]=4$에서 $4\le(1.2)^n<5$

이 식의 양변에 상용로그를 취하면

$\log 4\le n\log 1.2<\log 5$

$\therefore\ 7.6\cdots\le n<8.8\cdots$ $\quad\therefore\ \mathbf{n=8}$ ← 답

9. $\log A=n+\alpha\left(n\text{은 정수, }\dfrac{1}{2}<\alpha<1\right)$

$\log\dfrac{1}{A^2}=-2\log A=-2n-2\alpha$

조건으로부터 $-2<-2\alpha<-1$이므로

$\log\dfrac{1}{A^2}=(-2n-2)+(2-2\alpha)$

따라서, $\left[\mathbf{\log\dfrac{1}{A^2}}\right]=\mathbf{-2n-2}$ ← 답

10. $30\log 3=30\times0.4771=14.3130$

$14+0.3010<14.3130<14+0.4771$

$\log(2\times10^{14})<\log 3^{30}<\log(3\times10^{14})$

$2\times10^{14}<3^{30}<3\times10^{14}$ $\quad\therefore\ n=15,\ a=2$

따라서, $\mathbf{n+a=17}$ ← 답

p. 115

11. $\log 7^{40}=40\log 7=40\times0.8451=33.804$

지표가 33이므로 7^{40}은 34자리 자연수 $\quad\therefore\ n=34$

$33+\log 6<33.804<33+\log 7$

$\log 10^{33}+\log 6<\log 7^{40}<\log 10^{33}+\log 7$

$\therefore\ 6\times10^{33}<7^{40}<7\times30^{33}$

7^{40}의 맨 앞자리의 숫자는 6이므로 $a=6$

7의 n제곱의 일의 자리의 숫자는 7, 9, 3, 1, … 이 반복되므로 7^{40}의 일의 자리의 숫자는 1

$\therefore\ n+a+b=34+6+1=\mathbf{41}$ ← 답

12. $\log 2n$의 지표가 2이므로 $2n$은 세 자리의 자연수이다. 즉, $100\le2n<1000$이므로 $50\le n<500$

따라서, 자연수 n의 개수는

$500-50=\mathbf{450}$ ← 답

13. 1부터 9까지의 자연수는 한 자리 수이므로

$f(1)=f(2)=\cdots=f(9)=0$

10부터 99까지의 자연수는 두 자리 수이므로

$f(10)=f(11)=\cdots=f(99)=1$, $f(100)=2$

$\therefore$ (준식)$=\underbrace{0+0+\cdots+0}_{9\text{개}}+\underbrace{1+1+\cdots+1}_{90\text{개}}+2$

$=\mathbf{92}$ ← 답

14. $\log n$의 지표가 5이므로

$5\le\log n<6$ $\quad\therefore\ 10^5\le n<10^6$

따라서, 자연수 n의 개수는

$x=10^6-10^5=900000$

$\log\frac{1}{m}$의 지표가 -5이므로

$-5\le\log\frac{1}{m}<-4$, $4<\log m\le5$ $\quad\therefore\ 10^4<m\le10^5$

따라서, 자연수 m의 개수는

$y=10^5-10^4=90000$ $\quad\therefore\ \boldsymbol{\frac{x}{y}=10}$ ← 답

15. (1) 66은 두 자리의 자연수이므로 $f(66)=1$

즉, $f(4p)=f(66)=1$

이때 $4p$는 두 자리의 자연수이므로

$10\le4p<100$ $\quad\therefore\ 3\le p\le24$

따라서, p의 최댓값은 **24** ← 답

(2) $f(4p)=f(p)+1$에서 $4p$의 자릿수가 p의 자릿수보다 1만큼 크다. 이때 p의 최솟값은 **3** ← 답

16. $\log n$의 지표가 1이므로

$1\le\log n<2$에서 $10\le n<100$ $\quad\cdots$ ㉠

㉠의 각 변을 제곱하면 $100\le n^2<10000$이므로

$\log n^2$의 지표는 2 또는 3이다.

즉, $f(n^2)=2$ 또는 $f(n^2)=3$

㉠의 각 변을 2배하면 $20\le2n<200$이므로

$\log2n$의 지표는 1 또는 2이다.

즉, $f(2n)=1$ 또는 $f(2n)=2$

이때 $f(n^2)-f(2n)=2$가 성립하려면 $f(n^2)=3$이고, $f(2n)=1$이어야 한다.

$f(n^2)=3$에서 $1000\le n^2<10000$

$31^2=961$, $32^2=1024$이므로 $32^2\le n^2<100^2$

$\therefore\ 32\le n<100$ $\quad\cdots$ ㉡

$f(2n)=1$에서 $20\le2n<100$

$\therefore\ 10\le n<50$ $\quad\cdots$ ㉢

㉡, ㉢에서 $32\le n<50$

따라서, n의 개수는 $50-32=$**18(개)** ← 답

17. $\log5687$의 지표는 3이므로 $\log\mathrm{N}$의 지표는 6이다.

따라서, N의 정수 부분은 7자리이다.

$\log\mathrm{N}$의 가수와 $\log324$의 가수가 같으므로 N의 숫자배열은 324와 같다.

N은 7자리의 수이므로 **N=3240000** ← 답

18. $\log x^2$의 가수와 $\log\frac{1}{x}$의 가수가 같으므로

$\log x^2-\log\frac{1}{x}=2\log x+\log x$

$=3\log x=n$ (n은 정수)

$\therefore\ \log x=\frac{n}{3}$ $\quad\cdots$ ㉠

㉠에서 n은 정수이므로 $\log x$의 가수는 **0 또는 $\boldsymbol{\frac{1}{3}}$ 또는 $\boldsymbol{\frac{2}{3}}$** ← 답

19. $\log x$의 지표가 2이므로 $2\le\log x<3$ $\quad\cdots$ ㉠

$\log x$와 $\log x^3$의 가수가 같으므로

$\log x^3-\log x=2\log x=n$ (n은 정수)

㉠에서 $4\le2\log x<6$

$2\log x=4$ 또는 $2\log x=5$

$\log x=2$ 또는 $\log x=\frac{5}{2}$

$\therefore\ x=10^2$ 또는 $x=10^{\frac{5}{2}}$

따라서, $10^2\times10^{\frac{5}{2}}=\boldsymbol{10^{\frac{9}{2}}}$ ← 답

20. 20은 두 자리의 자연수이므로 $\log20$의 지표는 1이다.

이때 $\log20=1+f(20)$

$\therefore\ f(20)=\log20-1=\log20-\log10=\log2$

500은 세 자리의 자연수이므로 $\log500$의 지표는 2이다.

이때 $\log500=2+f(500)$

$\therefore\ f(500)=\log500-2=\log500-\log100=\log5$

2000은 네 자리의 자연수이므로 $\log2000$의 지표는 3이다.

이때 $\log2000=3+f(2000)$

$\therefore\ f(2000)=\log2000-3$

$=\log2000-\log1000=\log2$

50000은 다섯 자리의 자연수이므로 $\log50000$의 지표는 4이다.

이때 $\log50000=4+f(50000)$

$\therefore\ f(50000)=\log50000-4$

$=\log50000-\log10000=\log5$

$\therefore$ (준식)$=\log2+\log5+\log2+\log5$

$=\log(2\times5\times2\times5)=\log100$

$=$**2** ← 답

p. 116

21. $100<x<1000$에서 x의 정수 부분이 세 자리이므로 $\log x$의 지표는 2이다.

$\log x$의 가수를 α라고 하면 $\log x=2+\alpha\ (0<\alpha<1)$

$\therefore\ \log\sqrt{x}=\frac{1}{2}\log x=\frac{1}{2}(2+\alpha)=1+\frac{\alpha}{2}$

따라서, $\log\sqrt{x}$의 가수는 $\frac{\alpha}{2}$이므로

$\alpha+\frac{\alpha}{2}=\frac{3}{2}\alpha=1\ \left(\because\ 0<\frac{3}{2}\alpha<\frac{3}{2},\ \frac{3}{2}\alpha\text{는 정수}\right)$

$\therefore\ \alpha=\frac{2}{3}$

따라서, $\log x$의 가수는 $\frac{2}{3}$이다. 답 $\frac{2}{3}$

22. $\log x$와 $\log\sqrt{x}$의 가수의 합이 1이므로
$\log x+\log\sqrt{x}$는 정수이다.
그 정수를 n이라 하면 $\log x+\log\sqrt{x}=\frac{3}{2}\log x=n$

$\log x=\frac{2}{3}n$

그런데 $\log x$의 지표가 5이므로

$5\le\log x<6,\ 5\le\frac{2}{3}n<6$

이 조건을 만족하는 n은 8이다.

그러므로 $\log x=\frac{16}{3}$

따라서, $\log\sqrt{x}=\frac{1}{2}\log x=\frac{8}{3}=2+\frac{2}{3}$

즉, $\log\sqrt{x}$의 **지표는 2, 가수는 $\frac{2}{3}$** ←답

23. $\log x=3+\alpha\,(0\le\alpha<1)$라 하면

$\log\sqrt{x}=\frac{3}{2}+\frac{\alpha}{2}=1+\frac{1+\alpha}{2}$이고,

$\frac{1}{2}\le\frac{1+\alpha}{2}<1$이므로 $\log\sqrt{x}$의 가수는 $\frac{1+\alpha}{2}$이다.

$\therefore\ \alpha+\frac{1+\alpha}{2}=\frac{2}{3}$, 즉 $\alpha=\frac{1}{9}$

$\therefore\ \log\sqrt{x}$의 가수는 $\frac{1+\alpha}{2}=\frac{1+\frac{1}{9}}{2}=\mathbf{\frac{5}{9}}$ ←답

24. $1<a<100$이므로 $0<\log a<2$
$\log a=n+\alpha(n$은 정수, $0\le\alpha<1)$라고 하면

$\log\sqrt{a}=\frac{1}{2}\log a=\frac{1}{2}(n+\alpha)$

(i) $n=0$일 때 $\log a=\alpha,\ \log\sqrt{a}=\frac{\alpha}{2}$

$2\alpha=\frac{\alpha}{2}\qquad\therefore\ \alpha=0$

$\log a=0$이므로 모순

(ii) $n=1$일 때 $\log a=1+\alpha,\ \log\sqrt{a}=\frac{1}{2}(1+\alpha)$

$0\le\alpha<1$이므로 $\frac{1}{2}\le\frac{1+\alpha}{2}<1$

$2\alpha=\frac{1}{2}(1+\alpha),\ \alpha=\frac{1}{3}$

$\log a=1+\frac{1}{3}=\frac{4}{3}\qquad\therefore\ \mathbf{a=10\sqrt[3]{10}}$ ←답

25. (i)에 의하여 $x,\ y,\ z$는 모두 한 자리의 정수이므로
$\log x,\ \log y,\ \log z$의 지표는 모두 0이고, 가수는 각각 $\log x,\ \log y,\ \log z$이다.
(iii)에 의하여 $\log y=2\log x\qquad\therefore\ y=x^2$
그런데 (i)에 의하여 $1\le x\le9,\ 1\le y\le9,\ 1\le z\le9$
이므로 (i), (ii), (iii)을 만족하는 $x,\ y,\ z$의 값은
$\mathbf{x=3,\ y=9,\ z=4}$ ←답

26. $\log x=5+\alpha\,(0\le\alpha<1)$라고 하면

$\log\sqrt{x}=\frac{1}{2}\log x=\frac{5}{2}+\frac{\alpha}{2}=2+\frac{1+\alpha}{2}$

이때 $\frac{1}{2}\le\frac{1+\alpha}{2}<1$이므로 $\log\sqrt{x}$의 가수는 $\frac{1+\alpha}{2}$

따라서, $\frac{1+\alpha}{2}=0.6$에서 $\alpha=0.2$

$\therefore\ \log x=5.2$

$\therefore\ \log\frac{1}{x}=-\log x=-5.2=-6+0.8=\bar{6}.8$

따라서, $\log\frac{1}{x}$의 가수는 **0.8** ←답

27. $\log x=n+\alpha\,(n$은 정수, $0\le\alpha<1)$
이라고 하면 ㈎, ㈏에서
$\log y=6-n+\alpha$

$\log\frac{x^2}{y}=2\log x-\log y$

$=2(n+\alpha)-6+n-\alpha=3n-6+\alpha$

$3n-6=15\qquad\therefore\ n=7$

$\therefore\ \log\frac{x}{y}=\log x-\log y$

$=(7+\alpha)-(6-7+\alpha)=8$ ←답

28. $\log \mathrm{N}=n+\alpha\,(n$은 자연수, $0\le\alpha<1)$라고 하면

$\log\sqrt{\mathrm{N}}=\frac{1}{2}\log\mathrm{N}=\frac{n}{2}+\frac{\alpha}{2}$

(i) n이 짝수일 때 : $\log\sqrt{\mathrm{N}}$의 지표는 $\frac{n}{2}$,

가수는 $\frac{\alpha}{2}$이므로

$\frac{n}{2}=2,\ \frac{\alpha}{2}=1-\alpha\qquad\therefore\ n=4,\ \alpha=\frac{2}{3}$

따라서, $\log\mathrm{N}=4+\frac{2}{3}=\frac{14}{3}\qquad\therefore\ \mathrm{N}=10^{\frac{14}{3}}$

(ii) N이 홀수일 때 : $\log\sqrt{\mathrm{N}}$의 지표는 $\frac{n}{2}-\frac{1}{2}$,

가수는 $\frac{1}{2}+\frac{\alpha}{2}$이므로

$\frac{n}{2}-\frac{1}{2}=2,\ \frac{1}{2}+\frac{\alpha}{2}=1-\alpha\qquad\therefore\ n=5,\ \alpha=\frac{1}{3}$

따라서, $\log\mathrm{N}=5+\frac{1}{3}=\frac{16}{3}\qquad\therefore\ \mathrm{N}=10^{\frac{16}{3}}$

(i), (ii)에서 $10^{\frac{14}{3}}\times10^{\frac{16}{3}}=\mathbf{10^{10}}$ ←답

29. 바다 표면의 빛의 세기를 a라고 하고 $0.45n$ m 깊이에서의 빛의 세기가 표면에서의 빛의 세기의 10%가 된다고 하면
$a(1-0.1)^n=0.1a$

$n\log 0.9=\log 0.1$

$n=\dfrac{1}{0.04}=25$ ∴ $25\times 0.45=$ **11.25(m)** ← 답

30. $\mathrm{B}=14+0.6\mathrm{T}+(0.4\mathrm{T}-12)v^{0.16}$에서

$\mathrm{T}=-15$, $\mathrm{B}=-25$, $v=x$이므로

$-25=14+0.6\times(-15)+\{0.4\times(-15)-12\}x^{0.16}$

∴ $x^{0.16}=\dfrac{10}{6}\fallingdotseq 1.67$, $\log x^{0.16}=\log 1.67=0.22$

$\log x=\dfrac{0.22}{0.16}\fallingdotseq 1.38$에서 지표가 1이므로 x는 두 자리 수이고, 가수가 0.38이므로 $x=24$이다. 답 **24**

p. 117

1. $\log 2430=3.3856$, $\log 541=2.7332$이고,

$\log(2430^{10}\div 541)$

$=10\log 2430-\log 541=10\cdot 3.3856-2.7332$

$=33.856-2.7332=31.1228$

$2430^{10}\div 541$의 정수 부분은 32자리의 수이므로

$\boldsymbol{n=32}$ ← 답

2. $27^{-10}\times 4^{15}=3^{-30}\times 2^{30}=\left(\dfrac{2}{3}\right)^{30}$이므로

$\log\left(\dfrac{2}{3}\right)^{30}=30(\log 2-\log 3)=-5.4=\bar{6}.6$

$\log\left(\dfrac{2}{3}\right)^{30}$의 지표가 -6이므로 소수점 아래 6째 자리에서 처음으로 0이 아닌 숫자가 나타난다.

∴ $\boldsymbol{m=6}$ ← 답

3. $24\le\log x^8<25$이므로 $3\le\log x<\dfrac{25}{8}=3.125$

$15\le\log y^5<16$이므로 $3\le\log y<\dfrac{16}{5}=3.2$

$6\le\log x+\log y<6.325$

$\log xy$의 지표가 6이므로 xy는 7자리의 자연수이다.

∴ $\boldsymbol{n=7}$ ← 답

4. $\dfrac{f(2000)+f(3000)+f(4000)}{f(200)+f(300)}$

$=\dfrac{3+3+3}{2+2}=\dfrac{9}{4}=$ **2.25** ← 답

5. $1=\log_3 3<\log_3 7<\log_3 9=2$이므로

$a=1$, $b=\log_3 7-1=\log_3\dfrac{7}{3}$

∴ $\dfrac{3^a-3^b}{3^a+3^b}=\dfrac{3-3^{\log_3\frac{7}{3}}}{3+3^{\log_3\frac{7}{3}}}=\dfrac{3-\frac{7}{3}}{3+\frac{7}{3}}=\boldsymbol{\dfrac{1}{8}}$ ← 답

6. $\log x$의 지표가 -3, 가수가 $\dfrac{1}{2}\log 3=\log\sqrt{3}$이므로

$x=\sqrt{3}\times 10^{-3}$

∴ $x^{10}=(\sqrt{3})^{10}\times(10^{-3})^{10}$

$=243\times 10^{-30}=2.43\times 10^{-28}$

따라서, x^{10}은 소수 28째 자리에서 처음으로 0이 아닌 숫자 2가 나타난다.

∴ $\boldsymbol{n=28,\ k=2}$ ← 답

7. $\log_2 a$의 정수 부분은 4가 되므로

$4\le\log_2 a<5$에서 $16\le a<32$ … ㉠

$\log_3 a$의 정수 부분은 3이 되므로

$3\le\log_3 a<4$에서 $27\le a<81$ … ㉡

㉠과 ㉡에서 공통 범위 $27\le a<32$이다.

따라서, 자연수 a의 최댓값은 31이다. 답 **31**

8. 상용로그의 지표를 n이라 하면

$\log x=n+\alpha\ (0\le\alpha<1)$이다.

$(\log x)^2+\alpha^2=8$에서 $\log x=\sqrt{8-\alpha^2}$ ($\because$ $x>1$)

가수의 범위가 $0\le\alpha<1$이므로 $\sqrt{7}<\log x\le\sqrt{8}$

따라서, $\log x$의 지표는 2이다.

$\log x=2+\alpha$를 조건에 대입하면

$(2+\alpha)^2+\alpha^2=8$

$\alpha^2+2\alpha-2=0$, $\alpha=-1+\sqrt{3}$ ($\because$ $0\le\alpha<1$)

따라서, $\log x=n+\alpha=2+(-1+\sqrt{3})$

$=\boldsymbol{1+\sqrt{3}}$ ← 답

9. $\log 7^{30}=30\times 0.85=25.50$

$\log 2=0.30$, $\log 3=0.48$이므로

$\log 3<0.5<\log 4$

양변에 25를 더하여 정리하면

$\log(3\times 10^{25})<25.5=\log 7^{30}<\log(4\times 10^{25})$

∴ $3\times 10^{25}<7^{30}<4\times 10^{25}$

∴ $a=3$, $b=25$

따라서, $a+b=28$이다. 답 **28**

10. $\log x=n+\alpha\ \left(n\text{은 정수, } 0<\alpha<\dfrac{1}{4}\right)$라 하면

(i) $\log x^2=2\log x=2n+2\alpha$

그런데 $0<2\alpha<\dfrac{1}{2}$이므로 가수는 2α이다.

(ii) $\log\dfrac{\sqrt{10}}{x^2}=\dfrac{1}{2}\log 10-\log x^2$

$=\dfrac{1}{2}-2(n+\alpha)=-2n+\dfrac{1}{2}-2\alpha$

그런데 $0<\dfrac{1}{2}-2\alpha<\dfrac{1}{2}$이므로 가수는 $\dfrac{1}{2}-2\alpha$이다.

따라서, 가수의 합은 $2\alpha+\dfrac{1}{2}-2\alpha=\boldsymbol{\dfrac{1}{2}}$ ← 답

11. $0<\log a<1$, $0<\log b<1$이고, $\log a^3=3\log a$와 $\log b^5=5\log b$의 가수가 모두 0이 되려면

$\log a=\frac{1}{3}, \frac{2}{3}$

$\log b=\frac{1}{5}, \frac{2}{5}, \frac{3}{5}, \frac{4}{5}$

$\log a+\log b$의 최댓값은 $\frac{2}{3}+\frac{4}{5}=\frac{22}{15}$

즉, $\log ab$의 최댓값이 $\frac{22}{15}$이므로 ab의 최댓값은 $10^{\frac{22}{15}}$이다.

$\therefore$ $\boldsymbol{p+q=37}$ ← 답

12. $\log x$의 지표는 2이므로

$\log x=2+\alpha$ (단, $0<\alpha<1$)라 하면

$\log\frac{1}{x}=-\log x=-2-\alpha=-3+(1-\alpha)$

이때 주어진 조건으로부터 $\alpha=2(1-\alpha)$ $\quad\therefore\ \alpha=\frac{2}{3}$

따라서, $\log x=\frac{8}{3}$이므로

(준식)$=(1+2+\cdots+9)\log x$

$=45\log x=$**120** ← 답

13. $\log x=3+\alpha\ (0\le\alpha<1)$이므로

$\frac{1}{2}\log x=\frac{3}{2}+\frac{\alpha}{2}=1+\frac{1+\alpha}{2}$에서 가수가 $\frac{1+\alpha}{2}$이므로 $\frac{1+\alpha}{2}+\alpha=\frac{3}{4}$이다. 따라서, $\alpha=\frac{1}{6}$

$\log\sqrt{x}=\frac{1}{2}\log x=\frac{3}{2}+\frac{1}{12}=1+\frac{7}{12}$에서 가수는 $\frac{7}{12}$이다.

답 $\boldsymbol{\frac{7}{12}}$

14. $\log 3^{10}=10\log 3=4.771$

그러므로 3^{10}은 5자리의 수이다.

따라서, 가장 무거운 추의 무게는 10^4 g이다.

답 **10^4 g**

15. $\log 3^{30}=30\log 3=30\times0.4771=14.313$이므로

$\log 3^{30}$의 지표는 14이고, 가수는 0.313이다.

$\therefore$ $n=14$

$\log 2<0.313<\log 3$이므로

$\log(2\times10^{14})<\log 3^{30}<\log(3\times10^{14})$

$\therefore$ $2\times10^{14}<3^{30}<3\times10^{14}$

따라서, 3^{30}의 가장 큰 자리의 숫자는 2이다.

$\therefore$ $[a]=2$

따라서, $n+[a]$의 값은 **16** ← 답

16. $\log x=2+\alpha$ (단, $0\le\alpha<1$)

$\log x^2-[\log x^2]+\log x-[\log x]=1$

$\Rightarrow$ $\log x^2$과 $\log x$의 가수의 합이 1

$\log x^2=2\log x=4+2\alpha$

(i) $0\le2\alpha<1$

$2\alpha+\alpha=1$ $\quad\therefore\ \alpha=\frac{1}{3}$

$\log x=2+\frac{1}{3}$, $x=10^{2+\frac{1}{3}}=10^{\frac{7}{3}}$

(ii) $1\le2\alpha<2$, $0\le2\alpha-1<1$

$\log x^2$의 가수는 $2\alpha-1$

$2\alpha-1+\alpha=1$ $\quad\therefore\ \alpha=\frac{2}{3}$

$\log x=2+\frac{2}{3}$, $x=10^{2+\frac{2}{3}}=10^{\frac{8}{3}}$

x의 값의 곱은 $10^{\frac{7}{3}}\times10^{\frac{8}{3}}=10^{\frac{15}{3}}=10^5$

$\therefore$ $\boldsymbol{n=5}$ ← 답

17. 조건 (나)의 $[\log 5n]=1+[\log n]$에서 $\log 5n$의 지표는 $\log n$의 지표보다 1만큼 크므로 n의 자리 수보다 $5n$의 자리 수가 1만큼 더 크다.

(i) n이 한 자리 자연수일 때, $5n$은 두 자리 자연수이므로

$n=2, 3, 4, 5, \cdots, 9$ $\quad\therefore$ 8개

(ii) n이 두 자리 자연수일 때, $5n$은 세 자리 자연수이므로

$n=20, 21, 22, \cdots, 99$ $\quad\therefore$ 80개

(iii) $n=100$일 때, $5n=500$이므로 조건 (나)를 만족하지 않는다.

따라서, 구하는 자연수 n의 개수는

$8+80=$**88(개)** ← 답

18. $\log A=35\log 2=35\times0.3010=10.535$

$\log B=13\log 5=13\times(1-\log 2)$

$=13\times0.6990=9.087$

$\log C=11\log 6=11(\log 2+\log 3)$

$=11\times0.7781=8.5591$

$\therefore$ **A>B>C** ← 답

19. $\log A=\log 8^{\frac{1}{7}}=\frac{1}{7}\log 8$

$=\frac{3}{7}\log 2=\frac{3}{7}\times0.3010=0.1290$

$\log B=\log 5^{\frac{1}{6}}=\frac{1}{6}\log 5=\frac{1}{6}\log\frac{10}{2}$

$=\frac{1}{6}(\log 10-\log 2)=\frac{1}{6}(1-\log 2)=0.1165$

$\log C=\log 6^{\frac{1}{5}}=\frac{1}{5}\log 6=\frac{1}{5}\log(2\times3)$

$=\frac{1}{5}(\log 2+\log 3)=0.15562$

$\therefore$ $\log B<\log A<\log C$ $\quad\therefore$ **B<A<C** ← 답

20. 1991년 말 인구를 A명, 매년 인구 증가율을 r라 하면 15년 동안 2배 증가하였으므로

$A(1+r)^{15}=2A \quad \therefore (1+r)^{15}=2$

또, 6년 후인 1997년 말 인구는

$A(1+r)^6=A\{(1+r)^{15}\}^{\frac{2}{5}}=2^{\frac{2}{5}}A$

$x=2^{\frac{2}{5}}$이라 하고, 양변에 상용로그를 취하면

$\log x=\frac{2}{5}\log 2=\frac{2}{5}\times 0.30=0.12 \quad \therefore x=1.32$

따라서, 1997년 말 인구는 1.32A이므로 1991년 말보다 32% 증가하였다. 답 **32%**

p. 119

1. $1<a<10$에서 $\log a=\alpha\,(0<\alpha<1)$이다.

$\log a^3$과 $\log\sqrt{a}$의 가수의 합이 1이므로

$3\alpha+\frac{1}{2}\alpha=\frac{7}{2}\alpha$는 정수이다.

$\alpha=\frac{2}{7},\ \alpha=\frac{4}{7},\ \alpha=\frac{6}{7}$이므로 $a=10^{\frac{2}{7}},\ 10^{\frac{4}{7}},\ 10^{\frac{6}{7}}$

모든 a의 곱은 $10^{\frac{2}{7}}\times 10^{\frac{4}{7}}\times 10^{\frac{6}{7}}=10^{\frac{2}{7}+\frac{4}{7}+\frac{6}{7}}=10^{\frac{12}{7}}$

$\therefore 7+12=$**19** ←답

2. $\log\frac{x^2}{y}=\log x^2-\log y$

$=2\log x-\log y$

$=2(6+\alpha)-(1+\beta)$

$=11+2\alpha-\beta$

이때 $0<2\alpha<\frac{1}{2},\ -1<-\beta<-\frac{1}{2}$이므로

$-1<2\alpha-\beta<0$

따라서, $\log\frac{x^2}{y}=11+2\alpha-\beta=10+(1+2\alpha-\beta)$이고,

$\frac{x^2}{y}$의 정수 부분이 n자리의 수이므로

$n-1=10 \quad \therefore$ $\boldsymbol{n=11}$ ←답

3. (i) n이 자연수이므로 $f(n)$은 음이 아닌 정수이다.

(ii) $0\le g(n)<1$이므로 $g(n)$이 최대일 때,

$f(n)-g(n)$은 $f(n)=0$일 때, 최솟값을 갖는다.

n이 한 자리 자연수이고, $g(n)$이 최대일 때는 $g(9)$이므로 $f(n)-g(n)$의 최솟값은 즉 $0-\log 9=\log\frac{1}{9}$일 때이다.

$\therefore a+b=9+1=$**10** ←답

4. $\log x=f(x)+g(x)$이므로

$\log a=f(a)+g(a)$ … ㉠, $\log b=f(b)+g(b)$ … ㉡

㉠−㉡에서

$\log a-\log b=f(a)-f(b)+g(a)-g(b)=2-\log 3$

이므로 $\log\frac{a}{b}=\log\frac{100}{3}$

$\frac{a}{b}=\frac{100}{3} \quad \therefore 3a=100b$

$3a+\frac{25}{b}=100b+\frac{25}{b}\ge 2\sqrt{100b\times\frac{25}{b}}=100$이고,

등호는 $a=\frac{50}{3},\ b=\frac{1}{2}$일 때 성립한다.

따라서, 구하는 최솟값은 **100** ←답

5. $\log x=1+\alpha\,(0\le\alpha<1)$

$\log y=2+\beta\,(0\le\beta<1)$

ㄱ. $\log xy=\log x+\log y=3+\alpha+\beta$이고,

여기에서 $0\le\alpha+\beta<2$이므로 지표는 3 또는 4이다.

$\therefore$ xy는 4자리 또는 5자리의 자연수이다. (참)

ㄴ. $\log y=\log 10x=1+\log x=2+\alpha$ (참)

ㄷ. (반례) $x=10$일 때, $\frac{1}{10}=0.1$ (거짓) 답 ③

6. (가)에서 $2\le\log a<3$이고, (나)에서 $-1\le\log b<0$이므로 $1\le\log a+\log b<3$이다.

따라서, $1\le\log ab<3$에서 $10\le ab<10^3$ 답 ②

7. ㄱ. 가수가 ⟨2004⟩=⟨200.4⟩이므로

⟨2004⟩+1≠⟨200.4⟩+2 (거짓)

ㄴ. $\log x=$《x》+⟨x⟩에서 지표가 《x》=5이므로

x의 정수 부분은 6자리이다. (참)

ㄷ. 가수의 합이 ⟨x⟩+⟨y⟩=1이므로

$\log x+\log y=$정수 (참) 답 ④

p. 120

8. ㄱ. $1<a<10$에서 $0<\log a<1$이므로

$\log 100a=2+\log a \quad \therefore [\log 100a]=2$ (참)

ㄴ. $[\log x]=3$이므로 $10^3\le x<10^4$

따라서, 정수 x의 개수는

$10^4-10^3=10^3(10-1)=9\times 10^3$ (참)

ㄷ. $\log x=n+\alpha\,(0\le\alpha<1)$

$0\le\alpha<\frac{1}{2}$일 때, $[\log x^2]=2n$

$\frac{1}{2}\le\alpha<1$일 때, $[\log x^2]=2n+1$

$\therefore [\log x^2]=2n$ 또는 $2n+1$ (거짓) 답 ②

9. ㄴ에서 두 상용로그의 지표가 같으므로

$\log x=n+\alpha,\ \log y=n+\beta$ (n은 정수, $0\le\alpha<1$, $0\le\beta<1$)라 하고,

ㄷ에서 $\log x$와 $\log\frac{1}{y}$의 가수가 같으므로

$\log\frac{1}{y}=-\log y=-n-\beta=-n-1+1-\beta$

$\alpha=1-\beta,\ \alpha+\beta=1$

ㄱ에서

$$\begin{aligned}2\log x+3\log y&=2(n+\alpha)+3(n+\beta)\\&=2(n+\alpha)+3(n+1-\alpha)\\&=5n+3-\alpha\\&=(5n+2)+(1-\alpha)=12.5\end{aligned}$$

지표가 $5n+2=12$에서 $n=2$이고,

$1-\alpha=0.5$ $\quad\therefore\ \alpha=0.5,\ \beta=0.5$

$\therefore\ \log x=\log y$ $\quad\therefore\ \boldsymbol{\frac{x}{y}=1}$ ←답

10. ㄱ. $\log 80=\log 10+\log 8=1+3\log 2$에서

$f(80)=1,\ g(80)=3\log 2$

$\therefore\ f(80)-1=g(80)-3\log 2$ (참)

ㄴ. $\log a=f(a)+g(a),\ \log a^2=2f(a)+2g(a)$

그런데 $f(a^2)=2f(a)$이므로 $0\le 2g(a)<1$

$\therefore\ 0\le g(a)<\frac{1}{2}$

$\log a^3=3f(a)+3g(a)$에서 $0\le 3g(a)<\frac{3}{2}$이고,

$1\le 3g(a)<\frac{3}{2}$일 때는 $f(a^3)=3f(a)+1$이다.

(거짓)

ㄷ. $\log a^2=2f(a)+2g(a)$에서

$0\le g(a)<1$이므로 $0\le 2g(a)<2$

(i) $0\le 2g(a)<1$일 때, $g(a)=2g(a)$

$\therefore\ g(a)=0$

(ii) $1\le 2g(a)<2$일 때, $g(a^2)=2g(a)-1=g(a)$

$g(a)=1$이므로 모순이다.

(i)과 (ii)에 의해

$g(a)=0,\ \log a^n=n\log a=nf(a)+ng(a)$

에서 $ng(a)=0$이고, $nf(a)$는 정수이므로

$g(a^n)=0$이다. (참) 답 ③

11. $x,\ y$가 자연수이고, $m,\ n$이 지표이므로

$m,\ n$은 $m\ge 0,\ n\ge 0$인 정수이다.

$m^2+n^2=4$인 경우는 다음 두 가지의 경우가 있다.

(i) $m=2,\ n=0$일 때,

$2\le\log x<3$이므로 $100\le x<1000$

$0\le\log y<1$이므로 $1\le y<10$

순서쌍 $(x,\ y)$의 개수는 $900\times 9=8100$

(ii) $m=0,\ n=2$일 때,

(i)의 경우와 순서만 바뀌므로 순서쌍 $(x,\ y)$의 개수는 8100

따라서, 순서쌍 $(x,\ y)$의 개수는

$8100+8100=16200$ 답 ①

12. $A^{-1}BA=B$에서 $A(A^{-1}BA)=AB$이므로 $BA=AB$

$$\begin{aligned}BA&=\begin{pmatrix}\log x & \log y\\ 0 & \log z\end{pmatrix}\begin{pmatrix}x & y\\ 1 & z\end{pmatrix}\\&=\begin{pmatrix}x\log x+\log y & y\log x+z\log y\\ \log z & z\log z\end{pmatrix}\end{aligned}$$

$$\begin{aligned}AB&=\begin{pmatrix}x & y\\ 1 & z\end{pmatrix}\begin{pmatrix}\log x & \log y\\ 0 & \log z\end{pmatrix}\\&=\begin{pmatrix}x\log x & x\log y+y\log z\\ \log x & \log y+z\log z\end{pmatrix}\end{aligned}$$

$BA=AB$에서 $\log y=0,\ \log x=\log z$

$\therefore\ y=1,\ x=z$

한편, A^{-1}가 존재하므로 $x\ne 1$

따라서, 조건을 만족하는 행렬 A는

$\begin{pmatrix}2 & 1\\ 1 & 2\end{pmatrix},\ \begin{pmatrix}3 & 1\\ 1 & 3\end{pmatrix},\ \begin{pmatrix}4 & 1\\ 1 & 4\end{pmatrix},\ \begin{pmatrix}5 & 1\\ 1 & 5\end{pmatrix}$의 4개이다. 답 ③

13. 현재 전체 생산량을 P라 하면 A제품의 생산량은 0.8P이다.

7년 후 A제품의 생산량은 $0.8P(1-0.08)^7$

$$\begin{aligned}\log 0.92^7&=7\log 0.92=7(\log 9.2-1)\\&=6.7466-7=-1+0.7466=\log 0.558\end{aligned}$$

$\therefore\ 0.8P\times 0.558=0.4464P$

$\therefore\ a=44.64$ 답 ②

p. 121

1. $\log_4\{\log_3(\log_2 x)\}=1$에서 $\log_3(\log_2 x)=4^1=4$

$\log_2 x=3^4=81$ $\quad\therefore\ x=2^{81}$

$\log x=\log 2^{81}=81\log 2=81\times 0.3010=24.381$

$\log x$의 지표가 24이므로 x는 25자리의 자연수이다.

답 ⑤

2. $\log 18-\log 3=\log 12-\log y$ $\quad\cdots$ ㉠

$\log x-\log 18=\log 20-\log 12$ $\quad\cdots$ ㉡

㉠에서 $\log y=\log\frac{12\times 3}{18}=\log 2$ $\quad\therefore\ y=2$

㉡에서 $\log x=\log\frac{20\times 18}{12}=\log 30$ $\quad\therefore\ x=30$

그러므로 $x-y=28$이다. 답 **28**

3. $\log 2.52^{10n}=10n\log 2.52=10n\times 0.4014=4.014\times n$

$a_n>1$을 만족시키기 위해서 가수가 $\log 2$보다 크거나 같아야 하므로 $0.014\times n\ge 0.3010$

$n\ge\frac{0.3010}{0.014}=21.\cdots$

$\therefore\ n$의 최솟값은 **22** ←답

4. $\log a=n+\alpha$, $\log b=m+\beta$ (n, m은 정수, $0\le\alpha<1$, $0\le\beta<1$)라 하면 $\alpha+\beta=1$이므로

$\log a+\log b=\log ab=n+m+1$ (정수)

따라서, $ab=10^{m+n+1}$

$\therefore\ ab=1,\ 10,\ 10^2,\ 10^3$ ($\because\ 1\le a<100,\ 1\le b<100$)

(i) $ab=1$일 때, $a=1$, $b=1$

그런데 $a<b$에 모순이므로 만족하지 않는다.

(ii) $ab=10$일 때, $a=2$, $b=5$ (1가지)

(iii) $ab=100$일 때,

$a=2$, $b=50$ 또는 $a=4$, $b=25$

또는 $a=5$, $b=20$ (3가지)

(iv) $ab=1000$일 때,

$a=20$, $b=50$ 또는 $a=25$, $b=40$ (2가지)

따라서, 순서쌍 $(a,\ b)$의 개수는 6이다. 답 ③

5. ① 10A와 A의 숫자 배열이 같으므로 가수는 서로 같다. (거짓)

② $\log A$의 가수를 α라 하면

$\log\dfrac{1}{A}$의 가수는 $1-\alpha$ (거짓)

③ $\log A$의 지표를 n이라 하면

$\log\dfrac{1}{A}$의 지표는 $-n-1$이므로 지표의 합은 일정하다. (참)

④ $3<\log A<4$일 때, $1.5<\log\sqrt{A}<2$

따라서, $\sqrt{A}$는 정수 부분이 두 자리인 수이다. (거짓)

⑤ $2<\log A<3$일 때, $-3<\log\dfrac{1}{A}<-2$

따라서, $\dfrac{1}{A}$은 소수 셋째 자리에서 처음으로 0이 아닌 숫자가 나타난다. (거짓) 답 ③

6. X는 정수 부분이 두 자리인 양의 정수이고, 상용로그의 가수가 x이므로

$\log X=1+x$ $(0\le x<1)$

Y는 정수 부분이 세 자리인 양의 정수이고, 상용로그의 가수가 y이므로

$\log Y=2+y$ $(0\le y<1)$

XY의 정수 부분은 다섯 자리이므로

$\log XY=\log X+\log Y$

$=3+x+y$에서

$1\le x+y<2$

따라서, 점 $(x,\ y)$가 존재하는 영역은 오른쪽 그림의 어두운 부분과 같다. 답 ④

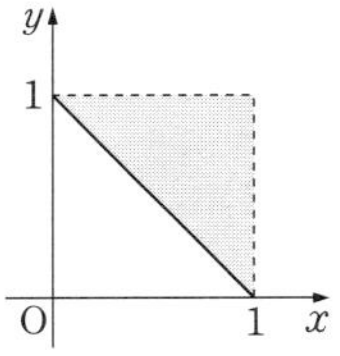

p. 122

7. ㄱ. ($\log 10$의 지표)$=$($\log 99$의 지표)$=1$

$\therefore\ A_{10}=A_{99}$ (참)

ㄴ. ($\log 100$의 지표)$=2$

$\therefore\ A_{100}=\{l\,|\,100\le l\le 999,\ l$은 정수$\}$

($\log 10$의 지표)$=1$

$\therefore\ A_{10}=\{l\,|\,10\le l\le 99,\ l$은 정수$\}$

$n(A_{100})=900$, $n(A_{10})=90$

$\therefore\ n(A_{100})=10\times n(A_{10})$ (참)

ㄷ. $A_p\cap A_q\ne\phi$에서

($\log p$의 지표)$=$($\log q$의 지표)

$\therefore\ A_p=A_q$ (참) 답 ⑤

8. ㄱ. (반례) $a=10^{\frac{3}{2}}$이면 $f(a)=1$, $f(a^2)=3$ (거짓)

ㄴ. $\log a=f(a)+g(a)$,

$\log a^2=2\log a=2f(a)+2g(a)$

$\log a^2=f(a^2)+g(a^2)$ (참)

ㄷ. (반례) $a=b=10^{-\frac{1}{2}}$이면

$g(a)+g(b)=1$, $ab=\dfrac{1}{10}$ (거짓) 답 ①

9. $[\log 2N]=[\log N]+1$에서 $\log 2N$의 지표가 $\log N$의 지표보다 1만큼 크므로 2N의 자릿수가 N의 자릿수보다 1만큼 크다.

즉, $5\times10^2\le N<10^3$ $\quad\therefore\ 2+\log 5\le\log N<3$

ㄱ. $5.3980\le\log N^2<6$에서 $\log N^2$의 지표는 항상 5이다. $\therefore$ N^2은 항상 6자리의 수이다. (참)

ㄴ. $8.0970\le\log N^3<9$에서 $\log N^3$의 지표는 항상 8이다. $\therefore$ N^3은 항상 9자리의 수이다. (참)

ㄷ. $10.7960\le\log N^4<12$에서 $\log N^4$의 지표는 10 또는 11이다.

$\therefore$ N^4은 11자리 또는 12자리의 수이다. (거짓)

답 ③

10. ㄱ. (i) $f(n)=g(n)$인 경우인 $f(n)=g(n)=0$인 경우이다.

$\log n=f(n)+g(n)$이므로 $\log n=0$, $n=1$이다.

(ii) $n=1$이면 $\log 1=0$이므로 $f(1)=g(1)=0$

(i), (ii)에서 필요충분조건이 성립한다. (참)

ㄴ. $\log 50=1+\log 5$

$\therefore\ f(50)=1$, $g(50)=\log 5$

$10^{f(50)}\times10^{g(50)}=10^1\times10^{\log 5}$

$=10\times5=50$ (참)

ㄷ. $\log 10n=1+\log n=1+f(n)+g(n)$

$\therefore\ f(10n)=1+f(n)$, $g(10n)=g(n)$

$\therefore\ f(10n)g(10n)=\{1+f(n)\}\cdot g(n)$
$=f(n)g(n)+g(n)$ (참) 답 ⑤

11. ㄱ. $\frac{b^2}{a}$은 정수 부분이 여섯 자리이므로

$5\le\log\frac{b^2}{a}<6$이다.

따라서, $\alpha=\log\frac{b^2}{a}-5$, $\log\frac{b^2}{a}=\alpha+5$

$\therefore\ 10^{\alpha+5}=\frac{b^2}{a}$ (거짓)

ㄴ. $\frac{a^2}{b}$은 소수 셋째 자리에서 처음으로 0이 아닌 숫자가 나타나므로 $-3\le\log\frac{a^2}{b}<-2$이다.

$\therefore\ \left[\log\frac{a^2}{b}\right]=-3$ (참)

ㄷ. $5\le 2\log b-\log a<6$ $\cdots$ ㉠
$-3\le 2\log a-\log b<-2$ $\cdots$ ㉡
㉠+㉡×2에서
$-1\le 3\log a<2$, $-\frac{1}{3}\le\log a<\frac{2}{3}$
그러므로 $\log a$의 지표는 -1 또는 0이다.
그런데 a는 자연수이므로 a는 한 자리 자연수이다. (참) 답 ⑤

12. 빵의 개당 가격을 a원, 무게를 b라 하면

$\frac{a}{0.9^n b}\ge 1.5\times\frac{a}{b}=\frac{3}{2}\cdot\frac{a}{b}$

$0.9^n\le\frac{2}{3}$

양변에 상용로그를 취하면 $n\log 0.9\le\log 2-\log 3$

$\log 0.9=\log\frac{9}{10}=2\log 3-1$이므로

$n\ge\frac{\log 2-\log 3}{2\log 3-1}=\frac{0.1761}{0.0458}=3.8\times\times\times$

$\therefore$ n의 최솟값은 4 답 ②

p. 123

1. $a\log b=\log b^a=\log(2\sqrt{2})^{\log_2 10}$

$=\log 10^{\log_2 2^{\frac{3}{2}}}=\log 10^{\frac{3}{2}}=\frac{3}{2}$ 답 ②

2. log 1, log 2, log 3, ⋯, log 150 중에서 진수의 배열이 같은 것끼리 모으면

log 1, log 10, log 100
log 2, log 20
log 3, log 30
⋮
log 9, log 90
log 11, log 110
log 12, log 120
⋮
log 15, log 150

이때 진수의 배열이 같은 것들은 한 번씩만 되어야 하므로 집합 A의 원소의 개수는 $150-15=135$

답 ③

3. $\log_2 4<\log_2 7<\log_2 8$에서 $2<\log_2 7<3$이므로

정수 부분 $a=2$, 소수 부분 $b=\log_2 7-2=\log_2\frac{7}{4}$이다.

$\therefore\ 3^a+2^b=3^2+2^{\log_2\frac{7}{4}}=9+\frac{7}{4}=9+1.75=10.75$

답 **10.75**

4. log N의 지표가 1이므로 $\log N=1+\alpha$

$\frac{1}{2}+\log N=\alpha+\log_4\frac{N}{8}=\alpha+\log_4 N-\log_4 8$

$=\alpha+\frac{\log N}{\log 4}-\frac{3}{2}$

$\frac{1}{2}+1+\alpha=\alpha+\frac{1+\alpha}{\log 4}-\frac{3}{2}$

$3\log 4=1+\alpha$

$\therefore\ \log N=1+\alpha=3\log 4=\log 64$

$\therefore$ **N=64** ←답

5. $\log 20=1+\log 2$,

$\frac{1}{\log_8 100}=\frac{\log 8}{\log 100}=\frac{3\log 2}{2\log 10}=\frac{3}{2}\log 2$이므로

$a(1+\log 2)+\frac{3b}{2}\log 2+3=0$

$(a+3)+\left(a+\frac{3b}{2}\right)\log 2=0$

이때 $a+3$, $a+\frac{3b}{2}$는 유리수이고, $\log 2$가 무리수이므로 $a+3=0$, $a+\frac{3b}{2}=0$

$\therefore\ a=-3,\ b=2$

$\therefore$ $\boldsymbol{a^2+b^2=13}$ ←답

6. 준식의 양변에 2를 곱하면

$2\log_7 2=b_1+\frac{b_2}{2}+\frac{b_3}{2^2}+\cdots$ $\cdots$ ㉠

$\therefore\ b_1=0$

㉠의 양변에 2를 곱하면

$4\log_7 2=b_2+\frac{b_3}{2}+\frac{b_4}{2^2}+\cdots$ $\quad\therefore\ b_2=1$

$\therefore\ \log_7 16=1+\frac{b_3}{2}+\frac{b_4}{2^2}+\cdots$

$\therefore\ \log_7 16-1=\frac{b_3}{2}+\frac{b_4}{2^2}+\cdots$ $\cdots$ ㉡

㉡의 양변에 2를 곱하면

$\therefore\ 2\log_7\dfrac{16}{7}=b_3+\dfrac{b_4}{2}+\cdots$ 에서

$\log_7\left(\dfrac{16}{7}\right)^2=b_3+\dfrac{b_4}{2}+\cdots \quad \therefore\ b_3=0$ 답 ②

7. $\log a=f(a)+g(a)$ ($f(a)$는 정수, $0\le g(a)<1$)

ㄱ. $\log 2006=\log(10^3\times 2.006)$
$=3+\log 2.006=f(2006)+g(2006)$
$\therefore\ f(2006)=3$ (참)

ㄴ. $g(2)+g(6)=\log 2+\log 6=\log 12$
$g(12)+1=\{\log 12-f(12)\}+1$
$=\log 12-1+1=\log 12$ (참)

ㄷ. $\log ab=f(ab)+g(ab)$이고,
$f(ab)=f(a)+f(b)$이므로
$g(ab)=\log ab-f(ab)$
$=\{\log a-f(a)\}+\{\log b-f(b)\}$
$=g(a)+g(b)$ (참) 답 ⑤

8. ㄱ. $[\log x]=6$에서 $6\le\log x<7$ … ㉠

ㄴ. $\log x^2-[\log x^2]$은 $\log x^2$의 가수를 나타내고
$\log\dfrac{1}{x}-\left[\log\dfrac{1}{x}\right]$은 $\log\dfrac{1}{x}$의 가수를 나타낸다.
$\log x^2$과 $\log\dfrac{1}{x}$의 가수가 같으므로
$\log x^2-\log\dfrac{1}{x}=3\log x=$(정수)
㉠에서 $18\le 3\log x<21$
$3\log x$는 정수이므로 $3\log x=18,\ 19,\ 20$
$\log x=6,\ \dfrac{19}{3},\ \dfrac{20}{3} \quad \therefore\ x=10^6,\ 10^{\frac{19}{3}},\ 10^{\frac{20}{3}}$

$M=10^6\times 10^{\frac{19}{3}}\times 10^{\frac{20}{3}}=10^{19}$
$\therefore\ \log M=\log 10^{19}=$ **19** ← 답

p. 124

9. 지표가 2인 수를 x라 하면 $100\le x<1000$
지표가 -2인 수를 y라 하면 $0.01\le y<0.1$
$\therefore$ (정수 x의 최댓값)$=999$, (y의 최솟값)$=0.01$
$\therefore\ xy=9.99$ 답 ②

10. 양수 $m,\ n$은 정수 부분이 각각 세 자리이고, 상용로그의 가수가 각각 $x,\ y$이므로
$\log m=2+x,\ \log n=2+y$ … ㉠
$0\le x<1,\ 0\le y<1$ … ㉡
또, mn의 정수 부분이 다섯 자리이므로
$4\le\log mn<5$
$\therefore\ 4\le\log m+\log n<5$ … ㉢

㉠을 ㉢에 대입하면
$0\le x+y<1$
따라서, 점 $(x,\ y)$가 나타내는 영역은 오른쪽 그림의 어두운 부분과 같다. (단, 점선 부분은 제외한다.)

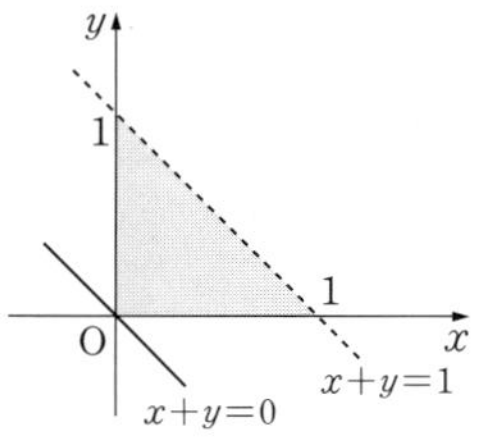

답 ①

11. M=4일 때, N=64이므로
$\log 64=a-0.9\times 4$
$\therefore\ a=3.6+\log 64=3.6+6\log 2$
$=3.6+6\times 0.3=5.4$
M$=x$일 때, N=1이므로
$\log 1=a-0.9x$에서 $0.9x=a=5.4$
$\therefore$ **$9x=54$** ← 답

12. F$=-7$이므로 $-7=10\log\dfrac{B}{A}$

$\therefore\ \log\dfrac{B}{A}=-\dfrac{7}{10} \quad \therefore\ \dfrac{B}{A}=10^{-\frac{7}{10}}$

이 식의 양변에 10을 곱하면

$\dfrac{10B}{A}=10\cdot 10^{-\frac{7}{10}}=10^{\frac{3}{10}}=2 \quad \therefore\ \dfrac{B}{A}=\dfrac{1}{5}$

따라서, $B=\dfrac{1}{5}A$이므로 벽을 투과한 전파의 세기(B)는 투과하기 전 세기(A)의 $\dfrac{1}{5}$배이다. 답 $\dfrac{1}{5}$배

13. 신호는 1 km를 지날 때마다 세기가 1%씩 감소하므로 n km를 지날 때 신호의 세기는 처음 신호의 $(0.99)^n$이다. 따라서, 처음 신호의 세기를 a라 하면 n km 후 신호의 세기는 $a(0.99)^n$이다.

$\therefore\ a(0.99)^n=\dfrac{1}{2}a,\ n\log 0.99=\log\dfrac{1}{2}$

$n=\dfrac{-\log 2}{\log 0.99}=\dfrac{-0.3010}{\log 9.9-1}=\dfrac{-0.3010}{-0.0044}\fallingdotseq 68.4$

$\therefore$ 약 68 km 답 ①

14. 원금을 a원이라 하자.
6개월마다 복리로 이자를 계산하는 연이율 10%인 예금 상품은 6개월 후와 1년 후에 각각 이자를 계산한다.

6개월 후의 이자는 이율이 $\dfrac{0.1}{2}=0.05$이므로

$0.05a$(원)이고,
1년 후의 이자는 6개월 후의 원리합계 $1.05a$의 0.05이므로 $1.05a\times 0.05=0.0525a$(원)이다.
그러므로 1년 후의 이자의 총액은
$0.05a+0.0525a=0.1025a$(원)

따라서, 실효수익률은 $\dfrac{0.1025a}{a}\times 100=10.25(\%)$

답 **10.25**

9. 로그함수

p. 125

1. $f\left(\frac{9}{4}\right)=\log_a\left(\frac{9}{4}-2\right)-3=-5$에서

$\log_a\frac{1}{4}=-2$이므로 $a^2=4$ $\quad\therefore a=2$ ($\because a>0$)

$f(4)=\log_2(4-2)-3=\log_2 2-3=-2$

$f(10)=\log_2(10-2)-3=\log_2 8-3=0$ 답 **−2**

2. ① $f(2x)=\log_2 2x=\log_2 2+\log_2 x=1+\log_2 x$

$2f(x)=2\log_2 x$ $\quad\therefore f(2x)\neq 2f(x)$ (거짓)

② $f(x^3)=\log_2 x^3=3\log_2 x=2\log_2 x+\log_2 x$

$=\log_2 x^2+\log_2 x=f(x^2)+f(x)$ (참)

③ $f(2^{x+1})-f(2^x)=\log_2 2^{x+1}-\log_2 2^x$

$=(x+1)-x=1$

$\therefore f(2^{x+1})-f(2^x)\neq 2$ (거짓)

④ $0<a<b<1$에서 $ab<1$이므로

$f(ab)=\log_2 ab<0$ (참)

⑤ $f(a^b)=\log_2 a^b=b\log_2 a>0$ (거짓) 답 **①, ③, ⑤**

3. ① $f\left(\frac{x}{a}\right)=\log_a\frac{x}{a}=\log_a x-\log_a a$

$=\log_a x-1=f(x)-1$

$\therefore f\left(\frac{x}{a}\right)\neq f(x)+1$ (거짓)

② $f\left(\frac{y}{x}\right)=\log_a\frac{y}{x}=\log_a y-\log_a x=f(y)-f(x)$

$\therefore f\left(\frac{y}{x}\right)\neq\frac{f(y)}{f(x)}$ (거짓)

③ $f(a^x)=\log_a a^x=x$

$\therefore f(a^x)\neq a$ (거짓)

④ $f(xy)=\log_a xy=\log_a x+\log_a y$

$=f(x)+f(y)$ (참)

⑤ $f\left(\frac{1}{x^k}\right)=\log_a\frac{1}{x^k}=-k\log_a x=-kf(x)$

$\therefore f\left(\frac{1}{x^k}\right)\neq\frac{1}{k}f(x)$ (거짓) 답 **④**

4. $f(x)=\log_2\left(1+\frac{1}{x+2}\right)=\log_2\frac{x+3}{x+2}$ 이므로

$f(1)+f(2)+\cdots+f(n)$

$=\log_2\frac{4}{3}+\log_2\frac{5}{4}+\cdots+\log_2\frac{n+3}{n+2}$

$=\log_2\left(\frac{4}{3}\times\frac{5}{4}\times\cdots\times\frac{n+3}{n+2}\right)$

$=\log_2\frac{n+3}{3}$

$\log_2\frac{n+3}{3}=5$이므로 $\frac{n+3}{3}=2^5=32$

$n+3=96$ $\quad\therefore$ $\boldsymbol{n=93}$ ←답

5. $f_2(x)=f_1(x^2)=\log_2 x^2=2\log_2 x$

$f_3(x)=f_2(x^2)=2\log_2 x^2=2^2\log_2 x$

$f_4(x)=f_3(x^2)=2^2\log_2 x^2=2^3\log_2 x$

$\vdots$

$f_8(x)=f_7(x^2)=\cdots=2^7\log_2 x$

$\therefore f_8\left(\frac{1}{4}\right)=2^7\log_2\frac{1}{4}=2^7\times(-2)=\mathbf{-256}$ ←답

6. $f(t)=\frac{3}{2}$이라고 하면

$\log_2 t=\frac{3}{2}$ $\quad\therefore t=2^{\frac{3}{2}}=2\sqrt{2}$

$\therefore g\left(\frac{3}{2}\right)=g(f(2\sqrt{2}))=1+\sqrt{3-2\sqrt{2}}$

$=1+\sqrt{2}-1=\boldsymbol{\sqrt{2}}$ ←답

7. $f(k)=3f(2)$, 즉 $2^k=3\times 2^2$이므로

$k=\log_2(3\cdot 2^2)=\mathbf{2+\log_2 3}$ ←답

8. $\overline{AB}=9^k-3^k=(3^k)^2-3^k=6$

$(3^k-3)(3^k+2)=0$

$3^k+2>0$이므로 $3^k-3=0$

$3^k=3$에서 $\boldsymbol{k=1}$ ←답

9. 두 그래프의 교점의 x좌표가 $x=\log_3 2$, $x=\log_3 k$이므로 $f(x)=g(x)$에서 $9^x+a=b\cdot 3^x+2$

$(3^x)^2-b\cdot 3^x+a-2=0$에서 $3^x=t$라 하면

t에 관한 이차방정식 $t^2-bt+a-2=0$의 서로 다른 두 근은 2, k이다.

ㄱ. (판별식)$=(-b)^2-4\cdot(a-2)>0$

$b^2>4a-8$ (거짓)

ㄴ. $t=2$는 방정식의 근이므로 $4-2b+a-2=0$

$a=2b-2$ (참)

ㄷ. (두 근의 곱)$=2k=a-2>4$ ($\because k>2$)

$a>6$ (참) 답 **③**

p. 126

10. $f(x)=x+1$, $g(x)=2^x$, $g(f(x))=2^{x+1}$

$y=2^{x+1}$에서 밑을 2로 하는 로그를 취하면

$\log_2 y=\log_2 2^{x+1}$ $\quad\therefore x+1=\log_2 y$

$x=\log_2 y-1$ $\quad\therefore$ $\boldsymbol{y=\log_2 x-1}$ ←답

11. $y=2^{x-1}-2^{-x+1}=2^x\cdot\frac{1}{2}-\frac{1}{2^x}\cdot 2$

양변에 $2\cdot 2^x$을 곱하면

$2\cdot 2^x y=(2^x)^2-4$, $(2^x)^2-2y2^x-4=0$

$\therefore\ 2^x=y\pm\sqrt{y^2+4}$

$2^x>0$이므로 $2^x=y+\sqrt{y^2+4}$

양변에 밑이 2인 로그를 취하면

$x=\log_2(y+\sqrt{y^2+4})$

따라서, 구하는 역함수는

$\boldsymbol{y=\log_2(x+\sqrt{x^2+4})}$ ← 답

12. $y=\dfrac{1}{2}(3^x-3^{-x})$에서 $2y=3^x-3^{-x}$

양변에 3^x을 곱하여 정리하면 $(3^x)^2-2y\cdot 3^x-1=0$

$3^x=t$로 하면 $t^2-2yt-1=0$

$t=3^x=y\pm\sqrt{y^2+1}$

$3^x>0$이므로 $3^x=y+\sqrt{y^2+1}$

양변에 밑이 3인 로그를 취하면

$x=\log_3(y+\sqrt{y^2+1})$

x와 y를 바꾸면 $y=\log_3(x+\sqrt{x^2+1})$

$\therefore\ \boldsymbol{f^{-1}(x)=\log_3(x+\sqrt{x^2+1})}$ ← 답

13. $f(x)=1+3\log_2 x$이고 $(g\circ f)(x)=x$이므로 $g(x)$는 $f(x)$의 역함수이다.

따라서, $g(13)=t$라 하면 $f(t)=13$을 만족한다.

$\therefore\ 1+3\log_2 t=13$

$\log_2 t=4$ $\quad\therefore\ t=16$

따라서, $g(13)=\mathbf{16}$ ← 답

14. $f(m)=2$이므로 $a^2=m$

$f(n)=3$이므로 $a^3=n$

$f^{-1}(7)=k$라 하면 $f(k)=7$

$k=a^7=(a^2)^2a^3=\boldsymbol{m^2n}$ ← 답

15. (1) $(x,\ y)\longrightarrow(-x,\ y)$이므로 **$y$축에 대하여 대칭**이다. ← 답

(2) $(x,\ y)\longrightarrow(-x,\ -y)$이므로 **원점에 대하여 대칭**이다. ← 답

(3) $y=\log_{\frac{1}{2}}x$는 $y=-\log_2 x$이므로 **x축에 대하여 대칭**이다. ← 답

(4) $y=2^x$을 로그함수로 고치면 $x=\log_2 y$이므로 **직선 $y=x$에 대하여 대칭**이다. ← 답

16. (1) 준함수의 그래프는 $y=\log_2 x$의 그래프를 x축의 방향으로 1만큼 평행이동한 것이다. 따라서, 점 $(2,\ 0)$을 지나고 직선 $x=1$을 점근선으로 갖는다.

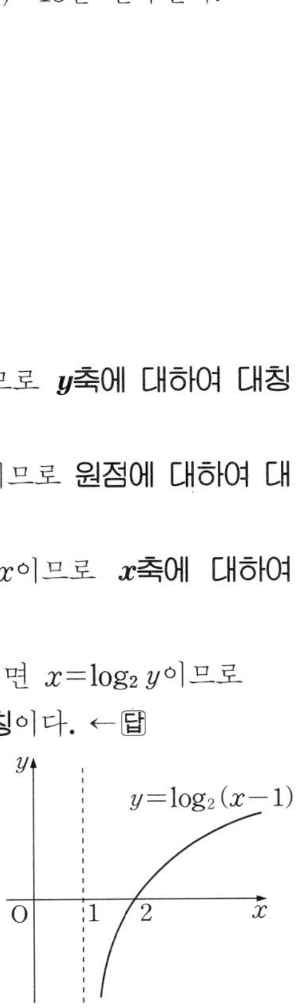

(2) 준함수의 그래프는 $y=\log_3 x$의 그래프를 x축의 방향으로 -2만큼 평행이동한 것이다. 따라서, 구하는 그래프는 오른쪽과 같고 점근선은 직선 $x=-2$이다.

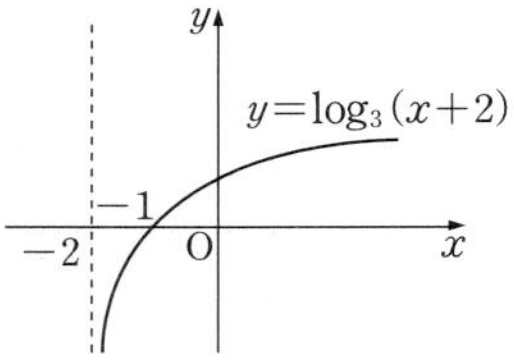

(3) 준함수의 그래프는 $y=\log_2 x$의 그래프를 x축의 방향으로 1만큼, y축의 방향으로 2만큼 평행이동한 것이다. 따라서, 구하는 그래프는 오른쪽과 같고, 점근선은 직선 $x=1$이다.

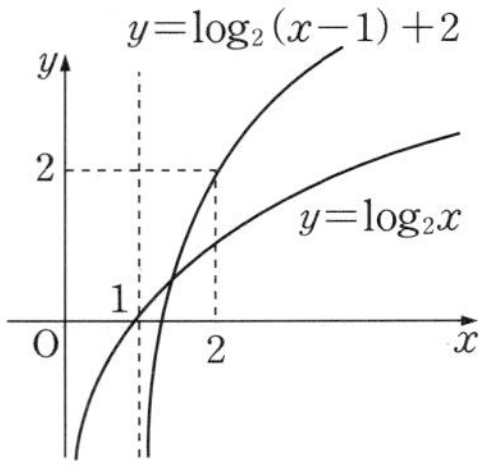

(4) 준함수의 그래프는 $y=\log_2 x$의 그래프를 x축의 방향으로 -1만큼, y축의 방향으로 1만큼 평행이동한 것이다. 또, 점근선은 직선 $x=-1$이다.

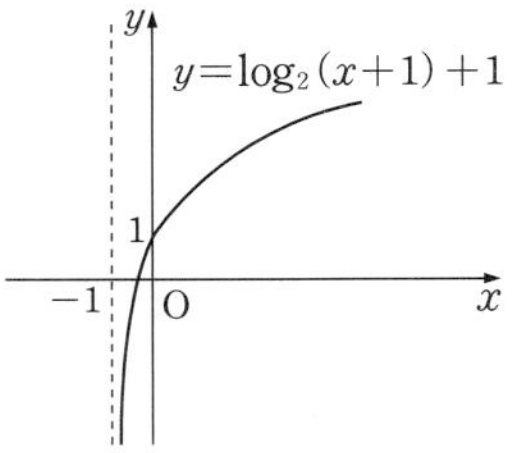

17. (1) $y=\log_2\dfrac{x}{2}$

$=\log_2 x-\log_2 2$

$=\log_2 x-1$

따라서, $y=\log_2 x$의 그래프를 y축의 방향으로 -1만큼 평행이동한 것이다.

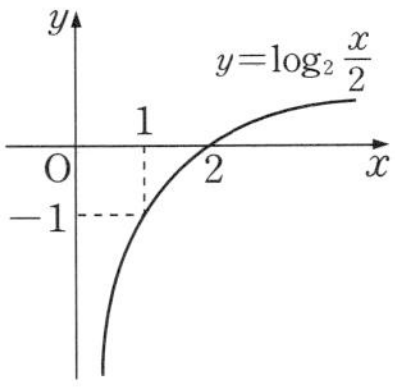

(2) $y=\log_2 2x$

$=\log_2 2+\log_2 x$

$=1+\log_2 x$

따라서, $y=\log_2 x$의 그래프를 y축의 방향으로 1만큼 평행이동한 것이다.

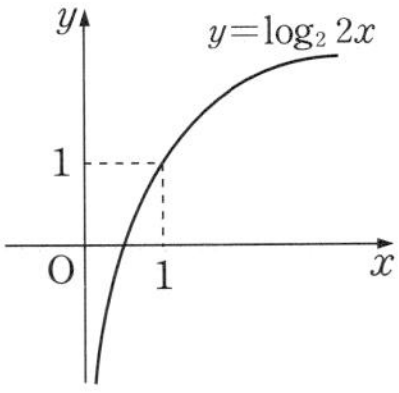

18. (1) $\log_{\frac{1}{2}}2x=\log_{\frac{1}{2}}x+\log_{\frac{1}{2}}2$

$=-\log_2 x-1$

이므로 함수 $y=\log_{\frac{1}{2}}2x$의 그래프는 $y=\log_2 x$의 그래프를 x축에 대하여 대칭이동한 다음 y축의 방향으로 -1만큼 평행이동한 것이다.

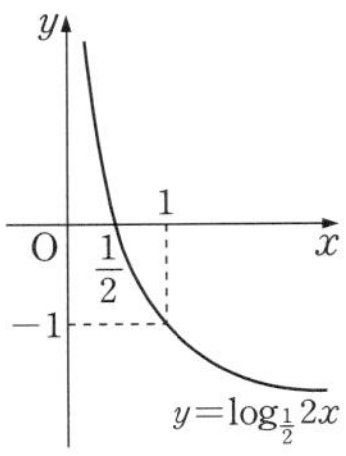

(2) $\log_{\frac{1}{3}}(2-x)=-\log_3\{-(x-1)\}$ 이므로 준함수의 그래프는 $y=\log_3 x$의 그래프를 원점에 대하여 대칭이동한 후 x축의 방향으로 2만큼 평행이동한 것이다. 또, 점근선은 직선 $x=2$이다.

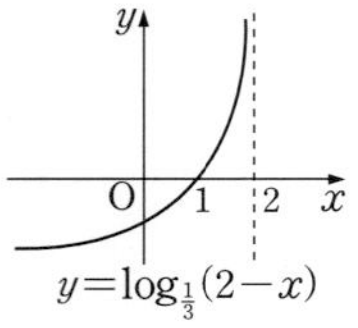

(3) $y=\log_2\dfrac{2}{x-1}=1-\log_2(x-1)$

따라서, $y=-\log_2 x$의 그래프를 x축의 방향으로 1만큼, y축의 방향으로 1만큼 평행이동한 그래프이다.

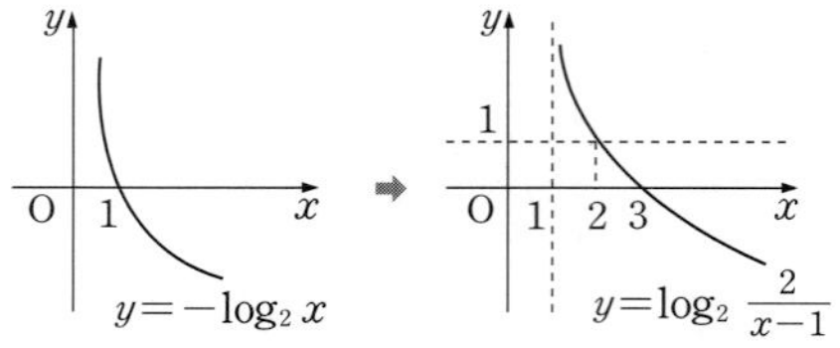

19. (1) (i) $x>0$일 때,

$y=\log_2 x$

(ii) $x<0$일 때,

$y=\log_2(-x)$

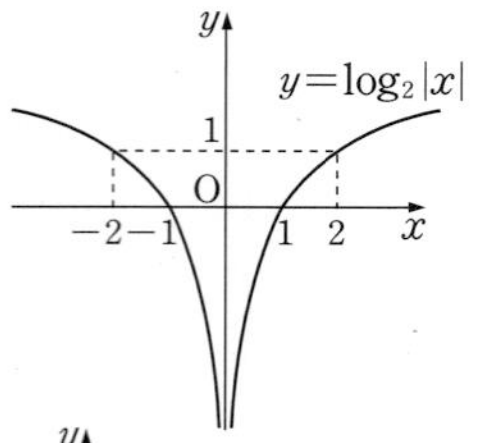

(2) $y=\log_2 x$의 그래프 중 x축의 아래 부분을 x축에 대하여 대칭이동한 것이다.

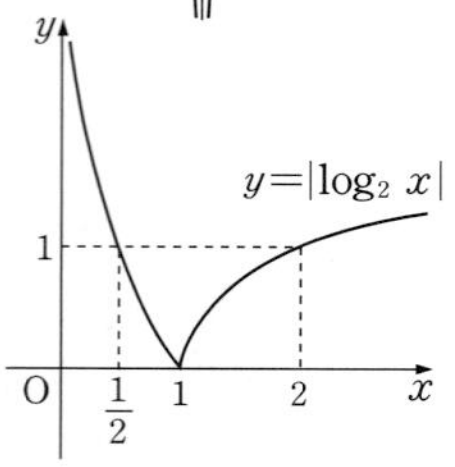

p. 127

1. ⑤ $a>1$일 때, $x_1<x_2$이면 $f(x_1)<f(x_2)$이다.

$0<a<1$일 때, $x_1<x_2$이면 $f(x_1)>f(x_2)$이다.

답 ⑤

2. $\log_{10}3x=3\log_{10}x$에서 $\log_{10}3+\log_{10}x=3\log_{10}x$

$2\log_{10}x=\log_{10}3$ $\quad\therefore\ x=\sqrt{3}\ (\because\ x>0)$

따라서, 한 개의 실근이 존재하며 두 그래프는 한 점에서 교차한다.

답 ③

3. ① 정의역은 $3-x>0$에서 $\{x\mid x<3\}$이다. (참)

② 점근선의 방정식은 $3-x=0$에서 $x=3$이다. (참)

③ $1=\log_3(3-2)+1$ (참)

④ $y=\log_3(-x)$의 그래프를 x축의 방향으로 3만큼, y축의 방향으로 1만큼 평행이동하면 서로 겹쳐진다. (참)

⑤ x의 값이 증가하면 y의 값은 감소한다. (거짓)

답 ⑤

4. $f(x)=\log_2\left(\dfrac{x}{\sqrt{2}}-\sqrt{2}\right)$

$=\log_2\dfrac{x-2}{\sqrt{2}}=\log_2(x-2)-\dfrac{1}{2}$

이므로 이 그래프는 $y=\log_2 x$의 그래프를 x축의 방향으로 2만큼, y축의 방향으로 $-\dfrac{1}{2}$만큼 평행이동한 것이다.

$\therefore$ $\boldsymbol{m=2,\ n=-\dfrac{1}{2}}$ ←답

5. (i) $\log_3(x-m)=\log_9 x$를 만족하는 실수 x가 $x=3$이므로 $\log_3(3-m)=\log_9 3$에서 $\log_3(3-m)=\dfrac{1}{2}$

$3-m=\sqrt{3}$ $\quad\therefore\ m=3-\sqrt{3}$

(ii) $\log_3 x+n=\log_9 x$를 만족하는 실수 x가 $x=\dfrac{1}{3}$이므로 $\log_3\dfrac{1}{3}+n=\log_9\dfrac{1}{3}$, $-1+n=-\dfrac{1}{2}$

$\therefore\ n=\dfrac{1}{2}$ 답 $\boldsymbol{m=3-\sqrt{3},\ n=\dfrac{1}{2}}$

6. $y=\log_2 x$의 그래프를 x축에 대하여 대칭이동하면

$y=-\log_2 x$ $\cdots$ ㉠

㉠을 다시 평행이동하면 $\boldsymbol{y=-\log_2(x+5)+2}$ ←답

7. 점근선의 방정식에서 $x=a=-1$

그래프가 점 (0, 3)을 지나므로 $3=\log_3(0+1)+b$

$\therefore\ b=3$ 답 $\boldsymbol{a=-1,\ b=3}$

8. $y=\log_2\dfrac{1}{x}=-\log_2 x$ $\cdots$ ㉠

㉠을 평행이동한 그래프의 식을

$y=-\log_2(x-m)+n$ $\cdots$ ㉡

이라고 하면 점근선의 방정식은 $x=m=1$

㉡이 점 (5, 0)을 지나므로

$0=-\log_2(5-1)+n$ $\quad\therefore\ n=2$

따라서, $\boldsymbol{y=-\log_2(x-1)+2}$ ←답

9. 가로, 세로의 길이가 각각 2, 1인 직사각형 ABCD의 꼭짓점 A는 $y=\log_2 x$의 그래프를 x축의 방향으로 -2만큼, y축의 방향으로 1만큼 평행이동한 그래프 위의 점이므로 점 A가 그리는 도형의 방정식은

$\boldsymbol{y=\log_2(x+2)+1}$ ←답

p. 128

10. $y=\log_2 x$의 그래프를 평행이동하면

$y=\log_2(x-3)-1$ $\cdots$ ㉠

㉠을 직선 $y=x$에 대하여 대칭이동하면

$x=\log_2(y-3)-1$

$\log_2(y-3)=x+1$에서 $y-3=2^{x+1}$

$\therefore$ $\boldsymbol{y=2^{x+1}+3}$ ←답

11. 함수 $y=f(x)$는 $y=\log_3(x-a)$의 역함수이므로 점 (7, 2)는 $y=\log_3(x-a)$의 그래프 위에 있다.

$2=\log_3(7-a)$, $7-a=3^2=9$ $\therefore$ $\boldsymbol{a=-2}$ ←답

12. ① $y=\left(\frac{1}{3}\right)^x=3^{-x}$이므로 $y=\log_3 x$의 그래프를 직선 $y=x$에 대하여 대칭이동한 다음 다시 y축에 대하여 대칭이동하면 된다.

② $y=\log_3\sqrt[3]{3}+\log_3 x=\frac{1}{3}+\log_3 x$이므로 함수 $y=\log_3 x$의 그래프를 y축의 방향으로 $\frac{1}{3}$만큼 평행이동하면 함수 $y=\log_3\sqrt[3]{3}x$의 그래프와 겹쳐진다.

③ $y=\log_3 x^3=3\log_3 x$이므로 $y=\log_3 x$의 그래프를 평행이동 또는 대칭이동하여 겹쳐질 수 없다.

④ $y=\log_{\frac{1}{9}} x=-\frac{1}{2}\log_3 x$이므로 $y=\log_3 x$의 그래프를 평행이동 또는 대칭이동하여 겹쳐질 수 없다.

⑤ $y=\log_3\frac{81}{x}=\log_3 81-\log_3 x=4-\log_3 x$이므로 $y=\log_3 x$의 그래프를 x축에 대하여 대칭이동한 후 y축의 방향으로 4만큼 평행이동하면 된다.

답 **①, ②, ⑤**

13. 점 (1, −2)를 지나므로

$-2=\log_a 1+b$ $\therefore$ $b=-2$

점 (8, 1)을 지나므로 $1=\log_a 8-2$

$\log_a 8=3$에서 $a^3=8$ $\therefore$ $a=2$

답 $\boldsymbol{a=2,\ b=-2}$

14. $\log_9 a^2b^3c^4=\frac{1}{2}\log_3 a^2b^3c^4$

$$=\log_3 a+\frac{3}{2}\log_3 b+2\log_3 c$$

그런데 $y=\left(\frac{1}{3}\right)^x$에서 $\log_{\frac{1}{3}} y=x$

$-\log_3 y=x$ $\therefore$ $\log_3 y=-x$

$\therefore$ $\log_3 a=-0.1$, $\log_3 b=-0.2$, $\log_3 c=-0.3$

$\therefore$ $\log_3 a+\frac{3}{2}\log_3 b+2\log_3 c$

$=-0.1+\frac{3}{2}\times(-0.2)+2\times(-0.3)=\boldsymbol{-1}$ ←답

15. $f(3)=\log_a 3=q$, $f(6)=\log_a 6=p$

이때 $\log_a 6=\log_a(2\times3)=\log_a 2+\log_a 3$

$=\log_a 2+q=p$, $\log_a 2=p-q$

$\therefore$ $f(72)=\log_a 72=\log_a(2^3\times3^2)$

$=3\log_a 2+2\log_a 3$

$=3(p-q)+2q=\boldsymbol{3p-q}$ ←답

16. $\log_a b=1$에서 $b=a$, $\log_a c=2$에서 $c=a^2$

$\log_a d=3$에서 $d=a^3$, $\log_a e=4$에서 $e=a^4$

$\log_a f=5$에서 $f=a^5$ $\therefore$ $af=a^6$

① a^5 ② a^6 ③ a^7 ④ a^7 ⑤ a^8 답 **②**

17. $\log_2 2=1$, $\log_2 16=4$에서 C(0, 1), D(0, 4)이므로

점 F의 좌표는 $\left(0,\ \frac{4+2}{3}\right)$, 즉, (0, 2)이다.

따라서, 점 E의 x좌표는 $\log_2 x=2$에서 $\boldsymbol{x=4}$ ←답

18. A : 진수는 양수이므로 $x>2$, $y>2$

$\log(x-2)+\log(y-2)=0$에서

$\log(x-2)(y-2)=0$, $(x-2)(y-2)=1$

$y-2=\frac{1}{x-2}$ $\therefore$ $y=\frac{1}{x-2}+2$

B : $y=3x+2$

오른쪽 그림에서 직선과 곡선의 교점의 개수는 1이므로 A∩B의 원소의 개수는 1이다.

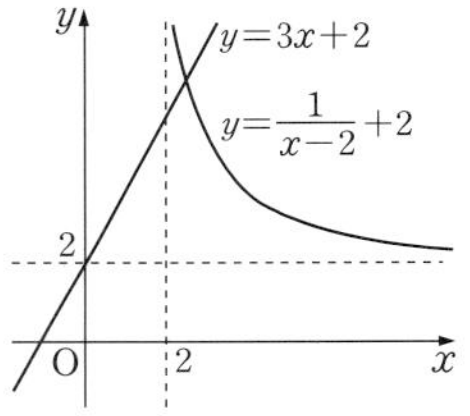

답 **1**

p. 129

19. ①

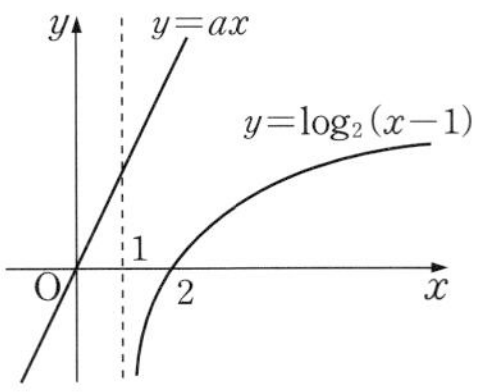

②

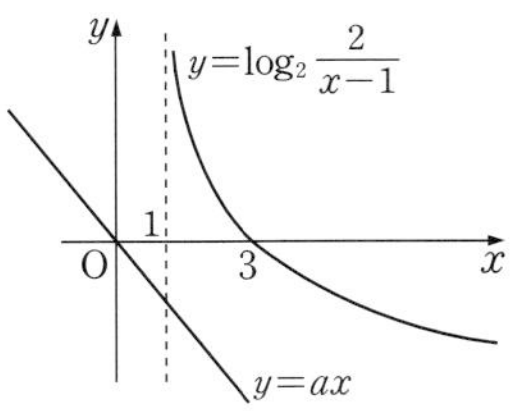

③

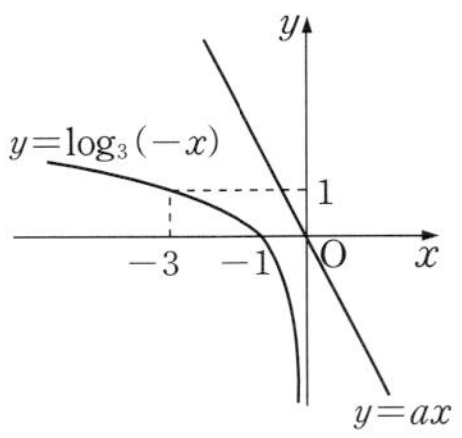

④

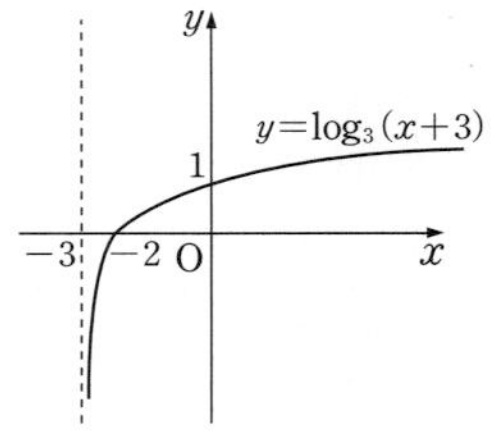

⑤

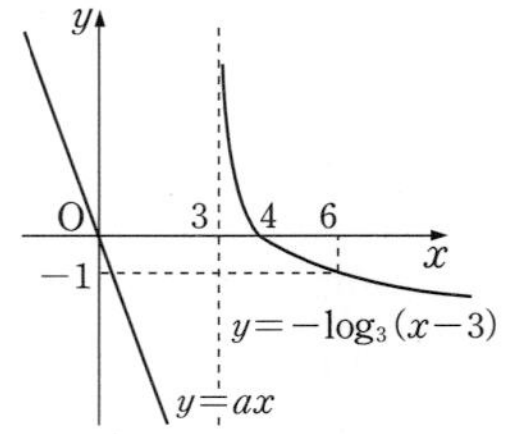

위의 함수의 그래프 중 원점을 지나는 임의의 직선과 항상 만나는 것은 ④이다. 답 ④

20. 기울기가 1인 직선을 $y=x+k$라고 하면

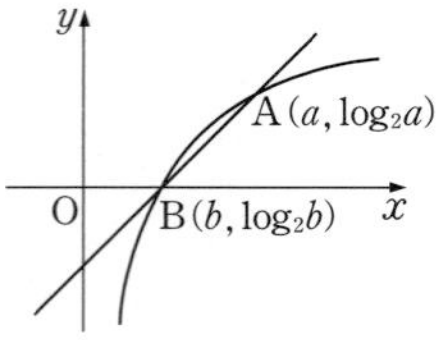

$\log_2 x=x+k$ $\cdots$ ㉠

또, 두 점 A, B의 x좌표를 a, b라고 하면

$\log_2 a=a+k$ $\cdots$ ㉡, $\log_2 b=b+k$ $\cdots$ ㉢

㉡−㉢으로부터

$\log_2 a-\log_2 b=a-b$ $\cdots$ ㉣

한편, A, B 사이의 거리가 $\sqrt{2}$이므로

$\overline{\mathrm{AB}}=\sqrt{(a-b)^2+(\log_2 a-\log_2 b)^2}$

$=\sqrt{(a-b)^2+(a-b)^2}=\sqrt{2}|a-b|$

$\therefore$ $|a-b|=1$, 즉, $a-b=1$

이것을 ㉣에 대입하면

$\log_2 a-\log_2 b=\log_2 \dfrac{a}{b}=a-b=1$

$\therefore$ $\log_2 \dfrac{a}{b}=1$, $\dfrac{a}{b}=2$ 즉, $a=2b$ $\quad\therefore$ $a=2$, $b=1$

따라서, 구하는 두 점 A, B의 좌표는

A(2, 1), B(1, 0) ←답

21. $y=g(x)$가 $y=2^x$의 역함수이므로 $g(x)=\log_2 x$

$g(k)=\log_2 k=3$에서 $\boldsymbol{k=8}$ ←답

Note : 그래프에서 $g(k)=3$

$y=g(x)$가 $y=f(x)=2^x$의 역함수이므로

$f(3)=k$ $\quad\therefore$ $k=2^3=8$

22. A(0, 1)이므로 $1=\log_2 x$에서 $x=2$ $\quad\therefore$ B(2, 1)

$y=\log_2 x$의 역함수는 $y=2^x$이므로

$x=2$이면 $y=2^2=4$ $\quad\therefore$ C(2, 4)

$4=\log_2 x$에서 $x=2^4=16$ $\quad\therefore$ D(16, 4)

따라서, $\overline{\mathrm{AB}}=2-0=2$, $\overline{\mathrm{CD}}=16-2=14$

답 $\overline{\mathrm{AB}}=2$, $\overline{\mathrm{CD}}=14$

23. $f(x)=\log_2 x$에서

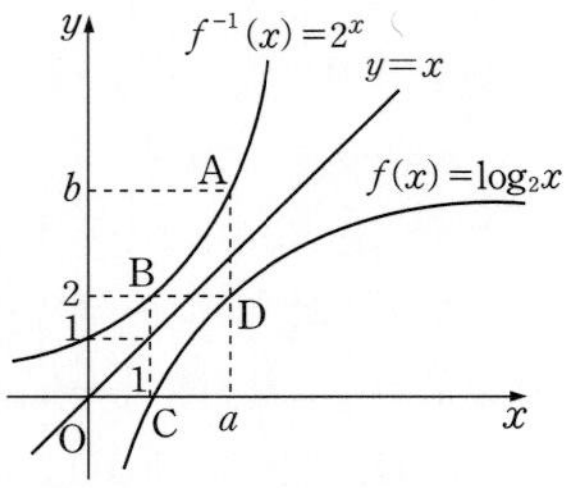

$f^{-1}(x)=2^x$이다.

C(1, 0)이므로

$x=1$이면 $y=2^1=2$

$\therefore$ B(1, 2)

$y=2$이면 $2=\log_2 x$에서 $x=4$ $\quad\therefore$ D(4, 2)

$f^{-1}(x)=2^x$에서 $x=4$이면 $y=2^4=16$

$\therefore$ A(4, 16)이고, $a=4$, $b=16$

따라서, $\log_2 ab=\log_2(4\times16)=\log_2 2^6=\boldsymbol{6}$ ←답

24. $y=\log_a(x-b)-1$의 그래프와 그 역함수의 그래프의 교점은 두 함수 $y=\log_a(x-b)-1$, $y=x$의 그래프의 교점과 같다.

즉, $\log_a(x-b)-1=x$의 두 근이 -1, 0이다.

$\log_a(-1-b)-1=-1$에서 $\log_a(-1-b)=0$

$-1-b=a^0=1$ $\quad\therefore$ $b=-2$

$\log_a(x+2)-1=x$에서 $x=0$이면

$\log_a(0+2)-1=0$, $\log_a 2=1$ $\quad\therefore$ $a=2$

답 $\boldsymbol{a=2,\ b=-2}$

25. A(4, $\log_3 4$)이므로 P($2\log_3 2$, $2\log_3 2$)이다.

$\overline{\mathrm{OP}}=\sqrt{(2\log_3 2)^2+(2\log_3 2)^2}=2\sqrt{2}\log_3 2$

B($\log_2 3$, 3)이므로 Q($\log_2 3$, $\log_2 3$)이다.

$\overline{\mathrm{OQ}}=\sqrt{(\log_2 3)^2+(\log_2 3)^2}=\sqrt{2}\log_2 3$

$\therefore$ $\overline{\mathrm{OP}}\cdot\overline{\mathrm{OQ}}=2\sqrt{2}\log_3 2\times\sqrt{2}\log_2 3=\boldsymbol{4}$ ←답

26. $\log_2 x=\mathrm{X}$, $\log_2 y=\mathrm{Y}$라 하면

$\mathrm{Y}=a\mathrm{X}+b$ ($a<0$, $b>0$)라 할 수 있으므로

$\log_2 y=a\log_2 x+b=\log_2 x^a+\log_2 2^b=\log_2(2^b\cdot x^a)$

$\therefore$ $y=2^b\cdot x^a$

그런데 $a<0$, $b>0$이고, 진수 조건에서 $x>0$, $y>0$이므로 그래프의 개형은 오른쪽과 같다.

답

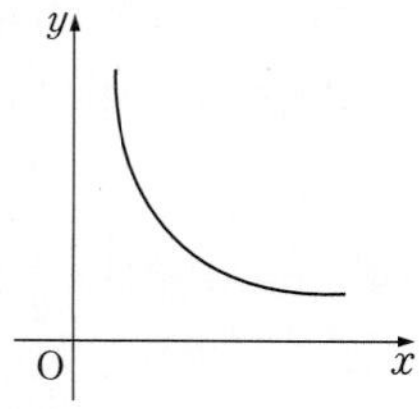

(∵ $a<0$이므로 $y=x^a$은 분수함수 꼴이다.)

27. $2^x=t$라 하면

$x=\log_2 t$ ($\log_3 x$ 진수 조건에서 $x>0$이므로 $t>1$이다.)

$f(t)=-\log_3(\log_2 t)=\log_{\frac{1}{3}}(\log_2 t)$

$\log_{\frac{1}{3}}(\log_2 t)=0$이 되는 값은 $t=2$이므로 t축과 교점이 (2, 0)이고, $\log_2 t>0$, $0<$(밑)<1인 로그함수의 그래프이다. $f(t)=f(x)$라고 하면 $y=f(x)$의 그래프는 오른쪽과 같다.

답

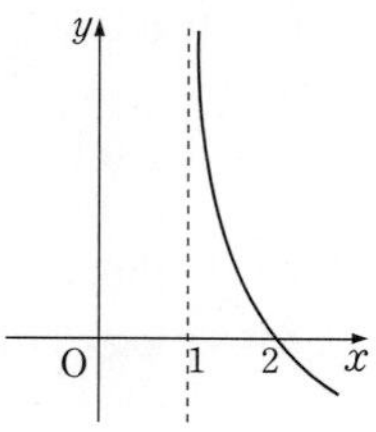

28. $\log_2 x=X$라 하면 X와 y는 두 점 $\left(\frac{1}{2}, 0\right)$, (1, 1)을 지나는 직선이므로 $y-0=\frac{1-0}{1-\frac{1}{2}}\left(X-\frac{1}{2}\right)$이다.

따라서, $y=2\left(\log_2 x-\frac{1}{2}\right)=2\log_2 x-1$이다.

그러므로 $y=2\log_2 x$의 그래프를 y축의 방향으로 -1만큼 평행이동한 그래프이다. 답

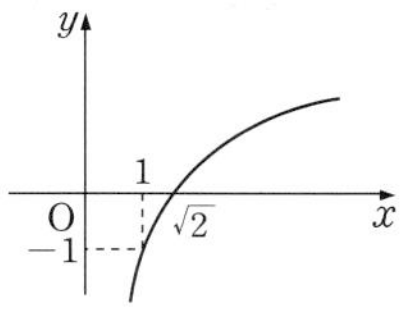

p. 130

1. $0<b<a<1$이므로

$\log_a b>\log_a a>\log_a 1$ $\quad\therefore \log_a b>1$

$\log_b b>\log_b a>\log_b 1$ $\quad\therefore 1>\log_b a>0$

$\therefore 1-\log_a b<0<\log_b a<1<\log_a b$

따라서, $C<B<A$ ←답

2. $0<x<1$인 범위에서 $\log_a x>\log_b x$이기 위해서는 $\log_a x-\log_b x>0$이어야 한다. 따라서,

$1<b<a,\ 0<a<1<b,\ 0<b<a<1$

따라서, 옳은 것은 ㄱ, ㄷ이다. 답 ③

3. $a=3^{\frac{1}{2}}=\sqrt{3},\ b=3^a=3^{\sqrt{3}}$이므로

$\log_{\sqrt{a}} b=2\log_a b=2\log_{\sqrt{3}} 3^{\sqrt{3}}$

$=2\times2\times\sqrt{3}\log_3 3=\mathbf{4\sqrt{3}}$ ←답

4. $y=\log_2 x$의 그래프는 두 점 $(c, b), (d, c)$를 지나므로

$b=\log_2 c,\ c=\log_2 d$

$\therefore c=2^b,\ d=2^c$

$\left(\frac{1}{2}\right)^{b-c}=2^{-b+c}$

$=\frac{2^c}{2^b}=\frac{\boldsymbol{d}}{\boldsymbol{c}}$ ←답

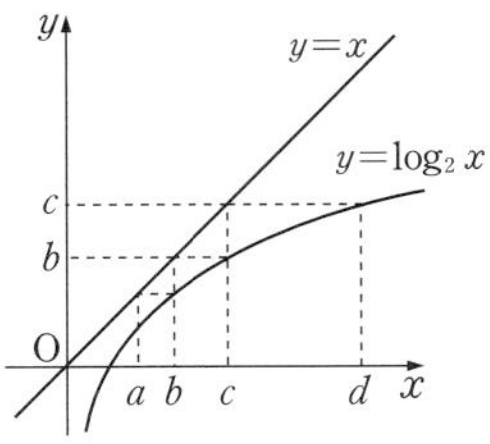

5. R(0, a)이므로 A(a, 0)

$y=\log_3 x$에서 $y=a$이면 $a=\log_3 x$ $\quad\therefore x=3^a$

이때 $P(3^a, a)$, $Q(3^a, 0)$이므로 $\overline{AQ}=3^a-a$, $\overline{PQ}=a$

$\therefore \overline{AQ}+\overline{PQ}=3^a-a+a=27,\ 3^a=3^3$

$\therefore \boldsymbol{a=3}$ ←답

6. $\overline{AH}=a-1$, $\overline{PH}=\log_2 a$이고, $\overline{AH}=\overline{PH}$이므로

$a-1=\log_2 a$ $\quad\therefore a-\log_2 a=1$

따라서, 점 $P(a, \log_2 a)$에서 직선 $y=x$까지의 거리는

$\frac{|a-\log_2 a|}{\sqrt{1+1}}=\frac{1}{\sqrt{2}}=\frac{\sqrt{\mathbf{2}}}{\mathbf{2}}$ ←답

p. 131

7. $A(k, \log_2 k)$, $B(k, \log_4 k)$, $C(k, \log_8 k)$이므로

$\overline{AB}=\log_2 k-\log_4 k=\log_2 k-\frac{1}{2}\log_2 k=\frac{1}{2}\log_2 k$

$\overline{BC}=\log_4 k-\log_8 k=\frac{1}{2}\log_2 k-\frac{1}{3}\log_2 k=\frac{1}{6}\log_2 k$

$\therefore \frac{\overline{AB}}{\overline{BC}}=\frac{\frac{1}{2}\log_2 k}{\frac{1}{6}\log_2 k}=\mathbf{3}$ ←답

8. 두 점 A, B의 x좌표가 3이므로 $\log_9 3=\frac{1}{2}$, $\log_3 3=1$ 이다.

$\therefore A\left(3, \frac{1}{2}\right)$, $B(3, 1)$, $\overline{AB}=\frac{1}{2}$

두 점 B, C의 y좌표가 1이므로 $\log_9 x=1$에서 $x=9$

$\therefore C(9, 1)$, $\overline{BC}=9-3=6$

두 점 C, D의 x좌표가 9이므로

$\log_3 9=2$ $\quad\therefore D=(9, 2)$, $\overline{CD}=1$

따라서, □ABCD의 넓이는

$\left(\frac{1}{2}+1\right)\times6\times\frac{1}{2}=\frac{\mathbf{9}}{\mathbf{2}}$ ←답

9. $y=\log_3 9x$

$=\log_3 9+\log_3 x$

$=\log_3 x+2$

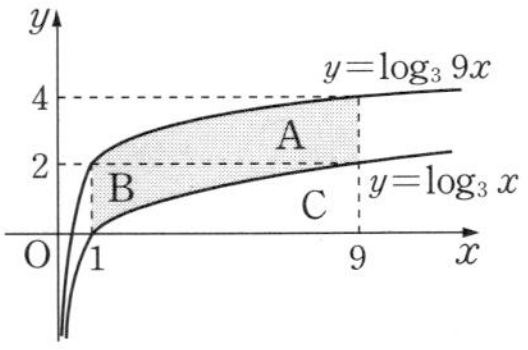

이므로 $y=\log_3 9x$의 그래프는 $y=\log_3 x$의 그래프를 y축의 방향으로 2만큼 평행이동한 것이다. 위의 그림에서 A=C이므로

$A+B=B+C=8\times2=\mathbf{16}$ ←답

10. 점 Q와 점 R의 x좌표를 a, b라 하면 $\overline{QR}=10$이므로 $b-a=10$이고,

두 함숫값이 같으므로 $\log b=\log\frac{1}{a}$

$b=\frac{1}{a}$이므로 $ab=1$

$(a+b)^2=(a-b)^2+4ab=100+4=104$

$\therefore a+b=\sqrt{104}=\mathbf{2\sqrt{26}}$ ←답

11. $\overline{QR}$의 길이가 2이므로 $b-a=2$이고,

x좌표 a, b에서의 두 함수의 y값이 같으므로

$\log_2 b=\log_{\frac{1}{2}} a$

$\log_2 b=\log_2\frac{1}{a}$

$b=\frac{1}{a}$이므로 $ab=1$

$\therefore a^2+b^2=(a-b)^2+2ab=4+2=\mathbf{6}$ ←답

12. $A\left(\frac{1}{4},\ \log_{\frac{1}{8}}\frac{1}{4}\right)=A\left(\frac{1}{4},\ \frac{2}{3}\right)$

$B\left(\frac{1}{4},\ \log_{\sqrt{2}}\frac{1}{4}\right)=B\left(\frac{1}{4},\ -4\right)$

$C\left(2,\ \log_{\frac{1}{8}}2\right)=C\left(2,\ -\frac{1}{3}\right)$

$D(2,\ \log_{\sqrt{2}}2)=D(2,\ 2)$

사다리꼴 ABCD의 넓이

$S=\left(\frac{7}{3}+\frac{14}{3}\right)\times\frac{7}{4}\times\frac{1}{2}$

$=\mathbf{\frac{49}{8}}$ ←답

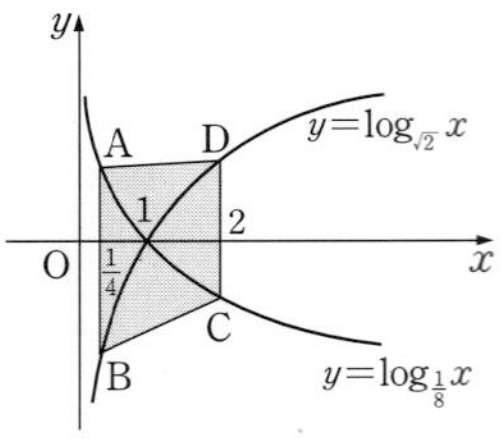

13. $P(2,\ 1)$, $Q\left(3,\ \log_4\frac{1}{3}\right)$, $\triangle PAB=\frac{1}{2}$이므로

$\triangle QCB=\frac{1}{2}(\log_3 k-3)\times\left(-\log_4\frac{1}{3}\right)=\frac{1}{2}$

$\log_3 k=3+\log_3 4=\log_3 108$　　$\therefore$ $\boldsymbol{k=108}$ ←답

14. 밑이 $\frac{1}{2}$인 로그함수의 그래프는 감소하는 그래프이므로 $x=8$일 때 최소가 된다.

$\therefore\ \log_{\frac{1}{2}}(8-a)=-2$　　$\therefore\ 8-a=4$

따라서, $\boldsymbol{a=4}$ ←답

p. 132

15. $1\le x\le 3$에서 $f(x)=-x^2+2x+7=-(x-1)^2+8$

이므로 $4\le f(x)\le 8$

$f(x)=4$이면 $y=\log_{\frac{1}{2}}4=-2$

$f(x)=8$이면 $y=\log_{\frac{1}{2}}8=-3$

답 **최댓값 : -2, 최솟값 : -3**

16. $\log|1-x|+\log|x|=\log|x(1-x)|$

$|x(1-x)|=\left|-\left(x-\frac{1}{2}\right)^2+\frac{1}{4}\right|(-2\le x\le 5)$

$x=5$일 때, 즉 $\left|-\left(x-\frac{1}{2}\right)^2+\frac{1}{4}\right|=20$일 때 최대이므로 $\log|x(1-x)|$의 최댓값은

$\log 20=\mathbf{1+\log 2}$ ←답

17. $t=\frac{x}{x+4}$라고 하면

$x=\frac{2}{13}$일 때, $t=\frac{\frac{2}{13}}{\frac{2}{13}+4}=\frac{1}{27}$

$x=2$일 때, $t=\frac{2}{2+4}=\frac{1}{3}$

$t=\frac{1}{27}$이면 $y=\log_3\frac{1}{27}=-3$

$t=\frac{1}{3}$이면 $y=\log_3\frac{1}{3}=-1$

답 **최댓값 : -1, 최솟값 : -3**

18. $\log x=X$, $\log y=Y$라고 하면

$X\ge 1,\ Y\ge 1,\ X+Y=3$

$\therefore\ Y=3-X\ (1\le X\le 2)$

$\therefore\ XY=X(3-X)=-\left(X-\frac{3}{2}\right)^2+\frac{9}{4}$

즉, 주어진 식은

$X=\frac{3}{2}$일 때, 최댓값 $\mathbf{\frac{9}{4}}$

$X=1$, $X=2$일 때, 최솟값 **2** } ←답

19. $\log_x y=X$라고 하면

$2X-\frac{2}{X}+3=0$

$2X^2+3X-2=0,\ (X+2)(2X-1)=0$

$X=-2$ 또는 $X=\frac{1}{2}$

$\log_x y=-2$ 또는 $\log_x y=\frac{1}{2}$

따라서, $y=x^{-2}$ 또는 $y=x^{\frac{1}{2}}$

그런데 $x>1$, $y>1$이므로 $y=x^{\frac{1}{2}}$

$x^2-4y^2=x^2-4x=(x-2)^2-4$

그러므로 $x>1$에서 최솟값은 $\mathbf{-4}$ ←답

20. $2^{\log x}=x^{\log 2}$, $2^{\log 100x}=2^{\log 100+\log x}=4\cdot 2^{\log x}$

$f(x)=(2^{\log x})^2+2\cdot 4\cdot 2^{\log x}=(2^{\log x})^2+8\cdot 2^{\log x}$

$1\le x\le 100$이므로 $0\le\log x\le 2$, $1\le 2^{\log x}\le 4$

$2^{\log x}=t$라고 하면 $1\le t\le 4$

$\therefore\ f(t)=t^2+8t=(t^2+8t+16)-16$

$=(t+4)^2-16$　　$\cdots$ ㉠

㉠의 꼭짓점이 $1\le t\le 4$ 밖에 있으므로

$f(1)=9$, $f(4)=48$　　답 **최댓값 : 48, 최솟값 : 9**

21. 준식의 양변에 상용로그를 취하면

$\log y=\log x^{2-\log x}=(2-\log x)\log x$

이때 $\log x=X$로 놓으면 $1\le x\le 100$이므로

$0\le X\le 2$

$\log y=-X^2+2X=-(X-1)^2+1$

$X=1$일 때, $\log y=1$이므로 최댓값은 10

$X=0,\ 2$일 때, $\log y=0$이므로 최솟값은 1

답 **최댓값 : 10, 최솟값 : 1**

22. $\frac{x^4}{x^{\log_2 x}}=k$로 놓으면 $x^4=kx^{\log_2 x}$

양변에 2를 밑으로 하는 로그를 취하면

$\log_2 x^4=\log_2 kx^{\log_2 x}$

$4\log_2 x=\log_2 k+\log_2 x^{\log_2 x}$

$\log_2 k=-(\log_2 x)^2+4\log_2 x$

$\log_2 k$가 최대일 때 k도 최대이므로 $\log_2 x=\mathrm{X}$로 놓으면

$\log_2 k=-\mathrm{X}^2+4\mathrm{X}=-(\mathrm{X}-2)^2+4$

따라서, X=2일 때, $\log_2 k$의 최댓값은 4이므로

$\log_2 x=2$, 즉 $x=4$일 때 구하는 최댓값은

$\frac{4^4}{4^{\log_2 4}}=2^4=\mathbf{16}$ ← 답

23. $y=\sqrt[3]{\frac{x^5}{10}}\div x^{\log x}$

$\log y=\log\left(\sqrt[3]{\frac{x^5}{10}}\div x^{\log x}\right)$

$=\frac{1}{3}\log\frac{x^5}{10}-\log x\log x$

$=\frac{1}{3}(5\log x-1)-(\log x)^2$

$=-(\log x)^2+\frac{5}{3}\log x-\frac{1}{3}$

$=-\left(\log x-\frac{5}{6}\right)^2+\frac{25}{36}-\frac{1}{3}$

따라서, $\log x=\frac{5}{6}$일 때, 최댓값을 갖는다.

$\therefore\ x=10^{\frac{5}{6}}=\sqrt[6]{\mathbf{10^5}}$ ← 답

24. $\log_3\left(x+\frac{1}{y}\right)+\log_3\left(y+\frac{4}{x}\right)=\log_3\left(x+\frac{1}{y}\right)\left(y+\frac{4}{x}\right)$

$\left(x+\frac{1}{y}\right)\left(y+\frac{4}{x}\right)=xy+4+1+\frac{4}{xy}$

$=5+xy+\frac{4}{xy}$

$\geq 5+2\sqrt{xy\times\frac{4}{xy}}=9$

$\therefore\ \log_3 9=\mathbf{2}$ ← 답

25. 준식$=\dfrac{\frac{1}{\log_2 x}+\frac{1}{\log_2 y}}{\frac{1}{\log_2 xy}}=\dfrac{\frac{1}{\log_2 x}+\frac{1}{\log_2 y}}{\frac{1}{\log_2 x+\log_2 y}}$

$\log_2 x=a$, $\log_2 y=b\ (x>1,\ y>1)$라 하면

$a>0,\ b>0$

$\therefore$ 준식$=\dfrac{\frac{1}{a}+\frac{1}{b}}{\frac{1}{a+b}}=\dfrac{a^2+2ab+b^2}{ab}$

$=\frac{a}{b}+\frac{b}{a}+2$

$\geq 2\sqrt{\frac{a}{b}\cdot\frac{b}{a}}+2=\mathbf{4}$ ← 답

p. 133

1. (1) 로그의 정의에서 $3^1=2-x$

$3=2-x\quad \therefore\ x=-1$

이것은 진수의 조건 $2-x>0$, 즉 $x<2$를 만족한다. 따라서, 구하는 해는 $\boldsymbol{x=-1}$ ← 답

(2) 로그의 정의에서 $(x+1)^2=3\quad\therefore\ x=-1\pm\sqrt{3}$

밑의 조건에서 $x>-1$, $x\neq 0$이어야 하므로 구하는 해는 $\boldsymbol{x=-1+\sqrt{3}}$ ← 답

(3) $\log_2\frac{1}{n}=5$에서 $\frac{1}{n}=2^5$, 즉 $\boldsymbol{n=\frac{1}{32}}$ ← 답

(4) (준식)$=x^2-100x^3=x^2(1-100x)=0$

$\therefore\ \boldsymbol{x=\frac{1}{100}}\ (\because\ x>0)$ ← 답

(5) $x-5>0$, $x-2>0$에서 $x>5$

또, $\log_2(x-5)-\frac{\log_2(x-2)}{\log_2 4}=1$

$2\log_2(x-5)-\log_2(x-2)=2$

$\log_2\frac{(x-5)^2}{x-2}=2\quad\therefore\ \frac{(x-5)^2}{x-2}=4$

이것을 풀면 $\boldsymbol{x=11}\ (\because\ x>5)$ ← 답

(6) $\log_2(\log_2 x)=2$, $\log_2 x=4$

$\therefore\ x=2^4=\mathbf{16}$ ← 답

2. $\log(30+x-x^2)=\log(4-x)+\log 5$에서

$\log(30+x-x^2)=\log 5(4-x)$

$30+x-x^2=5(4-x)$

$x^2-6x-10=0\quad\therefore\ x=3\pm\sqrt{19}$ … ㉠

진수 조건에서 $30+x-x^2>0$, $4-x>0$

$\therefore\ -5<x<4$ … ㉡

㉠, ㉡에서 $\boldsymbol{x=3-\sqrt{19}}$ ← 답

3. 진수 조건 $x>0$, $x-10>0$에서 $\therefore\ x>10$

준식을 정리하면 $\log_{10}(x^2-10x)=\log_{10}200$에서

$x^2-10x-200=0$, $(x-20)(x+10)=0$

$\therefore\ \boldsymbol{x=20}$ ← 답

4. $\log_5 x=t$라 하면 준방정식은 $t^2-3t+2=0$

$t=1$ 또는 $t=2$

$t=\log_5 x=1$, $x=5$

$t=\log_5 x=2$, $x=25$

$\therefore\ 5+25=\mathbf{30}$ ← 답

5. $\log_2 x=t$로 치환하면 $3(1-t)^2-2(1-t)-4=0$

정리하면 $3t^2-4t-3=0$이고, 이 방정식의 두 근은 $\log_2\alpha$, $\log_2\beta$이다.

이때 두 근의 합은 $\log_2\alpha+\log_2\beta=\frac{4}{3}$

$\log_2\alpha\beta=\frac{4}{3}\quad\therefore\ \alpha\beta=2^{\frac{4}{3}}$

$\therefore\ \alpha^3\beta^3=(\alpha\beta)^3=2^4=\mathbf{16}$ ← 답

6. $\log_{10}x=t$로 놓으면 $t^2-kt-2=0$ … ㉠

주어진 로그방정식의 두 근을 α, β라 하면

이차방정식 ㉠의 두 근은 $\log_{10}\alpha$, $\log_{10}\beta$이므로 근과

계수의 관계에 의하여

$\log_{10}\alpha+\log_{10}\beta=k$

$\log_{10}\alpha\beta=k$, $\alpha\beta=100$이므로

이때 $k=\log_{10}100=\mathbf{2}$ ←답

7. $(2x)^{\log_b 2}=(3x)^{\log_b 3}$에서

$\log_b 2\log_b 2x=\log_b 3\log_b 3x$

$\log_b 2(\log_b 2+\log_b x)=\log_b 3(\log_b 3+\log_b x)$

$(\log_b 2)^2+\log_b 2\log_b x=(\log_b 3)^2+\log_b 3\log_b x$

$\therefore\ \log_b x(\log_b 2-\log_b 3)=(\log_b 3)^2-(\log_b 2)^2$

$\log_b x(\log_b 2-\log_b 3)$

$=-(\log_b 2-\log_b 3)(\log_b 2+\log_b 3)$

$\therefore\ \log_b x=-(\log_b 2+\log_b 3)=-\log_b 6=\log_b 6^{-1}$

$\therefore\ x=6^{-1}=\mathbf{\frac{1}{6}}$ ←답

8. 밑이 2인 로그로 정리하면

$\log_2 3\times\frac{\log_2 x}{\log_2 2^2}=\frac{\log_2 3}{\log_2 2^2}$에서

$\log_2 3\times\frac{\log_2 x}{2}=\frac{\log_2 3}{2}$

$\log_2 3\times\log_2 x=\log_2 3$, $\log_2 x=1$ $\therefore\ \mathbf{x=2}$ ←답

Note : $\frac{\log 3}{\log 2}\cdot\frac{\log x}{\log 4}=\frac{\log 3}{\log 4}$에서

$\log x=\log 2$ $\therefore\ x=2$

9. 주어진 방정식의 양변에 상용로그를 취하면

$\log x^{\log x}=\log 1000x^2$

$(\log x)(\log x)=\log 1000+2\log x$

$\log x=X$로 놓으면

$X^2=3+2X$, $(X-3)(X+1)=0$

$X=3$ 또는 $X=-1$

그러므로 $\log x=3$ 또는 $\log x=-1$

따라서, $x=1000$ 또는 $\frac{1}{10}$ 답 $\mathbf{x=1000,\ \frac{1}{10}}$

p. 134

10. $\log_2(x+y)=2$에서 $x+y=4$

$\log_2 x+\log_2 y=0$에서

$\log_2 xy=0$ $\therefore\ xy=1$

$(x-y)^2=(x+y)^2-4xy=4^2-4\cdot1=12$

$\therefore\ x-y=\pm2\sqrt{3}$

$\therefore\ |x^2-y^2|=|(x+y)(x-y)|$

$=|4\cdot(\pm2\sqrt{3})|=\mathbf{8\sqrt{3}}$ ←답

11. $\frac{2}{\log_x 4}+\frac{1}{\log_y 2}=3$에서 $\log_2 x+\log_2 y=3$

$\log_2 3x+\log_{\sqrt{2}} y=\log_2 48$에서

$\log_2 x+2\log_2 y=\log_2\frac{48}{3}=4$

연립방정식을 풀면

$\log_2 x=2 \Leftrightarrow x=2^2=4$

$\log_2 y=1 \Leftrightarrow y=2$

$\therefore\ \alpha=4$, $\beta=2$이므로 $\alpha^2+\beta^2=\mathbf{20}$ ←답

12. $\log_2(x-1)-\log_4(2y-1)=0$에서

$\log_2(x-1)-\frac{1}{2}\log_2(2y-1)=0$

$2\log_2(x-1)=\log_2(2y-1)$

$\therefore\ (x-1)^2=2y-1$ …… ㉠

또, $2y-x=1$에서 $2y=x+1$을 ㉠에 대입하여 정리하면 $(x-1)^2=x+1-1$, $x^2-3x+1=0$

$x=\frac{3\pm\sqrt{5}}{2}$

그런데 진수 조건에서 $x>1$이므로

$\mathbf{x=\frac{3+\sqrt{5}}{2},\ y=\frac{5+\sqrt{5}}{4}}$ ←답

13. $\log_2 x=n+\alpha$ (n은 정수, $0\le\alpha<1$)로 놓으면

$[\log_2 x]=n$이므로

$[\log_2 x]+\log_2 x=\frac{17}{2}$에서

$n+(n+\alpha)=\frac{17}{2}$, $2n+\alpha=\frac{17}{2}$

이때 $\frac{17}{2}=2\cdot4+\frac{1}{2}$이므로 $n=4$, $\alpha=\frac{1}{2}$

$\log_2 x=4+\frac{1}{2}=\frac{9}{2}$ $\therefore\ x=2^{\frac{9}{2}}=\mathbf{16\sqrt{2}}$ ←답

14. $[3\log_2 x]=[1+\log_2 x]$

$\log_2 x=n+\alpha$ (n은 정수, $0\le\alpha<1$)라고 하면

$[3n+3\alpha]=[1+n+\alpha]$

$\therefore\ 1+n=[3n+3\alpha]$

(i) $0\le\alpha<\frac{1}{3}$일 때 : $0<3\alpha<1$이므로

$1+n=3n$에서 $n=\frac{1}{2}$

이것은 n이 정수인 조건에 어긋난다.

(ii) $\frac{1}{3}\le\alpha<\frac{2}{3}$일 때 : $1\le3\alpha<2$이므로

$1+n=3n+1$에서 $n=0$

(iii) $\frac{2}{3}\le\alpha<1$일 때 : $2\le3\alpha<3$이므로

$1+n=3n+2$에서 $n=-\frac{1}{2}$

이것은 n이 정수인 조건에 모순이다.

(i), (ii), (iii)에서 $n=0$이므로 $\log_2 x=\alpha$

이때 $\frac{1}{3}\le\alpha<\frac{2}{3}$이므로 $\frac{1}{3}\le\log_2 x<\frac{2}{3}$

$\therefore\ \mathbf{\sqrt[3]{2}\le x<\sqrt[3]{4}}$ ←답

15. $\frac{D}{4}=(1+\log a)^2-(3+\log a)=0$

$(\log a+2)(\log a-1)=0$

$\therefore$ $\boldsymbol{a=\frac{1}{100}}$ **또는** $\boldsymbol{a=10}$ ← 답

16. $\frac{(\log a)^2-\log a}{2}=3$이므로

$(\log a)^2-\log a-6=0$

$(\log a-3)(\log a+2)=0$

$\therefore$ $\log a=3$ 또는 $\log a=-2$

따라서, $\boldsymbol{a=1000}$ **또는** $\boldsymbol{a=\frac{1}{100}}$ ← 답

17. $\log_2 \alpha+\log_2 \beta=6$, $\log_2 \alpha\cdot\log_2 \beta=4$

$$\log_\alpha \beta+\log_\beta \alpha=\frac{\log_2 \beta}{\log_2 \alpha}+\frac{\log_2 \alpha}{\log_2 \beta}$$
$$=\frac{(\log_2 \beta)^2+(\log_2 \alpha)^2}{\log_2 \alpha\cdot\log_2 \beta}$$
$$=\frac{(\log_2 \alpha+\log_2 \beta)^2-2\log_2 \alpha\cdot\log_2 \beta}{\log_2 \alpha\cdot\log_2 \beta}$$
$$=\frac{6^2-2\times4}{4}=\mathbf{7}$$ ← 답

18. $2^x=5^{2-x}$에서 $2^x=\frac{25}{5^x}$

즉, $2^x\cdot5^x=25$이므로 $10^x=25$ $\therefore$ $x=\log_{10}25$

즉, $a=\log_{10}25$이므로

$10^{4a}=10^{4\log_{10}25}=10^{\log_{10}25^4}=25^4$

$\log 25^4=\log 5^8=8\log 5=8\times0.6990=5.592$

이므로 25^4은 6자리의 수이다. 답 **6자리의 수**

19. $\log_x(24-5y)=2$ …… ㉠

$\log_y(24-5x)=2$ …… ㉡

밑의 조건으로 $x>0$, $x\neq1$, $y>0$, $y\neq1$ …… ㉢

진수 조건에서 $x<\frac{24}{5}$, $y<\frac{24}{5}$ …… ㉣

㉠에서 $x^2=24-5y$ …… ㉠′

㉡에서 $y^2=24-5x$ …… ㉡′

㉠′−㉡′에서 $x^2-y^2=5x-5y$

$(x+y)(x-y)-5(x-y)=0$

$(x-y)(x+y-5)=0$

조건에서 $x+y\neq5$이므로 $x=y$

이것을 ㉠′에 대입하면

$x^2=24-5x$, $x^2+5x-24=0$

$(x+8)(x-3)=0$

$x>0$이므로 $x=3$, $y=3$ 답 $\boldsymbol{x=y=3}$

p. 135

1. (1) 로그의 진수는 양수이므로 $x+4>0$

$\therefore$ $x>-4$ … ㉠

$\log_2(x+4)<3=\log_2 2^3=\log_2 8$에서 밑이 1보다 크므로 $x+4<8$ $\therefore$ $x<4$ … ㉡

㉠, ㉡에서 구하는 해는 $\boldsymbol{-4<x<4}$ ← 답

(2) $x^2+x+3=\left(x+\frac{1}{2}\right)^2+\frac{11}{4}>0$

$\log_3(x^2+x+3)<\log_3 9$에서

$x^2+x+3<9$

$x^2+x-6<0$

$(x-2)(x+3)<0$ $\therefore$ $\boldsymbol{-3<x<2}$ ← 답

(3) $\log_{\frac{1}{3}}(x-1)>2$의 진수의 조건에서 $x>1$ … ㉠

$\log_{\frac{1}{3}}(x-1)>\log_{\frac{1}{3}}\left(\frac{1}{3}\right)^2$, $x-1<\left(\frac{1}{3}\right)^2$ … ㉡

㉠, ㉡으로부터 $\boldsymbol{1<x<\frac{10}{9}}$ ← 답

(4) $x-5>0$, $x-3>0$에서 $x>5$ …… ㉠

$\log_{\frac{1}{2}}(x-5)^2>\log_{\frac{1}{2}}(x-3)$에서 밑이 1보다 작으므로 $(x-5)^2<x-3$ 이것을 풀면 $4<x<7$ … ㉡

㉠, ㉡에서 $\boldsymbol{5<x<7}$ ← 답

(5) $0<\log_2 x<3$

$\log_2 1<\log_2 x<\log_2 8$ $\therefore$ $\boldsymbol{1<x<8}$ ← 답

2. $\log_2(2\sin^2x+\cos x)>1=\log_2 2$

$2\sin^2x+\cos x>2$

$2\cos^2x-\cos x<0$

$\cos x(2\cos x-1)<0$

$0<\cos x<\frac{1}{2}$

$\therefore$ $\boldsymbol{\frac{\pi}{3}<x<\frac{\pi}{2}}$ **또는** $\boldsymbol{\frac{3}{2}\pi<x<\frac{5}{3}\pi}$ ← 답

3. $f(x)=\log_3 x$에 대하여 $(f\circ f)(x)\leq1$에서

$\log_3(\log_3 x)\leq1$, $0<\log_3 x\leq3$, $1<x\leq27$

따라서, 만족하는 자연수 x의 개수는 **26개** ← 답

4. $f(x)=3^x+1$의 역함수가 $g(x)$이므로

$g(x)=\log_3(x-1)$이다.

집합 A_3에서 $2\leq\log_3(n-1)<3$에서

$9\leq n-1<27$

$10\leq n<28$이므로 자연수 n의 개수는 18개이다.

답 **18개**

5. 진수 $x-4>0$, $x-2>0$이므로 $x>4$

주어진 로그의 밑이 1보다 작으므로

$(x-4)^2<x-2$, $3<x<6$

따라서, 만족하는 로그부등식의 해는

$4<x<6$ $\therefore$ $\boldsymbol{ab=24}$ ← 답

6. $2^x=t$라 하면 $t>0$

진수 조건에서 $2^{2x}+4\cdot2^x-5=(t+5)(t-1)>0$

$\therefore$ $t>1$ … ㉠

(또, $2^x+1=t+1>0$임은 항상 성립)

$\log_{\frac{1}{9}}(t^2+4t-5)>\log_{\frac{1}{9}}(t+1)^2$

$t^2+4t-5<(t+1)^2$에서 $t<3$ $\cdots$ ㉡

㉠, ㉡에서 $1<t<3$, $1<2^x<3$

따라서, $\mathbf{0<x<\log_2 3}$ ← 답

7. $(2\log_{10}3+\log_{10}x)(3\log_{10}3+\log_{10}x)-2(\log_{10}3)^2\le 0$

$(\log_{10}x)^2+5\log_{10}3\log_{10}x+4(\log_{10}3)^2\le 0$

$\log_{10}x=X$로 놓으면

$X^2+5\log_{10}3X+4(\log_{10}3)^2\le 0$

$(X+4\log_{10}3)(X+\log_{10}3)\le 0$

$-4\log_{10}3\le X\le -\log_{10}3$

$-4\log_{10}3\le \log_{10}x\le -\log_{10}3$

$\log_{10}\frac{1}{81}\le \log_{10}x\le \log_{10}\frac{1}{3}$

$\therefore \ \mathbf{\frac{1}{81}\le x\le \frac{1}{3}}$ ← 답

8. 진수 조건에서 $x>0$

$(\log_2 x)^2-5\log_2 x+6<0$에서

$\log_2 x=t$로 놓으면 $t^2-5t+6<0$

$(t-2)(t-3)<0$ $\quad\therefore\ 2<t<3$

따라서, $2<\log_2 x<3$에서 $4<x<8$

$\therefore\ \alpha=4,\ \beta=8$ $\quad\therefore\ \mathbf{\alpha\beta=32}$ ← 답

9. 양변에 상용로그를 취하면 $3+2\log x>\log x^{\log x}$

$\log x=t$로 치환하면

$t^2-2t-3<0$ $\quad\therefore\ -1<t<3$

$-1<\log x<3$이므로 $\mathbf{\frac{1}{10}<x<1000}$ ← 답

10. 양변에 상용로그를 취하여 정리하면

$x^2+(2\log a)x+2\log a\ge 0$

모든 실수 x에 대하여 성립하므로

$\frac{D}{4}=(\log a)^2-2\log a\le 0$에서 $1\le a\le 100$

$\therefore$ 양의 정수 a의 최댓값은 **100** ← 답

p. 136

11. $D=4(2+\log_2 a)^2-4\ge 0$에서

$\log_2 a\ge -1$ 또는 $\log_2 a\le -3$

$a\ge \frac{1}{2}$ 또는 $a\le \frac{1}{8}$

그런데 $a>0$이므로 $\mathbf{0<a\le \frac{1}{8}}$ **또는** $\mathbf{a\ge \frac{1}{2}}$ ← 답

12. $\log(20-5x^2)>\log 10(a-x)$

$\therefore\ 20-5x^2>10(a-x)$

따라서 $f(x)=x^2-2x+2a-4<0$을 만족시키는 정수가 1뿐이어야 한다.

$\therefore\ f(0)\ge 0,\ f(1)<0,\ f(2)\ge 0$

$\therefore\ \mathbf{2\le a<\frac{5}{2}}$ ← 답

13. $(\log_2 x)^2+\log_4 x+k\ge 0$에서

$(\log_2 x)^2+\frac{1}{2}\log_2 x+k\ge 0$

$\therefore\ 2(\log_2 x)^2+\log_2 x+2k\ge 0$

$\log_2 x=X$로 놓으면 $2X^2+X+2k\ge 0$ $\cdots$ ㉠

모든 실수 X에 대하여 ㉠이 항상 성립하려면

$D=1-4\cdot 2\cdot 2k\le 0$ $\quad\therefore\ \mathbf{k\ge \frac{1}{16}}$ ← 답

14. $\begin{cases} 2^{x+3}>4 & \cdots ㉠ \\ 2\log(x+3)<\log(5x+15) & \cdots ㉡ \end{cases}$

㉠에서 $2^{x+3}>2^2$

$\therefore\ x+3>2$ $\quad\therefore\ x>-1$ $\cdots$ ㉢

㉡에서 진수 조건에서 $x>-3$

$\log(x+3)^2<\log(5x+15)$에서

$(x+3)^2<5x+15$

$x^2+x-6<0$

$\therefore\ -3<x<2$ $\cdots$ ㉣

㉢, ㉣에서 $-1<x<2$

따라서, 정수 x는 0, 1로 2개이다. 답 **2개**

15. $(\log_2 x)^2-\log_2 x^2<3$ (단, $x>0$)에서

$(\log_2 x)^2-2\log_2 x-3<0$

$-1<\log_2 x<3$ $\quad\therefore\ \frac{1}{2}<x<8$ $\cdots$ ㉠

또한 $4^x-2^{x+2}\le 32$에서 $(2^x)^2-4\cdot 2^x-32\le 0$

$0<2^x\le 8$ ($\because\ 2^x>0$) $\quad\therefore\ x\le 3$ $\cdots$ ㉡

따라서, ㉠, ㉡으로부터 $\frac{1}{2}<x\le 3$을 만족하는 정수 x는 1, 2, 3이다.

$\therefore$ 모든 정수 x의 값들의 합은 6이다. 답 **6**

16. $x>0,\ x\ne 1,\ y>0$

(i) $0<x<1$

$\log_x\frac{1}{x}<\log_x y<\log_x x^2$ $\quad\therefore\ x^2<y<\frac{1}{x}$

(ii) $x>1$

$\log_x\frac{1}{x}<\log_x y<\log_x x^2$ $\quad\therefore\ \frac{1}{x}<y<x^2$

답

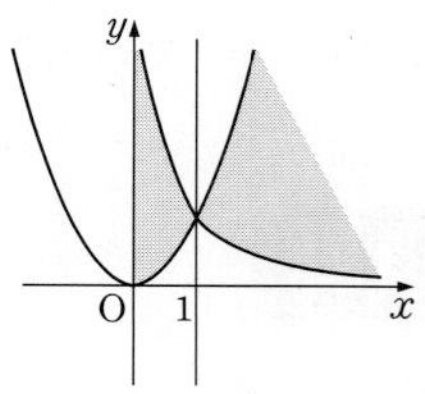

(단, 경계선은 포함하지 않는다.)

17. $\log_x(\log_y 2x)<0$,

$\log_y 2x>1\left(\because \frac{1}{2}<x<1\right)$

$\therefore 2x>y\,(\because y>1)$

따라서, 주어진 부등식의 영역을 좌표평면에 나타내면 오른쪽 그림의 어두운 부분과 같다. (단, 경계선 제외)

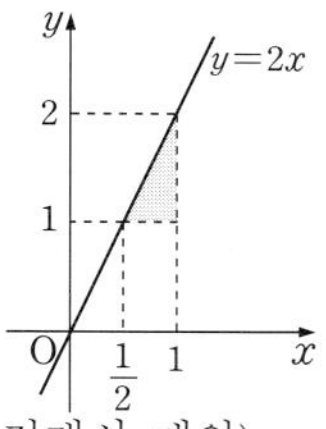

이때 $S=\frac{1}{4}$이므로 $100S=$**25** ←답

18. $\log_5 x+\log_5 y\le 1$에서 $xy\le 5$ … ㉠이고,

$x\ge 1,\ y\ge 1$ … ㉡이므로

㉠, ㉡을 동시에 만족하는 점 $(x,\ y)$의 영역은 다음 그림의 어두운 부분과 같다. (단, 경계선 포함)

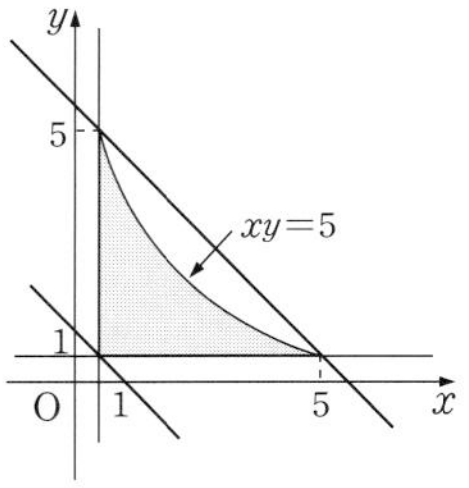

이때 $x+y=k$ … ㉢라 놓으면 ㉢이 점 (1, 5)와 (5, 1)을 지날 때 k의 값이 최대가 되므로

$M=1+5=6$

㉢이 점 (1, 1)을 지날 때 k의 값이 최소가 되므로

$m=1+1=2$

따라서, $\mathbf{M}+\boldsymbol{m}=8$ ←답

19. $f(t)=20(1-a^{-0.7(t+0.4)})\ge 16$

$a^{-0.7(t+0.4)}\le\frac{1}{5}$

양변에 밑이 a인 로그를 취하면

$0.7(t+0.4)\ge\log_a 5=1.4\quad\therefore t\ge 1.6$ 답 **1.6**

20. 이 학생이 $3n$개월 후에 제품 A를 구입할 수 있다고 하면

$24\times(0.9)^n-16\times(0.95)^n\le\frac{1}{5}\times 16\times(0.95)^n$

$120\times(0.9)^n-80\times(0.95)^n\le 16\times(0.95)^n$

$15\times(0.9)^n\le 12\times(0.95)^n$

$\left(\frac{0.9}{0.95}\right)^n\le\frac{4}{5}$

양변에 상용로그를 취하면

$n(2\log 3-1-\log 0.95)\le 3\log 2-1$

$n(0.96-1+0.02)\le 0.9-1$

$\therefore n\ge\frac{-0.1}{-0.02}=5$

따라서, $3\times 5=15$개월 후에 제품 A를 최초로 구입할 수 있다. 답 **15개월 후**

p. 137

1. 두 함수 $y=\log_4(x+p)+q,\ y=\log_{\frac{1}{2}}(x+p)+q$의 그래프는 모두 점 (4, 1)을 지나므로

$1=\log_4(4+p)+q,\ 1=\log_{\frac{1}{2}}(4+p)+q$

$\log_4(4+p)=\log_{\frac{1}{2}}(4+p)$

$4+p=1$에서 $p=-3,\ q=1$

$\therefore \boldsymbol{p^2+q^2=10}$ ←답

2. 함수 $y=\log_2 x$의 그래프를 x축의 방향으로 a만큼 평행이동시키면 $y=\log_2(x-a)$의 그래프가 된다.

이 그래프가 함수 $y=\log_b x$의 그래프와 점 (9, 2)에서 만나므로

$\log_2(9-a)=2$에서 $9-a=2^2\quad\therefore a=5$

한편 $\log_b 9=2$에서 $9=b^2$

$b>0,\ b\ne 1$이므로 $b=3$

$\therefore 10a+b=10\cdot 5+3=$**53** ←답

3. 두 그래프 $y=4^x,\ y=2^x$과 직선 $y=7$의 교점의 x좌표를 $\alpha,\ \beta$라 하면

$4^\alpha=7,\ \alpha=\log_4 7$

$2^\beta=7,\ \beta=\log_2 7$

$\therefore \overline{PQ}=\beta-\alpha=\log_2 7-\log_4 7$

$=\boldsymbol{\frac{1}{2}\log_2 7}$ ←답

4. ㄱ. $y=a^{x-1}$과 $y=1+\log_a x$는 서로 역함수 관계이므로 직선 $y=x$에 대하여 서로 대칭이다. (참)

ㄴ. $a>1$일 때, $y=-a^x$의 그래프와

$y=\log_{\frac{1}{a}}x\left(밑이\ 0<\frac{1}{a}<1\right)$

의 그래프는 오른쪽 그림과 같이 항상 만나지는 않는다. (거짓)

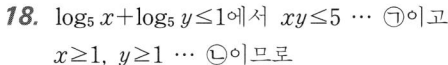

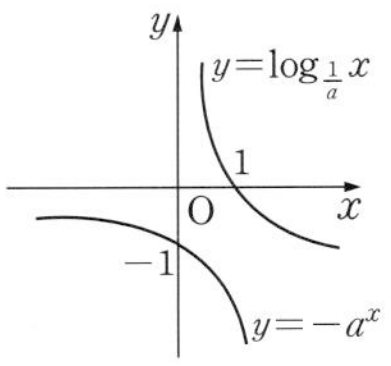

ㄷ. (예) $a=2,\ k=\frac{1}{4}$이라 하면

$y=\frac{1}{4}2^x=2^{x-2}$의 그래프와 $y=\log_2 x$의 그래프는 점 (2, 1)에서 만난다. (참)

답 ③

5. 두 함수 $f(x)=2^{x-2}+1,\ g(x)=\log_2(x-1)+2$는 서로 역함수 관계이다.

ㄱ. 두 함수 $f(x)$와 $g(x)$는 서로 역함수 관계이므로

$f^{-1}(5)=g(5)$

$f^{-1}(5)\cdot\{g(5)+1\}=g(5)\cdot\{g(5)+1\}$

$=4\cdot(4+1)=20$ (참)

ㄴ. 두 함수 $y=f(x)$와 $y=g(x)$는 서로 역함수 관계이므로 두 함수의 그래프는 직선 $y=x$에 대하여

대칭이다. (참)

ㄷ. $f(2)=2$, $g(2)=2$이므로 두 함수 $y=f(x)$와 $y=g(x)$의 그래프는 점 $(2, 2)$에서 만난다. (거짓)

답 ③

6. ㄱ. $\left(\frac{1}{2}\right)^d=c$ (참)

ㄴ. $\left(\frac{1}{2}\right)^a=e$에서 $a=-\log_2 e$, $d=\log_2 e$

$\therefore\ a+d=0$ (참)

ㄷ. $\left(\frac{1}{2}\right)^d=c$, $\log_2 e=d$에서 $2^d=e$

$\therefore\ ce=1$ (참)

답 ⑤

7. ㄱ. 원점과 $(x,\ \log_2 x)$를 지나는 직선의 기울기이므로 오른쪽 그림과 같이 두 점을 지나는 직선의 기울기는 항상 1보다 작다. (참)

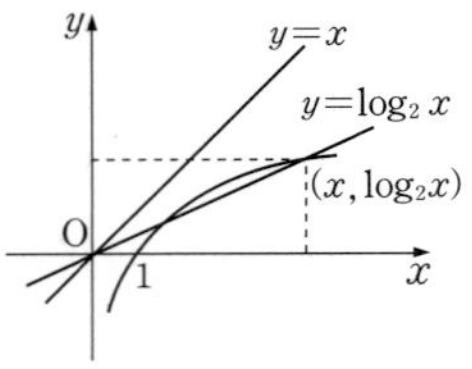

ㄴ. (반례) $x=\frac{1}{2}$일 때, $\dfrac{\log_2 \frac{1}{2}}{\frac{1}{2}-1}=2>1$ (거짓)

ㄷ. (반례) $x=1$일 때, $\dfrac{\log_2(1+1)}{1}=1$ (거짓)

답 ①

p. 138

8. 네 점 A, Q, P, R의 좌표가 각각 $(1, 0)$, $(a, 0)$, (a, b), $(0, b)$이므로

$(\triangle\text{AQP}$의 넓이$)=\frac{1}{2}\overline{\text{AQ}}\cdot\overline{\text{PQ}}=\frac{1}{2}(a-1)\cdot b$

$(\square\text{OAPR}$의 넓이$)=\frac{1}{2}(\overline{\text{OA}}+\overline{\text{PR}})\cdot\overline{\text{OR}}$

$=\frac{1}{2}(1+a)\cdot b$

$\dfrac{(\square\text{OAPR}의\ 넓이)}{(\triangle\text{AQP}의\ 넓이)}=\dfrac{5}{4}$에서 $\dfrac{\frac{1}{2}(1+a)\cdot b}{\frac{1}{2}(a-1)\cdot b}=\dfrac{5}{4}$

$5a-5=4+4a \quad \therefore\ a=9$

점 $\text{P}(a, b)$는 $y=\log_3 x$의 그래프 위에 있으므로

$b=\log_3 9=2 \quad \therefore\ ab=9\cdot 2=$ **18** ←답

9. $g(x)=\dfrac{2001+x}{1-x}$ $(-1<x<1)$라 두고,

$g(x)$의 치역을 구하면 $g(x)=\dfrac{-2002}{x-1}-1$

(점근선이 $x=1$, $y=-1$인 분수함수)

$-1<x<1$에서, $g(x)>1000$이므로

$y=\log\dfrac{2001+x}{1-x}$의 치역은 $\{\boldsymbol{y}|\boldsymbol{y}>\mathbf{3}\}$ ←답

10. $x+1<3\log_2 x \Leftrightarrow 2^{x+1}<x^3$이고, 이를 만족하는 x의 범위는 그래프에서 $2<x<8$이다.

이때 직선 $y=x+1$, 곡선 $y=3\log_2 x$를 x축의 방향으로 -1만큼 평행이동한 도형의 방정식은 각각

$y=x+2$, $y=3\log_2(x+1)$이므로

$x+2<3\log_2(x+1)$

즉, $2^{x+2}<(x+1)^3$을 만족시키는 x의 범위는

$1<x<7$이다.

$\therefore\ \boldsymbol{\alpha+\beta=8}$ ←답

11. $\log_2(\log_2(\log_2 k))$에서

$\log_2 k=b_3$

$\log_2 b_3=x,\ x=a_3$

$\log_2 a_3=b_2$

답 ⑤

12. 두 양수 a, b에 대하여 $a+b\ge 2\sqrt{ab}$

(단, 등호는 $a=b$일 때 성립한다.)

$a+b\ge 2\sqrt{ab}=2\sqrt{16}=2^3$

$a^2+b^2\ge 2ab=2^5$

$a^3+b^3\ge 2\sqrt{(ab)^3}=2^7$

(준식)$\ge\log_2 2^3+\log_2 2^5+\log_2 2^7=$ **15** ←답

13. $a^{2x}-a^x=2$ $(a>0,\ a\ne 1)$에서

$a^x=t$ $(t>0)$라 하면

$t^2-t-2=0$, $(t-2)(t+1)=0$

$t>0$이므로 $t=2$ 즉, $a^x=2$

$\therefore\ x=\log_a 2=\frac{1}{7}$

$\therefore\ 2=a^{\frac{1}{7}} \quad \therefore\ a=2^7=$ **128** ←답

14. $3^{a+b}=4$, $2^{a-b}=5$

$a+b=\log_3 4$, $a-b=\log_2 5$

$a^2-b^2=(a+b)(a-b)=\log_3 4\times\log_2 5$

$=2\log_3 5$

$\therefore\ 3^{a^2-b^2}=3^{2\log_3 5}=5^2=$ **25** ←답

15. $\log x$의 지표가 4이고, $\log y$의 지표가 1이므로

$4\le\log x<5$, $1\le\log y<2$이다.

두 식으로부터

$2<\log x-\log y<4 \Leftrightarrow 2<\log\dfrac{x}{y}<4$ ⋯ ①

$-4<\log y-\log x<-2 \Leftrightarrow -4<\log\dfrac{y}{x}<-2$ ⋯ ②

①, ②로부터 $-16<\left(\log\dfrac{x}{y}\right)\left(\log\dfrac{y}{x}\right)<-4$이므로

정수의 개수는 **11개** ←답

16. 주어진 식을 정리하면

$\log_2(10x-16)>\log_2 x^2$

$10x-16>x^2$

$x^2-10x+16<0$

$2<x<8$ $\quad\therefore\ \alpha\beta=2\times 8=$ **16** ← 답

17. $x^{\log x}>(100x)^a$의 양변에 상용로그를 취하면

$(\log x)^2>a(2+\log x)$

$(\log x)^2-a\log x-2a>0$

$\log x=t$로 치환하면 $t^2-at-2a>0$ $\quad\cdots$ ㉠

x가 양수일 때, t는 모든 실수이므로 ㉠이 모든 실수 t에 대하여 성립할 조건은

판별식 $D=a^2+8a<0$ $\quad\therefore\ -8<a<0$

따라서, 정수 a는 $-7,\ -6,\ -5,\ \cdots,\ -1$의 7개이다.

답 **7개**

p. 139

1. $2^{f(x)-g(x)}=x$의 양변에 밑이 2인 로그를 취하면

$f(x)-g(x)=\log_2 x$

$\therefore\ f(x)=\log_2 x+g(x)$

조건 (가), (나)에 의해

$f(4)=\log_2 4+g(4)=2+g(4)$ $\quad\therefore\ f(4)=2$

$f(1000)=\log_2 1000+g(1000)$에서

$2^9<1000<2^{10}$이므로 $f(1000)=10$

$\therefore\ f(4)+f(1000)=2+10=$ **12** ← 답

Note : $g(4)=0,\ g(1000)=\log_2\dfrac{1024}{1000}$

2. ㄱ. $\left\{f\left(\dfrac{a}{5}\right)\right\}^2=\left(\log_5\dfrac{a}{5}\right)^2=\left(-\log_5\dfrac{a}{5}\right)^2$

$=\left(\log_5\dfrac{5}{a}\right)^2=\left\{f\left(\dfrac{5}{a}\right)\right\}^2$ (참)

ㄴ. $\{f(a+1)-f(a)\}-\{f(a+2)-f(a+1)\}$

$=2f(a+1)-\{f(a)+f(a+2)\}$

$=2\log_5(a+1)-\{\log_5 a+\log_5(a+2)\}$

$=\log_5(a+1)^2-\log_5 a(a+2)$

$=\log_5\dfrac{(a+1)^2}{a(a+2)}$

$=\log_5\dfrac{a^2+2a+1}{a^2+2a}$

$=\log_5\left(1+\dfrac{1}{a^2+2a}\right)>\log_5 1=0$

$\therefore\ f(a+1)-f(a)>f(a+2)-f(a+1)$ (참)

ㄷ. $f(a)<f(b)$에서

$\log_5 a<\log_5 b$ $\quad\therefore\ a<b$

한편, $f(x)=\log_5 x$에서 $f^{-1}(x)=5^x$이고,

$f^{-1}(x)$는 증가함수이므로

$f^{-1}(a)<f^{-1}(b)$ (참)

답 ⑤

3. 두 점 O와 A가 평행이동한 점을 각각 O′, A′이라 하면 O′(3, 2), A′(4, 2)이다.

$y=\log_3(x+a)$가 선분 O′A′과 만나려면

$\log_3(3+a)\le 2,\ 3+a\le 9,\ a\le 6$이고,

$\log_3(4+a)\ge 2,\ 4+a\ge 9,\ a\ge 5$이다.

$\therefore\ 5\le a\le 6$

a의 최댓값은 6, 최솟값은 5이다.

따라서, 구하는 최댓값과 최솟값의 합은 11이다. 답 **11**

4. $\log k$의 지표 n, 가수 $\alpha\,(0\le\alpha<1)$에 대하여 P_k의 x좌표가 α, y좌표가 n이므로 $y=(\sqrt{10})^x$에 대입하면 $n=(\sqrt{10})^\alpha$에서 $0\le\alpha<1$이므로

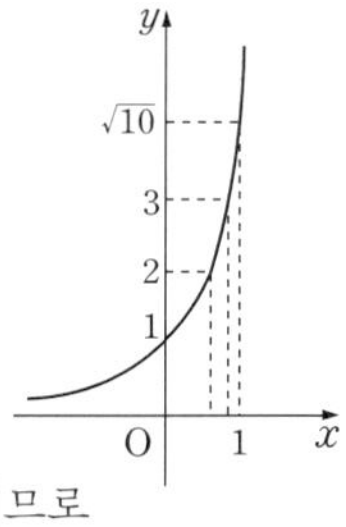

$1\le(\sqrt{10})^\alpha<\sqrt{10}$

$1\le n<\sqrt{10}$ $\quad\therefore\ n=1,\ 2,\ 3$

$n=(\sqrt{10})^\alpha$에서 $\alpha=2\log n=\log n^2$이므로

(i) $n=1$일 때, $\alpha=0$: $\log k=1$이므로 $k=10$

(ii) $n=2$일 때, $\alpha=\log 4$: $\log k=2+\log 4=\log 400$이므로 $k=400$

(iii) $n=3$일 때, $\alpha=\log 9$: $\log k=3+\log 9=\log 9000$이므로 $k=9000$

$\therefore$ 모든 k의 값의 합은 $10+400+9000=$ **9410** ← 답

5. ㄱ. $\{f(-3)\}^5=(a^{-3})^5=a^{-15}$

$f(-15)=a^{-15}$

$\therefore\ \{f(-3)\}^5=f(-15)$ (참)

ㄴ. $0<a<1$이므로 $y=f(x)$의 그래프는 다음과 같다.

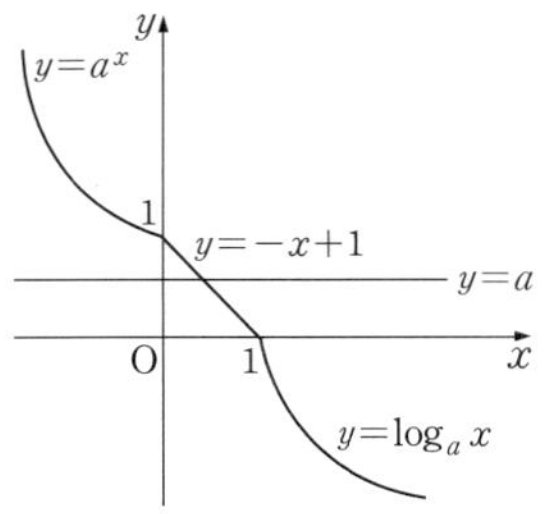

따라서, $y=f(x)$의 그래프와 직선 $y=a$는 한 점에서 만난다. (참)

ㄷ. $y=a^x$의 역함수는 $y=\log_a x$이므로

$y=a^x\,(x\le 0)$의 그래프와 $y=\log_a x\,(x\ge 1)$의 그래프는 직선 $y=x$에 대하여 대칭이다.

따라서, ㄴ에서 $y=f(x)$의 그래프는 직선 $y=x$에 대하여 대칭이다. (참)

답 ⑤

6. 직선 AB의 방정식은 $y=-x+5$이므로

$P(a,\ b)$라 하면

$b=-a+5,\ a+b=5$

$\overline{PH}+\overline{PK}=2^{b+1}-a+2^a-1-b$

$=2^{b+1}+2^a-(a+b)-1$

$2^{b+1}+2^a \ge 2\sqrt{2^{a+b+1}}=2\sqrt{2^6}=16$

$\therefore$ $16-5-1=$**10** ← 답

p. 140

7. 함수 $f(x)=2^x$은 함수 $y=\log_2 x$의 역함수이므로 두 함수의 그래프는 직선 $y=x$에 대하여 대칭이다. 다음 그래프에서 주어진 사각형의 넓이는 □CDEF의 넓이와 같다.

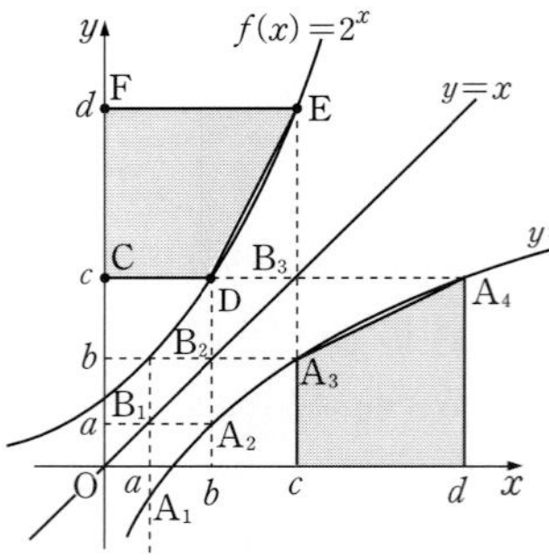

$\therefore$ □CDEF

$=\dfrac{1}{2}(\overline{CD}+\overline{EF})\times\overline{CF}$

$=\dfrac{1}{2}(b+c)(d-c)$

$=\dfrac{1}{2}\{f(a)+f(b)\}\{f(c)-f(b)\}$

$=\dfrac{1}{2}\{f(a)+f(b)\}\{(f\circ f)(b)-(f\circ f)(a)\}$ 답 ①

8. (i) $x=2$일 때, $\log_a 2<\log_b 2<0$이므로

$\dfrac{1}{\log_2 a}<\dfrac{1}{\log_2 b}<0$

$\therefore$ $\log_2 a>\log_2 b$ $\therefore$ $a>b$

(ii) 함수 $y=c^x$의 역함수 $y=\log_c x$의 그래프는 다음과 같이 곡선 $y=c^x$과 직선 $y=x$ 위의 점 A에서 만난다.

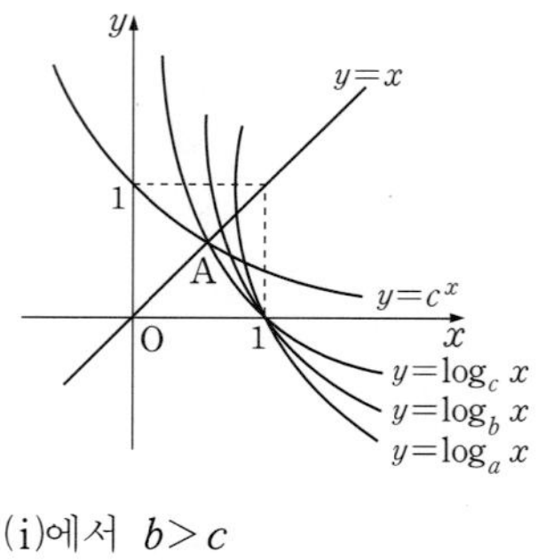

따라서, (i)에서 $b>c$

(i), (ii)에서 $\boldsymbol{a>b>c}$ ← 답

9. $A(a,\ 2\log_2 a)$라고 하면 $\overline{AB}=2$이므로 점 B의 x좌표는 $a+2$이다.

$x=a+2$이면 $y=2^{a+2-3}=2^{a-1}$

두 점 A, B의 y좌표가 같으므로

$2\log_2 a=2^{a-1}=\dfrac{2^a}{2}$

$4\log_2 a=2^a$에서 $a^4=2^{2a}$ $\therefore$ $a=2$

이때 B의 x좌표는 $x=4$

두 점 B, D의 x좌표가 같으므로

$x=4$이면 $y=2\log_2 4=4$ $\therefore$ D(4, 4)

두 점 C, D의 y좌표가 같으므로

$4=2^{x-3}$, $2^{x-3}=2^2$에서 $x=5$

$\therefore$ C(5, 4), $\overline{DC}=1$

따라서, 사각형 ABCD의 넓이는

$\dfrac{(2+1)\times 2}{2}=$**3** ← 답

10.

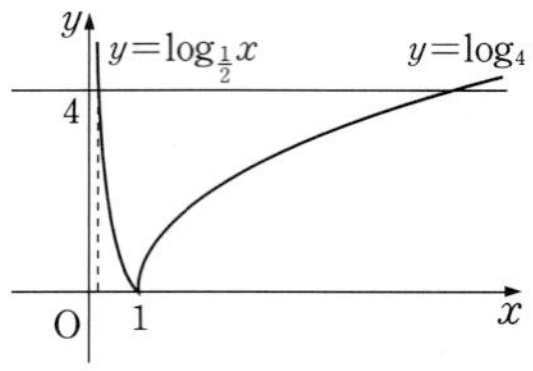

(i) $0<x<1$일 때, $f(x)=\log_{\frac{1}{2}} x=4$에서 로그의 정의에 의하여 $x=\left(\dfrac{1}{2}\right)^4$

(ii) $x\ge 1$일 때, $f(x)=\log_4 x=4$에서 로그의 정의에 의하여 $x=4^4$

$\therefore$ $\left(\dfrac{1}{2}\right)^4\cdot 4^4=\left(\dfrac{4}{2}\right)^4=$**16** ← 답

11.

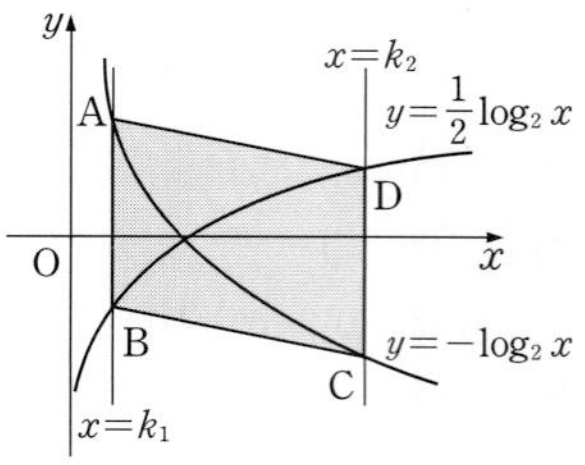

$\overline{AB}=3$에서

$-\log_2 k_1-\dfrac{1}{2}\log_2 k_1=3$이므로 $k_1=\dfrac{1}{4}$

$\overline{CD}=3$에서

$\dfrac{1}{2}\log_2 k_2+\log_2 k_2=3$이므로 $k_2=4$

이때 사각형 ABCD는 평행사변형이므로 넓이는

$3\times\dfrac{15}{4}=\dfrac{\mathbf{45}}{\mathbf{4}}$ ← 답

p. 141

12. $1\le x\le 2$일 때, 정사각형은 0(개)

$2\le x\le 4$일 때, 정사각형의 개수는 $2\times 1=2$(개)

$4\le x\le 8$일 때, 정사각형의 개수는 $4\times 2=8$(개)

$8\le x\le 16$일 때, 정사각형의 개수는 $8\times 3=24$(개)

$16\le x\le 30$일 때, 정사각형의 개수는 $14\times 4=56$(개)

따라서, 최대 정사각형의 개수는

$2+8+24+56=90$(개)이다. 답 **90**

13. 주어진 식을 밑을 2로 변환시킨 후 정리하면

$\log_2 x+\dfrac{12}{\log_2 x}-\dfrac{\log_2 y}{\log_2 x}=6$에서 양변에 $\log_2 x$를

곱하면 $\log_2 y=(\log_2 x)^2-6\log_2 x+12$

$\log_2 x=t$라 하면

$\log_2 y=t^2-6t+12=(t-3)^2+3$이고

$1\le t\le 4$에서 $3\le \log_2 y\le 7$

$\therefore\ 2^3\le y\le 2^7$

$a=2^7,\ b=2^3$이므로 $\therefore\ \dfrac{a}{b}=16$ ← 답

14. $\log_3 x=\mathrm{X},\ \log_3 y=\mathrm{Y}$라 하면

$(\log_3 x)^2+(\log_3 y)^2=2\log_9 x+2\log_9 y$

$=\log_3 x+\log_3 y$

$\mathrm{X}^2+\mathrm{Y}^2=\mathrm{X}+\mathrm{Y},\ \left(\mathrm{X}-\dfrac{1}{2}\right)^2+\left(\mathrm{Y}-\dfrac{1}{2}\right)^2=\dfrac{1}{2}$ … ㉠

$\log_3 xy=\log_3 x+\log_3 y=\mathrm{X}+\mathrm{Y}$에서 직선

$\mathrm{X}+\mathrm{Y}-\log_3 xy=0$과 ㉠이 만나야 하므로

$\dfrac{\left|\frac{1}{2}+\frac{1}{2}-\log_3 xy\right|}{\sqrt{1^2+1^2}}\le\dfrac{1}{\sqrt{2}},\ |1-\log_3 xy|\le 1$

$\therefore\ 0\le\log_3 xy\le 2$

$\therefore\ 1\le xy\le 9$ $\quad\therefore\ \mathrm{M}+m=9+1=10$ ← 답

15. 진수 조건 $x+y+3>0$

준식을 정리하면

$\log_2(xy)^2=\log_2(x+y+3)^2$에서 $x,\ y$가 양의 정수이므로 $xy=x+y+3$에서 $xy-x-y+1=4$

$(x-1)(y-1)=4$를 만족하는 것은 다음과 같다.

$x-1=1,\ y-1=4$ $\quad x=2,\ y=5$

$x-1=2,\ y-1=2$ $\quad x=3,\ y=3$

$x-1=4,\ y-1=1$ $\quad x=5,\ y=2$

x^2+2y^2의 최솟값 $x=3,\ y=3$일 때,

$\therefore\ x^2+2y^2$의 최솟값은 27이다. 답 **27**

16. $\left(\log_3\dfrac{x}{3}\right)^2-20\log_9 x+26=0$

$(\log_3 x-1)^2-10\log_3 x+26=0$

$\log_3 x=t$로 치환하면

$(t-1)^2-10t+26=0$

$t^2-12t+27=0$

$(t-3)(t-9)=0$ $\quad\therefore\ t=3$ 또는 $t=9$

$\log_3\alpha=3$에서 $\alpha=3^3$

$\log_3\beta=9$에서 $\beta=3^9$ $\quad\therefore\ \boldsymbol{\alpha\beta=3^{12}}$ ← 답

17. $\log_x y\le 1$에서 $y\le x\ (\because\ 2\le x\le 8)$

$\log_{(10-x)} y\le 1$에서

$y\le 10-x\ (\because\ 2\le 10-x\le 8)$이므로

$2\le x\le 8,\ y\ge 1,\ y\le x,\ y\le 10-x$를 모두 만족시키는 영역은 그래프의 어두운 부분이다.

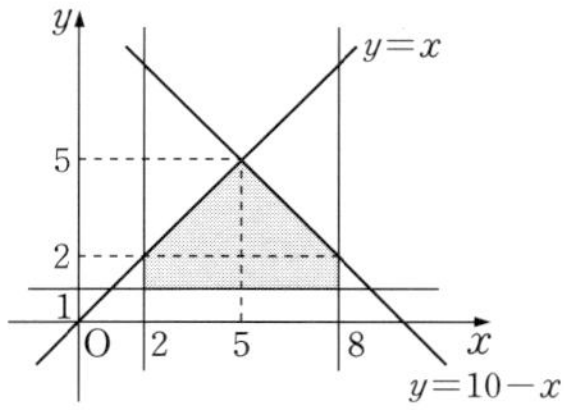

구하는 영역의 넓이는

$\mathrm{S}=1\times 6+\dfrac{1}{2}\times 6\times 3=15$ ← 답

18. $\mathrm{A}=\left\{x\,\middle|\,1+\dfrac{1}{\log_3 x}-\dfrac{1}{\log_5 x}<0\right\}$에서

$1+\dfrac{1}{\log_3 x}-\dfrac{1}{\log_5 x}<0$

$1+\log_x 3-\log_x 5<0$

$1<\log_x\dfrac{5}{3}$에서 $\log_x x<\log_x\dfrac{5}{3}$이므로

(i) $0<x<1$에서 $x>\dfrac{5}{3}$ (모순)

(ii) $x>1$에서 $x<\dfrac{5}{3}$이다.

따라서, $1<x<\dfrac{5}{3}$

$\mathrm{B}=\{x\mid 2^a>2^{x(x-a+1)}\}$에서

$2^a>2^{x(x-a+1)}$

$a>x(x-a+1)$

$x^2-(a-1)x-a<0$

$(x-a)(x+1)<0$

따라서, $-1<x<a$

$\therefore\ \mathrm{A}\subset\mathrm{B}$이기 위한 a의 최솟값은 $\dfrac{5}{3}$ ← 답

19. $|a-\log_2 x|\le 1$에서 $-1\le a-\log_2 x\le 1$

$-a-1\le -\log_2 x\le 1-a$

$a-1\le\log_2 x\le a+1$

$2^{a-1}\le x\le 2^{a+1}$에서 x의 최댓값과 최솟값의 차가 18이므로 $2^{a+1}-2^{a-1}=18$이다.

구하는 2^a을 t라 하면 $2t-\dfrac{t}{2}=18$

$4t-t=36$ $\quad\therefore\ t=2^a=12$ ← 답

p. 142

1. ㄱ. $\log 100=2$이므로 $f(100)=(-1)^2=1$ (참)

ㄴ. $(-1)^{\text{홀수}}=-1$이므로 $x=10^{\text{홀수}}$ 형태이다.

$100\times10^{\text{홀수}}=10^{\text{홀수}}$이므로 $f(100x)=-1$이다. (참)

ㄷ. (반례) $x_1=7$, $x_2=8$이면

$\log x_1=\log 7$의 지표는 0이므로 $f(x_1)=(-1)^0=1$

$\log x_2=\log 8$의 지표도 0이므로 $f(x_2)=(-1)^0=1$

이지만 $\log x_1x_2=\log 56$의 지표는 1이므로

$f(x_1x_2)=(-1)^1=-1$ (거짓) 답 ③

2. ㄱ. $f\left(\frac{1}{15}\right)=\log_{\frac{1}{2}}\left(\dfrac{\frac{1}{15}+1}{\frac{2}{15}}\right)=\log_{\frac{1}{2}}8=-\log_2 2^3=-3$

(거짓)

ㄴ. $f(x)$의 역함수 $g(x)$는 직선 $y=x$에 대하여 대칭이므로 x, y를 교환하면 $x=\log_{\frac{1}{2}}\dfrac{y+1}{2y}$이며 이를 변형하면

$\dfrac{y+1}{2y}=\left(\dfrac{1}{2}\right)^x=2^{-x} \Leftrightarrow \dfrac{y+1}{y}=2^{1-x}$

$\Leftrightarrow y=\dfrac{2^x}{2-2^x}$ (참)

ㄷ. ㄴ의 결과를 이용하면 함수 $y=f(x)$의 역함수 $g(x)$는 $g(x)=\dfrac{2^x}{2-2^x}$이므로

$g(2-x)=\dfrac{2^{2-x}}{2-2^{2-x}}=\dfrac{2^{2-x}}{2-2^{2-x}}\cdot\dfrac{2^{x-1}}{2^{x-1}}$

$=\dfrac{2}{2^x-2}=\dfrac{2^x-(2^x-2)}{2^x-2}$

$=\dfrac{2^x}{2^x-2}-1=-g(x)-1$

$\therefore g(x)+g(2-x)=-1$ (참) 답 ④

3. 점 A, B는 곡선 $y=8^x$ 위의 점이고, y좌표가 각각 a, b이므로 $\mathrm{A}(\log_8 a,\ a)$, $\mathrm{B}(\log_8 b,\ b)$

따라서, △AEB의 넓이는

$\frac{1}{2}\times\overline{\mathrm{BE}}\times\overline{\mathrm{AE}}$

$=\frac{1}{2}\times(a-b)\times(\log_8 a-\log_8 b)$

$=\frac{1}{3}\times\frac{1}{2}\times(a-b)\times(\log_2 a-\log_2 b)=20$

$\frac{1}{2}\times(a-b)\times(\log_2 a-\log_2 b)=60$ ⋯ ㉠

한편, 점 C, D는 곡선 $y=4^x$ 위의 점이고, y좌표가 각각 a, b이므로 $\mathrm{C}(\log_4 a,\ a)$, $\mathrm{D}(\log_4 b,\ b)$

따라서, △CDF의 넓이는

$\frac{1}{2}\times\overline{\mathrm{FC}}\times\overline{\mathrm{DF}}$

$=\frac{1}{2}\times(a-b)\times(\log_4 a-\log_4 b)$

$=\frac{1}{2}\times\frac{1}{2}\times(a-b)\times(\log_2 a-\log_2 b)$

$=\frac{1}{2}\times60$ (∵ ㉠)$=$**30** ←답

4. 오른쪽 그림에서 $y=2^x$, $y=\log_2 x$의 그래프가 직선 $x=n$과 만나는 교점의 y좌표는 $a=2^n$, $b=\log_2 n$

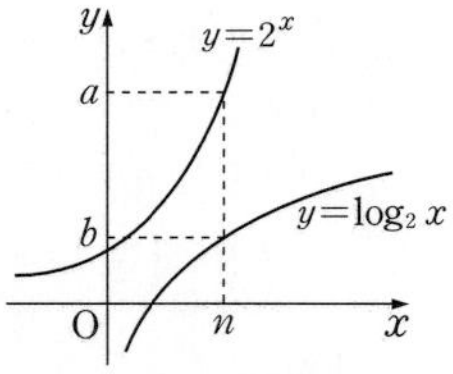

$a+b$가 세 자리의 자연수이려면 최소한 a가 세 자리의 자연수이어야 한다.

(∵ a가 두 자리의 자연수인 경우 $a+b$가 세 자리의 자연수일 수 없다.)

$\therefore n=7,\ 8,\ 9$

이때 b가 자연수인 경우는 $n=8$인 경우 밖에 없다.

$\therefore a=2^8=256,\ b=\log_2 8=3$

$\therefore$ $\boldsymbol{a+b=259}$ ←답

5. 조건을 만족하는 두 함수는 $y=10^{x-k}$, $y=\log_{10}x+k$이다.

이때 두 함수는 서로 역함수이고, 두 함수의 그래프가 만나는 교점은 직선 $y=x$와 $y=\log_{10}x+k$의 그래프와의 교점과 같고, 두 점 사이의 거리가 $\sqrt{2}$이다.

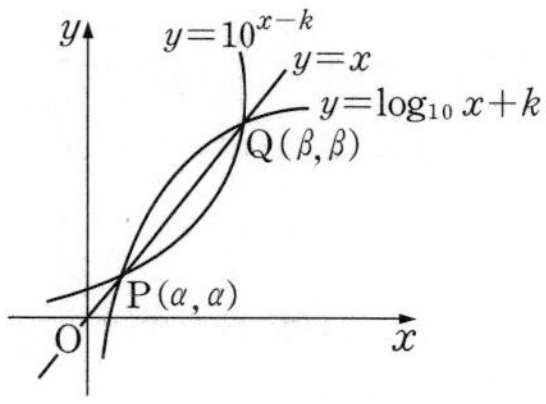

만나는 두 점을 $\mathrm{P}(\alpha,\ \alpha)$, $\mathrm{Q}(\beta,\ \beta)$ (단, $\alpha<\beta$)라 하면

$\sqrt{(\beta-\alpha)^2+(\beta-\alpha)^2}=\sqrt{2}(\beta-\alpha)=\sqrt{2}$

$\therefore \beta-\alpha=1$ ⋯ ㉠

한편, $\begin{cases}\alpha=\log_{10}\alpha+k & \cdots ㉡\\ \beta=\log_{10}\beta+k & \cdots ㉢\end{cases}$ 에서 ㉢−㉡하면

$\beta-\alpha=\log_{10}\beta-\log_{10}\alpha$에서 $\quad\therefore \dfrac{\beta}{\alpha}=10$ ⋯ ㉣

㉠과 ㉣을 연립하면 $\alpha=\dfrac{1}{9}$, $\beta=\dfrac{10}{9}$이므로

㉡에서 $\dfrac{1}{9}=\log_{10}\dfrac{1}{9}+k$

$\therefore \boldsymbol{k=\dfrac{1}{9}+2\log_{10}3}$ ←답

6. 두 함수

$f(x)=\left(\dfrac{1}{2}\right)^x$, $g(x)=\log_{\frac{1}{2}}x$

는 서로 역함수이므로 그래프는 오른쪽 그림과 같이 직선 $y=x$에 대하여 대칭이다.

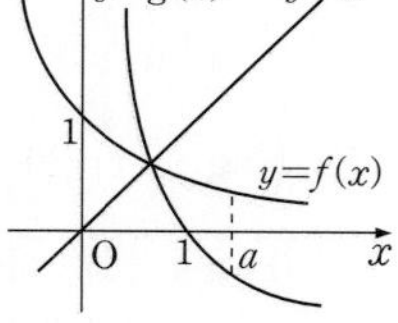

ㄱ. 그래프에서 $a>1$일 때, $f(a)>g(a)$이다. (거짓)

ㄴ. 두 그래프의 교점은 직선 $y=x$ 위에 있으므로 $\alpha=\beta$ (참)

ㄷ. $b<f(a) \Leftrightarrow g(b)>a$

$\Leftrightarrow 2g(b)>2a$

$\Leftrightarrow 2a<g(b^2)$ (참) 답 ④

7. y의 값이 2일 때 두 그래프의 x값을 구하면

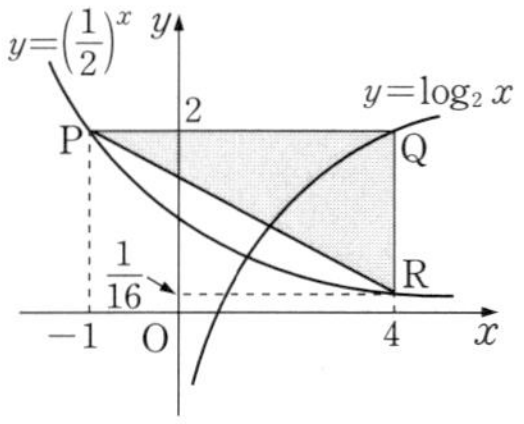

$\left(\frac{1}{2}\right)^x=2$에서 $x=-1$

$\therefore$ P$(-1,\ 2)$

$\log_2 x=2$에서 $x=4$

$\therefore$ Q$(4,\ 2)$

그리고 $y=\left(\frac{1}{2}\right)^x$의 x의 값이 4이므로

$y=\left(\frac{1}{2}\right)^4=\frac{1}{16}$ $\quad\therefore$ R$\left(4,\ \frac{1}{16}\right)$

$\triangle$PQR는 $\angle$Q$=90°$인 직각삼각형이므로

$\triangle \text{PQR}=\frac{1}{2}\times\overline{\text{PQ}}\times\overline{\text{QR}}=\frac{1}{2}\times5\times\frac{31}{16}=\frac{155}{32}$

$\therefore$ **$\triangle$PQR$=\frac{155}{32}$** ← 답

p. 143

8. ㄱ. $1<a<b$에서 $0<\log a<\log b$이다.

$\log_b a=\frac{\log a}{\log b}<\frac{\log b}{\log a}=\log_a b$ (참)

ㄴ. (반례) $a=10,\ b=100$일 때,

$10<100$이지만 $\frac{1}{10}\log 10>\frac{1}{100}\log 100$ (거짓)

ㄷ. $2\log(a+b)<\log 2(a^2+b^2)$

$\Leftrightarrow \log(a+b)^2<\log 2(a^2+b^2)$

$2(a^2+b^2)-(a+b)^2$

$=a^2-2ab+b^2=(a-b)^2>0\ (\because\ a<b)$

$(a+b)^2<2(a^2+b^2)$

$\therefore\ 2\log(a+b)<\log 2(a^2+b^2)$ (참) 답 ③

9. ㄱ. 문제의 조건들을 좌표평면에 나타내면 오른쪽과 같다.

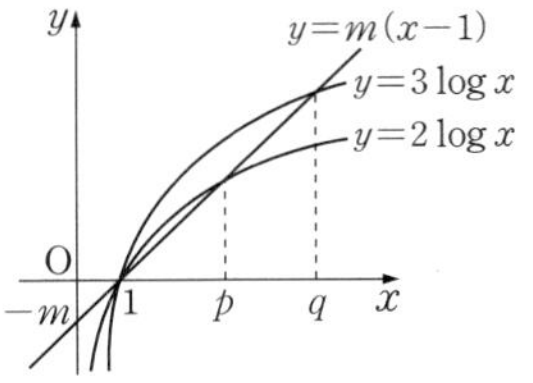

$\therefore\ p<q$ (거짓)

ㄴ. 두 점 $(1,\ 0)$, $(0,\ -m)$을 지나는 직선은 $y=m(x-1)$이고, $(p,\ 2\log p)$와 $(q,\ 3\log q)$는 이 직선 위의 점이므로 다음 식이 성립한다.

$2\log p=m(p-1)$ $\cdots$ ㉠

$3\log q=m(q-1)$ $\cdots$ ㉡

㉡$-$㉠을 하면

$3\log q-2\log p=m(q-p)$

$\therefore\ m=\frac{3\log q-2\log p}{q-p}$ (참)

ㄷ. $\frac{3\log q}{q}$는 원점과 점 $(q,\ 3\log q)$를 지나는 직선의 기울기이다.

이는 위의 그림에서 $(1,\ 0)$과 $(0,\ -m)$을 지나는 직선의 기울기 m보다 작다. (참) 답 ④

10. $y=f(x)$는 $y=\log_2 x$와 역함수 관계이므로

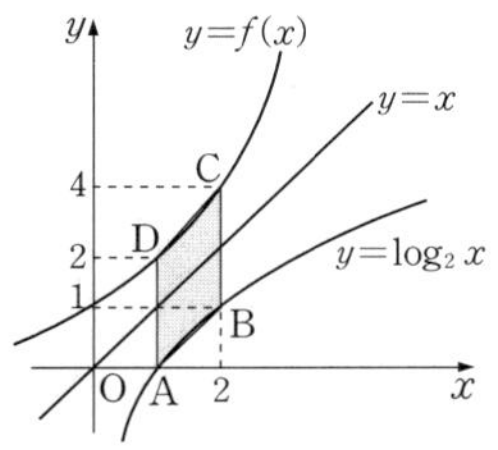

$y=f(x)=2^x$

따라서, A$(1,\ 0)$,

B$(2,\ 1)$, C$(2,\ 4)$,

D$(1,\ 2)$에서 사다리꼴 ABCD의 넓이

$S=\frac{1}{2}\times(2+3)\times1=\frac{5}{2}$ $\quad\therefore$ **$10S=25$** ← 답

11. (i) $10\le n<81$이면 $[\log_9 n]=1$이므로

$\log_9 n-[\log_9 n]=\log_9\frac{n}{9}$이고,

$\log_9\frac{n}{9}$이 최대이어야 하므로 $n=80$

(ii) $81\le n<100$이면 $[\log_9 n]=2$이므로

$\log_9 n-[\log_9 n]=\log_9\frac{n}{81}$이고,

$\log_9\frac{n}{81}$이 최대이어야 하므로 $n=99$

$\frac{80}{9}>\frac{99}{81}$이므로 (i), (ii)에서 $\log_9\frac{80}{9}>\log_9\frac{99}{81}$

따라서, 구하는 n은 80이다. 답 **80**

12. $\log_{\frac{1}{2}}(y+1)-\log_{\frac{1}{2}}(x+3)=\log_{\frac{1}{2}}\frac{y+1}{x+3}$

$\frac{y+1}{x+3}=k$라 놓으면 $y+1=k(x+3)$

k가 최대일 때, 준식은 최솟값을 갖는다. ($\because$ 감소함수)

진수 조건에 의해 $y>-1,\ x>-3$인 범위에서 직선이 원 $x^2+y^2=1$에 접할 때 k가 최대이다.

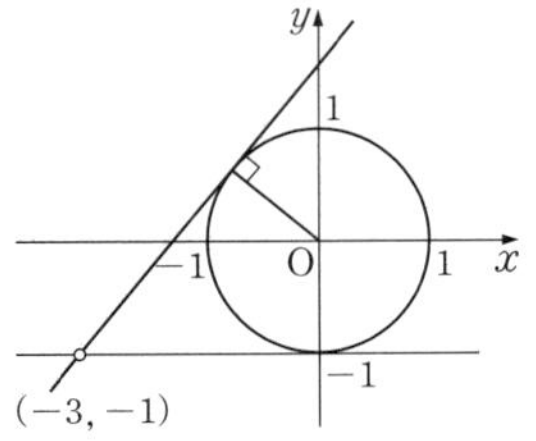

오른쪽 그림과 같이 $kx-y+3k-1=0$으로부터 원점 $(0,\ 0)$까지의 거리는 1이므로

$\dfrac{|3k-1|}{\sqrt{k^2+1}}=1$

$9k^2-6k+1=k^2+1$

$8k^2-6k=0 \quad \therefore\ k=\dfrac{3}{4}$ 또는 $k=0$

따라서, 최솟값 $m=\log_{\frac{1}{2}}\dfrac{3}{4}$이므로

$2^{\log_{\frac{1}{2}}\frac{3}{4}}=\left(\dfrac{3}{4}\right)^{-1}=\dfrac{\mathbf{4}}{\mathbf{3}}$ ← 답

13. $\log_2 x=t$라 하면, $\log_2\dfrac{16}{x}=4-t$이므로

$t(4-t)=\dfrac{m}{16}$, $16t^2-64t+m=0$이 실수해가 존재하므로 실근이 있다.

이때 판별식 $\dfrac{D}{4}=32^2-16m\geq 0 \quad \therefore\ m\leq 64$

$\therefore$ m의 최댓값은 64이다. 답 **64**

14. $\begin{cases} x^2+y^2=25 & \cdots ㉠ \\ \log_2 x+\log_2 y=(\log_2 xy)^2 & \cdots ㉡ \end{cases}$

㉡에서 $\log_2 xy=(\log_2 xy)^2$이므로

$\log_2 xy=0$ 또는 $\log_2 xy=1$

$\log_2 xy=0$에서 $xy=1$

$\log_2 xy=1$에서 $xy=2$

이때 진수 조건에 의하여

$x>0$, $y>0$이므로

$y=\dfrac{1}{x}$ 또는 $y=\dfrac{2}{x}$ ⋯ ㉢

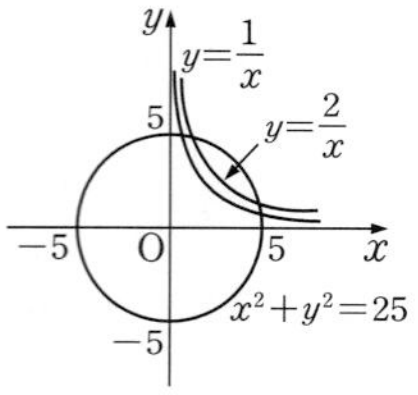

따라서, ㉠, ㉢을 좌표평면에 나타내면 오른쪽의 그림과 같이 서로 다른 교점의 개수가 4개가 존재하므로 연립방정식의 해의 개수도 4개이다. 답 **4개**

15. 지수방정식 $4^x-5\cdot 2^{x+2}+64=0$에서 $2^x=t\ (t>0)$라 하면

$t^2-20t+64=(t-16)(t-4)=0$

$2^x=4$ 또는 $2^x=16 \quad \therefore\ \alpha=2,\ \beta=4$

로그부등식 $(\log_2 x)^2+\log_2 x^a+b\leq 0$에서

$\log_2 x=s\ (x>0)$라 하면 $s^2+as+b\leq 0$이고,

$\alpha\leq x\leq\beta$에서 $2\leq x\leq 4$이므로 $1\leq\log_2 x\leq 2$이다.

즉, $1\leq s\leq 2$

따라서, $s^2+as+b=(s-1)(s-2)\leq 0$이므로

$a=-3,\ b=2 \quad \therefore\ \boldsymbol{a+b=-1}$ ← 답

16. $A=\{x\mid 2^{x(x-3a)}<2^{a(x-3a)}\}$

$=\{x\mid (x-a)(x-3a)<0\}$

$B=\{x\mid \log_3(x^2-2x+6)<2\}$

$=\{x\mid -1<x<3\}$

$A\cap B=A$, 즉 $A\subset B$가 성립해야 하므로

(i) $a>0$일 때,

$A=\{x\mid a<x<3a\}\subset\{x\mid -1<x<3\}=B$에서

$0<a\leq 1$

(ii) $a=0$일 때,

$A=\{x\mid x^2<0\}=\phi\subset B$이므로 $a=0$

(iii) $a<0$일 때,

$A=\{x\mid 3a<x<a\}\subset\{x\mid -1<x<3\}=B$에서

$-\dfrac{1}{3}\leq a<0$

(i), (ii), (iii)에서 $\boldsymbol{-\dfrac{1}{3}\leq a\leq 1}$ ← 답

17.

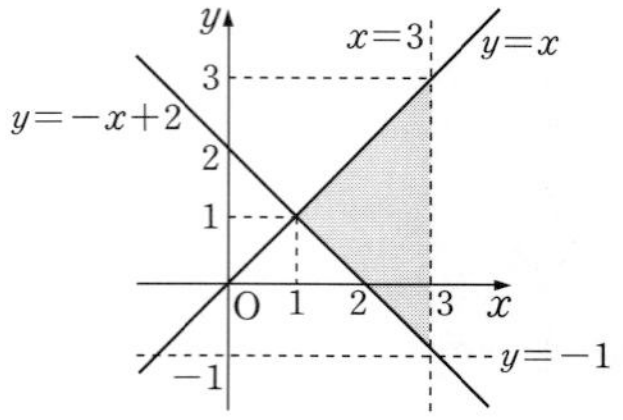

$\left(\dfrac{1}{2}\right)^x\leq\left(\dfrac{1}{2}\right)^y$, 밑이 1보다 작으므로 $y\leq x$

$\log_2(y+1)\geq\log_2(-x+3)$,

진수 조건에 의해 $y>-1$, $x<3$

밑이 1보다 크므로

$y+1\geq -x+3$, $y\geq -x+2$

$y=x$와 $y=-x+2$의 교점은 $(1,\ 1)$,

$x=3$과 $y=x$의 교점은 $(3,\ 3)$,

$x=3$과 $y=-x+2$의 교점은 $(3,\ -1)$이므로

(구하는 영역의 넓이)$=\dfrac{1}{2}\cdot 4\cdot 2=\mathbf{4}$ ← 답

p. 144

1. ㄱ. 함수 $y=\log(x-1)(x-2)$의 정의역은

$(x-1)(x-2)>0$에서 $\{x\mid x<1$ 또는 $x>2\}$

그런데 함수 $y=\log(x-1)+\log(x-2)$의 정의역은 $x-1>0$이고, $x-2>0$에서 $\{x\mid x>2\}$이므로 두 함수는 같은 함수가 아니다.

ㄴ. $y=\dfrac{x^2-1}{x-1}=\begin{cases} x+1 & (x\neq 1\text{일 때}) \\ \text{정의되지 않는다.} & (x=1\text{일 때}) \end{cases}$

따라서, 이 함수는 $y=x+1$과 같은 함수가 아니다.

ㄷ. $y=\sqrt[3]{x^3}=x$이므로 주어진 두 함수는 같은 함수이다.

답 ③

2. ㄱ.

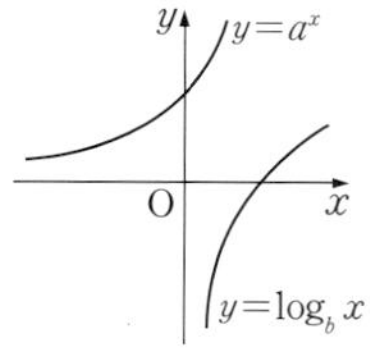

ㄴ.

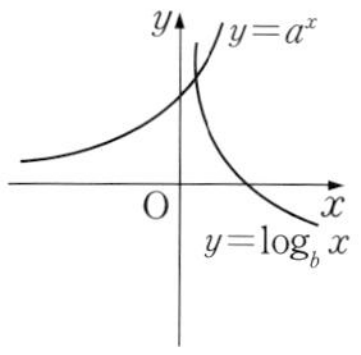

ㄷ.

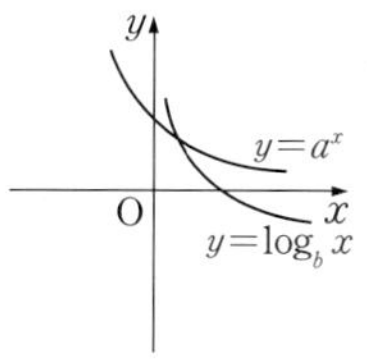

그림에서 두 그래프가 항상 만나는 것은 ㄴ, ㄷ이다.

답 ⑤

3.

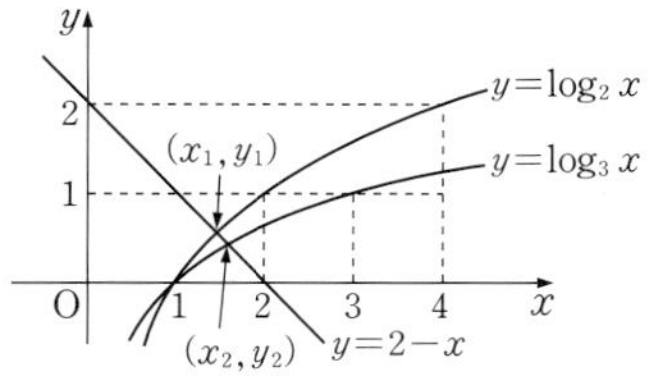

ㄱ. 위 그림에서 $x_1>1$, $y_2<1$이므로 $x_1>y_2$ (참)

ㄴ. 두 점 (x_1, y_1), (x_2, y_2)는 직선 $y=2-x$ 위의 점이므로 직선의 기울기가 $\dfrac{y_2-y_1}{x_2-x_1}=-1$

$\therefore x_2-x_1=-(y_2-y_1)=y_1-y_2$ (참)

ㄷ. $x_1y_1-x_2y_2=x_1(2-x_1)-x_2(2-x_2)$

$=(x_2^2-x_1^2)-2(x_2-x_1)$

$=(x_2-x_1)(x_2+x_1-2)$

$x_2-x_1>0$이고,

$x_1>1$, $x_2>1$에서 $x_1+x_2>2$이므로

$x_1y_1-x_2y_2>0$ $\quad\therefore x_1y_1>x_2y_2$ (참)

답 ⑤

4. 세 그래프의 $x=0$과 $x=1$일 때, 좌표를 조사하여 그래프를 그린다.

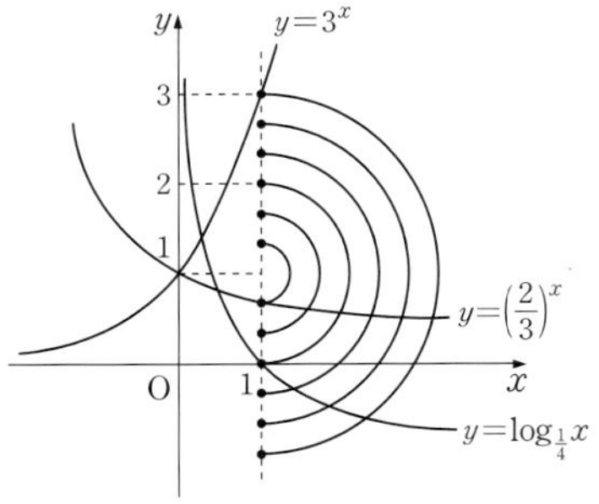

$\therefore a=4,\ b=6,\ c=1 \quad \therefore c<a<b$

답 ④

5. $p=\log_a p$에서 $a^p=p$ $\cdots$ ㉠

$q=\log_{2a} q$에서 $(2a)^q=q$, $2^q\cdot a^q=q$ $\cdots$ ㉡

ㄱ. ㉠에 $p=\dfrac{1}{2}$을 대입하면

$a^{\frac{1}{2}}=\dfrac{1}{2}$, $\sqrt{a}=\dfrac{1}{2}$ $\quad\therefore a=\dfrac{1}{4}$ ($\because a>0$) (참)

ㄴ. $f(x)=\log_a x$, $g(x)=\log_{2a} x$라 할 때, $\log_a x$의 밑의 크기보다 $\log_{2a} x$의 밑의 크기가 크므로 두 함수 $f(x)$, $q(x)$의 그래프의 개형은 다음과 같다.

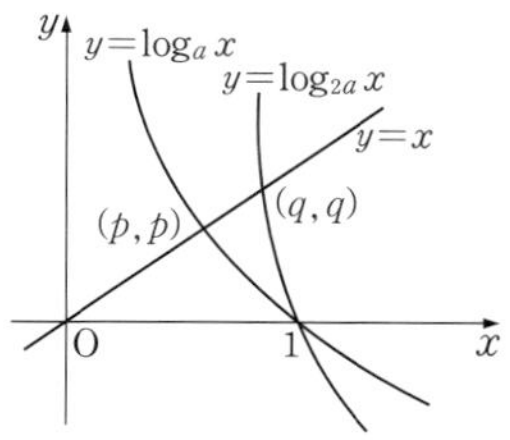

이때 $y=x$와 두 함수 $f(x)$, $q(x)$의 그래프가 만나는 점의 x좌표가 각각 p, q이므로 $p<q$이다. (참)

ㄷ. $a^{p+q}=a^p\cdot a^q=p\cdot\dfrac{q}{2^q}$ ($\because$ ㉠, ㉡)

$=\dfrac{p\cdot q}{2^q}$ (참)

답 ⑤

p. 145

6. $f(x)=x^2-4x+31$이라 하면

$f(x)=x^2-4x+4+27=(x-2)^2+27\geq 27$

이므로 $y=3+\log_3(x^2-4x+31)$의 최솟값은

$3+\log_3 27=3+3=6$

답 ③

7. $\log_3 x=t$라 두면 $(0\leq t\leq 4)$

$y=t(-t)+2t+10$

$=-t^2+2t+10=-(t-1)^2+11$

(i) $t=1$일 때, 최댓값 $\mathrm{M}=11$

(ii) $t=4$일 때, 최솟값 $m=2$

$\therefore \mathrm{M}+m=13$

답 13

8. $(\log_2 x)^2-4\log_2 x=\log_2 x(\log_2 x-4)=0$에서

$\log_2 x=0$ 또는 $\log_2 x=4$

$\therefore x=1$ 또는 $x=2^4=16$

$\therefore \alpha+\beta=1+16=17$

답 17

9. $(\log_2 x)^3+3\log_2 x=4(\log_2 x)^2+\log_2 x$

$\log_2 x=t$로 놓으면

$t^3+3t=4t^2+t$

$t^3-4t^2+2t=0$

$t(t^2-4t+2)=0 \quad \therefore t=0$ 또는 $t^2-4t+2=0$

(i) $t=0$일 경우

$\log_2 x=0 \quad \therefore x=1$

(ii) $t^2-4t+2=0$일 경우

$(\log_2 x)^2-4\log_2 x+2=0$

위 식을 만족하는 x의 값을 α, β라 하면

$\log_2 \alpha+\log_2 \beta=4$

$\log_2 \alpha\beta=4 \quad \therefore\ \alpha\beta=2^4=16$

(i), (ii)에서 구하는 해의 곱은 $1\times16=$**16** ←답

10. $(\log_3 x)(\log_3 3x)\le20$에서

$(\log_3 x)(\log_3 3+\log_3 x)\le20$

$(\log_3 x)(1+\log_3 x)\le20$

$\log_3 x=t$로 놓으면 $t(1+t)\le20$

$t^2+t-20\le0,\ (t+5)(t-4)\le0$

$\therefore\ -5\le t\le4,\ -5\le\log_3 x\le4$에서 $3^{-5}\le x\le3^4$이다.

$\therefore\ \dfrac{1}{243}\le x\le81$

따라서, 자연수 x의 최댓값은 81이다. 답 **81**

11. $\log_3|x-3|<4$에서 $x\ne3,\ |x-3|<3^4$

$\therefore\ x\ne3,\ -78<x<84 \quad \cdots$ ㉠

$\log_2 x+\log_2(x-2)\ge3$에서 $x>2,\ x(x-2)\ge2^3$

$x^2-2x-8\ge0,\ (x+2)(x-4)\ge0$

$\therefore\ x\ge4\ (\because\ x>2) \quad \cdots$ ㉡

㉠, ㉡을 동시에 만족하는 x의 범위는 $4\le x<84$

따라서, 부등식을 만족하는 정수 x의 개수는 80개이다. 답 **80개**

12. 각 변에 상용로그를 취하면

$m\log a<n\log a<n\log b<m\log b$이므로

(i) n이 자연수이고, $n\log a<n\log b$이므로

$\therefore\ a<b$

(ii) $(m-n)\log a<0,\ (m-n)\log b>0$이므로

$\log a$와 $\log b$는 부호가 반대이다.

따라서, $\log a<0,\ \log b>0$이다.

$\therefore\ a<1<b,\ m>n$ 답 ①

13. $A(n)=\{x\,|\,0<x\le2^n\}$, $B(n)=\{x\,|\,0<x\le4^n\}$이다.

ㄱ. $A(1)=\{x\,|\,0<x\le2\}$ (거짓)

ㄴ. $A(4)=\{x\,|\,0<x\le2^4\}$

$=\{x\,|\,0<x\le4^2\}=B(2)$ (참)

ㄷ. $A(n)\subset B(n)$이면 $0<2^n\le4^n$이므로

$2^{-n}\ge4^{-n}>0$이다.

$\therefore\ B(-n)\subset A(-n)$ (참) 답 ⑤

14. ㄱ. $y=\log_2 x$는 밑이 1보다 크므로 증가함수이다.

따라서, $n+3>n+2$이므로

$\log_2(n+3)>\log_2(n+2)$ (참)

ㄴ. 밑 변환 공식을 이용하면

$\log_2(n+2)=\dfrac{\log(n+2)}{\log 2}$

$\log_3(n+2)=\dfrac{\log(n+2)}{\log 3}$

이때 $\log 2<\log 3$이므로

$\log_2(n+2)>\log_3(n+2)$ (참)

ㄷ. 밑 변환 공식을 이용하면

$\log_2(n+2)=\dfrac{\log(n+2)}{\log 2}=A$

$\log_3(n+3)=\dfrac{\log(n+3)}{\log 3}=B$

로 놓으면 $\dfrac{B}{A}=\dfrac{\dfrac{\log(n+3)}{\log 3}}{\dfrac{\log(n+2)}{\log 2}}=\dfrac{\dfrac{\log(n+3)}{\log(n+2)}}{\dfrac{\log 3}{\log 2}}$

한편, $y=\log x$는 x의 값이 커질수록 y값의 증가량이 감소하는 함수이므로

$\dfrac{\log 3}{\log 2}>\dfrac{\log(n+3)}{\log(n+2)} \quad \therefore\ A>B$ (참) 답 ⑤